建筑工程施工管理技术要点集丛书

新型建筑材料应用

温如镜　田中旗　主编
文书明　丛　林

中国建筑工业出版社

图书在版编目(CIP)数据

新型建筑材料应用/温如镜等主编．—北京：中国建筑工业出版社，2009
（建筑工程施工管理技术要点集丛书）
ISBN 978-7-112-10547-2

Ⅰ．新…　Ⅱ．温…　Ⅲ．建筑材料　Ⅳ．TU5

中国版本图书馆CIP数据核字(2008)第194830号

建筑工程施工管理技术要点集丛书
新型建筑材料应用
温如镜　田中旗　文书明　丛　林　主编
*
中国建筑工业出版社出版、发行(北京西郊百万庄)
各地新华书店、建筑书店经销
北京天成排版公司制版
北京云浩印刷有限责任公司印刷
*
开本：850×1168毫米　1/32　印张：27½　字数：740千字
2009年5月第一版　2009年5月第一次印刷
印数：1—3000册　定价：**49.00**元
ISBN 978-7-112-10547-2
(17472)

本书介绍建筑工程主体施工材料、装饰材料、功能材料和安装材料四大类建筑材料的种类、性能、应用范围、材料选择、使用要点、选购验收及运输保管注意事项等。对传统材料只作必要的基础知识简介，重点介绍新型材料、特性材料、专用材料、改性材料的应用，对建筑材料的发展趋势和现代建筑对建筑材料提出的新要求，也作了一定的叙述。

本书可供建筑设计、施工、监理和材料人员参考。

* * *

责任编辑：李金龙
责任设计：赵明霞
责任校对：刘　钰　梁珊珊

丛书前言

优异的建筑，不仅要有优秀的设计、优质的建材和设备，还要有先进的施工技术、精湛的施工工艺和全程的过程控制。而规范的施工管理则是优异建筑永恒的主题。

改革开放以来，特别是进入21世纪以来，国家对施工管理的改革进一步深化，颁布实施一系列规定，如竣工验收备案制度、见证取样和送检规定等；对有关结构设计和施工质量验收的标准规范本着“验评分离，强化验收，完善手段和过程控制”的方针进行了修订，并于2003年全部实施等。这些规定、标准、规范的实施强化了施工管理工作，同时对施工管理工作提出了新的、更高的要求。

参加工程建设的各方应努力学习国家有关新规定、新标准和新规范等，对工程建设施工管理进一步加强和深化，以适应新形势对施工管理的要求，确保工程建设质量。为此，解放军工程质量监督总站、沈阳军区基建营房部等单位在中国建筑工业出版社支持下，组织有关单位一些具有较高理论水平和丰富实践经验的人员，依据国家近年来颁布实施的结构设计标准、施工质量验收规范和相关的标准、规范、规章、规定等，结合施工中的实际编写了这套要点集丛书。

本套要点集丛书共10本，分别是：

工程项目管理、施工组织设计编制、建筑工程造价管理、新型建筑材料应用、建筑工程质量检验、建筑结构施工、建筑安装施工、建筑装饰施工、房屋防渗漏和施工质量验收。

本套丛书适用于参加工程建设的建设单位、监理单位、施工单位以及质量监督机构和主管部门的有关人员，也可供有关院校教学参考。

本套丛书在编写过程中得到有关专家、教授和同行的大力支持和帮助，在此表示诚挚的感谢！

由于作者水平有限，文中不当之处敬请读者给予斧正。

编写人员

主　编： 温如镜　田中旗　文书明　丛　林

副主编： 白志刚　石少卿　尤　强　王　琦　孙福礼
高永峰　许亚东　张伟民

主　审： 杨南方　吴兆军　邹庆梁　陈廷华　蒋　欢

编　写： (按姓氏笔画排序)
丁永伟　山　珊　孔德宝　王　煜　王玉祥
王湛江　史常猛　田通理　吉洪林　乔蓓蓓
刘　波　闫春宇　闫奕任　朱　江　朱万友
李仁林　李兆光　李跃进　肖　峰　肖士琴
肖素丽　陈　磊　陈士林　张　磊　张小鹏
张令祯　张红军　张建荣　庞卫祥　周茂军
周海忠　姜兴利　贺琳娜　胡　颖　赵江涛
钟文铭　高　平　栾焕义　梁　亮　韩　枫
韩行鹏　曾范文　紫　民　温　巍　管国海
霍　剑　戴海洋　瞿亚平

前　　言

建筑业是国民经济的支柱产业，建筑材料是建筑业的物质基础。建筑材料的用户是建筑施工者。本书改变了以建筑材料本身分类叙述的方式，按照施工顺序，分主体施工材料、装饰材料、功能材料和安装材料四大类加以叙述。介绍了砌体材料、普通混凝土用材料、水泥、建筑钢材、焊接材料、建筑木材、装饰装修材料、防水材料、建筑绝热与吸声材料、建筑防火材料、新型管材、节水器具和智能建筑设备等相关知识。

本书以建筑施工选购材料为重点，以合理地应用建筑材料为目标，介绍了材料的相关性能指标、分类、验收、应用范围、使用要点与注意事项，同时对部分建筑安装材料也进行了介绍。另外，本书注重采用国家和有关部(委)最新颁布实施的标准和规范，在简要叙述传统材料的基础上，重点介绍新型建筑材料及近代建筑材料的趋势和发展。

限于编者的水平，书中疏漏和不当之处在所难免，恳请读者批评指正，使其日臻完善。

2008 年 9 月

目 录

1 建筑工程材料基础

建筑业是国民经济的支柱产业，建筑材料及其制品是建筑业重要的物质基础。任何建筑物、构造物都是用建筑材料，按一定要求构成的。在建筑工程中，从材料的选择到材料的贮运、验收、保管、使用，任何环节的失误都可能对工程坚固性、适用性、耐久性、美观与经济造成影响。因此，了解建筑材料的性能、特点、品种、规格，正确地选择和合理地使用建筑材料，对于提高工程质量、降低工程造价，具有十分重要的意义。

1.1 建筑材料构成与分类

1.1.1 建筑材料的组成和结构

材料的组成是决定材料性能的最基本因素，材料的结构是决定材料性能的另一个极其重要的因素。材料的组成和结构是材料分类的根据，是了解和掌握建筑材料知识的基础。

（1）材料的组成

1）化学组成

化学组成是指构成材料的化学元素及化合物的种类和数量。当材料与环境及各类物质相接触时，相互之间必然要按化学规律发生互相作用。如材料受到酸、碱、盐类物质的侵蚀作用，材料遇火时的可燃性、耐火性，钢材及其他金属材料的锈蚀、腐蚀作用等等，都是由其化学组成所决定的。

2）矿物组成

材料科学中常将具有特定的晶体结构、特定的物理力学性能的组织结构称为矿物。矿物组成是指构成材料的矿物种类和数量，矿物组成是在其化学组成确定的条件下，决定材料性质的主要因素。

3）相组成

物理化学称物质系统中结构相近、性质相同的均匀部分为相。自然界中的物质结构可分为气相、液相、固相 3 种基本形式。

材料中，同种化学物质由于加工工艺的不同，温度、压力等环境条件的不同，可形成不同的相。如在碳合金中，可有铁素体、渗碳体、珠光体。同种物质在不同的温度、压力等环境条件下，也常常会转变其存在状态，如由气相转变为液相、固相等。

许多建筑工程材料是多相固体材料，这种由两相或两相以上的物质组成的材料，称为复合材料。例如，混凝土可认为是由骨料颗粒（骨料相）分散在水泥浆体（基相）中所组成的两相复合材料。

复合材料的性质与其构成材料的相组成和界面特性有密切关系。所谓界面是指多相材料中相与相之间的分界面。在实际材料中，界面是一个较薄区域，此区域内的成分和结构与相区域内的部分是不一样的。这一区域可作为“界面相”来处理。对土木工程材料，可通过改变和控制其相组成和其界面特性来改善、提高材料的技术性能。

（2）材料的结构

材料的结构是决定材料性能的另一个极其重要的因素。

1）按层次观分类

研究材料的结构，宜采用层次观的思维方法。在材料科学中，层次观是指用尺寸分级的方法来对材料进行结构分析，从各个层面递进观察、综合判断材料结构状态和性质的一种科学思维方法。

按层次观进行结构分析时，土木工程材料的结构可分为 4 个层次：

① 宏观结构：材料的宏观结构是指设计计算上忽略了材料内部结构差异时的一种理想化的均匀结构状态。其尺寸可在 10^{-2}m 级以上。

② 细观结构：是指可用光学显微镜观察到的结构。其尺寸范围为 10^{-2}～10^{-6}m。土木工程材料的细观结构，只能针对某种具体材料来进行分类研究。对混凝土可分为基相、骨料相、界面相；对天然岩石可分为矿物、晶体颗粒和非晶体组织；对钢铁可分为铁素体、渗碳体和珠光体；对木材可分为木纤维、导管、髓线和树脂道等。

③ 微观结构：微观结构是指可用电子显微镜或 X 射线来分析研究的结构。其尺寸范围为 10^{-6}～10^{-9}m。

④ 原子-分子级结构：此结构是指可用隧道扫描电子显微镜或 X 射线来分析研究的分子或原子间相互作用的层次结构。其尺寸范围为 10^{-9}～10^{-12}m。原子之间靠化学键、离子键、共价键、金属键相互结合；分子之间靠范德华力相互作用。材料的许多性质如强度、硬度、熔点、导热、导电性以及吸附等表面性质都是由此层次结构所决定的。纳米材料和技术就是在这一结构层次上对材料进行的研究、实践和应用。

2）按结构状态及技术性质分类

① 致密结构：指材料中不含可吸水、可透气孔隙的结构。其性质特征为水密性或气密性。例如金属材料、致密石材、玻璃、塑料、橡胶等。

② 多孔结构：指具有粗大孔隙的结构。其性质特征为多孔质轻、透气漏水，可用于保温、隔热等。例如太湖石、火山岩、无砂大孔混凝土、加气混凝土、泡沫塑料及人造轻质多孔材料等。

③ 微孔结构：指具有微细孔隙的结构。其性质特征为强度低、吸水性强、抗冻性差。例如石膏制品、低温烧结黏土制品等。

④ 堆聚结构：指由胶凝性或粘结性的颗粒相互填充、胶结

而成的结构。其性质特征为材料强度取决于颗粒强度、粘结强度及填充率。当颗粒的粘结性和颗粒间的粘结力为零时，堆聚结构转变为散粒结构。例如水泥混凝土、砂浆、沥青混合料、陶瓷等。

⑤ 纤维结构：指由天然或人工合成纤维物质构成的结构。其性质特征为抗裂性和抗冲击性好。例如木材、玻璃钢、岩棉、钢纤维增强水泥混凝土。

⑥ 层状结构：指天然形成的或人工采用粘结等方法而将材料叠合、复合而制成的双层或多层材料结构。其性质特征为各层材料的性质及层与层之间的界面决定该层状材料的特性，且层状材料呈各向异性。例如胶合板、蜂窝板、纸面石膏板、各种新型节能复合墙板等。

⑦ 散粒结构：指松散粒状物质所形成的结构。其性质特征为散粒结构可自然堆积；其体积填充率与其颗粒级配相关；散粒结构材料可振动液化。例如混凝土骨料、粉煤灰、细砂、膨胀珍珠岩等。

3）按微观粒子存在状态进行分类

① 晶体：质点（离子、原子、分子）在空间上按特定的规则，呈周期性排列时所形成的结构称晶体结构。

晶体具有特定的几何外形，这是其内部质点按特定规则排列的具体表现；具有各向异性，这是其结构特征在性能上的反映；有固定的熔点和化学稳定性，这是晶体键能和质点处于最低能量状态所决定的；结晶接触点和晶面是破坏和变形的薄弱环节。

晶体划分为：

原子晶体：中性原子以共价键结合而成的晶体，如石英。

离子晶体：正负离子以离子键结合而成的晶体，如 $CaCl_2$。

分子晶体：以分子间的范德华力即分子键结合而成的晶体，如有机物。

金属晶体：以金属键结合而成的晶体，如钢铁材料。

② 玻璃体：玻璃体也称为无定形体或非晶体，其相邻质点的结合键为共价键及离子键，但质点在空间上的排列呈非周

期性。

在烧成制品中或天然岩石中，玻璃体起着固相胶结剂的作用。

③ 胶体：胶粒即粒径为 $10^{-7}\sim10^{-10}$ m 的固体颗粒作为散相，分散在连续相介质(如水、气、溶剂)中形成的分散体系称为胶体。

在胶体结构中，若胶粒较少，则胶粒悬浮、分散在液体连续相之中。此时液体性质对胶体性质影响较大，这种结构称为溶胶结构。若胶粒较多，则胶粒在表面能作用下发生凝聚，彼此相连形成空间网络结构，而使胶体强度增大，变形减小，形成固体或半固体状态，此胶体结构称为凝胶结构。在特定的条件下，胶体也可形成溶—凝胶结构。与晶体及玻璃体结构相比，胶体结构的强度低，变形大。

1.1.2 建筑材料分类

(1) 按化学组成分类

建筑材料根据化学组成分为无机材料和有机材料以及这两类材料的复合物。建筑材料化学组成分类见表 1-1。

建筑材料化学组成分类　　表 1-1

类别		主要材料品种
无机材料	金属材料	黑色金属：铁、碳钢、合金钢
		有色金属：铝、锌、铜及其合金等
	非金属材料	天然石材(砂子、石子、各种岩石加工的石材)； 烧土制品(黏土砖、瓦、空心砖、锦砖)； 胶凝材料(石灰、石膏、菱苦土、水玻璃、水泥)； 混凝土(普通混凝土、轻混凝土、特种混凝土等)； 砂浆(抹面砂浆、砌筑砂浆、防水砂浆)； 硅酸盐制品(粉煤灰砖、粉煤灰砌块、煤矸石砖、煤矸石砌块等)； 碳化制品(碳化砖、碳化板等)； 保温材料(石棉、矿棉、玻璃棉、膨胀蛭石、膨胀珍珠岩、泡沫玻璃等)； 玻璃(平板玻璃、彩色玻璃、镀膜玻璃、热反射玻璃、夹层玻璃中空玻璃等)

续表

<table>
<tr><th colspan="2">类　别</th><th>主要材料品种</th></tr>
<tr><td rowspan="3">有机材料</td><td>植物质材料</td><td>木材、竹材、苇材</td></tr>
<tr><td>沥青材料</td><td>石油沥青、煤沥青</td></tr>
<tr><td>高分子材料</td><td>涂料、橡胶、胶粘剂等；
塑料（壁纸、地板、门窗）</td></tr>
<tr><td rowspan="2">复合材料</td><td>金属-非金属</td><td>钢纤维混凝土、钢筋混凝土、铝塑管等</td></tr>
<tr><td>无机-有机</td><td>玻璃增强塑料、聚合物混凝土、水泥泡花板、GRC 板等</td></tr>
</table>

（2）按施工顺序和作用分类

建筑材料按照施工顺序和在建筑物、构筑物中的作用可分主体工程材料、装饰工程材料、建筑功能材料和建筑安装材料四大类，主体工程材料又分为结构工程材料与墙体工程材料。建筑材料功能分类见表 1-2。

建筑材料功能分类　　表 1-2

类　别	建筑部位	主要材料品种
结构材料	基础、柱、梁、框架、板	砖、砌块、木材、钢材、水泥、焊接材料、钢筋混凝土、预应力钢筋混凝土
墙体材料	内外承重 墙内隔墙	石材、砖、砌块、混凝土等 混凝土墙板、石膏板、金属板材以及复合墙板等
功能材料	防水材料 绝热材料 吸声材料	沥青制品、橡胶及树脂基防水材料 矿棉、膨胀珍珠岩、膨胀蛭石、加气混凝土 微孔硅酸钙、泡沫塑料、木丝板等
装饰材料	内外墙 顶棚 地面	石材、建筑陶瓷、玻璃及制品、涂料、金属等 涂料、木材、金属等 石材、建筑陶瓷、玻璃及制品、木材、金属等
安装材料	水暖 电器 智能	管材、管件、阀门、仪表、水暖设备 电线、电缆、灯具、开关、插座、变配电设备 监控设备、信息网络设备、自动防范设备

1.1.3 不同类型的建筑材料常用符号

(1) 材料强度等级代号

1) S：钢材强度等级。

2) T：木材强度等级。

3) C：混凝土强度等级。

4) MU：砖、砌块、石强度等级。

5) M：砂浆强度等级。

(2) 建材规格符号表示法(表1-3)

建材、设备的规格符号表示法 **表1-3**

土建材料		电气材料		水暖材料	
符号	意 义	符号	意 义	符号	意 义
∟	角钢	DG	电线管	pg	管线承受压力
–	扁钢	G	焊接钢管	Dg	公称通径，mm
I	工字钢	VG	硬塑料管	d	管螺纹，英寸
ϕ	圆形材料直径	SWG	英国标准线规	n	螺栓孔数目
″	英寸	AWG	美国标准线规	Z	闸阀
@	每个，每样……	CWG	中国线规	J	微止阀
#	号	BW	绝缘塑料护套线	Q	球阀
HV	硬度	HPV	电话线型号	D	蝶阀
		HBV	广播线型号	G	隔膜阀
		RVS	灯用铜芯绞型软线	X	旋塞阀
		RFS	灯用铜芯复合软线	H	止回阀(底阀)
		BLV	铝芯瓷夹塑料线	A	安全阀
		BLFX	室内铝芯橡皮线	Y	减压阀
		BBLX	铝芯玻系橡皮线	S	疏水阀
		BLXF	室外橡皮线	B	单级
		LJ	裸铝线	K	单吸泵
		VLV	室内铝芯塑料电缆	AB	离心泵
		XLV	铝芯乙烯炉套电缆	JD	多级深水泵

1.2 建筑材料的性能与术语

建筑工程的各个部位都处于不同环境条件并起一定的作用。如梁、板、柱以及承重的墙体主要承受各种荷载作用；房屋屋面要承受风霜雨雪的作用且能保温、防水；基础除承受建筑物全部荷载外，还要承受冰冻及地下水的侵蚀；墙体要起到抗冻、隔声、保温隔热等作用。这就要求用于不同工程部位的材料应具有相应的性质。这些性质归纳起来可分为：

物理性质：与各种物理过程(水、热等作用)有关的性质。

力学性质：材料在荷载作用下的变形及抵抗变形的能力。

耐久性：材料在使用环境中，受到各种物理变化、化学侵蚀及生物作用等影响下保持使用功能的性质。

为了能够合理地选择和正确地使用材料，必须了解材料的各种性质以及相关的术语

1.2.1 基本物理性质

(1) 体积

体积是物体占有的空间尺寸。由于材料的物理状态不同，同一种材料可以表现出不同的体积，包括材料的绝对密实体积(V)、表观体积(V_0)和堆积体积(V')。

1) 绝对密实体积(V)：是指材料内部没有空隙时的体积，也就是不包括材料内部孔隙的固体物质本身的体积。材料自然状态下并非绝对密实，所以绝对密实体积一般难以直接测定，只有玻璃等材料可以近似地直接测定其密实体积。

2) 表观体积(V_0)：是指整体材料的外观体积，包括材料的内部孔隙。外形规则材料的表观体积，可以直接用尺度量后计算求得；外形不规则材料的表观体积，必须用排水法或排油法测定。

3) 堆积体积(V')：是指散粒状材料堆积状态下的总体外观体积。根据其堆积状态不同，同一材料表现的体积大小可能不同，松散堆积下的体积较大，密实堆积状态下的体积较小。材料的堆积体积，常以材料填充容器的容积大小来测量。

4) 体积的度量单位通常以立方厘米(cm^3)或立方米(m^3)表示。

(2) 质量

质量(M)是指材料所含物质的多少，单位是 g 和 kg。

(3) 密度

材料的密度包括绝对密度(ρ)、表观密度(ρ_0)和堆积密度(ρ')。

1) 绝对密度(ρ)：指材料所具有的质量与其绝对密实体积之比。

建筑材料中多含有内部孔隙，除钢材、玻璃及沥青等外，绝大多数材料不能直接测定绝对密度(必要时须将材料磨成细粉后测定)。因为材料的绝对密度仅由其微观结构和组成所决定，与其所处的环境或状态无关。所以，对于某些材料的绝对密度必须预先测定，要想知道这些材料的绝对密度时只需查取即可。建筑工程常用材料的绝对密度见表 1-4。

建筑工程常用材料的绝对密度、表观密度和堆积密度　　表 1-4

材料名称	绝对密度(g/cm^3)	表观密度(kg/m^3)	堆积密度(kg/m^3)
钢　材	7.85	7800～7850	—
碎石、石灰石	2.48～2.76	2300～2700	1400～1700
砂	2.5～2.6	—	1500～1700
水　泥	2.8～3.1	—	1600～1800
粉煤灰(气干)	1.95～2.40	—	550～800
烧结普通砖	2.6～2.7	1600～1900	—
普通混凝土	—	2000～2600 (常取 2500)	—
轻骨料混凝土	—	800～1900	—
木　材	1.55～1.60	400～600	—
普通玻璃	2.45～2.55	2450～2550	—
铝 合 金	2.7～2.9	2700～2900	—
黏　土	2.60	—	1600～1800
石 灰 岩	2.60	1800～2600	—
花 岗 岩	2.80	2500～2800	—
泡沫塑料	—	20～50	—

2）表观密度（ρ_0）：指材料所具有的质量与其表观体积之比。

因为大多数材料的表观体积 V_0 中包含有内部孔隙，其孔隙的多少、孔隙中是否含有水以及含水的多少，都可能影响其总质量（有的还影响其表观体积）。因此，材料的表观密度除了与其微观结构和组成有关外，还与其内部构成状态及含水状态有关。通常材料的表观密度是指在气干状态下的表观密度。同一种材料在不同的状态或环境下，表观密度的大小可能不同，但一般都在某一范围以内，建筑工程常用材料的表观密度见表 1-4。

3）堆积密度（ρ'）：指材料所具有的质量与其堆积体积之比。

散粒状堆积材料的堆积体积 V' 中，既包括了材料颗粒内部的孔隙，也包括了颗粒间的空隙；除了颗粒内孔隙的多少及其含水多少外，颗粒间空隙的大小也影响堆积体积的大小。因此，材料的堆积密度与散粒状材料自然堆积时的颗粒间空隙、颗粒内部结构、含水状态、颗粒间被压实的程度等因素有关。建筑工程常用材料的堆积密度见表 1-4。

（4）内部孔隙

多数建筑材料内部含有孔隙，这些孔隙的存在会影响材料的性能。反映材料内部孔隙结构的参数有孔隙率（P）、密实度（D）和孔隙结构特征等。孔隙率和密实度对材料性质的影响正好相反。

1）孔隙率（P）：指材料的内部孔隙的体积占材料总体积的百分率。

2）密实度（D）：表示材料内部被固体所填充的程度。

3）材料的孔隙结构特征：表现为孔隙是在材料内部被封闭，还是在材料表面与外界连通，前者为闭口孔，后者为开口孔。有的孔隙在材料内部是相互独立的，有的孔隙在材料内部是相互连通的。此外，单个孔隙尺寸的大小、孔隙在材料内部的分布均匀程度等都是孔隙在材料内部的特征表现。这些特征对材料的性质有重要影响，材料的各种性质经常受到这些孔隙特征的影响。

4）空隙率（p'）：指散粒状材料堆积在某一体积中，颗粒间空隙体积所占的百分率。空隙率反映颗粒状材料中颗粒间相互填充的情况、颗粒的大小及颗粒级配、颗粒间的相互联结状况等。

当空隙率较大时，表明内部颗粒间空隙较多，材料本身的结构稳定性较差，强度较低，但表观密度会较小，保温绝热性可能较好。

1.2.2 与水相关的物理性质

水会对工程材料产生多种作用。

(1) 材料的亲水性与憎水性

水分与不同的材料表面接触时，其相互作用的结果是不同的。

1) 材料与水接触时，能够被水润湿的，具有亲水性。

2) 材料与水接触时，不能被水润湿的，具有憎水性。

材料具有亲水性或憎水性的根本原因在于材料的分子结构(是极性分子还是非极性分子)。亲水性材料分子与分子之间的分子亲合力，大于水本身分子间的内聚力；反之，憎水性材料分子与水分子之间的亲合力，小于水分子本身分子间的内聚力。

(2) 材料的吸水性

吸水性是亲水性材料在水中吸收水分的能力，以吸水率表示。材料吸水率的表达方式有两种：质量吸水率和体积吸水率。

材料的吸水率与其孔隙率有关，更与其孔隙特征有关。因为水分是通过材料的开口孔吸入，并经过连通孔渗入内部的。材料内部与外界连通的孔隙愈多，吸水就愈容易，其吸水率也就愈大。

1) 质量吸水率：材料在吸水饱和时，所吸水量占材料干质量的百分比。

2) 体积吸水率：材料在吸水饱和时，所吸水的体积占材料自然体积的百分率。

(3) 材料的吸湿性

吸湿性指材料吸收潮湿空气中水分的性质。通常材料的吸湿性用材料的含水率表示，即材料中所含水的质量与干燥状态下材料质量之比。

当较干燥的材料处在较潮湿的空气中时，便会吸收空气中的水分；而当较潮湿的材料处在较干燥的空气中时，便会向空气中释放水分。前者是材料的吸湿过程，后者是材料的干燥过程(此性质叫材料的还湿性)。由此可见，在空气中，某一材料的含水多少是随空气湿度的变化而变化的。当空气中湿度在较长时间内稳定不变时，材料的吸湿和干燥过程处于平衡状态，此时材料的含水率保持不变，其含水率被称为平衡含水率。

在某一湿度下，材料的平衡含水率只与其本身的性质有关。一般亲水性强的材料、含有开口孔隙的材料，其平衡含水率高。

吸湿对材料性能也有显著影响。木材的吸湿作用特别明显，能大量吸收水气而增加重量，降低强度和改变尺寸。木制门窗在潮湿环境中往往不易开关，就是由于吸湿膨胀而引起的。保温材料如吸湿含水后，热导率增大，保温性能降低。

(4) 材料的耐水性

材料的耐水性是指材料抵抗水的破坏作用的能力。广义的耐水性应包括水对材料的结构、力学性质、光学性质、装饰性等多方面性质的劣化作用。但习惯上将水对材料的力学性质及结构性质的劣化作用称为耐水性。

水与材料接触后，会以两种形式对材料产生破坏。

1) 溶解作用

将易溶材料或材料中易溶的部分溶解，增加材料的孔隙率，对材料产生劣化作用。

2) 劈裂作用

水分子进入材料内部，会产生吸附作用，可降低材料质点间的结合力，并产生劈裂作用，材料强度会有不同程度的降低，即使致密的岩石也不能避免这种影响。

3) 材料的耐水性可用软化系数来表示

软化系数＝饱水抗压强度/干燥抗压强度

软化系数的范围为 0～1。软化系数是选择耐水材料的重要依据。受水浸泡或处于潮湿环境中的重要建筑物，则必须选择软化系数在 0.85 以上的材料。

材料吸水后，还会因为膨胀、软化、霉变等作用而影响材料的装饰性。

(5) 防水性(抗渗性)

防水性(抗渗性)是指材料抵抗压力水渗透的性质。建筑工程中许多材料常含有孔隙、孔洞或其他缺陷。当材料两侧的水压差较高时，水可能从高压侧通过内部的孔隙、孔洞或其他缺陷渗透到低压侧，这种压力水的渗透，可能会造成材料失去使用功能，而且渗入的水还可能带入能够腐蚀材料的介质，或将材料内的某些成分带出，造成材料的破坏。因此，应用于有防水要求的工程部位时，材料的防水性也是决定工程使用寿命的重要因素之一。

材料的防水性可以用如下指标表示：

1) 渗透系数

按照达西定律，在一定的时间 t 内，透过的水量 W，与材料垂直于渗水方向的渗水面积 A 和材料两侧的水压差 H 成正比，与渗透距离(材料的厚度)d 成反比。

材料的渗透系数愈小，则其抗渗能力愈强。工程中一些材料的防水能力就是用渗透系数表示的。

2) 不透水性与抗渗等级

建筑工程中，为直接反映材料适应环境的能力(防水)，对一些常用材料(如混凝土、砂浆等)的抗渗能力(防水)常用不透水性或抗渗等级表示。

① 不透水性是指材料在一定水压作用下能够保持一定时间内不透水的能力。如某防水材料的不透水性可以表示为：在 0.3MPa 的水压差作用下保持 30min 不透水。

② 材料的抗渗等级是指材料用标准方法进行透水试验时，规定的试件在透水前所能承受的最大水压，并以符号“P”及可承受的水压力值(以 0.1MPa 为单位)表示。如防水混凝土的抗渗

等级为 P6、P8、P12、P16、P20，表示其分别能够承受 0.6MPa、0.8MPa、1.2MPa、1.6MPa、2.0MPa 的水压而不渗水。材料的抗渗等级愈高，其抗渗性愈强。

③ 材料的防水性与其亲水性、孔隙率、孔特征、裂缝缺陷等有关 。在其内部孔隙中，开口孔、连通孔是材料渗水的主要通道。工程中一般采用对材料进行憎水处理、减少孔隙率、改善孔特征(减少开口孔和连通孔)、防止产生裂缝及其他缺陷等方法来增强防水性。

(6) 抗冻性

抗冻性是指材料在饱水状态下，能经受多次冻融循环作用而不破坏、强度也不严重降低的性质。

就材料本身来说，材料的抗冻性主要与其孔隙率、孔特征、吸水性及抵抗胀裂的强度有关，工程中常从这方面改善材料的抗冻性。

有些工程常接触水，经常处于饱水状态。在冬天寒冷的季节，材料由表及里会逐渐结冰，同时阻止了内部水分的外溢；当内部水分结冰时，产生的体积膨胀(约增大 9%)受到材料的约束，会造成冰对材料内孔壁的静水压力(即冰晶压力)。此压力可能很大，往往使孔壁胀裂。当温度回升，冰被融化时，不仅孔隙还会充满水，而且某些被冻胀的裂缝中还可能渗入水分；再次受冻结冰时，材料会受到更严重的冻胀，并产生裂缝扩张。如此反复冻融循环，最终会导致材料破坏。

工程中通常按规定的方法对材料试件进行冻融循环试验，并以其结果确定材料的抗冻能力。我们用试件质量损失不超过 5%、强度下降不超过 25%时，所能承受的最多冻融循环次数来确定混凝土的抗冻性，并用抗冻等级表示。材料的抗冻等级，以字符“F”及材料可承受的最多冻融循环次数表示，如 F25、F50、F100 等，分别表示此材料可承受 25 次、50 次、100 次的冻融循环。通常根据工程的使用环境和要求，确定对材料抗冻等级的要求。

1.2.3 材料的热工性质

材料的热工性质是指材料与热相关的物理性质，包括热容性、导热性、导温性、传热性、热变形性、耐热性及耐火性等。

(1) 材料的热传导性能

1) 导热性：材料两侧有温差时，材料将热量由温度高的一侧向温度低的一侧传递的能力，即传导热的能力。导热能力用材料的导热系数表示。

2) 热阻(R)：材料两侧有温差时，材料阻止热量由温度高的一侧向温度低的一侧传递的能力。材料的热阻值大小与其厚度成正比，与其导热系数成反比。

3) 导热系数(λ)：表示材料导热能力。

4) 绝热性：材料的导热系数大，则导热性强，绝热性差。不同材料的导热性差别很大，通常把导热系数(λ)<0.23W/(m·K)的材料称为绝热性材料。

5) 材料的导热性与其结构和组成、含水率、孔隙率及孔特征等有关，与材料的表观密度有很好的相关性。一般非金属材料的绝热性优于金属材料。材料的表观密度小、孔隙率大、闭口孔多、孔分布均匀、孔尺寸小、材料含水率小时，则表现出导热性差、绝热性好。通常所说的材料导热系数是指干燥状态下的导热系数。当材料吸水受潮时，导热系数会显著增大，绝热性明显变差。

6) 导温性：在冷却或加热过程中，材料内各点达到同样温度的速度。导温性通常用材料的导温系数表示。

7) 材料的导温系数越大时，各点达到同样温度所需要的时间越短。当建筑材料的导温系数较低时，才具有更强的保温效果。导温系数很小时也有不利的一面，如玻璃、花岗岩等材料因为导温系数很小，当局部受热时很容易产生炸裂现象。

(2) 材料的热容性

1) 热容性(热容量)：材料受热时吸收热量或冷却时放出热

量的能力，以材料升温或降温时热量变化表示。

材料的热容量大，则材料受热时吸收的热量或冷却时放出的热量多，材料的温度变化速度慢，作为建筑物的围护结构，可以使室内温度稳定。

2）比热

比热值是真正反映不同材料间热容性差别的参数。材料的比热值大小与其组成和结构有关，比热值大的材料对缓冲建筑物的温度变化有利，工程中常优先选择比热值高、热容量大的材料。水的比热值最大，当材料含水率增高时，比热值增大。通常所说材料的比热值是指干燥状态下的比热值。

（3）材料的热稳定性

热稳定性是指材料抵抗高温或低温的能力。

1）耐热性：材料在较高温度下，使用性能保持稳定的能力。

大部分有机材料在温度达到一定高度时，容易产生某些物理变化或化学变化。如起泡、变软、变形、变色、起层、流淌、脱落、分解或分离等现象，从而使材料丧失其使用功能。材料的耐热指标，就是指在不产生上述变化的条件下材料可以承受的最高温度(℃)。

2）耐低温性：材料在较低环境温度下，能基本保持其使用性能的能力。

有些材料在低温下容易变脆，并且产生收缩变形，这不仅会影响外观，而且可能出现开裂、脆断、脱落等性能恶化现象。反映材料耐低温性的技术指标，就是在不产生这些性能恶化现象的前提下，材料可以承受的最低温度(℃)。

3）对于有些材料还要求其抵抗高、低温循环的能力。此时，以不产生上述性能恶化现象为前提，用材料可以承受的高、低温循环次数来表示抗高低温能力。

4）温度变形：温度升高或降低时体积变化程度。

多数材料在温度升高时体积膨胀，温度下降时体积收缩。材料的线膨胀系数与材料的组成和结构有关。建筑工程中，对材料的温度变形的关注大多集中在某一单向尺寸的变化上。因此，研究其平均线膨胀系数具有实际意义，通常选择合适的材料来满足工程对温度变形的要求。

常用建筑材料的热物理参数见表1-5。

常用建筑材料的热物理参数 **表1-5**

材料名称	导热系数［W/(m·K)］	比热［J/(g·K)］	线膨胀系数(1/K)×10^{-6}
钢材	55	0.63	10～20
普通混凝土	1.28～1.51	0.48～1.0	5.8～15
烧结普通砖	0.47～0.7	0.84	5～7
木材(横纹)	0.17	2.51	—
水	0.60	4.187	—
花岗岩	2.91～3.08	0.716～0.787	5.5～8.5
玄武岩	1.71	0.766～0.854	5～75
石灰岩	2.66～3.23	0.749～0.846	3.64～6.0
大理石	3.45	0.875	4.41
沥青混凝土	1.05	—	(负温下)20

5）耐火性：材料抵抗火焰侵袭的能力。

耐火性可用燃烧性、氧指数和耐火极限等指标来表示。

① 材料燃烧性指标

材料按照燃烧性指标分为3类，即：

非燃烧类：在大气环境中材料受到火焰或高温作用时，不燃烧，也不碳化。大多数无机材料为非燃烧类材料。

难燃烧类：在大气环境中材料受到火焰或高温作用时，难点燃、难碳化，即使着火后，一旦火源离开，就会立即自动熄火。许多有机—无机复合材料、部分有机材料属于难燃烧类材料。

可燃烧类：在大气环境中材料受到火焰或高温作用时，容易起火燃烧，即使火源离开，材料仍能继续燃烧。许多有机材料为可燃烧类材料。

② 可燃烧类材料的耐火性能参数以氧指数来表示

氧指数是指在规定条件下，材料试样在氧氮混合气体中维持平稳燃烧的最低氧浓度。其中氧浓度以氧气所占体积百分数来表示。氧指数较高时，说明材料可持续燃烧所需要的氧浓度较高，其耐火性就较强。如对普通建筑，室内装饰材料的氧指数应大于40%。

③ 非燃烧类材料耐火性指标用耐火极限来表示

耐火极限是指材料试样在耐火试验时失去支撑能力，产生穿透裂缝或孔洞，或背面温度达到220℃时所需的时间。

1.2.4 材料的力学性质

材料的力学性质，是指材料在外力作用下的表现或抵抗外力的能力。它主要是材料在外力作用下所表现的强度和变形性。

（1）材料的强度与比强度

1）强度：指材料在外力作用下抵抗破坏的能力。

① 受外力作用时，在材料内部便产生应力，此应力随外力的增大而增大；当应力增大到材料内部质点间结合力所能承受的极限时，应力再增加便会导致内部质点间的断开，此极限应力值就是材料的极限强度，通常简称为强度。工程实际中建(构)筑物的受力破坏，往往被认为是材料的断裂。此时材料的极限强度就是确定建(构)筑物承载能力的依据。但是，也有些工程的破坏并非是材料的断裂，例如：在工程实际中，受力的钢材使内部质点间产生明显的滑移，表现为材料的塑性变形时，就认为建筑物已失去使用性能，此时尽管材料尚未断裂，也被认为已经破坏，其破坏时的强度并非极限强度，而是屈服强度。根据所受外力的作用形式不同，材料的强度可分为抗压强度、抗拉强度、抗弯(折)强度、抗剪强度等。

② 材料的强度与其组成的结构有密切的关系。即使材料的组分相同，若构造不同，强度可能差别很大。其主要原因在于其内部质点间的结合键、孔隙率、孔特征及内部缺陷等的差别。材料内质点间的结合键愈强、孔隙率愈小、各孔隙的尺寸愈小且分

布均匀、内部缺陷愈少时，则材料的强度愈高。

③ 对于内部构造非匀质的材料，其不同方向的强度，或抵抗不同形式外力作用时的强度也不同。例如木材内部为纤维状结构，其顺纹方向的抗拉强度很高，横纹方向的抗拉强度很低。水泥混凝土、砂浆、砖、石材等非匀质材料的抗压强度很高，而抗拉、抗折强度却很低。工程中为弥补非匀质材料的某些强度不足，常利用多种材料复合的方法来满足工程的需要。建筑工程常用结构材料的强度值范围见表 1-6。

建筑工程常用结构材料的强度值范围（MPa）　　表 1-6

材　　料	抗压强度	抗拉强度	抗弯（折）强度	抗剪强度
钢　　材	215～1600	215～1600	215～1600	200～355
普通混凝土	7.5～60	1～4	0.7～9	2.5～3.5
烧结普通砖	5～30	—	1.8～4.0	1.8～4.0
花　岗　岩	100～250	7～25	10～40	13～19
石　灰　岩	30～250	5～25	2～20	7～14
玄　武　岩	150～300	10～30	—	20～60
松木（顺纹）	30～50	80～120	60～100	6.3～6.9

2）比强度：指材料强度与其表观密度之比，即按单位体积质量计算的材料强度，用以反映材料轻质高强的力学参数。在高层建筑及大跨度结构工程中常采用比强度较高的材料。这类轻质高强的材料，也是未来建筑材料发展的主要方向。几种材料的比强度及强度和表观密度值见表 1-7。

几种材料的参考比强度、强度及表观密度值　　表 1-7

材料（受力状态）	强度（MPa）	表观密度（kg/m^3）	比强度
玻璃钢（抗弯）	450	2000	0.225
低　碳　钢	420	7850	0.054
铝　　材	170	2700	0.063
铝　合　金	450	2800	0.160

续表

材料(受力状态)	强度(MPa)	表观密度(kg/m³)	比强度
花岗岩(抗压)	175	2550	0.069
石灰岩(抗压)	140	2500	0.056
松木(顺纹抗拉)	10	500	0.200
普通混凝土(抗压)	40	2400	0.017
烧结普通砖(抗压)	10	1700	0.006

(2) 材料变形性能

材料在外力作用下会产生变形，不同的材料或同一种材料所受外力的大小不同时，就会表现出不同的变形。材料的两种最基本力学变形是弹性变形和塑性变形，此外还有黏性流动变形和徐变变形等。

1) 弹性：材料在外力作用下，产生变形，外力消除后能恢复原来形状和大小的性质。

2) 弹性变形：材料在外力作用下产生变形，外力消除后可恢复原来形状和大小的变形。

3) 弹性模量(E)：弹性变形大小与其所受外力的大小成正比，其比例系数对某种理想的弹性材料来说为一常数，这个常数被称为该材料的弹性模量。E 值愈大，表明材料的刚度愈强，外力作用下的变形愈小。E 值是建筑工程各种结构设计和变形验算所依据的主要参数之一。几种常用建筑材料的弹性模量(E)值见表 1-8。

几种常用建筑材料的弹性模量值(E)值(MPa) **表 1-8**

材料	低碳钢	普通混凝土	烧结砖	木材	花岗岩	石灰岩	玄武岩
弹性模量 $\times 10^4$	21	1.45～360	0.3～0.5	0.6～1.2	200～600	600～1000	100～800

4) 塑性：材料在外力作用下，产生非破坏性变形，外力消除后不能恢复原来形状和大小的性质。

5）塑性变形：材料在外力作用下，产生非破坏性变形，外力消除后不能恢复原来形状和大小的变形。在建筑工程的施工和材料的加工过程中，经常利用塑性变形使材料获得所需要的形状。

6）工程实际中，理想的弹性材料或塑性材料很少见，大多数材料的力学变形既有弹性变形，也有塑性变形。不同的材料，或同一材料的不同受力阶段，是以弹性变形为主还是以塑性变形为主，其主要区别就是看变形能否恢复。

（3）材料的脆性与韧性

1）脆性：外力作用下，材料未产生明显的塑性变形而发生突然破坏的性质。

2）一般脆性材料的抗静压强度很高，但抗冲击能力、抗振动、抗拉及抗折(弯)强度很差，因此使用范围受到限制。建筑工程中常用的脆性材料有天然石材、玻璃、普通混凝土、砂浆、普通砖及陶瓷等。

3）韧性：材料在振动或冲击等荷载作用下，所能吸收的能量和产生变形而不突然破坏的性质。

4）材料韧性的主要特点是破坏时能吸收较大的能量，其主要表现是荷载作用下能产生较大的变形。衡量材料韧性的指标是材料的冲击韧性值，即破坏时单位断面所能吸收能量的能力。

建筑工程中对用于各种能受振、受冲击的结构或部位，应选用韧性较好的材料。常用的韧性材料有低碳钢、低合金钢、铝材、橡胶、木材、竹材、玻璃钢及其他复合材料等。

（4）材料的硬度与耐磨性

1）硬度：指材料表面抵抗硬物压入或刻划的能力。

建筑工程中为保持建筑物的使用性能或外观，常要求材料具有一定的硬度，以防止其他物体对装饰材料磕碰、刻划造成材料表面破损或外观缺陷。

工程中用于表示材料硬度的指标有多种，对金属、木材等具有可塑性的材料以压入法检测其硬度。天然矿物等脆性材料的硬度常用摩氏硬度表示，它是以两种矿物相互对刻的方法确定矿物的相对硬度，并非材料绝对硬度等级。其硬度的对比标准分为十级，由软到硬依次为：滑石、石膏、方解石、荧石、磷灰石、正长石、石英、黄玉、刚玉、金刚石。材料的硬度常用肖氏硬度、布氏硬度与莫氏硬度等表示。

2）耐磨性：指材料表面抵抗磨损的能力。

建筑工程中有些部位经常受到磨损的作用，如路面、地面等。选择这些部位的材料时，其耐磨性应满足工程的使用寿命要求。

材料的磨损率值越低，表明该材料的耐磨性越好。一般硬度较高的材料，耐磨性也较好。工程实际中也可通过选择硬度合适的材料来满足耐磨性的要求。材料的硬度与耐磨性都与其内部结构、组成、孔隙率、孔特征、表面缺陷等有关。

1.2.5 材料的声学、光学性质

（1）声学性质

建筑工程中，有时要求所用材料有较强的隔声能力或吸声能力。这种能力就是材料的建筑声学性质。

1）声音是靠振动的声波来传播的，当声波到达材料表面时会产生反射、透射、吸收 3 种现象，

① 反射：声波在材料表面按照一定规律被反射，使声音又返回到声源一侧。

② 透射：声波穿过材料继续向另一侧传播。

③ 吸收：声波到达材料表面后，其振动能量被材料部分吸收形成其他能量，部分声波消失。

2）反射容易使建筑物室内产生噪（杂）声，影响室内音响效果；声音透射后，容易对相邻空间产生噪声干扰，影响室内环境的安静。

3）隔声性：指材料阻止声波透射的能力。材料隔声性常以声波的透射系数来表示。

隔声能力与材料的面密度(单位面积上的质量)、弹性模量等有关。面密度大、弹性模量大的材料，隔声能力就强。显然，材料的面密度与厚度有关，材料越厚，面密度就越大，相应地隔声性就越好。因此，实际工程中，在材料确定的情况下，多以增大厚度来保证结构的隔声能力。

4）吸声性：指材料吸收声波的功能。

当声波沿一定角度投射到含有开口孔材料的表面时，便有一部分声波顺着微孔进入材料内部，引起内部孔隙中空气的振动。由于微孔表面对空气运动的摩擦与黏滞阻尼作用，使部分振动能量转化为热能，即声波被材料所吸收。

为减少环境中的噪声，在各种装饰工程中应尽可能采用吸声性良好的材料，可防止声音的透射与反射。

（2）光学性质

1）规则反射(镜面反射)：光线照射在材料光滑的表面上时，会遵守“反射”角等于入射角这一反射规律，这种反射称为规则反射或镜面反射。

2）材料的光泽：光泽是指人对从材料表面所反射光亮度的感觉反应。当材料表面光滑时，表现出较强的光泽；表面粗糙的材料，由于对光的漫反射而表现出较弱的光泽。工程中往往采用光泽较强的材料，利用材料对光的反射效果，使建筑外观显得光亮和绚丽多彩，室内显得宽敞明亮。

3）漫反射：光线照射在材料并不光滑的表面时，折射的光线会沿不同方向传播，使反射光线呈现无序传播，这种现象称之为漫反射。

4）折射：光线在空气中是沿直线传播的，进入水中将改变方向。光线从一种介质经过两种介质的接触面而改变原来方向，进入第二种介质的现象称为折射。

5）透视：当材料光滑且两表面为平行面时，光线束被折射后只产生整体转移，不会产生各部分光线间的相对位移，此时，材料一侧景物所散发的光线投射到另一侧时，不会产生畸变，能使景像完整地透过材料的现象称为透射。大多数建筑玻璃属于透视玻璃。

6）透光不透视：当透光材料内部密度不均匀、表面不平滑或两表面不平行时，入射光束在透过材料后就会产生相对位移，使材料一侧景物的光线到达另一侧后不能正确地反映出原景像的现象，这种现象称为透光不透视。在建筑工程中也经常应用透光不透视的材料，如毛玻璃、彩色玻璃、压花玻璃等。

7）光的吸收：光线透过材料的过程中，材料能够有选择地吸收部分波长的能量。

材料对光吸收的性能在建筑装饰等方面具有广阔的应用前景。例如：吸热玻璃就是通过添加某些特殊氧化物，使其选择吸收阳光中的携带热量最多的红外线，并将这些热量向外散发，可保持室内即有充足的光线，又不会产生大量热量。

当希望室内吸热升温时，可以利用特殊吸热材料将大量光能转化为热能，并将热能储蓄在材料内部。如太阳能热水器就是利用吸热涂料等材料的吸热效果来使水温升高的。有些特殊玻璃还会将阳光转变为电能、化学能或变形能，来吸收大量光能。

1.2.6 材料的耐久性

指材料抵抗各种自然因素及有害介质侵蚀，能够长期保持原有性能的能力。

在工程的使用环境中，材料可能因为各种条件的影响而产生不利的化学变化，如可能遭受干湿变化、冷热变化、冻融变化或压力水等物理作用；阳光照射、高温或腐蚀介质等的化学作用；还可能受到磨损、疲劳等机械作用；昆虫、菌类等生物作用。长期在这些环境因素作用下，材料的性能会产生不同程度的变化，并且容易降低其使用性能。当材料抵抗这些作用的能力较强时，使用性能下降的速度就较慢，工程的使用寿命较长。因此，材料的耐久性直接决定了工程的使用寿命。各种建筑工程中应根据所处的环境条件选择耐久性适当的材料，以满足工程的寿命要求。

对材料耐久性指标的要求，是根据所处工程环境来决定的。例如：处于冻融环境的工程，要求材料具有良好的抗冻性；当有机类材料处于暴露环境时，要求材料有较强的抗老化能力。

材料在任何方面的变化都可能影响使用性能，因此对耐久性要求必须严格执行。它主要表现在材料本身对环境条件的抵抗能力；其次是对主体结构保护作用的持久性。

对不同类别的材料有不同的技术要求。对于无机类装饰材料，常要求具有一定的抗风化能力、抗裂能力、强度、耐腐蚀性、耐水性、耐磨性、加工性与表面致密程度。对于有机类材料，常要求具有良好的化学稳定性(抗老化能力)、色彩稳定性、阻燃或耐热性、抗污染性、强度或刚度、耐磨性、耐擦洗能力、抗冲击疲劳能力等。

1.3 建筑材料的质量控制

1.3.1 材料质量控制依据

(1) 建筑材料标准

1) 建筑材料标准内容及作用

建筑材料技术标准(规范)包括内容很多。如原料、材料及产品的质量、规格、等级、性质要求以及检验方法；材料及产品的应用技术规范(或规程)；材料生产及设计的技术规定；产品质量的评定标准等。建筑材料技术标准是针对原材料、产品以及工程应用中的质量、规格、检验方法、评定方法、应用技术等所作出的技术规定。因此，建筑材料的采购、验收、质量检验与使用均应以产品标准为依据。

2) 建筑材料标准分类

建筑材料的技术标准根据发布单位与适用范围，分为国家标准、行业标准、协会标准、地方标准和企业标准。

各级技术标准，在必要时可以分为试行与正式标准两大类。

按其权威程度又可分为强制性标准和推荐性标准。建材技术标准按其特性可分为基础标准、方法标准、原材料标准、能源标准、包装标准、产品标准等。

每个技术标准都有自己的代号、编号与名称。标准代号反映了该标准的等级是国家标准、行业标准还是企业标准。代号用汉语拼音字母表示，其含义、代号及举例见表 1-9。编号表示标准的顺序号和颁布年代号，用阿拉伯数字表示。例如：

GB 13545 — 2003 烧结空心砖和空心砌块
代号 顺序号、批准年代号 名称
\ /
编号

建材产品标准种类及代号 **表 1-9**

序号	标准种类	说明	代号
1	国家标准（简称国际）	国家标准是指对全国经济、技术发展有重要意义而必须在全国范围内统一的标准，主要包括：基本原料、材料标准；有关广大人民生活的、量大面广的、跨部门生产的重要工农业产品标准；有关人民安全、健康和环境保护的标准；有关互换配合，通用技术语言等的基础标准；通用的零件、部件、元件、器件、构件、配件和工具、量具标准；通用的试验和检验方法标准；被采用的国际标准	（1）GB——是“国标”两字的汉语拼音字头。各类物资（建材）的国家标准，均使用此代号 （2）GBJ——是“国标建”三字的汉语拼音字头，它代表工程建设技术方面的国家标准，现已用“GB”，但仍有延用的标准用“GBJ”
2	行业标准（简称部标）	行业标准主要是指全国性的各专业范围内统一的标准。由主管部门组织制定、审批和发布，并报送国家标准局备案。行业标准分为强制性和推荐性两类	（1）JCJ——是建筑材料工业部（国家建材局）部颁标准的代号（老代号为“建标”、“JG”等 （2）JGJ——是建设部部颁标准的代号（老代号“BJG”、“建规”、“JZ”） （3）LYJ——是林业局标准的代号 （4）其他：略

续表

序号	标准种类	说　明	代　号
3	协会标准	由各种协会组织制定的标准	CECS
4	地方标准	由各省、市、自治区组织制定的标准	DB××
5	企业标准（简称企标）	凡无国家标准、部标准（行业标准）协会标准的产品，都要制定企业标准。为了不断提高产品质量，企业可制定比国家标准、行业标准、更先进的产品质量标准	QB——是企业标准的代号。QB是“企标”两字的汉语拼音字头

注：1. 标准代号由标准名称、部门代号（1991年以后，对于推荐性标准加“/T”，无“/T”为强制性标准）、编号和批准年份四部分组成。

2. 现行部分建材行业标准有两个年份，第一个年份为批准年份，括号中的年份为重新校对年份。

3. 国家标准和行业标准，均为全国通用标准，属国家指令性文件，其中黑体字标志的条文为强制性条文。

4. DB××——地方性标准，其中××为省、市、自治区序号，由国家统一规定，如北京的序号为11。

3）标准的更新

标准是根据一个时期的技术水平制订的，因此它只能反映一个时期的技术水平，具有暂时相对稳定性。随着科学技术的发展，不变的标准不但不能满足技术飞速发展的需要，而且会对技术的发展起到限制和束缚的作用。所以应根据技术发展的速度与要求不断地进行修订。目前世界各国与我国都确定为每五年左右修订一次。

4）关于国际标准化组织ISO

ISO是国际上范围最广、作用最大的标准化组织之一。它的宗旨是在世界范围内促进标准化工作的发展，以便于国际物质交流与互助，并扩大在知识、科学、技术与经济方面的合作。其主要任务是制定国际标准；协调世界范围内的标准化工作；报道国际标准化的交流情况以及其他国际性组织合作研究有关标准化问题等。我国是国际标准化协会成员之一，当前我国各种技术标准都正在向国际标准靠拢，以便于科学技术的交流与提高。

（2）工程相关的技术文件与合同

1）工程设计文件及施工图。

2）产品说明书、产品质量证明书、产品质量试验报告、质检部门的检测报告、有效鉴定证书、试验室复试报告。

3）工程施工合同。

4）施工组织设计。

5）工程建设监理合同。

1.3.2 材料进场前的质量控制

（1）熟悉工程设计文件、施工图、施工合同、施工组织设计、与工程所采用材料有关文件，以及这些文件对材料品种、规格、型号、强度等级、生产厂家与商标的规定和要求。

（2）掌握所用材料的质量标准，材料的基本性质，材料的应用特性、适用范围。

（3）掌握材料信息，认真考察供货单位。

掌握材料质量、价格、供货能力等方面的信息，可获得质量好、价格低的材料资源，既能确保工程质量，又能降低工程造价。

1.3.3 材料进场时的质量控制

（1）物单必须相符

材料进场时，应检查到场材料的实际情况与所要求的材料在品种、规格、型号、强度等级、生产厂家与商标等方面是否相符，检查产品的生产编号或批号、型号、规格、生产日期与产品质量证明书是否相符，如有任何一项不符，应退货或要求供应商提供材料的资料。标志不清的材料可退货或进行抽检。

（2）进入施工现场的各种原材料、半成品、构配件都必须有

相应的质量保证资料

1）生产许可证或使用许可证。

2）产品合格证、质量证明书或质量试验报告单。合格证等都必须盖有生产单位或供货单位的红章并标明出厂日期、生产批号或产品编号。

1.3.4 材料进场后的质量控制

（1）施工现场材料基本要求

1）所有原材料、半成品、构配件及设备，都必须经验收后方可进入施工现场。

2）施工现场不能存放与本工程无关或不合格的材料。

3）所有进入现场的原材料与提交的资料在规格、型号、品种、编号上必须一致。

4）不同种类、不同厂家、不同品种、不同型号、不同批号的材料必须分别堆放，界限清晰，并有专人管理。

5）应用新材料前必须通过试验和鉴定，代用材料必须通过计算和充分论证，并要符合结构构造的要求。

（2）及时复验

对重要的工程材料应及时进行复验。凡标志不清或认为质量有问题的材料，对质量保证资料有怀凝或与合同规定不符的一般材料，均应进行复验。对于进口的材料设备和重要工程或关键施工部位所用材料，则应全部进行复验。对涉及结构安全的试块、试件和材料应实行见证取样和送检。

1）取样方法

在每种产品质量标准中，均规定了取样方法。材料的取样必须按规定的部位、数量和操作要求来进行，确保所抽样品有代表性。抽样时，按要求填写材料取样表。

2）见证取样和送检材料

① 用于承重结构的混凝土试件。

② 用于承重墙体的砌筑砂浆试块。

③ 用于承重结构的钢筋及连接接头试件。

④ 用于承重墙的砖和混凝土小型砌块。

⑤ 用于拌制混凝土和砌筑砂浆的水泥。

⑥ 用于承重结构的混凝土中的使用的掺加剂。

⑦ 地下、屋面、厕浴间使用的防水材料。

⑧ 国家规定必须实行见证取样和送检的其他试块、试件和材料。

见证取样和送检的数量不得低于有关技术标准中规定应取数量的30%。

3）认真审定抽检报告

与材料见证取样表对比，做到物单相符；将试验数据与技术标准规定值或设计要求值进行对照，确认合格后方可允许使用。否则，责令施工单位将该种或该批材料立即运离施工现场，对已应用于工程的材料及时作出处理意见。

（3）合理组织材料供应

合理地、科学地组织材料采购、加工、储备、运输，建立严密的计划、调度与管理体系，加快材料的周转，减少材料的占用量，按质、按量、如期地满足建设需要，确保施工正常进行。

（4）合理组织材料使用

减少材料的损失，正确按定额计量使用材料，加强运输和仓库保管工作，加强材料限额管理和发放工作，健全现场管理制度以避免材料损失。

1.4 建筑材料的应用与发展

1.4.1 建筑材料的应用

在我国历史上，劳动人民在建筑材料的生产和使用方面，曾经取得重要的成就，有着认识、生产和使用建筑材料的光辉范例。始建于公元前7世纪春秋时期的万里长城，估计全部材料体积约 3 亿 m^3，其中砖石材料达 1 亿 m^3；建于公元 857 年的山西五台山木结构佛光寺大殿，保留至今仍完好无损；建于公元 1056 年的山西应县佛宫寺木塔，高达 67.31m；福建泉州的洛阳桥，是 900 年前用石材建造的，其中一块石材重达 200t。这些反映我国古代建筑构造方面巨大成就的事例，有力地证明了我国历史上对建筑材料的生产、合理使用及科学处理所取得的伟大成就。

建国以来，特别是改革开放以来，我国建材工业得到飞速发展。历史上做出过巨大贡献的秦砖汉瓦正在逐步更新为各种新型材料。玻璃、水泥、陶瓷等产品已跻身于世界生产大国之列。曾被百姓称为“洋灰”的水泥，20 世纪末期我国产量已突破 4 亿 t，连续十年居世界第一位。由于油井水泥、大坝水泥、快硬水泥、膨胀水泥等产品的生产大大缩短了在水泥品种、质量方面我国与世界发达国家的差距。平板玻璃、钢化玻璃、着色玻璃、镀膜玻璃、玻璃幕墙等正在被愈来愈多的建筑采用。建筑陶瓷材料，过去基本上是单一的白色，现在已发展到近百个品种、上千种花色，而且可以生产高档配套卫生陶瓷，满足高级建筑的需要。20 世纪末期在第十一届亚运会工程中以补偿收缩特种混凝土，用于体育建筑结构自防水，打破了外防水的传统施工技术，防渗漏效果显著，反映了我国建材工业的发展水平。随着我国钢材和其他金属材料产量的增加，在建筑中钢、铝及其合金的应用范围也日益扩大。化学工业的发展，使建筑塑料开始应用。岩棉板、石膏板、硬质聚胺酯板等新型墙体材料的研制和生产，都取得了可喜的成就。我国在南极的长城站、中山站就是用这些材料建成的。据了解目前全国各地采用新型建筑材料已竣工的建筑面积累计达到 2000 多万平方米，体现了建材和建筑业的发展方向。

1.4.2 建筑材料发展的趋势

(1) 研制和生产高强度材料，以减小承重结构构件的截面，降低结构自重。

(2) 发展轻质材料，即可减轻建筑物自重，又能降低运费和劳动强度。

(3) 发展适应于机械化施工的材料和制品，提高施工机械化、装配化程度，加快施工速度。

(4) 发展高效无机保温(隔热)、吸声材料，改善建筑物围护结构功能。

(5) 发展高效、节能、环保的绿色建材产品，大搞综合利用，充分利用工农业的各种废弃物，生产建筑材料，变废为宝，化害为利，最大限度降低能源、资源消耗和对环境的污染。

1.4.3 重点推广应用的建筑材料及技术

建筑工程中国家重点推广应用的材料和新技术见表 1-10。

建筑工程重点推广应用的材料及新技术　　表 1-10

序号	推广项目名称	主要内容	推广目标
1	高强混凝土	在结构工程中推广应用和研究开发高性能混凝土	在高层建筑和轨枕、预制桥梁中推广 C60 混凝土；在超高层建筑底层、预制桥梁、屋架、吊车梁、轨枕、管桩等混凝土制品中普遍采用 C60 混凝土，并进行 C80 混凝土的工程试点
2	高强钢筋和预应力混凝土新技术	(1) 强度等级分别为 550N/mm^2、650N/mm^2、800N/mm^2 的冷轧带肋钢筋用于非预应力和预应力混凝土结构或构件	使用量达到 120 万 t
		(2) 用中强钢丝代替冷拔低碳钢丝	使用量达到 40 万 t
		(3) 用普通松弛钢绞线代替冷拉Ⅱ级和Ⅳ级钢筋	使用量达到 20 万 t
		(4) 重要建筑结构桥梁上应用低松弛高强度钢绞线	使用量达到 20 万 t
		(5) 楼面结构推广应用无粘结预应力混凝土结构	年建成无粘结预应力混凝土楼盖面积 500 万 m^2

续表

序号	推广项目名称	主要内容	推广目标
3	商品混凝土和散装水泥	大中城市推广应用散装水泥和商品混凝土	全国大中城市的商品混凝土产量达到2000万m^3，部分城市混凝土的工业化程度接近经济发达国家水平
4	新型防水材料	(1) 广泛应用改性沥青油毡(SBS、APP等)	应用新型防水材料的用量达防水材料的总用量的13%～15%
		(2) 应用高分子防水材料片材(三元乙丙橡胶、聚氯乙烯、氯化聚乙烯橡胶共混)	应用新型防水材料的比重达到25%左右
		(3) 应用防水涂料、密封膏	
		(4) 提高掺无机防水剂(UEA)和有机防水剂的刚性防水比重	
5	硬聚氯乙烯塑料管	应用硬聚氯乙烯管，以部分取代钢制管道	硬聚氯乙烯塑料管在建筑上的年应用量达到24万t
6	粉煤灰综合利用	(1) 作混凝土和砂浆的掺合料； (2) 生产粉煤灰砖、砌块、陶粒等； (3) 作路基和路； (4) 机场、港口、房心土等工程回填	年利用粉煤灰达5000万t，利用率达32%～35%
7	建筑节能技术	外墙内保温，夹芯保温和外保温技术(配相应保温材料)、空心砖、砌块、保温砂浆和保温屋面材料，塑料门窗和密封技术等	采暖地区使建筑能耗降低50%，施工能耗降低30%

2 砌体材料

砌体是由块体和砂浆砌筑而成的墙或柱，包括砖砌体、砌块砌体、石砌体和墙板砌体，在一般的工程建筑中，砌体占整个建筑物自重的约1/2，用工量和造价约各占1/3，是建筑工程的重要材料。长期以来，我国占主导地位的砌体材料烧结黏土砖已有二千多年的历史，与黏土瓦并称为“秦砖汉瓦”。但是，这种砌体材料需要大量黏土作原材料，为有效地保护耕地，国家要求尽量不用黏土砖。目前砌体材料正朝着充分利用各种工业废料，轻质、高强、空心、大块、多功能的方向发展。

2.1 砌体材料基本知识

2.1.1 砌体材料分类

（1）按砌体块体分类

1）砖

砌筑用的人造小型块料。外形多为直角六面体，也有各种异形的。其长度不超过365mm，宽度不超过240mm，高度不超过115mm。包括烧结普通砖、烧结多孔砖、烧结空心砖、蒸压灰砂砖、蒸压粉煤灰砖等。

2）砌块

砌筑用的人造块材。其外形多为直角六面体，也有各种异形的。砌块系列中主规格的长度、宽度或高度有一项或一项以上分别大于365mm、240mm或115mm。但高度不大于长度或宽度的六倍，长度不超过高度的三倍。包括烧结空心砌砖、普通混凝土小型空心砌块、蒸压加气混凝土砌块等。

① 小型砌块：主规格的高度大于115mm，小于380mm的砌块，简称为小砌块。

② 中型砌块：系列中主规格的高度为380～980mm的砌块，简称为中砌块。

③ 大型砌块：系列中主规格的高度大于980mm的砌块，简称为大砌块。

3）石材

包括各种料石与毛石。

4）墙体板

（2）砌体材料按生产工艺分类

1）烧结砖(砌块)：经配料、制坯、干燥、焙烧而制成的砌体材料。例如：烧结普通砖、烧结粉煤灰砖、烧结页岩砖、烧结多孔砖、烧结空心砖、烧结空心砌块等。在不致混淆的情况下，可省略烧结两个字。

2）蒸养砖(砌块)：经常压蒸汽养护硬化而制成的砌体材料。例如：蒸养粉煤灰砖、蒸养矿渣砖、蒸养煤渣砖等。在不致混淆的情况下，可省略蒸养两个字。

3）蒸压砖(砌块)：经高压蒸汽养护硬化而制成的砌体材料。例如：蒸压粉煤灰砖、蒸压矿渣砖、蒸压灰砂砖等。在不致混淆的情况下，可省略蒸压两个字。

4）内燃砖：主要靠砖坯本身所含的可燃性物质(包括原料中的或外掺的)焙烧而制成的砌体材料。

5）碳化砖：以石灰为胶凝材料，加入骨料成型，经二氧化碳处理硬化而制成的砌体材料。

（3）砌体材料按孔洞分类

1）实心砖：无孔洞或孔洞率＜15％。

2）微孔砖：通过掺入成孔材料(如聚苯乙烯微珠、锯末等)经焙烧在砖内造成微孔的砌体材料。

3）空心砖：孔洞率≥15％，孔的尺寸大，而数量少。例如：

烧结空心砖、烧结空心砌块。

4）多孔砖：孔洞率≥15%，孔的尺寸小，数量多。例：烧结多孔砖。

2.1.2　砌体材料的功能

（1）结构功能

砌体可以作为建筑物的主要受力构件，承受楼板、屋顶传递的竖向荷载，称为承重的砌体结构；可以作为配筋砌体剪力墙承受竖向和水平作用力；也可以作成一定刚度和承载能力的砌体，作为建筑物的横向稳定结构。

（2）围护功能

砌体作为建筑物或房间的围护墙，可以挡风阻雨，隔热御寒，隔声抗扰；可以阻止自由出入，阻断窃听观望，形成封闭私密空间。

（3）分隔功能

建筑物根据使用功能要求，内部要分隔成各种不同用途的使用空间，一般称为房间。各使用空间，应是相互独立的，以减少各使用空间中生活、生产及工作的干扰。各房间又必须是相互联系的，需要交通联系空间，如过道、走廊、门厅、楼梯等。砌体作为隔墙能满足建筑物使用空间与交通空间的分隔。

2.1.3　砌体材料的主要功能特性

和砌体材料三大功能相关的特性如下：

（1）规格尺寸

砌体材料(毛石除外)一般为直角六面体，有规格的尺寸，使建筑物能按设计成型。有时也可以制作成异形，使建筑物造型丰富多彩。

（2）砌体材料的强度等级

根据砌体材料抗压强度平均值 f 确定。

（3）抗风化性能

通常将干湿变化、温度变化、冻融变化等气候对砌体材料的作用称为“风化”作用，抵抗“风化”作用的能力，称为“抗风化性能”。日气温从正温降至负温或从负温升至正温的每年平均天数，与每年从霜冻之日起至消失霜冻之日止这一期间降雨总量(以 mm 计)的平均值的乘积称为“风化指数”。全国按“风化指数”分为严重风化区(风化指数≥12700)和非严重风化区(风化指数＜12700)，见表 2-1。

全国风化区的划分 **表 2-1**

严重风化区(风化指数≥12700)		非严重风化区(风化指数＜12700)	
1. 黑龙江省	10. 山西省	1. 山东省	10. 湖南省
2. 吉林省	11. 河北省	2. 河南省	11. 福建省
3. 辽宁省	12. 北京市	3. 安徽省	12. 台湾省
4. 内蒙古自治区	13. 天津市	4. 江苏省	13. 广东省
5. 新疆维吾尔自治区		5. 湖北省	14. 广西壮族自治区
6. 宁夏回族自治区		6. 江西省	15. 海南省
7. 甘肃省		7. 浙江省	16. 云南省
8. 青海省		8. 四川省、重庆市	17. 西藏自治区
9. 陕西省		9. 贵州省	18. 上海市

(4) 泛霜

制作砌体材料的黏土原料中的可溶性盐类(如硫酸钠)，随着水分蒸发而在砖(砌体)表面产生的盐析现象称为泛霜，一般为白色粉末，常在砖(砌体)表面形成絮团状斑点。轻微泛霜能对清水墙建筑外观产生较大影响；中等程度泛霜，用于建筑中的潮湿部位时，约 7～8 年后因盐析结晶膨胀将使砌体表面产生粉状剥落，在干燥环境使用约 10 年以后也将开始剥落。严重泛霜对建筑结构的破坏性更大。

(5) 石灰爆裂

当制作砌体材料的原料中夹杂有石灰石时，焙烧时将被烧成生石灰，砌筑时砌体材料吸水后石灰消化，产生体积膨胀，导致砌体发生胀裂破坏，这种现象称为石灰爆裂。石灰爆裂降低砌体强度，影响砌体材料的质量。

2.2 砌 体 砖

2.2.1 砖的分类和命名

根据建筑工程中使用部位的不同，砖分为砌墙砖、楼板砖、拱壳砖、地面砖、下水道砖和烟囱砖等。砌墙砖根据不同的建筑性能分为承重砖、非承重砖、工程砖、保温砖、吸声砖、饰面砖、花板砖等。

根据生产工艺的特点，砖分为烧结制品与非烧结制品两类。

根据使用的原料不同，砖分为黏土砖、页岩砖、煤矸石砖、粉煤灰砖、炉渣砖、灰砂砖等。

根据外形，砖又可分为实心砖、微孔砖、多孔砖和空心砖；普通砖和异型砖等。

砖的命名一般依据主要材料、生产工艺和用途。主要有：烧结普通砖(GB/T 5101—2003)、烧结多孔砖(GB 13544—2000)、烧结空心砖和空心砌块(GB 13545—2003)、蒸压灰砂砖(GB 11945—1999)、蒸压灰砂空心砖(JC/T 637—1996)、粉煤灰砖(JC 239—2001)等。

2.2.2 砌体砖简介

砖是最传统的砌体材料。已由黏土为主要原料逐步向利用煤矸石和粉煤灰等工业废料发展，同时由实心向多孔、空心发展，由烧结向非烧结发展。砖作为砌体材料在逐步被砌块与墙体板取代，因此砌体砖只作简介。

(1) 烧结普通砖

烧结普通砖按主要原料分为黏土砖(N)、页岩砖(Y)、煤矸石砖(M)和粉煤灰砖(F)。是经调制、制坯、干燥、焙烧(950～1050℃)冷却后而成的砌体材料。最常见的是烧结普通黏土砖。目前，我国大量生产和使用的是机制红砖。

(2) 烧结多孔砖

烧结多孔砖是以黏土、页岩、煤矸石为主要原料，经焙烧而成的孔洞率(孔洞面积占所在面积的百分数)大于或等于15%的砌体材料，可用于砌筑墙体的承重部位。多孔砖为大面有孔洞的砖，孔多而小，使用时孔洞垂直于承压面。

与普通砖相比，生产多孔砖，可节省黏土20%～30%，节约燃料10%～20%，且砖坯焙烧均匀，烧成率高。采用多孔砖砌筑墙体，可减轻自重1/3左右，工效提高约40%。同时，还能改善墙体的热工性能。

(3) 烧结空心砖和空心砌块

烧结空心砖(砌块)是以黏土、页岩、煤矸石为主要原料经制坯，焙烧而成，其孔洞率等于或大于15%的轻质高强的砌体材料，常用于非承重部位。与普通砖(实心砖)比较，具有许多优点：在砖的生产上，能节约黏土原料和燃料；可提高质量、增加产量、降低成本；在墙体建筑上，能提高施工工效，节约砌筑砂浆，降低墙体造价，减轻墙体的自重，改善保温隔热及吸声、隔声性能。

(4) 粉煤灰砖

粉煤灰砖是以粉煤灰、石灰为主要原料，掺加适量石膏和骨料经坯料制备、压制成型、常压或高压蒸汽养护而成的砌体材料。

煤煤灰砖可用于建筑的墙体和基础。在易受冻融和干湿交替作用的建筑部位必须使用一等砖。用于易受冻融作用的建筑部位时，要进行抗冻性检验，并用水泥砂浆抹面或在建筑设计上采取其他适当措施，以提高建筑的耐久性。用粉煤灰砖砌筑的建筑物，应适当增设圈梁及伸缩缝，或采取其他措施，以避免或减少收缩裂缝的产生。长期受热高于200℃，受冷热交替作用或有酸性侵蚀的建筑部位不得使用粉煤灰砖。

(5) 蒸压灰砂砖

蒸压灰砂砖呈灰白色，如在混合料中掺入着色剂，制品可获得各种不同颜色。其密度一般为1800～1900kg/m^3，自然状态下含水率约4.7%～5.2%，热导系数约0.614W/(m·K)，抗冻性经15次冻融循环，抗压强度降低不超过25%，单块砖样的干重损失不超过2%为合格。

蒸压灰砂砖长期在高温下，氢氧化钙脱水(500℃)，石英膨胀(573℃)，以及碳酸钙分解(900℃)，会使砖发生破坏，因此它不适宜砌炉子和烟囱等。

2.3 轻质保温砌块

砌块是近年来逐渐发展起来的一种砌体材料，可以充分利用地方材料和工业废料，比普通黏土砖的体积大，通常用4～10种不同规格排列组合，就可以满足房屋建筑的不同要求。砌块具备砖的优点，砌墙时可以上下错缝，纵横搭砌，轻便灵活，适应性强。砌筑时可在砂浆层中铺设钢筋网片或在墙体内插筋，以及设置必要的圈梁等措施，就可以满足抗震要求。

砌块按用途分为承重砌块与非承重砌块；按有无孔洞分为实心砌块与空心砌块；按使用原材料分为硅酸盐混凝土砌块与轻骨料混凝土砌块；按生产工艺分为烧结砌块与蒸压蒸养砌块；按产品规格分为大型砌块、中型砌块和小型砌块。

下面主要介绍蒸压加气混凝土砌块、石膏砌块、轻骨料混凝土小型空心砌块和粉煤灰小型空心砌块。

2.3.1 蒸压加气混凝土砌块

凡以钙质材料和硅质材料为基本原料(如水泥、水淬矿渣、粉煤灰、石灰、石膏等)，经过磨细，以铝粉为发气材料(发气剂)，按一定比例配合，再经过料浆浇注、发气成型、坯体切割、蒸压养护等工艺制成的一种轻质、多孔、块状墙体材料称蒸压加气混凝土砌块。

(1) 应用范围

1) 适用于框架建筑、高层建筑、地震设防的建筑、保温隔热要求高的建筑及软土地基地区的建筑，可用作承重墙体、非承重墙体，也可作保温材料使用。

2) 作轻质墙体，可用作普通钢筋混凝土框架结构的填充材料和自承重轻质隔墙。

3) 作保温材料，可用作一些工业厂房和特殊建筑的保温材料。

(2) 性能指标

蒸压加气混凝土砌块适于建筑物墙体和绝热用。砌块的产品分类和技术要求，国家标准《蒸压加气混凝土砌块》(GB/T 11968—2006)规定如下：

1) 砌块的规格公称尺寸

砌块一般规格的规格公称尺寸为：

长度：600；高度：200，240，250，300；宽度：100，120，125，150，180，200，240，250，300……

2) 砌块的干密度

按照砌块的干密度，砌块的密度级别见表 2-2。

砌块的干密度(kg/m^3) **表 2-2**

密度级别		B03	B04	B05	B06	B07	B08
干密度	优等品(A)≤	300	400	500	600	700	800
	合格品(B)≤	325	425	525	625	725	825

3) 砌块的强度及强度等级

砌块的抗压强度及强度级别，见表 2-3 及表 2-4。

砌块的抗压强度 **表 2-3**

强度级别	立方体抗压强度(MPa)		强度级别	立方体抗压强度(MPa)	
	平均值不小于	单块最小值不小于		平均值不小于	单块最小值不小于
A1.0	1.0	0.8	A5.0	5.0	4.0
A2.0	2.0	1.6	A7.5	7.5	6.0
A2.5	2.5	2.0	A10.0	10.0	8.0
A3.5	3.5	2.8			

砌块的强度级别 **表 2-4**

干密度级别		B03	B04	B05	B06	B07	B08
强度级别	优等品(A)	A1.0	A2.0	A3.5	A5.0	A7.5	A10.0
	合格品(B)			A2.5	A3.5	A5.0	A7.5

4）砌块的尺寸偏差和外观质量

砌块的尺寸允许偏差和外观质量，见表 2-5。

砌块的尺寸偏差和外观质量 **表 2-5**

项目			指标	
			优等品(A)	合格品(B)
尺寸允许偏差(mm)	长度	L	±3	±4
	宽度	B	±1	±2
	高度	H	±1	±2
缺棱掉角	最小尺寸不得大于(mm)		0	30
	最大尺寸不得大于(mm)		0	70
	大于以上尺寸的缺棱掉角个数，不多于(个)		0	2
裂纹长度	贯穿一棱二面的裂纹长度不得大于裂纹所在面的裂纹方向尺寸总和的		0	1/3
	任一面上的裂纹长度不得大于裂纹方向尺寸的		0	1/2
	大于以上尺寸的裂纹条数，不多于(条)		0	2
爆裂、粘膜和损坏深度不得大于(mm)			10	30
平面弯曲			不允许	
表面疏松、层裂			不允许	
表面油污			不允许	

5）砌块的干燥收缩、抗冻性和导热系数

砌块的干燥收缩、抗冻性和导热系数，见表 2-6。

砌块的干燥收缩、抗冻性和导热系数　　　　表 2-6

<table>
<tr><td colspan="3">干密度级别</td><td>B03</td><td>B04</td><td>B05</td><td>B06</td><td>B07</td><td>B08</td></tr>
<tr><td rowspan="2">干燥收缩值[a]</td><td colspan="2">标准法(mm/m)　≤</td><td colspan="6">0.50</td></tr>
<tr><td colspan="2">快速法(mm/m)　≤</td><td colspan="6">0.80</td></tr>
<tr><td rowspan="3">抗冻性</td><td colspan="2">质量损失(%)　≤</td><td colspan="6">5.0</td></tr>
<tr><td rowspan="2">冻后强度(MPa)≥</td><td>优等品(A)</td><td rowspan="2">0.8</td><td rowspan="2">1.6</td><td>2.8</td><td>4.0</td><td>6.0</td><td>8.0</td></tr>
<tr><td>合格品(B)</td><td>2.0</td><td>2.8</td><td>4.0</td><td>6.0</td></tr>
<tr><td colspan="3">导热系数(干态)[W/(m·K)]　≤</td><td>0.10</td><td>0.12</td><td>0.14</td><td>0.16</td><td>0.18</td><td>0.20</td></tr>
</table>

a　规定采用标准法、快速法测定砌块干燥收缩值，若测定结果发生矛盾不能判定时，则以标准法测定的结果为准。

6）放射性

掺用工业废渣为原料时，所含放射性物质，应符合《掺工业废渣建筑材料产品放射性物质控制标准》(GB 9196)的规定。

(3) 使用要点

1）主要用于建筑物的外填充墙、非承重内隔墙和保温墙体，但不宜用于墙体最外层。

2）如无有效措施，不得使用于：建筑物标高±0.000 以下；长期浸水、经常受干湿或经常受冻融循环的部位；受酸碱化学物质侵蚀的部位以及制品表面温度高于 80℃的部位。

3）外墙转角及内、外墙交接处应咬砌，并在沿墙高 1m 左右的灰缝内配制钢筋或网片，每边深入墙内 1m，山墙沿墙高 1m 左右的灰缝内另加通长钢筋。

后砌的非承重墙、填充墙或隔墙与外承重墙相交处，应沿墙高 900～1000mm 处用钢筋与外墙连接，且每边深入墙内的长度不得小于 700mm。

4）加气混凝土外墙墙面的突出部分，如线脚、出檐、窗台等，应做泛水和滴水，避免流入墙中的水经多次冻融循环后，破坏外墙面。

5）在砌块墙底、墙顶、门窗洞口处应局部采用烧结普通砖或多孔砖砌筑，其高度不宜小于 20mm。

6）不同干密度和强度等级的加气混凝土砌块不应混砌，也不得与其他砖和砌块混砌。

7）砌筑砂浆应采用黏结性能良好的专用砂浆；加气混凝土的抹面也应采用专用的抹面材料或聚丙烯纤维抹面抗裂砂浆，粉刷石膏也是较好的抹面材料。

8）砌筑切锯时应使用专门工具，不得任意乱砍。

9）不得在墙上设脚手眼，可采用里脚手或双排外脚手砌筑。

10）管线埋设于墙内时，不得用瓦刀、锤斧剔凿，要使用专门镂槽工具。管线外径不宜大于 25mm，埋好后用水冲去粉末，再用混合砂浆填实。

管线埋设应在抹灰前完成。管线穿墙或其他原因必须在墙上开孔洞时，均不得用锤凿等冲击墙体，应用电钻钻洞。

11）墙上孔洞需要堵塞时，应用经切锯而成的异型砌块和加气混凝土修补砂浆填堵，不能用其他材料塞堵(如碎砖、混凝土块或普通砂浆等)。

12）砌筑时应在每一块砌块全长上铺满砂浆。铺浆要厚薄均匀，浆面平整。铺浆后立即放置砌块，要求对准皮数杆，一次摆正找平，保证灰缝厚度。如铺浆后不立即放置砌块、砂浆凝固了，需铲去砂浆，重新砌筑。竖缝可采用挡板堵缝法填满、捣实、刮平，也可采用其他能保证竖缝砂浆饱满的方法。随砌随将灰缝钩成 0.5～0.8mm 的凹缝。

2.3.2 石膏砌块

石膏作为三大胶凝材料之一，具有制品质轻、保温隔热、吸声、耐火、尺寸稳定、装饰性好等特点。

(1) 应用范围

石膏砌块具有质轻、隔热、防火、隔声和调节室内温度的良好性能，可锯、钉、铣、钻，表面平坦光滑，不用墙体抹灰。

1）主要用于工业和民用建筑物中的框架结构以及其他结构建筑的非承重内隔墙。

2）既可用作一般的分室隔墙，也可采取复合结构，用于隔声要求较高的隔墙。

3）可用于厨房、浴室、卫生间等空气湿度较大的场所。

（2）性能指标

1）石膏砌块的规格、尺寸允许误差、外观质量及其他性能见表 2-7。

石膏砌块的规格、尺寸、外观质量及其他性能指标　　表 2-7

<table>
<tr><th colspan="2">项　目</th><th>指标</th><th colspan="2">项　目</th><th>指标</th></tr>
<tr><td rowspan="3">规格与尺寸允许误差（mm）</td><td>长度 666</td><td>±3</td><td rowspan="6">外观质量</td><td rowspan="2">缺角</td><td rowspan="2">同一砌块不得多于 1 处，缺角尺寸应小于 30mm×30mm</td></tr>
<tr><td>宽度 500</td><td>±2</td></tr>
<tr><td>厚度 60，80，90，100，110，120</td><td>±1.5</td><td rowspan="2">板面裂纹</td><td rowspan="2">非贯穿性裂纹不得多于一条，裂纹长度小于 30mm，宽度小于 1mm</td></tr>
<tr><td colspan="2">平整度(mm)　≤</td><td>1.0</td></tr>
<tr><td colspan="2">断裂荷载(kN)　≥</td><td>1.5</td><td>油污</td><td>不允许</td></tr>
<tr><td colspan="2">防潮砌块软化系数　≥</td><td>0.6</td><td>气孔</td><td>直径 5～10mm 不多于 2 处；>10mm 不允许</td></tr>
</table>

2）80mm 厚石膏空心砌块的技术性能见表 2-8。

石膏空心砌块技术性能指标　　表 2-8

项　目	指　标	项　目	指　标
体积密度(kg/m^3)	650	隔声性能(dB)	45.71
抗弯强度(MPa)	4.0	放射性(GB 6566—2001)	符合
抗压强度(MPa)	9.0	钉子吊挂荷载(kg)	40
抗拉强度(MPa)	2.0	加工性能	可锯、可刨、可钻孔
导热系数［W/(m·K)］	0.1071	抗冲击性	15kg 砂袋，1m 距离经受 20 次冲击无裂缝
软化系数	≥0.5		

3）使用要点

① 应选用机制石膏砌块。

② 空气湿度较大的场合，应选用防潮石膏砌块。

③ 对隔声有较高标准要求时，可采用复合结构。

④ 内隔墙允许最大高度和最大长度见表 2-9。

内隔墙允许最大高度和最大长度 **表 2-9**

项　　目	墙厚(mm)		
	60	80	100
最大高度(m)	3.00	3.50	4.50
最大长度(m)	6.00	6.00	6.00

注：1. 一般墙体厚度不宜≤80mm。

2. 石膏砌块墙的高厚比应按《砌体结构设计规范》(GB 50003—2001)进行验算。

⑤ 石膏砌块一般无须抹灰，砌块砌筑时，上、下缝为错缝排列，转角、丁字墙、十字连接部位应上下搭接咬砌，墙体砌筑采用石膏粘结剂。

2.3.3 轻骨料混凝土小型空心砌块

以水泥为胶结料，配以轻骨料，经搅拌、成型、养护而制作的空心砌体材料，称为轻骨料混凝土小型空心砌块，常结合骨料名称命名，例如，陶粒空心砌块、浮石空心砌块(简称可省略混凝土 3 个字)。空心砌块的空心率等于或大于 25%，表观密度一般为 700～1000kg/m^3。

(1) 应用范围

轻质混凝土空心砌块以其轻质、高强、保温隔热性能好、抗震性能好等特点，适用于各种建筑。轻骨料混凝土小型空心砌块砌筑方便，在各种建筑墙体中得到广泛应用，特别是在保温隔热要求较高的围护结构中的应用。

(2) 性能指标

其技术要求按照《轻骨料混凝土小型空心砌块》(GB/T 15229—2002)标准如下：

1) 砌块的公称尺寸

① 主要规格尺寸：390mm×190mm×190mm。

② 其他规格尺寸，可由供需双方商定。

③ 按其孔的排数可分为：单排孔、双排孔、三排孔和四排孔等四类。

2) 砌块的强度等级(见表 2-10)

强 度 等 级 **表 2-10**

强度等级	砌块抗压强度(MPa)		密度等级范围
	平均值	最小值	
1.5	≥1.5	1.2	≤600
2.5	≥2.5	2.0	≤800
3.5	≥3.5	2.8	≤1200
5.0	≥5.0	4.0	
7.5	≥7.5	6.0	≤1400
10.0	≥10.0	8.0	

注：强度等级符合本表要求者为优等品或一等品；密度等级范围不满足要求者为合格品。

3) 尺寸偏差和外观质量

尺寸允许偏差，见表 2-11。外观质量，见表 2-12。

尺寸允许偏差(mm) **表 2-11**

项目名称	一等品(B)	合格品(C)
长　　度	±2	±3
宽　　度	±2	±3
高　　度	±2	±3

外观质量(块) **表 2-12**

项 目 名 称			一等品(B)	合格品(C)
缺棱掉角	个数(个)	不多于	0	2
	三个方向投影尺寸的最小值(mm)	不大于	0	30
裂缝延伸的投影尺寸累计(mm)		不大于	0	30

4）相对含水率(表 2-13)

相对含水率(%) **表 2-13**

干缩率(%)	相对含水率(%)		
	潮 湿	中 等	干 燥
<0.03	45	40	35
0.03～0.045	40	35	30
0.045～0.065	35	30	25

注：1. 潮湿——系指年平均相对湿度大于 75%的地区；
2. 中等——系指年平均相对湿度 50%～75%的地区；
3. 干燥——系指年平均相对湿度小于 50%的地区。

5）抗渗性

用于清水墙的砌块，其抗渗性要求见表 2-14。

用于清水墙砌块抗渗性(mm) **表 2-14**

项 目 名 称	指 标
水面下降高度	3 块中任一块不大于 10

6）抗冻性(表 2-15)

抗 冻 性 **表 2-15**

使用环境条件		抗冻等级	指 标
非采暖地区		F15	强度损失≤25% 质量损失≤5%
采暖地区	一般环境	F25	
	湿环境	F35	
水位变化、干湿循环环境		F≥50	

注：1. 非采暖地区指最冷月份平均气温高于−5℃的地区；采暖地区指最冷月份平均气温低于或等于−5℃的地区。
2. 一般环境相对湿度≤60%，湿环境相对湿度>60%。
3. 粉煤灰掺量≥取代水泥量 50%时，F≥50。

7）碳化系数和软化系数

碳化系数和软化系数：加入粉煤灰等火山灰质掺合料的小砌块，其碳化系数不应小于0.8；软化系数不应小于0.75。

（3）使用要点

1）一般档次建筑选用一等品（不宜采用合格品）砌块，强度等级宜≥2.5；中档或较高档建筑应选用优等品，且用于中档建筑时强度等级宜≥3.5；用于较高档建筑时强度等级宜≥5.0。

2）轻骨料混凝土小型空心砌块墙的高厚比可参照《砌体结构设计规范》进行验算。

3）由于外壁和肋较薄，故轻骨料粒径不应大于10mm（市场产品陶粒粒径经常大于10mm），否则无法保证质量。

4）应查看产品的吸水率，相对含水率是否符合建筑所在地区的湿度条件，即不同吸水率时，相对含水率应符合表2-16的要求。

相对含水率　　表2-16

吸水率(%)	潮　湿	中　等	干　燥
＜15	45	40	35
15～18	40	35	30
＞18	35	30	25

注：1. 潮湿系指年平均相对湿度大于75%的地区；
2. 中等系指年平均相对湿度为50%～75%的地区；
3. 干燥系指年平均相对湿度小于50%的地区。

5）从配套材料角度避免（减少）墙体开裂要点：

① 砌块建筑应采用砌筑砂浆，且灰缝钢筋应做防腐处理。

② 抹面材料的选择应尽量与砌块基材特性相适应，以减少抹面层龟裂的可能。有条件时，宜根据砌块强度等级选用与之相对应的专用抹面砂浆（或聚丙烯纤维抹面抗裂砂浆），要求不高时亦可用混合砂浆代替，忌用水泥砂浆抹面。

③ 轻骨料混凝土小型空心砌块内隔墙节点做法：可参考国

家建筑标准设计图集《内(隔)墙建筑构造》。

2.3.4 粉煤灰小型空心砌块

粉煤灰小型空心砌块是以水泥、粉煤灰和各种轻、重骨料为原料，加水，必要时可加入少量外加剂，经计量、配料、搅拌、成型、蒸汽养护制成的，规定其中粉煤灰用量不应低于20%，水泥用量不应低于原材料重量的10%。

(1) 应用范围

粉煤灰小型砌块可分为承重砌块和非承重砌块，可在低层、多层及中高层建筑中应用，是混凝土小型空心砌块中的一个重要种类。

(2) 技术性能指标

粉煤灰小型空心砌块执行行业标准 JC 862—2000。标准将产品分为优等品、一等品和合格品，并对其尺寸偏差和外观质量提出了具体要求，对其主要技术指标规定见表2-17。

技术指标 **表2-17**

项目		指标					
28d抗压强度(MPa)	强度等级	2.5	3.5	5.0	7.5	10.0	15.0
	平均值 ≥	2.5	3.5	5.0	7.5	10.0	15.0
	最小值 ≥	2.0	2.8	4.0	6.0	8.0	12.0
碳化系数	≥	0.80(优等品)；0.75(一等品)；0.70(合格品)					
干燥收缩率	≤	0.06%					
软化系数	≥	0.75					
放射性		符合GB 9196要求					
抗冻性		非采暖地区不规定；采暖地区，一般环境要求抗冻等级F15，干湿交替环境F25，均应满足：强度损失≤25%，质量损失≤5%					

(3) 使用要点

粉煤灰小型空心砌块的应用范围基本与轻集料混凝土空心小

型砌块相同。强度等级 5.0 级以下者用于非承重结构和非承重保温结构。

1）据建筑结构使用功能要求，应对砌块的材料、规格、类型、质量及供应、生产能力等作综合评定。

2）砌块的强度等级、相对含水率达不到设计要求及龄期不足 28d 的不能选用。

3）砌块的收缩率和相对含水率应符合表 2-18 的要求。

砌块的收缩率和相对含水率 **表 2-18**

收缩率（%）	使用地区年平均相对湿度		
	>75%（潮湿）	50%～75%（中等）	<50%（干燥）
<0.03	45	40	35
0.03～0.045	40	35	30
0.045～0.065	35	30	25

4）根据承重和非承重砌块的分类，砌体中各类块型组配规格的强度应匹配，同一个楼层高度内，同类砌块各种块型应具有相同的强度等级。

5）用手外墙的砌块应达到抗渗要求。

2.4 轻质墙板

轻质墙板集装饰、装修和维护功能于一体，具有优良的保温、隔热、隔声、防火和装饰效果。采用免烧、免蒸的工艺过程，无废水、废气、粉尘及放射性污染物排放，因此在生产和使用过程中具有节能、环保功能。施工减少了运输费用，并因其轻质减轻了建筑物的自重，改变了以往的“重盖、肥梁、胖柱、深基”的落后状态，使建筑物扩大了 5%～10%的使用面积，从而促进了建筑结构的改革，是为适应和满足建筑工业标准化设计、预制化生产和装配式施工的需要而发展起来的一种新型建筑材料。因其优良的性能和特点，在建筑工程中的应用正逐渐增多，受到建筑市场的普遍关注。

2.4.1 水泥刨花板

水泥刨花板是以水泥为胶凝材料，以木质材料(枝桠材、小径材、低品位木材及木材加工中的下角料木屑、刨花、木丝或农作物植物纤维、蔗渣、棉秆、亚麻秆、棕榈等)的刨花纤维为增强填充材料，外加适量的化学助剂和水，经强制搅拌混匀、铺装成型、加压固结、增强养护而成。它是采用半干法生产工艺，在受压状态下完成水泥与木质材料的固结而形成的水泥、木质复合材料。

(1) 水泥刨花板分类

水泥木质制品按其木质材料的几何形态可分为3类。

1) 水泥木屑板：其木质形态呈粒状，在木材加工中的盘锯及带锯加工碎屑均可使用。在水泥木屑板中通常木屑粒径10mm的用量比例不大于30%，粒径5mm的不大于60%，2mm的为5%，小于2mm的为5%。水泥木屑板的木质材料可以是纯木屑，也可以木屑与木刨花混用，其重量组成为木屑∶刨花＝8∶2(或6∶4)。

2) 水泥刨花板：水泥刨花板的木屑形态为刨花，其尺寸一般为长20～40mm，宽4～6mm，厚0.2～0.4mm。刨花的厚度影响到板的静曲强度。刨花较薄，可得到较高的静曲强度而平面抗拉强度则有所降低；刨花较厚则平面抗拉强度有所提高，而冲击强度和吸水厚度膨胀率略有下降。为得到较为平整和均质的表面，按水泥刨花板的不同厚度常加入不同组成量的表层刨花，表层刨花的形态通常为长度8mm左右，宽度0.2mm左右，厚度约0.1～0.3mm。在实际生产中也常采用针状刨花，此类刨花的宽度与厚度近似，大约为6mm或更小些，其长度约为24～30mm。

3) 水泥木丝板：水泥木丝板也称万利板，其木质形态为木丝，木丝分粗丝及细丝，其规格和公差如表2-19所示。

木丝之尺度及公差(mm) 表 2-19

种类＼尺度	厚　度	宽　度	长　度
粗　丝	0.25±0.01	3.5±0.5	400±50
细　丝	0.25±0.01	1.8±0.2	400±50

(2) 水泥刨花板的应用范围

水泥刨花板是以水泥为胶结剂，以木刨花纤维为增强材料，采用半干法生产工艺，在受压条件下完成水泥在木质刨花上的凝结而形成一种集高强、防火、隔声、耐湿防水、保温隔热、环保及易加工、握钉力强等诸多优良性能于一身的新型建筑材料；具有优良的耐久与耐候性能；无化学污染、无放射性、无光污染、无燥声等污染，是无损健康的绿色建材。水泥刨花板被广泛应用于建筑、交通、轻工等领域。

水泥刨花板在建筑中的主要用途：

1) 隔墙板

所用水泥刨花板厚度为10mm、12mm、15mm。

2) 吊顶天花板

板材厚度为6mm、8mm，一般采用承载龙骨垂直吊挂方式安装，也可采取粘、钉结合的方法，先用聚合物水泥粘结［胶粘剂质量比为：水泥·聚醋乙烯＝1：(0.05～0.15)］，将板的反面粘结到已经装好的骨架上，检查其平整度和花纹的一致性。在拼装好的情况下，用一定规格的压条(木质和塑料)压到预留槽中用钉或螺钉加固，按用户的要求涂刷涂料整理即成，24h后即可使用。

3) 建筑模板

板材厚度15～18mm，若板材不敷脱模剂，可做成不拆卸永久性的复面材料。

4) 活动房

可采用钢结构骨架或木骨架及水泥刨花板自组合骨架，用10mm厚板材作内墙板，12～16mm厚板材作外墙板，空腔适当填充隔热、隔声材料即形成活动房，作外墙板时应涂刷外墙防水装饰涂料。

5）楼房加层

在原楼房的顶层连接框架、制作混凝土梁柱及框架完成之后，按“现装墙”的方法进行施工，铺装加层时事先必须对原基础进行荷载核算。

6）分割室内空间

原房屋的室内空间不能满足需要时，可用水泥刨花板重新分割，根据用户需要制作安装分室墙、隔断墙和四周的结合部位，将U形龙骨用射钉和聚合物水泥固定在原墙体和楼板、地板上。分室墙的连接可采用竖宽I形龙骨(比竖龙骨贵一倍)和竖两根U形龙骨连接处理或直接用U形龙骨与墙板连接。

另外，还可用于轻型屋面板、防静电地板、窗台挡板、外墙内保温板或护墙板、门芯板等。

(3) 水泥刨花板的性能

水泥刨花板是在受压的状态下(成型压力20～30kg/cm^2)完成水泥的硬化固结。这种工艺保证了水泥与木质刨花纤维的界面充分紧密地结合，发挥了水泥与木质纤维共同复合的力学性能，因而具有较高的抗冲击、抗弯曲和抗压强度。板材受压成型表现出具有一定的密实性和相对的空隙性，而组成材料水泥及木刨花均是热的不良导体，因而表现出具有良好的隔热保温性和隔声性能。

水泥是传统的防水材料和耐候性材料，因此板材也具有相对的防水性能和耐久性能。

木质刨花在板材中不失木材属性，表现出可锯、可钉、可装饰的性能。使用实践证明水泥刨花板具有隔热、隔声、防火、防水、耐久、抗蛀蚀及可加工和装饰性，兼有木材及水泥制品所不及的特性。

1）水泥刨花板的一般性能指标

水泥刨花板按其密度一般分为两类：其一是普通水泥刨花

板，密度较小，均为 500～800kg/m³，通常作为保温、隔热材料；另一类是硬质水泥刨花板，密度为 1100～1300kg/m³，主要用作结构材料，其密度为砖和混凝土的一半。但是水泥刨花板作为墙体材料使用时往往是和轻钢龙骨复合使用，一般作为内墙时厚度通常为 12mm，外墙为 16mm，其面密度分别为 15kg/m² 和 20kg/m²（按密度 1250kg/m³ 测算），用 75×50×0.6 的轻钢龙骨分别做成内、外墙，其内、外墙体的质量分别为 33.2kg/m² 和 43.2kg/m²，也仅是用黏土砖做成的 24 墙体重（280kg/m²）的 1/8 和 1/6，是一种轻质墙体材料。

2）水泥刨花板的性能测定

耐火极限按 GB 9978 规定进行测定。不燃性试验按 GB 5464 规定进行测定。平直度、不平整度、方正度、尺寸偏差的测定按 GB/T 4897 和 JC 411 规定进行测定。弹性模量按 JC 411 规定进行测定。

3）水泥刨花板的物理力学指标

现将 JC 411—91 规定的物理力学指标列出以供参考，见表 2-20。

物理力学指标 **表 2-20**

项目		优等品	一等品	合格品
密度（kg/m³）	不大于	1250		1300
含水率（%）	不大于	12		
浸水 24h 厚度膨胀（%）	不大于	1.5		2.0
抗冻性		冻后强度损失不大于 20%		
自然含湿状态下抗折强度（MPa）	不小于	11.0	9.0	8.0
浸水 24h 抗折强度（MPa）	不小于	6.5	5.5	5.0
垂直平面抗拉强度（MPa）	不小于	0.5	0.4	0.3
抗折弹性模量（MPa）	不小于	3000		

4）水泥刨花板建筑应用性能要求

水泥刨花板建筑应用性能要求如表 2-21 所示。

水泥刨花板建筑应用性能 **表 2-21**

项　　目	检测标准	单　位	要求性能指标	备　注
面 密 度	参照 GB 9775	W	12.5～10.5	企业标准
含 水 率	参照 GB 9775	%	9±4	
断裂荷载	参照 GB 775	N	≮699	
静曲强度	参照 GB 4897	MPa	≮9.0	
内结合强度	参照 GB 11718.9	MPa	≮0.40	
弹性模量	参照 GB 4897	MPa	≮3.5×10^3	
受潮挠度	参照 GB 9775	mm	≯1.30	
浸水厚度膨胀率	参照 JC 680	%	≯2.0	
干 缩 值	参照 JC 680	mm/m	≯0.6	
导热系数	参照 GB 10294	W/(m²·K)	0.167	平均温度
抗 冻 性	参照 GBJ 82	MPa	5.76	50 次全破坏
握 钉 力	参照 GB 11718.9	N	≮600	
温度线膨胀率	参照 GB 11982.1	$℃^{-1}$	5.80×10^{-4}	−15～40℃
耐火极限	参照 GB 9978	h	1.5	
隔 声 性	参照 GBJ 75	dB	≮35	
不燃性试验	参照 GB 5464	级别	B_1	

5）建筑用水泥刨花板的规格尺寸

幅面为：(2600～3200)mm×1250mm。

标准厚度：8mm、10mm、12mm、14mm、16mm、24mm、28mm、30mm、40mm。

（4）水泥刨花板的使用要点

1）龙骨选用

水泥刨花板用作墙体材料是附着在龙骨上作面层板用，其龙骨可采用轻钢龙骨、木龙骨和水泥刨花板龙骨；目前最常用的为轻钢龙骨，隔墙用轻钢龙骨及配件应符合《建筑用轻钢龙骨》(ZB 11981)与《建筑用轻钢龙骨配件》(TC/TS 5894)的产品标准，其隔墙用龙骨规格见表 2-22。

隔墙用龙骨规格 表 2-22

名称	规格(mm)	质量(kg/m)	用　途
横龙骨	50×60×0.6	0.58	墙体和建筑结构(顶地)连接构件
	75×40×0.6(1.0)	0.70(1.16)	
	100×40×0.7(1.0)	0.95(1.36)	
	150×40×0.7(1.0)	1.23	
竖龙骨	50×50×0.6 50×45×0.6	0.77	墙体的主要受力构件
	75×50×0.6(1.0) 75×45×0.6(1.0)	0.89(1.48)	
	100×50×0.6(1.0) 100×45×0.6(1.0)	1.17(1.67)	
	150×50×0.7(1.0)	1.45	
通贯龙骨	38×12×1.0	0.45	竖龙骨的中间连接构件
CH龙骨	厚1.0	2.40	电梯井或其他特殊构造中墙体的主要受力构件
减震龙骨	厚0.6	0.35	受震构件中竖龙骨与水泥刨花板的连接构件
空气龙骨	厚0.5		竖龙骨和外墙板之间的连接构件

2）胶粘剂的选用

粘贴时可使用聚合物水泥胶粘剂［胶粘剂为水泥：聚醋酸乙烯胶(或丙烯酸乳液)＝1：0.05～0.15(质量比)］，配合水泥刨花板龙骨直接在墙面上粘结。

3）水泥刨花板搬运和储存方法

① 水泥刨花板在运输过程中应轻装轻卸，严禁剧烈地撞击、抛摔和受潮雨淋。

② 水泥刨花板在储存时，应按规格分类水平堆放在地面平整、通风良好的库房内，垛底要垫脚，严禁受潮。

③ 单垛堆放高度 $h \leqslant 1.0$m，多垛堆放时每垛 $h \leqslant 0.8$m，最高 2.4m，搬运时力求保持板材直立，用力方向一致。

4）板材安装

① 墙体骨架与四周主体结构固定形式可采用膨胀螺栓或预埋件，但一般采用射钉紧固。沿顶、沿地龙骨固定点的水平间距≤900mm，靠墙竖龙骨的垂直间距≤1000mm。吊顶龙骨一般采用预留埋件或吊钩，也可以用射钉固定。

② 横、竖龙骨的间距可按设计要求定，如设计中无节点构造时，墙体一般竖龙骨中距为 613mm，但如果墙体高度超过限制高度，竖龙骨中距应随墙高度变化而缩小，同时在竖龙骨开口面装支撑卡，卡距为 400～600mm。吊顶龙骨参照墙体。

③ 龙骨安装完毕后应按《装饰工程施工规范》进行验收。须检查龙骨尺寸及垂直度，待有关设施合格后再安装水泥刨花板。

④ 水泥刨花板安装时应在无应力状态下进行，要防止强拉就位。施工时相关湿作业未完成前应避免安装水泥刨花板。

⑤ 水泥刨花板可横向或纵向铺板（防火墙必须纵向铺设），板材周边必须落在龙骨架上，板与周围应松散吻合，留 3～5mm 缝隙；板与板之间留 6mm 缝隙，错缝排列。

⑥ 水泥刨花板一般用自攻螺丝固定。固定顺序应由每张板的中部向周边固定螺钉与板边间距 15mm，螺钉间距 200～300mm，保证板材与龙骨结合牢固。

5）水泥刨花板的接缝处理

板材安装后，应对板缝作处理，板面钉头作防锈及抹灰处理。

暗缝处理：

① 将板缝用工具扩至最小宽度×深度为 10mm×10mm 的三角锥形，用刷子将板边浮粉刷干净，然后在板缝处刷一道白乳胶，待干后将嵌缝水泥腻子（成分为硫铝酸盐水泥加乳白胶加短麻纤维调制成塑膏状）均匀饱满地嵌入缝内约 2/3 深处，并用嵌

缝水泥腻子填充两侧钉孔待干。

② 第一道水泥嵌缝腻子完全干燥后再用嵌缝水泥腻子均匀饱满地填入缝口，并将嵌缝水泥腻子的边沿刮平。

③ 用浸湿的穿孔涤纶布或维棉布贴在接缝处，并用刮刀将布带(布带宽度 5～8cm)用力压，使嵌缝水泥腻子从孔中挤出，再薄压一层嵌缝水泥腻子待干。

④ 第二道嵌缝水泥腻子和布带完全干燥后，再用嵌缝水泥腻子薄薄地覆盖在布带上(比布带稍宽)，并使其与板面均匀平滑连接。

⑤ 当嵌缝水泥腻子完全干后进行砂光处理，将缝口和钉孔的嵌缝水泥腻子打磨光滑，并使整个板面平滑。

明缝处理：直接选用金属压条装饰或根据设计要求定。

6）水泥刨花板的板面装饰注意事项

水泥刨花板具有高强耐水等优点，板材表面可作各种饰面，如贴壁纸、刷涂料、贴 PVC 喷涂，也可以贴瓷砖、锦砖、大理石等，还可以使用排钉枪施工进行软包处理，但在施工前应注意以下几点：

① 装饰前墙体构件与四周主体连接处必须用高密度岩棉作密封处理，墙体与吊顶边角应用防水材料密封(防水密封膏或有机硅树脂)。

② 装饰前必须检查墙体整体结构，要求牢固无松动，墙面平整无变形并且表面干净、清洁，无浮灰油渍等杂物。

③ 贴墙纸或磁砖时建议在板的两面涂上一层专用防水剂，并用专用胶粘剂作为粘结材料(厂家可配套提供)。

④ 选择涂料时，涂料应符合环保要求，为使其对含碱性的水泥基面有良好的附着力，建议选用水乳型丙烯酸乳胶漆。

2.4.2 混凝土空心板

(1) 发展优势

国内混凝土空心墙板发展优势概括起来有以下几点：

1）原材料来源广泛

首先，生产混凝土空心墙板的主要原材料之一是硅酸盐类水泥，当前我国水泥产量供大于求，并且遍布全国各地，易于购买；其次，用于混凝土空心墙板的粗骨料（如陶粒、炉渣、天然浮石、火山渣等）和细骨料（如：粉煤灰、陶砂、火山灰、细炉渣等）都可以因地制宜，就地取材，可与水泥配制生产混凝土空心墙板。

2）生产效率高

混凝土空心墙板生产容易实现半机械化或机械化生产，例如：美国斯蒂尔公司、德国翰得乐公司等外国公司的墙板生产工艺可机械化生产；国内混凝土空心墙板生产设备和设计的生产线实现了半机械化生产，劳动生产率可达每人每年 225m^3，超过了普通混凝土构件的每人每年 100m^3 和烧结普通砖每人每年 113～206m^3 的劳动生产率。

3）节约能源

混凝土空心墙板生产过程中不需要燃料，只消耗水、电，每平方米混凝土空心墙板消耗水电费用约 17.8 元，而生产烧结普通黏土砖消耗水电费用约 34 元。生产混凝土空心墙板比生产烧结普通黏土砖节约能源约 47.7％。

4）保护环境

生产混凝土空心墙板的原料充分利用了工业废渣，不需要黏土，不破坏植被，保护了环境。

5）降低建筑物总体造价

混凝土空心墙板体积密度小，能减轻建筑物的总体重量，使基础柱梁及墙体粉刷的造价降低，使用混凝土空心墙板作墙体可降低建筑物的总体造价。

随着墙体材料的革新和建筑节能的要求，墙板的发展，特别是具有较强竞争力的混凝土空心墙板将会得到更大的发展。

（2）混凝土空心墙板的规格型号

目前我国普遍生产和使用的混凝土空心墙板有普通板、门框板和过梁板三种板型；其规格按板厚隔墙分为 60、75、80 和 90，分户类板板厚 100、130 和 140，外墙类板板厚 180、190 和 200 等规格；板的长度、宽度应符合建筑模数要求，板长在 3300 以内，板宽一般为 600。

(3) 混凝土空心板外观质量与尺寸偏差要求

混凝土空心墙板的外观质量、外形尺寸与生产工艺、设备、骨料颗粒、配比和生产管理有关。外观质量如裂缝、气孔、缺棱掉角等直接影响墙体强度和耐久性；外形尺寸的偏差直接影响墙体装配和装配质量。因此对混凝土空心墙板的外观质量的尺寸偏差有严格的规定，建设部《建筑隔墙用轻质条板》(JG/T 169—2005)标准对工业灰渣混凝土空心隔墙条板的外观质量和尺寸偏差的规定见表 2-23 和表 2-24；上海市推荐性应用标准《轻骨料混凝土多孔墙板应用技术规程》对外观质量和尺寸偏差的规定见表 2-25 和表 2-26。

工业灰渣混凝土空心隔墙条板外观质量　　表 2-23

序号	项　目	指标
1	板面外露筋纤；板面、板边、板端；横向、纵向、厚度方向贯通裂缝(每块)	无
2	板面裂缝，长度 50～100mm，宽度 0.5～1mm(每块)	≤2 处
3	蜂窝气孔，长径 5～30mm(每块)	≤3 处
4	缺棱掉角，宽度(mm)×长度(mm)：10×25～20×30(每块)	≤2 处

工业灰渣混凝土隔墙条板尺寸偏差　　表 2-24

序号	项　目	允许偏差	序号	项　目	允许偏差
1	长　度	±5	6	侧向弯曲	$L/1250$
2	宽　度	±2	7	榫头宽	0；−2
3	厚　度	±1	8	榫头高	0；−2
4	板面平整	2	9	榫槽宽	+2；0
5	对角线差	8	10	榫槽深	+2；0

AC轻骨料混凝土多孔墙板的外观质量要求 表2-25

<table>
<tr><th colspan="3" rowspan="2">项　目</th><th colspan="2">允许范围</th></tr>
<tr><th>一等品</th><th>合格品</th></tr>
<tr><td rowspan="3">缺棱掉角</td><td colspan="2">长度(mm)≤</td><td>20</td><td>50</td></tr>
<tr><td colspan="2">宽度(mm)≤</td><td>20</td><td>50</td></tr>
<tr><td colspan="2">数量(处)≤</td><td>2</td><td>3</td></tr>
<tr><td rowspan="4">板面裂缝</td><td colspan="2">横向贯穿裂缝与非贯穿裂缝</td><td>不允许</td><td>不允许</td></tr>
<tr><td rowspan="3">纵向</td><td>长度(mm)</td><td>不允许</td><td>≤50</td></tr>
<tr><td>宽度(mm)</td><td>不允许</td><td>≤1</td></tr>
<tr><td>数量(处)</td><td>不允许</td><td>≤2</td></tr>
<tr><td rowspan="3">蜂窝气孔</td><td colspan="2">长度(mm)≤</td><td>10</td><td>30</td></tr>
<tr><td colspan="2">宽度(mm)≤</td><td>4</td><td>5</td></tr>
<tr><td colspan="2">数量(处)≤</td><td>1</td><td>3</td></tr>
<tr><td colspan="3">毛　边　毛　刺</td><td>不允许</td><td>不允许</td></tr>
</table>

AC轻骨料混凝土多孔墙板的尺寸偏差 表2-26

<table>
<tr><th>序　号</th><th colspan="2">项　目</th><th>一等品</th><th>合格品</th></tr>
<tr><td rowspan="6">1</td><td rowspan="6">规格尺寸</td><td>长　度</td><td>±3</td><td>±5</td></tr>
<tr><td>宽　度</td><td>±1</td><td>±2</td></tr>
<tr><td>厚　度</td><td>±1</td><td>±2</td></tr>
<tr><td>对角线差</td><td>≤10</td><td>≤10</td></tr>
<tr><td>接缝槽宽</td><td>+2</td><td>+2</td></tr>
<tr><td>接缝槽深</td><td>±0.05</td><td>±0.05</td></tr>
<tr><td>2</td><td>外　形</td><td>板面平整</td><td>≤2</td><td>≤2</td></tr>
</table>

(4) 混凝土空心墙板的物理力学性能

混凝土空心墙板的物理力学性能与配合混凝土的水泥用量、骨料类型及强度、配合比、生产工艺与设备等有关。为了满足墙体的强度和使用功能的要求，混凝土空心墙板的物理力学性能应达到表2-27、表2-28的要求，AC轻骨料混凝土多孔板的物理力学性能应达到表2-29的要求。

混凝土空心墙板物理力学性能　　　　表 2-27

序号	项　　目	指　标
1	抗冲击性能(次)	≥5
2	抗弯破坏荷载(板自重倍数)	≥1.5
3	抗压强度(MPa)	≥3.5
4	面密度(kg/m²)	≤70/90/110
5	含水率(%)	≤12/10/8*
6	干燥收缩值(mm/m)	≤0.6
7	吊挂力(N)	≤1000
8	空气声计权隔声量(dB)	≥30/35/40
9	耐火极限(h)	≥1
10	放射性比活度限值(Gra/740＋Cth/520＋Ck/9600 及 Cra/400)	≤1
11	软化系数	>0.8

* 此项指标不同限值规定对应的使用地区如表 2-28 所示。

条板不同相对含水率限值规定对应的使用地区　　　　表 2-28

含水率(%)	≤12	≤10	≤8
使用地区	潮　湿	中　等	干　燥

潮湿——系指年平均相对湿度大于 75%的地区
中等——系指年平均相对湿度 50%～75%的地区
干燥——系指年平均相对湿度小于 50%的地区

AC 轻骨料混凝土多孔墙板的物理力学性能　　　　表 2-29

<table>
<tr><th rowspan="2">板型号</th><th rowspan="2">含水率(%)≤</th><th colspan="2">抗折破坏荷载(N)≥</th><th rowspan="2">气干面密度</th><th rowspan="2">抗冲击(次)≥</th><th rowspan="2">吊挂力(N)≥</th><th rowspan="2">空气声计权隔声量(dB)≥</th><th rowspan="2">燃烧性能</th><th rowspan="2">耐火极限(h)≥</th></tr>
<tr><th>一等品</th><th>合格品</th></tr>
<tr><td>AC75Q</td><td rowspan="6">10</td><td>1500</td><td>1300</td><td>40</td><td rowspan="6">5</td><td rowspan="6">800</td><td>35</td><td></td><td>1.0</td></tr>
<tr><td>AC75B</td><td>2300</td><td>2100</td><td>60</td><td>39</td><td rowspan="5">非燃体</td><td>1.0</td></tr>
<tr><td>AC100Q</td><td>2300</td><td>2100</td><td>50</td><td>40</td><td>1.5</td></tr>
<tr><td>AC100B</td><td>3000</td><td>2800</td><td>80</td><td>42</td><td>1.5</td></tr>
<tr><td>AC120Q</td><td>3000</td><td>2800</td><td>72</td><td>40</td><td>1.5</td></tr>
<tr><td>AC120B</td><td>3200</td><td>3000</td><td>95</td><td>45</td><td>1.5</td></tr>
</table>

注：型号表示方法：AC——挤压成型轻骨料混凝土板的代号；75(或 100，或 120)——板厚；Q——轻板；B——标准板。

(5) 混凝土空心墙板使用要点

混凝土空心墙板运达施工工地后，一般按图 2-1 所示程序进行装配施工。

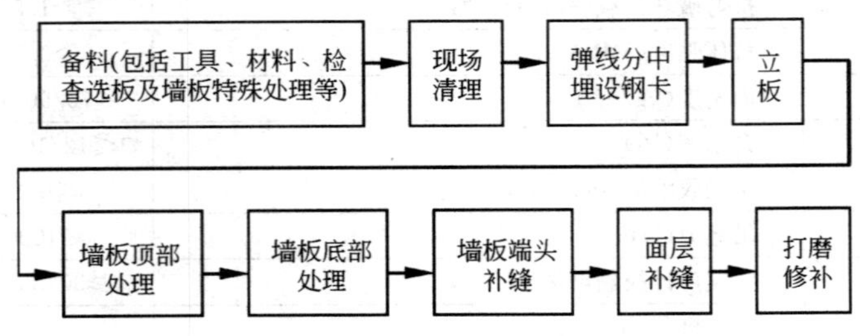

图 2-1 混凝土空心墙板装配施工工艺流程图

1) 混凝土空心墙板装配施工前的准备

① 装配工具及材料

装配墙板应准备的常用工具为：电锤、切割机、抛光机、检查尺、长铝尺($L=2.5$m)、撬棒、准线砣、铁锹、灰桶、木抹子和铁抹子等。装配墙板应准备的材料为墙板、水泥(不低于 32.5 级)、钢卡、细石、细砂、801 胶(或其他胶)、膨胀剂、网格布(耐碱玻纤或钢丝网格)、木楔、特配抹缝砂浆、加固柱、抗裂柱所用钢筋、门窗洞所用角钢(或槽钢)等。

② 检查墙板

墙板装配前应对每块待安装墙板的材质、型号、规格、尺寸及外观质量和出厂检验合格证进行认真校验。

板长应比墙体高度短 20～30mm，板厚按同一厚度尺寸(相差±2mm)范围内的墙板可组合装配在同一墙面上，超过者应按相近厚度尺寸在±2mm 内重新组合装配。对于超差严重无法组合的另作处理，不得安装。

有下列情形之一的墙板应分类堆放另作处理：

型号尺寸不符，装配位置不明的墙板；

养护时间不够，强度达不到要求的墙板；

运输过程中严重损坏的墙板。

③ 墙板装配前的处理

墙板装配前应对门、窗等特用板进行截剪，钢卡部位板孔用木塞按规定(见墙板顶部处理)填塞。

④ 墙板装配现场的准备

施工现场应彻底清理一切有碍墙板安装的物品，内脚手架、支模架、模板等；扫除和清洗安装地面以便分中弹墨和安装龙骨架。按要求铺设安装墙板用脚手架或预备活动脚手架。安装好装配墙板所需的临时供电、供水设施；对楼层的各预留孔、楼梯口及供电设施等做好安全防护。

⑤ 弹线分中、埋设钢卡

根据设计图纸要求，在楼地面、天花板或梁、柱、墙上用墨线弹出安装墙板及门、窗洞的位置。然后在需安装墙板的部位已弹好的墨线上划分出埋设钢卡的具体位置以及门、窗的部位和防裂柱、加固柱的准确位置，然后用电锤打孔埋设钢卡(钢卡必须埋设在两板拼缝处墙板厚度正中，顶部水平方向钢卡间距不得大于板宽，垂直方向与墙或柱连接的钢卡间距不大于 1m)。

⑥ 预埋管线、电器暗埋的处理

按设计图纸要求准备好暗埋管线、暗埋电器开关、插座和接线盒座等，在确定的位置将预埋暗盒底座装好并穿好管线。

准备工作完成后，建设单位和墙板安装人员共同进行一次安装位置复查，然后即可进行墙板装配。

2）立板

立板要求如下：

① 装配墙板时立板动作要轻柔，只能侧向竖板，不能平台竖板，竖板时在混凝土柱或梁预留的沟槽内及墙板的榫头或榫槽两边刮上粘结料，安装时侧边向一侧靠挤，使板与板之间缝隙被粘结料充实(缝隙一般在 2～5mm)。再用专用撬棒将板撬起，插入固定槽或钢板卡内(顶部垫 10～15mm 木垫)，校准位置，检

查垂直度和平整度，合格后用木楔背紧板材顶部和底部，替下撬棒。

② 当墙体高度超过 3.3m 时应采用两板上下对接安装，对接装配分错缝对接和平缝对接。

错缝对接：相邻两板上、下、长、短水平缝错开。这时短板长度一般为长板长度的 1/3，每板中部水平处设水泥销一个，或用两组四块钢板卡对焊固定。

平缝对接：两墙板对接的水平缝在同一水平线上。安装时一般长板在下，短板在上，短板长度一般为长板长度的 1/3，长板顶端两侧面和短板底端两侧面分别装两块特制钢卡（如图 2-2 所示阴阳钢卡），每板中部水平处设水泥销一个或用两组四块钢板卡对焊固定。装板时装一块长板，在长板顶端抹一层掺胶砂浆，装两块相应的特制钢卡，再装底部装有相应特制钢卡的短板，长短板校平整后焊接钢卡，然后用撬棒将连接的板撬起插入固定槽或顶部钢卡内（顶部垫 10～15mm 木垫），再校平整和垂直后用木楔背紧墙板底部和顶部，替下撬棒并将钢卡相互焊接。

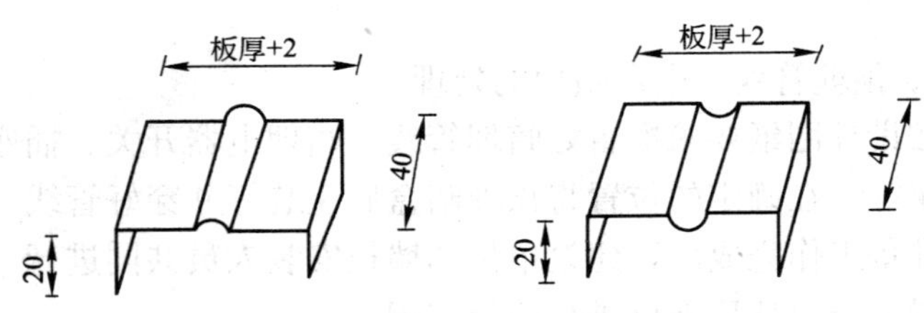

图 2-2　阴阳钢卡（$\delta=2$mm）

3）墙板顶部处理

预制固定槽安装的墙板，用膨胀水泥胶粘料分两次将边缝抹密实。

钢卡稳固安装的板墙，墙板顶部与梁或顶棚应保持 10～15mm 的缝隙（对于管线暗埋处可适当加宽），钢卡部位墙板板孔用木塞子堵塞留 15～20mm 深，以保证钢卡部位砂浆填塞密实和固定，待墙板平整度、垂直度校准后用木楔背紧固定，然后用掺有5%膨胀剂的水泥胶粘料将钢卡处及板顶缝分两次以上填抹密实，并用木抹子抹平拉毛，拉直，缝隙成斜口并低于墙板2～3mm，以利面层抹缝。

4）墙板底部处理

墙板经安装校准固定后，即可用C20细石混凝土将底板空隙填塞密实，并用木抹子将板底空隙填塞的混凝土拉毛、拉直，使其低于板面，待一周后撤除木楔，再用C20细石混凝土填实孔洞（当墙板安装后不再进行楼地面找平及面层装饰时，应于每块板底部埋设ϕ8×80钢筋地脚卡一个固定板底，钢筋地脚卡插入楼面内不小于25mm）。

5）板墙端头补缝

墙板由一端装配至另一端时，对于这样的端头缝的处理，既要考虑强度和固定墙板，又要考虑收缩问题，一般端头补缝方法如图2-3所示。

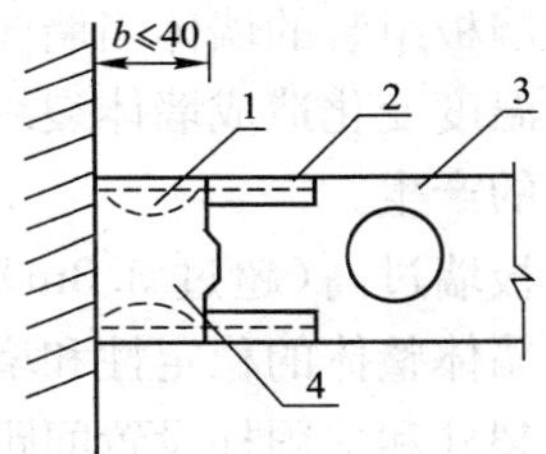

图2-3　板墙端头补缝

1—三棱木模：当b=10～40mm时，第一次填砂浆于三棱木模，三天后撤除，第二次再抹水泥白灰砂浆；当$b\leqslant$10mm时直接采用掺胶砂浆补缝；2—贴耐碱玻纤布或网格布，刮腻子两道；3—墙板；4—掺5%膨胀剂的水泥砂浆分两次刮满

6）供电、供水等管线的处理

住宅等建筑物都要安装供电、供水和燃气等管线，对于混凝土空心墙板组装的墙体，装配后最好少打洞和挖沟，对于这些管线一般是在墙板装配前或装配中进行处理。电线可暗埋于墙板内，横向（垂直于板孔方向）暗埋电线可利用墙板与顶棚间的缝隙暗埋，竖向的管线可直通板孔暗埋，电器盒、接线盒暗埋时首先将要预埋电器盒、接线盒的板打好洞再装配。供水、供气管道用预埋好的吊挂件固定安装，吊挂件预埋如图2-4所示。

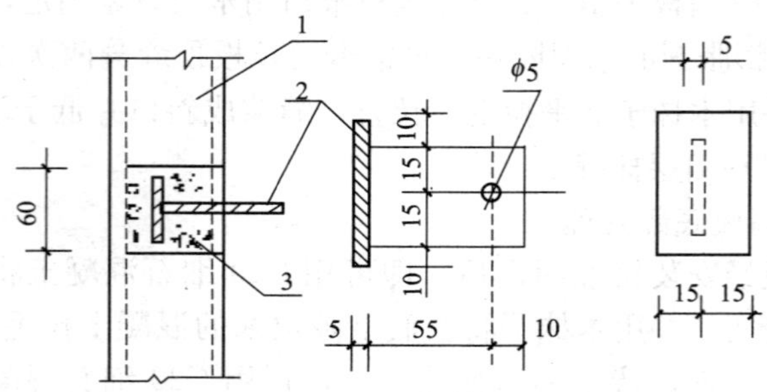

图 2-4 吊挂件预埋节点图

1—墙板；2—吊挂件(钢板)；3—混凝土砂浆填满

7）防裂柱和加固柱

用墙板组装的墙体当墙体较长时，为了防止由于湿胀、干燥收缩、温度变化造成墙体裂纹，在板墙一定位置设立防裂柱，避免裂纹的产生。

当板墙过高(超过 3.3m)时，在板墙一定位置设立加固柱，以保证墙体整体的稳定性和增加刚度。

防裂柱和加固柱设置间距一般为 2.4～3.0m。其断面尺寸为板厚×120mm，柱内用张拉器拉紧一根以上不小于 $\varphi 8$ 的钢筋埋设柱内，用膨胀混凝土现浇。

8）面层抹缝

墙板装配处理完毕，待板墙干燥后(一般 72h 以上)就可进行面层抹缝处理，面层抹缝按以下程序施工：

① 在进行面层抹缝前应对所装板墙认真检查，认定符合要求(平整、垂直、稳定)后方可进行面层抹缝。

② 无论墙板顶部、底部、拼缝、加固柱、防裂柱缝、丁角、转角均应统一作一次面层抹缝处理，凡需面层抹缝的部位均应在抹缝前刷 801 胶一遍。凡经过面层抹缝处理后的拼缝、柱边缝，应绝对与板面保证平整一致，阴角、阳角应通顺平直，并用木抹子抹实抹平并拉毛。

面层抹缝水泥胶粘料可按以下配比进行配料：

水泥(32.5 级以上)：32%；801 胶：13%；细砂(石英砂)：40%；膨胀剂：5%；水：10%；纤维：适量。

9）打磨、修补

对已安装好的墙体用靠尺认真检查墙面平整度、垂直度。对于垂直度、平整度不合格的部位(按砌筑墙体要求检查)必须认真进行修补直至合格为止。对于高于或低于板面的部位打上印记，做好标志，然后将高于板面的部位用电动抛光机磨平，对于低于板面的部位用 801 胶水泥腻子灰补平。

10）墙体保护

墙板安装一周内，勿打孔、钻眼，以免粘结料固化时间不足使墙板振动开裂。一周后如必须打孔钻眼，也不得猛敲猛打。

2.4.3 蒸压加气混凝土板

蒸压加气混凝土板是由钙质材料(水泥、石灰加水泥、矿渣)、硅质材料(石英砂或粉煤灰)、石膏、铝粉、钢筋和水等制成的轻质板材，其中钙质材料、硅质材料和水是主要原料，在蒸压养护过程中生成以托勃莫来石为主的水热合成产物，对制品的物理力学性能起关键作用；石膏作为掺合料可改善料浆的流动性和制品的物理性能；铝粉是发气剂，与$Ca(OH)_2$反应起发泡作用；钢筋起增强作用，以此提高板材的抗弯强度。

蒸压加气混凝土板含有大量的、微小的、非连通的气孔，空隙率达 70%～80%，因而具有自重轻、绝热性好、隔声吸声等特点；此种板还具有较好的耐火性和一定的承载能力，可用作内隔墙板、外墙板、屋面等。

(1) 蒸压加气混凝土板规格型号

蒸压加气混凝土板规格型号见表 2-30。

蒸压加气混凝土板规格型号 **表 2-30**

<table>
<tr><th rowspan="3">品种</th><th rowspan="3">代号</th><th colspan="3">产品公称尺寸(mm)</th><th colspan="5">产品制作尺寸(mm)</th></tr>
<tr><th rowspan="2">长度 L</th><th rowspan="2">宽度 B</th><th rowspan="2">厚度 D</th><th rowspan="2">长度 L_1</th><th rowspan="2">宽度 B_1</th><th rowspan="2">厚度 D_1</th><th colspan="2">槽</th></tr>
<tr><th>高度 h</th><th>宽度 d</th></tr>
<tr><td rowspan="6">外墙板</td><td rowspan="6">JQB</td><td rowspan="6">1500～6000</td><td rowspan="6">1500～6000</td><td>150</td><td rowspan="3">竖向 L</td><td rowspan="6">B-2</td><td rowspan="6">D</td><td rowspan="6">30</td><td rowspan="6">30</td></tr>
<tr><td>170</td></tr>
<tr><td>180</td></tr>
<tr><td>200</td><td rowspan="3">横向 L-20</td></tr>
<tr><td>240</td></tr>
<tr><td>250</td></tr>
<tr><td rowspan="3">隔墙板</td><td rowspan="3">JQB</td><td rowspan="3">按设计要求</td><td rowspan="3">1500～6000</td><td>75</td><td rowspan="3">按设计要求</td><td rowspan="3">B-2</td><td rowspan="3">D</td><td rowspan="3">—</td><td rowspan="3">—</td></tr>
<tr><td>100</td></tr>
<tr><td>120</td></tr>
</table>

(2) 蒸压加气混凝土板性能

1) 等级

① 按加气混凝土干体积密度分

蒸压加气混凝土板按加气混凝土干体积密度分为 05 级、06 级、07 级和 08 级。

② 按尺寸允许偏差和外观质量分

蒸压加气混凝土板按尺寸允许偏差和外观质量分为优等品(A)、一等品(B)和合格品(C)三个等级。

2) 尺寸允许偏差和外观质量

蒸压加气混凝土板的尺寸允许偏差与外观质量应符合表 3-2 的规定。

优等品和一等品的板不得有裂缝；合格品屋面板不得有贯穿裂缝和其他影响结构性能的裂缝，不得有长度大于 600mm、宽度大于 0.2mm 的纵向裂缝，其他裂缝的数量不得多于 2 条；合格品墙板上不得有贯穿裂缝，其他裂缝长度、宽度不作限定，数量不得多于3条。钢筋保护层由钢筋外缘算起，板的尺寸允许偏差和外观质量应符合表2-31所示。

蒸压加气混凝土板的尺寸允许偏差与外观质量(mm)　　表2-31

<table>
<tr><th colspan="2" rowspan="2">项目</th><th rowspan="2">基本尺寸</th><th colspan="3">允许偏差</th></tr>
<tr><th>优等品A</th><th>一等品B</th><th>合格品C</th></tr>
<tr><td rowspan="4">尺寸</td><td>长度 L</td><td>按制作尺寸</td><td>±4</td><td>±5</td><td>±7</td></tr>
<tr><td>宽度 B</td><td>按制作尺寸</td><td>+2；−4</td><td>+2；−5</td><td>+2；−6</td></tr>
<tr><td>厚度 D</td><td>按制作尺寸</td><td>±2</td><td>±3</td><td>±4</td></tr>
<tr><td>槽</td><td>按制作尺寸</td><td>−0；+5</td><td>−0；+5</td><td>−0；+5</td></tr>
<tr><td rowspan="4">外观</td><td colspan="2">侧向弯曲</td><td>$L_1/1000$</td><td>$L_1/1000$</td><td>$L_1/750$</td></tr>
<tr><td colspan="2">对角线差</td><td>$L_1/600$</td><td>$L_1/600$</td><td>$L_1/500$</td></tr>
<tr><td colspan="2">表面平整</td><td>5</td><td>5</td><td>5</td></tr>
<tr><td colspan="2">露筋、掉角、侧面损伤、大面损伤、端部掉头</td><td>不允许</td><td>不允许</td><td>不允许</td></tr>
<tr><td rowspan="2">钢筋保护层</td><td>主筋</td><td>20</td><td>+5；−10</td><td>+5；−10</td><td>+5；−10</td></tr>
<tr><td>端部</td><td>0～15</td><td>—</td><td>—</td><td>—</td></tr>
</table>

3）性能

① 材料的基本性能

对蒸压加气混凝土板的加气混凝土性能的要求应符合国家标准《蒸压加气混凝土砌块》(GB/T 11968)中对体积密度级别为05、06、07、08的产品的干体积密度、抗压强度、干燥收缩、抗冻性的规定值，见表2-32和表2-33。

加气混凝土砌块密度级别　　表2-32

<table>
<tr><th colspan="2">密度级别</th><th>05</th><th>06</th><th>07</th><th>08</th></tr>
<tr><td rowspan="3">干密度
(kg/m³)</td><td>优等品(A)　≤</td><td>500</td><td>600</td><td>700</td><td>800</td></tr>
<tr><td>一等品(B)　≤</td><td>530</td><td>630</td><td>730</td><td>830</td></tr>
<tr><td>合格品(C)　≤</td><td>550</td><td>650</td><td>750</td><td>850</td></tr>
</table>

加气混凝土砌块物理力学性能　　　　表 2-33

<table>
<tr><td colspan="3">强度等级</td><td>10</td><td>25</td><td>35</td><td>50</td><td>75</td></tr>
<tr><td colspan="2" rowspan="2">立方体抗压强度
(MPa)</td><td>平均值</td><td>≥1.0</td><td>≥2.5</td><td>≥3.5</td><td>≥5.0</td><td>≥7.5</td></tr>
<tr><td>最小值</td><td>≥0.8</td><td>≥2.0</td><td>≥2.8</td><td>≥4.0</td><td>≥6.0</td></tr>
<tr><td colspan="3">密度等级</td><td>03</td><td>04
05</td><td>05
06</td><td>06
07</td><td>07
08</td></tr>
<tr><td rowspan="2">干燥收缩值</td><td>温度 50±2℃、相对湿度 28%～32%条件下测定</td><td rowspan="2">mm/m</td><td colspan="5">≤0.8</td></tr>
<tr><td>温度 20±2℃、相对湿度 41%～45%条件下测定</td><td colspan="5">≤0.5</td></tr>
<tr><td rowspan="2">抗冻性</td><td colspan="2">质量损失(%)</td><td colspan="5">≤5</td></tr>
<tr><td colspan="2">强度损失(%)</td><td colspan="5">≤20</td></tr>
</table>

注：立方体抗压强度是采用 100mm×100mm×100mm 立方体试件，含水率为 25%～45%时测定的抗压强度。

② 防火性

蒸压加气混凝土板属不燃材料，在高温下也不会产生有害气体。

③ 板内钢筋黏着力

05 级与 06 级板的板内钢筋黏着力 I>0.8MPa(单筋黏着力最小值不低于 0.5MPa)。07 级与 08 级板的板内钢筋黏着力≥1.0MPa(单筋黏着力最小值不低于 0.5MPa)。

④ 隔声性

蒸压加气混凝土板隔墙的隔声量按隔墙的做法与厚度不同，一般为 39.3～54.0dB。

⑤ 抗雨水渗透性

由于蒸压加气混凝土板内的气孔是闭口的且均匀，故可有效地抵抗雨水的渗透。

(3) 蒸压加气混凝土板使用要点

蒸压加气混凝土板可作为单层或多层工业厂房的外墙，也可用作公共建筑及居住建筑的内隔墙或外墙壁。

1) 外墙板

蒸压加气混凝土板作外墙板时应符合以下要求：

① 蒸压加气混凝土板作非承重的围护结构时，与主体结构(如柱、梁、墙和楼板等)应有牢固可靠的连接。同时应采用分层承托的构造方式。在地震区应符合抗震构造要求。

② 外墙拼装大板，洞口两边和上部过梁板的最小尺寸见表 2-34。

最小尺寸限值 **表 2-34**

洞口尺寸，高×宽	洞口两边板宽(mm)	过梁板板宽(mm)
mm：1200×900 以下	300	300
mm：1500×1800 以下	450	300
mm：1800×2400 以下	600	400

注：300mm 或 400mm 板材，如需用 600mm 宽度在纵向切锯，不得截锯两边而应截取中段。如作过梁板应该进行结构验算。

③ 加气混凝土单块板水平安装时，与柱或墙的支撑长度不得小于 60mm。

④ 加气混凝土墙板结点构造可参照混凝土空心墙板结点构造。

2）内隔墙板

① 加气混凝土隔墙板

加气混凝土隔墙板一般采用垂直安装(过梁板除外)。板与主体结构的构造宜采用柔性连接，其方法是主要靠上端设置的预埋件与主体结构连接或在主体结构上设置卡件(钢卡)将板卡紧。

板上端与主体结构连接的水平缝应填放柔性材料(如岩棉、玻璃棉等)，压缩后的厚度可控制在 5mm 左右。

板下端顺板宽方向打入楔子(如用木材须经防腐处理)，使板上部通过柔性材料与上部主体结构顶紧，板下楔子可不再拆出，楔子间用细石混凝土填塞严实。

② 加气混凝土吊挂重物

在加气混凝土隔墙板上吊挂重物时(如水箱、电热器、空调、暖气片等），应严格按国家和各地方颁发的构造图及设计施工要求执行。

③ 加气混凝土隔墙板设置暗线

在隔板上设置暗线时，在设计和施工时应沿板方向凿槽埋设管线。

2.4.4 纤维水泥板

（1）真空挤出成型纤维水泥板

真空挤出成型纤维水泥板系用普通硅酸盐水泥为胶凝材料，外加纤维、硅或钙粉质填料及塑化剂和水拌制与捏合后，在真空挤出成型机内经真空排气并在螺杆的高挤压力与高剪力的作用下，由模口挤出而制成的具有多种断面形状的板材。

1）规格尺寸

① 外墙用压花实心板

此种板的断面不具孔洞，表面具有凹凸形花纹与涂复层；主要用作外墙面板或与其他墙体材料组成复合墙体；

② 外墙用多孔板

此种板的断面有若干个矩形孔洞，表面有凹凸形的图案与涂层，主要用作外墙，其断面形状与尺寸如图 2-5 所示。

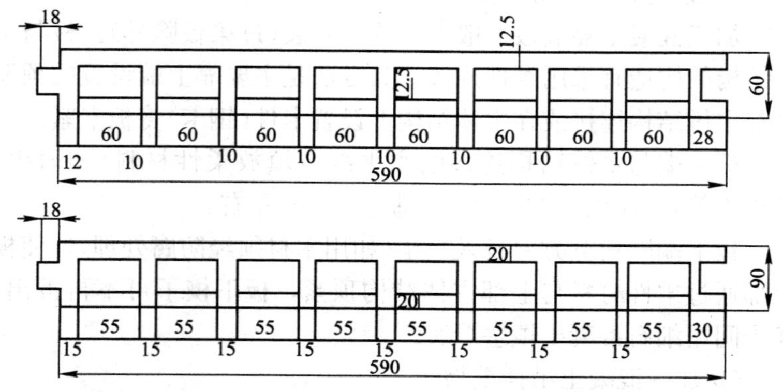

图 2-5 内、外墙用纤维水泥多孔板的断面形状与尺寸（mm）

③ 内墙用多孔板

此种板的断面有若干个矩形孔洞，表面平整，有涂层或无涂层，主要用作隔墙，其断面形状与尺寸如图 2-5 所示。

④ 多种异形板

如阳台板、转角板等。

2）尺寸

长宽应符合建筑模数，一般长为 2100～3000mm，宽为 600mm，厚度为：外墙用实心板 12mm、15mm、21mm，外墙用多孔板 60mm、90mm。外墙（内墙）用多孔板留榫头与榫槽。

3）物理力学性能

纤维水泥板的物理力学性能尚无国家标准，其物理力学性能应符合有关标准规定的要求。

4）施工应用

真空挤出成型的纤维水泥压花实心板，既可作为建筑承重外墙（砖墙、砌块墙或混凝土墙等）的外装饰板，又可与钢龙骨、绝热材料、石膏板、混凝土空心外墙板等组成为复合墙板，具有很好的装饰效果。纤维水泥多孔板可用于框架建筑上作为非承重的围护墙，又可作为轻质隔断墙。其施工方法可参照混凝土空心隔墙板的施工技术。

（2）木纤维增强水泥多孔板

木纤维增强水泥多孔板又称纤维增强圆孔墙板。此种墙板是以木纤维为增强材料，水泥砂浆为基料，用挤压法制成的带有孔洞截面的条板。此种板具有自重轻（截面孔洞率为 25％以上）、板面平整、抗冲击性好、安装方便（沿长度方向一边有榫头，另一边有榫槽）、加工性好（可锯、可钉、可挖槽）等特点。

1）规格尺寸

根据国投原宜实业股份有限公司新型建材分公司的企业标准《纤维增强圆孔墙板》（Q/YHF 1997），此种板按水平抗折强度和垂直抗压强度的不同分为 A 与 B 两种。板长一般不大于 3000mm，具体尺寸可根据用户要求而定。板宽分为 298mm、

448mm、598mm 和 898mm 四种（编号依次为 PB-1、PB-2、PB-3 与 PB-4），板厚均为 80mm。

2）物理力学性能

纤维增强圆孔墙板参考技术指标见表 2-35。

纤维增强圆孔墙板参考技术指标　　表 2-35

项　　目	参考指标
吸水率(恒重后浸水 24h)	10.74%
饱和密度(浸水 72h)	1497kg/m^3
软化系数(强度保持率)	94.5%
抗渗能力(液面下降)	6mm

3）施工方法

木纤维增强水泥多孔墙板的施工方法如下：

① 准备好安装墙板所需要的有关材料和工具。

② 清理楼地面，按单项工程平面设计的隔墙位置尺寸分别在楼地面和楼板(或梁)底放线。

③ 配制粘结料，墙板与墙板的企口要用胶配制素水泥浆粘结，墙板勾缝、墙板与楼板(或梁)底粘结料配比为水泥：砂：108 胶＝1：2：(0.3～0.5)。

④ 清除板边结合面的浮渣，在板的企口薄刮粘结料，在板顶满刮粘结料，再将连接固定件放入顶孔内。

⑤ 立板：将墙板立起安装就位，板侧面用力推挤，使板的企口粘结结实；将木楔打入板底塞紧，板的竖缝控制在 2mm；最后用靠尺校正。将板、固定件与楼板(或梁)底面用射钉钉牢。

⑥ 板缝处理：立板定位后，将板底周围地面浮灰清扫干净，板底水平缝用 C20 细石混凝土嵌缝捣实，两天后再将木楔拆出(木楔作防腐处理，可不拆出)，再用 1：2 水泥砂浆填补找平，将竖向缝扫净用粘结料刮平，再用防裂带满粘板的竖缝处。

⑦ 电气安装暗线开关盒等，不得用大锤乱凿冲击墙板与墙

体，应采取切割、钻孔方式。墙上埋设电线管时可参照混凝土空心条板所述施工。

2.4.5 金邦板

金邦板以纤维素纤维与高分子纤维作为增强材料，以普通硅酸盐水泥、磨细石英砂、膨胀珍珠岩、增塑剂与水所组成的砂浆作为基材，以上述材料配制的低水灰比的塑性纤维水泥拌合料，在真空挤出成型机内，经真空排气并在螺杆的高挤压力与高剪力的作用下，由模口挤出形成具有多种断面形状的系列化板材。

所用纤维素纤维主要是经过硫酸盐处理的纸浆板，高分子纤维选用具有较好的分散性与耐热性的纤维，并要求其纤维的弹性模量及强度尽可能高，分散性要好。所用的磨细砂 SiO_2 含量大于 95%，细度在 200 目以上。膨胀珍珠岩的平均粒径不大于 1mm。增塑剂则主要是纤维素醚。

(1) 金邦板的特点

① 制作工艺特点

真空挤出法制造纤维水泥板与传统的抄取法和流浆法相比较，制作工艺简单，不需要庞大的回水处理系统；板材断面属整体均质结构，而不是像抄取或流浆工艺形成的层状结构，力学性能和抗冻融性能有较大提高；在一条生产线上，只要更换模口即可生产各种断面的制品；更换不同的压花辊即可生产不同装饰图案的金邦板；涂装不同颜色的涂料，又可使金邦板有丰富的颜色，因而金邦板品种丰富；制品的长度可在一定范围内任意变化。

② 与制造轻骨料混凝土多孔板、木纤维增强水泥多孔板等所用的挤出法相比，其主要特点是：

制品的外观质量好；密度高；制品的强度高；制品断面的形状与规格可多样化；多孔板的孔洞率可达 45%以上。

③ 金邦板为绿色建材

金邦板是以水泥为胶凝材料的无机材料。采用先进的无石棉配方，产品中无任何有害人体的物质；金邦板采用的原料不是地球上的有限资源，而是在地球上广泛存在的矿物质，有利于人类的可持续发展；金邦板采用挤出法成型工艺，用水量小，挤出过程的半成品废板坯可立即回到捏合机，重新挤出，成品后的废板粉碎后回到原料系统作填料，因而金邦板的生产不产生废水、废渣和废气，不污染环境；金邦板复合墙体具有很好的保温隔热能力，减少建筑能耗，减少地球负荷。所以，金邦板是一种绿色建材。

（2）技术指标

金邦板实测指标如表 2-36 所示。

金邦板实测指标 **表 2-36**

序号	项　目	单　位	金邦板	JISA5422	备　注
1	密　度	g/cm^3	1.4	—	JISA5422
2	弯曲荷载	N	1572	785	—
3	抗冲击	—	未破坏	不破坏	500 小球 1400mm 高差
4	吸水率	%	12.4	无要求	
5	含水率	%	8.2	20	
6	不透水性	mm	0.8	不大于 10	
7	吸水弯曲	mm	0	不大于 3	
8	干缩率	%	0.138	无要求	
9	导热系数	W/(m·K)	0.468	无要求	
10	复合墙体热阻	$m^2·K/W$	1.38	—	
11	复合墙耐火极限	H	1.85	—	
12	复合墙隔声性	dB	54	—	
13	抗冻融性能	次	200 无破坏	无破坏 200	+20～−20℃

（3）金邦板应用范围

1）填补黏土砖逐渐退出建筑外墙板材料后的空白。国家从保护农田继而实现可持续发展的国策出发，限制黏土砖的使用，使外墙材料出现一个空白。金邦板—龙骨石膏板体系能很好地填补这个空白，并得到很好的应用。

2）作别墅建筑外墙。目前我国每年竣工大量别墅建筑、花园建筑。这些建筑要求外墙美观、保温。外装板可较好地满足需要并得到应用。

3）作外墙装饰用板。目前我国外墙多为水泥抹面，然后喷涂料或贴瓷砖，颜色单调。外装板具有较丰富的图案品种和色彩，能极好地改变这种局面，美化我国的建筑。

4）旧房改造。10 年、20 年前的建筑，随着时间的推移外墙变破旧，有些外墙形式已经过时，用外装板将外墙重新装修，可使这些建筑焕发青春，重着富丽颜色，美化街道，美化环境。

5）用于外墙外保温的外围护板。从热工学角度，外墙外保温比外墙内保温有利于改善室内的热环境，但用于外墙外保温的外围护板一直未能得到解决，金邦板具有防水、耐久、施工方便及表面带有装饰图案的优点，十分适合做外墙外保温的外围护板。

(4) 金邦板复合墙体形式

1）金邦板复合墙体结构-1

本结构采用薄壁型钢作骨架，内外附石膏板或其他轻质板材，中间填充岩棉等保温材料，然后用卡件外挂金邦板。板与板之间纵缝设有嵌缝龙骨，外嵌密封膏；横缝采用阴阳企口和密封条防水形式。对纵向高度小于板宽的部位(如：窗口、檐口等)，则在板内侧附橡胶垫块，然后用自攻钉固定金邦板。

本施工墙体在泛水和檐口处留有进出气的通风通道，以保护墙体内侧通风，使金邦板不至于因内外湿度差而产生变形，同时使保温层内的水分得以向外充分扩散，避免结露现象。

钢龙骨墙构造如下：

① 沿顶、沿地龙骨与结构构件连接牢固，竖龙骨间距 400～500mm，板拼缝处为双龙骨。龙骨规格暂定为 ⊏ 100mm×50mm×20mm×2mm。

② 勒脚处泛水条是安装金邦板的基准线，其位置标高必须精确控制，确保水平后，用拉铆钉固定在钢龙骨上，搭接长度不小于 20mm。

③ 金邦板的固定件用自攻螺丝固定在竖向钢龙骨上，应确保每层板在每根钢龙骨上都有一个固定件。

④ 金邦板的安装要由下而上进行，板缝纵横拉通，不可错缝安装。

⑤ 金邦板安装时可由墙的一端向另端依次进行，先装整板，后装门窗等处切割过的小板，且切割边应平直光滑。

⑥ 金邦板直接钉钉子在钢龙骨上时，要距板边 30mm 以上（直接钉钉子在木龙骨上时，要距板边 20mm 以上）。

⑦ 金邦板的切割要求如图 2-6 和图 2-7 所示。

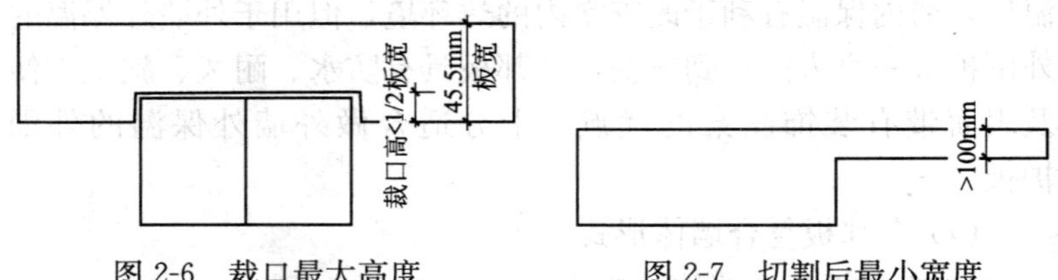

图 2-6　裁口最大高度　　　　图 2-7　切割后最小宽度

2）金邦板复合墙体结构-2

本结构采用薄壁型钢作骨架，内附石膏板或其他轻质板材，外贴透气的防水纸，中间填充岩棉等保温材料，然后用卡件外挂金邦板。其做法与金邦板复合墙体结构-1 区别仅在于外侧的轻质板材被透气的防水纸代替。

3）金邦板复合墙体结构-3

本结构仍采用薄壁型钢作骨架，内外附石膏板或其他轻质板材，中间填充岩棉等保温材料，外挂金邦板。区别于金邦板复合墙体结构-1 的是外侧轻质板材与外挂金邦板之间增加了橡胶垫块。垫块的作用是形成空气层和调整龙骨与金邦板的间隙，使墙面平整。

4）金邦板复合墙体结构-4

本结构仍采用薄壁型钢作骨架，内附石膏板或其他轻质板材，外贴透气的防水纸，中间填充岩棉等保温材料，外挂金邦板。区别于金邦板复合墙体结构-2的是外侧轻质板材与外挂金邦板之间增加了橡胶垫块。垫块的作用是形成空气层和调整龙骨与金邦板的间隙，使墙面平整。

(5) 金邦板运输与保存

金邦板出厂、保存及运输应注意如下几点：

1) 金邦板产品出厂时要提供产品合格证。

2) 将金邦板产品每两块板正面相向叠合，中间加垫防护纸，以防止涂层受热粘合，然后整齐堆码于木架上，每架堆码高度不得大于600mm。用纸面石膏板包护其余五面，加上护角，用铁质打包带捆紧。

3) 金邦板产品包装外侧应标有产品规格、品牌、商标、厂名、出厂日期及搬运储存注意事项。

4) 搬运金邦板时须戴白色洁净手套，以免污染已涂装的板面。金邦板搬运时必须侧立搬运，切勿水平搬运，以免折断板材。金邦板整垛搬运时采用叉车叉托木制托盘搬运；采用吊车搬运时采用两吊装点吊运，吊装点距边部400mm。

5) 金邦板码放高度不得大于1m，且码放底部须用五条50×50的方木垫平。

6) 金邦板存放须注意防雨、防水，避免污染板面。

3 混凝土用材料

混凝土由无机胶结材料(水泥、石灰、石膏、硫磺、菱苦土、水玻璃等)或有机胶结材料(沥青、树脂等)、水、骨料(粗骨料、细骨料、轻骨料等)和外加剂、掺合料以及钢材等组成。混凝土材料，是耐久性最好的传统建筑材料，随着社会的日新月异的发展与变化，混凝土的原材料、配合比设计技术、生产、运输和质量控制技术，都发生着深刻的变化。尤其是混凝土外加剂的应用，使混凝土具有了适应现代化施工需要的高和易性能，在严酷条件下的耐久性及各种物理力学性能都达到了一个新水平。为与传统的普通混凝土技术相区别，把这种高技术含量的混凝土称之为高性能混凝土(High Performance Concrete 简称 HPC)。

高性能混凝土(包括高强混凝土)应用范围十分广泛，已成为混凝土发展的方向。本章在简述普通混凝土用材料的基础上，重点介绍高性能混凝土相关建筑材料。

3.1 混凝土用材料基本规定

3.1.1 混凝土拌合物基本规定的条件

(1) 环境分类

1) 干燥环境，如干燥通风环境、室内正常环境。

2) 潮湿环境，如高度潮湿、水下、水位变动区、潮湿土壤、干湿交替环境。

3) 含碱环境，如海水、盐碱地、含碱工业废水、使用化冰盐的环境。干燥和含碱交替时按含碱环境处理；潮湿和含碱交替时按含碱环境处理。

（2）工程结构分类

1）一般工程结构，如一般建筑结构。

2）重要工程结构，如桥梁、大中型水利水电工程结构、高等级公路、机场跑道、港口与航道工程结构、重要建筑结构。

3）特殊工程结构，如核工程结构关键部位、采油平台、不允许发生开裂破坏的工程结构。

3.1.2 混凝土拌合物含碱量规定

（1）含碱量相关术语

1）含碱量

混凝土中含碱量的碱是指碱性氧化物，专指氧化钠和氧化钾，以 kg/m^3 计；混凝土原材料的碱含量是指原材料中等当量氧化钠的含量，以重量百分率计。等当量氧化钠含量是指所含氧化钠与 0.658 倍的氧化钾之和。

混凝土中含碱量(A)等于各组合材料中含碱量的总和。即：水泥(A_c)、化学外加剂(A_{ca})、掺合料(A_{ma})、骨料和拌合水(A_{aw})中含碱量之和。

2）碱-硅酸反应

碱-硅酸反应是指水泥中或其他来源的碱与骨料中活性 SiO_2 发生化学反应并导致砂浆或混凝土产生异常膨胀，代号为 ASR。

3）碱-碳酸盐反应

碱-碳酸盐反应是指水泥中或其他来源的碱与活性白云质骨料中白云石晶体发生化学反应并导致砂浆或混凝土产生异常膨胀，代号为 ACR。

（2）含碱量技术要求

1）在骨料具有碱-硅酸反应活性时，依据混凝土所处的环境条件对不同的工程结构分别采取表 3-1 中碱含量的限值或措施。

混凝土碱含量限值或措施 **表 3-1**

环境条件	混凝土最大碱含量(kg/m³)		
	一般工程结构	重要工程结构	特殊工程结构
干燥环境	不限制	不限制	3.0
潮湿环境	3.5	3.0	2.1
含碱环境	3.0	用非活性骨料	

注：1. 处于含碱环境中的一般工程结构在限制混凝土碱含量的同时，应对混凝土作表面防碱涂层，否则应换用非活性骨料。

2. 大体积混凝土结构（如大坝等）的水泥碱含量尚应符合有关行业标准的规定。

2）在骨料具有碱-碳酸盐反应活性时，干燥环境中的一般工程结构和重要工程结构的混凝土可不限制碱含量；特殊工程结构和潮湿环境及碱环境中的一般工程结构和重要工程结构应换用不具碱-碳酸盐反应活性的骨料。

(3) 混凝土拌合物含碱量控制

1）检查混凝土原材料试验报告和氯化物、碱的含量计算书，混凝土中氯化物和碱的总含量应符合《混凝土结构设计规范》(GB 50010—2002)和设计要求。

2）对重要工程的混凝土所使用的碎石或卵石应进行碱活性检验。

进行碱活性试验时，首先应采用岩相法检验碱活性骨料的品种、类型和数量(也可由地质部门提供)。若骨料中含有活性二氧化硅时，应采用化学法和砂浆长度法进行检验；若含有活性碳酸盐骨料时，应采用岩石柱法进行检验。

3）经上述检验，骨料判定为有潜在危害时，属碳酸盐反应的，如必须使用，应以专门的混凝土试验结果作出最后评定。

4）经上述检验，潜在危害属碱-硅反应的，应遵守以下规定方可使用：

① 使用含碱量小于0.6％的水泥或采用能抑制碱-骨料反应的掺合料。

② 当使用含钾、钠离子的混凝土外加剂时，必须进行专门试验。

3.1.3 混凝土拌合物有害物质含量的规定

(1) 混凝土氯化物含量的规定

混凝土拌合物中的氯化物总含量(以氯离子重量计)应按下列规定进行控制。

1) 对素混凝土，不得超过水泥重量的2%。

2) 对处于干燥环境或有防潮措施的钢筋混凝土，不得超过水泥重量的1%。

3) 对处在潮湿而不含有氯离子环境中的钢筋混凝土，不得超过水泥重量的0.3%。

4) 对在潮湿并含有氯离子环境中的钢筋混凝土，不得超过水泥重量的0.1%。

5) 预应力混凝土及处于易腐蚀环境中的钢筋混凝土，不得超过水泥重量的0.06%。

(2) 骨料中有害杂质对混凝土的危害

砂(石)中各有害杂质对混凝土的危害见表3-2。

有害杂质对混凝土的危害　　表3-2

有害杂质名称	对混凝土的主要危害
泥	包裹于砂石料表面，隔断了水泥石与骨料之间的粘结，使混凝土强度降低。当含泥量多时，会降低混凝土强度和耐久性，并增加混凝土的干缩
泥块	在混凝土中形成薄弱部位，降低混凝土的强度和耐久性
石粉	增大混凝土拌合物需水量，影响和易性，降低混凝土强度
云母	云母是表面光滑的小薄片，降低混凝土拌合物和易性，它降低混凝土的强度和耐久性
SO_3	与水泥石中固态水化铝酸钙反应生成钙矾石，固相体积膨胀1.5倍，会引起混凝土开裂(砂石中的SO_3主要由硫铁矿(FeS_2)和石膏($CaSO_4$)等杂物带入)

续表

有害杂质名称	对混凝土的主要危害
有机物	延缓水泥的水化，降低混凝土的强度，尤其是早期强度（砂石中的有机物主要来自于动物的腐殖质、腐殖土、泥煤和废机油等）
Cl^-	引起钢筋混凝土中的钢筋锈蚀，钢筋锈蚀后体积膨胀，造成混凝土开裂

（3）骨料中有害杂质限量

砂（石）中各有害杂质限量见表 3-3。

骨料中有害杂质限量（按质量计，%） **表 3-3**

有害杂质名称	砂的类别			石的类别		
	Ⅰ类	Ⅱ类	Ⅲ类	Ⅰ类	Ⅱ类	Ⅲ类
含泥量	<1.0	<3.0	<5.0	<0.5	<1.0	<1.5
泥块含量	0	<1.0	<2.0	0	<0.5	<0.7
云母含量	<1.0	<2.0	<2.0	—	—	—
SO_3 含量	<0.5	<0.5	<0.5	<0.5	<1.0	<1.0
轻物质	<1.0	<1.0	<1.0	—	—	—
有机物含量	比色法试验合格			比色法试验合格		
氯化物含量	<0.01	<0.02	<0.06	<0.03	<0.1	—

3.2 混凝土用拌合水和砂石

普通混凝土以天然砂石为骨料、水泥为胶结材料加水拌合而成，拌合水、天然砂石是最传统的、最常用的混凝土用拌合材料，需要注意的问题简要介绍如下。

3.2.1 混凝土拌合水

（1）拌合用水的类型

拌制混凝土宜采用饮用水。当采用其他水源时，应进行水质试验，水质应符合国家现行标准《混凝土用水标准》(JGJ 63—2006)的规定。不得使用海水拌制钢筋混凝土和预应力混凝土；不宜用海水拌制有饰面要求的素混凝土。

拌合用水类型及应用范围见表 3-4。

拌合用水的类型 **表 3-4**

分　类	应　用　范　围
饮用水	符合国家标准的饮用水可用于各种混凝土
地下水、地表水	要检验合格才可应用
海水	用于拌制素混凝土； 不得用于拌制钢筋混凝土和预应力混凝土； 不得用于有饰面要求的素混凝土
混凝土生产厂及商品混凝土厂设备的洗刷水	可用作拌合混凝土的部分用水(注意洗刷水所含水泥和外加剂品种对所拌合混凝土的影响，且最终拌合水中的化合物含量应满足规定
工业废水	经检验合格后可用于拌制混凝土

(2) 水的物质含量限值

水的物质含量限值应按表 3-5 规定控制。

水的物质含量限值 **表 3-5**

项　目	预应力混凝土	钢筋混凝土	素混凝土
pH 值	≥5.0	≥4.5	≥4.5
不溶物(mg/L)	≤2000	≤2000	≤5000
可溶物(mg/L)	≤2000	≤5000	≤10000
Cl^-(mg/L)	≤500	≤1000	≤3500
SO_4^{2-}(mg/L)	≤600	≤2000	≤2700
碱含量(mg/L)	≤1500	≤1500	≤1500

注：碱含量按 $Na_2O+0.658K_2O$ 计算值来表示。采用非碱活性骨料时，可不检验碱含量。

3.2.2 混凝土用砂

混凝土用砂依据《建筑用砂》(GB/T 14684—2001)，可分为Ⅰ类、Ⅱ类、Ⅲ类。

Ⅰ类宜用于强度等级大于C60的混凝土；Ⅱ类宜用于强度等级C30～C60及抗冻、抗渗或其他要求的混凝土；Ⅲ类宜用于强度等级小于C30的混凝土和建筑砂浆。

分类主要指标依据表3-6。

砂坚固性和压碎指标 **表3-6**

项目	指标		
	Ⅰ类	Ⅱ类	Ⅲ类
天然砂坚固性指标质量损失(%) <	8	8	10
人工砂压碎指标单级最大压碎指标(%) <	20	25	30

砂表观密度、堆积密度、空隙率应符合如下规定：表观密度大于2500kg/m³；松散堆积密度大于1350kg/m³；空隙率小于47%。

对重要工程混凝土中使用的砂子，应用化学法和砂浆长度法进行碱活性检验。经过检验判断有潜在危害时，应采取相应措施。

3.2.3 混凝土用卵石、碎石

由自然风化、水流搬运和分选、堆积形成的粒径大于4.75mm的岩石颗粒称为卵石。天然岩石或卵石经机械破碎、筛分制成的，粒径大于4.75mm的岩石颗粒称为碎石。

混凝土用卵石、碎石依据《建筑用卵石、碎石》(GB/T 14685—2001)，分为Ⅰ类、Ⅱ类、Ⅲ类。

Ⅰ类宜用于强度等级大于C60的混凝土；Ⅱ类宜用于强度等级C30～C60及抗冻、抗渗或其他要求的混凝土；Ⅲ类宜用于强度等级小于C30的混凝土。

分类主要依据坚固性指标和压碎指标。

卵石和碎石的坚固性是指石子在气候、环境变化或其他物理因素作用下抵抗碎裂的能力。其试验方法是用硫酸钠溶液去检验。把石子放进硫酸钠溶液中，然后再捞出来，这样往复5次，看其重量损失，损失量不超过表3-7规定为合格。

卵石、碎石中坚固性指标 **表3-7**

项目	指标		
	Ⅰ类	Ⅱ类	Ⅲ类
质量损失(%) ＜	5	8	12

卵石和碎石强度可用压碎指标值来表示。卵石和碎石的压碎指标见表3-8。

卵石和碎石的压碎指标 **表3-8**

项目	指标		
	Ⅰ类	Ⅱ类	Ⅲ类
卵石压碎指标 ＜	12	16	16
碎石压碎指标 ＜	10	20	30

对重要工程的混凝土所使用的卵石或碎石应进行碱活性检验。首先应采用岩相法检验碱活性骨料的品种、类型和数量。若含有活性二氧化硅时，应采用化学法和砂浆长度法进行检验；若含有活性碳酸盐骨料时，应采用岩石柱法进行检验。当判定有潜在危害时，拌制混凝土应使用含碱量小于0.6%的水泥。

3.3 混凝土用轻骨料

轻骨料混凝土一般为1900kg/m^3，与普通混凝土相比约减少20%左右；特轻混凝土可减少到1000kg/m^3，与普通混凝土相比，减少50%以上。因此，能否采用轻骨料配制高强混凝土，对高层建筑、大跨度结构以及已建建筑加层的结构设计和施工等均具有重要意义，轻质高强是混凝土材料发展的一个方向。

3.3.1 常用轻骨料

（1）黏土陶料

由黏土和粉质黏土等为主要原料，经加工制粒、烧胀而成的一种人造轻骨料。

（2）页岩陶粒

由黏土质页岩、板岩等为主要原料经破碎、筛分，或粉磨制粒，烧胀而成的一种人造轻骨料。

（3）粉煤灰陶粒

以粉煤灰为主要原料，经加工成球，烧结或烧胀而成的一种工业废料轻骨料。

（4）浮石

火山爆发形成的可浮于水的块状多孔岩石，经破碎、筛分而成的一种天然轻骨料。

（5）火山渣

火山爆发形成的、状如煤渣的多孔岩石碎块，经破碎、筛分而成的一种天然轻骨料。

（6）煤渣

煤在锅炉内燃烧后的多孔残渣，经破碎、筛分而成的一种工业废料轻骨料。

（7）自燃煤矸石

采煤、选煤过程中排出的煤矸石，经堆积、自燃、破碎、筛分而成的一种工业废料轻骨料。

（8）膨胀矿渣珠

以高炉熔融矿渣为原料，经专门工艺加工而成的一种工业废料轻骨料。

3.3.2 轻骨料的性能

混凝土轻骨料主要技术性能指标介绍：轻骨料分类、分等、颗粒级配、堆积密度、筒压强度与强度标号、吸水率与软化系数、粒型系数和有害物质含量。

(1) 分类

1) 按性能分类

按轻骨料的密度、强度等性能分类，见表 3-9。

轻骨料分类 **表 3-9**

<table>
<tr><th>名称</th><th>类别</th><th>定义</th></tr>
<tr><td>轻细骨料</td><td></td><td>堆积密度不大于 1200kg/m³</td></tr>
<tr><td rowspan="3">轻粗骨料</td><td>超轻骨料</td><td>堆积密度不大于 500kg/m³ 的保温用或结构保温用</td></tr>
<tr><td>普通轻骨料</td><td>堆积密度大于 510kg/m³</td></tr>
<tr><td>高强轻骨料</td><td>强度标号不小于 25MPa 的结构用</td></tr>
</table>

2) 按材料来源分类

① 人造轻骨料：如黏土陶粒、页岩陶粒；

② 天然轻骨料：如浮石、火山渣等；

③ 工业废料轻骨料：如粉煤灰陶粒、膨胀矿渣珠等。

3) 按粒型分

① 圆球型：原材料经造粒工艺加工而成的、呈圆球状的轻骨料，如粉煤灰陶粒、磨细成球的页岩陶粒等。

② 普通型：原材料经破碎加工而成的、呈非圆球状的轻骨料，如页岩陶粒、膨胀珍珠岩等。

③ 碎石型：由天然轻骨料或多孔烧结块经破碎加工而成的、呈碎石状的轻骨料，如浮石、自然煤矸石和煤渣等。

(2) 轻骨料等级

按技术指标分为优等品(A)，一等品(B)，合格品(C)。

(3) 颗粒级配

各种轻骨料的颗粒级配要求见表 3-10。

人造轻粗骨粒的最大粒径不宜大于 20.0mm。轻细骨料的细度模数在 2.3～4.0 范围内。

轻骨料颗粒级配 表 3-10

轻骨料种类	级配类别	公称粒级(mm)	各号筛的累计筛余(按质量计),%										
			筛孔尺寸(mm)										
			40.0	31.5	20.0	16.0	10.0	5.00	2.50	1.25	0.630	0.315	0.160
细骨料	—	0～5					0	0～10	0～35	20～60	30～80	65～90	75～100
粗骨料	连续粒级	5～40	0～10	—	40～60	—	50～85	90～100	95～100				
		5～31.5	0～5	0～10	—	40～75	—	90～100	95～100				
		5～20	—	0～5	0～10	—	40～80	90～100	95～100				
		5～16	—	—	0～5	0～10	20～60	85～100	95～100				
		5～10	—	—	—	0	0～15	80～100	95～100				
	单粒级	10～16	—	—	0	0～15	85～100	90～100					

注：公称粒级的上限，为该粒级的最大粒径。

(4) 堆积密度

轻骨料按堆积密度划分的密度等级见表 3-11。轻骨料的匀质性指标，以堆积密度的变异系数计，不应大于 0.10。

堆　积　密　度 表 3-11

密度等级		堆积密度范围(kg/m³)	密度等级		堆积密度范围(kg/m³)
轻粗骨料	轻细骨料		轻粗骨料	轻细骨料	
200	—	110～200	800	800	710～800
300	—	210～300	900	900	810～900
400	—	310～400	1000	1000	910～1000
500	500	410～500	1100	1100	1010～1100
600	600	510～600	—	1200	1110～1200
700	700	610～700			

（5）筒压强度与强度标号

① 不同密度等级超轻粗骨料的筒压强度应不低于表 3-12 的规定。

超轻粗骨料筒压强度 **表 3-12**

<table>
<tr><th rowspan="2">超轻骨料品种</th><th rowspan="2">密度等级</th><th colspan="3">筒压强度(MPa)</th></tr>
<tr><th>优等品</th><th>一等品</th><th>合格品</th></tr>
<tr><td rowspan="4">黏土陶粒
页岩陶料
粉煤灰陶粒</td><td>200</td><td>0.3</td><td colspan="2">0.2</td></tr>
<tr><td>300</td><td>0.7</td><td colspan="2">0.5</td></tr>
<tr><td>400</td><td>1.3</td><td colspan="2">1.0</td></tr>
<tr><td>500</td><td>2.0</td><td colspan="2">1.5</td></tr>
<tr><td>其他超轻粗骨料</td><td>≤500</td><td colspan="3">—</td></tr>
</table>

② 不同密度等级的普通轻粗骨料的筒压强度应不低于表 3-13 的规定。

不同密度等级高强轻粗骨料的筒压强度和强度标号均应不低于表 3-14 的规定。

（6）吸水率与软化系数

① 不同密度等级轻粗骨料的吸水率应不大于表 3-15 的规定。

普通轻粗骨料筒压强度 **表 3-13**

<table>
<tr><th rowspan="2">轻骨料品种</th><th rowspan="2">密度等级</th><th colspan="3">筒压强度(MPa)</th><th rowspan="2">轻骨料品种</th><th rowspan="2">密度等级</th><th colspan="3">筒压强度(MPa)</th></tr>
<tr><th>优等品</th><th>一等品</th><th>合格品</th><th>优等品</th><th>一等品</th><th>合格品</th></tr>
<tr><td rowspan="4">黏土陶粒
页岩陶粒
粉煤灰陶粒</td><td>600</td><td>3.0</td><td colspan="2">2.0</td><td rowspan="2">浮石火山渣煤渣</td><td>800</td><td>—</td><td>1.5</td><td>1.2</td></tr>
<tr><td>700</td><td>4.0</td><td colspan="2">3.0</td><td>900</td><td>—</td><td>1.8</td><td>1.5</td></tr>
<tr><td>800</td><td>5.0</td><td colspan="2">4.0</td><td rowspan="4">自然煤矸石
膨胀矿渣珠</td><td>900</td><td>—</td><td>3.5</td><td>3.0</td></tr>
<tr><td>900</td><td>6.0</td><td colspan="2">5.0</td><td>1000</td><td>—</td><td>4.0</td><td>3.5</td></tr>
<tr><td rowspan="2">浮石火
山渣煤渣</td><td>600</td><td>—</td><td>1.0</td><td>0.8</td><td rowspan="2">1100</td><td rowspan="2">—</td><td rowspan="2">4.5</td><td rowspan="2">4.0</td></tr>
<tr><td>700</td><td>—</td><td>1.2</td><td>1.0</td></tr>
</table>

高强轻粗骨料的筒压强度和强度标号　　表 3-14

密度等级	筒压强度（MPa）	强度标号	密度等级	筒压强度（MPa）	强度标号
600	4.0	25	800	6.0	35
700	5.0	30	900	6.5	40

轻粗骨料的吸水率　　表 3-15

<table>
<tr><th>类别</th><th>轻骨料品种</th><th>密度等级</th><th>吸水率，%</th><th>类别</th><th>轻骨料品种</th><th>密度等级</th><th>吸水率，%</th></tr>
<tr><td rowspan="4">超轻骨料</td><td rowspan="4">黏土陶粒
页岩陶粒
粉煤灰陶粒</td><td>200</td><td>30</td><td rowspan="4">普通轻骨料</td><td>煤渣</td><td>600～900</td><td>10</td></tr>
<tr><td>300</td><td>25</td><td>自燃煤矸石</td><td>600～900</td><td>10</td></tr>
<tr><td>400</td><td>20</td><td>膨胀矿渣珠</td><td>900～1100</td><td>15</td></tr>
<tr><td>500</td><td>15</td><td>天然轻骨料</td><td>—</td><td>不作规定</td></tr>
<tr><td rowspan="2">普通轻骨料</td><td>黏土陶粒
页岩陶粒</td><td>600～900</td><td>10</td><td rowspan="2">高强轻骨料</td><td>黏土陶粒
页岩陶粒</td><td>600～900</td><td>8</td></tr>
<tr><td>粉煤灰陶粒</td><td>600～900</td><td>22</td><td>粉煤灰陶粒</td><td>600～900</td><td>15</td></tr>
</table>

② 软化系数：人造轻粗骨料和工业废料轻粗骨料的软化系数应不小于 0.8，天然轻粗骨料的软化系数应不小于 0.7。

③ 轻细骨料的吸水率和软化系数不作规定。

（7）粒型系数

不同粒型轻粗骨料的粒型系数应符合表 3-16 的规定。

轻粗骨料的粒型系数　　表 3-16

轻骨料粒型	平均粒型系数		
	优等品	一等品	合格品
圆球型≤	1.2	1.4	1.6
普通型≤	1.4	1.6	2.0
碎石型≤	—	2.0	2.5

(8) 有害物质含量

轻骨料有害物质含量应符合表 3-17 的规定。

轻骨料有害物质含量 **表 3-17**

项目名称	质量指标	备注
煮沸质量损失(%) ≤	5	
烧失量(%) ≤	5	天然轻骨料不作规定，用于无筋混凝土的煤渣允许达 20
硫化物和硫酸盐含量(按 SO 计)(%) ≤	1.0	用于无筋混凝土的自然煤矸石允许含量≤1.5
含泥量(%) ≤	3	结构用轻骨料≤2；不允许含有黏土块
有机物含量	不深于标准色	
放射性比活度	符合 GB 9196 规定	煤渣、自然煤矸石应符合 GB 6763 的规定

3.3.3 轻骨料使用要点

(1) 轻骨料验收

1) 检验项目

① 轻粗骨料出厂检验包括颗粒级配、堆积密度、粒型系数、筒压强度(高强轻粗骨料尚应检测强度标号)和吸水率。轻细骨料出厂检验包括细度模数、堆积密度。

② 轻骨料型式检验包括颗粒级配、堆积密度、筒压强度和强度标号、吸水率、软化系数、粒型系数、有害物质含量。

③ 产品应提供质量合格证书，内容包括：产品品种名称和生产厂名；合格证编号及发放日期；检验结果及执行标准编号；批量编号及供货数量；检验部门及检验人员签章。

2) 复验

批量划分、取样方法和数量见表 3-18。

轻骨料批量划分、取样方法和数量　　表 3-18

验收批组成	每批数量	取样方法及数量
按品种、种类、密度等级和质量等级分批检验和验收	每 200 立方米为一批，不足 $200m^3$ 亦以一批计	每批产品中抽取有代表性的试样。初次抽取的试样应不少于 10 份，其总料量应多于试验用料量的 1 倍，初取试样应在下列场合抽取：生产企业中进行检验时，应在通往料仓或料堆的运输机的整个宽度上，在一定的时间间隔内；对均匀料堆进行取样时，试样可以从料堆锥体自上到下的不同方向任选 10 个点抽取，但要避免抽取离析的及面层的材料；以袋装料和散装料抽取时，应以 10 个不同位置和高度（或料袋）中抽取，按 GB/T 17431.2—98 规定检验

3）合格判定

① 检验(含复验)后，各项性能指标都符合标准的相应等级规定时，可判为该等级。等级按其技术指标分为优等品(A)；一等品(B)；合格品(C)。

② 若有一项性能指标不符合标准要求时，则应从同一批轻骨料中加倍取样，对不符合标准要求的项目进行复验。复验后，仍不符合标准要求时，则该产品判为降等或不合格。

（2）轻骨料堆放和运输

1）轻骨料应按品种、密度等级、质量等级和颗粒级配类别分别堆放和运输。必要时，应有防雨淋措施。

2）可用车、船散装或袋装运输。运输过程中应避免污染或压碎。

3）运输时，应采取措施以防粉尘飞扬。

（3）轻骨料施工主要注意事项

1）不同品种的轻集料不能混用；

2）施工前轻粗骨料应进行预湿处理，预湿时间可根据外界气温条件和骨料的自然含水状态而定，一般是提前半天或一天对骨料进行淋水、预湿，在气温 5℃以下时，不宜进行预湿处理；

3）轻骨料必须满足主要技术要求；

4）配合比设计时，轻骨料混凝土砂率应以体积砂率表示；

5）轻骨料混凝土外加剂应在轻骨料吸水后加入；

6）轻骨料混凝土搅拌时间、运输时间和振捣时间都应严格控制，不宜过长；

7）轻骨料混凝土必须加强养护。

3.3.4 高性能轻骨料发展趋势

轻骨料的多孔性决定了它自身的性质及其混凝土的一系列特性。轻骨料的多孔性给骨料带来了很多正面效应。与普通骨料相比，可以根据不同需要不同程度地减轻轻骨料的质量，由此也可以大大改善轻骨料混凝土的保温、隔热、耐火、隔声、抗震等一系列使用性能，采取一定技术措施也可大大改善轻骨料混凝土抗冻性和抗氯离子渗透性能。同时还赋予混凝土无碱骨料反应危害的特性。所有这些决定了用其配制的轻骨料混凝土具有良好的实用性和经济性，使它成为仅次于普通混凝土的一种新型混凝土。

轻骨料的多孔性也给轻集料带来了一些负面影响，主要表现为其吸水率增大，且因轻骨料形成条件、品种不同而变化，在很大范围内使轻骨料混凝土的施工性能、物理力学性能和耐久性受到不同程度的不良影响。这也给高性能轻骨料混凝土的研制和应用带来了很多新的难题，比起高性能普通混凝土更为复杂和困难。但恰恰是这个负面影响给现代轻骨料混凝土的发展带来了新的推动力。高性能轻骨料的研究也就是在这种情况下应运而生。轻骨料资源丰富、品种繁多，但研究表明，只有经过特殊加工的人造轻骨料才能用来配制高性能轻骨料混凝土，因而这类骨料可称为高性能轻骨料。表 3-19 是高性能轻骨料的主要指标比较。

高性能轻骨料的主要指标比较 **表 3-19**

<table>
<tr><th colspan="2" rowspan="2">骨料名称</th><th>堆积密度</th><th>孔隙率</th><th>开孔率</th><th>24h 吸水率</th><th>吸水率</th><th>筒压强度</th><th rowspan="2">BS 压碎指标值</th></tr>
<tr><th>kg/m³</th><th>%</th><th>%</th><th>%</th><th>%</th><th>MPa</th></tr>
<tr><td rowspan="3">高性能轻骨料</td><td>HAL-1</td><td>500～600</td><td>62</td><td>4.8</td><td>1.60</td><td>3.24</td><td>5.0</td><td>35.7</td></tr>
<tr><td>HAL-2</td><td>610～700</td><td>49</td><td>1.8</td><td>0.62</td><td>0.73</td><td>6.0</td><td>28.6</td></tr>
<tr><td>HAL-3</td><td>710～800</td><td>31</td><td>2.1</td><td>0.40</td><td>0.40</td><td>>7.0</td><td>25.7</td></tr>
<tr><td rowspan="2">普通轻骨料</td><td>AL-1</td><td>610～700</td><td>48</td><td>78.0</td><td>8.67</td><td>28.5</td><td>4.0</td><td>36.3</td></tr>
<tr><td>AL-2</td><td>610～700</td><td>51</td><td>82.0</td><td>9.94</td><td>33.2</td><td>4.0</td><td>35.4</td></tr>
<tr><td>碎石</td><td>—</td><td rowspan="2">1400～1500</td><td rowspan="2">38～40</td><td>—</td><td>0.3～0.8</td><td>—</td><td>—</td><td>10～20</td></tr>
<tr><td>卵石</td><td>—</td><td>—</td><td>0.8～1.8</td><td>—</td><td>—</td><td>12～16</td></tr>
</table>

综上所述，高性能轻骨料主要具有以下特征：轻质高强的特性更为突出，吸水率低，优良的颗粒级配。在这些性能指标中，最重要的是应该具有与天然骨料相似的低吸水率，可以说这也是高性能轻骨料区别于普通轻骨料的标志性指标。因此，高性能轻骨料是一种采用特殊工艺精心制成的比同密度等级普通轻骨料具有更高颗粒强度、极低吸水率和优良颗粒级配的一种优质人造轻骨料。

制备轻质结构用高性能轻骨料混凝土的基础是高性能轻骨料，其性能的优劣直接关系到混凝土的工作性和耐久性，可以说高性能轻骨料混凝土研究的关键技术之一是制备优质的高性能轻骨料。大力发展高性能轻骨料对开发新型超轻质结构用混凝土具有重要意义。超轻质结构用混凝土是理想的浮体材料，是建造浮动人工岛、海上机场、海上卫星测控中心的理想材料。

3.4 掺合料粉煤灰

混凝土掺合料有粉煤灰、硅灰、磨细矿渣粉、磨细自然煤矸石等工业废渣及某些磨细的天然岩矿如沸石粉，其中粉煤灰是目前用量最大、使用范围最广的一种掺合料。

3.4.1 粉煤灰效能、种类和适用范围

从煤粉炉烟道气体中收集的粉末称为粉煤灰。

(1) 粉煤灰效能

1) 粉煤灰效应

① 活性效应：粉煤灰中所含的 SiO_2 和 Al_2O_3 能与水泥水化产生的 $Ca(OH)_2$ 反应，生成类似水泥水化产物中的水化硅酸钙和水化铝酸钙，可作为胶凝材料一部分而起增强作用。

② 颗粒形态效应：粉煤灰颗粒绝大多数为玻璃微珠，掺入混凝土中可减小内摩阻力，从而可减少混凝土的用水量，起减水作用。

③ 微骨料效应：粉煤灰中的微细颗粒均匀分布在水泥浆内，填充孔隙和毛细孔，改善了混凝土的孔结构和增大密实度。

2) 性能

粉煤灰可以改善混凝土拌合物的流动性、保水性、可泵性和抹面性等性能，并能降低混凝土的水化热，提高混凝土的抗化学侵蚀、抗渗、抑制碱-骨料反应等耐久性能。

混凝土中掺入粉煤灰取代部分水泥后，混凝土的早期强度将随掺入量增多而有所降低，但 28d 以后长期强度可以赶上甚至超过不掺粉煤灰的混凝土。

(2) 粉煤灰的种类

1) 根据粉煤灰的矿物组成和特性，可将粉煤灰分为两大类，即低钙粉煤灰和高钙粉煤灰。低钙粉煤灰通常是无烟煤的燃烧产物；高钙粉煤灰则是褐煤和次烟煤的燃烧产物。我国绝大多数电

厂排放的粉煤灰都是低钙的。故低钙粉煤灰也简称为粉煤灰。

2）根据排放方式分为湿排灰和干排灰，干排灰的质量较好。

（3）粉煤灰的适用范围

粉煤灰掺合料适用于建筑结构和构筑物用的混凝土，尤其适用于泵送混凝土、大体积混凝土、抗渗混凝土、抗化学侵蚀的混凝土、蒸汽养护的混凝土、地下和水下工程混凝土以及碾压混凝土等。

3.4.2 粉煤灰主要技术要求

粉煤灰按其品质分为Ⅰ、Ⅱ、Ⅲ 3 个等级，其品质指标见表 3-20。

用于水泥和混凝土中的粉煤灰技术指标　　表 3-20

序号	指　　标		级　　别		
			Ⅰ	Ⅱ	Ⅲ
1	细度(0.045mm 方孔筛筛余)(%)	≤	12	20	45
2	需水量比(%)	≤	95	105	115
3	烧失量(%)	≤	5	8	15
4	含水量(%)	≤	1	1	不规定
5	三氧化硫(%)	≤	3	3	3

注：代替细骨料用以改善和易性的粉煤灰不受此规定限制。

3.4.3 粉煤灰使用要点

（1）粉煤灰的选用

Ⅰ级灰适用于钢筋混凝土和跨度小于 6m 的预应力钢筋混凝土。

Ⅱ级灰适用于钢筋混凝土和无筋混凝土。

Ⅲ级灰主要用于无筋混凝土；但大于 C30 的无筋混凝土，宜采用Ⅰ、Ⅱ级灰。

（2）粉煤灰检验

1）拌制水泥混凝土和砂浆时掺合料的粉煤灰，供方每半年应进行一次检验。

2）烧失量、三氧化硫和含水量每月检验一次，28d 强度每季度检验一次。

3）水泥厂作活性混合料时，应进行烧失量、含水量检验。

（3）粉煤灰复验

1）粉煤灰出厂必须具有出厂合格证

出厂合格证内容包括：厂名、批号、合格证编号、日期、粉煤灰的级别、数量和质量检验结果。

袋装粉煤灰的包装袋上应清楚标明粉煤灰厂名、级别、重量、批号及包装日期。

2）复验抽样

复验批量划分、抽样方法和数量，见表 3-21。

批量划分、抽样方法和数量　　表 3-21

验收批组成	每批数量	取样方法及数量
以连续供应的相同等级	每 200 吨为一批，不足 200t 者按一批论 粉煤灰的数量按干灰（含水量小于 1%）的重量计算	散装灰取样：以运输工具、贮灰库或堆场中不同部位取 15 份试样，每份试样 1～3kg，混合拌匀，按四分法，缩取出比试验所需量大一倍的试样（称为平均样）； 袋装灰取样：以每批任取 10 袋，从每袋中分取试样不少于 1kg，混合拌匀，按四分法缩取平均试样； 拌制水泥混凝土和砂浆时作掺合料的粉煤灰成品，必要时，需方可对粉煤灰的质量进行随机抽样

3）合格判定

① 符合技术要求的为等级品，若其中任何一项不符合要求的，应重新加倍取样，进行复验。复验不合格的需降级处理。

② 低于技术要求中最低级别技术要求的粉煤灰为不合格品。

③ 28d 抗压强度比指标低于 62%的粉煤灰，可作为水泥生

产中的非活性混合材料。

(4) 粉煤灰的运输和储存

粉煤灰在运输和储存中不得与其他材料混杂，并应注意防止受潮和环境污染。

(5) 粉煤灰取代水泥率

普通混凝土中，粉煤灰取代水泥率见表 3-22。

粉煤灰取代水泥率(β_c) **表 3-22**

混凝土强度等级	普通硅酸盐水泥(%)	矿渣硅酸盐水泥(%)
C15 以下	15～25	10～20
C20	10～15	10
C25～C30	15～20	10～15

注：1. 以 32.5 级水泥配制成的混凝土取表中下限值；以 42.5 级水泥配制的混凝土取上限值。
2. C20 以上的混凝土宜采用Ⅰ、Ⅱ级粉煤灰；C15 以下的素混凝土可采用Ⅲ级粉煤灰。

3.5 混凝土外加剂

随着混凝土施工技术的发展，混凝土工程相继出现了滑模、大模板、压入成型、泵送混凝土、喷射混凝土、真空吸水混凝土等新工艺；混凝土的制备采取商品混凝土、集中搅拌等方法；混凝土结构类型有高层、超高层、大跨度、薄壳、折板、剪力墙体系、框架轻板体系、盒子结构、装配结构、无粘结预应力混凝土结构体系、框筒体系等等。这些对混凝土的技术性能和经济指标都提出了新的要求。诸如要求混凝土的流动性、可塑性、密实性、抗渗性、抗冻性、快硬、缓凝、高强、早强、超早强、耐酸、耐碱、耐热、隔声、保温、轻质、防水、防辐射、水下浇筑不离析和无振捣浇筑及钢筋混凝土中的钢筋抗锈蚀等方面性能。过去使用的一般混凝土已不能满足要求。近年来，通过掺加适当的外加剂，较大地改善了混凝土的各项物理力学性能。混凝土外加剂技术是近年来发展较快的一项混凝土新技术，是混凝土发展史上继钢筋混凝土、预应力混凝土后的第三次飞跃。

3.5.1 混凝土外加剂基本知识

混凝土外加剂是拌制混凝土过程中掺放，用以改善混凝土性能的物质。掺量不大于水泥质量的5%(特殊情况除外)。

混凝土外加剂也称为外掺剂或附加剂。是指除组成混凝土的胶凝材料、骨料、掺合料和水之外，另行加入的材料。是在拌制混凝土过程中掺入的化学物质，不包括水泥生产过程中加入的混合材料、调凝剂及助磨剂等。外加剂技术含量高，掺加数量少，宛如人类食品中的调料，入药则灵，入汤则鲜。

(1) 外加剂主要作用

混凝土外加剂是改善混凝土特性的“建筑味精”，其主要作用如下：

1) 改善混凝土拌合物流变性能的外加剂。包括各种减水剂、引气剂和泵送剂等。

2) 调节混凝土凝结时间、硬化性能的外加剂。包括缓凝剂、早强剂和速凝剂等。

3) 改善混凝土耐久性的外加剂。包括引气剂、防水剂和阻锈剂等。

4) 改善混凝土其他性能的外加剂。包括加气剂、膨胀剂、防冻剂、着色剂、胶粘剂和碱-骨料反应抑制剂等。

例如，掺入减水剂可改善混凝土的和易性，在混凝土的强度等级不变的前提下，可节约10%～20%的水泥；在配制高强或超高强的混凝土时，一天龄期的混凝土强度可提高100%～200%；对要求蒸汽养护的混凝土，可减免蒸汽养护。掺加外加剂混凝土在道路、港口、机场、基地与营房建筑中广泛应用，取得了良好的效果。

(2) 混凝土外加剂功能

1) 能改善混凝土拌合物的和易性。从而减轻体力劳动强度、改善工艺和劳动条件，实现机械化作业。有利于滑模、泵送混凝土、喷射混凝土、水下浇筑不离析和无振捣浇筑等新工艺，有利于提高混凝土工程质量。

2）能改变混凝土凝结、硬化时间。减少养护时间，加快模板周转，提早对预应力混凝土的钢筋放张与剪筋，有利于加快施工进度。

3）能提高和改善混凝土的性能指标。增强混凝土的耐久性和建筑环境的适应性。例如，可以提高混凝土的强度，增加混凝土的密实性、抗冻性、抗渗性、抗酸碱性能及混凝土中钢筋的耐锈蚀性能，可改善混凝土的干燥收缩及徐变性能。

4）采取一定的工艺措施，在不影响混凝土质量的前提下，掺加外加剂可以节省水泥和能源，投资少，见效快，经济效益和社会效益显著。

（3）混凝土外加剂分类

按化学成分混凝土外加剂分为：

1）无机物类：主要是一些电解质盐类，如 $CaCl_2$、Na_2SO_4 等早强剂。另外还有某些金属单质如铝粉等加气剂，以及少量氢氧化物等。

2）有机物类：这类物质种类很多，其中大部分属于表面活性剂的范畴，有阴离子型、阳离子型、非离子型以及两性表面活性剂等，其中以阴离子表面活性剂应用最多。还有一些有机物，虽不明显具有表面活性作用，但也可以在某种用途中作为外加剂使用。

3）复合型类：将有机与有机，或有机与无机等数种外加剂复合使用，使其具有多种功能，扩大外加剂的使用。

（4）混凝土外加剂品种

按主要功能混凝土外加剂品种分为：

1）减水剂：在混凝土拌合物坍落度基本相同的条件下，能减少拌合用水量。它具有增大混凝土流动性，改善和易性等特点。如木质素磺酸钙、糖蜜等普通减水剂、高效减水剂、早强减水剂、缓凝型减水剂、引气型减水剂等。

2）早强剂：提高混凝土的早期强度，降低水泥用量，缩短养护时间。如氯化钙、氯化钠等普通早强剂。

3）速凝剂：加速水泥的水化反应，促使混凝土迅速凝结和硬化。如：铝氧熟料、水玻璃溶液及铝酸钠等。

4）缓凝剂：延长混凝土凝结时间，降低水化热。如酒石酸，石膏、酒石钾钠等。

5）抗冻剂：可降低混凝土的冻结温度，促进混凝土在零度以下强度的增长。如氯化钠、尿素、碳酸钾、氨水等。

6）引气剂：在混凝土中引入大量均匀封闭的微小气泡，改善混凝土的和易性，提高混凝土的抗冻性及耐久性。如松香酸钠、烷基磺酸钠、脂肪醇等。

7）消泡剂(又称去泡剂)：可抑制或消除混凝土过多的有害气泡，如有机硅、磷酸脂、聚氧乙烯等。

8）膨胀剂：在混凝土硬化过程中通过体积膨胀补偿混凝土收缩，在限制条件下出现适宜的自应力。如：明矾石、石膏、氧化钙、氧化镁等。

9）防水剂：可增加混凝土密实性，提高抗渗性，对水泥有一定的促凝作用且提高强度。如氟硅酸盐、粉煤灰、硅藻土、沥青乳液、松香。

10）密实剂：可在混凝土形成胶状的悬浮颗粒，堵塞混凝土内毛细通道，提高密实性。如：三乙醇胺等。

11）泵送剂：可改善混凝土的泵送性能，包括混凝土较大的流动性、黏聚性和较小的黏滞性。可采用由减水剂、缓凝剂、引气剂等复合而成。

此外，还有脱模剂、养护剂、着色剂、耐蚀剂、阻锈剂、界面剂、絮凝剂、防辐射剂、碱骨料反应抑制剂、破碎剂、自流平剂等外加剂。

(5) 掺常用外加剂混凝土性能指标

掺外加剂混凝土性能指标，见表3-23。

掺外加剂混凝土性能指标　　　　表 3-23

试验目的		外加剂品种																	
		普通减水剂		高效减水剂		早强减水剂		缓凝高效减水剂		缓凝减水剂		引气减水剂		早强剂		缓凝剂		引气剂	
		一等品	合格品	一等品	合格品	一等品	合格品	一等品	合格品	一等品	合格品	一等品	合格品	一等品	合格品	一等品	合格品	一等品	合格品
减水率(%)不小于		8	5	12	10	8	5	12	10	8	5	12	10	—	—	—	—	6	6
泌水率比(%)不大于		95	100	90	95	95	100	100		100		70	80	100		100	110	70	80
含气量(%)		≤3.0	≤4.0	≤3.0	≤4.0	≤3.0	≤4.0	<4.5		<5.5		>3.0		—		—		>3.0	
凝结时间之差(min)	初凝	−90～+120		−90～+120		−90～+90		>+90		>+90		−90～+120		−90～+90		>+90		−90～+120	
	终凝							—		—						—			
抗压强度比(%)不小于	1d	—	—	140	130	140	130	—		—		—		135	125	—		—	
	3d	115	110	130	120	130	120	125	120	100		115	110	130	120	100	90	95	80
	7d	115	110	125	115	115	110	125	115	110		110		110	105	100	90	95	80
	28d	110	105	120	110	105	100	120	110	110	105	100		100	95	100	90	90	80
收缩率比(%)不大于	28d	135		135		135		135		135		135		135		135		135	
相对耐久性指标(%)200次不小于		—		—		—		—		—		80	60	—		—		80	60
对钢筋锈蚀作用		应说明对钢筋有无锈蚀危害																	

注：1. 除含气量外，表中所列数据为掺外加剂混凝土与基准混凝土的差值或比值。

2. 凝结时间指标，“－”号表示提前，“＋”号表示延缓。

3. 相对耐久性指标一栏中，“200 次≥80 和 60”表示将 28d 龄期的掺外加剂混凝土试件冻融循环 200 次后，动弹性模量保留值≥80％或≥60％。

4. 对于可以用高频振捣排除的，由外加加剂所引入的气泡的产品，允许用高频振捣，达到某类型性能指标要求的外加剂，可按本表进行命名和分类，但须在产品说明书和包装上注明“用于高频振捣的××剂”。

(6) 常用混凝土外加剂匀质性指标

应用较多、较成熟的几种外加剂有减水剂、早强剂、引气剂、调凝剂等。其匀质性指标应符合表 3-24 的要求。

匀质性指标 **表 3-24**

试验项目	指标
含固量或含水量	1. 对液体外加剂，应在生产厂控制值相对量的 3%之内； 2. 对固体外加剂，应在生产厂控制值的相对量的 5%之内
密度	对液体外加剂，应在生产厂控制值的±0.02g/cm³ 之内
氯离子含量	应在生产厂所控制值相对量的 5%之内
水泥净浆流动度	应不小于生产控制值的 95%
细度	0.315mm 筛筛余应小于 15%
pH 值	应在生产厂控制值的±1
表面张力	应在生产厂控制值的±1.5
还原糖	应在生产厂控制值的±3%
总碱量（$Na_2O+0.658K_2O$）	应在生产厂控制值相对量的 5%之内
硫酸钠	应在生产厂控制值相对量的 5%之内
泡沫性能	应在生产厂控制值相对量的 5%之内
砂浆减水率	应在生产厂控制值的±1.5%

3.5.2 混凝土减水剂

在混凝土拌合物坍落度基本相同的条件下，能减少拌合用水量的外加剂称为减水剂。或者说减水剂是在不改变混凝土和易性的条件下，具有减水及增强作用的外加剂。

在各种外加剂中，减水剂具有多种功能，因此它是目前国内外应用最广、效果最好的一种外加剂。常用的减水剂为阴离子表面活性剂。

所谓表面活性剂，是一种具有下列性质的物质：

它能溶解于液体(水)中，溶解于液体(水)后，易从溶液中向界面富集，定向排列于液体表面，形成单分子吸附膜层，从而显著降低溶液的表面能(表面张力)，这种现象称为表面活性。表面活性作用，是减水剂能起减水增强作用的主要原因。

减水剂在原配合比不变的条件下，即用水量和水灰比不变时，可以增大混凝土拌合物的流动性(约 100～200mm)，而且不影响强度；

减水剂在保持流动性及水泥用量不变的条件下，可以显著减少用水量(约 10%～15%)，从而降低水灰比，使混凝土的强度及耐久性得到提高(约提高 15%～20%)，特别是早期强度提高更为显著(约提高 30%～50%)。

减水剂在保持流动性及强度不变的条件下，可以减少用水量及水泥用量，以节约水泥(约节约 10%～15%)。

此外，掺入减水剂后，可以延缓混凝土拌合物的凝结时间、减慢水泥水化放热速度、减少泌水和离析现象，并使混凝土的抗冻性、抗渗性、抗腐蚀性等得到改善。

减水剂的种类和牌号很多，分类方法也多样，通常按其化学成分分为木质素系、萘磺酸盐系、树脂系、糖蜜系、腐植酸系及复合系 6 大类。目前常见的具有代表性的是前 3 种，即木质素系、萘磺酸盐系和树脂系减水剂。

(1) 木质素系减水剂

木质素系减水剂的主要有效成分是由草本、木本植物造纸纸浆废液中提取得到的各类木质素衍生物，如木质素磺酸钙(木钙)、木质素磺酸钠(木钠)和木质素磺酸镁(木镁)及丹宁等，其中以木钙减水剂使用最多，也称 M 型减水剂(M 剂)。

M 剂具有减水、增强、引气、缓凝等综合效果，可用于一般混凝土工程，尤其适用于夏季混凝土施工、大模板和滑模施工、大体积混凝土和泵送混凝土等施工，但不利于冬期施工，也不宜蒸汽养护。

(2) 萘磺酸盐系减水剂

萘磺酸盐系减水剂简称萘系减水剂，是一种高效减水剂，属阴离子表面活性剂，全称为萘磺酸盐甲醛缩合物。是以工业萘或由煤焦油中分馏出的萘及萘的同系物分馏原料所合成的减水剂，为棕色粉末。

萘系减水剂的大部分品种为非引气型的，主要有 NF、FDN、UNF 等，适用于要求早强或高强的混凝土。少数品种为引气型的，如 MF、建 1 号、NNO 等，它们的引气量不大(小于 2%)，可与消泡剂复合使用，效果较好，适用于要求高流动性并对抗渗性和抗冻性要求较高的混凝土。

萘系减水剂适用于最低气温 0℃以上所有混凝土工程，尤其适用于配制早强和高强(C50 以上)的混凝土、高流态混凝土(坍落度大于 150mm)、泵送混凝土、蒸养混凝土、以及冬期施工混凝土。

(3) 水溶性树脂系减水剂

水溶性树脂系减水剂是一种高效减水剂，被誉为减水剂之王，是一种水溶性聚合物树脂，其全称为磺化三聚氰胺甲醛树脂减水剂，简称密胺树脂减水剂，亦属阴离子表面活性剂。我国产品有 SM 减水剂。

SM 减水剂适用于配制早强、高强及超高强(C80 以上)混凝土、流态混凝土、蒸养混凝土，也可配制铝酸盐水泥耐火混凝土。但因价格昂贵，我国产量低，目前仅用于有特殊要求的混凝土工程。

(4) 复合减水剂

目前国内外普遍发展使用复合减水剂，即将减水剂和其他品种外加剂复合使用，以取得满足不同施工要求及降低成本的效果。如减水剂可分别与早强剂、引气剂、消泡剂、缓凝剂等进行复合，这样可综合发挥各种外加剂的特点，扬长避短，效果更好，是一种多功能的外加剂。目前使用最多的是早强复合减水剂，它是由高效减水剂与硫酸钠早强剂复合而成，其品种、性能及用量见表 3-25。

各种早强复合减水剂品种和性能　　表 3-25

品名	主要成分	主要混凝土性能	用量(%)
NC	糖钙、硫酸钠等，粉末状 4900 孔筛筛余≤15%	适宜矿渣水泥，混凝土强度 1～3d 比空白混凝土提高 30%～50%，7d 比空白混凝土提高 50%；可节约水泥 10%	2～4
MS-F	木钙、硫酸钠等灰色，粉剂 4900 孔筛筛余≤15%	减水 5%～10%； 含气量 2%； 强度 3d 比空白混凝土提高 25%	5
AN-2	硫酸钠、A 型减水剂，粉状 0.2mm 孔筛筛余<2%	减水 10%；节约水泥 10%；强度 1d 比空白混凝土提高 50%～100%，3d 比空白混凝土提高 50%；提高蒸养拆模强度 30%	3～3.5
S 型	AF，硫酸钠等，粉状	减水 15%； 强度 1～3d 比空白混凝土提高 50%～100%	2～3
FDN-S	硫酸钠、萘磺酸盐，黄棕色粉状	减水 14%； 强度 3d 比空白混凝土提高 30%～80%	0.2～1.0
UNF-4	硫酸钠、萘磺酸盐，粉状	减水 10%～15%； 强度 3d 比空白混凝土提高 70%	1～2.5
DW 型	UNF 矾泥等，粉状	减水率>90%； 强度 1d 比空白混凝土提高 50%	3

注：用量(%)，为占水泥质量的百分数。

掺减水剂的混凝土拌合物出现黏罐、假凝、不凝以及坍落度损失过快或硬化后强度低等质量缺陷，产生上述质量缺陷原因及控制措施，详见表 3-26。

掺减水剂混凝土易发生质量缺陷和控制措施　　表 3-26

缺陷	现　象	原　因	控制措施
裂缝	浇筑后的混凝土在初凝前后会出现若干短、直、宽而浅的裂缝	掺减水剂后混凝土较黏稠，不泌水而不易完全沉平，多在钢筋上方出现	在混凝土初凝前后于裂缝处抹压裂缝消失

续表

缺陷	现　　象	原　　因	控制措施
黏罐	水泥砂浆部分黏在搅拌机筒壁上，造成出机的混凝土不均匀，灰少	混凝土发黏，多出现于掺缓凝减水剂后，或轴径比接近的滚筒式搅拌机中	1. 及时注意清除剩余混凝土； 2. 先加骨料及部分水搅拌，再加水泥、余水及减水剂拌合； 3. 使用轴径比大的或强制式搅拌机
假凝	出机后的混凝土很快失去流动性，甚至无法浇筑	1. 水泥中硫酸钙(石膏)含量不足致使铝酸钙(C_3A)水化过快； 2. 减水剂对该种水泥适应性差； 3. 三乙醇胺掺量超过0.05%～0.1%此时很快初凝但不终凝	1. 更换水泥品种或批号； 2. 必要时换减水剂品种； 3. 降低减水率一半； 4. 降低拌合温度； 5. 用Na_2SO_4，使其缓凝，掺量为0.5%～2%
不凝	1. 掺减水剂后混凝土长时间(甚至一昼夜)仍未凝固 2. 表面泌浆并呈黄褐色	1. 减水剂掺量过大，很可能超过推荐用量的3~4倍； 2. 缓凝剂使用过量	1. 不超过推荐用量2～3倍，强度虽稍有降低，但28d强度降低得少，长期强度降低更少； 2. 终凝后适当提高养护温度，加强浇水养护； 3. 将已成型部分清除掉，重新浇筑
强度低	1. 强度比同龄期试配结果低得多 2. 混凝土虽已凝结，但强度极低	1. 引气性减水剂掺量过大，使混凝土内含气量过大； 2. 掺用了引气性减水剂后振捣不够； 3. 未减水或反而加大了水灰比； 4. 三乙醇胺加量过大； 5. 减水剂质量不合要求，如有效成分含量过低	1. 采取其他加固措施或重新浇筑； 2. 加强浇筑后振捣； 3. 针对前述原因采取措施； 4. 对本批减水剂进行鉴定

续表

缺陷	现　　象	原　　因	控制措施
坍落度损失过快	混凝土很快失去和易性，出罐后每延长2～3min，坍落度减少10～20mm，且有明显沉底现象。大坍落度混凝土更易产生此现象	1. 减水剂对所使用的水泥适应性差； 2. 引入混凝土中的气泡不断外溢，水分蒸发，使用引气性减水剂时尤为明显； 3. 混凝土搅拌温度或环境温度高； 4. 混凝土坍落度很大	1. 针对原因采取措施； 2. 采用后掺法，减水剂在搅拌混凝土1～3min后，甚至浇筑前才掺(并重新搅拌)； 3. 注意不得加水

3.5.3 混凝土早强剂

早强剂是指能显著提高混凝土早期强度的一种外加剂。早强剂能加速水泥水化和硬化过程，缩短养护周期，使混凝土在短期内即能达到拆模强度，从而提高了模板和场地的周转率，加快了施工进度。早强剂可用于常温、低温和负温(不低于－5℃)条件下施工的混凝土，多用于冬期施工和抢修工程。

早强剂按其化学成分可分为无机物和有机物两大类。无机早强剂主要是一些盐类，有氯化物系如氯化钙、氯化钠等，硫酸盐系如硫酸钠、硫化硫酸钠、以及硫酸钙等；有机早强剂类是一些有机物质，如三乙醇胺、三异丙醇胺等。

目前常用的早强剂有氯化钙、硫酸钠和三乙醇胺以及他们的复合物。

(1) 氯化钙($CaCl_2$)

氯化钙是一种白色无机电解质盐类，易溶于水。是使用历史最久应用最普遍的一种早强剂。

1) 氯化钙的适宜掺量为水泥质量的1%～2%，早强效果显著，能使混凝土2～3d的强度提高40%～100%，7d强度提高25%，而且能长期保持强度增长。但掺量过多，会引起水泥速凝，例如当掺量达4%时，水泥浆能在4min内达到终凝，因而不利于施工。

2）掺加氯化钙还有利于混凝土早期凝结，同时又能降低混凝土中水的冰点(保持液相，有利于混凝土的水泥硬化)，显著提高早期抗冻能力，故在冬期又常用作混凝土早强促凝防冻剂。

3）氯化钙早强剂价格便宜，使用方便，早强效果明显。但其最大缺点是产生的Cl^-离子易促使混凝土中钢筋锈蚀。故施工中应严格控制$CaCl_2$的掺量中规定，在钢筋混凝土中氯化钙的掺量不得超过水泥质量的1%，在无筋混凝土中掺量不得超过水泥质量的3%，在预应力钢筋混凝土中不得使用$CaCl_2$和含氯盐的早强剂。另外，由于Ca^{2+}离子较多，混凝土易导电、以及Ca^{2+}化合物在高温下不稳定，故不宜用于电气化工程和蒸养构件。

(2) 硫酸钠(Na_2SO_4)

1）有无水硫酸钠(Na_2SO_4，俗称元明粉，白色粉末)和十水硫酸钠($Na_2SO_4 \cdot 10H_2O$，俗称芒硝，白色晶粒)两种，均易溶于水。

2）硫酸钠的适宜掺量为水泥质量的0.5%～2%，掺量过多会因生成太多的钙矾石引起混凝土胀裂而破坏。

3）硫酸钠具有较好的早强效果，当掺量为1%～1.5%时，达到混凝土设计强度70%的时间可缩短一半左右。由于硫酸钠能激发水泥中混合材料的潜在活性，故对矿渣水泥混凝土早强效果更显著。

4）硫酸钠早强剂一般不单独掺用，常与其他外加剂，如氯化钠($NaCl$)、亚硝酸钠($NaNO_2$)、木钙粉、三乙醇胺等复合使用，效果更好。通常是以硫酸钠为基本成分而组成硫酸钠复合早强剂，常用硫酸钠复合早强剂的组成与掺量见表3-27。

常用硫酸钠复合早强剂的组成与掺量 **表 3-27**

早强剂组成	常用掺量(%)
硫酸钠＋亚硝酸钠＋氯化钠＋氯化钙	(1～1.5)＋(1～3)＋(0.3～0.5)＋(0.3～0.5)
硫酸钠＋氯化钠	(0.5～1.5)＋(0.3～0.5)
硫酸钠＋亚硝酸钠	(0.5～1.5)＋1.0
硫酸钠＋三乙醇胺	(0.5～1.5)＋0.05
硫酸钠＋二水石膏＋三乙醇胺	(1～1.5)＋2＋0.05

注：常用掺量(%)，为占水泥质量的百分数。

5）硫酸钠对钢筋无锈蚀作用，但由于应用 Na_2SO_4 后会使混凝土的碱度提高，故需注意碱-骨料反应问题。

(3) 三乙醇胺 $N(C_2H_4OH)_3$

三乙醇胺为无色或淡黄色透明油状液体，呈碱性，易溶于水，无毒，不燃。

1）三乙醇胺早强剂的掺量极微，为水泥质量的 0.02%～0.05%，掺量过多(＞0.05%)会使混凝土后期强度下降，掺量越大，降低越多，所以必须严格控制掺量。

2）混凝土中单独掺用三乙醇胺早强效果不明显，若与其他盐类组成复合早强剂，则有较显著的早强效果。例如，以 1%亚硝酸钠＋2%二水石膏＋0.05%三乙醇胺组成的复合早强剂，能使混凝土 3d 强度提高 50%。

3）三乙醇胺复合早强剂尤其适用于严禁掺用氯盐的钢筋混凝土。

在实际混凝土工程中，各种早强剂的掺量不应大于表 3-28 的规定。常用早强剂的增强效果见表 3-29。

常用早强剂掺量 **表 3-28**

混凝土种类及使用条件		早强剂品种	掺量(%)
预应力混凝土		1. 硫酸钠 2. 三乙醇胺	1 0.05
钢筋混凝土	干燥环境	1. 氯盐 2. 硫酸钠 3. 硫酸钠与缓凝减水剂复合使用 4. 三乙醇胺	1 2 3 0.05

续表

混凝土种类及使用条件		早强剂品种	掺量(%)
钢筋混凝土	潮湿环境	1. 硫酸钠 2. 三乙醇胺	1.5 0.05
有饰面要求的混凝土		硫酸钠	1
无筋混凝土		氯盐	3

注：1. 在预应力混凝土中，由其他原材料带入的氯盐总量，不应大于水泥质量的0.1%；在潮湿环境下的钢筋混凝土中，不应大于水泥质量的0.25%。
2. 表中氯盐含量，以无水氯化钙计。

常用早强剂增强效果 **表 3-29**

水泥品种	外加剂配方	掺量(%)	强度增长率(%)		
			3d	7d	28d
普通硅酸盐水泥	氯化钙	0.5～1	130	115	100
	氯化钠＋三乙醇胺	0.5＋0.05	153～159		104～116
	氯化钠＋三乙醇胺＋亚硝酸钠	0.5＋0.05＋1	175		116
矿渣硅酸盐水泥	氯化钙	0.5～1	140	125	110
	氯化钠	0.5～1	134		110
	氯化铁	1.5	130		100～125
	三乙醇胺	0.05	105～128	105～129	102～108
	硫酸钠	2	143	132	104
	氯化钠＋三乙醇胺	0.5＋0.05	143～180		130～135
	氯化铁＋三乙醇胺	0.5＋0.05	140～167		108～140
	硫酸钠＋三乙醇胺	2＋0.05	167	147	118
	氯化钠＋三乙醇胺＋亚硝酸钠	0.5＋0.05＋1	157		139
	硫酸钠＋三乙醇胺＋亚硝酸钠	2＋0.05＋1	164	149	120
	硫酸钠＋三乙醇胺＋氯化钠	2＋0.05＋1	168	156	134
	硫酸钠＋氯化钠	2＋0.05	168	152	123
	早强减水剂 UNF-4	2	237	187	144

3.5.4 混凝土引气剂

引气剂是指在搅拌混凝土过程中能引入大量均匀分布、稳定而封闭的微小气泡的外加剂。在每立方米混凝土中可生成500～3000个直径为50～1250μm(大多在200μm以下)的独立气泡。

混凝土引气剂主要有松香树脂、烷基苯磺酸盐、脂肪醇磺酸盐、皂甙及其他五类，其中以松香树脂类应用最广，其主要品种有松香热聚物和松香皂两种，其中又以松香热聚物效果最好。

引气剂属憎水性表面活性剂，与亲水性表面活性剂不同，其活性作用主要发生在水气界面上。溶于水中的引气剂掺入混凝土拌合物中后，能显著降低水的表面张力，使水在搅拌作用下，容易引入空气形成许多微小的气泡。同时，由于引气剂分子定向排列在气泡表面形成一层保护膜，可阻止气泡膜上水分流动并使气泡膜坚固不易破裂而稳定存在。大量微细气泡的存在，对混凝土性质有很大影响，主要表现在：

（1）改善混凝土拌合物的和易性

大量微小、独立封闭的气泡在混凝土中起着滚珠轴承的作用，减小了拌合物流动时的滑移阻力，从而大大提高混凝土拌合物的流动性。在保持流动性不变时，可减水 10%或节约水泥 8%。同时由于大量微气泡的存在，阻滞了固体颗粒的沉降和水分的上升，加之气泡薄膜形成时消耗了部分水分，减少了能够自由流动的水量，从而使混凝土拌合物的保水性得到改善，泌水率显著降低，黏聚性较好。

（2）显著提高混凝土的抗渗性和抗冻性

混凝土中大量微小气泡的存在，堵塞和隔断了混凝土中毛细管的渗水通道，并且由于保水性的提高，也减少了混凝土内因泌水造成的孔隙，故能显著提高混凝土的抗渗性。同时，因气泡有较大的弹性变形能力，能缓冲结冰产生的膨胀破坏力，故混凝土的抗冻性也得到提高。

（3）强度有所下降，变形能力增大

由于大量气泡的存在，减少了混凝土有效受力面积，使混凝土强度有所降低。一般混凝土含气量每增加 1%，其抗压强度下降 4%～6%，抗折强度降低 2%～3%。为防止混凝土强度下降过多，施工时应严格控制引气剂的含量。掺引气剂混凝土含气量的限值可由粗骨料最大粒径来控制，见表 3-30。粗骨料最大粒径越大，相应的适宜含气量越小。

掺引气剂及引气减水剂混凝土的含气量限值　　表 3-30

粗骨料最大粒径(mm)	混凝土含气量(%)
10	7.0
15	6.0
20	5.5
25	5.0
40	4.5
50	4.0
80	3.5
150	3.0

（4）可提高混凝土的抗裂性，增加干缩变形

掺入引气剂产生的大量气泡，还增大了混凝土的弹性变形，使弹性模量略有降低，这对提高混凝土的抗裂性有利。此外，掺引气剂的混凝土干缩变形也略有增加。

引气剂一般用于水灰比较大、强度要求不太高的混凝土，如水利工程的大体积混凝土等，其主要是为了提高混凝土的抗渗、抗冻及耐久性。引气剂不适合用于蒸养混凝土及预应力混凝土。

近年来，由于外加剂技术的发展，引气剂已逐渐被引气型减水剂所代替。由于引气型减水剂不仅起引气作用，还能减水，故能提高混凝土强度，节约水泥用量，因此应用范围更广。

3.5.5 混凝土调凝剂

各种混凝土工程，如建筑工程、海港工程、基地工程及隧道工程等，对水泥、混凝土的凝结时间往往有不同要求；不同地区、不同气候条件对凝结时间的要求也有差别。如水工大坝工程，由于其体积庞大，混凝土散热慢，容易产生温度应力，对工程质量极为不利，因此就希望水泥水化放热速度慢些，即混凝土凝结、硬化慢些；一些隧道经常使用喷射混凝土，要求混凝土能在很短时间内就得凝结，否则就会使混凝土拌合物逐渐坍落，不能达到所需形状。此外，不同季节、不同地区对混凝土凝结速度

的要求也不同，南方气候炎热，夏季施工时希望混凝土凝结慢些。否则可能未成型就凝结了，无法继续施工；北方地区冬天寒冷，施工时要求混凝土凝结硬化快些，以抵抗冰冻的破坏作用。所以这些要求都希望工地现场能控制混凝土的凝结时间。

（1）速凝剂

能使混凝土在几分钟内就能凝结的外加剂称为速凝剂。目前，国产的速凝剂大多是粉剂，产品牌号有红星一型、711 型、782 型及 8640 型等。其中以红星一型使用最多，其次为 711 型速凝剂。

红星一型速凝剂的适宜掺量为水泥质量的 2.5%～4.0%，他能使混凝土在 3min 内初凝，7min 内终凝，1h 后产生强度，1d 强度比未掺者提高三倍，但 28d 强度降低约 25%～30%。

711 型速凝剂的适宜掺量为水泥质量的 2.5%～3.5%，他可使混凝土在 3min 内初凝，10min 内终凝，1h 后产生强度，但 28d 强度约降低 20%～25%。

速凝剂主要用于喷射混凝土或喷射砂浆工程中。通过喷射机将混凝土物料喷射到被喷物体(如岩石)表面上，能马上贴住而不掉下来，并能迅速凝结硬化，与被喷物粘结成整体。他具有不需用模板、施工进度快、施工设备简单等优点。常用于矿山井巷、铁路隧道、引水涵洞、地下工程的岩壁衬砌以及喷锚支护等。此外，在工程的堵漏、修补等急需快速凝结的条件下，也常使用速凝剂。

喷射混凝土用速凝剂、掺速凝剂拌合物及其硬化砂浆的性能，见表 3-31。

速凝剂、掺速凝剂拌合物及其硬化砂浆的性能　　表 3-31

试验项目 / 产品等级	净浆凝结时间不迟于(min)		1d 抗压强度不小于(MPa)	28d 抗压强度比不小于(%)	细度(筛余不大于)(%)	含水率小于(%)
	初凝	终凝				
一等品	3	10	8	75	15	2
合格品	5	10	7	70	15	2

注：28d 抗压强度比为掺速凝剂与不掺者的抗压强度比。

(2) 缓凝剂

能延缓混凝土的凝结时间，又不显著影响混凝土后期强度的外加剂，称为缓凝剂。

缓凝剂能使混凝土拌合物在较长时间内保持塑性状态，以利于浇灌成形，提高施工质量，降低水化热。

缓凝剂的种类及掺量见表 3-32。

缓凝剂的种类及掺量 **表 3-32**

序号	分　类	品　种	掺量(%)
1	糖　类	糖蜜、糖钙等	0.1～0.3
2	木质素磺酸盐类	木钙、木钠等	0.2～0.3
3	羟基羧酸及其盐类	柠檬酸、酒石酸钾钠等	0.03～0.1
4	无机盐类	锌盐、硼酸盐、磷酸盐等	0.1～0.2

我国使用较多的是木质素磺酸钙和糖蜜。木钙粉既是减水剂、又是缓凝剂。糖蜜缓凝剂是采用制糖工业的下脚料(糖渣、废蜜)为原料，经石灰中和处理而成，为棕色粉状物或糊状物，含糖较多，主要成分为己糖二酸钙，属于非离子型表面活性剂。其掺入混凝土拌合物中，能吸附在水泥颗粒表面，形成同种电荷的亲水膜，使水泥颗粒相互排斥，不致聚成较大粒子，因而起到缓凝作用。

糖蜜缓凝剂具有缓凝和减水的双重功能。一般可延缓凝结时间 2～4h，减少 10%左右。掺量过大会使混凝土长期疏松不硬，强度严重下降。

羟基羧酸及其盐类的缓凝剂可延缓凝结时间 8～19h，但这种缓凝剂会增加混凝土的泌水率，影响混凝土的和易性，故不宜单独使用于水泥用量较低、水灰比较大的混凝土，以免导致抗渗性降低。

缓凝剂主要适用于夏季和高温施工的混凝土、大体积混凝土、滑模施工、泵送混凝土、长时间或长距离运输的混凝土。不适用于 5℃以下的混凝土，也不适用于有早强要求的混凝土及蒸养混凝土。

3.5.6 混凝土防冻剂

能使混凝土在一定的负温下正常水化硬化，并在规定时间内达到足够防冻强度的外加剂，称为防冻剂。

(1) 防冻剂匀质性，见表 3-33。

防冻剂匀质性　　表 3-33

试验项目	指　　标
含固量	液体防冻剂：应在生产厂控制值相对量的 3%之内
含水量	粉状防冻剂：应在生产厂控制值相对量的 5%之内
密　　度	液体防冻剂：应在生产厂控制值的±0.02g/cm³
氯离子含量	应在生产厂控制值相对量的 5%之内
水泥净浆流动度	应不小于生产厂控制值的 95%
细　　度	粉状防冻剂细度应在生产厂控制值的±2%

(2) 防冻剂分类

目前冬期用防冻剂绝大部分是由减水剂、引气剂、早强剂和防冻剂四种外加剂复合而成，主要有以下三类：

1) 氯盐类防冻剂

氯盐或以氯盐为主与其他早强剂、引气剂、减水剂复合的外加剂。

2) 氯盐阻锈类防冻剂

以氯盐和阻锈剂(亚硝酸钠)为主复合的外加剂。

3) 无氯盐类防冻剂

以亚硝酸盐、硝酸盐、碳酸盐、乙酸钠或尿素为主复合的外加剂。

以上各类防冻剂中防冻组分的含量应适当，掺量过少，不能阻止冰冻对混凝土的破坏；掺量过多，不仅增加成本，还会造成混凝土强度下降。防冻组分掺量限值见表 3-34。

防冻组分掺量限值 **表 3-34**

防冻剂类别	防冻组分掺量
氯 盐 类	氯盐掺量不得大于拌合水质量的 7%
氯盐阻锈类	总量不得大于拌合水质量的 16%；当氯盐掺量为水泥质量的 0.5%～1.5%时，亚硝酸钠与氯盐之比应大于 1；当氯盐掺量为水泥质量的 1.5%～3%时，亚硝酸钠与氯盐之比应大于 1.3
无氯盐类	总量不得大于拌合水质量的 20%。其中亚硝酸钠、亚硝酸钙、硝酸钠、硝酸钙均不得大于水泥质量的 8%，尿素不得大于水泥质量的 4%，碳酸钾不得大于水泥质量的 10%

氯盐类防冻剂适用于无筋混凝土，氯盐阻锈类防冻剂可用于钢筋混凝土，无氯盐类防冻剂可用于钢筋混凝土和预应力钢筋混凝土工程。

目前国产混凝土防冻剂品种适用于 0～－15℃的气温，当在更低气温下施工时，应加用其他冬期施工措施。

(3) 混凝土防冻外加剂的参考配方

混凝土防冻外加剂的参考配方见表 3-35。

防冻外加剂参考配方 **表 3-35**

规定使用温度	防冻剂配方(%)	
0℃	食盐 2＋硫酸钠 2＋木钙 0.25 尿素 3＋硫酸钠 2＋木钙 0.25 硝酸钠 3＋硫酸钠 2＋木钙 0.25	亚硝酸钠 2＋硫酸钠 2＋木钙 0.25 碳酸钾 3＋硫酸钠 2＋木钙 0.25
－5℃	食盐 5＋硫酸钠 2＋木钙 0.25 硝酸钠 6＋硫酸钠 2＋木钙 0.25 亚硝酸钠 4＋硫酸钠 2＋木钙 0.25	亚硝酸钠 2＋硝酸钠 3＋硫酸钠 2＋木钙 0.25 碳酸钾 6＋硫酸钠 2＋木钙 0.25 尿素 2＋硝酸钠 4＋硫酸钠 2＋木钙 0.25
－10℃	亚硝酸钠 7＋硫酸钠 2＋木钙 0.25 乙酸钠 2＋硝酸钠 6＋硫酸钠 2＋木钙 0.25	亚硝酸钠 3＋硝酸钠 5＋硫酸钠 2＋木钙 0.25 尿素 3＋硝酸钠 5＋硫酸钠 2＋木钙 0.25

（4）掺防冻剂混凝土性能，见表3-36。

掺防冻剂混凝土性能　　表3-36

试验项目		性能指标					
		一等品			合格品		
减水率不小于(%)		8			—		
泌水率不大于(%)		100			100		
含气量不小于(%)		2.5			2.0		
凝结时间差(min)	初凝	$-120 \sim +120$			$-150 \sim +150$		
	终凝						
抗压强度比不小于(%)	规定温度(℃)	−5	−10	−15	−5	−10	−15
	R_{-7}	20	12	10	20	12	10
	R_{28}	95		90	90		85
	$R_{-7}+28$	95	90	85	90	85	80
	$R_{-17}+56$	100			100		
90d收缩率比不大于(%)		120					
抗渗压力(或高度)比(%)		不小于100（或不大于100）					
50次冻融强度损失率比不大于(%)		100					
对钢筋锈蚀作用		应说明对钢筋有无锈蚀作用					

注：负温养护的湿度波动范围为±20℃，相当于实际使用时的日平均气温。

3.5.7 混凝土膨胀剂

能使混凝土产生补偿收缩或微胀的外加剂，称为膨胀剂。

（1）膨胀剂分类

常用的膨胀剂有以下几类：

1）硫铝酸盐类

如明矾石膨胀剂、CSA膨胀剂等。该类膨胀剂是利用石膏与水泥中的C_3A发生反应生成钙矾石而产生体积膨胀。

2）氧化钙类

如石灰膨胀剂。它是利用石灰(CaO)与水反应生成$Ca(OH)_2$

时产生体积膨胀。

3）氯化钙-硫铝酸钙类

这是以上两类复合的膨胀剂。

4）氧化镁类

如氧化镁膨胀剂。它的膨胀作用与氧化钙膨胀相同，依靠生成 $Mg(OH)_2$ 产生体积膨胀。

5）金属类

如铁屑膨胀剂。它是利用高强度的铁粒或烧成铁粉，在氧化剂和触媒剂作用下，利用发锈而产生膨胀效果。

（2）膨胀剂的使用

1）膨胀剂的使用目的和适用范围

膨胀剂的使用目的和适用范围见表 3-37。

膨胀剂使用目的和适用范围 **表 3-37**

膨胀剂种类	膨胀混凝土（砂浆）		
	种　类	使用目的	适用范围
硫铝酸钙类 氧化钙类 氧化钙-硫铝酸钙类 氧化镁类	补偿收缩混凝土（砂浆）	减少混凝土（砂浆）干缩裂缝，提高抗裂性和抗渗性	屋面防水、地下防水、贮罐、水池、基础后浇缝、混凝土构件补强、防水堵漏、预填骨料混凝土以及钢筋混凝土、预应力钢筋混凝土等
	填充用膨胀混凝土（砂浆）	提高机械设备和构件的安装质量，加快安装速度	机械设备的底座灌浆、地脚螺栓的固定、梁柱接头的浇筑、管道接头的填充和防水堵漏等
	自应力混凝土（砂浆）	提高抗裂性及抗渗性	常温下使用的自应力钢筋混凝土压力管

2）膨胀剂的常用掺量

膨胀剂的常用掺量参见表 3-38。

膨胀剂的常用掺量 **表 3-38**

膨胀混凝土(砂浆)种类	膨胀剂名称	掺量(%)
补偿收缩混凝土(砂浆)	明矾石膨胀剂 硫铝酸钙膨胀剂 氧化钙膨胀剂 氧化钙-硫铝酸钙复合膨胀剂	13～17 8～10 3～5 8～12
填充用膨胀混凝土(砂浆)	明矾石膨胀剂 硫铝酸钙膨胀剂 氧化钙膨胀剂 氧化钙-硫铝酸钙复合膨胀剂 铁屑膨胀剂	10～13 8～10 3～5 8～10 30～35
自应力混凝土(砂浆)	硫铝酸钙膨胀剂 氧化钙-硫铝酸钙复合膨胀剂	15～25 15～25

3）使用注意事项

掺硫铝酸钙类膨胀剂配制的膨胀混凝土(砂浆)，不得用于长期处于环境温度为 80℃以上的工程中；掺铁屑膨胀剂的填充膨胀砂浆，不得用于有杂散电流的工程和与铝镁材料接触的部位。

混凝土膨胀剂的性能和掺混凝土膨胀剂的砂浆性能的规定，见表 3-39。

混凝土膨胀剂性能及掺其砂浆性能的规定 **表 3-39**

<table>
<tr><th colspan="2">项　目</th><th>指标</th><th colspan="3">项　目</th><th>指标</th></tr>
<tr><td rowspan="3">细度</td><td>比表面积(m^2/kg)不小于</td><td>2500</td><td rowspan="3">限制膨胀率(%)不小于</td><td rowspan="2">水中</td><td>7d</td><td>0.025</td></tr>
<tr><td>0.08mm 筛筛余(%)不大于</td><td>12</td><td>28d</td><td>0.10</td></tr>
<tr><td>1.25mm 筛筛余(%)不大于</td><td>0.5</td><td colspan="2">空气中 21d</td><td>−0.020</td></tr>
<tr><td colspan="2">含水率(%)不大于</td><td>3.0</td><td rowspan="3">抗压强度(MPa)不小于</td><td colspan="2" rowspan="2">7d</td><td rowspan="2">25.0</td></tr>
<tr><td colspan="2">氧化镁(%)不大于</td><td>5.0</td></tr>
<tr><td colspan="2">总碱量(%)不大于</td><td>0.75</td><td colspan="2">28d</td><td>45.0</td></tr>
<tr><td colspan="2">氯离子(%)不大于</td><td>0.05</td><td rowspan="3">抗折强度不小于(MPa)</td><td colspan="2" rowspan="2">7d</td><td rowspan="2">4.5</td></tr>
<tr><td rowspan="2">凝结时间</td><td>初凝(min)不早于</td><td>45</td></tr>
<tr><td>终凝(h)不迟于</td><td>10</td><td colspan="2">28d</td><td>6.5</td></tr>
</table>

注：细度用比表面积和 1.25mm 筛筛余或 0.08mm 筛筛余和 1.25mm 筛筛余表示，但仲裁检验用比表面积和 1.25mm 筛筛余表示。

3.5.8 混凝土防水剂

(1) 防水混凝土

防水混凝土的抗渗等级要求，是根据其最大作用水头(H)(即该处混凝土在自由水面以下的垂直深度)与混凝土最小厚度(A)两者之比值而选定，见表3-40，但混凝土试配要求的抗渗等级应比设计值提高0.2MPa。

防水混凝土抗渗等级的选择　　表3-40

H/A	<10	10～20	>20
设计抗渗等级	P6	P8	P10～P20
MPa	0.6	0.8	1～2.0

普通混凝土存在贯通的毛细管道和因干缩的裂隙造成渗水。提高混凝土自身的密实度、减少裂隙、减少毛细孔体积或阻断堵塞毛细孔通道，都可降低混凝土的渗水。因此，掺减水剂、引气剂、密实剂(如氧化铁、氢氧化铝)、膨胀剂和防水剂的混凝土都具有很高抗渗能力。主要用于以降低混凝土的静水压力下透水性的外加剂称为混凝土防水剂。

不同类型的抗渗混凝土具有不同的特点，应根据使用要求加以选择外加剂。各种抗渗混凝土的适用范围见表3-41。

抗渗混凝土外加剂适用范围　　表3-41

外加剂掺用种类	最高抗渗压力(MPa)	优　点	适　用　范　围
减水剂	>2.2	流动性好	适用于钢筋密集或捣固困难的薄壁型防水结构物，也适用于对混凝土凝结时间和流动性有特殊要求的抗渗工程
引气剂	>2.2	抗冻性好	适用于北方高寒地区，抗冻性要求较高的抗渗工程及一般抗渗工程，不适于抗压强度>20MPa或耐磨性要求较高的抗渗工程

续表

外加剂掺用种类	最高抗渗压力(MPa)	优 点	适 用 范 围
三乙醇胺（早强剂）	>3.8	早期强度高抗渗性好	适用于工期紧迫，要求早强及抗渗性较高的抗渗工程及一般抗渗工程
氯化铁（防水剂）	>3.8	密实性好抗渗性好	适用于水中结构的无筋、少筋厚大抗渗混凝土工程及一般地下抗渗工程，砂浆修补抹面工程 在接触直流电源或预应力混凝土及重要的薄壁结构上不宜使用
膨胀剂	>3.6	密实性好抗渗性好	适用于地下工程和地上抗渗构筑物、山洞，非金属油罐和主要工程的后浇缝

(2) 防水剂匀质性

防水剂匀质性，见表3-42。

防水剂匀质性　　表3-42

试验项目	指 标
含固量	液体防水剂：应在生产厂控制值相对量的3%之内
含水量	粉状防水剂：应在生产厂控制值相对量的5%之内
密 度	液体防水剂：应在生产厂控制值的±0.02g/cm^3
氯离子含量	应在生产厂控制值相对量的5%之内
水泥净浆流动度	应不小于生产厂控制值的95%
细 度	孔径≤0.32mm筛，筛余≤15%

(3) 常用的防水剂

常用的防水剂有氯化物金属盐类防水剂、金属皂类防水剂、硅酸钠防水剂、金属铝盐防水剂、水泥密封剂、混凝土膨胀剂等。

1) 氯化物金属盐类防水剂

① 氯化物金属盐类防水剂系由氯化铁、氯化钙、氯化铝等金属盐和水按一定比例混合配制而成的有色液状物。使用时，将其掺入水泥砂浆或混凝土中，在凝结硬化时，能生成复盐，提高

混凝土或水泥砂浆的密实度与不透水性，从而起到防水、防渗的作用。

② 主要品种有氯化铁、氯化钙与氯化铝混合配制的防水浆等。

2）金属皂类防水剂

金属皂类防水剂分为可溶性金属皂类(简称可溶皂)防水剂和沥青质金属皂防水剂。

① 可溶性金属皂类防水剂系以硬脂酸、氨水、氢氧化钾(或碳酸钠)和水等，按一定比例混合加热皂化配制而成。为有色浆状物，掺于水泥砂浆或混凝土中，可使水泥质点和骨料间形成憎水吸附层并生成不溶性物质，起填充微小空隙和堵塞毛细管通道作用。

② 沥青质金属皂防水剂系由液体石油沥青、石灰和水混合搅拌，经烘干磨细而成。掺于水泥砂浆和混凝土中，主要起填充微小孔隙和堵塞毛细通道作用。

③ 主要品种有避水浆、防水粉等。

3）硅酸钠类防水剂

① 硅酸钠类防水剂系以硅酸钠、硫酸钠、重铬酸钾和水等制成的一种液体型防水剂，掺入水泥浆或水泥砂浆中，配制成防水水泥浆或防水砂浆，干后形成胶膜，可起防水作用，亦可用于堵漏。但此类防水剂有显著降低水泥不透水性和强度的不良作用，若用作水泥砂浆和混凝土防水外加剂，将会造成工程损失和浪费，因此，根据该类防水剂的特性，仅能作阻止涌水临时局部修补堵漏用。

② 主要品种有防水速凝剂、四矾防水油、快燥精、防水药水等。

4）无机铝盐类防水剂

① 无机铝盐防水剂系以铝和碳酸钙为主要原料，通过多种无机化学原料化合反应而成，外观为淡黄色或褐黄色油状液体。产品无毒、无味、无污染，掺入到水泥砂浆和混凝土中时，能产

生促进水泥构件密实的复盐，填充水泥砂浆和混凝土在水化过程中形成的孔隙及毛细通道，形成刚性防水层，而且适应性强，施工简单，适用于混凝土及砖石结构的表面、卫生间、粮食仓库、人防工程、蓄水池、地下室、水塔、桥梁、隧道、沟道、储油池、沼气池、井下设施及壁面防潮等新建及修旧防水工程。

② 主要品种为无机铝盐防水剂和在其基础上研制的 WJ_1 型、WJ_2 型防水剂。

5）有机硅类防水剂

① 有机硅防水剂主要成分为甲基硅醇钠(钾)和高沸硅醇钠(钾)等，是一种小分子水溶性的聚合物，易被弱酸分解，形成甲基硅酸，然后很快聚合，形成不溶于水的有防水性能的甲基硅醚(即防水膜)。无毒、无味、不挥发、不易燃、有良好的耐腐蚀性和耐候性，可用于混凝土、石灰石、砖石、石膏制品、矿物制品的防水。如用硫酸铝或硝酸铝中和后，可用作木材、纤维板、纸及其他工程等的防水，例如混凝土墙壁、灰泥墙壁、混凝土预制构件、其他混凝土、水泥制品；土壁、木房外墙、石灰墙壁及其他一般石材；砖地、瓷砖地、混凝土构件铺的地、石材地面等。

② 将有机硅防水剂和水按一定比例混合均匀制成硅水，可用来配制防水砂浆抹防水层。

③ 有机硅防水剂的特点，见表 3-43。

有机硅防水剂的特点 **表 3-43**

项　目	特　　点
通风性	经此类防水剂处理过的各种建筑材料，由于防水膜包围在材料的每一微细粒子之上，因此，对粒子间的通风性能毫无妨碍，而且具有强力的排水作用。这就使水泥混凝土硬化时既不妨碍其内部水分的排放，又能防止其本身的风化作用
无色性	有机硅防水剂为无色或淡黄色透明液体，因此，涂刷后不影响原来饰面的原有色泽，是外墙饰面的良好保护剂
防污染	建筑物表面喷刷该防水剂后，可防止原来饰面因降雨而被沾污形成斑点。另外，由于有防水膜的存在，污水不能渗透进去，故可保持建筑物饰面不受污染，永久美观

④ 主要品种有：有机硅防水剂、喷漏停（硅氧聚合物为主要成分）、JJ91 硅质密实剂（有机硅与无机活性硅聚合反应制得）和 HS90 密封抗渗防水剂（活性硅烷及有机硅改性硅酸盐为主要成分）。

（4）受检砂浆和混凝土性能

1）受检砂浆的性能

受检砂浆的性能，见表 3-44。

受检砂浆的性能 **表 3-44**

<table>
<tr><th colspan="2" rowspan="2">试验项目</th><th colspan="2">性能指标</th><th colspan="2" rowspan="2">试验项目</th><th colspan="2">性能指标</th></tr>
<tr><th>一等品</th><th>合格品</th><th>一等品</th><th>合格品</th></tr>
<tr><td colspan="2" rowspan="3">安定性能</td><td rowspan="3">合格</td><td rowspan="3">合格</td><td rowspan="3">抗压强度比（%）不小于</td><td>7d</td><td>100</td><td>95</td></tr>
<tr><td>28d</td><td>90</td><td>85</td></tr>
<tr><td>90d</td><td>85</td><td>80</td></tr>
<tr><td rowspan="3">凝结时间</td><td rowspan="2">初凝（min）不早于</td><td rowspan="2">45</td><td rowspan="2">45</td><td colspan="2">透水压力比（%）不小于</td><td>300</td><td>200</td></tr>
<tr><td colspan="2">48h 吸水量比（%）不大于</td><td>65</td><td>75</td></tr>
<tr><td>终凝（h）不迟于</td><td>10</td><td>10</td><td colspan="2">90d 收缩率比（%）不大于</td><td>110</td><td>120</td></tr>
</table>

注：除凝结时间、安定性为受检净浆的试验结果外，表中所列数据均为受检砂浆与基准砂浆的比值。

2）受检混凝土的性能

受检混凝土的性能，见表 3-45。

受检混凝土的性能 **表 3-45**

<table>
<tr><th colspan="2" rowspan="2">试验项目</th><th colspan="2">性能指标</th></tr>
<tr><th>一等品</th><th>合格品</th></tr>
<tr><td colspan="2">净浆安定性</td><td>合格</td><td>合格</td></tr>
<tr><td rowspan="2">凝结时间差（min）</td><td>初凝</td><td>－90～＋120</td><td>－90～＋120</td></tr>
<tr><td>终凝</td><td>－120～＋120</td><td>－120～＋120</td></tr>
<tr><td>泌水率比（%）</td><td>不大于</td><td>80</td><td>90</td></tr>
<tr><td rowspan="3">抗压强度比（%）不小于</td><td>7d</td><td>110</td><td>100</td></tr>
<tr><td>28d</td><td>100</td><td>95</td></tr>
<tr><td>90d</td><td>100</td><td>90</td></tr>
</table>

续表

<table>
<tr><th colspan="3" rowspan="2">试 验 项 目</th><th colspan="2">性能指标</th></tr>
<tr><th>一等品</th><th>合格品</th></tr>
<tr><td colspan="3">渗透高度比(%)　　不大于</td><td>30</td><td>40</td></tr>
<tr><td colspan="3">48h 吸水量比(%)　　不大于</td><td>65</td><td>75</td></tr>
<tr><td colspan="3">90d 收缩率比(%)　　不大于</td><td>110</td><td>120</td></tr>
<tr><td rowspan="4">抗冻性能(50 次冻融循环)(%)</td><td rowspan="2">慢冻法</td><td>抗压强度损失率比不大于</td><td>100</td><td>100</td></tr>
<tr><td>质量损失率比不大于</td><td>100</td><td>100</td></tr>
<tr><td rowspan="2">快冻法</td><td>相对动弹性模量比不大于</td><td>100</td><td>100</td></tr>
<tr><td>质量损失率比不大于</td><td>100</td><td>100</td></tr>
<tr><td colspan="3">对钢筋的锈蚀作用</td><td colspan="2">应说明对钢筋有无锈蚀作用</td></tr>
</table>

3.5.9 混凝土泵送剂

(1) 泵送混凝土必要性

泵送混凝土是随着商品混凝土的发展被迅速推广运用的一种混凝土。其特点是利用混凝土泵压、借助于管道将混凝土送至浇灌地点，完成施工现场混凝土的水平运输和垂直运输连续化，并可直接向浇灌工作面布料。适用于混凝土工程量大、浇灌面积大、浇灌速度要求快的大体积混凝土，大型设备基础混凝土、长距离输送的混凝土，以及施工场地狭小或施工道路不良的混凝土施工。泵送混凝土有利于提高混凝土质量；有利于推广混凝土施工新技术，如外加剂应用技术、泵送技术、自动控制技术及计算机应用等，极大地提高机械化、自动化程度；有利于加速工程进度和节约原材料；可满足高强度(C50～C80)、大流动性、大体积、高耐久性和城市环境要求。

泵送混凝土要求有较大的流动性，使混凝土在管道或模板内流动所需的能量小，在管道壁上形成一层连续的润滑水膜，使泵送摩阻力减小，并且混凝土拌合物在浇筑过程中还要有一定的稠度。混凝土经过运输、停放、浇注、捣固等过程后必须保持匀质，在泵送压力下不会发生离析或堵塞现象。

泵送剂主要用于商品混凝土搅拌站拌制泵送混凝土，泵送剂可大幅度提高混凝土的流动性能、增强黏聚性能，降低黏滞性，即减少混凝土与输送管道壁的摩阻力。泵送剂对混凝土有缓凝作用，有较好的早强和后期增强效果，并能全面改善混凝土拌合物和易性，尤其在自然条件下和压力条件下有较高的稳定性，提高混凝土的可泵性能，同时还提高混凝土的各项力学性能和耐久性能。使用泵送剂可以避免堵泵、加速模板周转、缩短施工周期、提高工效，并使工程质量获得全面提高。泵送剂具体作用如下：

1）减水率高，可达 20%～25%，可使 3d 强度达到 28d 强度的 80%，7d 强度达到 28d 强度的 90%以上，可配制早强混凝土。

2）增大流动效果，可将 1cm～3cm 坍落度的普通混凝土流化成 18cm 左右的高流态混凝土，而强度与 1cm～3cm 坍落度混凝土相当，在炎热天气，20cm 坍落度的混凝土，经 60min 运输，坍落度仍保留有 16cm。适合商品混凝土的运送。

3）有缓凝作用，能延缓水化热放热峰期，减少大体积混凝土温度裂缝的产生，有利于大体积混凝土浇筑。

4）泌水率小，常压泌水减少 30%，在高水泥用量下并可减少混凝土摩阻力，降低泵送压力。

5）不含氯盐，对钢筋无锈蚀危害。低碱，无碱骨料反应危害。

6）常温下泵送距离，垂直 100m 以上，水平距离 500m 以上。

(2) 泵送剂的匀质性

泵送剂的匀质性，见表 3-46。

泵送剂的匀质性能 **表 3-46**

试验项目	指　　标
含 固 量	液体泵送剂：应在生产厂控制值相对量的 6%之内
含 水 量	固体泵送剂：应在生产厂控制值相对量的 10%之内

续表

试验项目	指　标
密　度	液体泵送剂：应在生产厂控制值的±0.02g/cm³ 之内
氯离子含量	应在生产厂控制值的相对量的5%之内
细　度	应在生产厂控制值的2%之内，固体泵送剂：0.315mm 筛筛余<15%
水泥净浆流动度	应不小于生产厂控制值的95%
总 碱 量	应在生产厂控制值的相对量的5%之内

(3) 受检混凝土性能

受检混凝土性能，见表3-47。

混凝土性能　　　表3-47

项　目		一等品	合格品	项　目		一等品	合格品
坍落度增加值(cm)不小于		10	8	抗压强度比(%)不小于	3d	90	85
常压泌水率比(%)不大于		90	100		7d	90	85
					28d	90	85
压力泌水率比(%)不大于		90	95	收缩率比(%)不大于	28d	135	135
含气量(%)不大于		4.5	5.5	相对耐久性(%)		200次，≥80%	
坍落度保留值(cm)	30min	15	12	对钢筋的锈蚀作用		应说明对钢筋有无锈蚀作用	
	60min	12	10				

3.5.10　混凝土阻锈剂

能抑制或减轻混凝土中钢筋或其他预埋金属锈蚀的外加剂称为混凝土阻锈剂。阻锈剂掺入混凝土中使钢筋表面钝化，延缓钢筋锈蚀速度6倍左右，大大延长了钢筋混凝土构筑物在腐蚀环境中的使用寿命。

阻锈剂能在设计寿命期限内使钢筋不锈或锈蚀速度很慢，不致引起结构物破坏，从而确保40～50年的使用寿命。

阻锈剂适用于海滨和海工工程以及因陆砂量少而使用海砂（施工用水含盐量超标）地区的建筑物、桥梁和城市立交桥（冬季撒盐）、腐蚀性工业建筑、盐碱地区建筑、已有腐蚀破坏的修复工程等。

在中等腐蚀条件以下，可完全取代钢筋混凝土构筑物的外涂层防护（如使用过氯乙烯防腐涂料等），减少一次性防腐投资50%～70%，简化了施工工艺，大大加快了施工进度，并能大幅度地降低维护及使用费用。

造价仅为环氧涂层钢筋、混凝土外涂层、阴极保护等措施花费的1/3～1/6。

混凝土阻锈剂同时具有减水、密实和提高混凝土强度的综合效能，改善和提高混凝土的自防护能力，可部分或全部取代混凝土减水剂。

使用混凝土阻锈剂可扩大建材来源（如使用海砂、低碱度水泥及掺合料等）。能抑制或减轻混凝土钢筋或其他预埋金属锈蚀的外加剂。可用于沿海、盐碱地、盐湖区等氯盐环境。

使用MNC-X型混凝土阻锈剂，掺量占水泥质量的3%，每立方米增加成本10～40元，占寿命期维修总费用5%～10%。造价仅为采用环氧涂层钢筋或混凝土外涂层，或阴极保护等措施花费的1/6～1/3。

3.5.11 混凝土絮凝剂

混凝土不能在水中浇筑成型，因在水中下落时会受到环境水的逆流冲洗和稀释，造成各组分分离，水泥浆流失，致使混凝土强度大大下降，工程质量无法保证。但在混凝土中掺入絮凝剂后，可以直接与水短暂接触而不致造成混凝土分散离析，且具有很高流动性，能自动流平填充密实，使水下混凝土有较高的强度，较均匀的质量，施工也较方便，还减少了对环境水的污染，由此将水下混凝土施工技术提高到一个新的水平。

絮凝剂用于水下不分散混凝土，水下建筑物的建造和修补，如大坝、渠道、河道护岸、海岸防波堤、桥梁、港口、码头、船坞、海洋石油钻井平台、地下防渗墙、地铁工程、高层建筑基础处理、提水泵站基础等。不需特殊专用设备，混凝土无需振捣，自流平、自密实。施工水深可到40m，水下混凝土工程综合成本降低20%～30%，水下混凝土浇注工期缩短30%以上。可配制C15～C40水下混凝土，该剂使水下施工陆地化。

水下混凝土不离析剂尚无国家标准，目前应用的产品有UWB-1絮凝剂、MNC-UW型絮凝剂、SCR聚合剂及PN混凝土离析减低剂等。其不离析机理是由于掺入这些外加剂后，改变了混凝土体系中颗粒的表面电位，颗粒间吸引势能增大，以及外加剂中长链高分子化合物对水泥颗粒的吸附架桥作用，致使混凝土拌合物变得非常黏稠而不分散。

各种水下不离析剂的掺量不同，可从不足百分之一到百分之几，掺量越多，混凝土黏稠度越大。掺UWB-1和PN剂可配制C20～C25的水下混凝土，掺SCR和MNC-UW可配制C15～C40的水下混凝土。水下不离析混凝土水陆强度比可达0.8，而普通混凝土仅为0.1。

掺加絮凝剂的混凝土特点是：

(1) 较普通混凝土黏稠，在水中落下和流动时不分散、不离析，水泥流失少，具有水中抗分散的特性。

(2) 在水中浇筑时，可自行流平和密实，不泌水、不分层，具有优良的流动性、充填性和保水性。

(3) 凝结时间较普通混凝土长，终凝一般延缓6h以上。

(4) 28d水陆强度比大于70%，后期强度增长规律与普通混凝土相似。

(5) 物理力学性能稳定，与普通混凝土类似，与同强度等级混凝土相比弹性模量稍低，空气中干缩值略大。

(6) 耐蚀性试验结果表明，絮凝剂对硫酸盐侵蚀和钢筋锈蚀不产生有害影响，抗冻性可满足一般工程的需要。

(7) 应用絮凝剂可配制 C40 级别的高性能水下不分散混凝土。

(8) 配制水下不分散混凝土最好采用硅酸盐或普通硅酸盐水泥，并用强制式搅拌机搅拌，絮凝剂最好采用后掺法。

3.5.12 用于混凝土施工的相关外加剂

(1) 混凝土界面剂

主要用于处理混凝土、加气混凝土、灰砂砖及粉煤灰砖等表面，解决由于这些表面吸水特性或光滑引起界面不易粘结，抹灰层空鼓、开裂、剥落等问题。可以大大增强新旧混凝土之间以及混凝土与抹灰砂浆的粘结力。可以取代传统混凝土表面的凿毛工序，改善加气混凝土表面抹灰工艺，从而提高工程质量，加快施工进度、降低劳动强度，是现代施工不可缺少的配套材料。

界面剂为单组分乳液，适用于混凝土基层抹灰的界面处理，以增加水泥砂浆对基层的粘结力，避免抹灰层空鼓、脱落，从而代替对基层的碱洗除油和凿毛处理。

界面剂粘结性能好，价格低廉，操作方便。经界面剂涂刷的基层在干湿状态下均可抹灰，因而施工质量易于保证。

(2) 混凝土脱模剂

用于木模、钢模、地模，适用于现浇及预制混凝土。使用脱模剂脱模效果好，不影响混凝土强度和表面质量，安全无毒。是替代废机油的理想产品。废机油易污染钢筋，影响抹灰及装修质量。

脱模剂一般为水乳型，液体、无毒、不燃、不含任何对人类及环境污染的物质。使用原液，不兑水使用。

使用要点：使用前先把模板清刷干净，不得有油渍和混凝土污垢。用棕刷由模板一端依次向另一端涂刷即可，待脱模剂干燥后(约 30min)才能浇灌混凝土。脱模后的钢模板，若长期不用应在钢模上涂机油，在下次用前先清理油渍后，再继续使用脱模剂。

(3) 混凝土养护剂

混凝土的常规养护是在混凝土浇筑完毕后，应在12h以内加以覆盖，并浇水养护。混凝土浇水养护日期一般不少于7d，掺用缓凝型外加剂或有抗渗要求的混凝土不得少于14d。每日浇水次数应能保持混凝土处于足够的润湿状态。常温下每日浇水2次。大面积结构如地坪、楼板、屋面等可蓄水养护。路面、贮水池，有水房间必须蓄水养护。劳动强度很大。

喷洒养护剂，在混凝土表面形成保护膜，防止水分蒸发，达到养护的目的。

混凝土养护剂是为了防止混凝土水分过快蒸发而导致混凝土产生裂缝，并保证水泥水化顺利进行的一种新型材料，它可以取代传统的湿草袋、湿砂覆盖或大量浇水等湿作业的养护方法。

养护剂适用于地面、道路、桥梁、排水沟渠、堤坝、筒仓，尤其适用于升板和滑模施工，以及复杂形状混凝土构件的养护。

3.5.13 混凝土外加剂使用要点

(1) 出厂合格证及检验报告

1) 产品有下列情况之一就不得出厂：无性能检验合格证，技术文件不全，包装不符，数量不足，产品受潮变质，以及超过有效期限。

2) 产品出厂应随货提供技术文件和产品说明书、产品合格证，其内容必须具有：产品名称及型号，出厂日期，主要特征及成分，适用范围及适宜掺量，性能检验合格证，贮存条件及有效期，使用方法及注意事项。此外，泵送剂还应提供pH值、凝结时间差，含硫酸钠的泵送剂应说明对钢筋有无锈蚀，防冻剂还应提供碱含量($N_2O+0.68K_2O$)、适用规定温度及适宜掺量，喷射混凝土用速凝剂应提供产品质量等级、推荐掺量，砂浆、混凝土防水剂还应提供最佳掺量。

3) 检验报告及合格证，其内容包括匀质性指标及混凝土性能指标。

（2）复验

1）批量划分、取样方法和数量见表 3-48。

取样方法和数量　　　　表 3-48

<table>
<tr><th>名　称</th><th>验收批组成</th><th>每批数量</th><th>取样方法及数量</th></tr>
<tr><td>普通减水剂
高效减水剂
早强减水剂
缓凝减水剂
引气减水剂
早强剂
缓凝剂
引气剂</td><td rowspan="2">根据产量和生产设备条件，将产品分批编号，同一编号的产品必须是混合均匀的，同一品种的</td><td>每一编号取样量不少于 0.5t 水泥所需用的外加剂量</td><td>试样分点样和混合样。点样是在一次生产的产品所得试样，混合样是三个或更多的点样等量均匀混合而取得的试样。每一编号取得的试样应充分混匀，分为两份，一份按标准规定方法与项目进行试验，另一份密封保存半年，以备进行复验或仲裁</td></tr>
<tr><td>混凝土
泵送剂</td><td>每 50 吨泵送剂为一批，不足 50t 也作为一批</td><td>每一批以至少 10 个不同容器中抽取等量试样，混合均匀，总量不少于 0.5t 水泥所需用泵送剂量，每一批取得试样分成两等份，一份按标准规定进行试验，另一份封存半年，以复验或仲裁</td></tr>
<tr><td>混凝土
防冻剂</td><td rowspan="3">根据产量和生产设备条件，将产品分批编号，同一编号的产品必须是混合均匀的，同一品种的</td><td>每 50 吨防冻剂为一批，不足 50t 也作为一批</td><td>每批取样量应不少于 0.15t 水泥所需的防冻剂(以其最大掺量计)。每一批取得样品应充分拌匀，分为两等份，一份样品按标准项目进行试验，另一份封存半年，以备复验或仲裁用</td></tr>
<tr><td>混凝土
膨胀剂</td><td>每 60 吨为一批，不足 60t 时也作为一批</td><td>抽样应有代表性，可以连续抽取，也可从 20 个以上的不同部位取等量样品，每批抽样总数不小于 10kg，充分混合均匀后分为两等份，一份作试验，一份密封三个月，以复验或仲裁用</td></tr>
<tr><td>喷射混凝土
用速凝剂</td><td>每 20 吨为一批，不足 20t 也可作为一批</td><td>每一批应于 16 个不同点取样，每个点取样 250g，共取 4000g。将试样充分混合均匀，分为两等份，其中一份用作试验，另一份密封半年，供复验和仲裁用</td></tr>
</table>

续表

名　　称	验收批组成	每批数量	取样方法及数量
砂浆混凝土防水剂	生产厂应根据产量将产品分批，同批产品必须是均匀的	年产 500t 以上的，每 50 吨为一批；年产 500t 以下的，每 30 吨为一批	每批取样量不少于 0.2t 水泥所需用的防水剂量 每批取得的试样应充分混匀，分为两等份，一份按标准规定的方法与项目进行试验，另一份密封保存一年，以备复验和仲裁用

2）合格判定

产品经检验全部项目都符合某一等级规定时，则判为相应等级产品。其中，混凝土防冻剂产品经检验，新拌混凝土的含气量和硬化混凝土性能项目应全部符合标准，即可判定为相应等级的产品，其余项目作参考指标。混凝土膨胀剂的各项性能均符合某一等级时，判定为相应等级的产品，按限制膨胀率分为一等品和合格品。

当生产和使用单位对性能有争议时，可以复验，复验以封存样进行。

（3）注意事项

1）参照产品说明书，正确选用外加剂品种、型号。

2）初次使用外加剂，应作混凝土配合比和掺外加剂的对比试验，选择最佳的配合比和外加剂掺量。

3）施工掺用外加剂必须保证混凝土各项材料准确配料。初始阶段技术上应留有一定余地，并多做试块，多测定各项主要技术指标。

4）必须按说明书和设计要求，采用正确的掺加方法，也可根据施工混凝土设计对外加剂性能的要求，选择先掺法、同掺法、后掺法。但必须严格控制外加剂的掺量，少掺效果不显著；掺量过大，不仅经济上不合理，而且还可能造成事故。尤其是引气、缓凝作用明显的减水剂，更应注意不可超掺量使用。一般不准两种或两种以上的外加剂同时掺用，除非有可靠的技术鉴定作依据。

5）存放时间长，受潮结块的外加剂，经干燥粉碎，试验后方可使用。

6）外加剂产品超过保质期，经试验检测，性能合格仍可酌情使用。

7）要注意水泥的品种及其矿物成分，骨料和水含碱量较高的材料，对外加剂的适应性较差，必须先做试验，否则，会发生碱—骨料反应。

8）使用液体外加剂，注意将产品中带入的水分从拌合水中扣除，保持设定的水灰比。

9）掺用外加剂的混凝土，均需延长搅拌时间和加强养护。

10）选用质量可靠的外加剂。混凝土外加剂是一种特殊产品，在混凝土中通常用量很少，但作用明显，因此产品质量特别重要。不允许有任何质量误差，否则一旦发生事故，后果不堪设想。

11）掺外加剂的混凝土试验项目和数量，见表 3-49。

试验项目及所需数量　　　　表 3-49

试验项目	外加剂类别	试验类别	试验所需数量			
			混凝土拌合批数	每批取样数	掺外加剂混凝土总取样数	基准混凝土总取样数
减水率	除早强剂、缓凝剂外各种外加剂	混凝土拌合物	3	1个	3个	3个
泌水率比	各种外加剂		3	1个	3个	3个
含气量			3	1个	3个	3个
凝结时间差			3	1个	3个	3个
抗压强度比		硬化混凝土	3	9或12块	27或36块	27或36块
收缩比率			3	1块	3块	3块
相对耐久性指标	引气剂、引气减水剂	硬化混凝土	3	1块	3块	3块
钢筋锈蚀	各种外加剂	新拌或硬化混凝土	3	1块	3块	3块

注：1. 试验时，检验一种外加剂的 3 批混凝土要在同一天内完成。

2. 试验龄期参考表 3-23 试验项目栏。

4 水　泥

水泥是一种粉状水硬性胶凝材料，加水拌合后，成为塑性浆体，能胶结砂、石等适当材料，并能在空气和水中硬化。水泥是工程建设中最主要的建筑材料之一。本章简述水泥基础知识和通用水泥，重点介绍各种专用、特用和新型水泥。

4.1 水泥基础知识

4.1.1 水泥主要技术指标

(1) 细度

细度是指水泥颗粒的粗细程度，它对水泥的凝结时间、强度、需水量和安定性有较大影响，是鉴定水泥品质的主要项目之一。

水泥颗粒越细，总表面积越大，与水的接触面积也大，因此水化迅速、凝结硬化也相应增快，早期强度也高。但水泥颗粒过细，会增加磨细的能耗和提高成本，且不宜久存，过细水泥硬化时还会产生较大收缩。一般认为，水泥颗粒小于 40μm 时就具有较高的活性，大于 100μm 时活性较小。通常，水泥颗粒的粒径在 7～200μm 范围内。

(2) 凝结时间

水泥的凝结时间有初凝和终凝之分。自加水起至水泥浆开始失去塑性、流动性减小所需的时间，称为初凝时间；自加水起至水泥浆完全失去塑性、开始有一定结构强度所需的时间为终凝时间。

水泥凝结时间与水泥的单位加水量有关，单位加水量越大，凝结时间越长，反之越短。国家标准规定，凝结时间的测定是以标准稠度的水泥净浆，在规定温度和湿度下，用凝结时间测定仪来测定。所谓标准稠度是指水泥净浆达到规定稠度时所需的拌合水量，以占水泥质量百分比表示。通用水泥的标准稠度一般在23%～28%之间，水泥磨得越细，标准稠度越大，标准稠度与水泥品种亦有较大关系。

为了保证有足够的时间在初凝之前完成混凝土成型等各种工序，初凝时间不宜过快；为了使混凝土在浇筑完毕后能尽早完成凝结硬化，产生强度，终凝时间不宜过长。

(3) 体积安定性

水泥体积安定性是指水泥在凝结硬化过程中体积变化的均匀性。如果水泥硬化时产生不均匀的体积变化，会产生膨胀性裂缝，降低工程质量，此即体积安定性不良。

引起水泥体积安定性不良的原因是由于其熟料矿物组成中含有过多的游离氧化钙（f-CaO）和游离氧化镁（f-MgO），以及粉磨水泥时掺入的石膏（$CaSO_4$）超量所致。由于 f-CaO 和 f-MgO水化很慢，它在水泥凝结硬化后才慢慢开始水化，引起水泥石不均匀体积变化而开裂；石膏（$CaSO_4$）过量时，多余的石膏也能产生体积膨胀 1.5 倍，从而造成硬化水泥石开裂破坏。

由 f-CaO 引起的水泥安定性不良用沸煮法检验，沸煮的目的是为了加速 f-CaO 水化。沸煮法包括试饼法和雷氏法。试饼法是将标准稠度水泥净浆做成试饼，在标准条件（20±2℃，相对湿度大于 90%）养护 24h 后，取下试饼放入沸煮箱蒸煮 3h 之后观察。肉眼观察未发现裂纹、崩溃，用直尺检查没有弯曲现象，则为安定性合格，反之不合格。雷氏法是测定水泥浆在雷氏夹中硬化沸煮后的膨胀值，当两个试件沸煮后的平均膨胀值不大于5.0mm 时，即判为该水泥安定性合格，反之为不合格。当试饼法和雷氏法两者结论相矛盾时，以雷氏法为准。

（4）强度及强度等级

水泥的强度是评定其质量的重要指标，也是划分水泥强度等级的依据。国家标准规定，采用水泥胶砂法测定水泥强度。该法是将水泥和标准砂按 1∶3 混合，水灰比为 0.5，按规定方法制成 40mm×40mm×160mm 的试件，带模进行标准养护（20±3℃，相对湿度大于 90%）24h，再脱模放在标准温度（20±2℃）的水中养护，分别测定其 3d 和 28d 的抗压强度和抗折强度。根据测定结果，按表 4-5、表 4-6 和表 4-7 规定，可确定该水泥的强度等级，其中有代号 R 者为早强型水泥。

（5）碱含量

国家标准规定，水泥中的碱含量按 $Na_2O+0.658K_2O$ 计算值来表示。

水泥中或其他来源的碱，与骨料中活性 SiO_2 发生化学反应会导致砂浆或混凝土产生异常膨胀，与骨料中白云石晶体发生化学反应也会导致砂浆或混凝土产生异常膨胀。对重要工程的混凝土所使用的碎石或卵石应进行碱活性检验。若骨料中含有活性二氧化硅或白云石晶体时，应要求提供低碱水泥，水泥中碱含量不得大于 0.6%或由供需双方商定；应采用能抑制碱-骨料反应的掺合料。当使用含钾、钠离子的混凝土外加剂时，必须进行专门试验。

4.1.2 水泥分类

（1）按其主要熟料矿物分类

水泥按其主要熟料矿物成分可分为：硅酸盐系水泥、铝酸盐系水泥、铁铝酸盐系水泥、硫铝酸盐系水泥等。在各类工程中多以硅酸盐系水泥为主。

（2）按其性能及用途分类

水泥按其性能及用途分为：通用水泥、专用水泥及特性水泥，详见表 4-1。

水泥按性能及用途分类 **表 4-1**

<table>
<tr><th colspan="2"></th><th>主 要 品 种</th><th>用　途</th></tr>
<tr><td colspan="2">通用水泥</td><td>硅酸盐水泥、普通硅酸盐水泥、矿渣硅酸盐水泥、火山灰质硅酸盐水泥、粉煤灰硅酸盐水泥、复合硅酸盐水泥</td><td>用于一般建筑工程</td></tr>
<tr><td colspan="2">专用水泥</td><td>砌筑水泥、耐酸水泥、道路水泥、油井水泥等</td><td>用于各种专用工程</td></tr>
<tr><td rowspan="4">特性水泥</td><td>按快硬性分</td><td>快硬水泥、特快硬水泥</td><td rowspan="4">用于对混凝土某些性能有特殊要求的工程</td></tr>
<tr><td>按水化热分</td><td>中热水泥、低热水泥</td></tr>
<tr><td>按抗硫酸盐腐蚀性分</td><td>中抗硫酸盐腐蚀水泥、高抗硫酸盐腐蚀水泥</td></tr>
<tr><td>按膨胀性分</td><td>膨胀水泥、自应力水泥</td></tr>
</table>

4.1.3 水泥品种选择

水泥品种繁多，应根据工程特点选用适宜的水泥品种。一般工程选用通用水泥，专门工程或特殊工程应选用专用水泥或特性水泥。

（1）快硬硅酸盐水泥

1）组成：凡以硅酸盐水泥熟料、适量石膏磨细制成的、以3d抗压强度表示标号的水硬性胶凝材料。

2）适用范围：用于要求早期强度高的工程、紧急抢修工程及冬期施工工程。

（2）抗硫酸盐硅酸盐水泥

1）组成：凡以适当成分的生料，烧至部分熔融，所得的以硅酸钙为主的特定矿物组成的熟料，加入适量石膏，磨细制成的具有一定抗硫酸盐侵蚀性能的水硬性胶凝材料。

2）适用范围：用于硫酸盐侵蚀的海港、水利、地下、隧道、涵洞、引水、道路和桥梁基础等工程。

（3）白色硅酸盐水泥

1）组成：由白色硅酸盐水泥熟料加入适量石膏，磨细制成的水硬性胶凝材料。

2）适用范围：适用于建筑物内外表面的装饰工程；配制彩色人造大理石、水磨石等。

3）注意事项：严禁混入其他物质，搅拌、运输等工具必须清洗干净，以免影响白度。

（4）高铝水泥

1）组成：凡以铝酸钙为主，氧化铝含量约为50％的熟料，磨制的水硬性胶凝材料。

2）适用范围：适用于抢修及需早强的工程；冬期施工及防水耐硫酸盐腐蚀的工程。

3）注意事项：不宜高温施工和蒸汽养护，施工时不得与石灰和硅酸盐类水泥混合。

（5）低热膨胀水泥

1）组成：凡以粒化高炉矿渣为主要组分，加入适量硅酸盐水泥熟料和石膏，磨细制成的具有低热和微膨胀性能的水硬性胶凝材料。

2）适用范围：适用配制防水砂浆、混凝土，可用于结构加固、接缝修补及机械底座、地脚螺栓等。

（6）砌筑水泥

1）组成：凡以活性混合材料或具有水硬性的工业废料为主要原材料，加入少量硅酸盐水泥熟料和石膏，经过磨细制成的水硬性胶凝材料。

2）适用范围：适用于建筑工程中的砌筑砂浆和内墙抹面砂浆。

3）注意事项：不得用于钢筋混凝土结构和构件。

（7）无收缩快硬硅酸盐水泥

1）组成：凡以硅酸盐水泥熟料与适量二水石膏和膨胀剂共同粉磨制成的具有快硬、无收缩性能的水硬性胶凝材料，又称“建筑水泥”。

2）适用范围：适用于抢修、修补及结构加固工程；预制梁、板接头和预制构件拼装接头；大型机械底座及地脚螺栓的固定。

3）注意事项：除一般硅酸盐水泥外，不得与其他品种水泥混合使用、运输。贮存中须严防受潮。

（8）复合硅酸盐水泥

1）组成：凡由硅酸盐水泥熟料、两种或两种以上规定的混合材料、适量石膏磨细制成的水硬性胶凝材料。

2）适用范围：适用于配制一般混凝土和砌筑、粉刷用的砂浆。

3）注意事项：不宜用于耐腐蚀工程。

（9）快硬硫铝酸盐水泥

1）组成：凡以适当成分的生料，经煅烧所得以无水硫铝酸钙和硅酸二钙为主要矿物成分的熟料，加入适量石膏磨细制成的早期强度高的水硬性胶凝材料。

2）适用范围：适于配制早强、抗冻、抗渗和抗硫酸盐侵蚀混凝土，并适用于冬期(负温)施工及浆锚、抢修、堵漏等工程。

3）注意事项：施工时(夏季)应及时保湿养护；不得用于温度经常处于100℃以上的混凝土工程；使用时不得与石灰及其他品种水泥混合。

（10）Ⅰ型低碱度硫铝酸盐水泥

1）组成：是以无水硫铝酸钙为主要成分的硫铝酸盐水泥熟料，配以一定量的硬石膏磨细而成，具有碱度较低特性的水硬性胶凝材料。

2）适用范围：适用于碱度要求低的工程。

4.2 通用水泥

4.2.1 通用水泥优、缺点

通用水泥优、缺点见表4-2。

通用水泥优缺点 **表 4-2**

<table>
<tr><th rowspan="2">名　称</th><th colspan="2">特　性</th></tr>
<tr><th>优　点</th><th>缺　点</th></tr>
<tr><td>硅酸盐水泥</td><td>(1) 强度高；
(2) 快硬、早强；
(3) 抗冻性好、耐磨性和不透水性强</td><td>(1) 水化热高；
(2) 抗水性差；
(3) 耐蚀性差</td></tr>
<tr><td>普通硅酸盐水泥
(普通水泥)</td><td colspan="2">与硅酸盐水泥性能基本相同，仅有如下改变：
(1) 抗冻、耐磨性稍有下降；
(2) 早期强度增进率略有减少；
(3) 抗硫酸盐侵蚀能力有所增强</td></tr>
<tr><td>矿渣硅酸盐水泥
(矿渣水泥)</td><td>(1) 水化热低；
(2) 抗硫酸盐侵蚀性好；
(3) 蒸汽养护有较好效果；
(4) 耐热性较好</td><td>(1) 早期强底低、后期强度增进率大；
(2) 保水性差；
(3) 抗冻性差</td></tr>
<tr><td>火山灰质
硅酸盐水泥
(火山灰水泥)</td><td>(1) 保水性好；
(2) 水化热低；
(3) 抗硫酸盐侵蚀性好</td><td>(1) 需水性、干缩性大；
(2) 早期强度低、后期强度增进率大；
(3) 抗冻性差</td></tr>
<tr><td>粉煤灰
硅酸盐水泥
(粉煤灰水泥)</td><td>(1) 水化热低；
(2) 抗硫酸盐侵蚀性好；
(3) 能改善砂浆和混凝土的和易性</td><td>(1) 早期强度低，而后期强度增进率大；
(2) 抗冻性差</td></tr>
</table>

4.2.2 通用水泥选用

通用硅酸盐水泥(GB 175—2007)的强度等级划分如下：

硅酸盐水泥分为 42.5、42.5R、52.5、52.5R、62.5、62.5R 六个等级；

普通硅酸盐水泥分为 42.5、42.5R、52.5、52.5R 四个等级；

矿渣硅酸盐水泥、火山灰质硅酸盐水泥、粉煤灰硅酸盐水泥、复合硅酸盐水泥分为 32.5、32.5R、42.5、42.5R、52.5、52.5R 六个等级。

通用水泥可按表 4-3 有关要求进行选用。

通用水泥选用要求 **表 4-3**

混凝土工程特点或所处环境条件		优先选用	可以使用	不得使用
环境条件	在普通气候环境中的混凝土	普通硅酸盐水泥	矿渣硅酸盐水泥、水山灰质硅酸盐水泥、粉煤灰硅酸盐水泥	
	在干燥环境中的混凝土	普通硅酸盐水泥	矿渣硅酸盐水泥	火山灰质硅酸盐水泥、粉煤灰硅酸盐水泥
	在高湿度环境中或永远处在水下的混凝土	矿渣硅酸盐水泥	普通硅酸盐水泥、水山炭质硅酸盐水泥、粉煤灰硅酸盐水泥	
	严寒地区的露天混凝土、寒冷地区的处在水位升降范围内的混凝土	普通硅酸盐水泥	矿渣硅酸盐水泥（强度等级≥32.5级）	火山灰质硅酸盐水泥、粉煤灰硅酸盐水泥
	严寒地区处在水位升降范围内的混凝土	普通硅酸盐水泥（强度等级≥42.5 级）		火山炭质硅酸盐水泥、粉煤灰硅酸盐水泥、矿渣硅酸盐水泥
	受侵蚀性环境水或侵蚀性气体作用的混凝土	根据侵蚀性介质的种类、浓度等具体条件按专门（或设计）规定选用。		
	厚大体积的混凝土	粉煤灰硅酸盐水泥、矿渣硅酸盐水泥	普通硅酸盐水泥、火山灰质硅酸盐水泥	硅酸盐水泥、快硬硅酸盐水泥
工程特点	要求快硬的混凝土	快硬硅酸盐水泥、硅酸盐水泥	普通硅酸盐水泥	矿渣硅酸盐水泥、火山炭质硅酸盐水泥、粉煤灰硅酸盐水泥

续表

混凝土工程特点或所处环境条件		优先选用	可以使用	不得使用
工程特点	高强（大于C40)的混凝土	硅酸盐水泥	普通硅酸盐水泥、矿渣硅酸盐水泥	火山灰质硅酸盐水泥、粉煤灰硅酸盐水泥
	有抗渗性要求的混凝土	普通硅酸盐水泥、火山灰质硅酸盐水泥		不宜使用矿渣硅酸盐水泥
	有耐磨性要求的混凝土	硅酸盐水泥、普通硅酸盐水泥	矿渣硅酸盐水泥（强度等级≥32.5级）	火山灰质硅酸盐水泥、粉煤灰硅酸盐水泥

注：蒸汽养护时用的水泥品种，宜根据具体条件通过试验确定。

4.3 专用水泥

适用于各种专门用途的水泥称为专用水泥，品种很多，本节只介绍4种。

4.3.1 砌筑水泥

(1) 硅酸盐砌筑水泥(GB/T 3183—2003)

凡由一种或一种以上的水泥混合材料，加入适量硅酸盐水泥熟料和石膏，经磨细制成的和易性较好的水硬性胶凝材料，称为砌筑水泥，代号M。

主要技术指标

1) 三氧化硫含量不得超过4.0%。

2) 凝结时间：初凝不得早于60min，终凝不得迟于12h。

3) 用沸煮法检验，安定性必须合格。

4) 各强度等级水泥各龄期强度不得低于表4-4中数值。

砌筑水泥的强度要求　　表 4-4

强度等级	抗压强度/MPa		抗折强度/MPa	
	7d	28d	7d	28d
12.5	7.0	12.5	1.5	3.0
22.5	10.0	22.5	2.0	4.0

（2）钢渣砌筑水泥（YB 4099—1996）

以平炉、转炉钢渣为主要组分、0%～50%的粒化高炉矿渣或沸石、石膏或激发剂，经磨细制成的水硬性胶凝材料，称为钢渣砌筑水泥。

主要技术指标

1）强度：各标号水泥的各龄期强度均不得低于表 4-5 中的数值[1]。

各龄期强度（MPa）　　表 4-5

水泥标号	抗压强度		抗折强度	
	7d	28d	7d	28d
175	7.5	17.5	1.5	3.5
225	9.5	22.5	2.0	4.5
275	12.5	27.5	2.5	5.0

2）三氧化硫含量不得超过 4%。如水浸安定性合格，允许放宽到 6%。

3）凝结时间：初凝时间不得早于 45min，终凝时间不得迟于 12h。不掺活性混合材时，终凝时间不得迟于 24h。

4.3.2 道路水泥

（1）道路水泥混凝土特性

1）要求抗折强度高：道路水泥混凝土的破坏是由弯拉应力

[1] 凡 1999 年以前的水泥标准，其强度仍用标号表示——编者。

引起的，因此，在道路水泥混凝土对强度的要求中引入一个“脆性系数”的指标 B，B 为 28d 抗压强度与 28d 抗折强度的比值，要求 B 小于 6.5。

2）要求耐磨耗：道路水泥混凝土在使用过程中一般将承受百万次乃至千万次车辆反复荷载的磨损作用。

3）要求胀缩性小：道路混凝土路面以薄板的形式暴露于大自然中，经受不同季节带来的温差和湿度变化，所以热胀、冷缩、湿胀、干缩是道路混凝土所处的环境条件。如果胀缩过大，就会影响荷载传递与路面质量。

4）要求耐久性好：道路混凝土要有一定的韧性、抗冲击性和比普通水泥混凝土小的弹性模量，才能具备较好的抗疲劳性能。在不同的地区修建公路对道路混凝土还有其他特殊要求，例如在气候寒冷地区，要求耐冻性好；在沿海地区还要有较好的耐腐蚀性等。

(2) 道路水泥品种

道路水泥按使用性能分为高级道路水泥、普通道路水泥和微膨胀道路水泥 3 个品种。高级道路水泥专门用于高等级公路、机场跑道、城市主干道的水泥混凝土路面建筑，也可作为早强水泥或普通水泥用于一般建筑工程。

目前主要有道路硅酸盐水泥和钢渣道路水泥两大类：

(3) 道路硅酸盐水泥(GB 13693—2005)

以适当成分的生料烧至部分熔融，所得以硅酸钙为主要成分和较多量的铁铝酸钙的硅酸盐水泥熟料称为道路硅酸盐水泥熟料。由道路硅酸盐水泥熟料，0%～10%活性混合材料和适量石膏磨细制成的水硬性胶凝材料，称为道路硅酸盐水泥(简称道路水泥)。

主要技术指标：

1）强度：各龄期强度不得低于表 4-6 数值。

2）道路水泥中氧化镁含量不得超过 5.0%。

3）三氧化硫含量不得超过 3.5%。

道路硅酸盐水泥的强度要求 **表 4-6**

强度等级	抗折强度(MPa)		抗压强度(MPa)	
	3d	28d	3d	28d
32.5	3.5	6.5	16.0	32.5
42.5	4.0	7.0	21.0	42.5
52.5	5.0	7.5	26.0	52.5

4）碱含量：如用户提出要求时，由供需双方商定。

5）初凝不得早于 1h，终凝不得迟于 10h；用沸煮法检验安定性必须合格；28d 干缩不得大于 0.10%；耐磨性以磨损量表示，不得大于 3.60kg/m^2。

(4) 钢渣道路水泥(YB 4098—1996)

以平炉、转炉钢渣(简称钢渣)、粒化高炉矿渣为主要成分，加入适量硅酸盐水泥熟料、石膏或其他外加剂，经磨细制成的具有高耐磨和抗干缩性能的水硬性胶凝材料，称为钢渣道路水泥。

主要技术指标：

1）强度：水泥的各龄期强度均不得低于表 4-7 中的数值。

各龄期强度(MPa) **表 4-7**

标　　号	抗 折 强 度		抗 压 强 度	
	3d	28d	3d	28d
425	4.0	7.0	16.0	42.5

2）水泥中三氧化硫的含量不超过 4.0%。

3）碱含量：使用活性骨料要限制水泥中碱含量时，由供需双方商定。

4）凝结时间：初凝不得早于 1h，终凝不得迟于 10h。

5）干缩率：28d 不得大于 0.10%。

6）耐磨性不得大于 3.2kg/m^2。

4.4 特性水泥

特性水泥是某种特性比较突出的水泥。种类极多，本节介绍4类。

4.4.1 快硬水泥

(1) 快硬硅酸盐水泥(GB 199—90)

凡以硅酸盐水泥熟料和适量石膏磨细制成的，以3d抗压强度表示标号的水硬性胶凝材料，称为快硬硅酸盐水泥(简称快硬水泥)。

注：① 采用工业副产品石膏，必须经过试验，呈报省、市、自治区建材主管部门批准。

② 磨制水泥时允许加入不损害水泥性能的非促硬性助磨剂，加入量不得超过水泥重量的1.0%。

主要技术指标：

1) 强度：各龄期强度均不得低于表4-8数值。

快硬水泥各龄期强度(MPa) **表4-8**

标号	抗压强度			抗折强度		
	1d	3d	28d	1d	3d	28d
325	15.0	32.5	52.5	3.5	5.0	7.2
375	17.0	37.5	57.5	4.0	6.0	7.6
425	19.0	42.5	62.5	4.5	6.4	8.0

注：28d强度为供需双方参考指标。

2) 熟料中氧化镁含量不得超过5.0%。如水泥压蒸安定性试验合格，则熟料中氧化镁的含量允许放宽到6.0%。

3) 水泥中三氧化硫的含量不得超过4.0%。

4) 细度：0.080mm方孔筛筛余不得超过10%。

5) 凝结时间：初凝不得早于45min；终凝不得迟于10h。

(2) 其他快硬水泥

早期强度高的水泥品种较多，为便于选用，将主要的列于表4-9～表4-15。

快凝快硬硅酸盐水泥强度(MPa)(JC 314—82(96))　　表 4-9

水泥标号	抗压强度			抗折强度		
	4h	1d	28d	4h	1d	28d
双快-150	15	19	32.5	2.8	3.5	5.5
双快-200	20	25	42.5	3.4	4.6	6.4

无收缩快硬硅酸盐水泥各龄期强度(MPa)(ZBQ 11009—88)　　表 4-10

标号	抗压强度			抗折强度		
	1d	3d	28d	1d	3d	28d
525	13.7	28.4	51.5	3.4	5.4	7.1
625	17.2	34.3	61.3	3.9	5.9	7.8
725	20.6	41.7	71.1	4.4	6.4	8.6

快硬高强铝酸盐水泥强度(MPa)(JC 416—91(96))　　表 4-11

标　　号	抗压强度		抗折强度	
	1d	28d	1d	28d
625	35.0	62.5	5.5	7.8
725	40.0	72.5	6.0	8.6
825	45.0	82.5	6.5	9.4
925	47.5	92.5	6.7	10.2

快硬高强铝酸盐水泥强度(MPa)(ZBQ 11002—85)　　表 4-12

水泥标号	抗压强度		抗折强度	
	2h	1d	2h	1d
225	22.06	34.31	3.43	5.39

快硬铁铝酸盐水泥强度(MPa)(JC 435—1996) **表 4-13**

标号	抗压强度			抗折强度		
	1d	3d	28d	1d	3d	28d
425	34.5	42.5	48.0	6.5	7.0	7.5
525	44.0	52.5	58.0	7.0	7.5	8.0
625	52.5	62.5	68.0	7.5	8.0	8.5
725	59.0	72.5	78.0	8.0	8.5	9.0

快硬硫铝酸盐水泥强度(MPa)(JC 714—1996) **表 4-14**

标号	抗压强度			抗折强度		
	1d	3d	28d	1d	3d	28d
425	34.5	42.5	48.0	6.5	7.0	7.5
525	44.0	52.5	58.0	7.0	7.5	8.0
625	52.5	62.5	68.0	7.5	8.0	8.5
725	59.0	72.5	78.0	8.0	8.5	9.0

高铝水泥强度(MPa)(GB 201) **表 4-15**

标　　号	抗压强度		抗折强度	
	1d	3d	1d	3d
425	35.2	41.7	3.9	4.4
525	45.1	51.5	4.9	5.4
625	54.9	61.3	5.9	6.4
725	64.9	71.1	6.9	7.4

注：凝结时间：初凝不得早于 40min；终凝不得迟于 10h。

(3) 常用快硬高强水泥比较

为便于选择使用，将常用快硬高强水泥性能和用途列于表 4-16。

常用快硬高强水泥性能和用途 **表 4-16**

序号	品名	性能特点	用途与注意事项
1	快硬硅酸盐水泥	(1) 快硬早强; (2) 后期强度继续增长; (3) 环境温度较低时,早期性能受影响不大	(1) 紧急抢修工程; (2) 低温施工工程; (3) 高强度混凝土预制构件
2	高铝水泥	(1) 快硬早强; (2) 耐高温性能较好; (3) 抗硫酸盐性能较强; (4) 水化热集中在早期释放; (5) 长期强度降低 40%~50%	(1) 低温施工工程; (2) 耐高温工程; (3) 适用于需要抗硫酸盐的工程; (4) 制作自应力水泥和膨胀水泥; (5) 防中子辐射混凝土; (一般不得与硅酸盐水泥混合使用;不宜用作大体积工程和长期承重结构)
3	快硬高强铝酸盐水泥	(1) 快硬不快凝,早期强度高; (2) 长期稳定性好; (3) 环境温度较低时,早期性能受影响	(1) 需要早强的工程; (2) 防渗和抢修工程; (3) 国防工程 (不得与其他水泥混合使用;不宜低温施工)
4	快硬硫铝酸盐水泥	(1) 快硬早强; (2) 抗冻性与低温硬化性能好; (3) 抗渗性好; (4) 抗硫酸盐性能较强	(1) 负温施工工程-7℃~-10℃; (2) 紧急抢修工程; (3) 防渗堵漏工程; (4) 适用于需要抗硫酸盐的工程 (夏期施工养护不宜少于3d;不宜与其他水泥混合使用)
5	快硬铁铝酸盐水泥	(1) 快硬和高强; (2) 耐海水和耐铵盐侵蚀; (3) 耐海水冲刷; (4) 对钢筋无锈蚀; (5) 抗冻性与低温硬化性能好; (6) 抗硫酸盐性能较强	(1) 负温施工工程; (2) 缩短养护周期的工程; (3) 用于海洋工程; (4) 紧急抢修工程; (5) 需要早强的工程; (6) 适用于需要抗硫酸盐的工程

4.4.2 白色硅酸盐水泥(GB/T 2015—2005)

由白色硅酸盐水泥熟料加入适量石膏，磨细制成的水硬性胶凝材料称为白色硅酸盐水泥(简称白水泥)。

适用于白色和彩色灰浆、砂浆及混凝土。

(1) 主要技术指标

1) 氧化镁的含量不得超过4.5%。

2) 三氧化硫的含量不得超过3.5%。

3) 凝结时间：初凝不得早于45min，终凝不得迟于12h。

4) 强度：白水泥的强度见表4-17。

5) 白度：白度值应不低于87。

白色硅酸盐水泥的强度要求　　表4-17

强度等级	抗压强度(MPa)		抗折强度(MPa)	
	3d	28d	3d	28d
32.5	12.0	32.5	3.0	6.0
42.5	17.0	42.5	3.5	6.5
52.5	22.0	52.5	4.0	7.0

(2) 应用

1) 水磨石：将白水泥和白色石子按重量1∶(1.8～3.5)及适量的耐碱颜料，加水拌合后浇在普通水泥砂浆底层上，待结硬时，经反复打磨、修补，最后抛光而成。

2) 水刷石(俗称汰石子)：以白水泥与米石子(大小如米粒的石子)按质量(1∶3)～(1∶4)，并和石英砂、耐碱颜料加水拌合后浇制成型，待初凝后，洗刷去面层砂浆至石子约均匀地半露于表面为止，以获得粗糙而又均致的表面装饰效果。

3) 干粘石：以白水泥、耐碱颜料、108胶粘剂，有时并加石灰膏加水拌成色浆，铺设在基底(一般外墙面)上，待初凝后，以3mm以下的石屑、彩色玻璃碎粒或粒度均匀一致的石子(或卵石)用机械喷射或人工甩打在色浆面层上，即分别可得干粘砂、干粘玻璃和干粘石，装饰效果与水刷石相似。

4）瓷砖接缝：用1∶1白水泥砂浆作瓷砖接缝胶接材料。为了粘接力强和防止白霜产生，可加入15%～20%聚酯酸乙烯塑料乳液效果会更好。

4.4.3 彩色硅酸盐水泥(JC/T 870—2000)

在建筑装饰工程中，使用普通硅酸盐水泥使建筑物呈青灰色，被装饰的建筑物色彩单调，且易污染，处理不当时，外观也难看，不利于室内外环境的美观。为了弥补以上不足，发明了色彩鲜艳、光泽性好、强度高、水硬活性好的彩色水泥。

(1) 彩色水泥品种

按生产方法分，目前生产的彩色水泥主要有两种。

1）混色法彩色硅酸盐水泥(简称彩色水泥)

以白色硅酸盐水泥熟料和优质白色石膏在粉磨过程中掺加颜料和外加剂(保水剂、增塑剂、促硬剂等)共同粉磨而成的水硬性装饰胶凝材料。混色法彩色硅酸盐水泥色泽不易均匀。

2）锻烧法彩色水泥

将水泥熟料或其粉磨好的成品掺加少量的硫、过渡金属及其氧化物或其他矿物在水泥窑加热成彩色熟料制作的水硬性装饰材料。锻烧法彩色水泥，色彩稳定，耐候性强，不易发生盐析、褪色和浸析现象。目前锻烧法彩色水泥机理还处在研究之中。

(2) 彩色水泥分类

1）硅酸盐类

彩色硅酸盐水泥与普通硅酸盐水泥的熟料矿物组成基本相同，是一种多矿物及玻璃相组成的集合体。对光波有较高的敏感性，具有强烈的色彩。

2）铝酸盐类

彩色铝酸盐水泥是以铝酸盐为主的水泥生料，掺以各种着色剂、外加剂，经煅烧后生成以铝酸盐为基本组分的彩色熟料，再与缓凝剂、混合材等共同粉磨而成的水泥。对光波有良好的反射率。因此，他比硅酸盐类彩色水泥吸光和反光能力强，颜色更为鲜艳，色度稍高。他的盐析度比硅酸盐彩色水泥低，其制品的褪色或产生白霜现象没有硅酸盐彩色水泥严重。此类彩色水泥初凝时间大于 30min，终凝时间在 10h 以内，其早期强度增长极快，24h 即可达到极限强度的 80%左右。

3）硫铝酸盐类

以高岭土、含铁铝土矿、白垩、石膏、矿渣、硫酸铝废料等原料制备的硫铝酸盐水泥，可根据掺入着色剂铁粉的比例，产生出红、绿、黄等多种颜色。此类水泥的凝结时间很短，3d 内即可达到极限抗压强度的 80%左右，是一种快硬水泥，具有良好的工艺性。

4）铝硅酸盐类

铝硅酸盐彩色水泥熟料是以霞石、粉煤灰、煤矸石、石灰石等掺着色剂在窑内于 1050～1150℃下烧结而成。这是综合利用工业废料、治理环境一举多得的产品之一。

5）氟铝酸盐类

氟铝酸盐彩色水泥是以氟铝酸钙为主要矿物的熟料，掺以适量石膏及颜料共同粉磨而成，也可以矾土、石灰石、着色金属氧化物、萤石适当配合粉磨，煅烧制成。

此类水泥凝结时间很快，在一般环境及温度下，通常只有几分钟就可完成，对此应采用缓凝剂予以调节。

氟铝酸盐型快硬水泥所配制的混凝土，除快硬早强外，其力学性能如抗拉、抗压、弹性模量等与普通水泥混凝土相差不大，其结构致密，孔隙细小，抗渗性高，干缩率小，是一种较理想的饰面材料。

6）其他类型

除上述 5 类彩色水泥外，还有硼酸盐彩色水泥、磷酸盐彩色水泥、含硫彩色水泥、矿渣彩色水泥、火山灰和粉煤灰彩色水泥、高硅质珍珠岩彩色水泥等，在此不再逐一介绍。

4.4.4 抗硫酸盐水泥与低、中热水泥

水工工程包括大坝以及水中、地下与海港工程等在施工时，由于混凝土内部处于绝热状态，水泥水化过程中放出的热量将使混凝土内部温度升高 20～25℃或更高。假设混凝土原始温度为 20℃，则温度升高后，将达到 40～45℃或更高。在大坝施工后经过 1 年或更长时间，内部温度逐渐降低，由于坝体的热胀冷缩的原因，使混凝土内部产生拉应力，当拉应力大于混凝土的抗拉极限强度值时，即产生裂缝。为了减少或避免裂缝的产生，除了在大坝施工中采用分块分缝和各种温控措施(例如冷却骨料，设置冷却水管等)外，更主要的是要求水泥的水化热愈低愈好。因此，用于大坝等大体积混凝土的水泥，称为低热水泥或中热水泥，习惯上叫大坝水泥。

抗硫酸盐水泥主要用于具有硫酸盐类侵蚀水的水中或地下工程或海港工程中，对于含有 Na_2SO_4、$MgSO_4$、NaCl、$MgCl_2$ 等盐类的地下水或海水具有一定的耐蚀能力。

抗硫酸盐水泥与低热水泥主要用于水工工程，因此统称为水工水泥，也可用于相同条件的其他工程。

(1) 抗硫酸盐硅酸盐水泥(GB 748—2005)

抗硫酸盐硅酸盐水泥按其抗硫酸侵蚀程度分为中抗硫酸盐硅酸盐水泥和高抗硫酸盐硅酸盐水泥两类。

1) 定义

① 中抗硫酸盐硅酸盐水泥(简称中抗硫水泥)，以适当成分的硅酸盐水泥熟料，加放适量石膏，磨细制成的具有抵抗中等浓度硫酸根离子侵蚀的水硬性胶凝材料。代号：P·MSR。

② 高抗硫酸盐硅酸盐水泥(简称高抗硫水泥)，以适当成分的硅酸盐水泥熟料，加入适量石膏，磨细制成的具有抵抗较高浓度硫酸根离子侵蚀的水硬性胶凝材料。代号：P·HSR。

2) 主要技术指标

① 水泥中硅酸三钙(C_3S)和铝酸三钙(C_3A)含量应符合

表 4-18 规定。

水泥中硅酸三钙和铝酸三钙含量(%) **表 4-18**

水泥名称	C_3S	C_3A
中抗硫水泥	<55.0	<5.0
高抗硫水泥	<50.0	<3.0

② 强度：各标号水泥的各龄期强度不得低于表 4-19 数值。

水泥各龄期强度(MPa) **表 4-19**

水泥标号	中抗硫、高抗硫水泥			
	抗压强度		抗折强度	
	3d	28d	3d	28d
425	16.0	42.5	3.5	6.5
525	22.0	52.5	4.0	7.0

③ 碱含量不得大于 0.60%或由供需双方商定。

④ 三氧化硫含量不得超过 2.5%。

⑤ 不溶物不得超过 1.50%。

⑥ 凝结时间：初凝不得早于 45min，终凝不得迟于 10h。

(2) 高抗硫酸盐水泥

高抗硫酸盐水泥的抗蚀能力比抗硫酸盐硅酸盐水泥更强，但早期强度较低。这种水泥具有后期强度增长率大的特点，混凝土或砂浆的耐磨性能较好。

(3) 低热矿渣硅酸盐水泥(GB 200—2003)

1) 定义：以适当成分的硅酸盐水泥熟料，加入矿渣、适量石膏，磨细制成的具有低水化热的水硬性胶凝材料，称为低热矿渣硅酸盐水泥。

2) 技术指标

① 熟料中的铝酸三钙含量不得超过 8%；氧化镁含量不得超过 5%，如水泥经压蒸安定性试验合格，允许放宽到 6%。游离氧化钙含量不得超过 1.2%。

② 碱含量由供需双方商定。当水泥在混凝土中和骨料可能发生有害反应并经用户提出低碱要求时，碱含量不得超过1.0%。

③ 水泥中的三氧化硫含量不得超过3.5%。

④ 凝结时间：初凝不得早于60min，终凝不得迟于12h。

⑤ 强度见表4-20。

⑥ 7d水化热不大于230kJ/kg。

中热硅酸盐水泥、低热硅酸盐水泥及低热矿渣硅酸盐水泥的强度要求 **表4-20**

品　种	强度等级	抗压强度(MPa)			抗折强度(MPa)		
		3d	7d	28d	3d	7d	28d
中热水泥	42.5	12.0	22.0	42.5	3.0	4.5	6.5
低热水泥	42.5	—	13.0	42.5	—	3.5	6.5
低热矿渣水泥	32.5	—	12.0	32.5	—	3.0	6.5

(4) 中热硅酸盐水泥(GB 200—2003)

1) 定义：以适当成分的硅酸盐水泥熟料，加入适量石膏，磨细制成的具有中等水化热的水硬性胶凝材料，称为中热硅酸盐水泥。

2) 主要技术指标

① 铝酸三钙含量不得超过6%。

② 氧化镁含量不得超过5%。如水泥经压蒸安定性试验合格，允许放宽到6%。

③ 三氧化硫含量不得超过3.5%。

④ 凝结时间：初凝不得早于60min，终凝不得迟于12h。

⑤ 各龄期强度见表4-20。

⑥ 7d水化热不大于293kJ/kg。

4.4.5 膨胀水泥与自应力水泥

普通硅酸盐水泥所配制的混凝土，常因水泥石干缩而开裂，不但使整体性破坏，抗渗、抗冻性、强度等一系列性能变坏，而且易使外界侵蚀性介质透入内部，造成腐蚀。另外，在浇注装配式构件的接头或填塞孔洞、修补缝隙时，由于水泥硬化浆体的收缩，也达不到预期效果。当用膨胀水泥配制混凝土时，在硬化过程中产生一定数值的膨胀，就可以克服或在一定程度上弥补上述缺点。我国在习惯上常将补偿收缩的水泥称为膨胀水泥，而用以配制自应力混凝土的则称为自应力水泥。

（1）膨胀水泥品种

1）硅酸盐膨胀水泥。以硅酸盐水泥为主，外加高铝水泥和石膏配制而成。

2）铝酸盐膨胀水泥。以高铝水泥为主，外加石膏组成。

3）硫铝酸盐膨胀水泥。以无水硫铝酸钙和硅酸二钙为主要成分，外加石膏而组成。

4）铁铝酸钙膨胀水泥。以铁相、无水硫铝酸钙和硅酸二钙为主要矿物，加石膏制成。

（2）膨胀水泥用途

1）膨胀水泥适用于补偿混凝土收缩的结构工程，作防渗层或防渗混凝土；填灌构件的接缝及管道接头；结构的加固与修补；固结机器底座及地脚螺丝等。

2）自应力水泥适用于制造自应力钢筋混凝土压力管及其配件。

（3）明矾石膨胀水泥(JC/T 311—2004)

1）定义：凡以硅酸盐水泥熟料、天然明矾石、石膏和粒化高炉矿渣(或粉煤灰)，按适当比例磨细制成的、具有膨胀性能的水硬性胶凝材料，称为明矾石膨胀水泥。

2）用途：适用于补偿收缩混凝土结构工程、防渗混凝土工程、补强和防渗抹面工程，以及接缝、梁柱和管道接头、固结机器底座和地脚螺栓等。

3）主要技术指标

① 强度见表 4-21。

明矾石膨胀水泥强度(MPa) 表 4-21

标号	抗压强度			抗折强度		
	3d	7d	28d	3d	7d	28d
425	17.5	26.5	42.5	3.5	4.5	6.5
525	24.5	34.5	52.5	4.0	5.5	8.0
625	29.5	43.0	62.5	5.0	6.0	9.0

② 凝结时间：初凝不得于早 45min，终凝不得迟于 6h。

(4) 低热微膨胀水泥(GB 2938—2008)

1) 定义：凡以粒化高炉矿渣为主要组分，加入适量硅酸盐水泥熟料和石膏，磨细制成的具有低水化热和微膨胀性能的水硬性胶凝材料，称为低热微膨胀水泥。

2) 特点及用途：具有水化热较低、早强的特点，适用于要求低水化热和补偿收缩的混凝土，大体积混凝土，也适用于要求抗渗和抗硫酸盐侵蚀的工程。

3) 主要技术指标

① 凝结时间：初凝不得早于45min，终凝不得迟于12h。

② 安定性：用沸煮法检验，必须合格。

③ 水化热指标见表 4-22。

低热微膨胀水泥的水化热指标 表 4-22

标号	水化热/(kJ/kg)	
	3d	7d
325	170	190
425	185	205

(5) 膨胀硫铝酸盐水泥(JC/T 739—1996)

1) 定义：凡以适当成分的生料，经煅烧所得以无水硫铝酸钙和硅酸二钙为主要矿物成分的熟料，加入适量二水石膏磨细制成的具有可调膨胀性能的水硬性胶凝材料，称为膨胀硫铝酸盐水泥。

2）用途：主要用作配制节点、抗渗、补偿收缩混凝土。

3）分类：分为微膨胀硫铝酸盐水泥和膨胀硫铝酸盐水泥两类。

4）水泥中不允许出现游离氧化钙。

5）凝结时间：初凝不得早于30min，终凝不得迟于3h。

6）标号与强度：两类膨胀硫铝酸盐水泥的标号均定为525一个标号。强度见表4-23。

膨胀硫铝酸盐水泥强度指标（MPa）　　**表4-23**

分类	抗压强度			抗折强度		
	1d	3d	28d	1d	3d	28d
微膨胀水泥	31.4	41.2	51.5	4.9	5.9	6.9
膨胀水泥	27.5	39.2	51.5	4.4	5.4	8.4

（6）膨胀铁铝酸盐水泥（JC 436—1996）

1）定义：凡由适当成分的生料，煅烧所得以铁相、无水硫铝酸钙和硅酸二钙为主要矿物成分的熟料，加入适量石灰石和石膏，磨细制成的具有可调膨胀性能的水硬性胶凝材料，称为膨胀铁铝酸盐水泥。

2）分类：分为微膨胀铁铝酸盐水泥和膨胀铁铝酸盐水泥两类。

3）凝结时间：初凝不得早于30min，终凝不得迟于3h。

4）标号与强度：两类水泥标号均定为525一个标号，强度见表4-24。

膨胀铁铝酸盐水泥强度（MPa）　　**表4-24**

分类	抗压强度			抗折强度		
	1d	3d	28d	1d	3d	28d
微膨胀水泥	31.5	41.0	52.5	4.9	5.9	6.9
膨胀水泥	27.5	39.0	52.5	4.4	5.4	6.4

（7）自应力硅酸盐水泥（JC/T 218—1995）

1）定义：以适当比例的硅酸盐水泥或普通硅酸盐水泥、高铝水泥和天然二水石膏磨制而成的膨胀性的水硬性胶凝材料。

2）分级：分为四个等级，代号为S_1、S_2、S_3、S_4。

3）凝结时间：初凝不得早于30min，终凝不得迟于6.5h。

4）自由膨胀率：28d不得大于3%。

5）自应力值应符合表4-25要求。

水泥自应力值 **表4-25**

能级	S_1	S_2	S_3	S_4
自应力值(MPa)	$1.0 \leqslant S_1 < 2.0$	$2.0 \leqslant S_2 < 3.0$	$3.0 \leqslant S_3 < 4.0$	$4.0 \leqslant S_4 < 5$

6）膨胀稳定期不得迟于28d。

7）脱模强度为12±3MPa，28d强度不得低于10MPa。

（8）自应力铝酸盐水泥(JC 214—91)

1）定义：自应力铝酸盐水泥是以一定量的高铝水泥熟料和二水石膏磨制而成的大膨胀率的胶凝材料。

2）适用范围：适用于制造钢筋(钢丝网)混凝土(砂浆)自应力压力管。

3）分级：按自应力值分为3.0、4.5和6.0MPa 3个级别。

4）凝结时间：初凝不早于30min，终凝不迟于4h。

5）自应力铝酸盐水泥强度见表4-26。

水泥强度 **表4-26**

性能		7d	28d
自由膨胀率(%)	不大于	1.0	2.0
抗压强度(MPa)	不小于	28.0	34.0
自应力值(MPa)不小于	3.0级	2.0	3.0
	4.5级	2.8	4.5
	6.0级	3.8	6.0

注：根据用户要求，生产厂应提供最高自应力值。

（9）自应力铁铝酸盐水泥(JC 437—1996)

1）定义：以适当成分的生料，经煅烧所得以铁相、无水硫铝酸钙和硅酸二钙为主要矿物成分的熟料，加入适量二水石膏磨细制成的强膨胀性水硬性胶凝材料。

2）适用范围：适用于制造输水、输油、输气自应力水泥钢筋混凝土压力管。

3）分级：分为 30、40 和 50 三个级别。

4）标号：定为 425 一个标号。

5）凝结时间：初凝不早于 40min，终凝不迟于 4h(用户有特殊要求可以变动)。

6）各龄期自应力值见表 4-27。

各龄期自应力值 **表 4-27**

级　别	自应力值(MPa)		
	7d 不小于	28d	
		不小于	不大于
30	2.3	3.0	4.0
40	3.1	4.0	5.0
50	3.7	5.0	6.0

7）抗压强度：7d 龄期不得低于 32.5MPa；28d 龄期不得低于 42.5MPa。28d 自应力值增进率不大于 0.007MPa/d。

（10）自应力硫铝酸盐水泥

1）定义：以适当成分的生料，经煅烧所得以无水硫铝酸钙和硅酸二钙为主要矿物成分的熟料，加入适量石膏磨细制成的强膨胀性水硬性胶凝材料。

2）分级：分为 30、40、50 级 3 个级别。

3）标号：定为 425 一个标号。

4）凝结时间：初凝不早于 40min，终凝不迟于 4h（初凝时间，用户有特殊要求时，可以变动）。

5）各级别各龄期自应力值应符合表 4-28 要求。

水泥各龄期自应力值(MPa)　　表 4-28

级　别	7d 不小于	28d	
		不小于	不大于
30	2.3	3.0	4.0
40	3.1	4.0	5.0
50	3.7	5.0	6.0

6）抗压强度：7d 不小于 32.5MPa；28d 不小于 42.5MPa。

7）28d 自应力增进率不大于 0.007MPa/d。

8）水泥中的碱小于 0.50%。

4.5 新型水泥

4.5.1 高贝利特水泥(HBC)

高贝利特水泥(High Belite Cement 简称 HBC)是国家“九五”攻关项目，中国建筑材料科学研究院开发出的一种新型低热硅酸盐水泥。该水泥与通用的传统水泥同属硅酸盐水泥体系，不同之处主要是高贝利特水泥是以水化热低、最终强度高、耐久性好的贝利特矿物(C_2S)为主，其含量约在 50%左右。

水泥作为水硬性胶凝材料，在水化反应时放出热量，称之为水化热。水化热导致相当于绝热状态的大体积混凝土内部温度升高。对大体积混凝土工程尤其是对大坝混凝土而言，混凝土内部温度过高，就可能导致混凝土的内外温差过大，从而产生较大的温度应力。当温度应力大于混凝土的抗拉强度时，会导致大体积混凝土的开裂，称为温度裂缝。温度裂缝大多是贯穿性的，其危害极大。高贝利特水泥早期水化放热少(3d、7d 水化热大约低 20%以上)，峰值温度低(大约也低 20%以上)，温升速率小，在控制大体积混凝土早期裂缝方面具有独特的优势。在“十五”攻关项目高贝利特水泥低热高抗裂大坝混凝土的开发研究中，经三峡大坝三期围堰工程应用研究表明：以HBC水泥开发出的低热高抗裂大坝混凝土自生体积变形为微膨胀，其有害孔降低了33%左右，且平均孔径孔隙率随龄期的增加而减小，而表观密度随龄期的增加而增加。混凝土性能发展规律良好。具有较高的后期强度及耐久性，且可以达到较高的抗冻要求和抗渗等级。这也预示着高贝利特水泥在大体积混凝土工程应用中具有广阔的前景。

4.5.2 超高强碱激发矿渣水泥(AAS)

超高强碱激发矿渣(Alkali Activated Slag，简称AAS)水泥是以矿渣为基本胶凝材料，以碱金属或碱土金属化合物为激发材料，辅以功能调整外加剂，构成的一类新型胶凝材料体系。

(1) AAS水泥的优势

1) 在进入21世纪可持续发展的战略中，全国每年排放的8000万t水淬矿渣需要进行资源循环利用；

2) 同普通波特兰水泥相比，AAS水泥省略了传统的烧成工艺，因而具有节能和更好的环境兼容性。

3) 在技术方面，AAS水泥具有快硬、早强、高强、低热、抗渗、抗冻、抗化学侵蚀等突出优点。

研究表明：AAS混凝土抗压强度为传统混凝土的2～4倍；渗透性为传统混凝土的1/3～1/5；早期强度在85℃时，蒸养8h混凝土制品抗压强度超过100MPa，为传统混凝土的3～4倍。

(2) 限制和妨碍AAS水泥使用和发展的主要问题

自20世纪80年代中期以来，利用矿渣微细粉、碱激发矿渣(Alkali Activated Slag，简称AAS)高强水泥混凝土这一领域的研究受到了世界范围的关注并取得了许多重要进展，相继有近百项发明专利问世，但在实际应用中仍有许多问题和限制条件妨碍发展，其质量控制较普通波特兰水泥混凝土更难。这是因为AAS水泥的胶凝性质不仅取决于矿渣的种类、品质及加工因素，同时又取决于激发剂的组分、掺量与矿渣的相容性。此外配制的介质环境也将对其胶凝性能产生影响。

(3) 目前状况和前景

目前国内处在试生产与应用阶段，由于AAS水泥在高强混凝土(C50～C80)或超高强混凝土(>C80)的配制中从经济核算方面显示较大的优势(减少蒸养时间，加快模具周转，提高生产效率和制品质量，降低生产能耗等方面)，更重要的是因为其技术的开发研究导致了具有更高物理力学性能和优异耐久性混凝土的飞跃发展，因而具有较广阔的应用前景。关键是加强质量控制的研究。

4.6 水泥使用与保管

4.6.1 水泥应用注意要点

(1) 氯化物含量

钢筋混凝土结构、预应力混凝土结构中，严禁使用含氯化物的水泥。

(2) 安定性

1) 安定性判断

在水泥的安定性试验中，若体积膨胀不均匀且超过0.5%时，或者浆饼出现龟裂、弯曲，则属于安定性不合格。若在结构中使用安定性不合格的水泥，在温度变化的情况下其变形过大而且不均匀，就很可能造成结构破坏，成为不安全的隐患。所以说安定性是水泥质量的一项重要指标。

2) 安定性不良水泥的处理

将水泥熟料在磨细之前放入仓中储存7～14d，冷却，使游离氧化钙吸收空气中的水分，进行充分的熟化，降低熟料中的游离氧化钙，使熟料松软，硬度降低，易于磨细。

对安定性不良的水泥，掺入一些优质活性混合材料，可在一定程度上克服游离氧化钙含量高而引起的水泥体积安定性不良。

(3) 水泥水化热

水泥的水化反应是放热反应，放出的热量称为水化热。水泥与水发生水化反应时，有3个放热过程。一是开始阶段，水泥本身颗粒表面发生水化反应，放出热量，但这个过程的放热量不多；二是大量放热阶段，水化热绝大部分是在水泥水化反应3～7d放出，这个阶段水化反应速度加快，热量大量放出，温度明显提高；三是持续阶段，这个阶段放热不多，但放热的时间持续很长。

水泥水化放热反应对大体积混凝土的质量影响：由于混凝土体积较大，在水泥进行水化放热反应时，大量放出热，使混凝土温度升高。众所周知，混凝土表面热量易于散失，混凝土内部的热量却不易散失。因此，使混凝土内外产生了温差，导致内外膨胀和收缩不一，内部因温度高而膨胀，外部则因温度低而收缩，结果产生不均匀的内应力造成混凝土裂缝，影响结构安全和使用功能，缩短使用年限。因此大体积混凝土应优先选用低水化热水泥，或采取相应的技术措施。

(4) 不同品种的水泥不能混合使用

不同品种的水泥，所含矿物成分不同，各矿物成分在水泥中所占比例也不相同，因而不同品种的水泥，具有不同的化学物理特性，适用于不同特性的工程，同时也不宜用于某种工程。例如：普通水泥宜用于易受冰冻侵袭的混凝土及早期强度要求高的混凝土，不宜用于大体积混凝土工程及受化学物质浸蚀的工程。矿渣水泥多用于大体积混凝土结构、蒸养构件和混凝土、钢筋混凝土和预应力混凝土结构等，不宜用于早期强度要求高的工程。火山灰水泥宜用于大体积混凝土、地下及水中混凝土、钢筋混凝土结构等。不宜用于受冰冻作用及早期强度要求高的混凝土。随意更换或混用已经选择适宜的水泥品种，可能因早期强度低造成冰冻侵袭，可能遭受化学物质浸蚀造成结构破坏，也可能因水化热过高或不均匀造成内部应力过大，超过混凝土的抗拉极限强度，形成裂缝。因此，在各类工程结构中，根据工程特点、使用要求和各种水泥的特性，对采用的水泥品种应加以选择，在施工过程中，也不应将不同品种的水泥随意更换或混合使用，以免影响工程质量。

(5) 水泥“假凝”现象

1) 假凝原因：混凝土拌合物搅拌后放置 8min 左右，发生类似凝结变硬的现象，但随之又变软，正常凝结的现象称之为“假凝”。引起水泥产生“假凝”现象的主要原因是拌合用水温度过高，当拌合用水温度超过 80℃时，在水泥颗粒表面生成薄薄的一层硬壳，使拌合物短时间内出现凝结变硬的“假凝”现象。

2) 假凝的影响：由于水泥颗粒表面出现了硬壳薄层，影响拌合物的和易性，造成混凝土后期强度降低。

3) 预防措施：为了防止“假凝”现象的发生，在冬期施工需要用热水拌合混凝土时，拌合用水的温度不得超过 80℃，并要按照先将热水与粗细骨料拌合之后再加入水泥的投料顺序进行。拌合物的温度不得超过 35℃。

4.6.2 水泥验收注意要点

(1) 合格品判定

1) 合格品：水泥的包装、质量及各项技术指标都能满足国家相应规范的要求时，可判为合格品。这类水泥可以按照设计的要求正常使用。

2) 不合格品

① 一般常用水泥当细度、终凝时间、不溶物和烧失量中的任一项不符合标准规定或混合材料掺加量超过最大限量和强度低于强度等级的指标时判为不合格品。水泥包装标志中水泥品种、强度等级、工厂名称和出厂编号不全的也判为不合格品。

② 不合格水泥在建筑工程中可以降低标准使用。如强度指标不合格可降低强度等级使用或用于工程的次要受力部位(如做基础的垫层)等。

3) 废品

① 一般常用水泥当氧化镁、三氧化硫、初凝时间、安定性中的任何一项不符合标准规定时，均判为废品。

② 判为废品的水泥严禁在建筑工程中使用，否则会造成严重的质量事故或给工程留下较大的质量隐患。

（2）出厂合格证

1）出厂水泥应按有关规定、方法进行出厂检验，检验项目按主要技术性能指标进行。

2）水泥袋上应清楚标明：工厂名称，生产许可证编号，品种名称，代号，强度等级，包装年、月、日和编号。散装时，应提交与袋装标志相同内容的卡片。

3）水泥出厂应有水泥生产厂家的出厂合格证书，内容有：厂别、品种、出厂日期、出厂编号和必要的试验数据。其中包括相应水泥指标规定的各项技术要求及试验结果。水泥厂应在水泥发出日起 7d 内寄发 28d 强度以外的各项试验结果。28d 强度数值，应在水泥发出日起 32d 内补报。

（3）进场验收

1）检查出厂合格证

水泥进场前必须有生产厂家的出厂合格证，作为对水泥质量、性能保证的依据。一般情况下，合格证（质量证明）是 3d 的强度（根据不同品种水泥而定）。生产厂家在 32d 内必须补发 28d 的质量证明。质量证明应包括：水泥的品种、出厂日期、抗压强度、抗折强度、安定性、试验编号和性能指标等。

2）检查包装：水泥可以袋装或散装，袋装水泥每袋净含量 50kg，且不得少于标志质量的 98%；随机抽取 20 袋总质量不得少于 1000kg。其他包装形式由供需双方协商确定，但有关袋装质量要求，必须符合上述原则规定。

3）检查是否受潮、结块，是否混入杂质，是否有不同品种、不同强度等级或标号的水泥混在一起。

（4）复验

按照《混凝土结构工程施工质量验收规范》（GB 50204—

2002)规定及工程质量管理的有关要求，用于承重结构、使用部位有强度等级要求的混凝土用水泥，水泥出厂超过3个月(快硬硅酸盐水泥为一个月)或进口水泥，在使用前都必须进行复试，并提供试验报告。

(5) 水泥的仲裁和复验

合同规定，以抽取实物试验结果为验收依据时，买卖双方应在交货前或交货地共同取样和签封。取样数量为20kg，缩分为两等份。一份由卖方保存40d，一份由买方按规定的项目和方法进行检验。40d内，买方检验认为产品质量不符合标准要求，卖方又有异议时，双方应将另一试样送国家指定的省级以上水泥质量检验机构仲裁检验。

水泥出厂后3个月内，如购货单位对水泥质量提出疑问或施工过程中出现与水泥质量有关的问题需要仲裁检验时，用水泥厂同一编号水泥的封存样进行。

水泥复试项目。水泥标准中规定，水泥的技术要求包括的各项技术指标，水泥生产厂在水泥出厂时已经提供了标准规定的有关技术要求的试验结果。通常复试项目只做安定性、凝结时间和胶砂强度3项必试项目。

用于拌制混凝土和砌筑砂浆的水泥应进行见证取样并送检。

4.6.3 水泥运输与保管注意要点

(1) 水泥运输

1) 装车码放高度不能超过10袋。

2) 同一品种、同强度等级和出厂日期的水泥应单独运输，不得混装、混运。

3) 水泥运输过程中应有防雨设施。

(2) 水泥保管

1) 水泥堆放整齐，高度不能超过10袋，宽度一般在5～10袋，垛与垛之间一定要有足够的通道。

2) 水泥垛应有标识，标识内容为：水泥的品种、强度等级、产地厂家和进场日期。

3）水泥垛码放应离开墙面200mm以上，地面上垫铺防潮层或雨季时节地面应留有通风孔道。

4）先进场水泥先用，水泥存放不超过3个月，若超过3个月，应先做试验，确定其实际强度等级，然后再用。

5）若水泥受潮，应先做试验，确定强度等级，使用时把结块砸碎过筛，然后按试验确定的强度等级使用。

6）散装水泥应有专用防潮筒仓，且便于随时使用。

7）露天码放的水泥，应垫好木板，板上铺好油毡，水泥上面用苫布苫好，防雨雪。

（3）受潮水泥的处理

水泥受潮的程度有轻重之分，受潮程度较轻的水泥，结成松散颗粒，一经搅拌便可使其分散，不影响使用。当水泥受潮程度很重时，结成的块粒已不易打碎，对使用有严重影响。根据水泥受潮程度不同，选用不同的处理方法，见表4-29。

水泥受潮程度鉴别与处理　　表4-29

水泥检查情况	受潮程度判断	处理方法
水泥毫无结块、结粒情况	水泥尚未受潮	按原强度等级使用
水泥有结合小粒的状况，但用手捏又成粉末，并无捏不散的粒块	水泥已开始受潮，但强度损失不大，损失一个强度等级	用各种办法将水泥压成粉末或增加搅拌时间，用于强度比原来小15%～20%的部位
水泥已部分结硬块，或外部结为硬块内部尚有粉末状	表明水泥受潮程度已很严重，强度损失已达一半以上	用筛子筛除硬块，压碎松块，用于受力很小的部位，或用于强度比要求低50%的混凝土工程中
结块坚硬如石，看不出还有粉末	表明水泥颗粒表面已全部水化，不再具有活性	可将其用碾子、球磨机等机械再粉碎掺入新水泥中使用；或用于强度要求不高的工程中

5 建筑用钢材

钢材及其与混凝土复合承重的钢筋混凝土和预应力混凝土，已成为现代建筑结构的主体材料。钢材在建筑工程中的应用已由单一的结构承重，向结构、装饰等多功能方向发展，其品种也由单一品种发展到多品种、多系列并与有机或无机材料构成复合的形式，钢材是建筑工程中应用最广泛的三大材料之一。

5.1 基本知识

5.1.1 分类和用途

以铁为主要成分的黑色金属材料，依据含碳量不同分为熟铁、钢和生铁。钢的含碳量为0.02%～2.00%，而铁的含碳量在2.00%以上。由于含碳量不同，在性能和用途上也有很大区别，见表5-1。

钢铁材料类别及主要用途　　表5-1

钢铁类别		含碳量	布氏硬度	主要用途
熟铁	纯铁	0.02～0.05	60～70	薄板、电工材料
低碳钢（软钢）	特别极软钢	<0.08	70～90	钢丝、带钢、瓦斯管
	极软钢	0.08～0.12	80～120	焊条焊丝、镀锌板、线材、铆钉
	软钢	0.12～0.20	100～130	建筑钢、钢管、螺栓、锅炉板
	半软钢	0.20～0.25	120～150	建筑钢、钢管、螺栓、造船

续表

钢铁类别		含碳量	布氏硬度	主要用途
中碳钢	半硬钢	0.25～0.40	140～170	普通钢丝、机械零件、造船
	硬　钢	0.40～0.60	160～200	高强钢丝、轻轨、弹簧
高碳钢	最硬钢	0.60～0.80	180～240	高强度螺栓、高强钢丝、钢轨
	极硬钢	0.80～1.50	180～320	工具、量具、弹簧
可锻铸铁		2.00～2.50	100～150	小型铸铁件
高级铸铁		2.80～3.20	200～220	水管、机械零件
普通铸铁		3.20～3.50	150～180	一般铸铁件、上下水管道

（1）按化学成分分类

按化学成分钢材分为碳素钢和合金钢。碳素钢的化学成分主要是铁，其次是碳，故也称铁-碳合金。碳素钢按含碳量又可分为：低碳钢（含碳量小于 0.25%）、中碳钢（含碳量为 0.25%～0.60%）和高碳钢（含碳量大于 0.60%）三种。合金钢是指在炼钢过程中，有意识地加入一种或多种能改善钢材性能的合金元素而制得的钢种。常用合金元素有：硅、锰、钛、钒、铌、铬等。按合金元素总含量的不同，合金钢可分为低合金钢（合金元素总含量小于 5%）、中合金钢（合金元素总含量为 5%～10%）和高合金钢（合金元素总含量大于 10%）。

建筑工程中常用的钢种有碳素结构钢中的低碳钢和合金结构钢中的低合金钢。

（2）按冶炼时脱氧程度分类

根据炼钢时脱氧程度的不同，通常可分为沸腾钢（代号为“F”）、镇静钢（代号为“Z”）、半镇静钢（代号为“b”）和特殊镇静钢（代号为“TZ”）四种。

沸腾钢被广泛用于一般建筑工程。镇静钢适用于预应力混凝土等重要的结构工程。

(3) 按有害杂质含量分类

按钢中有害杂质磷(P)和硫(S)含量的多少，钢材可分为普通钢、优质钢、高级优质钢、特级优质钢四类。

碳素结构钢的质量等级分为 A、B、C、D，低合金高强度结构钢的质量等级分为 A、B、C、D、E。

(4) 按材型分类

建筑钢材的产品一般分为型材、板材、线材和管材等几类。本章主要介绍线材(钢筋混凝土用钢筋、钢丝和钢绞线)、型材[钢结构用角钢、H 型钢、工字钢、T 型钢(部分 T 型钢)、槽钢和方钢]，板材与压型钢板。常用钢材见图 5-1。

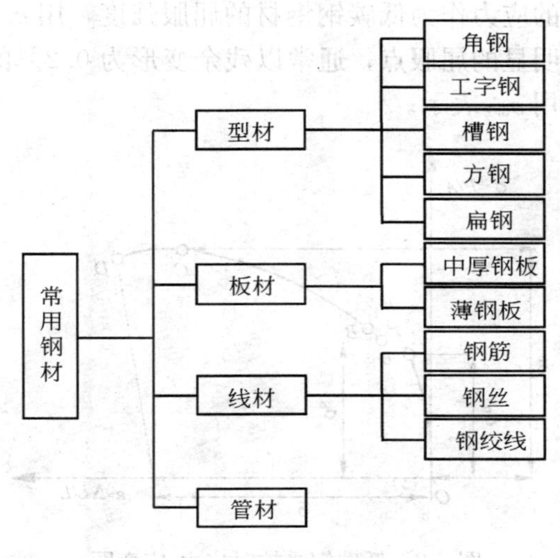

图 5-1　常用钢材

5.1.2　钢材的技术性能

钢材的技术性质主要包括力学性能(抗拉性能、冲击韧性、耐疲劳和硬度等)和工艺性能(冷弯和焊接)两个方面。

(1) 力学性能

建筑钢材主要承受拉、压、弯、剪、冲击等外力的作用，在这些外力作用下，既要有一定的强度和硬度，也要有一定的塑性和韧性。

1）强度

建筑钢材的抗拉强度包括：屈服强度、极限抗拉强度和疲劳强度。

① 屈服强度（或称屈服极限）σ_s

钢材在静荷载的作用下，开始丧失对变形的抵抗能力，并产生大量塑性变形的应力。在图 5-2 低碳钢的应力-应变图中，屈服阶段锯齿形的最高点 $B_上$ 所对应的应力为上屈服点，最低点 $B_下$ 对应的应力为下屈服点。因上屈服点不稳定，所以国标规定以下屈服点的应力作为低碳钢钢材的屈服强度，用 σ_s 表示。中、高碳钢没有明显的屈服点，通常以残余变形为 0.2％的应力作为屈服强度，用 $\sigma_{0.2}$ 表示。

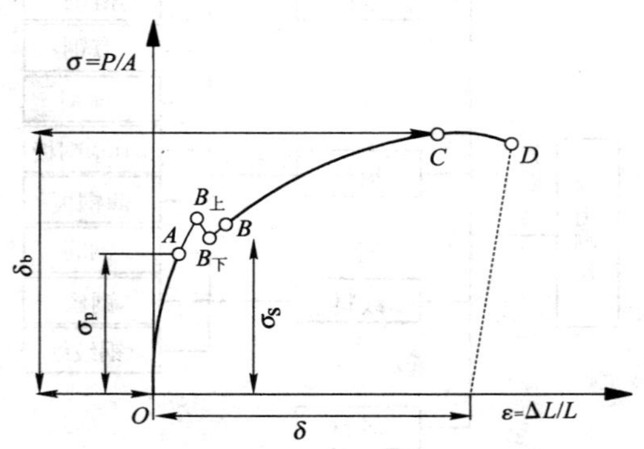

图 5-2 低碳钢受拉时应力-应变图

屈服强度对钢材的使用有着重要的意义，当构件的实际应力达到屈服点时，将产生不可恢复的永久性变形，这在结构中是不允许的，因此，屈服强度是确定钢材容许应力的主要依据。

② 极限抗拉强度（或称抗拉强度）σ_b

钢材在拉力的作用下能承受的最大拉应力称为极限抗拉强度，用 σ_b 表示。抗拉强度虽然不能直接作为计算的依据，但屈服强度和抗拉强度的比值即屈强比，用 σ_s/σ_b 表示，在工程上很有意义。屈强比越小，结构的可靠性越高，即防止结构破坏的潜力越大；但此值太小时，钢材的有效利用率太低，合理的屈强比一般在 0.6～0.75 之间。

屈服强度和强度极限是钢材力学性质的主要检验指标。

③ 疲劳强度

钢材承受交变荷载的反复作用时，可能在远低于屈服强度时发生破坏，这种破坏称为疲劳破坏。钢材疲劳破坏的指标即疲劳强度，或称疲劳极限。疲劳强度是试件在交变应力作用下，不发生疲劳破坏的最大主应力，一般把钢材承受交变荷载 10^6 ～10^7 次而不发生破坏的最大主应力作为疲劳强度。我国新的《钢结构设计规范》（GB 50017—2003）规定，当结构直接承受动力荷载重复作用，其荷载产生应力变化的循环次数 $N \geqslant 5 \times 10^4$ 时，即需进行疲劳验算。

2）弹性

钢材在静荷载作用下，受拉初始阶段，应力和应变成正比，这一阶段称为弹性阶段，具有这种变形特征的性质称为弹性。在此阶段中应力和应变的比值称为弹性模量，即 $E=\sigma/\varepsilon$，单位 MPa。在弹性阶段钢材产生的变形在荷载卸除后是可以恢复而不留残余变形的。所以取屈服点作为容许应力的依据就是要利用钢材弹性阶段的这一特点。

弹性模量 E 是衡量钢材抵抗变形能力的指标。E 越大，使其产生一定量弹性变形的应力值越大；在一定应力下，产生的弹性变形越小。在工程上，弹性模量反映了钢材的刚度，是钢材在受力条件下计算结构变形的重要指标。建筑常用碳素结构钢 Q235 的弹性模量 $E=(2.0 \sim 2.1) \times 10^5$ MPa。《钢结构设计规范》（GB 50017—2003）规定钢材和钢铸件的弹性模量 $E=206 \times 10^3$ MPa（N/mm^2）。

3）塑性

建筑钢材应有很好的塑性，在工程中，钢材的塑性通常用伸长率(或断面收缩率)和冷弯来表示。

① 伸长率是指试件拉断后，标距长度的增量与原标距长度之比，符号为 δ，常用%表示。

$$\delta=\frac{L_1-L_0}{L_0}\times 100\%$$

② 断面收缩率是指试件拉断后，颈缩处横截面积的减缩量占原横截面面积的百分率，符号为 ψ，常以%表示。

为了测量方便，常用伸长率表征钢材的塑性。伸长率是钢材的塑性的重要指标，δ 越大，说明钢材塑性越好，伸长率和标距有关，对于同种钢材 $\delta_5>\delta_{10}$。

③ 冷弯是指钢材在常温下承受弯曲变形的能力。冷弯是通过检验试件经规定的弯曲程度后，弯曲处外面及侧面有无裂纹、起层、鳞落和断裂等情况进行评定的。一般用弯曲角度 α 以及弯心直径 d 与钢材的厚度或直径 a 的比值来表示。弯曲角度越大，d 与 a 的比值越小，表明冷弯性能好。

冷弯也是检验钢材塑性的一种方法，并与伸长率存在有机的联系，伸长率大的钢材，其冷弯性能必然好，但冷弯检验对钢材塑性的评定比拉伸试验更严格、更敏感。冷弯有助于暴露钢材的某些缺陷，如气孔、杂质和裂纹等。在焊接时，局部脆性及接头缺陷都可通过冷弯而发现，所以钢材的冷弯不仅是评定塑性、加工性能的要求，也是评定焊接质量的重要指标之一。对于重要结构和弯曲成型的钢材，冷弯必须合格。

塑性是钢材的重要技术性质，尽管结构是在弹性阶段使用的，但其应力集中处，应力可能超过屈服强度，一定的塑性变形能力即可保证应力重新分配，从而避免结构的破坏。

4）冲击韧性

冲击韧性是指钢材抵抗冲击荷载而不破坏的能力。规范规定是以刻槽的标准试件，在冲击试验的摆锤冲击下，以破坏后缺口处单位面积上所消耗的功来表示，符号 α_k，单位 J。α_k 越大，冲断试件消耗的能量，或者说钢材断裂前吸收的能量越多，说明钢材的韧性越好。

此外，钢材的冲击韧性还受温度和时间的影响。当温度降至某一温度范围时，α_k 突然发生明显下降，钢材开始呈脆性断裂，这种性质称为冷脆性，发生冷脆性时的温度(范围)称为脆性临界温度(范围)。低于这一温度时，降低趋势又缓和，但此时 α_k 值很小。在北方严寒地区选用钢材时，必须对钢材的冷脆性进行评定，此时选用的钢材的脆性临界温度应比环境最低温度低些。

5) 硬度

硬度是在表面局部体积内，抵抗其他较硬物体压入产生塑性变形的能力，通常与抗拉强度有一定的关系。目前测定钢材硬度的方法很多，最常用的有布氏硬度，用 HB 表示。

建筑钢材常以屈服强度、抗拉强度、伸长率、冷弯、冲击韧性等性质作为各种牌号钢材性能的保证项目。

(2) 钢材的工艺性能

1) 冷弯性能

钢材在常温下的弯曲称为冷弯。钢材冷弯时，承受弯曲变形的能力，称为钢材的冷弯性能，它是建筑钢材的重要工艺性能。

钢材的冷弯性能指标，弯曲角度(α)及弯芯直径(d)与钢材直径或厚度(a)的比值(d/a)来表示，详见力学性能中塑性。

2) 焊接性能

在建筑工程中，各种钢结构、钢筋及预埋件等，需用焊接加工。因此，要求钢材要有良好的可焊性。评定钢材的焊接性能主要看以下 3 个方面：

① 根据规范要求测定焊接金属对形成裂缝的倾向，此倾向越大，其焊接性能越差。

② 测定焊接接缝附近的基体金属(母材)在热作用下产生脆性的倾向，热影响区的脆性倾向越大，说明钢材的可焊性越差。

③ 测定焊缝金属及整个焊件的各种使用性能是否均已达到规范所规定的指标要求。

5.1.3 钢材的化学成分对钢材性能的影响

钢中除主要化学成分 Fe 以外，还含有少量的碳(C)、硅(Si)、锰(Mn)、磷(P)、硫(S)、氧(O)、氮(N)、钛(Ti)、钒(V)等元素，这些元素虽含量很少，但对钢材性能的影响很大，现分述如下：

碳是决定钢材性能的最重要元素，当钢中含碳量在0.8%以下时，随着含碳量的增加，钢的强度和硬度提高，塑性和韧性下降；但当含碳量大于1.0%时，随着含碳量增加，钢的强度反而下降，这是由于呈网状分布于珠光体晶界上的渗碳体，使钢变脆所致。钢中含碳量增加，还会使钢的焊接性能变差，冷脆性和时效敏感性增大，并使钢耐大气锈蚀能力下降。一般工程用碳素钢均为低碳钢，即含碳量少于0.25%，工程用低合金钢含碳量少于0.52%。

硅在钢中是有益元素，炼钢时起脱氧作用。当硅含量小于1.0%时，大部分溶于铁素体中，使铁素体强化，从而提高钢的强度，且对钢的塑性和韧性无明显影响。硅是我国钢筋用钢材的主加合金元素，它的作用主要是提高钢的机械强度。通常碳素钢中硅含量少于0.3%，低合金钢含硅少于1.8%。

锰也是有益元素，炼钢时能起脱氧去硫作用，可消减硫所引起的热脆性，使钢材的热加工性质改善，同时能提高钢材的强度和硬度。当含锰少于1.0%时，对钢的塑性和韧性影响不大。锰是我国低合金结构钢的主加合金元素，其含量一般在1%～2%范围内，它的作用主要是溶于铁素体中使其强化，并起到细化珠光体作用，使强度提高。当含锰量达11%～14%时，称为高锰钢，具有较高的耐磨性。

磷是钢中很有害的元素之一，主要溶于铁素体起强化作用。磷含量增加，钢材的强度、硬度提高，塑性和韧性显著下降。特别是温度愈低，对塑性和韧性的影响愈大，从而显著加大钢材的冷脆性。磷在钢中的偏析倾向强烈，一般认为，磷的偏析富集使铁素体晶格严重畸变，是钢材冷脆性显著增大的原因。磷也使钢材可焊性显著降低，但磷可提高钢的耐磨性和耐蚀性，故在低合金钢中可配合其他元素如铜(Cu)起合金元素作用。建筑用钢一般要求含磷小于0.045%。

硫也是很有害的元素，呈非金属硫化物夹杂物存在于钢中，降低钢材的各种机械性能。由于硫化物熔点低，使钢材在热加工过程中造成晶粒的分离，引起钢材断裂，形成热脆现象，称为热脆性。硫使钢的可焊性、冲击韧性、耐疲劳性和抗腐蚀性等均降低。建筑钢材要求硫含量应少于0.045%。

氧是钢中有害元素，主要存在于非金属夹杂物中，少量溶于铁素体内。非金属夹杂物降低钢的机械性能，特别是韧性。氧有促进时效倾向的作用，氧化物所造成的低熔点亦使钢的可焊性变差。通常要求钢中含氧应少于0.03%。

氮主要嵌溶于铁素体中，也可呈化合物形式存在。氮对钢材性质的影响与碳、磷相似，使钢材强度提高，塑性特别是韧性显著下降。溶于铁素体中的氮，有向晶格的缺陷处移动、集中的倾向，故可加剧钢材的时效敏感性和冷脆性，降低可焊性。在用铝或钛补充脱氧的镇静钢中，氮主要以氮化铝或氮化钛等形式存在，这时可减少氮的不利影响。并细化晶粒，改善性能。故在有铝、铌、钒等元素的配合下，氮可作为低合金钢的合金元素使用。钢中氮含量一般少于0.008%。

钛是强脱氧剂，能细化晶粒。钛能显著提高强度，但稍降低塑性。由于使晶粒细化，故可改善韧性。钛能减少时效倾向，改善可焊性。钛是常用的微量合金元素。

钒是弱脱氧剂，钒加入钢中可减弱碳和氮的不利影响，能细化晶粒，有效地提高强度，减小时效敏感性，但有增加焊接时的淬硬倾向。钒也是合金钢常用的微量合金元素。

5.1.4 钢材的冷热处理与加工

(1) 钢材的热处理

按照一定的程序和方法，将钢材加热到一定的温度，在此温度下保持一定的时间，再以一定的速度和方式进行冷却，以使钢材内部晶体组织和显微结构按要求进行改变，或者消除钢中的内应力，从而获得人们所需求的机械力学性能，这一过程就称为钢材的热处理。钢材热处理一般都在钢材生产厂或加工厂进行。钢材的热处理通常有以下几种基本方法：

1）淬火：将钢材加热至723℃（相变温度）以上某一温度，并保持一定时间后，迅速置于水中或机油中冷却，这个过程称钢材淬火处理。钢材经淬火后，强度和硬度提高，脆性增大，塑性和韧性明显降低。

2）回火：将淬火后的钢材重新加热到723℃以下某一温度范围，保温一定时间后再缓慢地或较快地冷却至室温，这一过程称为回火处理。回火可消除钢材淬火时产生的内应力，使其硬度降低，恢复塑性和韧性。按回火温度不同，又可分为高温回火（500～650℃）、中温回火（300～500℃）和低温回火（150～300℃）3种。回火温度愈高，钢材硬度下降愈多，塑性和韧性恢复愈好。若钢材淬火后随即进行高温回火处理，则称调质处理，其目的是使钢材的强度、塑性、韧性等性能均得以改善。

3）退火：退火是指将钢材加热至723℃以上某一温度，保持相当时间后，在退火炉中缓慢冷却。退火能消除钢材中的内应力，使钢材硬度降低，塑性和韧性提高。在钢筋冷拔工艺过程中，常需进行退火处理，因为钢筋经数次冷拔后，变得很脆，再继续拉拔易被拉断，这时必须将钢筋进行退火处理，提高其塑性和韧性后再进行冷拔。

4）正火：是将钢材加热到723℃以上某一温度，并保持相当长时间，然后在空气中缓慢冷却，则可得到均匀细小的显微组织。钢材正火后强度和硬度提高，塑性较退火为小。

5）化学热处理：是对钢材表面进行的热处理，是利用某些化学元素向钢表层内进行扩散，以改变钢材表面上的化学成分和性能。常用的方法有渗碳法、氮化法、氰化法等几种。

（2）热轧

将钢坯料加热（900～1250℃）至塑性状态，通过轧钢机上旋转的轧辊和顺次通过一系列的孔型，将钢坯在加热状态成型，称为热轧。

（3）冷加工

冷加工是指钢材在常温下进行的加工，建筑钢材常见的冷加工方式有：冷拉、冷拔、冷轧、冷扭、刻痕等。

钢材在常温下超过弹性范围后，产生塑性变形，强度和硬度提高，塑性和韧性下降的现象称为冷加工强化。在一定范围内，冷加工变形程度越大，屈服强度提高越多，塑性和韧性降低越多。

（4）时效

1）钢材随时间的延长，强度、硬度提高，而塑性、韧性下降的现象称为时效。钢材在自然条件下的时效是非常缓慢的，若经过冷加工或使用中经常受到振动、冲击荷载作用时，时效将迅速发展。钢材经冷加工后在常温下搁置 15～20d 或加热至 100～200℃保持 2h 以内，钢材的屈服强度、抗拉强度及硬度都进一步提高，而塑性、韧性继续降低直至完成时效过程，前者称为自然时效，后者称为人工时效。一般强度较低的钢材采用自然时效，而强度较高的钢材采用人工时效。

2）因时效导致钢材性能改变的程度称为时效敏感性。时效敏感性大的钢材，经时效后，其韧性、塑性改变较大。因此，承受振动、冲击荷载作用的重要结构（如吊车梁、桥梁等），应选用时效敏感性小的钢材。建筑用钢筋，常利用冷加工、时效作用来提高其强度，增加钢材的品种规格，节约钢材。

5.2 钢筋混凝土用线材

5.2.1 常用钢筋简介

（1）低碳钢热轧圆盘条

热轧盘条是钢筋中截面尺寸最小的一种（其直径过去规定为5～9mm，随着盘条用途的扩大和加工技术的进步，有的国家已扩大到42mm，我国目前也已扩大到30mm），大多通过卷线机卷成盘供应，故称盘条、盘圆。低碳钢热轧圆盘条是由屈服强度较低的碳素结构钢轧制的盘条，是目前用量最大、使用最广的线材。除大量用作建筑钢筋混凝土的配筋外，还适用于供拉丝、包装及其他用途。低碳钢热轧圆盘条的标准参见GB/T 701—1997。

低碳钢热轧圆盘条的牌号表示方法与碳素结构钢基本相同，只是质量等级中没有D级钢，脱氧方法没有特殊镇静钢（TZ），格式如下：

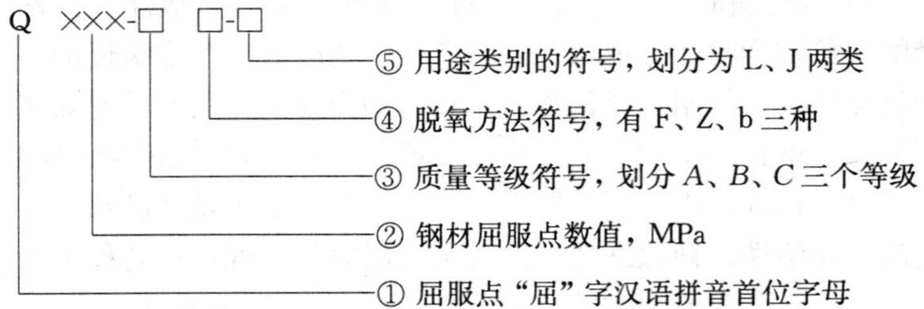

供建筑用盘条的力学性能和工艺性能应符合表5-2的规定。

力学性能和工艺性能　　表5-2

牌　号	力　学　性　能			冷弯试验180° d=弯芯直径 α=试样直径
	屈服点σ_s（MPa）	抗拉强度σ_b（MPa）	伸长率δ_5（%）	
	不　小　于			
Q215	215	375	27	$d=0$
Q235	235	410	23	$d=0.5\alpha$

（2）预应力钢丝及钢绞线用热轧盘条

预应力钢丝及钢绞线用热轧盘条是适用于制造预应力钢丝、钢绞线用热轧盘条。其标准可参见YB/T 146—1998。

盘条的力学性能可参照表 5-3 的规定。

盘条的力学性能 **表 5-3**

<table>
<tr><td rowspan="3">牌　号</td><td colspan="4">力 学 性 能</td></tr>
<tr><td>抗拉强度 σ</td><td>断面收缩率</td><td>抗拉强度 σ</td><td>断面收缩率</td></tr>
<tr><td colspan="2">直径 8.0～10.0mm</td><td colspan="2">直径 10.5～13.0mm</td></tr>
<tr><td>72A</td><td>960～1080</td><td rowspan="6">≥25</td><td>940～1060</td><td rowspan="6">≥25</td></tr>
<tr><td>72MnA、75A</td><td>990～1100</td><td>970～1090</td></tr>
<tr><td>75MnA、77A</td><td>1020～1140</td><td>1000～1120</td></tr>
<tr><td>77MnA、80A</td><td>1040～1160</td><td>1020～1140</td></tr>
<tr><td>80MnA、82A</td><td>1060～1180</td><td>1040～1160</td></tr>
<tr><td>82MnA</td><td>1080～1200</td><td>1060～1180</td></tr>
</table>

注：牌号中的数字为平均碳含量的万分值；Mn 为锰的元素符号，表示较高锰含量；A 表示高级优质钢。例如：72A 表示平均碳含量为万分之 72(0.72%)的高级优质碳素结构钢，80MnA 表示平均碳含量为万分之 80(0.80%)、较高锰含量的高级优质碳素结构钢。

(3) 钢筋混凝土用热轧光圆钢筋

钢筋混凝土用热轧光圆钢筋是横截面通常为圆形，且表面为光滑的钢筋混凝土配筋用钢材，热轧光圆钢筋是经热轧成型并自然冷却的成品光圆钢筋。其标准参见 GB 13013—91，钢筋的公称直径范围为 8～20mm，推荐的钢筋公称直径为 8、10、16、20mm。

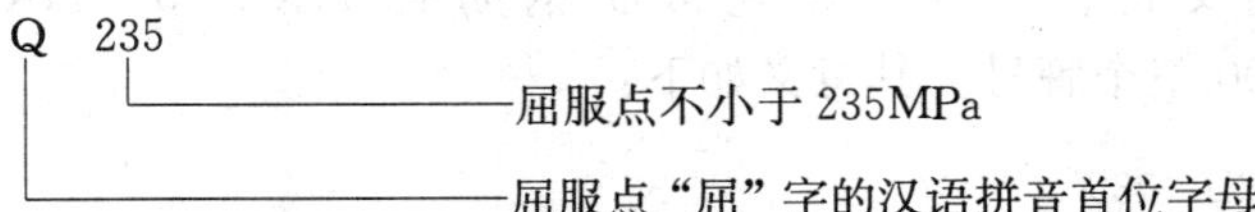

此牌号为屈服点不小于 235MPa 的热轧光圆钢筋钢。钢筋混凝土用热轧光圆钢筋仅这一个牌号，它不分等级，与碳素结构钢 Q235 在硅含量与质量上都有所不同，属于专用钢，应识别清楚，注意不要与碳素结构钢热轧圆钢混淆。此外，钢筋的强度等级代号为 R235 与钢的牌号 Q235 实际上是一致的。在新的《混凝土结构设计规范》(GB 50010—2002)和《混凝土结构工程施工质量验收规范》(GB 50204—2002)标准中，已采用直接将钢筋的强度等级代号用作钢的牌号，Q235 相当于规范中 HPB235 级。

钢筋的力学性能、工艺性能应符合表 5-4 的规定。冷弯试验时受弯曲部位外表面不得产生裂纹。

钢筋的力学性能、工艺性能　　表 5-4

表面形状	钢筋级别	强度等级代号	公称直径（mm）	屈服点 σ_s(MPa)	抗拉强度 σ_b(MPa)	伸长率 σ_5(%)	d—冷弯弯芯直径 α—钢筋公称直径
				不小于			
光圆	Ⅰ	HPB235	8～20	235	370	25	180° $d=\alpha$

(4) 钢筋混凝土用热轧带肋钢筋

钢筋混凝土用热轧带肋钢筋是横截面通常为圆形，且表面通常带有两条纵肋和沿长度方向均匀分布的横肋的钢筋。钢筋在混凝土中主要承受拉应力。带肋钢筋由于表面肋的作用，和混凝土有较大的粘结能力，因而能更好地承受外力的作用。带肋钢筋广泛用于各种建筑结构，特别是大型、重型、轻型薄壁和高层建筑结构。

热轧带肋钢筋的牌号由 HRB 和钢材屈服点最小值构成。H、R、B 分别为热轧(Hotrolled)、带肋(Ribbed)、钢筋(Bars)三个词的英文首位字母。热轧带肋钢筋有 HRB335、HRB400、HRB500 三个牌号。其意义如下：

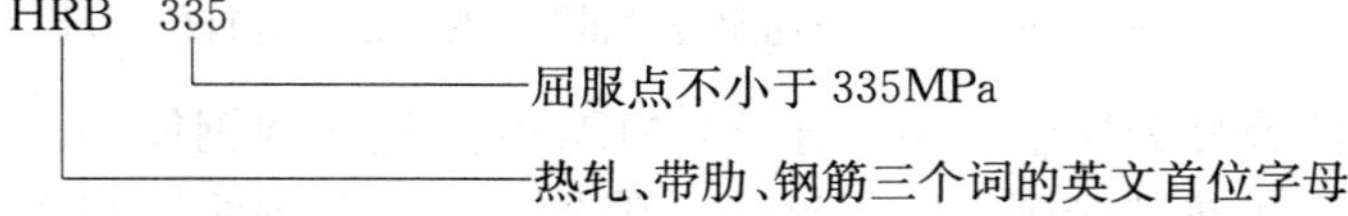

此牌号为屈服点不小于 335MPa 的热轧带肋钢筋。

钢筋的公称直径范围为 6mm～50mm，推荐的钢筋公称直径为 6、8、10、12、16、20、25、32、40、50mm。

钢筋的力学性能应符合表 5-5 的规定。

钢筋的力学性能 表 5-5

牌 号	公称直径 (mm)	σ_s(或 $\sigma_{0.2}$) (MPa)	σ_b (MPa)	σ_5 (%)
		不 小 于		
HRB335	6～25 28～50	335	490	16
HRB400	6～25 28～50	400	570	14
HRB500	6～25 28～50	500	630	12

（5）钢筋混凝土用钢筋新、旧标准有关项目对照

1）钢筋牌号对照

钢筋牌号对照，见表 5-6。

钢筋牌号对照 表 5-6

钢筋级别	牌 号			
	GB 1499—79	GB 1499—84	GB 1499—91	GB 1499—1998
Ⅰ	A3、AJ3、AD3	A3、AY3	Q235(GB 13013—91)	HPB235
Ⅱ	20MnSi	20MnSi、 20MnNbb	20MnSi、 20MnNbb	HRB335
Ⅲ	25MnSi	25MnSi	20MnSiV、 20MnTi、 25MnSi	HRB400
Ⅳ	40SiIMnV、 45SiMnV、 5Si2MnTi	40Si2MnV、 45SiMnV、 45Si2MnTi	40Si2MnV、 45SiMnV、 45Si2MnTi	HRB500
Ⅳ外	A5、AJ5、AD5			
	35Si2MnV、 35SiMnV、 35Si2MnTi			

2）钢筋级别与强度等级代号对照

钢筋级别与强度等级代号对照，见表 5-7。

钢筋级别与强度等级代号对照 **表 5-7**

<table>
<tr><td colspan="2">GB 1499—79</td><td colspan="2">GB 1499—84</td><td colspan="2">GB 1499—91</td><td>GB 1499—1998</td></tr>
<tr><td rowspan="2">钢筋级别</td><td>强度等级（又称公斤级）</td><td rowspan="2">钢筋级别</td><td>强度等级（又称公斤级）</td><td rowspan="2">钢筋级别</td><td rowspan="2">强度等级代号</td><td rowspan="2">牌　号</td></tr>
<tr><td>屈服点/抗拉强度（kgf/mm^2）≮</td><td>屈服点/抗拉强度（kgf/mm^2）/（MPa），≮</td></tr>
<tr><td>Ⅰ</td><td>24/38</td><td>Ⅰ</td><td>24/38
（235/370）</td><td>Ⅰ</td><td>R235
(GB 13013—91)</td><td>HPB235</td></tr>
<tr><td rowspan="2">Ⅱ</td><td>34/52</td><td rowspan="2">Ⅱ</td><td>34/52
（335/510）</td><td rowspan="2">Ⅱ</td><td rowspan="2">RL335</td><td rowspan="2">HRB335</td></tr>
<tr><td>32/50</td><td>32/50
（315/490）</td></tr>
<tr><td>Ⅲ</td><td>38/58</td><td>Ⅲ</td><td>38/58
（370/570）</td><td>Ⅲ</td><td>RL400</td><td>HRB400</td></tr>
<tr><td>Ⅳ</td><td>55/85</td><td>Ⅳ</td><td>55/85
（540/835）</td><td>Ⅳ</td><td>RL540
（RL590）</td><td>HRB500</td></tr>
<tr><td>Ⅳ外</td><td>28/50
50/75</td><td></td><td></td><td></td><td></td><td></td></tr>
</table>

注：表中 RL 是“热肋”二字汉语拼音首位字母，表示热轧带肋钢筋。

值得注意的是：GB 13013—91、GB 1499—91 标准既规定了钢的强度代号，也规定了钢的牌号，以前的标准虽没有钢的强度代号，但规定了钢的强度等级。这样，都显得比较繁琐。实际上，对于建筑及工程结构用钢来说，用户需要的是性能，而钢的成分（牌号）主要应由生产企业来掌握。基于这样的考虑，碳素结构钢和低合金高强度结构钢都取消了钢的具体牌号，而以强度等级代号代替了具体牌号。所以，GB 1499—1998 直接用强度等级代号 HRB335、HRB400、HRB500 来代替钢的牌号了。

3）钢筋公称直径对照

钢筋公称直径对照，见表 5-8。

钢筋公称直径对照 **表 5-8**

钢筋级别	公称直径(mm)			
	GB 1499—79	GB 1499—84	GB 1499—91	GB 1499—1998
Ⅰ	8～40	8～25、28～50	8～20 (GB 13013—91)	8～20 (GB 13013—91)
Ⅱ	8～25、28～40	8～25、28～50	8～25、28～40	6～25、28～50
Ⅲ	8～40	8～40	8～25、28～40	6～25、28～50
Ⅳ	10～28	10～25、28～32	10～25、28～32	6～25、28～50
Ⅳ外	10～40			
	10～28			

4）钢筋外形对照

钢筋外形对照，见表 5-9。

钢筋外形对照 **表 5-9**

<table>
<tr><th rowspan="3">钢筋级别</th><th colspan="5">钢　筋　外　形</th></tr>
<tr><th colspan="2">GB 1499—79</th><th rowspan="2">GB 1499—84</th><th rowspan="2">GB 1499—91</th><th rowspan="2">GB 1499—1998</th></tr>
<tr><th>轧制外形</th><th>涂色标记</th></tr>
<tr><td>Ⅰ</td><td>光圆</td><td>红</td><td></td><td>光圆
(GB 13013—91)</td><td>光圆
(GB 13013—91)</td></tr>
<tr><td>Ⅱ</td><td>人字纹</td><td></td><td rowspan="3">月牙形
人字形
螺旋形</td><td rowspan="2">月　牙　肋</td><td rowspan="3">月　牙　肋</td></tr>
<tr><td>Ⅲ</td><td>人字纹</td><td>白</td></tr>
<tr><td>Ⅳ</td><td>螺旋纹</td><td>黄</td><td>等　高　肋</td></tr>
<tr><td rowspan="2">Ⅳ外</td><td>人字纹</td><td>绿</td><td rowspan="2"></td><td rowspan="2"></td><td rowspan="2"></td></tr>
<tr><td>螺旋纹</td><td>蓝</td></tr>
</table>

5.2.2 新型高效钢筋

（1）环氧树脂涂层钢筋

环氧树脂涂层钢筋是用普通带肋钢筋和普通光圆钢筋采用环氧树脂粉末以静电喷涂方法生产的环氧树脂涂层钢筋。环氧树脂涂层钢筋有很好的耐蚀性，适用于处在潮湿环境或侵蚀性介质中的房屋工程、附属工程及道路、桥梁、港口、码头、地下工程等的钢筋混凝土结构中。在施工现场应根据具体工艺采取有效措施，使钢筋涂层不受损坏，少量涂层破损，必须及时予以修补。钢筋混凝土结构用环氧树脂涂层钢筋的标准可参见 JG 3042—1997。

1）产品型号

环氧树脂涂层钢筋的型号由名称代号、特性代号、主参数代号和改型序号组成，并按下列顺序排列：

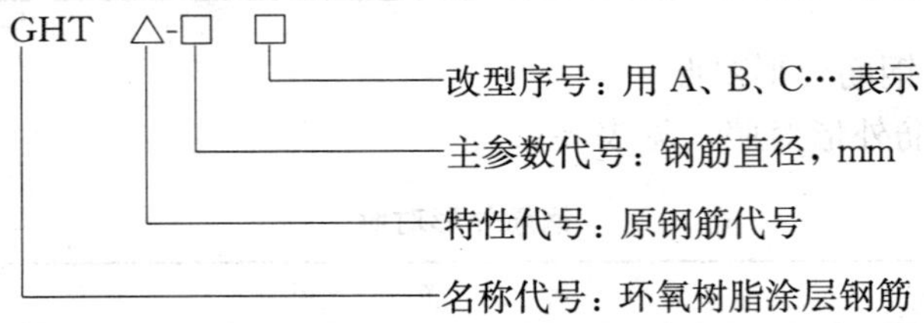

2）材料

用于制作环氧涂层的钢筋，其质量应符合现行国家标准的规定，且其表面不得有尖角、毛刺或其他影响涂层质量的缺陷，并应避免油、脂或漆等的污染。环氧涂层材料及涂层修补材料必须采用专业生产厂家的产品。

3）涂层制作

① 在制作环氧树脂涂层前，必须对钢筋表面进行净化处理。

② 应使用专门设备对净化处理后的钢筋表面质量进行检测。

③ 涂层制作应尽快在净化后清洁的钢筋表面上进行。

④ 涂层应采用环氧树脂粉末以静电喷涂方法在钢筋表面制作，并根据涂层材料生产厂家的建议对涂层给予充分养护。

4）涂层要求

① 固化后的涂层厚度应为 0.18～0.30mm。

② 养护后的涂层应连续，不应有孔洞、空隙、裂纹或肉眼可见的其他涂层缺陷；涂层钢筋在每米长度上的微孔(肉眼不可见之针孔)数目平均不应超过3个。

③ 涂层钢筋必须具有良好的可弯性。在涂层钢筋弯曲试验中，在被弯曲钢筋的外半圆范围内，不应有肉眼可见的裂纹或失去粘着的现象出现。

5）使用注意事项

① 涂层钢筋产品应采用具有抗紫外线照射性能的塑料布进行包装。

② 涂层钢筋包装应分捆进行，其分捆应与钢筋原材料进厂时一致，但每捆涂层钢筋重量不应超过两吨。

③ 每捆涂层钢筋除应保留原钢筋的标志内容外，尚应标志出涂层钢筋的生产厂家、生产日期、产品名称及代号等，并做出合格标记。

④ 涂层钢筋的吊装应采用对涂层无损坏的绑带及多支点吊装系统进行，并防止钢筋与吊索之间及钢筋与钢筋之间因碰撞、摩擦等造成的涂层损坏。

⑤ 涂层钢筋在搬运、堆放等过程中，应在接触区域设置垫片；当成捆堆放时，涂层钢筋与地面之间、涂层钢筋捆与捆之间应用垫木隔开，且成捆堆放的层数不得超过五层。

(2) 钢筋混凝土用余热处理钢筋

钢筋混凝土用余热处理钢筋是在热轧后立即穿水，进行表面控制冷却，然后利用芯部余热自身完成回火处理制得成品钢筋。余热处理钢筋全长性能均匀，晶粒细小，在保证良好塑性、焊接性能的条件下，屈服点约提高10%，用作钢筋混凝土结构的配筋，可节约材料并提高构件的安全可靠性。

余热处理带肋钢筋的强度等级代号为KL400(RRB400)。

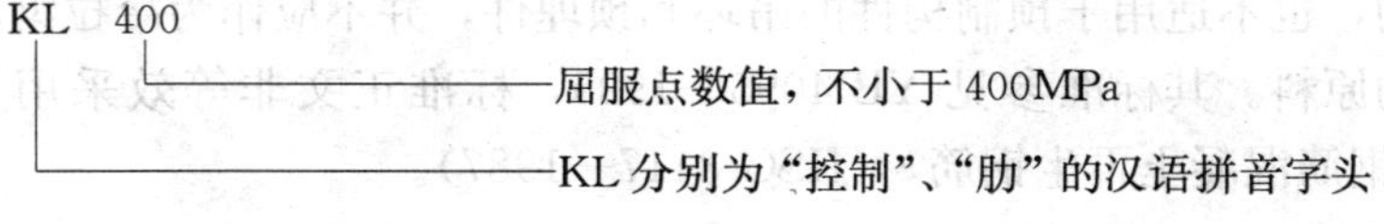

KL400 表示屈服点不小于 400MPa、钢筋级别为Ⅲ级的余热处理钢筋。

在新的《混凝土结构设计规范》(GB 50010—2002)和《混凝土结构工程施工质量验收规范》(GB 50204—2002)中，KL400 相当于 RRB400。

钢筋的公称直径范围为 8～40mm，推荐的钢筋公称直径为 8、10、12、16、20、25、32、40mm。

钢筋的力学性能和工艺性能应符合表 5-10 的规定。当冷弯试验时，受弯曲部位外表面不得产生裂纹。

钢筋的力学性能和工艺性能 **表 5-10**

表面形状	钢筋级别	强度等级代号	公称直径(mm)	屈服点 σ_s(MPa)	抗拉强度 σ_b(MPa)	伸长率 σ_5(%)	d—冷弯弯芯直径 α—钢筋公称直径
				不小于			
月牙肋	Ⅲ	RRB400	8～25 28～40	440	600	14	90°$d=3\alpha$ 90°$d=4\alpha$

(3) 热轧再生钢筋

热轧再生钢筋是以轧制过程中产生的废钢(包括坯)或使用过的可利用的钢材为原料，经过重新轧制而成的钢筋。近年来，随着我国国民经济和基本建设的发展，热轧再生钢筋的产量越来越多。为加强行业宏观管理，确保产品质量，在国家技术监督局、原冶金工业部、建设部和原国内贸易部共同协作下，制定了该行业标准。该标准严格限制了热轧再生钢筋的使用范围和制造原料，对技术要求作了详细规定，适用于非抗震设防的一般低层建筑的混凝土结构，以及按 8 度以下抗震设防的低层和多层建筑混凝土构造柱。不适用于中高层、高层建筑结构及承受动荷载的结构，也不适用于预制构件的吊环和预埋件，并不应作为冷拉钢筋的原料。其标准参见 YB 4095—1995，标准正文非等效采用了《钢筋混凝土再生钢筋》(JISG 3117—1987)。

1）分类、级别

① 钢筋按表面形状分为光圆钢筋和W月牙肋钢筋两类。W月牙肋钢筋：钢筋横截面通常为圆形，表面有两条对称的纵肋，且纵肋两侧有均匀分布的W月牙形横肋，钢筋两面上横肋应错开布置。

② 钢筋的强度级别为Ⅰ级。

2）代号

① 光圆钢筋强度代号为：

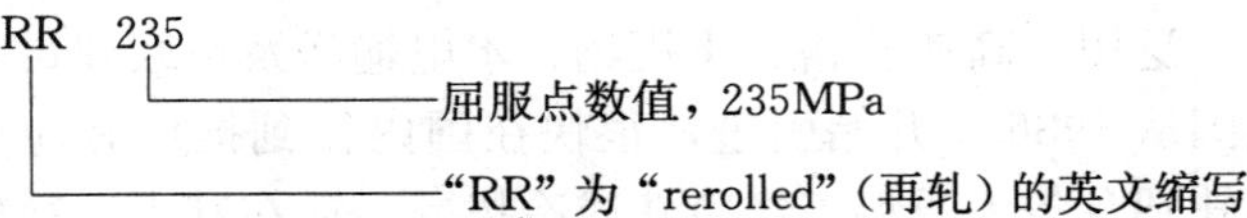

RR235表示为屈服点235MPa的热轧光圆再生钢筋。

② W月牙肋再生钢筋强度代号为：

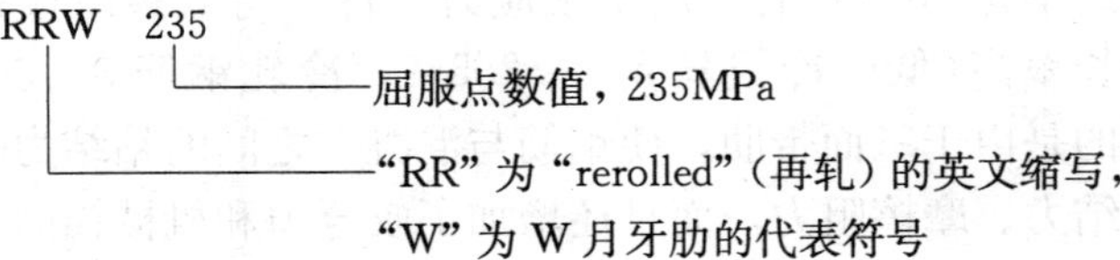

RRW235表示为屈服点235MPa的热轧W月牙肋再生钢筋。

3）尺寸、外形

光圆钢筋的公称直径范围为6～14mm，其直径允许偏差应不大于±0.5mm。

W月牙肋钢筋的公称直径范围为8～14mm。

4）化学成分

成品钢筋的化学成分应符合下列规定：

C≤0.32%，S≤0.055%，P≤0.050%。

如供方能保证，成品化学成分可不做分析。

5）力学性能和工艺性能

钢筋冷弯试验时，受弯曲的外侧面不得产生裂纹。

钢筋的力学性能和工艺性能应符合表5-11规定。

钢筋的力学性能和工艺性能　　表 5-11

<table>
<tr><th rowspan="2">类　别</th><th rowspan="2">牌　号</th><th>屈服点 σ_s (MPa)</th><th>抗拉强度 σ_b (MPa)</th><th>伸长率 δ_5 (%)</th><th rowspan="2">冷弯试验
弯曲角度 180°
d=弯芯直径
α=钢筋公称直径</th></tr>
<tr><th colspan="3">不　小　于</th></tr>
<tr><td>光　圆</td><td>RR235</td><td rowspan="2">235</td><td rowspan="2">370</td><td>20</td><td rowspan="2">$d=1.5\alpha$</td></tr>
<tr><td>W 月牙肋</td><td>RRW235</td><td>18</td></tr>
</table>

(4) 冷轧带肋钢筋

冷轧带肋钢筋是国外 20 世纪 70 年代初开发的一种新型高效钢材。广泛用于高速公路、飞机场、水电输送及市政建设等工程中。我国从 1986 年开始引进，很快在国内得到推广和应用。它是以热轧圆盘条为原料，经冷轧或冷拔减径后在其表面冷轧成三面有肋的钢筋。用于非预应力构件，与热轧圆钢盘条比，强度提高 17%左右(Q235 光圆盘条≥460MPa，冷轧钢筋≥550MPa)，可以节约钢材 30%左右。用于预应力构件，与低碳冷拔钢丝相比，伸长率高(低碳冷拔丝 $\delta_{100}\geqslant 2.5\%$，冷轧钢筋 $\delta_{100}\geqslant 4\%$)，更重要的是由于三面带肋，使钢筋与混凝土之间的粘结力不仅来源于胶结力、摩擦阻力，而且还增加了咬合力和机械锚固力，比冷拔钢丝的粘结力提高三倍以上，是一种较理想的预应力钢材。适用于中、小预应力混凝土结构构件和普通钢筋混凝土结构构件用冷轧带肋钢筋，也适用于焊接钢筋网用带肋钢筋，其标准可参见 GB 13788。

1) 分类和代号

① 冷轧带肋钢筋代号：

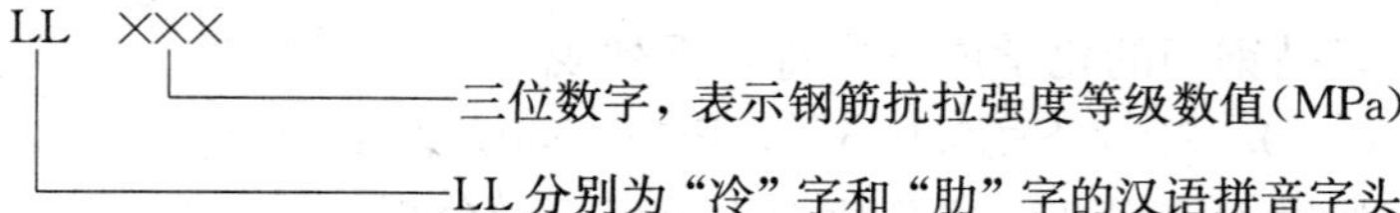

② 钢筋按抗拉强度分为 3 级：LL550，LL650，LL800。

LL550—表示抗拉强度不小于 500MPa 的钢筋；

LL650—表示抗拉强度不小于 650MPa 的钢筋；

LL800—表示抗拉强度不小于800MPa的钢筋。

2）尺寸、质量

① 公称直径范围4～12mm，推荐钢筋公称直径为5、6、7、8、9、10mm。

② 钢筋的尺寸，质量应符合表5-12的规定。

钢筋的尺寸、质量　　表5-12

公称直径（mm）	三面肋钢筋		二面肋钢筋		
	公称横截面积（mm^2）	理论质量（kg/m）	内径 d（mm）	公称横截面积（mm^2）	理论质量（kg/m）
4	12.6	0.098			
5	19.6	0.154	4.8	19.6	0.154
6	28.3	0.222	5.8	28.3	0.222
7	38.5	0.302	6.6	38.5	0.302
8	50.3	0.395	7.6	50.3	0.395
9	63.6	0.499	8.6	63.6	0.499
10	78.5	0.617	9.5	78.5	0.617
12	113.1	0.888	11.5	113.1	0.888

3）力学性能和工艺性能

① 钢筋的力学性能和工艺性能应符合表5-13的规定。当进行冷弯试验时，受弯曲部位表面不得产生裂纹。

钢筋的力学性能和工艺性能　　表5-13

级别代号	屈服强度 $\sigma_{0.2}$（MPa）不小于	抗拉强度 σ_b（MPa）不小于	伸长率（%）不小于		冷弯180° d—弯芯直径 α—钢筋公称直径	应力松弛 $\sigma_{com}=0.7\sigma_b$	
						1000h	10h
			δ_{10}	δ_{100}		不大于（%）	
LL550	500	550	8	—	$d=3\alpha$	—	—
LL650	520	650	—	4	$d=4\alpha$	8	5
LL800	640	800	—	4	$d=5\alpha$	8	5

② 钢筋的强屈比 $\sigma_b/\sigma_{0.2}$应不小于 1.05。

③ 生产厂在保证 1000h 应力松弛率合格的基础上，可进行 10h 的应力松弛试验。

4）交货状态

① 钢筋为冷加工状态交货，允许冷轧后进行低温回火处理。

② 钢筋一般为盘圆，如用户要求，也可直条交货。

③ 钢筋每盘应由一根组成：LL650 和 LL800 级钢筋不得有焊接接头。

5.2.3 预应力混凝土用钢丝及钢绞线

（1）预应力混凝土用钢丝

预应力混凝土用钢丝为预应力混凝土用碳素钢钢丝的简称，又称高强钢丝，一般把 ϕ8 热轧高碳钢盘条加热到 850～950℃，并在 500～600℃的铅浴中淬火，使其具有较高塑性，然后经酸洗、镀铜、拉拔、矫直、回火、卷盘等工艺而成。此种钢丝具有强度高、不需焊接、使用方便等优点，主要用于后张法的预应力钢筋混凝土结构，特别是大跨度结构。

1）尺寸、外形及质量

预应力混凝土用钢丝尺寸、外形、质量和技术要求，国家标准(GB/T 5223—1995)作了规定。

按交货状态预应力钢丝分为冷拉及矫直回火两种；按外形预应力钢丝分为光面及刻痕两种；按用途预应力钢丝分为桥梁用、电杆用及其他水泥制品用。

光面钢丝和刻痕钢丝的外形、尺寸和允许偏差见表 5-14。

钢丝尺寸及允许偏差　　表 5-14

钢丝公称直径 (mm)	直径允许偏差 (mm)	横截面积 (mm^2)	每米理论质量 (kg)
3.00	±0.04	7.07	0.055
4.00		12.57	0.099

续表

钢丝公称直径（mm）	直径允许偏差（mm）	横截面积（mm^2）	每米理论质量（kg）
5.00	±0.05	19.63	0.154
6.00		28.27	0.222
7.00	±0.05	38.48	0.302
8.00		50.26	0.394
9.00		63.62	0.499

注：计算钢丝理论质量时钢的密度为 7.85g/cm³。

钢丝的不圆度不得超出公差之半。

每盘钢丝由一根组成，其盘重一般不小于 80kg，最低质量不小于 20kg，每个交货批中最低质量的盘数不得多于 10%。

2）消除应力钢丝力学性能

消除应力及螺旋肋钢丝的力学性能指标应符合表 5-15 的规定。

消除应力钢丝的力学性能　　表 5-15

<table>
<tr><th rowspan="3">公称直径（mm）</th><th rowspan="3">抗拉强度 δ_b（MPa）不小于</th><th rowspan="3">规定非比例伸长应力 σ_p（MPa）不小于</th><th rowspan="3">伸长率（L_0=100mm）（%）不小于</th><th rowspan="3">弯曲次（数/次）180°不小于</th><th rowspan="3">弯曲半径（mm）</th><th colspan="3">松　弛</th></tr>
<tr><th rowspan="2">初始应力相当于公称抗拉强度的百分数（%）</th><th colspan="2">1000h 应力损失（%）不大于</th></tr>
<tr><th>Ⅰ级松弛</th><th>Ⅱ级松弛</th></tr>
<tr><td rowspan="2">4.00</td><td>1470</td><td>1250</td><td rowspan="9">4</td><td rowspan="2">3</td><td rowspan="2">10</td><td rowspan="2">60</td><td rowspan="2">4.5</td><td rowspan="2">1.0</td></tr>
<tr><td>1570</td><td>1330</td></tr>
<tr><td rowspan="2">5.00</td><td>1670</td><td>1410</td><td rowspan="7">4</td><td rowspan="4">15</td><td rowspan="4">70</td><td rowspan="4">8</td><td rowspan="4">2.5</td></tr>
<tr><td>1770</td><td>1500</td></tr>
<tr><td rowspan="2">6.00</td><td>1570</td><td>1330</td></tr>
<tr><td>1670</td><td>1420</td></tr>
<tr><td>7.00</td><td rowspan="3">1470
1570</td><td rowspan="3">1250
1330</td><td rowspan="2">20</td><td rowspan="3">80</td><td rowspan="3">12</td><td rowspan="3">4.5</td></tr>
<tr><td>8.00</td></tr>
<tr><td>9.00</td><td>25</td></tr>
</table>

注：1. Ⅰ级松弛即普通松弛，Ⅱ级松弛即低松弛，它们分别适用所有钢丝。

2. 屈服强度 $\sigma_{0.2}$ 值不小于公称抗拉强度的 85%。

表 5-15 中伸长率推荐采用 $L_0=200$mm 最大负荷下的伸长率，其值不小于 3.5%。

3）冷拉钢丝的力学性能

冷拉钢丝的尺寸及力学性能应符合表 5-16 的规定。

表 5-16 中，3.00mm 钢丝的弯曲试验，供需双方也可按弯曲半径 $R=10$mm 进行，但弯曲次数不小于 9 次。

冷拉钢丝的尺寸及力学性能　　表 5-16

公称直径（mm）	抗拉强度 σ_b（MPa）不小于	规定非比例伸长应力 σ_p（MPa）不小于	伸长率（$L_0=100$mm）（%）不小于	弯曲次数（次）180°不小于	弯曲半径（mm）
3.00	1470	1100	2	4	7.5
	1570	1180			
4.00	1670	1250	3		10
5.00	1470	1100		5	15
	1570	1180			
	1670	1250			

注：规定非比例伸长应力 $\sigma_{0.2}$值不小于公称抗拉强度的 75%。

4）刻痕钢丝的力学性能

刻痕钢丝的力学性能应符合表 5-17 的规定。

刻痕钢丝的力学性能　　表 5-17

公称直径（mm）	抗拉强度 σ_b（MPa）不小于	规定非比例伸长应力 σ_p（MPa）不小于	伸长率（$L_0=100$mm）（%）不小于	弯曲次数（次）180°不小于	弯曲半径（mm）	松　弛		
						初始应力相当于公称抗拉强度的百分数（%）	1000h 应力损失（%）不大于	
							Ⅰ级松弛	Ⅱ级松弛
≤5.00	1470	1250	4	3	15	70	8	2.5
	1570	1340						
>5.00	1470	1250			20			
	1570	1340						

注：规定非比例伸长应力 $\sigma_{0.2}$值不小于公称抗拉强度的 85%。

5）外观要求

钢丝表面不得有裂纹、小刺、机械损伤、氧化铁皮和油污。

除非供需双方另有协议，否则钢丝表面只要没有目视可见的麻坑，表面浮锈可以使用。

消除应力钢丝表面产生回火颜色是正常颜色。

消除应力钢丝的伸直性：取弦长为 1m 的钢丝，其弦与弧的最大自然矢高，光面钢丝不大于 20mm，刻痕钢丝不大于 30mm。

如需镦头锚固的预应力钢丝应在订货合同中注明要求条件。

（2）预应力混凝土用低合金钢丝

低合金钢丝是用专用低合金钢盘条拔制的，强度为 800～1200MPa 的用于中、小预应力混凝土构件主筋的钢丝。常用光面钢丝与轧痕丝两种，轧痕低合金钢丝是经轧辊冷加工使钢丝表面有规律凹痕的低合金钢丝。

1）特征值

钢丝的力学性能指标均为规定的特征值。材料试验结果中低于此值的盘数应不超过 5%，即所供应的钢丝的任何 20 次试验中，低于特征值的不得超过 1 次，且不低于特征值的 93%。

2）分级

钢丝按强度级别分为 3 级，其代号为：

① YD800——抗拉强度为 800MPa 级的预应力混凝土用光面低合金钢丝。

② YD1000——抗拉强度为 1000MPa 级的预应力混凝土用光面低合金钢丝。

③ YD1200——抗拉强度为 1200MPa 级的预应力混凝土用光面低合金钢丝。

其中“Y”为预应力的“预”字汉语拼音字头，“D”为低合金的“低”字汉语拼音字头。

3）分类

按钢丝表面形状分为光面钢丝和轧痕钢丝两种，其代号为：

① YZD1000——抗拉强度1000MPa级预应力混凝土用轧痕低合金钢丝。

②"Z"为轧痕的"轧"字汉语拼音字头。

4）外形、尺寸和允许偏差

① 光面钢丝的外形、尺寸和允许偏差应符合表5-18的规定。

光面钢丝的外形、尺寸及允许偏差　　表5-18

公称直径（mm）	允许偏差（mm）	公称横截面积（mm^2）	每米理论质量（g）
5.0	+0.08	19.63	154.1
	−0.04		
7.0	+0.10	38.48	302.1
	−0.10		

② 轧痕钢丝的外形、尺寸及允许偏差应符合表5-19的规定。

轧痕钢丝的外形、尺寸及允许偏差　　表5-19

	直径 d	轧痕深度 h	轧痕圆柱半径 R	轧痕间距 L	每米理论质量(g)
尺　寸（mm）	7.0	0.30	8	7.0	302.1
允许偏差（mm）	±0.10	±0.05	±0.5	+0.5	+8.7
				−1.0	−8.6

注：① 钢丝直径及偏差用质量法测定，计算钢丝理论重量时的密度为7.85g/cm^3。

② 同一截面上两个轧痕相对错位≤2mm。

5）其他要求

① 钢丝的不圆度应不超过直径公差之半。

② 每盘钢丝由一根组成，电焊接头应当切除，其盘重应不小于50kg，最小质量不小于30kg，每个交货批中盘重小于50kg的盘数不得多于10。

③ 光圆钢丝的盘径不小于 550mm，轧痕钢丝的盘径不小于 1700mm。

④ 钢的力学性能和工艺性能（YB/T 038—93）应符合表 5-20 的规定。

钢的力学性能和工艺性能 **表 5-20**

公称直径 (mm)	级 别	抗拉强度 σ_b (MPa)	伸长率 (%)	冷 弯
6.5	YD800	≥550	$\delta_5 \geq 23$	$180^\circ d=5\alpha$
9.0	YD1000	≥750	$\delta_5 \geq 15$	$90^\circ d=5\alpha$
10.0	YD1200	≥900	$\delta_{10} \geq 7$	$90^\circ d=5\alpha$

⑤ 钢丝的力学性能和工艺性能应符合表 5-21 的规定。

钢丝的力学性能和工艺性能 **表 5-21**

公称直径 (mm)	级 别	抗拉强度 σ_b (MPa)	伸长率 σ_{100} (%)	反复弯曲		应力松弛	
				弯曲半径 R(mm)	次数 N(次)	张拉应力与公称强度比	应力松弛率最大值
5.0	YD800	800	4	15	4	0.70	8%1000h 或 5%10h
7.0	YD1000	1000	3.5	20	4		
7.0	YD1200	1 200	3.5	20	4		

⑥ 表面质量

钢丝表面不得有裂纹、折叠、结疤、油污及其他影响力学性能的机械损伤缺陷。钢丝表面可有浮锈，但不得有锈皮及肉眼可见的麻坑等腐蚀现象。

(3) 预应力混凝土用钢绞线

预应力混凝土用钢绞线系由 7 根圆形断面碳素钢丝捻成，在绞线机上以一根钢丝为中心，其余钢丝围绕进行螺旋状绞合，再回火处理而成。钢绞线的特点是强度高，与混凝土粘结性能好，而且与钢丝相比由于其断面面积大，使用根数少，在结构中排列布置方便，且易于锚固，因此作跨度大、荷载重的预应力混凝土配筋用。

1）尺寸及允许偏差

不同结构预应力钢绞线的公称直径、直径允许偏差、测量尺寸及测量尺寸允许偏差应分别符合表5-22至表5-24的规定

1×2结构钢绞线尺寸及允许偏差　　表5-22

钢绞线结构	公称直径(mm)		钢绞线直径允许偏差(mm)	钢绞线公称截面积(mm^2)	每千米的钢绞线理论质量(kg)
	钢绞线	钢丝			
1×2	10.00	5.00	+0.30	39.5	310
	12.00	6.00	−0.15	56.9	447

1×3结构钢绞线尺寸及允许偏差　　表5-23

钢绞线结构	公称直径(mm)		钢绞线测量尺寸(mm)	钢绞线测量尺寸允许偏差(mm)	钢绞线公称截面积(mm^2)	每千米的钢绞线理论质量(kg)
	绞线	钢丝				
1×3	10.80	5.00	9.33	+0.30	59.3	465
	12.90	6.00	11.20	−0.15	85.4	671

1×7结构钢绞线尺寸及允许偏差　　表5-24

钢绞线结构	公称直径(mm)	直径允许偏差(mm)	钢绞线公称截面积(mm^2)	每千米的理论质量(kg)	中心钢丝直径加大范围(%)不小于
1×7标准型	9.50	+0.30 −0.15	54.8	432	20
	11.10		74.2	580	
	12.70	+0.40 −0.20	98.7	774	
	15.20		139	1101	
1×7模拔型	12.70		112	890	
	15.20		165	1295	

2）订购交货要求

① 预应力钢绞线经最终热处理后以盘或卷状态交货。

② 预应力钢绞线的力学性能应符合表 5-25 的规定。

钢绞线尺寸及拉伸性能 **表 5-25**

<table>
<tr><th rowspan="4">钢绞线结构</th><th rowspan="4" colspan="2">钢绞线公称直径(mm)</th><th rowspan="4">强度级别(MPa)</th><th rowspan="3">整根钢绞线的最大负荷(kN)</th><th rowspan="3">屈服负荷(kN)</th><th rowspan="3">伸长率(%)</th><th colspan="4">1000h 松弛率(%)不大于</th></tr>
<tr><th colspan="2">Ⅰ级松弛</th><th colspan="2">Ⅱ级松弛</th></tr>
<tr><th colspan="4">初始负荷</th></tr>
<tr><th colspan="3">不小于</th><th>70%公称最大负荷</th><th>80%公称最大负荷</th><th>70%公称最大负荷</th><th>80%公称最大负荷</th></tr>
<tr><td rowspan="2">1×2</td><td colspan="2">10.00</td><td rowspan="4">1720</td><td>67.9</td><td>57.7</td><td rowspan="11">3.5</td><td rowspan="11">8.0</td><td rowspan="11">12</td><td rowspan="11">2.5</td><td rowspan="11">4.5</td></tr>
<tr><td colspan="2">12.00</td><td>97.9</td><td>83.2</td></tr>
<tr><td rowspan="2">1×3</td><td colspan="2">10.80</td><td>102</td><td>86.7</td></tr>
<tr><td colspan="2">12.90</td><td>147</td><td>125</td></tr>
<tr><td rowspan="7">1×7</td><td rowspan="5">标准型</td><td>9.50</td><td>1860</td><td>102</td><td>86.6</td></tr>
<tr><td>11.10</td><td>1860</td><td>138</td><td>117</td></tr>
<tr><td>12.70</td><td>1860</td><td>184</td><td>156</td></tr>
<tr><td rowspan="2">15.20</td><td>1720</td><td>239</td><td>203</td></tr>
<tr><td>1860</td><td>259</td><td>220</td></tr>
<tr><td rowspan="2">模拔型</td><td>12.70</td><td>1860</td><td>209</td><td>178</td></tr>
<tr><td>15.20</td><td>1820</td><td>300</td><td>255</td></tr>
</table>

注：① Ⅰ级松弛即普通松弛级，Ⅱ级松弛即低松弛级，它们均适用所有钢绞线。

② 屈服负荷不小于整根钢绞线公称最大负荷的 85%。

③ 根据需方要求，供方应提供相同规格、相同强度级别的同类产品的松弛性能。

④ 供方在保证 1000h 松弛值合格的基础上，可进行 10h 松弛试验，在初始应力相当于抗拉强度 70%时，其值对于Ⅰ级松弛应不大于 3.0%，对于Ⅱ级松弛应不大于 1.5%。

⑤ 除非生产厂另有规定，弹性模量取为(195±10)MPa，但不做交货条件。

⑥ 成品钢绞线的表面不得带有润滑剂、油渍等降低钢绞线

与混凝土粘结力的物质。钢绞线表面允许有轻微的浮锈，但不得锈蚀成目视可见的麻坑。

⑦ Ⅱ级松弛钢绞线的伸直性：取弦长为 1m 的Ⅱ级松弛钢绞线，其弦与弧的最大自然矢高不大于 25mm。

5.3 钢结构用型钢

5.3.1 钢结构用钢

目前国内钢结构用钢的品种主要是碳素结构钢和低合金高强度结构钢。

(1) 碳素结构钢(非合金钢)

1) 牌号及其表示方法

国标《碳素结构钢》(GB/T 700—88)中规定，牌号由代表屈服点的字母、屈服点数值、质量等级符号、脱氧方法等 4 部分按顺序组成。其中以“Q”代表屈服点；屈服点数值共分 195、215、235、255 和 275MPa 五种；质量等级以硫、磷等杂质含量由多到少，分别为 *A*、*B*、*C*、*D* 符号表示；脱氧方法以 F 表示沸腾钢，b 表示半镇静钢，Z、TZ 表示镇静钢和特殊镇静钢，Z 和 TZ 在钢的牌号中予以省略。

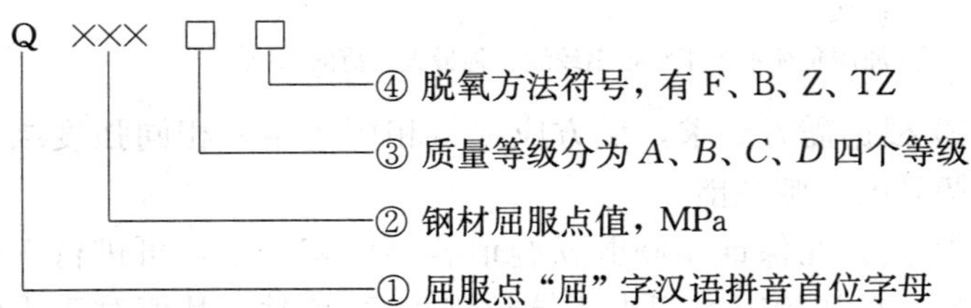

例如：Q235—A·F 表示屈服点为 235MPa 的 *A* 级沸腾钢。

2) 力学性能

碳素结构钢随着牌号的增大，其含碳量增加，强度提高，塑性和韧性降低，冷弯性能逐渐变差。

3）碳素结构钢的特性及应用

国标将碳素结构钢分为五个牌号，每个牌号又分为不同的质量等级。一般来讲，牌号数值越大，含碳量越高，其强度、硬度越高，但塑性、韧性越低。硫、磷含量低的 D、C 级钢的质量优于 B、A 级钢。特殊镇静钢、镇静钢质量优于半镇静钢，更优于沸腾钢，当然质量好的钢成本也高。

建筑工程中常用的碳素结构钢牌号 Q235，由于该牌号钢既具有较高的强度，又具有较好的塑性和韧性，可焊性也好，故能较好地满足一般钢结构和钢筋混凝土结构的用钢要求。相反，Q195 和 Q215 钢，虽塑性很好，但强度太低；而 Q255 和 Q275 钢，它们强度很高，但塑性较差，所以均不太适用。

Q235 钢冶炼方便，成本较低，故在建筑中应用广泛。由于塑性好，在结构中能保证在超载、冲击、焊接、温度应力等不利条件下的安全，并适于各种加工，大量被用作轧制各种型钢、钢板及钢筋；其力学性能稳定，对轧制、加热、急剧冷却时的敏感性较小。其中 Q235-A 级钢，一般仅适用于承受静荷载作用的结构，Q235-C 和 D 级钢可用于重要的焊接结构。另外，由于 Q235-D 级钢含有足够的形成细晶粒结构的元素，同时对硫、磷有害元素控制严格，故其冲击韧性很好，具有较强的抗冲击、振动荷载的能力，尤其适宜在较低温度下使用。Q195 和 Q215 钢常用作生产一般使用的钢钉、铆钉、螺栓及铁丝等。Q255 及 Q275 钢多用于生产机械零件和工具等。

4）碳素结构钢选用原则

在结构设计时，对于用作承重结构的钢材，应根据结构的重要性、荷载特征（动荷载或静荷载）、连接方法（焊接或铆接）、工作温度（正温或负温）等不同情况选择其牌号和材质。下列情况的承重结构不宜采用沸腾钢：

① 焊接结构。重级工作制吊车梁、吊车桁架或类似结构；设计冬季计算温度等于或低于－20℃时的轻、中级工作制的吊车梁、吊车桁架或类似结构；设计冬季计算温度等于或低于－30℃

时的其他承重结构。

② 非焊接结构。设计冬季计算温度等于或低于－20℃时的重级工作制吊车梁、吊车桁架或类似的结构。

(2) 低合金高强度结构钢

低合金高强度结构钢是一种在碳素结构钢的基础上添加总量小于5%合金元素的钢材，所加合金元素主要有锰(Mn)、硅(Si)、钒(V)、钛(Ti)、铌(Nb)、铬(Cr)、镍(Ni)及稀土元素。具有强度高、塑性和低温冲击韧性好、耐腐蚀等特点。

1) 牌号及表示方法

国标《低合金高强度结构钢》(GB/T 1591—1994)规定，低合金高强度结构钢以屈服点等级为主，划分成五个牌号，其表示方法如下：

屈服点等级：Q295、Q345、Q390、Q420、Q460

质量等级：*E*、*D*、*C*、*B*、*A*

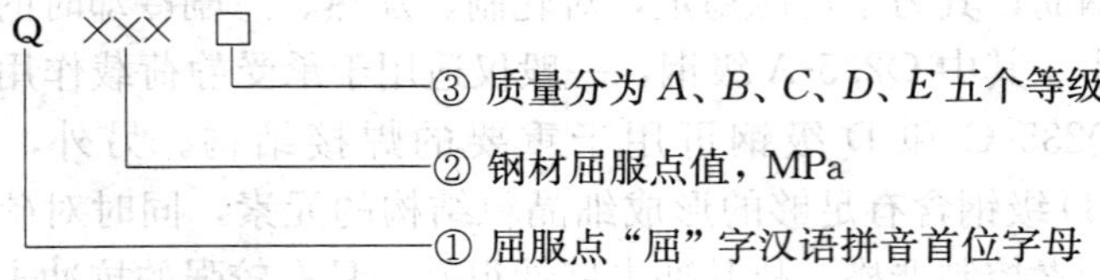

2) 技术要求

各牌号低合金高强度结构钢的机械性能应符合国标《低合金高强度结构钢》(GB/T 1591—1994)的规定。

3) 性能与应用

由于合金元素的强化作用，使低合金结构钢不但具有较高的强度，且具有较好的塑性、韧性和可焊性。Q345钢的综合性能较好，是钢结构的常用牌号，Q390也是推荐使用的牌号。与碳素结构钢Q235相比，低合金高强度结构钢Q345的强度和承载力更高，并具有良好的承受动荷载和耐疲劳性能，但价格稍高。用低合金高强度结构钢代替碳素结构钢Q235可节省钢材15%～25%，并减轻结构的自重。低合金高强度结构钢广泛应用于钢结构和混凝土结构中，特别是大型结构、重型结构、大跨度结构、高层建筑、桥梁工程、承受动力荷载和冲击荷载的结构。

5.3.2 热轧工字钢

热轧工字钢也称钢梁，是截面为工字形、肢部内侧有斜度的热轧长条钢材，广泛用于各种建筑结构、桥梁、车辆、支架、机械等。工字钢标准可参考 GB/T 706—88。

(1) 规格、型号

1) 规格表示方法

工字钢的规格可用其截面的主要轮廓尺寸(mm)来表示，即以高度(h)×外伸肢宽(b)×腹板厚(d)的毫米数表示，尺寸前加符合“Ⅰ”。如Ⅰ160×88×6，即表示高度为 160mm，外伸肢宽为 88mm，腹板厚为 6mm 的工字钢。

工字钢规格也可用型号(号数)表示，型号表示腰高度的厘米数，如高度Ⅰ160mm 的工字钢型号为Ⅰ16。高度相同的工字钢，如有几种不同的外伸肢宽和腹板厚，需在型号右边加标码(也称角码)a 或 b 或 c 予以区别，如Ⅰ32a、Ⅰ32b、Ⅰ32c 等。

2) 标码的含义

按照标码 a、b、c 的顺序，同一型号工字钢的外伸肢宽、腹板厚的尺寸依次增加，所以：

a—表示在工字钢同一型号中其腹板最薄、肢最窄，每米理论质量最轻；

b—表示在工字钢同一型号中其腹板厚、肢宽尺寸适中，每米理论质量适中；

c—表示在工字钢同一型号中其腹板最厚、肢最宽，每米理论质量最重。

3) 型号举例

Ⅰ32b—高度为 320mm 的工字钢，以 32cm 数字表示，型号右边标码 b，表明对应一个适中的尺寸。

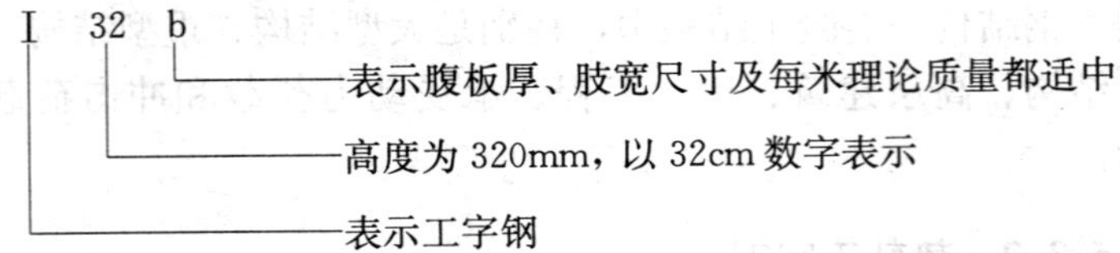

4）有关型号的说明

① 工字钢在型号前面可加符号“I”，型号后边右上角有时有加符号“#”的，如I 32c#，但一般均不加。

② 工字钢分普通型和轻型，与同一型号的普通工字钢相比，轻型工字钢的腹板厚较小、重量较轻。肢宽尺寸则随型号大小的不同而异：型号小的（I 32以下），肢宽尺寸较普通工字钢小；型号大的（I 40以上），肢宽尺寸较普通工字钢大。

③ 轻型工字钢每一个型号只对应一个肢宽和腹板厚尺寸，无a、b、c之分，型号后不加标码，见《热轧轻型工字钢的规格及截面特性》（YB 163—1963）。

④ 工字钢规格用型号和标码表示，简单方便，但不能直观地看出肢宽和腹板厚的尺寸，必要时仍需用高度(h)×肢宽(b)×腹板厚(d)的毫米数表示。

（2）尺寸、质量

1）热轧工字钢规格范围为10#～63#。

2）工字钢的尺寸、截面面积、理论质量应符合表5-26的规定。

工字钢的尺寸、截面面积、理论质量　　表5-26

型号	尺寸(mm)						截面面积(cm²)	理论质量(kg/m)
	h	b	d	t	r	r_1		
10	100	68	4.5	7.6	6.5	3.3	14.345	11.261
12.6	126	74	5.0	8.4	7.0	3.5	18.118	14.232
14	140	80	5.5	9.1	7.5	3.8	21.516	16.890
16	160	88	6.0	9.9	8.0	4.0	26.131	20.513
18	180	94	6.5	10.7	8.5	4.3	30.756	24.143
20a	200	100	7.0	11.4	9.0	4.5	35.578	27.929

续表

型号	尺寸(mm)						截面面积 (cm^2)	理论质量 (kg/m)
	h	b	d	t	r	r_1		
20b	200	102	9.0	11.4	9.0	4.5	39.578	31.069
22a	220	110	7.5	12.3	9.5	4.8	42.128	33.070
22b	220	112	9.5	12.3	9.5	4.8	46.528	36.524
25a	250	116	8.0	13.0	10.0	5.0	48.541	38.105
25b	250	118	10.0	13.0	10.0	5.0	53.541	42.030
28a	280	122	8.5	13.7	10.5	5.3	55.404	43.492
28b	280	124	10.5	13.7	10.5	5.3	61.004	47.888
32a	320	130	9.5	15.0	11.5	5.8	67.156	52.717
32b	320	132	11.5	15.0	11.5	5.8	73.556	57.741
32c	320	134	13.5	15.0	11.5	5.8	79.956	62.765
36a	360	136	10.0	15.8	12.0	6.0	76.480	60.037
36b	360	138	12.0	15.8	12.0	6.0	83.680	65.689
36c	360	140	14.0	15.8	12.0	6.0	90.880	71.341
40a	400	142	10.5	16.5	12.5	6.3	86.112	67.598
40b	400	144	12.5	16.5	12.5	6.3	94.112	73.878
40c	400	146	14.5	16.5	12.5	6.3	102.112	80.158
45a	450	150	11.5	18.0	13.5	6.8	102.446	80.420
45b	450	152	13.5	18.0	13.5	6.8	111.446	87.485
45c	450	154	15.5	18.0	13.5	6.8	120.446	84.550
50a	500	158	12.0	20.0	14.0	7.0	119.304	83.654
50b	500	160	14.0	20.0	14.0	7.0	129.304	101.504
50c	500	162	16.0	20.0	14.0	7.0	139.304	109.354
56a	560	166	12.5	21.0	14.5	7.3	135.435	106.316
56b	560	168	14.5	21.0	14.5	7.3	146.635	115.108
56c	560	170	16.5	21.0	14.5	7.3	157.835	123.900
63a	630	176	13.0	22.0	15.0	7.5	154.658	121.407
63b	630	178	15.0	22.0	15.0	7.5	167.258	131.298
63c	630	180	17.0	22.0	15.0	7.5	179.858	141.189

3）长度

① 通常长度

工字钢的通常长度应符合表 5-27 的规定。

工字钢的通常长度 **表 5-27**

型 号	长度(m)	型 号	长度(m)
10～18	5～19	20～63	6～19

② 定尺、倍尺长度

工字钢按定尺或倍尺长度交货时，应在合同中注明。

4）质量

① 工字钢按理论质量或实际质量交货。

② 工字钢计算理论质量时，钢的密度为 7.85g/cm^3。

③ 工字钢截面面积的计算公式为：

$$hd+2t(b-d)+0.815(r^2-r_1^2)$$

(3) 标记示例

碳素结构钢 Q235-A·F，尺寸为 400mm×144mm×12.5mm 的热轧工字钢标记如下：

$$\text{热轧工字钢}\frac{400\times144\times12.5\text{-GB/T 706—88}}{\text{Q235-A}\cdot\text{F-GB/T 700—88}}$$

5.3.3 热轧槽钢

热轧槽钢是截面为凹槽形、肢内侧有斜度的热轧长条钢材。主要用于建筑结构和其他工业结构，14# 以下多用于建筑工程作檩条；16# 以上多用作结构框架；30# 以上可用于桥梁结构作受拉力的杆件，也可用作工业厂房的梁、柱等构件，槽钢还常常和工字钢配合使用。其标准可参见 GB/T 707—88。

(1) 规格、型号

1）规格表示方法

槽钢规格表示方法同工字钢。用其截面的主要轮廓尺寸(mm)来表示，即以高度(h)×肢宽(b)×腹板厚(d)的毫米数表示，如120×53×5，表示高度为120mm、肢宽为53mm、腹板厚为5mm的槽钢。

槽钢规格也可用型号(号数)表示，型号表示高度的厘米数，高度相同的槽钢，如有几种不同的腿宽和腰厚，也可在型号右边加标码(也称角码)a或b或c予以区别，如25a#、25b#、25c#等，按照标码a、b、c的顺序，同一型号槽钢的肢宽、腹板厚尺寸依次增加。

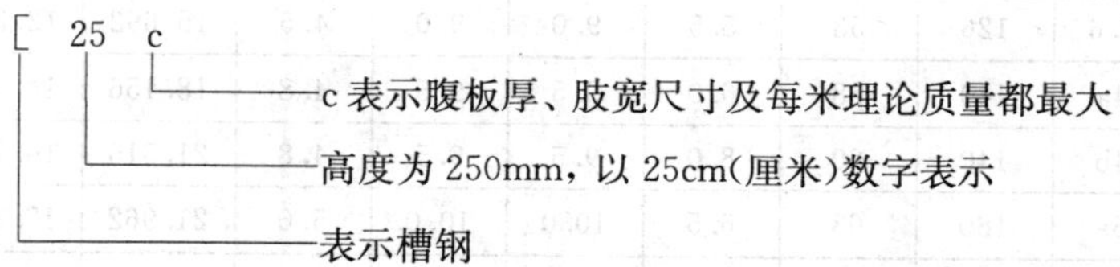

此型号为高度250mm的c型槽钢，即尺寸为250mm×82mm×11.0mm的槽钢。

2）有关型号的说明

① 槽钢型号前面可加符号“[”，型号后边右上角可加符号“#”，如[32c#，一般不加此号。

② 在普通槽钢中，16#～22#的槽钢，如型号右边没有标码，可视为b型槽钢。如[18#可以看成是[18b#，而不能看成是[18a#。

③ 槽钢分普通型和轻型，与同一型号的普通槽钢相比，轻型槽钢的腹板厚尺寸较小、质量较轻。

④ 槽钢规格用型号和标码表示，简单方便，但不能直观地看出肢宽和腹板厚的尺寸，必要时仍需用高度(h)×肢宽(b)×腹板厚(d)的毫米数表示。

(2) 尺寸、质量

1）槽钢规格范围为5#～40#。供需双方协议供应的热轧普通槽钢规格为6.5#～30#。

2）槽钢的尺寸、截面面积、理论质量应符合表5-28的规定。

槽钢的尺寸、截面面积、理论质量 **表 5-28**

型号	尺寸(mm)						截面面积(cm²)	理论质量(kg/m³)
	h	*b*	*d*	*t*	*r*	r_1		
5	50	37	4.5	7.0	7.0	3.5	6.928	5.438
6.3	63	40	4.8	7.5	7.5	3.8	8.451	6.634
8	80	43	5.0	8.0	8.0	4.0	10.248	8.045
10	100	48	5.3	8.5	8.5	4.2	12.748	10.007
12.6	126	53	5.5	9.0	9.0	4.5	15.692	12.318
14a	140	58	6.0	9.5	9.5	4.8	18.156	14.535
14b	140	60	8.0	9.5	9.5	4.8	21.316	16.733
16a	160	63	6.5	10.0	10.0	5.0	21.962	17.240
16	160	65	8.5	10.0	10.0	5.0	25.162	19.752
18a	180	68	7.0	10.5	10.5	5.2	25.699	20.174
18	180	70	9.0	10.5	10.5	5.2	29.299	23.000
20a	200	73	7.0	11.0	11.0	5.5	28.837	22.637
20	200	75	9.0	11.0	11.0	5.5	32.837	25.777
22a	220	77	7.0	11.5	11.5	5.8	31.846	24.999
22	220	79	9.0	11.5	11.5	5.8	36.246	28.453
25a	250	78	7.0	12.0	12.0	6.0	34.917	27.410
25b	250	80	9.0	12.0	12.0	6.0	39.917	31.335
25c	250	82	11.0	12.0	12.0	6.0	44.917	35.260
28a	280	82	7.5	12.5	12.5	6.2	40.034	31.427
28b	280	84	9.5	12.5	12.5	6.2	45.634	35.823
28c	280	86	11.5	12.5	12.5	6.2	51.234	40.219
32a	320	88	8.0	14.0	14.0	7.0	48.513	38.083
32b	320	90	10.0	14.0	14.0	7.0	54.913	43.107
32c	320	92	12.0	14.0	14.0	7.0	61.313	48.131
36a	360	96	9.0	16.0	16.0	8.0	60.910	47.814
36b	360	98	11.0	16.0	16.0	8.0	68.110	53.466

续表

型号	尺寸(mm)						截面面积 (cm^2)	理论质量 (kg/m^3)
	h	b	d	t	r	r_1		
36c	360	100	13.0	16.0	16.0	8.0	75.310	59.118
40a	400	100	10.5	18.0	18.0	9.0	75.068	58.928
40b	400	102	12.5	18.0	18.0	9.0	83.068	65.208
40c	400	104	14.5	18.0	18.0	9.0	91.068	71.488

注：表中标注的圆弧半径 r、r_1 的数据用于孔型设计，不做交货条件。

3）长度

① 通常长度

槽钢的通常长度应符合表 5-29 的规定。

槽钢的通常长度 **表 5-29**

型　号	长度(m)	型　号	长度(m)
5～8	5～12	>18～40	6～19
>8～18	5～19		

② 定尺、倍尺长度

槽钢按定尺或倍尺长度交货时，应在合同中注明。

4）质量

① 槽钢按理论质量或实际质量交货。

② 槽钢计算理论质量时，钢的密度为 7.85g/cm^3。

③ 槽钢截面面积的计算公式为：

$$hd+2t(b-d)+0.349(r^2-r_1^2)$$

（3）标记示例

碳素结构钢 Q235-A 镇静钢，尺寸为 180mm×68mm×7mm 的热轧槽钢标记如下：

$$\text{热轧槽钢}\frac{180\times68\times7\text{-GB/T 707—88}}{\text{Q235-A-GB/T 700—88}}$$

5.3.4 热轧等边角钢

角钢俗称角铁，热轧等边角钢是两边长相等且互相垂直成直角形的热轧长条钢材。角钢可按结构的不同需要组成各种不同的受力构件，也可作构件之间的连接件。广泛用于各种建筑结构和工程结构，如房架、桥梁、输电塔、起重运输机械、船舶、工业炉、反应塔、容器架以及仓库货架等。其标准参见 GB/T 9787—88。

(1) 规格表示方法

等边角钢的规格以边宽×边宽×边厚的毫米数表示。如30×30×3，即表示边宽为 30mm、边厚为 3mm 的等边角钢。也可用型号(号数)表示，型号是边宽的厘米数，如 $3^{\#}$。同一型号的等边角钢，可有几种不同的边厚尺寸，如 5 号等边角钢就有 3、4、5、6mm 四种边厚。但等边角钢不像工字钢、槽钢那样，可在型号后面加标码来区别同一型号中不同边厚的尺寸，因而在合同等单据上应将角钢的边宽、边厚尺寸填写齐全(组织货源要注明边厚)，不宜单独用型号表示。等边角钢的型号前面可加符号“∠”，型号后边右上角可加符号“#”，如$∠4^{\#}$。

(2) 尺寸、质量

1) 热轧等边角钢的规格为 $2^{\#}$～$20^{\#}$。

2) 等边角钢的尺寸、截面面积、理论质量应符合表 5-30 的规定。

等边角钢的尺寸、截面面积、理论质量　　表 5-30

型号	尺寸(mm)			截面面积 (cm^2)	理论质量 (kg/m)	外表面积 (m^2/m)
	b	*d*	*r*			
2	20	3	3.5	1.132	0.889	0.078
		4		1.459	1.145	0.077
2.5	25	3		1.432	1.124	0.098
		4		1.859	1.459	0.097
3.0	30	3	4.5	1.749	1.373	0.117
		4		2.276	1.786	0.117
3.6	36	3		2.109	1.656	0.141
		4		2.756	2.163	0.141
		5		3.382	2.654	0.141

续表

型号	尺寸(mm)			截面面积 (cm²)	理论质量 (kg/m)	外表面积 (m²/m)
	b	d	r			
4	40	3	5	2.359	1.852	0.157
		4		3.086	2.422	0.157
		5		3.791	2.976	0.156
4.5	45	3		2.659	2.088	0.177
		4		3.486	2.736	0.177
		5		4.292	3.369	0.176
		6		5.076	3.985	0.176
5	50	3	5.5	2.971	2.332	0.197
		4		3.897	3.059	0.197
		5		4.803	3.770	0.196
		6		5.688	4.465	0.196
5.6	56	3	6	3.343	2.624	0.221
		4		4.390	3.446	0.220
		5		5.415	4.251	0.220
		8		8.367	6.568	0.219
6.3	63	4	7	4.978	3.907	0.248
		5		6.143	4.822	0.248
		6		7.288	5.721	0.247
		8		0.515	7.469	0.247
		10		11.657	9.151	0.246
7	70	4	8	5.570	4.372	0.275
		5		6.875	5.397	0.275
		6		8.160	6.406	0.275
		7		9.424	7.398	0.275
		8		10.667	8.373	0.274

续表

型号	尺寸(mm)			截面面积 (cm^2)	理论质量 (kg/m)	外表面积 (m^2/m)
	b	*d*	*r*			
7.5	75	5	9	7.412	5.818	0.295
		6		8.797	6.905	0.294
		7		10.160	7.976	0.294
		8		11.503	9.030	0.294
		10		14.126	11.089	0.293
8	80	5	9	7.912	6.211	0.315
		6		9.397	7.376	0.314
		7		10.860	8.525	0.314
		8		12.303	9.658	0.314
		10		15.126	11.874	0.313
9	90	6	10	10.637	8.350	0.354
		7		12.301	9.656	0.354
		8		13.944	10.946	0.353
		10		17.167	13.476	0.353
		12		20.306	15.940	0.352
10	100	6	12	11.932	9.366	0.393
		7		13.796	10.830	0.393
		8		15.638	12.276	0.393
		10		19.261	15.120	0.392
		12		22.800	17.898	0.391
		14		26.256	20.611	0.391
		16		29.627	23.257	0.390
11	110	7	12	15.196	11.928	0.433
		8		17.238	13.532	0.433
		10		21.261	16.690	0.432
		12		25.200	19.782	0.431
		14		29.056	22.809	0.431

续表

型号	尺寸(mm)			截面面积(cm^2)	理论质量(kg/m)	外表面积(m^2/m)
	b	*d*	*r*			
12.5	125	8	14	19.750	15.504	0.492
		10		24.373	19.133	0.491
		12		28.912	22.696	0.491
		14		38.367	26.193	0.490
14	140	10		27.373	21.488	0.551
		12		32.512	25.522	0.551
		14		37.567	29.490	0.550
		16		42.539	33.393	0.549
16	160	10	16	31.502	24.729	0.630
		12		37.441	29.391	0.630
		14		43.296	33.987	0.629
		16		49.067	38.518	0.629
18	180	12	16	42.241	33.159	0.710
		14		48.896	38.383	0.709
		16		55.467	43.542	0.709
		18		61.955	48.634	0.708
20	200	14	18	54.642	42.894	0.788
		16		62.013	48.680	0.788
		18		69.301	54.401	0.787
		20		76.505	60.056	0.787
		24		90.661	71.168	0.785

注：截面图中的 $r_1=1/3d$ 及表中 r 值的数据用于孔径设计，不做交货条件。

3）长度

① 通常长度

等边角钢的通常长度应符合表 5-31 的规定。

通 常 长 度 **表 5-31**

型　号	长度(m)	型　号	长度(m)
2～9	4～12	16～20	6～19
10～14	4～19		

② 定尺、倍尺长度

等边角钢按定尺或倍尺长度交货时，应在合同中注明。

4）质量

① 等边角钢按理论质量或实际质量交货。

② 等边角钢计算理论质量时，钢的密度为 7.85g/cm³。

（3）标记示例

碳素结构钢 Q235 号 B 级镇静钢，尺寸为 160mm×160mm×16mm 的热轧等边角钢标记如下：

$$\text{热轧等边角钢}\frac{160\times160\times16\text{-GB/T 9787—88}}{\text{Q235-B-GB/T 700—88}}$$

5.3.5 热轧不等边角钢

热轧不等边角钢，两边互相垂直成角形且宽度不等的热轧长条钢材。角钢可按结构的不同需要组成各种不同的受力构件，也可作构件之间的连接件。广泛用于各种建筑结构和工程结构，如房架、桥梁、输电塔、起重运输机械、船舶、工业炉、反应塔、容器架以及仓库货架等。其标准参见 GB 9788—88。

（1）规格表示方法

其规格以长边宽×短边宽×边厚的毫米数表示，如“∠30×20×3”，即表示长边宽 30mm、短边宽 20mm、边厚为 3mm 的不等边角钢。也可用型号(号数)表示，型号用一分数表示，分子为长边宽的厘米数，分母为短边宽的厘米数，如∠3/2# 等。同一型号的不等边角钢，可有几种不同的边厚尺寸，如 10/6.3# 不等边角钢就有 6、7、8、10mm 四种边厚。但不等边角钢不像工字钢、槽钢那样，可在型号后面加标码来区别同一型号中不同边厚的尺寸，因而在订货合同等单据上应将不等边角钢的边宽、边厚尺寸填写齐全(组织货源要注明边厚)，不宜单独用型号表示。不等边角钢的型号前面可加符号“∠”，型号后边右上角可加符号“#”，如∠10/6.3#。

(2) 尺寸、质量

1) 热轧不等边角钢的规格范围为(2.5/1.6#)～(20/12.5#)。

2) 不等边角钢的尺寸、截面面积、理论质量应符合表5-32的规定。

不等边角钢的尺寸、截面面积、理论质量　　　表5-32

型号	尺寸(mm)				横截面积 (cm^2)	理论质量 (kg/m)	外表面积 (m^2/m)
	B	*b*	*d*	*r*			
2.5/1.6	25	16	3	3.5	1.162	0.912	0.080
			4		1.499	1.176	0.079
3.2/2	32	20	3		1.492	1.171	0.102
			4		1.939	1.522	0.101
4/2.5	40	25	3	4	1.890	1.484	0.127
			4		2.467	1.936	0.127
4.5/2.8	45	28	3	5	2.149	1.687	0.143
			4		2.806	2.203	0.143
5/3.2	50	32	3	5.5	2.431	1.908	0.161
			4		3.177	2.494	0.160
5.6/3.6	56	36	3	6	2.743	2.153	0.181
			4		3.590	2.818	0.180
			5		4.415	3.466	0.180
6.3/4	63	40	4	7	4.058	3.185	0.202
			5		4.993	3.920	0.202
			6		5.908	4.638	0.201
			7		6.802	5.339	0.201

续表

型号	尺寸(mm)				横截面积(cm^2)	理论质量(kg/m)	外表面积(m^2/m)
	B	*b*	*d*	*r*			
7/4.5	70	45	4	7.5	4.547	3.570	0.226
			5		5.609	4.403	0.225
			6		6.647	5.218	0.225
			7		7.657	6.011	0.225
(7.5/5)	75	50	5	8	6.125	4.808	0.245
			6		7.260	5.699	0.245
			8		9.467	7.431	0.244
			10		11.590	9.098	0.244
8/5	80	50	5	8	6.375	5.005	0.255
			6		7.560	5.935	0.255
			7		8.724	9.848	0.255
			8		9.867	7.745	0.254
9/5.6	90	56	5	9	7.212	5.661	0.287
			6		8.557	6.717	0.286
			7		9.880	7.756	0.286
			8		11.183	8.779	0.286
10/6.3	100	63	6	10	9.617	7.550	0.320
			7		11.111	8.722	0.320
			8		12.584	8.878	0.319
			10		15.467	12.142	0.319
10/8	100	80	6		10.637	8.350	0.354
			7		12.301	9.656	0.354
			8		13.944	10.946	0.353
			10		17.167	13.476	0.353
11/7	110	70	6		10.637	8.350	0.354
			7		12.301	9.656	0.354

续表

型号	尺寸(mm)				横截面积 (cm^2)	理论质量 (kg/m)	外表面积 (m^2/m)
	B	b	d	r			
11/7	110	70	8	10	13.944	10.946	0.353
			10		17.167	13.467	0.353
12.5/8	125	80	7	11	14.096	11.066	0.403
			8		15.989	12.551	0.403
			10		19.712	15.474	0.402
			12		23.351	18.330	0.402
14/9	140	90	8	12	18.038	14.160	0.453
			10		22.261	17.475	0.452
			12		26.400	20.724	0.451
			14		30.456	23.908	0.451
16/10	160	100	10	13	25.315	19.872	0.512
			12		30.054	23.592	0.511
			14		34.709	27.247	0.510
			16		39.281	30.835	0.510
18/11	180	110	10	14	28.373	22.273	0.571
			12		33.712	26.464	0.571
			14		38.967	30.589	0.570
			16		44.139	34.649	0.569
20/12.5	200	125	12		37.912	29.761	0.641
			14		43.867	34.436	0.640
			16		49.739	39.045	0.639
			18		55.526	43.588	0.639

3）长度

① 通常长度：不等边角钢的通常长度应符合表 5-33 的规定。

不等边角钢的通常长度 **表 5-33**

型号(#)	长度(m)	型号(#)	长度(m)
(2.5/1.6)～(9/5.6)	4～12	(16/10)～(20/12.5)	6～9
(10/6.3)～(14/9)	4～19		

② 定尺、倍尺长度

不等边角钢按定尺或倍尺长度交货时，应在合同中注明。

4）质量

① 不等边角钢按理论质量或实际质量交货。

② 不等边角钢计算理论质量时，钢的密度为 7.85g/cm^3。

(3) 标记示例

碳素结构钢 Q235 号 A 级镇静钢，尺寸为 160mm×100mm×10mm 热轧不等边角钢的标记如下：

$$\text{热轧不等边角钢}\frac{160\times100\times10\text{-GB/T 9788—88}}{\text{Q235-A-GB/T 700—88}}$$

5.3.6 H 型钢的应用及分类

H 型钢是国内外高层建筑中常用的钢材，无论梁、柱、支撑等构件均适用；在其他结构中也有大量应用。其优点是在两个方向都有较大的受弯承载力；上下边缘为平行翼缘板便于与其他构件连接。

H 型钢有轧制 H 型钢和焊接 H 型钢。

(1) 轧制 H 型钢

1）系列

根据国标《热轧 H 型钢和剖分 T 型钢》(GB/T 11263—1998)的规定，轧制 H 型钢截面分为四个系列。

① 宽翼缘(HW)：翼缘较宽，截面宽高比 1∶1，有很好的受压承载力；截面规格(mm)：(100×100)～(400×400)，常用作柱或支撑。

② 中翼缘(HM)：翼缘宽度比宽翼缘窄，截面宽高比为(1∶1.3)～(1∶2)，截面规格(mm)：(150×100)～(600×

300)，可用作柱和梁。

③ 窄翼缘(HN)：亦称梁型 H 型钢，翼缘较窄，截面宽高比(1∶2)～(1∶3)，有良好的受弯承载力，截面高度 100～900mm。

④ 桩用 H 型钢(HP)：宽高比 1∶1，大多数翼缘与腹板同厚度，截面规格(mm)：(200×200)～(500×500)，常用作钢桩。

2) 主要技术要求

① 以热轧状态交货。

② 钢材牌号、化学成分和力学性能符号《碳素结构钢》(GB 700)或低合金高强度结构钢(GB/T 1591)的要求。

③ 型钢表面质量，不允许有影响使用的裂缝、折叠、结疤、分层和夹杂。局部的发纹、拉裂、凹坑、凸起、麻点及刮痕等缺陷，不得超出厚度尺寸允许偏差。

(2) 焊接 H 型钢

焊接 H 型钢规格按《普通焊接 H 型钢》(YB 3301—1992) 要求，其规格型号(mm)：(300×200)～(1200×600)，高度 (H)：300～1200，翼缘宽度 B(mm)：200～600，腹板厚度 t_v (mm)：6～16，翼缘厚度 t_F(mm)：10～36。

焊接 H 型钢的允许偏差见表 5-34。

焊接 H 型钢允许偏差(mm) **表 5-34**

序号	项目		允许偏差
1	截面高度 (h)	$h<500$	±2.0
2		$500\leqslant h\leqslant 1000$	±3.0
		$h>1000$	±4.0
3	截面宽(b)		±3.0
4	腹板中心偏移		2.0
5	翼缘板垂直度(Δ)		b/100，3.0
6	弯曲矢度		t/1000，5.0
7	扭曲		h/250，5.0
8	腹板局部平面度 (f)	$t<14$	3.0
9		$t\geqslant 14$	2.0

注：截面宽度 b 即翼缘宽度；翼缘板垂直度是指翼缘板对腹板的垂直度；腹板局部平面度 f 指局部弯曲的矢高，t 为腹板厚度。

5.4 钢板和压型钢板

钢板有厚板、中板和薄板之分。厚板在建筑上应用不多。建筑上多用中板与各种型钢组成钢结构。花纹钢板具有防滑作用，常用作工业建筑中的工作平台板和梯子踏步板。镀锌薄板俗称白铁皮，广泛用于建筑工程各种非承重构件和设备安装中，压制成波形后，即成瓦楞铁皮，可用作不保温车间的屋面或围护墙。

薄钢板上敷以塑料薄层，即成涂料钢板。涂料钢板有良好的防锈、防水、耐腐蚀和装饰的性能，可用作屋面板、墙板、排气及通风管道等。

压型钢板是一种轻质、高强、美观、抗震性能好、便于施工的一种新型建筑材料，可省去预制混凝土板的大面积场地和减轻吊装工作量，并可使厂房桁架、柱子和基础轻型化，综合造价也只为混凝土屋面的65%～70%，可节约建设投资。压型钢板是目前国内惟一可做楼板的轻型钢材，用他做楼板，可提高施工速度，增强楼板结构的稳定性，并适合敷设防水保温层，因而适应我国北方寒冷地区和南方炎热地区的抗寒和御暑的需要。

轻钢龙骨是以镀锌钢带或薄钢板由特制轧机以多道工序轧制而成，具有强度大、自重轻、通用性强、耐火性好、安装简易等优点。可装配各种类型的石膏板、钙塑板、吸音板等，用作墙体和吊顶的龙骨支架，可组成美观、大方、理想的吊顶和隔墙，也可用于各种高级民用建筑工程以及轻型工业厂房等，对室内造型、装饰、隔声起到良好作用。

近年来钢板在使用中越来越多地应用焊接来代替铆接，因此要求钢板具有一定的可焊性，故一般采用热处理钢板。为减少或免除对钢结构的维护，对不需要涂油漆的抗大气腐蚀钢的需要量不断增加。最近国外研究出“锈稳定漆”处理方法，可省去对钢板的涂油漆处理。

5.4.1　一般结构用热轧钢板和钢带

此种产品用于建筑、桥梁、车辆等一般结构。其交货状态、机械性能等各项指标，见表5-35和表5-36。

钢板、钢带的交货状态　　表5-35

类　别	宽度(mm)	厚度(mm)	交货状态
钢　板	700～1550	1.2～6.35	热轧或冷平整
		>6.35～13.0	热　轧
钢带	700～1550	1.2～8.6	热轧或冷平整
		>8.6～13.0	热　轧
	<700	1.2～8.6	热　轧

钢板、钢带的机械性能　　表5-36

牌　号	机　械　性　能			180°冷弯试验 d—弯芯直径 α—试样厚度
	屈服点 σ_s (N·mm^{-2}) 不小于	抗拉强度 σ_b (N·mm^{-2})	伸长率 δ_5 (%)不小于	
RJ216	216(22)	333～412(34～42)	31	$d=\alpha$
RJ235	235(24)	372～451(38～46)	27	$d=1.5\alpha$
RJ255	255(26)	412～510(42～52)	25	$d=2\alpha$
RJ294	294(30)	441～539(45～55)	22	$d=2\alpha$
RJ343	343(35)	490～608(50～62)	22	$d=2\alpha$
RJ392	392(40)	539～657(55～67)	20	$d=3\alpha$

5.4.2　建筑用压型钢板

建筑用压型钢板(简称压型钢板)系薄钢板经辊压冷弯，其截面成V形、U形、梯形或类似这几种形状的波形，在建筑上用作屋面板、楼板、墙板及装饰板，也可被选为其他用途的钢板。

压型钢板截面尺寸的允许偏差见表5-37。

压型钢板截面尺寸允许偏差 **表 5-37**

项目		公称尺寸(mm)	允许偏差(mm)
H	不使用固定支架	<75	±1
		≥75	+2 −1
	使用固定支架	75～150	+3 0
		150～200	+4 0
B		300～600	±5
		600～1000	±8
t		0.35～1.6	平板部分的厚度允许偏差按所用原板材的相应标准规定

5.4.3 冷弯波形钢板

冷弯波形钢板截面尺寸允许偏差见表 5-38。

冷弯波形钢板截面尺寸允许偏差 **表 5-38**

项目		尺寸(mm)	允许偏差(mm)
高度 H		12～25	±1.2
		>25～50	±1.5
		>50	±2.0
宽度	B	±5	
	B_0	+8 −2	
厚度 t		平板部分的厚度按使用原料钢带的相应标准规定	

注：平板部分的厚度系指波形钢板中直线段的厚度。

波形钢板长度允许偏差见表 5-39。

冷弯波形钢板长度允许偏差　**表 5-39**

定尺精度	长度(mm)	允许偏差(mm)
普通定尺	≤6000	+40 0
	>6000	长度每增加 1m 或不足 1m 时，在上述允许偏差值加 5
精确定尺	≤6000	+5 0
	>6000	+10 0

5.4.4　迷彩钢板

迷彩钢板是在热镀锌、镀铝锌基板的基础上，经过三烘三涂工艺流程(预先涂上高分子聚脂漆或 PVDF 树脂后烘烤)，最后应用高科技制作成仿真图案效果的金属材料。

(1) 规格

卷板厚度：0.3～1.2mm；平板厚度：0.3～3mm；宽度：1250mm 以内；钢卷内径：508mm。

(2) 性能

具有良好的抗远红外线、抗阻燃性、耐候性、耐化学性和耐腐蚀性，正常使用 15 年不龟裂、不脱落。已获得美国、挪威、日本的环保认证和 ISO 9001 国际质量体系认证，在国际上享有盛誉。

(3) 特点

1) 以多姿多彩的“花纹图案”改变了人们对普通单色彩涂板“枯燥、单调”的印象，更利于伪装，符合现代军事战备需求。

2) 良好的抗远红外线功能。

(4) 用途

可广泛用于有伪装要求的民用与军事工程。

5.5 建筑钢材使用要点

钢材进场应进行检验，检验应依据相关的技术规范，检验的重点是质量与数量。点验的同时，应验存钢材出厂合格证，必要时应复试并验存钢材试验报告。钢材易锈蚀，使用和贮存中的钢材应作防锈处理。

5.5.1 钢材进场检验

(1) 钢材出厂合格证

钢材出厂应按有关规定进行出厂检验，应保证钢材的技术性能指标(力学性能和化学成分)符合相应技术标准的要求。

钢材出厂合格证应由钢厂质检部门提供或供销部门转抄，内容有：制作厂名称、炉罐号(或批号)、钢种、牌号(钢号)、强度、级别、规格、质量及件数、生产日期、出厂批号、机械性能检验数据及结论、化学成分检验数据及结论，并有钢厂质检部门印章及标准编号。供销部门提供的合格证为复印件或抄件而无钢厂的红章时，应注明原合格证存放处。

(2) 钢材试验报告

钢材试验报告内容应有：委托单位、工程名称、使用部位、钢材级别、钢种、钢号、外形标志、出厂合格证编号、代表数量、送样日期、原始记录编号、报告编号、试验日期、试验数据及结论(伸长率指标应注明标距，冷弯指标应注明弯芯半径、弯曲角度及弯曲结果)。

(3) 进场检验要点

钢材进场时，应按罐号(或批号)与品种分批检验，要点是：

1) 钢种与牌号(钢号)；

2) 出厂合格证或出厂试验报告；

3) 外形标志与外观质量；

4）钢材级别、规格、尺寸；

5）质量及件数。

5.5.2 钢材复验

（1）钢材复验条件

规定以下 6 种情况必须进行钢材复验。

1）对国外进口的钢材，应进行抽样复验；当具有国家进出口质量检验部门的复验商检报告时，可以不再进行复验。

2）由于钢材经过转运、调剂等方式供应到用户后容易产生混炉号，而钢材是按炉号和批号发材质合格证，因此对混批的钢材应进行复验。

3）厚钢板存在各向异性（X、Y、Z 三个方向的屈服点、抗拉强度、伸长率、冷弯、冲击值等各指标，以 Z 向试验最差，尤其是塑性和冲击功值），因此当板厚等于或大于 40mm，且承受沿板厚方向拉力时，应进行复验。

4）大跨度钢结构中的弦杆或梁用钢板、钢筋混凝土中的受力钢筋应进行复验。

5）当设计提出对钢材的复验要求时，应进行复验。

6）对质量有疑义时，应进行复验。有疑义主要是指：

① 对质量证明文件有疑义时的钢材。

② 质量证明文件不全的钢材。

③ 质量证明书中的项目少于设计要求的钢材。

（2）钢材复验批量划分和取样

钢材复验应是见证取样、送样。

1）取样数量

建筑钢材的质量应成批验收。一般每批由同一牌号、同一炉罐号、同一等级、同一品种、同一尺寸、同一交货状态组成、同一进场时间的为一验收批。但对用公称容量不大于 30t 的炼钢炉冶炼的钢或连铸坯轧成的钢材，允许由同一牌号的 A 级钢或 B 级钢，同一冶炼和浇注方法，不同炉罐号组成混合批。检验批及试验取样的数量要求见表 5-40。

检验批及试验取样　　　　表 5-40

序号	钢材名称	每批最多炉罐号(个)	验收每批量(t)	抽样数(根、盘)	试验取样数量				
					拉伸	冷弯	常、低温冲击	反复弯曲	化学分析
1	碳素结构钢	6	≤60	1	1	1	3		1(每炉罐号)
2	低合金结构钢	6	≤60	1	1	1	3		1(每炉罐号)
3	钢筋混凝土用热轧钢筋	6	≤60	2	2	2		1	1
4	低碳热轧圆盘条	6	≤60	2	1	2			1
5	冷拉钢筋		≤20	2	2	2			
6	预应力混凝土用热处理钢筋	10	≤60	10% ≥25	10% ≥25				
7	预应力混凝土用钢丝		≤60	10% ≥15	20% ≥30			20% ≥30	
8	预应力混凝土用钢绞线		≤10	15% ≥10	≥15% ≥10				

注：试验有一项不符合标准规定数值时，应另取双倍数量的试样重作各项试验，如仍有一项不合格，则该批判为不合格品。

2）样坯的切取

① 样坯应在外观及尺寸合格的钢材上切取。

② 切样坯时，应防止因受热、加工硬化及变形而影响其力学及工艺性能。

用烧割法切取样坯时，从样坯切割线至试样边缘必须留有足够的加工余量。一般应不小于钢材的厚度或直径，但最小不得小于 20mm。对厚度或直径大于 60mm 的钢材，其加工余量可根据双方协议适当减小。

冷剪样坯所留的加工余量可按表 5-41 选取。

冷剪样坯所留的加工余量　　表 5-41

厚度或直径(mm)	加工余量(mm)
≤4	4
>4～10	厚度或直径
>10～20	10
>20～35	15
>35	20

3）样坯切取位置及方向

① 盘条、钢丝样坯应从每盘的两端切取。

② 样坯不需热处理时，截面尺寸小于或等于 40mm 的圆钢、方钢和六角钢，应使用全截面进行拉伸试验。当试验机条件不能满足要求时，应加工成《金属拉伸试验方法》(GB 228—87)中相应的圆形比例试样。样坯需要热处理时，应按有关产品标准规定的尺寸，从圆钢、方钢和六角钢上切取。

③ 对截面尺寸小于或等于 60mm 的圆钢、方钢和六角钢，应在中心切取拉伸及冲击样坯；截面尺寸大于 60mm 时，则在直径或对角线距外端 1/4 处切取。

应从圆钢和方钢端部沿轧制方向切取弯曲样坯，截面尺寸小于或等于 35mm 时，应以钢材全截面进行试验。截面尺寸大于 35mm 时，圆钢应加工成直径 25mm 的圆形试样，并应保留宽度不大于 5mm 的表面层；方钢应加工成厚度为 20mm 并保留一个表面层的矩形试样。

④ 切取矩形拉伸、弯曲和冲击样坯，工字钢和槽钢应从高度 1/4 处沿轧制方向切取，角钢和 Z 字钢腿长以及 T 型钢和扁钢高度 1/3 处切取，拉伸、弯曲试样的厚度应是钢材厚度。型钢尺寸如不能满足上述要求时，可使样坯中心线向中部移动或以全截面进行试验。

⑤ 拉伸、冲击及弯曲样坯钢板应在端部垂直于轧制方向切

取对纵轧钢板，应在距边缘为板宽 1/4 处切取样坯。对横轧钢板，则可在宽度的任意位置切取样坯。从厚度小于或等于 25mm 的钢板及扁钢上取下的样坯应加工成保留原表面层的矩形拉伸试样。当试验机条件不能满足要求时，应加工成保留一个表面层的矩形试样。厚度大于 25mm 时，应根据钢材厚度，加工成相应的圆形比例试样，试样中心线应尽可能接近钢材表面，即在头部保留不太显著的氧化皮。钢板厚度小于或等于 30mm 时，弯曲样坯厚度应为钢材厚度；大于 30mm 时，样坯应加工成厚度为 20mm 的试样，并保留一个表面层。

⑥ 在钢板、扁钢、H 型钢、工字钢、槽钢、角钢、Z 型钢和 T 型钢等上切取冲击样坯时，应在一侧保留表面层，冲击试样缺口轴线应垂直于该表面层。

⑦ 测定应变时效冲击韧性时，切取样坯的位置应与一般冲击样坯位置相同。

(3) 检验与复试的主要项目

1) 拉力试验：

① 屈服点或屈服强度 σ_s 或 $\sigma_{0.2}$；

② 抗拉强度 σ_b；

③ 伸长率 δ_{10}、δ_5 或 δ_{100}（测量标距为 10d、5d 或 100mm，650 级、550 级、800 级）

2) 冷弯试验。

3) 反复弯曲试验。

4) 必要时，化学分析 C(碳)、S(硫)、P(磷)、Si(硅)、Mn(锰)、Ti(钛)、V(钒)等合金元素。

5) 检验项目包括：表面质量、尺寸、质量偏差。

6) 可焊性试验。

(4) 合格判定

1) 受力钢筋或钢结构中的受力构件无出厂合格证或试验报告，钢材品种、规格和设计图纸上的品种，规格不一致为不合格品。

2）如有某一项试验结果不符合标准规定，则从同一批中再任取双倍数量的试件进行试验。复验结果(包括该项试验所要求的任一指标)即使一个指标不合格，则整批不合格。

5.5.3 建筑钢材防锈蚀与防火

(1) 钢材的锈蚀

钢材的锈蚀是指其表面与周围介质发生化学反应而遭到的破坏。

钢材若于存放中严重锈蚀，不仅使有效截面积减小、性能降低甚至报废，而且使用前还需除锈。钢材若于使用中锈蚀，将使受力面积减小，且因局部锈坑的产生，可造成应力集中，导致结构承载力下降。尤其在有反复荷载作用的情况下，将产生锈蚀疲劳现象，使疲劳强度大为降低，出现脆性断裂。

根据锈蚀作用的机理，钢材的锈蚀可分为化学锈蚀和电化学锈蚀两种：

1）化学锈蚀

化学锈蚀是指钢材直接与周围介质发生化学反应而产生的锈蚀。这种锈蚀多数是氧化作用，使钢材表面形成疏松的氧化物。在常温下，钢材表面能形成一薄层氧化保护膜 FeO，可以防止钢材进一步锈蚀，故在干燥环境下，钢材锈蚀进展缓慢，但在温度和湿度提高的情况下，这种锈蚀进展加快。

2）电化学锈蚀

电化学锈蚀是指钢材与电解质溶液接触而产生电流，形成微电池而引起的锈蚀。潮湿环境中的钢材表面会被一层电解质水膜所覆盖，而钢材是由铁素体、渗碳体及游离石墨等多种成分组成，由于这些成分的电极电位不同，首先，钢的表面层在电解质溶液中构成以铁素体为阳极，以渗碳体为阴极的微电池。在阳极，铁失去电子成为 Fe^{2+} 进入水膜；在阴极，溶于水膜中的氧被还原生成 OH^-。随后两者结合生成不溶于水的 $Fe(OH)_2$，并进一步氧化成疏松易剥落的红棕色铁锈 $Fe(OH)_3$。由于铁素体基体的逐渐锈蚀，钢组织中的渗碳体等暴露出来的越来越多，形成的微电池数目也越来越多，钢材的锈蚀速度愈益加速。

电化学锈蚀是建筑钢材在存放和使用中发生锈蚀的主要形式。影响钢材锈蚀的主要因素是水、氧及介质中所含的酸、碱、盐等。同时钢材本身的组织成分对锈蚀也有影响。

埋于混凝土中的钢筋，因为混凝土的碱性(普通混凝土的pH值为12左右)环境，使之形成一层碱性保护膜，有阻止锈蚀继续发展的能力，故混凝土中的钢筋一般不致锈蚀。

(2) 防止钢材锈蚀的措施

钢结构防止锈蚀的方法通常是采用表面刷漆。常用底漆有红丹、环氧富锌漆、铁红环氧底漆等。面漆有调和漆、醇酸磁漆、酚醛磁漆等。薄壁钢材可采用热浸镀锌等措施。

混凝土配筋的防锈措施，根据结构的性质和所处环境条件等，主要是保证混凝土的密实度、保证足够的保护层厚度、限制氯盐外加剂的掺加量和保证混凝土一定的碱度等。还可掺用阻锈剂。

对于预应力钢筋，一般含碳量较高，又多系经过变形加工或冷加工，因而对锈蚀破坏较敏感，特别是高强度热处理钢筋，容易产生应力锈蚀现象。故重要的预应力承重结构，除禁止掺用氯盐外，应对原材料进行严格检验。

钢材的组织及化学成分是引起钢材锈蚀的内因。通过调整钢的基本组织或加入某些合金元素，可有效地提高钢材的抗腐蚀能力。例如，炼钢时在钢中加入铬、镍、钛等合金元素，可制得不锈钢。

(3) 钢结构防火

钢材是一种不燃烧材料，但耐火性能差。低碳钢在200℃以下时拉伸性能变化不大。500℃时尚有一定的承载力，而到700℃时则基本失去承载力，故700℃被认为是低碳钢失去强度的临界温度。低碳钢建成的钢结构，其临界温度只有550℃左右，而火灾下钢结构的温度可达900～1000℃，因此，钢结构必须采取防火措施。目前对钢结构的防火措施主要是在主体结构完成后进行。措施有三种：

1）在钢结构构件表面喷涂防火涂料。详见第十一章第二节。

2）用厚板或薄板构成构件的外包层，常用的有石膏板、水泥蛭石板、硅酸钙板和岩棉板等。

3）外包混凝土保护层，可以现浇成形，也可喷涂。现浇外包混凝土的容量大，应用上受到一定限制。

6 建筑用焊接材料

焊接是金属构件连接加工中最常见最主要的方法。焊接结构质量轻，比铆接结构平均约轻25%，可节省大量的金属材料；焊接工艺简单，可较大地提高生产率；焊接可提高结构的强度和紧密性，有利于加工复杂的金属结构。焊接材料的正确应用直接关系到建筑主体结构使用寿命和运行安全。

6.1 焊接与焊接材料基础

6.1.1 焊接基础

(1) 焊接

焊接是借助于原子间的联系和质点的扩散获得形成整体的接头的过程。接头组织具有连续性，焊接是利用热能或压力，或者两者同时并用，将构件连接起来的方法。焊接用或不用填充材料。

在焊接结构中各个构件相互连接的部分称为焊接接头；其中各个构件称为焊件。在焊接过程进行时，焊接接头处于熔化状态的部分称为焊缝。焊接接头由焊缝、热影响区及未受热影响的基本金属组成。

(2) 焊接性

焊接性是指材料在限定的焊接施工条件下，焊接成按规定设计要求的构件，并满足预定服役要求的能力。

焊接性包括两方面要求，一是结合性能，即金属在经受焊接加工时对缺陷(如裂纹、气孔、夹杂等)的敏感性；二是使用性能，即所焊成的接头在指定的使用条件下可靠运行的能力。

影响焊接性的因素有很多，主要有材料因素、工艺因素、结构因素和服役环境因素。

（3）常用焊接方法选择

常用焊接方法选择见表 6-1。

常用焊接方法选择　　　　表 6-1

<table>
<tr><th colspan="3">焊接类别</th><th>特　点</th><th>选用范围</th></tr>
<tr><td rowspan="5">电弧焊</td><td rowspan="2">手工焊</td><td>交流焊机</td><td>设备简单，操作灵活，可进行各种位置的焊接。是建筑工地应用最广泛的焊接方法</td><td>焊接普通钢结构</td></tr>
<tr><td>直流焊机</td><td>焊接技术与交流焊机相同，成本比交流焊机高，但焊接时电弧稳定</td><td>焊接质量要求较高的钢结构</td></tr>
<tr><td colspan="2">埋弧自动焊</td><td>效率高，质量好，热影响区小，焊缝成形均匀，操作技术要求低，劳动条件好，宜于工厂中使用</td><td>焊接长度较大的对接、贴角焊缝，一般是有规律的直焊缝</td></tr>
<tr><td colspan="2">半自动焊</td><td>与埋弧自动焊基本相同，操作较灵活，但使用不够方便</td><td>焊接较短的或弯曲的对接贴角焊缝</td></tr>
<tr><td colspan="2">CO_2 气体保护焊</td><td>用 CO_2 或惰性气体保护的光面焊丝焊接，可全位置焊接，质量较好，焊时应避风，熔速快，效率高，省电</td><td>薄钢板和其他金属焊接，大厚度钢柱、钢梁</td></tr>
<tr><td colspan="3">电渣焊</td><td>利用电流通过液态熔渣所产生的电阻热焊接，能焊大厚度焊缝</td><td>大厚度钢板、粗直径圆钢和铸钢等焊接</td></tr>
<tr><td colspan="3">气焊</td><td>利用乙炔、氧气混合燃烧的火焰熔融金属进行焊接。焊接有色金属、不锈钢时需气焊粉保护</td><td>薄钢板、铸铁件、连接件和堆焊</td></tr>
<tr><td colspan="3">接触焊</td><td>利用电流通过焊件时产生的电阻热焊接，建筑施工中多用于对焊、点焊</td><td>钢筋对焊、钢筋网点焊、预埋件焊接</td></tr>
<tr><td colspan="3">高频焊</td><td>利用高频电阻产生的热量进行焊接</td><td>薄壁钢管的纵向焊缝</td></tr>
</table>

6.1.2 常用焊接材料种类

焊接材料一般包括焊条、焊丝、焊剂、焊粉及焊料，具体分类见图 6-1。

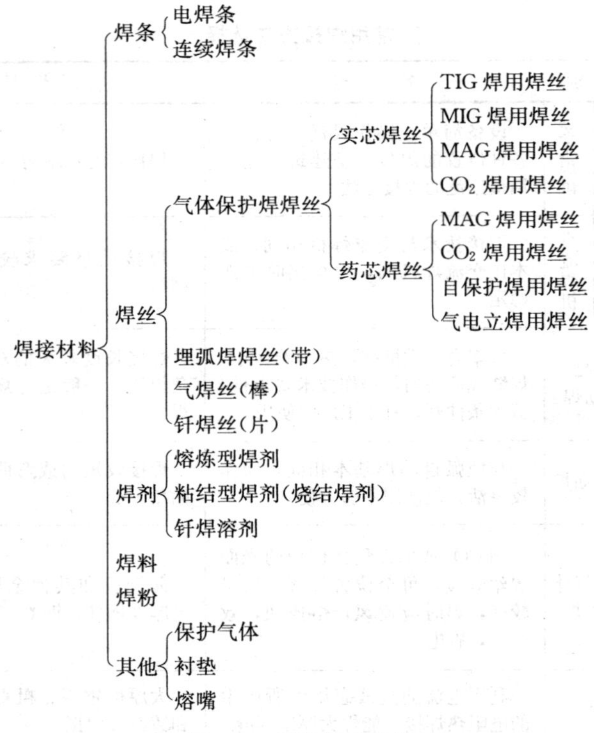

图 6-1　焊接材料分类

6.2 焊　　条

6.2.1 焊条分类

电焊条的分类方法很多，可以从不同角度对电焊条进行分类。

从焊接冶金角度——按熔渣的碱度可将焊条分为酸性焊条和碱性焊条；按焊条药皮的主要成分可将焊条分为钛钙型焊条、钛铁矿型焊条、低氢型焊条、铁粉焊条等。

从标准化角度——可按照焊条的特点（如熔敷金属抗拉强度、化学组成类型等），将焊条分成许多类型及不同等级，从而确定焊条的各种型号。

从用途角度——又可将焊条分为结构钢焊条、耐热钢焊条及不锈钢焊条等十大类。

（1）按熔渣的碱度分类

在实际生产中，通常将焊条分为两大类——酸性焊条和碱性焊条（又称低氢型焊条）。当熔渣中酸性氧化物占主要比例时为酸性焊条，反之即为碱性焊条。

1）酸性焊条电弧柔软，飞溅小，熔渣流动性和覆盖性均好，因此，焊缝外表美观，焊波细密，成形平滑；碱性焊条的熔滴过渡是短路过渡，电弧不够稳定，熔渣的覆盖性差，焊缝形状凸起，且焊缝外观波纹粗糙，但在向上立焊时，容易操作。

酸性焊条的药皮中含有较多的氧化铁、氧化钛及氧化硅等，氧化性较强，因此在焊接过程中使合金元素烧损较多，同时由于焊缝金属中氧和氢含量较多，因而塑性、韧性较低，酸性焊条一般均可以交直流两用。典型的酸性焊条是J422。

2）碱性焊条的药皮中含有多量的大理石和萤石，并有较多的铁合金作为脱氧剂和渗合金剂，因此药皮具有足够的脱氧能力。再则，碱性焊条主要靠大理石等碳酸盐分解出二氧化碳作保护气体，与酸性焊条相比，弧柱气氛中氢的分压较低，且萤石中的氟化钙在高温时与氢结合成氟化氢（HF），从而降低了焊缝中的含氢量，故碱性焊条又称为低氢型焊条。

（2）按焊条药皮的主要成分分类

焊条药皮由多种原料组成，按药皮的主要成分可以确定焊条的药皮类型。例如，药皮中以钛铁矿为主的钛铁矿型；当药皮中含有30%以上的二氧化钛及20%以下的钙、镁的碳酸盐时，就称为钛钙型。惟有低氢型例外，虽然它的药皮中主要组成为钙、镁的碳酸盐和萤石，但却以焊缝中含氢量最低作为其主要特征而予以命名。对于有些药皮类型，由于使用的胶粘剂分别为钾水玻璃(或以钾为主的钾钠水玻璃)或钠水玻璃，因此，同一药皮类型又可进一步划分为钾型和钠型，如低氢钾型和低氢钠型。焊条药皮类型及电流种类见表6-2。

药皮类型及电流种类 **表6-2**

<table>
<tr><th>$\times_3\times_4$[1]</th><th>药皮类型</th><th>电流种类</th></tr>
<tr><td>00</td><td>特殊型</td><td rowspan="3">交流或直流正、反接</td></tr>
<tr><td>01[2]</td><td>钛铁矿型</td></tr>
<tr><td>03</td><td>钛钙型</td></tr>
<tr><td>10</td><td>高纤维素钠型</td><td>直流反接</td></tr>
<tr><td>11</td><td>高纤维素钾型</td><td>交流或直流反接</td></tr>
<tr><td>12[2]</td><td>高钛钠型</td><td>交流或直流正接</td></tr>
<tr><td>13</td><td>高钛钾型</td><td rowspan="2">交流或直流正、反接</td></tr>
<tr><td>14[2]</td><td>铁粉钛型</td></tr>
<tr><td>15</td><td>低氢钠型</td><td>直流反接</td></tr>
<tr><td>16</td><td>低氢钾型</td><td rowspan="2">交流或直流反接</td></tr>
<tr><td>18</td><td>铁粉低氢型</td></tr>
<tr><td>20</td><td rowspan="2">氧化铁型</td><td>交流或直流正接</td></tr>
<tr><td>22[2]</td><td rowspan="3">交流或直流正、反接</td></tr>
<tr><td>23[2]</td><td>铁粉钛钙型</td></tr>
<tr><td>24[2]</td><td>铁粉钛型</td></tr>
<tr><td>27</td><td>铁粉氧化铁型</td><td>交流或直流正接</td></tr>
<tr><td>28[2]</td><td rowspan="2">铁粉低氢型</td><td rowspan="2">交流或直流反接</td></tr>
<tr><td>48[2]</td></tr>
</table>

① $\times_3\times_4$系焊条型号中第3、4位数字。

② 仅在碳钢焊条中有此药皮类型，在低合金钢焊条中没有。

(3) 按焊条的用途分类

按用途进行焊条的分类，具有较大的实用性。我国现行的焊条分类方法，主要是根据焊条国家标准和原机械工业部编制的《焊接材料产品样本》按照焊条的用途分类，见表 6-3。各大类按主要性能的不同还可分为若干小类，如结构钢焊条又可分为低碳钢焊条、普低钢焊条、低合金高强钢焊条等，有些焊条同时可以有多种用途。

焊条大类的划分 **表 6-3**

焊条大类	代号		焊条大类	代号	
	拼音	汉字		拼音	汉字
结构钢焊条	J	结	铸铁焊条	Z	铸
钼及铬钼耐热钢焊条	R	热	镍及镍合金焊条	Ni	镍
铬不锈钢焊条	G	铬	铜及铜合金焊条	T	铜
铬镍不锈钢焊条	A	奥	铝及铝合金焊条	L	铝
堆焊焊条	D	堆	特殊用途焊条	TS	特
低温钢焊条	W	温			

注：焊条牌号的标注以拼音为主，如 J422。

6.2.2 焊条型号

焊条型号是以国家有关焊条标准为依据，反映焊条主要特性的一种表示方法。焊条不同，表示方法亦不一样。

(1) 碳钢焊条型号划分

根据 GB/T 5117—1995《碳钢焊条》标准规定，碳钢焊条型号按熔敷金属的抗拉强度、药皮类型、焊接位置和焊接电流种类划分。

1) 碳钢焊条型号编制方法

字母“E”表示焊条；前两位数字表示熔敷金属抗拉强度的最小值，单位为 kgf/mm^2 ($1kgf/mm^2=9.81MPa$)；第三位数字表示焊条的焊接位置，“0”及“1”表示焊条适用于全位置焊接

（即可进行平、立、仰、横焊），“2”表示焊条适用于平焊及平角焊，“4”表示焊条适用于向下立焊；第三位和第四位数字组合时表示焊接电流种类及药皮类型；碳钢焊条型号示意表示如下：

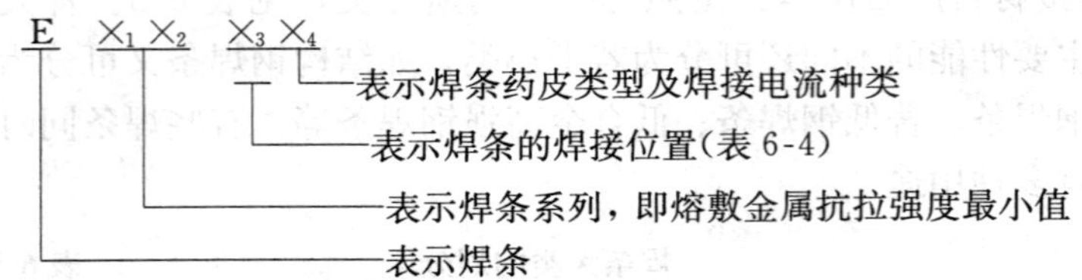

焊条适用的焊接位置（$\times_3$） **表 6-4**

$\times_3$	焊接位置
0 1	全位置（平焊、立焊、仰焊、横焊）
2	平焊、平角焊
4	平焊、立焊、仰焊、立向下焊

注：$\times_3$ 为“4”时，仅对碳钢焊条适用。

2）焊条型号的附加代号及含义

在碳钢焊条第四位数字后面附加“R”表示耐吸潮焊条，附加“M”表示对吸潮和力学性能有特殊规定的焊条，附加“1”表示冲击性能有特殊规定的焊条。碳钢焊条的型号如 E4303、E5018M、E5015-1 等。

3）常用碳钢焊条型号及主要用途见表 6-5。

常用碳钢焊条型号及主要用途 **表 6-5**

焊条型号	药皮类型	焊接位置	电流种类	主要用途
E4301、E5001	钛铁矿型	平、立、仰、横	交流或直流正、反接	重要碳钢结构
E4303、E5003	钛钙型			
E4310、E5010	高纤维素钠型		直流反接	一般碳钢结构
E4311、E5011	高纤维素钾型		交流或直流反接	一般碳钢结构

续表

<table>
<tr><th>焊条型号</th><th>药皮类型</th><th>焊接位置</th><th>电流种类</th><th>主要用途</th></tr>
<tr><td>E4312</td><td>高钛钠型</td><td rowspan="4">平、立、仰、横</td><td>交流或直流正接</td><td>一般碳钢结构</td></tr>
<tr><td>E4313</td><td>高钛钾型</td><td>交流或直流正、反接</td><td>一般碳钢结构或薄板结构</td></tr>
<tr><td>E4315、E5015</td><td>低氢钠型</td><td>直流反接</td><td>重要碳钢结构</td></tr>
<tr><td>E4316、E5016</td><td>低氢钾型</td><td>交流或直流反接</td><td>重要碳钢结构</td></tr>
<tr><td rowspan="2">E4320</td><td rowspan="3">氧化铁型</td><td>平</td><td>交流或直流正、反接</td><td rowspan="2">较重要碳钢结构</td></tr>
<tr><td>平角焊</td><td>交流或直流正接</td></tr>
<tr><td>E4322</td><td>平</td><td>交流或直流正接</td><td>碳钢薄板结构</td></tr>
<tr><td>E4323、E5023</td><td>铁粉钛钙型</td><td rowspan="2">平、平角焊</td><td rowspan="2">交流或直流正、反接</td><td>重要碳钢结构</td></tr>
<tr><td>E4324、E5024</td><td>铁粉钛型</td><td>一般碳钢结构</td></tr>
<tr><td rowspan="2">E4327、E5027</td><td rowspan="2">铁粉氧化铁型</td><td>平</td><td>交流或直流正、反接</td><td rowspan="2">较重要碳钢结构</td></tr>
<tr><td>平角焊</td><td>交流或直流正接</td></tr>
<tr><td>E4328、E5028</td><td>铁粉低氢型</td><td>平、平角焊</td><td>交流或直流反接</td><td></td></tr>
<tr><td>E5018</td><td>铁粉低氢钾型</td><td>平、立、仰、横</td><td rowspan="2"></td><td rowspan="2">重要碳钢结构</td></tr>
<tr><td>E5048</td><td></td><td>平、仰、横、立向下</td></tr>
<tr><td>E5016-1、E5018-1</td><td></td><td>同 E5016、E5018</td><td></td><td>焊缝脆性转变温度较低结构</td></tr>
<tr><td>E5018M</td><td>铁粉低氢型</td><td>同 E5018</td><td></td><td>重要的碳钢结构、高强度低合金结构、高碳钢结构</td></tr>
</table>

注：1. 焊接位置栏中文字含义：平—平焊、立—立焊、仰—仰焊、横—横焊、平角焊—水平角焊、立向下—向下立焊。

2. 焊接位置栏中立和仰系指适用于立焊和仰焊的直径不大于 4.0mm 的 E5014、E××15、E××16、E5018 和 E5018M 型焊条及直径不大于 5.0mm 的其他型号焊条。

3. E4322 型焊条适宜单道焊。

4. 其他焊条型号见《碳钢焊条》GB/T 5117 表 1。

(2) 低合金钢焊条型号划分

根据 GB/T 5118—1995《低合金钢焊条》标准规定，低合金钢焊条型号按熔敷金属的力学性能、化学成分、药皮类型、焊接位置和焊接电流种类划分。

1) 低合金钢焊条型号表示法

低合金钢焊条型号编制方法与碳钢焊条基本相同，字母“E”表示焊条；前两位数字表示熔敷金属抗拉强度的最小值，单位为 kgf/mm^2($1kgf/mm^2 = 9.81MPa$)；第三位数字表示焊条的焊接位置(见表 6-4)，第三位和第四位数字组合时表示焊接电流种类及药皮类型；第 4 位数字后的后缀字母为熔敷金属化学成分分类代号并以短线“-”与前面数字分开；若还有其他附加化学成分时，则直接用元素符合表示，并以短线“-”与前面后缀字母分开，不具有附加成分时该项省略。低合金钢焊条型号示意表示如下：

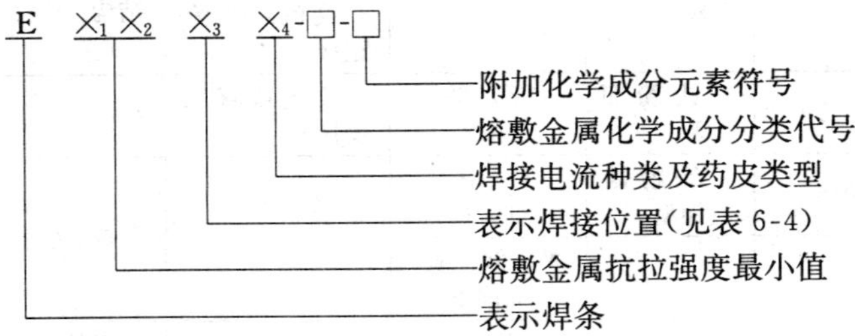

2) 焊条型号的附加代号及含义

① 熔敷金属化学成分分类代号

A1 表示碳钼钢焊条；B1、B2、B3、B4、B5 表示铬钼钢焊条；C1、C2、C3 表示镍钢焊条；NM 表示镍钼钢焊条；D1、D2、D3 表示锰钼钢焊条；G、M、M1、W 表示其他合金钢焊条。

② 附加化学成分

附加化学成分直接用元素符合表示，并以短线“-”与前面后缀字母分开，例如，V 表示熔敷金属中含有钒元素，W 表示熔敷金属中含有钨元素，B 表示熔敷金属中含有硼元素。

（3）不锈钢焊条型号划分

1）根据 GB/T 983—1995《不锈钢焊条》的规定，不锈钢焊条型号根据熔敷金属的化学成分、药皮类型、焊接位置及焊接电流种类划分。不锈钢焊条型号编制方法如下：字母“E”表示焊条，“E”后面的数字表示熔敷金属化学成分分类代号，如有特殊要求的化学成分，该化学成分用元素符合表示，放在数字的后面；短线“-”后面的两位数字表示药皮类型、焊接位置及焊接电流类型。不锈钢焊条分类见表 6-6。

不锈钢焊条分类 **表 6-6**

焊条类型	焊接电流	焊接位置	焊条类型	焊接电流	焊接位置
E×××(×)-15	直流反接	全位置	E×××(×)-16 E×××(×)-17	交流或直流反接	全位置
E×××(×)-25	直流反接	平焊、横焊	E×××(×)-26	交流或直流反接	平焊、横焊

2）不锈钢焊条型号编制示意表示如下：

E $\times_1\times_2\times_3\times_4$-$\times_5\times_6$

E—表示焊条；

$\times_1\times_2\times_3$—表示熔敷金属化学成分分类代号，详见 GB/T 983—1995；

$\times_4$—表示熔敷金属中含有一种或多种具有特殊要求的化学元素；

$\times_5\times_6$—表示药皮类型，焊接位置与电流种类，见表 6-7。

举例：

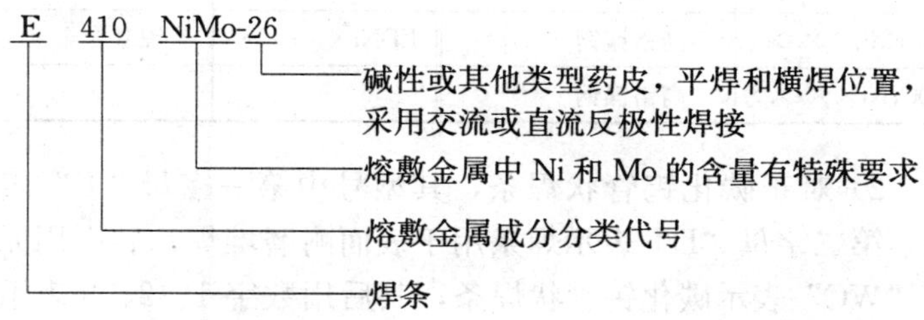

不锈钢型号中的含义　　表 6-7

$\times_5\times_6$ 代号	焊接电流	焊接位置	药皮类型
15	直流反接	全位置	碱性药皮
25		平焊、横焊	
16	交流或直流反接	全位置	碱性或其他类型药皮
17			
26		平焊、横焊	

(4) 堆焊焊条型号划分

1) 根据 GB/T 984—2001《堆焊焊条》的规定，堆焊焊条型号按熔敷金属化学成分及药皮类型划分，其型号编制方法如下：型号第一字“E”表示焊条；第二字“D”表示堆焊；型号中第三字至倒数第三字表示焊条特点，用拼音字母或化学元素符号表示堆焊焊条的分类，见表 6-8，型号中最后二字用数字表示药皮类型和焊接电源，并用短画“-”与前面符号分开；如在同一基本型号内有几个分类时，可用字母 A、B、C 等标志，再细分可加注数字，如 A1、B2 等。

熔敷金属化学成分及分类代号　　表 6-8

型号分类	熔敷金属化学组成类型	型号分类	熔敷金属化学组成类型
EDT××-××	特殊型	EDD××-××	高速钢
EDP××-××	普通低中合金钢	EDZ××-××	合金铸铁
EDR××-××	热强合金钢	EDCrC××-××	高铬铸铁
EDCr××-××	高铬钢	EDCoCr××-××	钴基合金
EDMn××-××	高锰钢	EDW××-××	碳化钨
EDCrMn××-××	高铬锰钢	EDNi××-××	镍基合金
EDCrNi××-××	高铬镍钢		

2) 对于碳化钨管状焊条，其型号中第一字母“E”表示焊条；第二字母“D”表示焊条用于表面耐磨堆焊；后面用元素符号“WC”表示碳化钨管状焊条，其后用数字 1、2、3 表示芯部

碳化钨粉粒化学成分分类代号；短画“-”后面的粒度或是用通过筛网和不通过筛网的两个目数表示，以斜线“/”相隔，或是只用通过筛网的一个目数表示。

3）堆焊焊条型号举例：

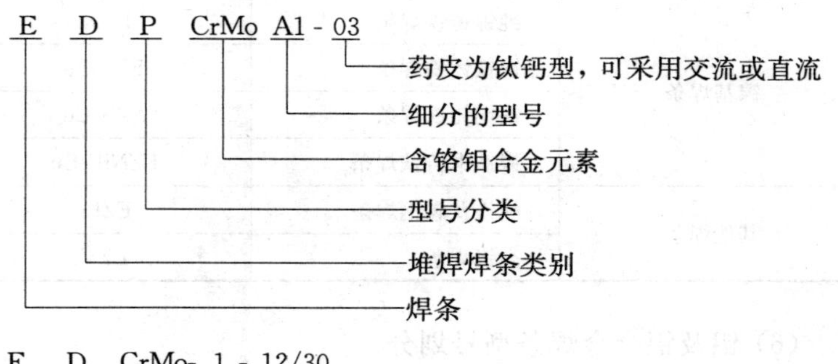

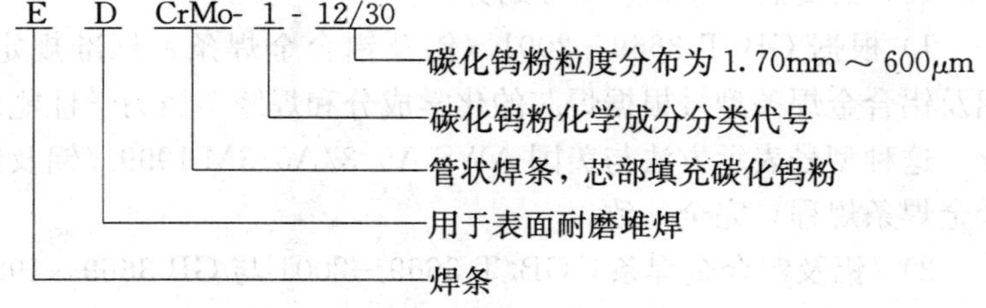

（5）铸铁焊条型号划分

根据 GB/T 10044—2002《铸铁焊条及焊丝》标准规定，铸铁焊条型号根据熔敷金属的化学成分及用途划分。首字母“E”表示焊条，字母“Z”表示用于铸铁焊接；在“EZ”后面用熔敷金属主要化学元素符号或金属类型代号表示，见表 6-9。再细分时用数字表示。

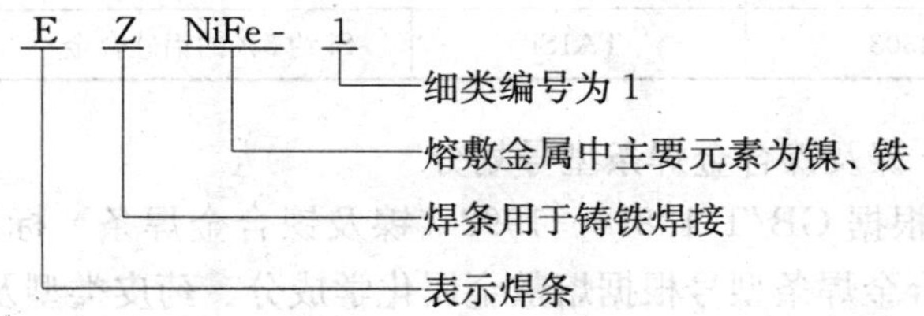

铸铁焊条类型及型号 **表 6-9**

类别	名称	型号
铁基焊条	灰铸铁焊条	EZC
	球墨铸铁焊条	EZCQ
镍基焊条	纯镍铸铁焊条	EZNi
	镍铁铸铁焊条	EZNiFe
	镍铜铸铁焊条	EZNiCu
	镍铁铜铸铁焊条	EZNiFeCu
其他焊条	纯铁及碳钢焊条	EZFe
	高钒焊条	EZV

（6）铝及铝合金焊条型号划分

1）根据 GB/T 3669—2001《铝及铝合金焊条》标准规定，铝及铝合金焊条型号根据焊芯的化学成分和焊缝金属力学性能划分。这种型号表示方法与美国 AWS A5.3/A5.3M 1999《铝及铝合金焊条规程》完全一致。

2）《铝及铝合金焊条》GB/T 3669—2001 与 GB 3669—1983 标准中的型号对照及型号划分，见表 6-10。

铝及铝合金焊条型号对照及型号划分 **表 6-10**

型号		焊芯化学组成类型
GB/T 3669—2001	GB 3669—1983	
E1100	TA1	A1≥99.0%
E3003	TA1Mn	Mn 约 1.0%～1.5%的铝锰合金
E4303	TA1Si	Si 约 5%的铝硅合金

（7）镍及镍合金焊条型号划分

1）根据 GB/T 13814—1992《镍及镍合金焊条》标准规定，镍及镍合金焊条型号根据熔敷金属化学成分、药皮类型及电流种类划分，见表 6-11。

镍及镍合金焊条型号划分　　　表 6-11

型　　号	药皮类型	电流种类	型　　号	药皮类型	电流种类
ENi-0	03 15 16	交流 直流 交流或直流	ENiMo-7	15 16	直流 交流或直流
			ENiCrMo-0	15 16	直流 交流或直流
ENi-1	03 15 16	交流 直流 交流或直流	ENiCrMo-1	15 16	直流 交流或直流
ENiCu-7	15 16	直流 交流或直流	ENiCrMo-2	15 16	直流 交流或直流
ENiCrFe-0	15 16	直流 交流或直流	ENiCrMo-3	15 16	直流 交流或直流
ENiCrFe-1	15 16	直流 交流或直流	ENiCrMo-4	15 16	直流 交流或直流
ENiCrFe-2	15 16	直流 交流或直流	ENiCrMo-5	15 16	直流 交流或直流
ENiCrFe-3	15 16	直流 交流或直流	ENiCrMo-6	15 16	直流 交流或直流
ENiCrFe-4	15 16	直流 交流或直流	ENiCrMo-7	15 16	直流 交流或直流
ENiMo-1	15 16	直流 交流或直流	ENiCrMo-8	15 16	直流 交流或直流
ENiMo-3	15 16	直流 交流或直流	ENiCrMo-9	15 16	直流 交流或直流

注：药皮类型中，03 表示焊条为钛钙型药皮；15 表示焊条为低氢钠型碱性药皮；16 表示焊条为低氢钾型碱性药皮。

2）镍及镍合金焊条型号举例：

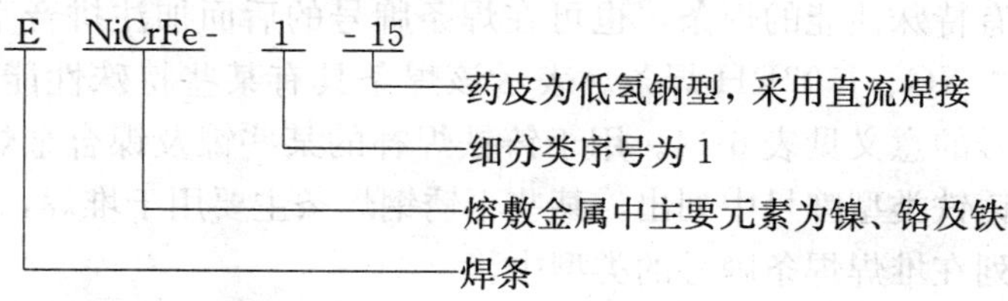

(8) 铜及铜合金焊条型号划分

1) 根据 GB/T 3670—1995《铜及铜合金焊条》标准规定，铜及铜合金焊条的型号根据熔敷金属的化学成分划分。编号方法如下：首字母“E”表示焊条，“E”后面的字母直接用元素符号表示型号分类，同一分类中有不同化学成分要求时，用字母或数字表示，并以短画“-”与前面的元素符号分开。

2) 铜及铜合金焊条的新旧型号对照见表 6-12。

铜及铜合金焊条预热及层间温度的控制　　表 6-12

型　　号	预热及层间温度(℃)	型　　号	预热及层间温度(℃)
ECu	400～600	ECuNi-A(B)(C)	16～150
ECuSi-A(B)	16～70	ECuA1Ni	95～200
ECuSn-A(B)	200～300	ECuMnA1Ni	16～150
ECuA1-A2(B)	95～200		

6.2.3 焊条牌号

焊条牌号是根据焊条的主要用途及性能特点来命名的。焊条牌号通常以一个汉语拼音字母(或汉字)与三位数字表示，拼音字母(或汉字)表示焊条各大类，后面的 3 位数字中，前面两位数字表示各大类中的若干小类，第三位数字表示各种焊条牌号的药皮类型及焊接电源，该数字的含意是根据原国家标准 GB 980—1976 中的有关内容来确定的。虽然焊条国标已参照国际标准进行修订，但焊条牌号因沿用已久，已为广大用户及焊工所熟悉，故不便更改。焊条牌号中第三位数字的含意见表 6-13。对于某些具有特殊性能的焊条，也可在焊条牌号的后面加注拼音字母，如 J507XG、J507RH 焊条。表示该焊条具有某些特殊性能的字母符号的意义见表 6-14。用于铸铁焊补的某些镍及镍合金焊条，则在铸铁类型牌号中列出，某些不锈钢焊条主要用于堆焊，在编制中列在堆焊焊条牌号的类型中。

焊条牌号中第三位数字的含义 **表 6-13**

焊条牌号	药皮类型	焊接电源种类
□××0	不属已规定的类型	不规定
□××1	氧化钛型	直流或交流
□××2	钛钙型	直流或交流
□××3	钛铁矿型	直流或交流
□××4	氧化铁型	直流或交流
□××5	纤维素型	直流或交流
□××6	低氢钾型	直流或交流
□××7	低氢钠型	直流
□××8	石墨型	直流或交流
□××9	盐基型	直流

注："□"表示焊条牌号中的拼音字母或汉字，××表示牌号中的前两位数字。

各字母符号的意义 **表 6-14**

字母符号	表示的意义	字母符号	表示的意义
D	底层焊条	RH	高韧性超低氢焊条
DF	低尘焊条	LMA	低吸潮焊条
Fe	高效铁粉焊条	SL	渗铝钢焊条
Fe15	高效铁粉焊条，焊条名义熔敷效率 150%	X	向下立焊用焊条
		XG	管子用向下立焊焊条
G	高韧性焊条	Z	重力焊条
GM	盖面焊条	Z16	重力焊条，焊条名义熔敷效率 160%
R	压力容器用焊条		
GR	高韧性压力容器用焊条	CuP	含 Cu 和 P 的抗大气腐蚀焊条
H	超低氢焊条	CrNi	含 Cr 和 Ni 的耐海水腐蚀焊条

各类电焊条牌号分类编制方法如下。

(1) 结构钢焊条(包括低合金高强钢焊条)

1) 牌号前加"J"(或"结"字)表示结构钢焊条。

2）牌号前两位数字，表示焊缝金属抗拉强度等级。

3）牌号第三位数字，表示药皮类型和焊接电源种类，见表 6-13。

4）药皮中铁粉含量约为 30%或熔敷效率为 105%以上，在牌号末尾加注“Fe”字，当熔敷效率≥130%，在“Fe”字后再加注二位数字(以效率的 1/10 表示)。

5）结构钢焊条有特殊性能和用途的，则在牌号后面加注起主要作用的元素或主要用途的拼音字母(一般不超过两个)。

6）牌号举例：

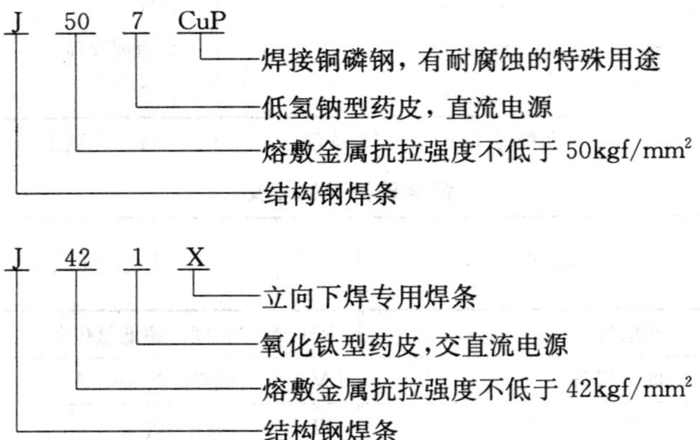

（2）钼和铬钼耐热钢焊条

1）牌号前加“R”（或“热”字），表示钼和铬钼耐热钢焊条。

2）牌号第一位数字，表示熔敷金属主要化学成分组成等级。

3）牌号第二位数字，表示同一熔敷金属主要化学成分组成等级中的不同牌号，对于同一组成等级的焊条，可有十个牌号0、1、2、……9 顺序编排，以区别铬钼之外的其他成分的不同。

4）牌号第三位数字，表示药皮类型和焊接电源种类，见表 6-13。

5）牌号举例：

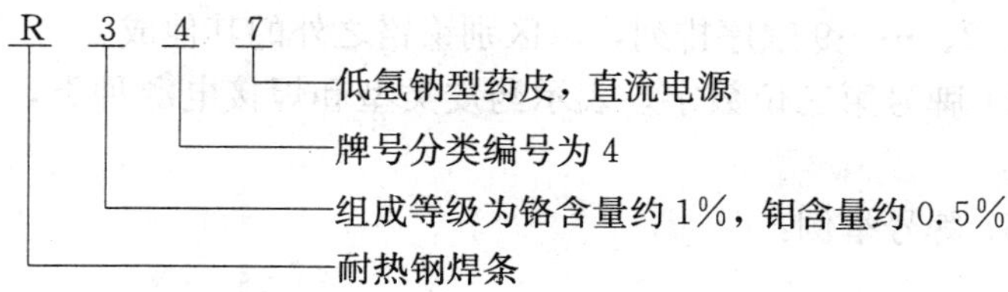

（3）低温钢焊条

1）牌号前加“W”（或“温”字），表示低温钢焊条。

2）牌号前两位数字，表示低温钢焊条工作温度等级，见表 6-15。

低温钢焊条工作温度等级　　表 6-15

焊条牌号	工作温度等级(℃)	焊条牌号	工作温度等级(℃)
W60×	−60	W10×	−100
W70×	−70	W19×	−196
W80×	−80	W25×	−253
W90×	−90		

3）牌号第三位数字，表示药皮类型和焊接电源种类，见表 6-13。

4）牌号举例：

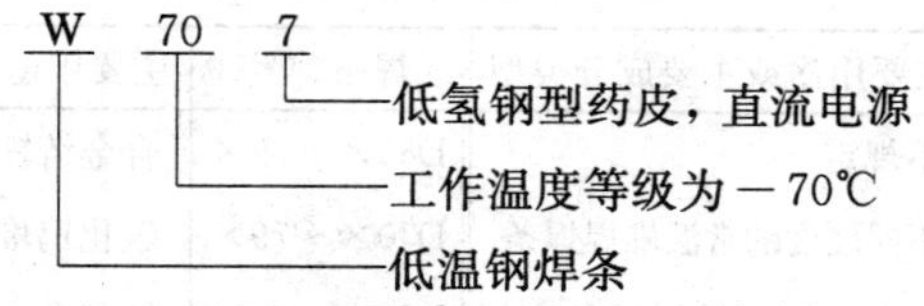

（4）不锈钢焊条

1）牌号前加“G”（或“铬”字）或“A”（或“奥”字），分别表示铬不锈钢焊条或奥氏体铬镍不锈钢焊条。

2）牌号第一位数字，表示熔敷金属主要化学成分组成等级。

3）牌号第二位数字，表示同一熔敷金属主要化学成分组成等级中的不同牌号。对同一组成等级焊条，可有 10 个牌号，按

0、1、2、……9 顺序排列，以区别镍铬之外的其他成分。

4）牌号第三位数字，表示药皮类型和焊接电源种类，见表 6-13。

5）牌号举例：

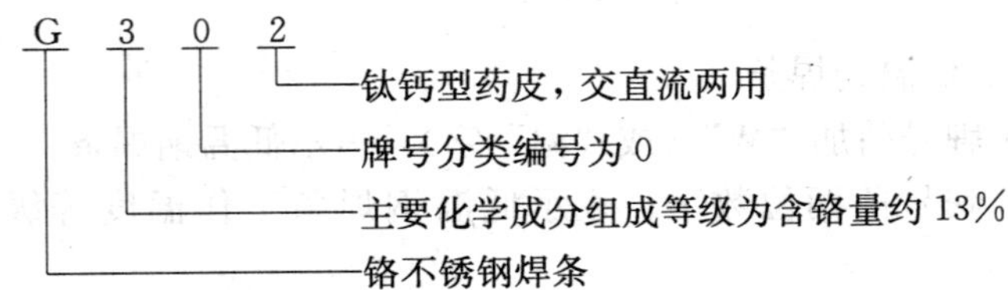

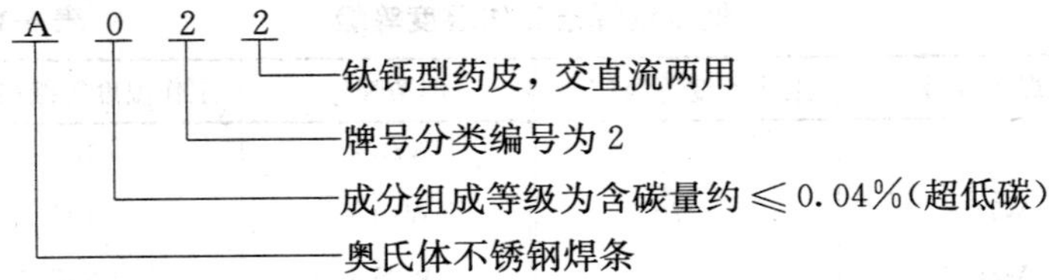

（5）堆焊焊条

1）牌号前加“D”（或“堆”字），表示堆焊焊条。

2）牌号的前两位数字表示堆焊焊条的用途或熔敷金属的主要成分类型等，见表 6-16。

堆焊焊条牌号的前两位数字含义 **表 6-16**

焊条牌号	主要用途或主要成分类型	焊条牌号	主要用途或主要成分类型
D00×～09×	不规定	D60×～69×	合金铸铁堆焊焊条
D10×～24×	不同硬度的常温堆焊焊条	D70×～79×	碳化钨堆焊焊条
D25×～29×	常温高锰钢堆焊焊条	D80×～89×	钴基合金堆焊焊条
D30×～49×	刀具工具用堆焊焊条	D90×～99×	待发展的堆焊焊条
D50×～59×	阀门堆焊焊条		

3）牌号第三位数字表示药皮类型和焊接电源种类，见表 6-13。

4）牌号举例：

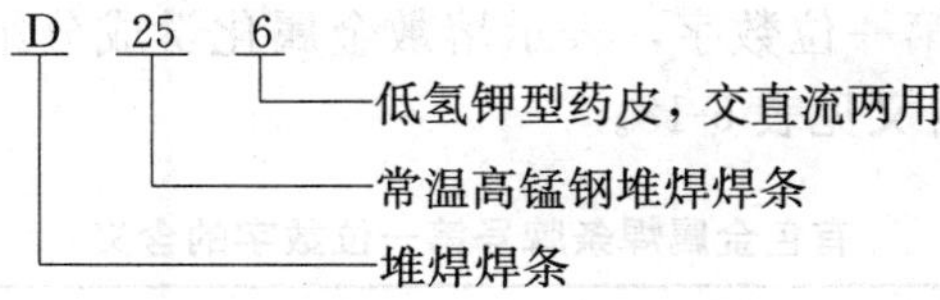

(6) 铸铁焊条

1) 牌号前加“Z”(或“铸”字)，表示铸铁焊条。

2) 牌号第一位数字，表示熔敷金属主要化学成分组成类型。第一位数字的含义见表 6-17。

铸铁焊条牌号第一位数字的含义　　表 6-17

Z1××	碳钢或高钒钢	Z5××	镍铜合金
Z2××	铸铁(包括球墨铸铁)	Z6××	铜铁合金
Z3××	纯镍	Z7××	待发展
Z4××	镍铁合金		

3) 牌号第二位数字，表示同一熔敷金属主要化学成分组成类型中的不同牌号，对同一成分组成类型焊条，可有 10 个牌号，按 0、1、2、……9 顺序排列。

4) 牌号第三位数字，表示药皮类型及焊接电源种类，见表 6-13。

5) 牌号举例：

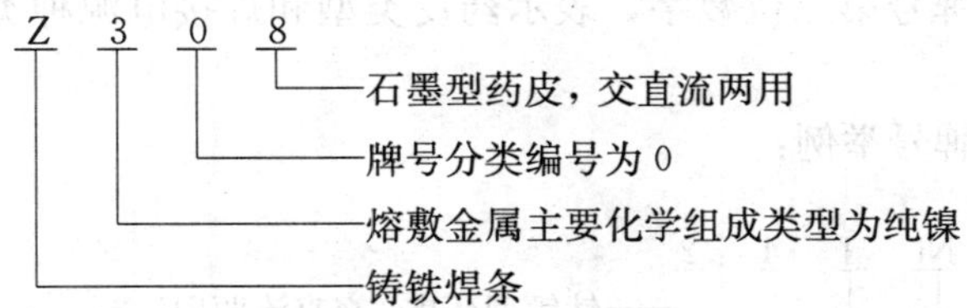

(7) 有色金属焊条

1) 牌号前加“Ni”(或“镍”字)、“T”(或“铜”字)、“L”(或“铝”字)，分别表示镍及镍合金焊条、铜及铜合金焊条、铝及铝合金焊条。

2）牌号第一位数字，表示熔敷金属化学成分组成类型。第一位数字的含义见表 6-18。

有色金属焊条牌号第一位数字的含义　　表 6-18

焊条牌号		熔敷金属化学成分组成类型
镍及镍合金焊条	Ni1××	纯镍
	Ni2××	镍铜合金
	Ni3××	因康镍合金
	Ni4××	待发展
铜及铜合金焊条	T1××	纯铜
	T2××	青铜合金
	T3××	白铜合金
	T4××	待发展
铝及铝合金焊条	L1××	纯铝
	L2××	铝硅合金
	L3××	铝锰合金
	L4××	待发展

3）牌号第二位数字，表示同一熔敷金属化学成分组成类型中的不同牌号，对于同一成分组成类型焊条，可有 10 个牌号，按 0、1、2、……9 顺序排列。

4）牌号第三位数字，表示药皮类型和焊接电源种类，见表 6-13。

5）牌号举例：

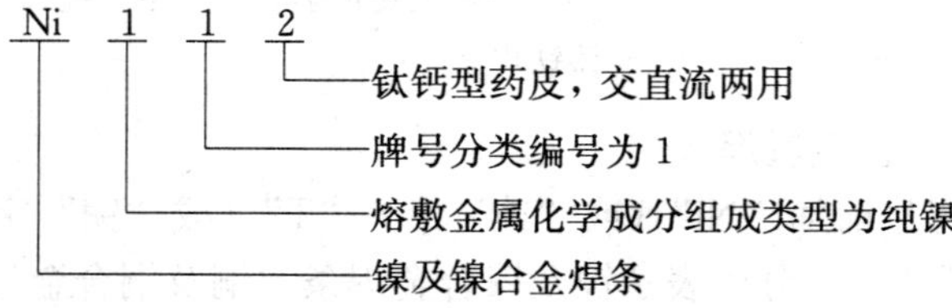

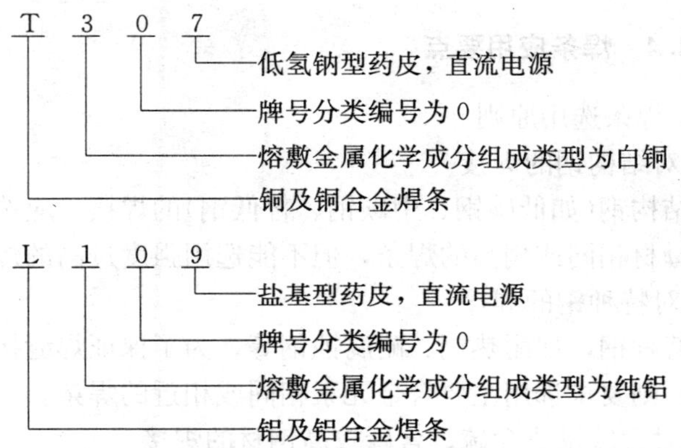

（8）特殊用途焊条

1）牌号前加“TS”（或“特”字），表示特殊用途焊条。

2）牌号第一位数字，表示焊条的用途。第一位数字的含义见表6-19。

特殊用途焊条牌号第一位数字的含义　　表6-19

焊条牌号	熔敷金属主要成分及焊条用途	焊条牌号	熔敷金属主要成分及焊条用途
TS2××	水下焊接用	TS5××	电渣焊用管状焊条
TS3××	水下切割用	TS6××	铁锰铝焊条
TS4××	铸铁件焊补前开坡口用	TS7××	高硫堆焊焊条

3）牌号第二位数字，表示同一用途中的不同牌号，对同一类型焊条，可有10个牌号，按0、1、2、……9顺序排列。

4）牌号第三位数字，表示药皮类型及焊接电源种类，见表6-13。

5）牌号举例：

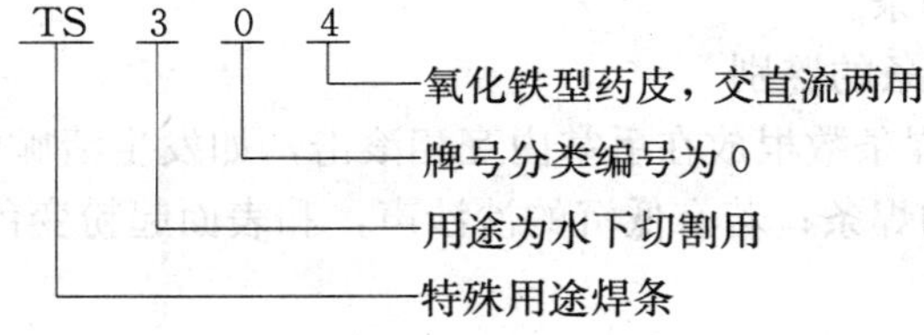

6.2.4 焊条应用要点

(1) 焊条选用原则

1) 对结构钢的焊接

对结构钢(如低碳钢、中碳钢、普低钢)的焊接，应选用强度等级和母材相同或稍高的焊条，但不能选用强度过高的焊条。

2) 对特种钢的焊接

对特种钢，如耐热钢、耐腐蚀钢等，为了保证焊缝接头的特殊性能，则要求选用主要合金元素相同或相近的焊条。

3) 对含碳量或含硫、含磷较高钢材的焊接

如母材由于含碳量较高(如中碳钢)或含硫、含磷较高而产生焊接裂纹的倾向大时，则应选用抗裂性较好的焊条，如碱性低氢型焊条。

4) 考虑焊件的工作条件和使用性能

如承受动荷载的焊件，要求冲击韧性和延伸率较高，最好选用碱性低氢型焊条；耐腐蚀性能高的焊件，应选用相应的耐腐蚀焊条。

5) 考虑焊件形状、钢度大小和焊接部位等

形状复杂、刚度大的焊件，由于焊缝金属收缩应力大，应选用抗裂性较好的焊条。

焊接部位难以清理干净的焊件，应选用氧化性强的，对铁锈、油污、氧化皮敏感性差的酸性焊条。

6) 考虑工艺条件和焊接设备

应选用工艺性能好的焊条，与设备性能相适应的焊条。另外，还要考虑改善劳动条件、提高劳动生产率和经济合理性等因素来选用焊条。

(2) 焊条的鉴别

1) 将焊条数根放在手掌内互相滚击，如发生清脆的金属声，即为干燥的焊条；若有低沉的沙沙声，和表面起粉变色则为受潮的焊条。

2）将焊条在焊接回路中短路数秒钟，如药皮表面有水蒸气产生，则为受潮的焊条。

3）受潮的焊条焊芯上常常有锈痕。

4）对于厚皮焊条，缓慢弯曲至120°，如有大块涂料脱落或涂料表面毫无裂纹，皆为受潮焊条，干燥焊条在轻弯后，有小的脆裂声，继续弯至120°，在药皮受张力的一面应有小裂口出现。

5）焊接中如药皮成块剥落，或产生大量水汽而有爆裂现象，说明是受潮的电焊条。

（3）焊条受潮后的处理

1）由于严重受潮，药皮脱落者，应予报废。

2）已受潮但不很严重，可再干燥。焊接时，如未发现有成块脱落现象和焊缝表面气孔，则说明焊接质量基本上是可以保证的。

3）各类焊条如发生焊芯轻微锈点，根据多方面试验结果，基本上能保证焊接质量。但对于重要工程用的低氢焊条生锈后，则应降级使用。

（4）焊剂使用前必须注意事项

1）除了特殊注明要求之外，所有焊剂在使用之前均需在250℃温度下烘1～2h。

2）施焊前必须对焊接处进行清除铁锈及油污。

3）使用直流电源时一般均用反极性法，即焊丝接正极。

6.2.5 新型焊条发展和使用

为了满足焊接施工不断发展的需要，焊条除了必须具备优良的熔敷金属力学性能、焊接工艺性能外，还必须在下列几方面具有优异的性能。

一是高效率。二是焊条使用方便，再引弧性好，有时还要求药皮具有可挠性，以适应狭小场所的焊接。三是药皮难吸潮，一般条件下焊前可不烘干。四是焊接烟尘发生量低，烟尘中有毒性物质含量少。

近年来，国内外焊条行业进行了大量的实验研究工作，先后研制成功低尘焊条、高效铁粉焊条、高韧性焊条、高效不锈钢焊条、难吸潮焊条及各种专用焊条，在提高焊接质量、焊接生产效率及改善焊接作业条件方面有一定作用，值得进一步研究开发，并大力推广使用。

(1) 低尘焊条

电弧焊时，由于电弧高温的作用，焊条熔滴金属及药皮中各组分蒸发、升华，进入空气中后氧化，冷凝成微小的颗粒，即为焊条发生的烟尘。焊接烟尘对焊工健康产生不良的影响，这主要是因为烟尘中含有多量的 Fe_2O_3，在人肺部会有铁末沉积，影响肺功能。且碱性焊条烟尘中含有可溶性氟化物(主要是氟化钠、氟化钾)，通过呼吸道黏膜渗入毛细血管，易引起急性金属热症状以及呼吸道慢性炎症。焊接烟尘污染了作业环境，尤其是在通风不良的场所(如罐内焊接等)，这种危害在使用低氢型焊条时更为严重。

日本研制成的碱性低尘(少害)焊条 LBM 系列(如 LBM-52、LBM-47 等)，焊条发尘量与烟尘中可溶性氟化物含量均有较大的降低。“神户制钢”的 ZERODE 系列，发尘量比一般焊条降低30%～50%。我国也对低尘焊条进行了广泛深入的研究，先后研制成功卫生指标达到 LBM-52 水平的碱性低尘低毒焊条 J506D 等。国外还开发了发尘速度降低一半的不锈钢焊条，如 SAF 公司的 SAFGREEN308L、SAFGREEN316L 焊条。

当然，低尘焊条的问世，反映了焊条研制、生产部门对焊接环境保护的重视，但不管如何改进，由于焊接电弧高温的作用，焊接烟尘及有害气体的产生可以说是不可避免的，亦即对焊工身体及焊接环境的污染仍会产生一定的影响。因此，在密闭或通风不良环境中施焊，尤其是在采用低氢焊条施焊时，在焊接区配置局部通风除尘装置应该是最佳的选择。

(2) 铁粉焊条

铁粉焊条是在焊条药皮中加入一定数量的铁粉，以改善焊条的焊接工艺性能，提高熔敷效率。一般以加入30%铁粉为标准。当药皮中加入少量铁粉(通常为10%～25%)，主要是为了改善焊接工艺性能，如E5018型。这类焊条药皮外径比普通焊条略粗，仍可进行全位置焊接，其熔敷效率为100%～120%，比普通焊条增加20%～30%。当铁粉加入量超过30%，并适当加大药皮厚度时，就可以大大提高熔敷效率，通常称为高效铁粉焊条，熔敷效率为130%～160%，最高可达250%。铁粉焊条具有优良的工艺性能，焊缝成形平滑，无咬边，溶滴呈喷射状过渡，飞溅很小。含多量铁粉的铁粉焊条，主要用于平焊、横角焊及船形焊。以J500Fe20锆碱性铁粉焊条为例，这种焊条的熔敷效率为200%(即焊接时获得的熔敷金属质量与熔化的焊芯质量之比为200%)。与相同直径的普通焊条相比，焊条熔敷速度提高132%，熔化系数提高18%，熔敷效率提高125.6%，每千克熔敷金属燃弧时间减少124.8%，每千克熔敷金属的耗电量节约37.8%，焊芯用量节约96.9%。显而易见，高效铁粉焊条熔敷效率高，可节省大量工时、人力、电力及钢材消耗，技术经济效益显著。

铁粉焊条按药皮类型不同，也可分为铁粉钛铁矿型(E4323型)铁粉钛型(如E4324型)、铁粉氧化铁型(E4327型)、铁粉低氢型(如E4328型、E5048型)。

铁粉焊条牌号的命名方法是在原来焊条牌号的后面加"Fe"，并标上熔敷效率的1/10数值。如J422 Fe-13，就表示钛钙型铁粉焊条，熔敷效率约为130%，交直流两用。通常把熔敷效率130%作为划分一般铁粉焊条和高效铁粉焊条的界限。

铁粉焊条由于焊接时产生大量烟尘，影响焊接环境，因此，近年来又开发了低尘铁粉焊条，如钛型低尘铁粉焊条TGD-1、ZERODE50F，氧化铁型低尘铁粉焊条等。TGD-1焊条除性能符合国标E5024型要求外，其发尘量规定不大于5g/kg，比普通铁粉焊条要小30%～50%。

(3) 高韧性焊条

随着焊接结构日趋大型化以及运行条件的复杂化，焊接结构的安全运行越来越引起人们的重视。尤其是锅炉、压力容器、海洋工程等的迅速发展，对焊接接头的性能提出了更为严格的要求。在寒冷地区使用或有低温要求的结构，对低温韧性的要求更高，这些都对焊条提出了越来越高的要求。以往，对韧性值的要求都只考核平均值，而近年来不仅考核平均值，而且要求最低保证值；不仅要求焊缝金属的韧性冲击值，同时还要求其 COD 性能指标。

COD 值是指裂纹尖端张开位移量，它反映裂纹尖端的变形能力，根据 COD 值可以推算出结构不产生断裂的允许裂纹长度，试验表明，低温冲击韧性合格的不一定 COD 值能满足要求，镍系焊条便是一例。因此，近年来各国都在积极研制这种既有良好的低温冲击韧性，又有高的 COD 值，并且扩散氢含量低的新型高韧性焊条。

近年来，为了进一步提高焊缝金属的冲击韧性和 COD 特性，开发了 Ti-B 系焊条。通过 Ti、B 的复合作用，可以改变结晶过程中的相变来抑制粗大先共析铁素体出现和促进细小针状铁素体形成，从而使熔敷金属呈现均细显微组织形态，既保证了足够的焊缝强度，又大大改善了低温韧性。除了 Ti-B 系列以外，也可将 Ni 系与 Ti-B 系结合起来，即成为 Ni-Ti-B 系焊条，如神钢的 NB-1S 及 LB-52NS，国内最近开发的 CHJ-507GR 焊条等。

(4) 难吸潮焊条

电焊条药皮中由于含有一些强碱性氧化物，加上药粉颗粒之间的空隙产生的毛细管吸附现象，焊条在烘干后于包装物内贮存期间，以及在施工现场，总要接触含有一定水分的大气，因此药皮吸潮是难免的。这往往是造成焊缝气孔及延迟裂纹等焊接缺陷的重要原因之一。为了去除这种吸湿水分，就必须进行焊前烘干。这样既浪费能源，又给焊接施工带来诸多不便。

所谓难吸潮焊条，就是通过在焊条药皮中加入一些低熔点玻璃粉或其他物质，或经过一定的工艺处理，使焊条药皮的吸潮性大大降低，亦即使焊条药皮具有一定的“抗吸潮能力”。这种焊条的称呼目前尚不统一，也有称为耐吸潮、抗吸潮或低吸潮焊条(在焊条牌号后面加注 LMA 字样)。至于“抗吸潮能力”的具体标准或指标，目前尚无明确规定。通常，可以通过实物对比来进行衡量。即难吸潮焊条与其相同药皮类型的普通焊条，在相同受潮条件下(指一定的温度、湿度条件)长期吸潮(一般为 12～24h)，要求难吸潮焊条的药皮吸潮量大大低于普通焊条。对于具有难吸潮药皮的超低氢焊条，其吸潮后的药皮含水量应为普通低氢焊条的一半以下。

难吸潮焊条在一般焊接结构的施工中，通常可以免去焊前烘干这道工序。对于低氢焊条，由于药皮吸潮量少，降低了焊缝中扩散氢含量，有时可使工件的预热温度降低 25～50℃。因此，近年来，国内外都加强了对焊条药皮抗吸潮能力的研究，不仅开发了难吸潮低氢型焊条，而且还使非低氢型焊条药皮也具有难吸嘲的特点，如难吸潮钛钙型焊条。日本的新型不锈钢焊条 HIM-ELT 系列，其药皮也具有难吸潮特点。

(5) 高效不锈钢焊条

所谓不锈钢焊条的“高效”，实际上可以分为两种类型：一种是熔化系数高，但熔敷效率与普通不锈钢焊条一样；另一种是熔敷效率高，熔化系数也高。

熔化系数高的高效不锈钢焊条主要是采用新型渣系，使熔滴的过渡形态由短路为主变为以喷射为主。在使用同样电流的条件下，熔化系数可比普通钛钙型不锈钢焊条高 20%～35%，焊条长度可增加 50mm，使用的电流也可提高 20%左右。这类焊条药皮类型代号为“17”，已大量生产并得到广泛使用，如国内研制成功的 A102A、A202A 系列，日本“神钢”产的 NCS 系列，荷兰“菲利浦”的 philips316，瑞典 Avesta 公司产的 P5(绿皮)等。

熔敷效率高的高效不锈钢焊条分为以下几种：

1) 低碳钢芯：熔敷效率可达 140%～180%。用这种焊条焊接时，通过电子探针对焊缝成分进行测定表明，在焊缝开始一段合金元素含量显著减少(达 5%)，且沿焊缝截面的化学成分不均匀性较严重，因此，使用受到一定限制。

2）高合金钢焊芯：在药皮中加入 50%～70%的铁粉及其他合金粉，熔敷效率为 160%，堆焊生产率达 40g/min。

3）高合金钢焊芯：药皮中加入大量与焊缝金属成分相近的中间合金粉，可以获得高的熔敷效率，且焊缝成分均匀。

日本“神户制钢”近年来研制成功新型高效不锈钢焊条 HIMELT 系列，该系列焊条允许采用低碳钢焊条的电流，效率高；采用难吸潮药皮，一般焊前可不必再烘干。

（6）专用焊条

“专用”焊条是指比一般“通用”焊条对某些特殊的工艺要求有更好的适应性的焊条。随着焊接工艺的发展，对焊条也提出了更高的要求。在生产实践中，焊条的品种除根据不同钢种的要求外，还根据钢板的不同厚度(薄板、中厚板等)、不同的接头形式(对接、T 形接头等)、坡口的不同焊接部位(底层、表层等)、焊接的不同位置(平、立、横、仰焊等)、不同方向(向上立、向下立)等，生产出特别适用于各种不同要求的焊条。此外，还包括具有某些特殊性能、特殊形状的焊条，如可挠性焊条、躺焊焊条等。这些都称为专用焊条。常用的专用焊条有下列几种。

1）重力焊条：用重力焊机架进行半机械化焊接，具有设备简单，生产效率高，操作方便，减轻劳动强度等优点。其尺寸一般为直径 ϕ4mm～ϕ8mm，长度可达 500～900mm。主要用于横角焊，也可用于平对接焊。常用的有 J421Z16、J422Z13、J503Z 等。重力焊与手弧焊时，在国外，一个焊工可同时操作 5～12 台重力焊机，大大提高焊接生产效率。

2）立向下专用焊条：通常立角焊是采用普通焊条自下而上进行焊接。操作要求较高，焊接速度慢，焊缝剖面凸度大，应力集中系数较大。使用立向下焊条进行立焊操作时，焊接可自上而下进行，焊条一般不做摆动，直拖而下。可以使用较大的电流，并且焊缝美观。采用向下立焊通常可比向上立焊提高效率 30%

以上，并且可节约焊条30%～50%。立向下焊条主要有纤维素型药皮的J505及低氢型药皮的J507X等。

3）管道焊接专用焊条：管道焊接要求焊条的全位置焊接工艺性能特别优良，封底焊时具有良好的抗气孔性及抗裂性，还要有单面焊双面成形的特点。常用的有钛钙型药皮的J422G、纤维素型的J505、低氢型的J507XG等。这类专用焊条还包括所谓的底层焊条，如J505。

4）专用焊条还有在狭坡口中脱渣性特别好的打底焊条；再引弧性及焊缝抗裂性优良的点固焊条；可使用夹具进行低角度接触式焊接的接触焊条；焊条横置在工件焊接线上，焊接时电弧能定向地指向焊接部位，具有特殊断面的躺焊焊条等。

5）除各种碳钢专用焊条外，还根据生产实践的需要，开发出许多供不锈钢施焊的专用焊条。例如，特别适合野外施工焊接管子用的焊条308L/MVR-PW AC/DC（瑞典Avrsta公司），适合进行立向下焊的焊条OK63.64（瑞典ESAB公司）、BS308L-V（荷兰Philips公司）；全位置焊尤其是立焊性能特别优良的焊条NCA-308UL（日本神钢）等。这些专用焊条的开发和应用，不但提高了焊接质量，而且提高了焊接效率，减少了焊接工时和施工费用。

（7）连续焊条

所谓连续焊条是指一种长度大于500mm，在药皮上等距离开制一定形状和尺寸的电接点（或叫导电槽），采用连续动态输电法进行高效焊接的新型涂层焊接材料。对直长型连续焊条，其长度通常为1000mm左右，对半自动、自动焊用的盘状连续焊条，其长度可达数十、甚至数百米，连续焊条上的电接点形式可以是平行的或环形的。连续焊条焊接采用专用的动态输电枪完成导电和送条双重功能。连续焊条及连续焊条电弧焊技术，总称为CCE技术，是我国科技工作者于20世纪90年代初发明的，其包括连续焊条、动态输电枪、连续焊条制造工艺方法及生产设备等一系列专利技术。

6.3 焊丝和焊剂

6.3.1 焊丝、焊剂型号分类

型号分类根据焊丝-焊剂组合的熔敷金属力学性能，热处理状态进行划分。以埋弧焊用焊丝、焊剂介绍。

(1) 碳钢焊丝和焊剂

1) 根据 GB/T 5293—1999《埋弧焊用碳钢焊丝和焊剂》规定，焊丝-焊剂组合的型号编制方法如下：字母“HJ”表示焊剂；第一位数字表示焊丝-焊剂组合的熔敷金属抗拉强度的最小值，用 3、4、5 表示；第二位字母表示试件的热处理状态，“0”表示焊态，“1”表示焊后热处理状态；第三位数字表示熔敷金属冲击韧度值不小于 34J/h 的最低试验温度；“-”后面表示焊丝的牌号，焊丝的牌号按 GB/T 14957。

2) 完整的焊丝-焊剂型号示例如下：

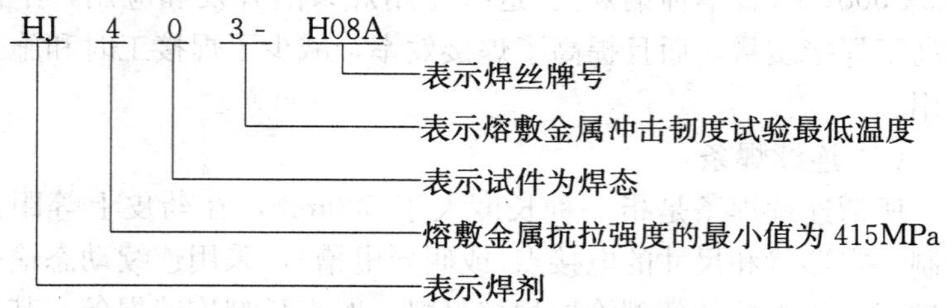

(2) 低合金钢焊丝和焊剂

1) 根据 GB/T 12470—2003《埋弧焊用低合金钢焊丝和焊剂》规定，焊丝-焊剂组合的型号编制方法为 F××××-H×××。其中字母“F”表示焊剂；“F”后的两位数字表示焊丝-焊剂组合的熔敷金属抗拉强度最小值；第二位字母表示试件的状态，“A”表示焊态、“P”表示焊后热处理状态；第三位数字表示熔敷金属冲击吸收功不小于 27J 时的最低试验温度；“-”后面表示焊丝的牌号，焊丝牌号的依据是 GB/T 14957 和 GB/T 3429。如果需要标注熔敷金属中扩散氢含量时，可用后缀“H×”表示。

2）完整的焊丝-焊剂型号示例如下：

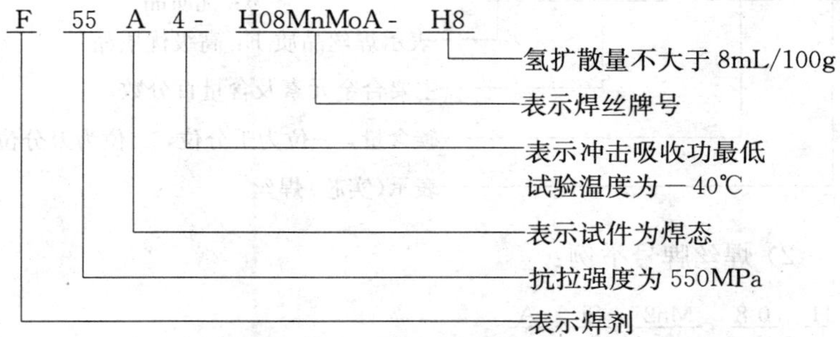

注：H8 代号标注与否由焊剂生产厂决定。

6.3.2 常用焊丝牌号与型号

(1) 焊丝分类

焊丝分类见图 6-2。

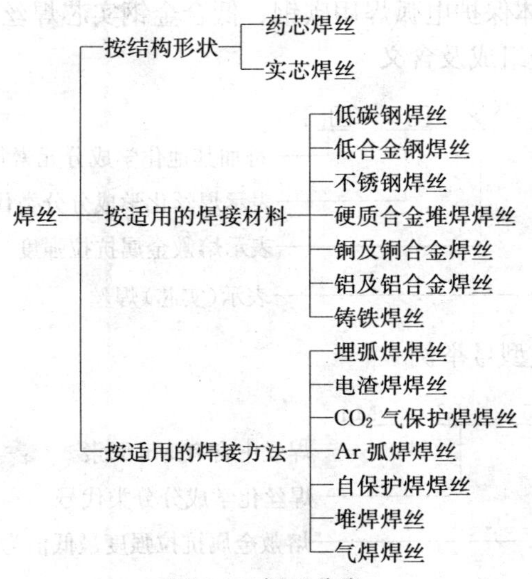

图 6-2 焊丝分类

(2) 埋弧焊、电渣焊碳钢、低合金钢实芯焊丝牌号

1) 牌号组成及含义

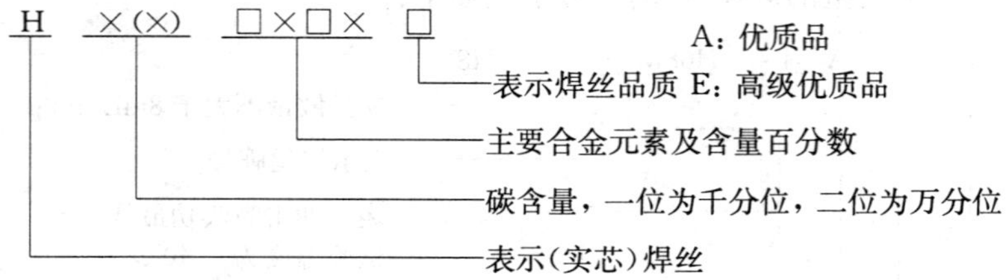

2) 焊丝牌号举例：

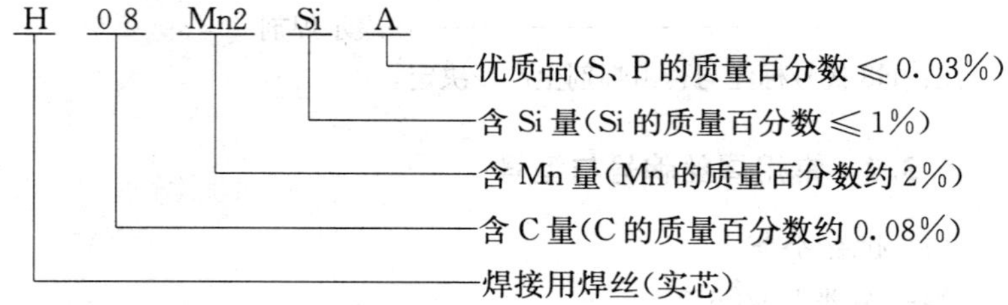

(3) 气体保护电弧焊用碳钢、低合金钢实芯焊丝型号

1) 型号组成及含义

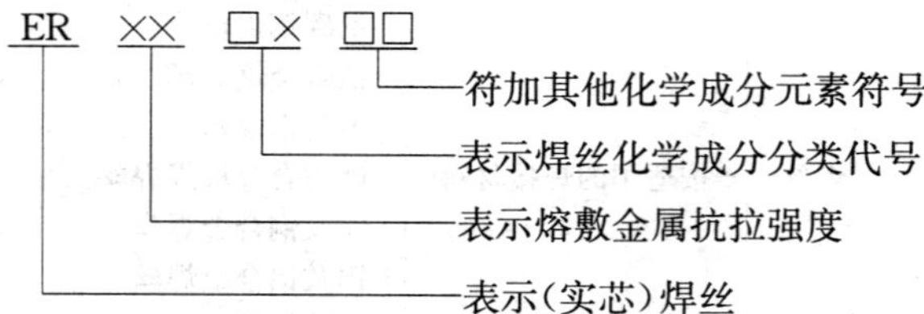

2) 焊丝型号举例

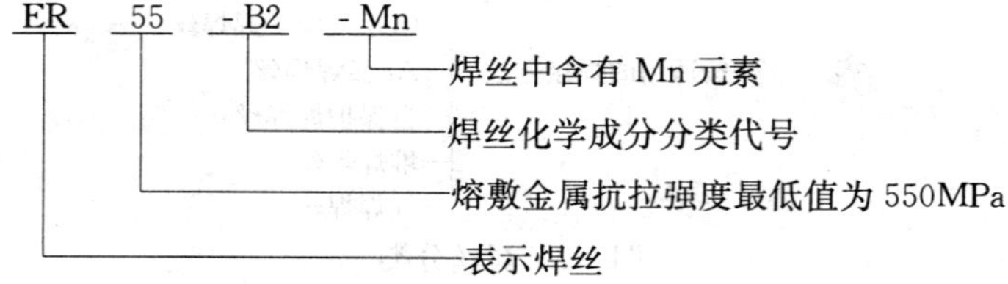

（4）碳钢药芯焊丝型号

1）型号组成及含义

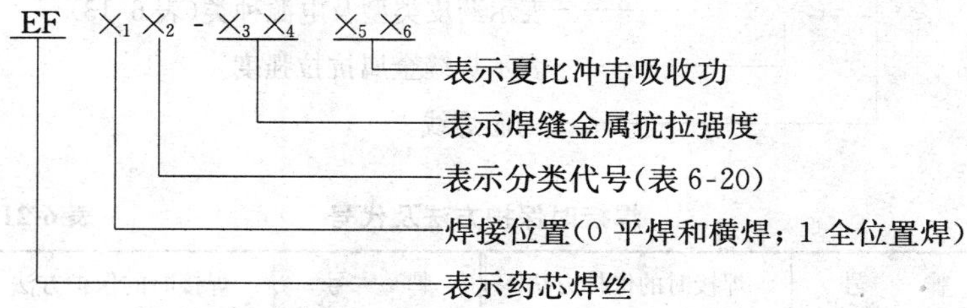

碳钢药芯焊丝 **表 6-20**

焊丝类型	药芯类型	保护气体	电源种类	适用性
EF×1	氧化钛型	CO_2	直流反接	单道焊和多道焊
EF×3	氧化钙-氟化物型			
EF×4		自保护		
EF×5			直流正接	
EF×G		—	—	
EF×2	氧化钛型	CO_2	直流反接	单道焊
EF×GS	—	—	—	

2）型号举例：

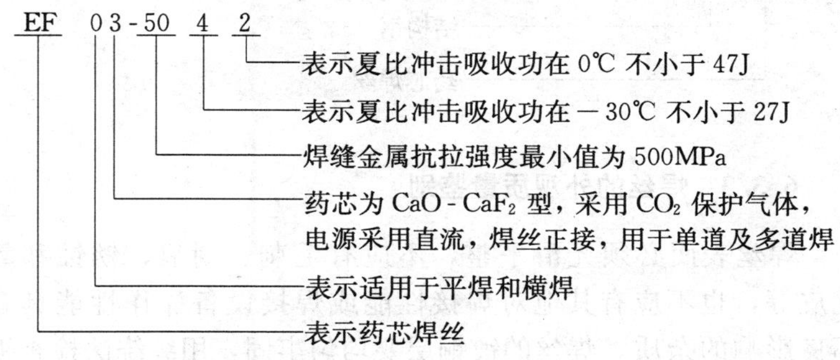

（5）碳钢药芯焊丝牌号

1）牌号组成及含义

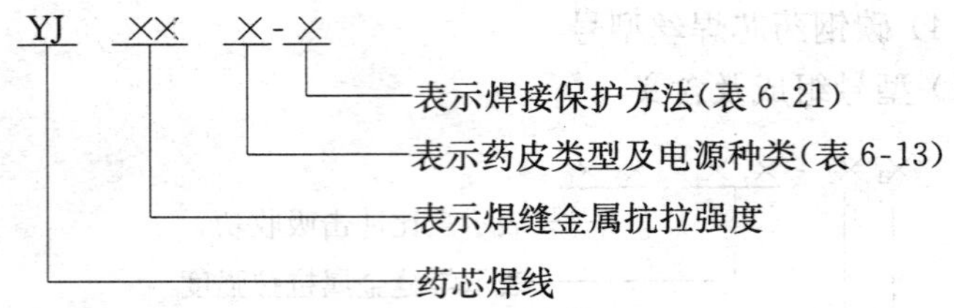

焊接时保护方法及代号 **表 6-21**

牌　　号	焊接时的保护方法	牌　　号	焊接时的保护方法
YJ×××-1	气保护	YJ×××-3	气保护自保护两用
YJ×××-2	自保护	YJ×××-4	其他保护形式

药芯焊丝有特殊性能和用途时，则在牌号后面加注起主要作用的元素或主要用途的字母(一般不超过 2 个)。

2）牌号举例：

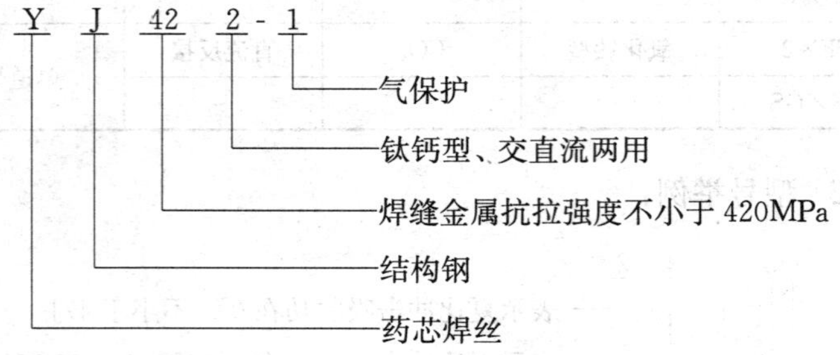

6.3.3 焊丝的外观质量鉴别

焊丝表面必须光滑平整，不应有毛刺、划痕、锈蚀和氧化皮等，也不应有其他对焊接性能或焊接设备操作性能具有不良影响的杂质。焊丝的镀铜层要均匀牢固，用缠绕法检查镀铜层的结合力时，应不出现起鳞与剥离现象。外观质量鉴别见表 6-22。

焊丝的外观要求　　　　表 6-22

<table>
<tr><th rowspan="2">焊丝类别</th><th colspan="3">允许偏差(mm)</th><th rowspan="2">焊丝表面质量要求</th><th rowspan="2">备　注</th></tr>
<tr><th>直径(mm)</th><th>普通精度</th><th>较高精度</th></tr>
<tr><td rowspan="4">焊接用钢丝</td><td>≤0.8</td><td>−0.07</td><td>−0.04</td><td rowspan="4">表面不应有锈蚀、氧化皮，允许有不超过直径允许偏差之半的划伤及不超出直径偏差的局部缺陷存在</td><td rowspan="4">各种焊丝的成分、性能是主要技术要求之一。本节各表已述及不另列出，也可查阅有关国标(下同，不另加注)</td></tr>
<tr><td>1～3</td><td>−0.12</td><td>−0.06</td></tr>
<tr><td>3.2～6.0</td><td>−0.16</td><td>−0.08</td></tr>
<tr><td colspan="3">椭圆度不大于直径偏差的 75%</td></tr>
<tr><td rowspan="3">气体保护焊用钢丝</td><td>0.5
0.6</td><td>+0.01
−0.05</td><td>+0.01
−0.03</td><td rowspan="3">未镀铜焊丝表面不应有氧化皮、麻坑，允许有不超出直径偏差之半的局部缺陷
镀铜焊丝表面应光滑，不得有肉眼可见的裂纹、麻点、锈蚀。镀铜应均匀牢固</td><td rowspan="3">镀铜焊丝在牌号后加“DT”，焊丝中 Cu 的总质量分数应不大于 0.5%。尚需检查镀层强度，翘距等</td></tr>
<tr><td>0.8、1.0、1.2、1.4、1.6、2.0、2.5</td><td>+0.01
−0.09</td><td>+0.01
−0.04</td></tr>
<tr><td>3.0
3.2</td><td>+0.01
−0.09</td><td>+0.01
−0.07</td></tr>
<tr><td rowspan="2">药芯焊丝</td><td>1.2、1.4、1.6</td><td colspan="2">±0.05</td><td rowspan="2">表面应光滑、无毛刺、凹坑、划痕、锈皮和油污，也不应有其他对焊接性能或操作性能有不良影响的杂质</td><td rowspan="2">药芯应分布均匀</td></tr>
<tr><td>2.0、2.4、2.8、3.2、4.0</td><td colspan="2">±0.08</td></tr>
</table>

6.3.4　焊剂的分类、型号与牌号

(1) 焊剂分类。

焊剂分为熔炼焊剂和非熔炼焊剂两大类。非熔炼焊剂中常用的为烧结焊剂。

(2) 焊剂牌号

1) 熔炼焊剂牌号

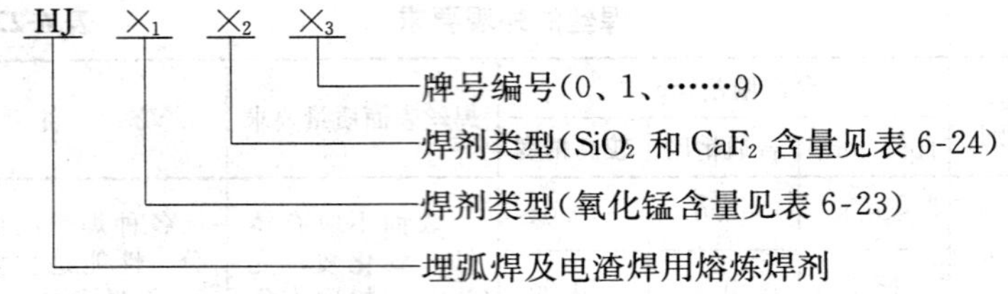

焊剂类型（$\times_1$） 表 6-23

$\times_1$	1	2	3	4
焊剂类型	无锰	低锰	中锰	高锰

焊剂类型（$\times_2$） 表 6-24

$\times_2$	焊剂类型	$\times_2$	焊剂类型	$\times_2$	焊剂类型
1	低硅低氟	4	低硅中氟	7	低硅高氟
2	中硅低氟	5	中硅中氟	8	中硅高氟
3	高硅低氟	6	高硅中氟	9	其　　他

2）烧结焊剂牌号

烧结焊剂用字母“SJ”和三位数字表示如下：

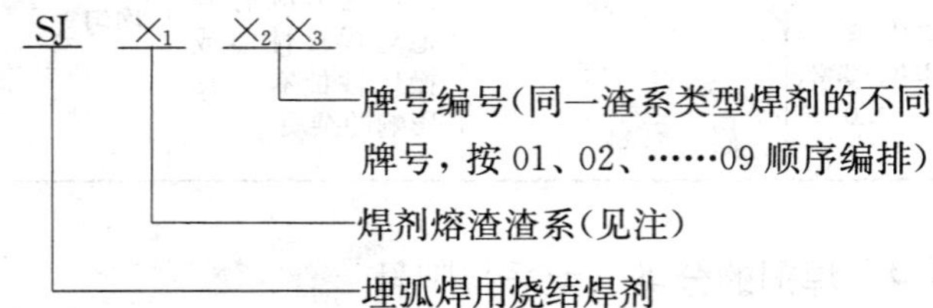

注：1——氟碱型；2——高铝型；3——硅钙型；4——硅锰型；5——铝钛型；6、7——其他型

（3）焊剂型号

1）碳钢埋弧焊用焊剂

① 型号组成与含义：

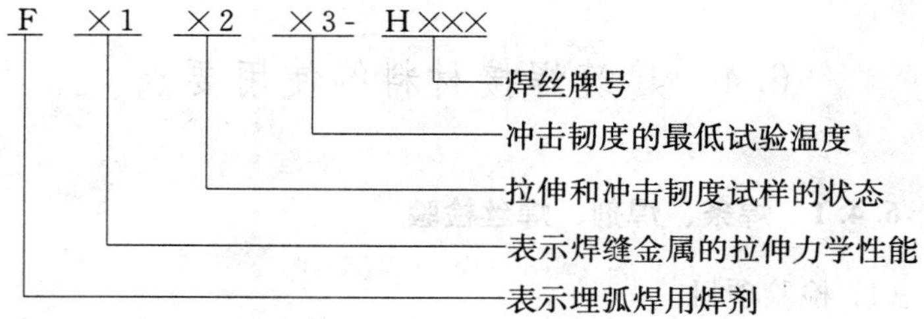

② 型号举例：

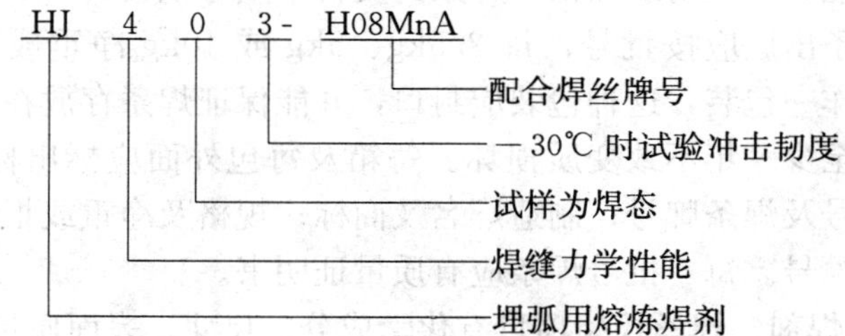

2）低合金钢埋弧焊用焊剂

① 型号组成与含义：

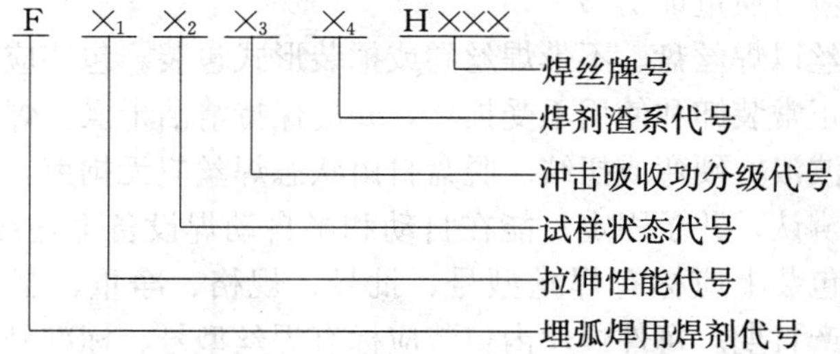

② 型号举例：

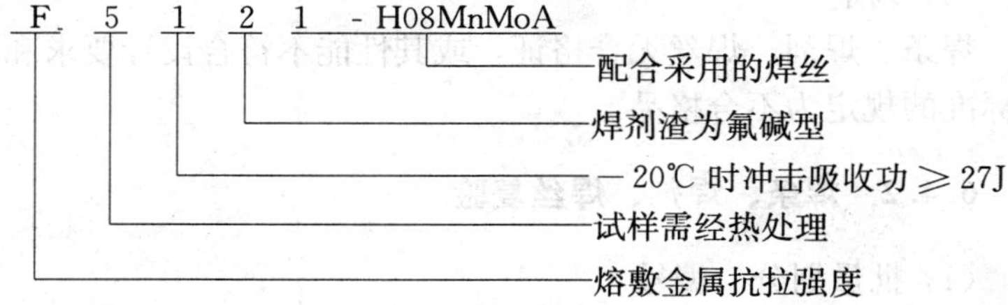

6.4 建筑焊接材料的使用要点

6.4.1 焊条、焊剂、焊丝检验

(1) 检验项目

1) 焊条检验项目有角焊缝、熔敷金属化学成分、熔敷金属力学性能、焊缝射线探伤、焊条药皮含水量等项目。

焊条出厂应按批号，每 2.5kg、5kg 或 10kg 净重或按相应的根数作一包装，这种包装应封口，并能保证焊条存放在干燥仓库中，至少一年不致变质损坏。每箱及每包外面应标出标准号、焊条型号及焊条牌号；制造厂名及商标；规格及净重或根数；批号及检验号。每一批号焊条应有质量证明书。

2) 焊剂、焊丝检验项目有化学成分、尺寸、表面质量。

焊剂出厂应在每个焊剂包装上都标出焊剂的商品名称；焊剂型号和标准号；焊剂批号；焊剂净重；生产日期；供方名称。每批焊剂应有质量证明书。

焊丝以焊丝盘、不带焊丝卷或桶装形式包装。包装应能防止焊丝在正常装卸和使用不受损坏，并应保持清洁干燥。焊丝缠绕应避免波浪、硬弯或扭结。脱盘自由状态焊丝应无拘束，始端应能容易辨认，并予固定；能在自动和半自动焊设备上连续送丝。焊丝外包装上应标有焊丝型号、批号、规格、净重、制造厂名称、生产日期。每件焊丝内包装应标有焊丝型号、标准号、检验号、规格、净重、制造厂名称。

(2) 判定

焊条、焊剂、焊丝无合格证，或其性能不符合设计要求和有关标准的规定为不合格品。

6.4.2 焊条、焊剂、焊丝复验

(1) 批量划分、编号

1）每批焊条由同一批号焊芯、同一批号主要涂料原料、以同样涂料配方及制造工艺制成。碳钢焊条的E××01、E××03或E4313型焊条的每批最高量为100t。其他型号焊条的每批最高量为50t。低合金钢焊条批量划分见表6-25。

低合金钢焊条每批最高量　　表6-25

焊条型号	每批最高量(t)	焊条型号	每批最高量(t)
E××03-× E××13-×	50	E××11-× E××15-× E××16-× E××18-× E××20-× E××27-×	30
E××00-× E××10-×	30		

2）每批焊剂系指用批号不变的原材料、按同一配方、以相同的制造工艺所生产的焊剂而言，且每批焊剂的最高质量不得超过60t。

3）成品焊丝按批验收。每批焊丝由同一炉号，同规格、同一交货状态的焊丝组成。

（2）取样

1）焊条：每批焊条试验时，按照需要数量至少在3个部位平均取有代表性的样品。

2）焊丝：每批焊丝中，抽取3%。但不少于两盘(卷、捆)，进行化学成分、尺寸和表面质量检验。

3）焊剂：若焊剂散放时，每批焊剂抽样不少于6处。若从包装的焊剂中取样，每批焊剂至少抽取6袋，每袋中抽取一定量的焊剂，总量不少于10kg。并混合均匀，用四分法取出5kg焊剂，供焊接试件用，余下的5kg用于其他项目检验。

（3）复验

1）焊条：任何一项检验不合格时，该项检验应加倍复验，当复验拉伸试验时，抗拉强度、屈服强度及伸长率同时作为复验项目。其试样可在原试板或新焊的试板上截取。加倍复验结果应符合对该项检验的规定。

2）焊剂、焊丝：任何一项检验不合格时，该项检验应加倍复验。当复验拉伸试验时，抗拉强度、屈服强度及伸长率同时作为复验项目。

取样可在原试件或新试件上截取，加倍复验结果应符合对该项检验的规定。

6.4.3 焊条、焊剂、焊丝使用注意事项

（1）运输和贮存

焊接材料应分类运输，不得受雨淋、风吹和烈日暴晒。

焊接材料必须贮存于通风良好、干燥的仓库，堆放时均须垫高（不低于300mm），且距墙壁300mm以外。各类焊接材料必须分类堆放，上下左右空气畅通，且具有一定的温度和湿度，防止焊接材料受潮变质。

（2）焊接安全防护

进行焊接的场所面积不得小于4m^2，墙壁不得用易燃材料构成，且具有良好的通风。电焊工作场所附近5m以内不得放有易燃、易爆物品。电焊工人应配有装着特殊的护目玻璃的专用护板或面罩。进行电焊的地方应该用能够移动的轻便护板围起来，以免电焊弧光刺激在附近工作的其他工种工人的眼睛和皮肤。

（3）焊接操作

应严格按照产品相应的工艺要求。采用新材料时，必须要做可焊性试验，确定合适的工艺参数。应尽量避免露天作业，刮风下雨、降雪天气时，必须有遮风雨雪棚。低温条件下，进行焊接的场所尽可能在零度以上，必要时配置暖气或火炉；必须清除焊件和焊缝附近的水分；必须对焊缝进行预热及退火。

（4）焊接缺陷及焊接接头的质量检查

焊接有外部缺陷(用肉眼或低倍放大镜在焊缝外部可观察)和内部缺陷(用破坏性试验或射线透视来探测)。通过外观检查，发现的缺陷可铲去重新补焊。内部缺陷可用射线透视、超声波探伤或磁性探伤等。根据具体要求还可做相应的机械性能试验、金相试验、水压试验或断开试验。

7 建筑木材

木材是人类最早使用的建筑材料之一。作为承重材料，具有独特的优越性能。现代建筑中，木材在木结构、门窗、地板、木装饰板、脚手架及模板工程中的广泛应用，使其与钢材、水泥并称为三大建筑材料。

7.1 建筑木材基础

7.1.1 木材的树种知识

建筑工程中使用的木材是由树木锯解加工而成，树木的种类不同，木材的性质及应用也不同，因此必须了解树木的种类，才能合理地选用木材。树木分为针叶树和阔叶树两大类，每一类树木各自的特点及用途见表 7-1。

树木的分类和特点 **表 7-1**

种类	特点	用途	树种
针叶树（软木材）	树叶呈针状，树干直且高大，易得木材，纹理顺直，材质均匀，木质软，体积密度小，易于加工，强度高，胀缩变形小	建筑工程中常用作主要承重结构材料	松树、杉树、柏树等
阔叶树（硬木材）	树叶宽大，树干通直部分短，材质坚硬，加工难，易胀缩、翘曲、开裂	不宜作承重结构，多用于内部装饰和制作家具	榆树、桦树、水曲柳、柞树、桉树、椴树、杨树等

(1) 针叶树

1) 红松(亦称果松)

树干纹理通直，易得大材，结构较细，木质较轻，易于加工，树脂多，耐腐朽且不易开裂，边材与心材界限明显。边材呈黄白色，心材色黄微红，适于干湿交替环境中作建筑房屋的承重构件、装修零件和桥梁、木桩、电杆及车船制造等，系东北出产用途最广的优良木材。

2) 白松

在建筑工程中所称白松，通常多指臭松(冷杉)、鱼鳞松(云杉)及其他云杉或冷杉属木材。此种树干纹理通直，木质轻软，易于加工，颜色较白，边材与心材不明显，树脂较少，风干时易开裂，最适于用作造纸原料，也广泛用于建筑房屋的承重构件和装修材料。

3) 杉木(沙木)

杉木根据产地不同有许多名称，在贵州、湖南、广西所产的一般称广木，在江西、安徽所产的称西木，福建产的称建木，另外四川、云南及浙江等省均有出产。

杉木成长很快，纹理通直，结构较细，木质较轻，无树脂沟，易加工，春夏材区别明显，边材黄白色，心材黄褐色，韧性很强，比较耐久，有香气，不受白蚁蛀蚀，不易翘曲，是我国南部各省的优良木材。杉木可用作建筑工程中的承重和装修材，也可作为桥梁、木桩、电杆及造船等用材。

4) 落叶松(亦称黄花松)

是针叶树中的落叶乔木，边材色白，心材呈黄褐或微红，年轮明显，结构较粗，比红松坚硬且略脆，树脂多，耐水性强，耐腐朽，易生纵向裂纹，重力密度较大，是针叶树种中树干最粗大的，最适于作桥梁、木桩、电杆及造船等用材，也可作为房屋的承重构件和装修零件使用。生长在长白山和兴安岭等寒冷地带，多为天然林；陕西、新疆、云南等省也有出产。

5) 柏木

纹理直，结构细致，春夏材区分不明显，边材黄白色，心材呈黄褐色，有香味，含单宁质较多，故耐腐，多用作家具、铅笔，少量用于建筑装修工程。

(2) 阔叶树

1) 柞木(栎、橡木)

为落叶乔木，产于我国北部和中部各省。其纹理偏斜、结构较粗，边材淡黄色，心材褐色，质硬而强韧，耐腐朽、耐摩擦，髓线粗大明显，纹理美观，宜作耐磨构件，用于地下桩基工程，较耐久；用于承压、受振动构件也较适宜。但加工较难，为常用建筑木材中最强韧的木材之一。

2) 水曲柳

产于东北长白山，大、小兴安岭等地区，树干直，纹理美观，木材呈淡褐色，质硬而强韧，富弹性，能耐水、湿，耐久性强，但收缩、翘曲较大，主要作建筑装修材料和胶合板等，也可制作枕木和各种器具零件。

3) 榆木

边材呈黄色，心材暗褐，木质坚硬，富韧性且耐久，髓线较明显，纹理很美观，但收缩变形较大，干燥时易翘曲开裂，加工比较困难，宜作建筑装饰装修材料和家具用材。

4) 核桃楸

我国东北部，鸭绿江沿岸出产很多。木质呈淡褐而微紫，木质较硬，胀缩小，不易弯曲，易加工，可作装修材料，也可制作家具和其他零件。

5) 樟木

产于两湖、两广、云南、贵州、台湾等地。木质细致且韧，纹理美观，耐久性好，可供制作家具之用。

6) 杨木

产地分布极广，全国各地皆产。其生长很快，材质淡黄，质软，易腐朽，但胀缩小，易得大材，多用作次要建筑的承重构件和部分装修零件，也宜作火柴、造纸等。

7.1.2 木材的构造与性质

木材的构造决定木材的性质。不同树种以及生长环境条件不同，使各种树种的木材构造差别很大，而且物理性质、力学性质也互异。

(1) 木材的构造

1) 木材的宏观构造

木材的宏观构造用肉眼和放大镜就能观察到，通常从树干的3个切面上来进行剖析，即横切面(垂直于树轴的面)、径切面(通过树轴的纵切面)和弦切面(平行于树轴的纵切面)。

树木是由树皮、木质部和髓心等部分组成。一般树的树皮均无使用价值，只有黄菠萝和栓皮栎两种树的树皮是高级的保温隔热材料。髓心是树木最早形成的木质部分，它易于腐朽，故一般不用。建筑使用的木材都是树木的木质部，木质部的颜色不均，一般而言，接近树干中心者木色较深，称心材，靠近外围的部分色较浅，称边材，心材比边材的利用价值要大些。

从横切面上看到木质部具有深浅相间的同心圆环，此谓年轮，在同一年轮内，春天生长的木质，色较浅，质较松，称为春材(早材)，夏秋两季生长的木质，色较深，质较密，称为夏材(晚材)。相同树种，年轮越密而均匀，材质越好；夏材部分愈多，木材强度越高。

从髓心向外的辐射线，称为髓线，髓线与周围组织连接较差，木材干燥时易沿此开裂。年轮和髓线组成了木材美丽的天然纹理。

2) 木材的微观构造

木材的微观构造需在显微镜下观察，这时可以看到，木材是由无数管状细胞紧密结合而成，它们大部分为纵向排列，少数横向排列(如髓线)。每个细胞又由细胞壁和细胞腔两部分组成，细胞壁又是由细纤维组成，所以木材的细胞壁越厚，细胞腔越小，木材越密实，其表观密度和强度也越大，但胀缩变形也大。与春材相比，夏材的细胞壁较厚，细胞腔较小，所以夏材的构造比春材密实。

针叶树与阔叶树的微观构造有较大差别，针叶树材微观构造简单而规则。它主要由管胞、髓线和树脂道组成，其中管胞占总体积的90%以上，且其髓线较细而不明显。阔叶树材微观构造较复杂，其细胞主要有木纤维、导管和髓线，它的最大特点是髓线很发达，粗大而明显，这是鉴别阔叶树材的显著特征。

3）木材构造与木材性质的关系

木材具有许多孔隙，孔隙绝大部分是细胞腔，其次是细胞之间的间隙。因此木材质轻、容易加工、隔热、隔声和电绝缘，并具有较高的弹性和韧性；在受动荷载和冲击荷载时，即使超过弹性极限范围，也能吸收相当部分的能量，木材横纹受力时此种特性尤其显著。

由于多孔隙，木材吸水率很大，同时因含对真菌和昆虫有营养的成分，真菌和昆虫容易生长活动。

木材的多孔性使木材易于进行化学加工，如制浆和水解、防腐和干燥处理，以及木材改性等。

由于木材组织呈现三维结构，使木材的强度、导热性和导电性，以及变形性质等在各个方面存在较大的差别，因此对木材的加工和使用，都要考虑选择合适的方向。

（2）木材的化学组成

1）构成细胞壁的主要化学组成

细胞壁的主要化学组成是纤维素（占40%～50%）、半纤维素（占20%～35%）和木质素（占20%～35%）。纤维素不溶于水，其化学结构为$(C_6H_{10}O_5)_n$，n＝8000～10000，沿细胞壁纵向成束排列；半纤维素化学结构类似纤维，但链较短，n大约为150；木质素是一种无定形物质，没有线形分子，其作用是将纤维素和半纤维素粘结在一起，构成坚韧的细胞壁，使木材具有强度和刚度。

2）存在于细胞壁和细胞腔中的少量有机可提取物

木材中的有机可提取物因树种而不同，它们是：树脂(如松脂)、树胶(黏液)、单宁(鞣料)、精油(如樟脑油)、生物碱(可作药用)、蜡、色素、糖和淀粉等。木材中可提取物的种类和数量，对木材的耐腐蚀性有重要影响。

3）含量极少的无机物(灰分)

木材燃烧时，有机物烧尽，只剩下约1%的无机灰分，灰分主要是钾、钠和钙的碳酸盐。

(3) 木材的物理性质

木材的物理性质主要有含水率、湿胀干缩、密度和导热系数等性能，其中含水率对木材的湿胀干缩性和强度影响很大。

1）木材的含水率

木材的含水率是指木材中所含水的质量占干燥木材质量的百分数。新伐木材的含水率在35%以上；风干木材的含水率为15%～25%；室内干燥木材的含水率常为8%～15%。木材中所含水分不同，对木材性质的影响也不一样。

① 木材中的水分

木材中主要有3种水，即自由水、吸附水和结合水。自由水是存在于木材细胞腔和细胞间隙中的水分，吸附水是被吸附在细胞壁内细纤维之间的水分。自由水的变化只与木材的表观密度、燃烧性、干燥性等有关，而吸附水的变化是影响木材强度和胀缩变形的主要因素。结合水是木材中构成细胞化学成分的化合水，它在常温下不变化，故其对木材性质无影响。

② 木材的纤维饱和点

当木材中无自由水，而细胞壁内吸附水达到饱和时，这时的木材含水率称为纤维饱和点。木材的纤维饱和点随树种而异，一般介于25%～35%，通常取其平均值，约为30%。纤维饱和点是木材物理力学性质发生变化的转折点，是木材含水率能否影响其强度和湿胀干缩的临界值。

③ 木材的平衡含水率

木材中所含的水分是随着环境的温度和湿度的变化而改变

的，当木材长时间处于一定温度和湿度的环境中时，木材中的含水量最后会达到与周围环境湿度相平衡，这时木材的含水率称为平衡含水率。木材的平衡含水率是木材进行干燥时的重要指标。

木材的平衡含水率随其所在地区不同而异，我国北方为12%左右，南方约为18%，长江流域一般为15%。当周围空气的相对湿度为100%时，木材的平衡含水率等于其纤维饱和点。

2）木材的湿胀与干缩变形

木材具有很显著的湿胀干缩性，其规律是：当木材的含水率在纤维饱和点以下时，随着含水率的增大，木材体积产生膨胀，随着含水率减小，木材体积收缩；而当木材含水率在纤维饱和点以上，只是自由水增减变化时，木材的体积不发生变化。

由于木材为非匀质构造，故其胀缩变形各向不同，其中以弦向最大，径向次之，纵向（即顺纤维方向）最小。当木材干燥时，弦向干缩约为6%～12%，径向干缩3%～6%，纵向仅为0.1%～0.35%。木材弦向胀缩变形最大，是因受管胞横向排列的髓线与周围连接较差所致。木材的湿胀干缩变形还随树种不同而异，一般来说，表观密度大的、夏材含量多的木材，胀缩变形就较大。

板材距髓心愈远，由于其横向更接近于典型的弦向，因而干燥时收缩愈大，致使板材产生背向髓心的反翘变形。干燥会使木材产生裂缝或翘曲变形而影响使用。

木材显著的湿胀干缩变形，对木材的实际应用带来严重影响。干缩会造成木结构拼缝不严、接榫松弛、翘曲开裂，而湿胀又会使木材产生凸起变形。为了避免这种不利影响，关键是在木材加工制作前预先将其进行干燥处理，使木材干燥至其含水率与将做成的木构件使用时所处环境的湿度相适应时的平衡含水率。

3）木材的密度、表观密度

木材平均密度约为1550kg/m^3。常用木材的气干表观密度平均为500kg/m^3。表观密度的大小与木材种类及含水率有关，如夏材含水量多其表观密度大。含水率变化其木材的质量将随之发生变化，确定木材表观密度时，要在含水率为15%时的标准含水率情况下进行。

4）木材的导热系数

木材的导热系数随其表观密度成正比增大，径向和弦向的导热系数大致相同，但纵向导热系数较横向大约高1倍，例如表观密度为550kg/m^3 的松木，其横向导热系数为0.174W/(m·K)，纵向的约为0.30W/(m·K)。木材的导热系数也随含水率的提高而增大，一般气干材，在室温15～30℃下的导热系数在0.088～0.180W/(m·K)的范围内。木材的热膨胀系数很小，实用上可不予考虑。

5）木材的可燃性

木材在高于100℃时会发生热分解产生可燃气体，当温度升到250℃左右时可燃性气体达到闪火温度，即达到闪点。当温度升至450℃木材会自燃起火，这一温度称为燃点。木材燃烧放出大量可燃气体，可燃气体的活化基燃烧后又放出新的活化基，使火越烧越旺，此时为气相燃烧。达450℃以上，木材形成固相燃烧，木材自燃起火。

(4) 木材的强度

1）木材的强度指标

在建筑结构中，木材常用的强度有抗拉、抗压、抗弯和抗剪强度。由于木材的构造各向不同，致使各向强度有差异，为此木材的强度有顺纹强度和横纹强度之分。木材的顺纹强度比其横纹强度要大得多，所以工程上均充分利用它们的顺纹强度。从理论上讲，木材强度中以顺纹抗拉强度为最大，其次是抗弯强度和顺纹抗压强度，但实际上是木材的顺纹抗压强度最高，这是由于木材是经数十年自然生长而成的建筑材料，其间或多或少会受到环境不利因素影响而造成一些缺陷，如木节、斜纹、夹皮、虫蛀、腐朽等，而这些缺陷对木材的抗拉强度影响极为显著，从而造成实际抗拉强度反而低于抗压强度。

当以顺纹抗压强度为1时，木材理论上各强度大小关系见表7-2所示，我国建筑工程上常用树材的主要物理力学性能见表7-3。

木材理论上各强度大小关系 **表7-2**

抗压		抗拉		抗弯	抗剪	
顺纹	横纹	顺纹	横纹		顺纹	横纹切断
1	1/10～1/3	2～3	1/20～1/3	1.5～2	1/7～1/3	1/2～1

木材的强度检验是采用无疵病的木材制成标准试件，按《木材物理力学试验方法》(GB 1927—1943)进行测定。试验时，木材在各向上受不同外力时的破坏情况各不相同，其中顺纹受压破坏是因细胞壁失去稳定所致，而非纤维断裂。横纹受压是因木材受力压紧后产生显著变形而造成破坏。顺纹抗拉破坏通常是因纤维间撕裂而后拉断所致。木材受弯时其上部为顺纹受压，下部为顺纹抗拉，水平面内则有剪力，破坏时首先是受压区达到强度极限，产生大量变形，但这时构件仍然继续承载，当受拉区也达强度极限时，则纤维及纤维间的连接产生断裂，导致最终破坏。

木材受剪切作用时，由于作用力对于木材纤维方向的不同，可分为顺纹剪切、横纹剪切和横纹切断3种，顺纹剪切破坏是由于纤维间连接撕裂产生纵向位移和受横纹拉力作用所致；横纹剪切破坏完全是因剪切面中纤维的横向连接被撕裂的结果；横纹切断破坏则是木材纤维被切断，这时强度较大，一般为顺纹剪切的4～5倍。

常用树种的木材主要物理力学性能 **表7-3**

树种名称	产地	气干表观密度 (kg/m^3)	顺纹抗压强度 (MPa)	顺纹抗拉强度 (MPa)	抗弯强度 (MPa)	顺纹抗剪强度 (MPa)	
						径面	弦面
针叶树材：							
杉木	湖南	371	38.8	77.2	63.8	4.2	4.9
	四川	416	39.1	83.5	68.4	6.0	5.9

续表

树种名称	产地	气干表观密度（kg/m³）	顺纹抗压强度（MPa）	顺纹抗拉强度（MPa）	抗弯强度（MPa）	顺纹抗剪强度（MPa）	
						径面	弦面
红松	东北	440	32.8	98.1	65.3	6.3	6.9
马尾松	安徽	533	41.9	99.0	80.7	7.3	7.1
落叶松	东北	641	55.7	129.9	109.4	8.5	6.8
鱼鳞云杉	东北	451	42.4	100.9	75.1	6.2	6.8
柏木	湖北	600	54.3	117.1	100.5	9.6	11.1
阔叶树材：							
柞栎	东北	766	55.6	155.1	124.1	11.8	12.9
麻栎	安徽	930	52.1	155.4	128.6	15.9	18.0
水曲柳	东北	686	52.5	138.1	118.6	11.3	10.5
杨木	陕西	486	42.1	107.0	79.6	9.5	7.3

注：此表只能参考，不能用于设计和施工。

2）影响木材强度的主要因素

① 木材的表观密度

木材的表观密度是单位体积内木材物质数量的标志，表观密度越大，强度越高，木材表观密度和强度之间大体存在直线关系。

② 含水率的影响

木材的强度受含水率的影响很大，其规律是：当木材的含水率在纤维饱和点以下时，随含水率降低，即吸附水减少，细胞壁趋于紧密，木材强度增大，反之，则强度减小。当木材含水率在纤维饱和点以上变化时，木材强度不改变。为了保证木材的强度，在进行木结构设计时，一定要考虑具有良好的通风条件。

我国木材试验标准规定，测定木材强度时，应以其标准含水率（即含水率为 15%）时的强度测值为准，对于其他含水率时的强度测值，应换算成标准含水率时的强度值。其换算经验公式如下：

$$\sigma_{15}=\sigma_{W}[1+a(W-15)]$$

式中 σ_{15}——含水率为15%时的木材强度(MPa)；

σ_{W}——含水率为W时的木材强度(MPa)；

W——试验时的木材含水率(%)；

a——木材含水率校正系数。

a随作用力和树种不同而异，如顺纹抗压所有树种均为0.05；顺纹抗拉时阔叶树为0.015，针叶树为0；抗弯所有树种为0.04；顺纹抗剪所有树种为0.03。

③ 负荷时间的影响

木材对长期荷载的抵抗能力与对暂时荷载不同。木材在外力长期作用下，只有当其应力远低于强度极限的某一定范围以下时，才可避免木材因长期负荷而破坏。这是由于木材在外力作用下产生等速蠕滑，经过较长的时间，最后达到急剧产生大量连续变形所致。

木材在长期荷载作用下不致引起破坏的最大强度，称为持久强度。木材的持久强度比其极限强度小得多，一般为极限强度的50%～60%。一切木结构都处于某一种负荷的长期作用下，因此在设计木结构时，应考虑负荷时间对木材强度的影响。

④ 温度的影响

木材随环境温度升高强度会降低。当温度由25℃升到50℃时，针叶树抗拉强度降低10%～15%，抗压强度降低20%～24%。当木材长期处于60～100℃温度下时，会引起水分和所含挥发物的蒸发，而呈暗褐色，强度明显下降，变形增大。温度超过140℃时，木材中的纤维素发生热裂解，色渐变黑，强度显著下降。因此，长期处于高温的建筑物，不宜采用木结构。

⑤ 疵病的影响

木材在生长、采伐、保存过程中，所产生的内部和外部的缺陷，统称为疵病。木材的疵病主要有木节、斜纹、裂纹、腐朽和虫害等。一般木材或多或少都存在一些疵病，致使木材的物理力学性质受到影响。

木节分为活节、死节、松软节、腐朽节等几种，活节影响较小。木节使木材顺纹抗拉强度显著降低，对顺纹抗压影响较小。在木材受横纹抗压和剪切时，木节反而增加其强度。

斜纹即木纤维与树轴成一定夹角，斜纹木材严重降低其顺纹抗拉强度，抗弯次之，对顺纹抗压影响较小。裂纹、腐朽、虫害等疵病，会造成木材构造的不连续性或破坏其组织，因此严重影响木材的力学性质，有时甚至能使木材完全失去使用价值。

7.2 常用建筑木材

建筑工程用的木材按其加工程度不同分为三类：即原条、原木和锯材。原条是树木伐倒后，仅砍去枝桠，但未经截断的带梢木或去梢木，常用于建筑工程的脚手架等；原木是指原条进一步按规格尺寸加工成圆形木段，可分为直接用原木(如坑木，建筑用原木如屋架、檩条、木桩等)，加工用原木(如锯材原木、胶合板原木、造纸原木等)；锯材是指用锯材原木进行纵横锯解之后的木材产品，包括特等锯材、普通锯材、枕木和根据不同用途而生产的特种锯材。

各种商品材均按国家材质标准，根据木材缺陷情况进行分等分级，通常分为一、二、三、四等，结构和装饰用木材一般选用等级较高者。

7.2.1 木材分级

对于承重木结构用材，按照最新颁布的《木结构设计规范》GB 50005—2003 的规定，分为原木、锯材和胶合材。原木是指伐倒并除去树皮、树枝和树梢的树干。锯材是由原木锯制而成的任何尺寸的成品材或半成品材，包括方木、板材、规格材等。规格材是按轻型木结构设计需要，将木材截面的宽度和高度按规定尺寸加工的规格化木材。轻型木结构是近年引进并列入规范中的一种用规格材及木基结构板材或石膏板制作的木构架墙体、楼板和覆盖系统构成的单层或多层建筑结构。因而木结构设计规范已列出了三种类型的木结构，即普通木结构、胶合木结构和轻型木结构。并分别规定了其所用的材质等级和对照的适用木材强度等级。

由于目前大量应用的还是普通木结构，即采用方木或圆木来制作承重构件的单层或多层木结构，所以这里只列出普通木结构构件的材质等级及其运用树种的强度等级和相应的设计强度。至于胶合木结构和轻型木结构的材质等级可直接参阅木结构设计规范。

(1) 普通木结构的材质等级

用于普通木结构的木材的材质等级分为三级，见表 7-4。

普通木结构构件的材质等级　　表 7-4

序号	主　要　用　途	材质等级
1	受拉或受弯构件	I_a
2	受弯或压弯构件	II_a
3	受压构件及次要受弯构件（如吊顶小龙骨等）	III_a

(2) 普通木结构的方木、板材和原木的材质标准

用于普通木结构的方木、板材和原木的材质可按表 7-5、表 7-6 和表 7-7 的规定采用、测量与分级，不得采用商品材的等级标准替代。

承重结构方木材质标准　　表 7-5

序号	缺　陷　名　称	材　质　等　级		
		I_a	II_a	III_a
1	腐朽	不允许	不允许	不允许
2	木节：在构件任一面任何 150mm 长度上所有木节尺寸的总和，不得大于所在面宽的	1/3(连接部位为 1/4)	2/5	1/2

续表

序号	缺陷名称		材质等级		
			Ⅰ$_a$	Ⅱ$_a$	Ⅲ$_a$
3	斜纹：任何 1m 材长上平均倾斜高度，不得大于		50mm	80mm	120mm
4	髓心		应避开受剪面	不限	不限
5	裂缝	在连接部位的受剪面上	不允许	不允许	不允许
		在连接部位的受剪面附近，裂缝深度（有对面裂缝时用两者之和）不得大于材宽的	1/4	1/3	不限
6	虫蛀		允许有表面虫沟，不得有虫眼		

注：1. 对于死节（包括松软节和腐朽节），除按一般木节测量外，必要时尚应按缺孔验算；若死节有腐朽迹象，则应经局部防腐处理后使用。

2. 木节尺寸按垂直于构件长度方向测量。木节表现为条状时，在条状的一面不量，直径小于 10mm 的活节不量。

承重结构板材材质标准 **表 7-6**

序号	缺陷名称	材质等级		
		Ⅰ$_a$	Ⅱ$_a$	Ⅲ$_a$
1	腐朽	不允许	不允许	不允许
2	木节：在构件任一面任何 150mm 长度上所有木节尺寸的总和，不得大于所在面宽的	1/4（连接部位为 1/5）	1/3	2/5
3	斜纹：任何 1m 材长上平均倾斜高度，不得大于	50mm	80mm	120mm
4	髓心	不允许	不允许	不允许
5	裂缝：在连接部位的受剪面及其附近	不允许	不允许	不允许
6	虫蛀	允许有表面虫沟，不得有虫眼		

注：对于死节（包括松软节和腐朽节），除按一般木节测量外，必要时尚应按缺孔验算。若死节有腐朽迹象，则应经局部防腐处理后使用。

承重结构原木材质标准 **表 7-7**

<table>
<tr><th rowspan="2">序号</th><th rowspan="2" colspan="2">缺陷名称</th><th colspan="3">材质等级</th></tr>
<tr><th>Ⅰα</th><th>Ⅱα</th><th>Ⅲα</th></tr>
<tr><td>1</td><td colspan="2">腐朽</td><td>不允许</td><td>不允许</td><td>不允许</td></tr>
<tr><td rowspan="2">2</td><td rowspan="2">木节</td><td>在构件任一面任何 150mm 长度上沿周长所有木节尺寸的总和，不得大于所测部位原木周长的</td><td>1/4</td><td>1/3</td><td>不限</td></tr>
<tr><td>每个木节的最大尺寸，不得大于所测部位原木周长的</td><td>1/10(连接部位为 1/12)</td><td>1/6</td><td>1/6</td></tr>
<tr><td>3</td><td colspan="2">扭纹：小头 1m 材长上倾斜高度不得大于</td><td>80mm</td><td>120mm</td><td>150mm</td></tr>
<tr><td>4</td><td colspan="2">髓心</td><td>应避开受剪面</td><td>不限</td><td>不限</td></tr>
<tr><td>5</td><td colspan="2">虫蛀</td><td colspan="3">允许有表面虫沟，不得有虫眼</td></tr>
</table>

注：1. 对于死节(包括松软节和腐朽节)，除按一般木节测量外，必要时尚应按缺孔验算；若死节有腐朽迹象，则应经局部防腐处理后使用。

2. 木节尺寸按垂直于构件长度方向测量，直径小于 10mm 的活节不量。

3. 对于原木的裂缝，可通过调整其方位(使裂缝尽量垂直于构件的受剪面)予以使用。

(3) 普通木结构的树种选用

普通木结构的木材应按表 7-8 和表 7-9 所列的树种选用，主要承重构件应采用针叶材，重要木制连接件应采用细密、直纹、无节和无其他缺陷的耐腐的硬质阔叶材。

针叶树种木材适用的强度等级 **表 7-8**

强度等级	组别	适用树种
TC17	*A*	柏木、长叶松、湿地松、粗皮落叶松
	B	东北落叶松、欧洲赤松、欧洲落叶松

续表

强度等级	组别	适用树种
TC15	*A*	铁杉、油杉、太平洋海岸黄柏、花旗松、西部铁杉、南方松
	B	鱼鳞云杉、西南云杉、南亚松
TC13	*A*	油松、新疆落叶松、云南松、马尾松、扭叶松、北美落叶松、海岸松
	B	红皮云杉、丽江云杉、樟子松、红松、西加云杉、俄罗斯红松、欧洲云杉、北美山地云杉、北美短叶松
TC11	*A*	西北云杉、新疆云杉、北美黄松、冷杉、东部铁杉、杉木
	B	冷杉、速生杉木、速生马尾松、新西兰辐射松

阔叶树种木材选用的强度等级 **表 7-9**

强度等级	适用树种
TB20	青冈、门格里斯木、卡普木、沉水稍克隆、绿心木、紫心木孪叶豆、塔特布木
TB17	栎木、达荷玛木、萨佩莱木、苦油树、毛罗藤黄
TB15	锥栗(栲木)、桦木、黄梅兰蒂、梅萨瓦木、水曲柳、红劳罗木
TB13	深红梅兰蒂、浅红梅兰蒂、白梅兰蒂、巴西红厚壳木
TB11	大叶椴、小叶椴

在正常情况下，普通木结构木材的强度设计值如表 7-10 所列，但在不同使用条件下对于上述强度设计值尚应乘以不同的调整系数，具体可查阅相关规范。

木材的强度设计值(MPa) **表 7-10**

强度等级	组别	抗弯 f_m	顺纹抗压及承压 f_e	顺纹抗拉 f_t	顺纹抗剪 f_v	横纹承压 $f_{c,90}$		
						全表面	局部表面和齿面	拉力螺栓垫板下
TC17	*A*	17	16	10	1.7	2.3	3.5	4.6
	B		15	9.5	1.6			

续表

强度等级	组别	抗弯 f_m	顺纹抗压及承压 f_e	顺纹抗拉 f_t	顺纹抗剪 f_v	横纹承压 $f_{c,90}$		
						全表面	局部表面和齿面	拉力螺栓垫板下
TC15	A	15	13	9.0	1.6	2.1	3.1	4.2
	B		12	9.0	1.5			
TC13	A	13	12	8.5	1.5	1.9	2.9	3.8
	B		10	8.0	1.4			
TC11	A	11	10	7.5	1.4	1.8	2.7	3.6
	B		10	7.0	1.2			
TB20	—	20	18	12	2.8	4.2	6.3	8.4
TB17	—	17	16	11	2.4	3.8	5.7	7.6
TB15	—	15	14	10	2.0	3.1	4.7	6.2
TB13	—	13	12	9.0	1.4	2.4	3.6	4.8
TB11	—	11	10	8.0	1.3	2.1	3.2	4.1

注：计算木构件端部（如接头处）的拉力螺栓垫板时，木材横纹承压强度设计值应按“局部表面和齿面”一栏的数值采用。

7.2.2 木材的疵病

木材不规则的构造内部和外部的损伤以及不同形式的缺陷统称为木材的疵病。木材疵病产生的原因很多，主要是树木在生长过程中所形成的。另外，在采伐、加工、运输和保管过程中都有产生疵病的可能。疵病的出现和存在对木材的利用率、物理力学性质及耐久性均有很大影响。实际应用木材时应根据木材疵病的程度来评定木材的质量，划分等级，做到合理使用。具体应用某一木材时，应尽量将疵病放在影响较小的部位上。下面简述在建筑工程中常遇到几种主要的疵病。

(1) 木节

1) 按木节的质地及其与木材结合的程度，可分为活节、死节、松软节、腐朽节等。

2）木节破坏木材的均匀性，造成加工上的困难，降低木材的强度，有时还能破坏木材的完整性，因此木节是评定各种用材和木制品等级的重要依据。

3）木节对木材力学性质的影响以降低顺纹抗拉强度为最大。对抗弯构件受拉区域的影响也很大。木节对顺纹抗压强度影响略小于抗弯强度。在木材受横压和剪切时，木节反能增加其强度。

（2）斜纹

斜纹是木材的纹理不与树干平行而成一定角度生长。若木材的中心线与木纹之间角度超过5°时，即成为一种缺陷。

斜纹易使木材开裂与发生翘曲，并能降低木材的强度，特别是抗拉及抗弯强度。

（3）偏心

髓心不在树中心而偏于一傍，使髓心两边木质的强度、硬度与厚度产生差别，并在干燥后容易发生较大的弯曲变形。

（4）裂缝

裂缝是树木常见的疵病，木材在干燥时，发生不均匀的收缩，或在树木生长过程受风力摇动及冰冻等原因，都能使木材发生裂缝。

裂缝能破坏木材的整体性，降低其品质和木材的出材率，且缝内易于积水，使木材容易腐烂。

（5）变色

木材受菌类侵蚀时，仅引起材色改变的现象称为变色。变色木材其构造仍然完好，且保持原来的硬度和强度。变色有外部变色（最常见的有青皮）和内部变色（最常见的有红斑）两种。

（6）腐朽

木材受腐朽菌侵蚀后，开始是使木材正常的颜色改变，继之则木质松软、易脆，最后变成一种干的或湿的软块，此种现象称为腐朽。腐朽严重降低木材的强度和硬度，甚至使木材完全失去使用价值。腐朽有外部腐朽(分布在树干外围)和内部腐朽(分布在树干内部)两种。内部腐朽危险性很大。

腐朽菌的生长必须有适当的条件：即适当的养料，适宜的温度和湿度，一定的空气等。当木材的含水量在35%～50%，温度在25～30℃时，木材最容易腐朽。含水量在20%以下或全部浸在水中的木材(如木桩)不会腐朽，受冻结的木材也不腐朽，因此，在使用中破坏菌类的生存条件就能防止腐朽，如保持干燥，加强通风等。

(7) 虫孔

大多是树木在采伐后，由于保管不良，遭受甲虫(天牛)、囊虫等的蛀蚀而造成。根据虫孔的形状大小及蛀蚀的深浅，有表面虫孔(皮花)、浅虫孔和深虫孔。

表面虫孔对木材使用上的影响不大，除质量要求高的用材外，通常都不考虑；浅虫孔降低木材等级；深虫孔会使木材全部遭受损害，因此极度降低木材等级，甚至不能使用。

7.2.3 原条和原木

(1) 直接用原木

直接用原木的技术标准见表7-11和表7-12。

直接用原木树种和尺寸　　表7-11

树　种	用　途	尺　寸	
		检尺长(m)	检尺径(cm)
针叶、阔叶树种	房建檩条用料	3.6～5	10～16

直接用原木缺陷限度　　表7-12

缺陷名称	检 量 方 法	限　度
漏　节	在全材长范围内	不许有
虫　眼	在检尺长范围内	不许有
边材腐朽	在全材长范围内	不许有

续表

缺陷名称	检 量 方 法	限 度
心材腐朽	面积不得超过检尺径断面面积的： 小头 大头	 不许有 4%
弯 曲	最大拱高不得超过该弯曲内水平长的	4%
外 伤	深度不得超过检尺的	20%
偏 枯	深度不得超过检尺的	20%

（2）加工用原木

1）缺陷限度

建筑工程常用的针叶树种有松木、杉木、柏木等；阔叶树种有榆木、水曲柳、柞木、栎、橡木等。针叶树和阔叶树加工用原木各分为3个等级。其缺陷限度见表7-13和表7-14。

针叶树加工用原木分等 **表7-13**

缺陷名称	检 量 方 法	限 度		
		一等	二等	三等
活节、死节	最大尺寸不得超过检尺径的 任意材长1m范围内的个数不得超过	15% 5个	40% 10个	不限 不限
漏 节	在全材长范围内的个数不得超过	不许有	1个	2个
边材腐朽	厚度不得超过检尺径的	不许有	10%	20%
心材腐朽	面积不得超过检尺径断面面积的	大头允许1% 小头不许有	16%	36%
虫 眼	任意材长1m范围内的个数不得超过	不许有	20个	不限
纵裂、外夹皮	长度不得超过检尺长的：杉木 其他针叶	20% 10%	40%	不限

续表

缺陷名称	检量方法	限度		
		一等	二等	三等
弯曲	最大拱高不得超过该弯曲内曲水平长的	1.5%	3%	6%
扭转纹	小头1m长范围内的纹理倾斜高(宽度)不得超过检尺径的	20%	50%	不限
外伤、偏枯	深度不得超过检尺径的	20%	40%	不限

阔叶树加工用原木分等 **表7-14**

缺陷名称	检量方法	限度		
		一等	二等	三等
死节	最大尺寸不得超过检尺径的 任意材长1m范围内的个数不得超过	20% 2个	40% 4个	不限 不限
漏节	在全材长范围内的个数不得超过	不许有	1个	2个
边材腐朽	厚度不得超过检尺径的	不许有	10%	20%
心材腐朽	面积不得超过检尺径断面面积的	大头允许1% 小头不许有	16%	36%
虫眼	任意材长1m范围内的个数不得超过	不许有	5个	不限
纵裂、外夹皮	长度不得超过检尺长的	20%	40%	不限
弯曲	最大拱高不得超过该弯曲内曲水平长的	1.5%	3%	6%
扭转纹	小头1m长范围内的纹理倾斜高(宽度)不得超过检尺径的	20%	50%	不限
外伤、偏枯	深度不得超过检尺径的	20%	40%	不限

2）针叶树和阔叶树加工用原木尺寸、公差

① 针叶树加工用原木尺寸、公差如下：

尺寸：检尺长——2～8m，按 0.2m 进级，同时有 2.5m 长级；检尺径——东北、内蒙古地区自 18cm 以上，其他地区自 14cm 以上，按 2cm 进级。

长级公差：允许＋3cm、－2cm 。

② 阔叶树加工用原木尺寸、公差如下：

尺寸：检尺长——2～6m，按 0.2m 进级，同时有 2.5m 长级；但有 7m 长级；检尺径——东北、内蒙古地区自 18cm 以上，其他地区自 14cm 以上，按 2cm 进级。

长级公差：允许 ＋6cm、－2cm。

（3）特级原木

1）缺陷限度

特级原木的树种为：红松、杉木、云杉、樟子松、水曲柳、核桃楸和楠木，其尺寸和缺陷限度见表 7-15 和表 7-16。

特级原木尺寸 **表 7-15**

树　种	检尺长(m)	检尺径(cm)
红松、云杉、樟子松	5，6，8	26 以上
水曲柳、核桃楸、樟木、楠木	4，5，6	
杉木	4，5，6，8	20 以上

特级原木缺陷限度 **表 7-16**

缺陷名称	检 量 方 法	限　度
活节、死节	在全材长范围内，尺寸不超过检尺径 15％的只允许： 针叶树种 阔叶树种	 4 个 2 个
裂　纹	纵裂长度不得超过检尺长的：杉木 其他树种 弧裂拱高或环裂半径不得超过检尺径的	15％ 5％ 20％

续表

缺陷名称	检量方法	限度
弯曲	最大拱高不得超过该弯曲内曲水平长的： 针叶树种 阔叶树种	 1% 1.5%
扭转纹	小头1m长范围内的纹理倾斜高（宽度）不得超过检尺径的	10%
偏心	小头断面偏心位置不得超过该断面中心	5cm
外伤	在全材长范围内的任意一处，深度不得超过	3cm

2）特级原木尺寸与公差

检尺径按2cm进级；长级公差允许 +6cm、0cm；原木两端断面须截齐，不留下楂。

(4) 小径原木

小径原木的技术要求见表7-17和表7-18。

小径原木树种尺寸 **表7-17**

树种	用途	尺寸	
		检尺长(m)	检尺径(cm)
针叶、阔叶	农业、轻工业、手工业木制品，市场民需及其他用料	2～6	东北、内蒙古地区：6～16；其他地区：6～12

小径原木缺陷限度 **表7-18**

缺陷名称	检量方法	限度
漏节	在全材长范围内	1个
边材腐朽	厚度不得超过检尺径	10%
心材腐朽	面积不得超过检尺径断面面积	小头：不许有 大头：9%
虫眼	任意材长1m范围内的个数	10个
弯曲	最大拱高不得超过该弯曲内水平长的	6%

小径原木：检尺长按 0.2m 进级；检尺径按 2cm 进级；长级公差允许 +6cm、-2cm。

(5) 杉原条

经打枝、剥皮，没有加工选材的杉木伐倒木，称为杉原条。

1) 梢端直径：6～12cm(6cm 实足尺寸)；检尺长：自 5m 以上，按 1m 进级；检尺径：自 8cm 以上，按 2cm 进级。

2) 根据杉原条检尺径大小，分为 3 级，见表 7-19。

杉原条分级 **表 7-19**

分　级	检尺径(cm)	分　级	检尺径(cm)
小　径	8～14	大　径	22 以上
中　径	16～20		

3) 小径：用于房屋桁条、门窗料、脚手杆架。

4) 中径、大径：用于船舶、车辆、建筑结构、跳板、模具、家具、船桅杆及通信、输电线路维修用的支柱、支架。

5) 杉原条分一、二两个等级，其缺陷限度，见表 7-20。

杉原条缺陷限度 **表 7-20**

缺陷名称	检量方法	限度	
		一等	二等
漏节	在全材长范围内的个数不得超过	不许有	2 个
边材腐朽	厚度不得超过检尺径的	不许有	15%
心材腐朽	面积不得超过检尺径断面面积的	不许有	16%
虫眼	在检尺长范围内的虫眼个数不得超过	不许有	不限
外夹皮	深度不得超过检尺径的	15%	40%
弯曲	最大拱高不得超过该弯曲内曲水平长的	2%	6%
外伤、偏枯	深度不得超过检尺径的	15%	40%

7.2.4 锯材

锯材是指原木经过纵横锯解加工所得到的产品。

(1) 锯材分类

根据使用要求，采用不同的下锯方法可以得到不同形状的锯材，如整边锯材、毛边锯材、板材和方材等。

1）整边锯材是指相对宽材面互相平行，相邻材面互相垂直，锯材上的钝棱不超过允许限度。

2）毛边锯材是指相对宽材面互相平行，而窄材面未着锯，或虽着锯而钝棱超过允许限度。

3）板材是指宽材面的宽度尺寸为厚度尺寸2倍以上的锯材。

4）方材是指宽材面的宽度尺寸为厚度尺寸2倍以下的锯材。

(2) 锯材树种、尺寸、公差

1）针叶树锯材树种为：红松、樟子松、落叶松、云杉、冷杉、铁杉、杉木、柏木、云南松、华山松、马尾松及其他针叶树种。其尺寸：长度1～8m；长度进级：自2m以上按0.2m进级，同时有2.5m长度，不足2m的按0.1m进级。其宽度、厚度规定见表7-21，尺寸公差见表7-22。

针叶树锯材宽度和厚度　　表7-21

分类	厚度(mm)	宽度(mm)	
		尺寸范围	进级
薄板	12，15，18，21	50～240	10
中板	25，30	50～260	
厚板	40，50，60	60～300	

针叶树锯材尺寸公差　　表7-22

种类	尺寸范围	公差
长度(m)	不足2.0	+3(cm) −1
	自2.0以上	+6(cm) −2
宽度，厚度(mm)	自20以下	+2(cm) −1
	21～100	±2(mm)
	101以上	±3(mm)

2）阔叶树锯材树种为：柞木、麻栎、榆木、杨木、槭木（色木）、桦木、青冈、荷木、枫香、槠木及其他阔叶树种。其尺寸：长度1～6m。长度进级：自2m以上，按0.2进级，同时有2.5m长度，不足2m的按0.1m进级。其宽度、厚度规定见表7-23，尺寸公差见表7-24。

阔叶树锯材宽度和厚度　　表7-23

<table>
<tr><th rowspan="2">分　类</th><th rowspan="2">厚度(mm)</th><th colspan="2">宽度(mm)</th></tr>
<tr><th>尺寸范围</th><th>进　级</th></tr>
<tr><td>薄　板</td><td>12，15，18，21</td><td>50～240</td><td rowspan="3">10</td></tr>
<tr><td>中　板</td><td>25，30</td><td>50～260</td></tr>
<tr><td>厚　板</td><td>40，50，60</td><td>60～300</td></tr>
</table>

阔叶树锯材尺寸公差　　表7-24

<table>
<tr><th>种　类</th><th>尺寸范围</th><th>公　差</th></tr>
<tr><td rowspan="2">长度(m)</td><td>不足2.0</td><td>+3(cm)
−1</td></tr>
<tr><td>自2.0以上</td><td>+6(cm)
−2</td></tr>
<tr><td rowspan="3">宽度、厚度(mm)</td><td>自20以下</td><td>+2(mm)
−1</td></tr>
<tr><td>21～100</td><td>±2(mm)</td></tr>
<tr><td>101以上</td><td>±3(mm)</td></tr>
</table>

（3）锯材分等

针叶树锯材和阔叶树锯材均分为一、二、三等。其缺陷限度见表7-25和表7-26。

针叶树普通锯材分等　　表7-25

<table>
<tr><th rowspan="3">缺陷名称</th><th rowspan="3">检量方法</th><th colspan="4">允许限度</th></tr>
<tr><th rowspan="2">特等锯材</th><th colspan="3">普通锯材</th></tr>
<tr><th>一等</th><th>二等</th><th>三等</th></tr>
<tr><td rowspan="2">活节、死节</td><td>最大尺寸不得超过材宽的</td><td>10%</td><td>20%</td><td>40%</td><td rowspan="2">不限</td></tr>
<tr><td>任意材长1m范围内的个数不得超过</td><td>3</td><td>5</td><td>10</td></tr>
</table>

续表

缺陷名称	检量方法	允许限度			
		特等锯材	普通锯材		
			一等	二等	三等
腐　　朽	面积不得超过所在材面面积的	不许有	不许有	10%	25%
裂纹、夹皮	长度不得超过材长的	5%	10%	30%	不限
虫　　害	任意材长 1m 范围内的个数不得超过	不许有	不许有	15	不限
钝　　棱	最严重缺角尺寸，不得超过材宽的	10%	25%	50%	80%
弯　　曲	横弯不得超过	0.3%	0.5%	2%	3%
	顺弯不得超过	1%	2%	3%	不限
斜　　纹	斜纹倾斜高不得超过水平长的	5%	10%	20%	不限

阔叶树普通锯材分等　　表 7-26

序号	缺陷名称	检量方法	允许限度			
			特等锯材	普通锯材		
				一等	二等	三等
1	活节、死节	最大尺寸不得超过材宽的 任意材长 1m 范围内的个数不得超过	10% 2	20% 4	40% 6	不限
2	腐　　朽	面积不得超过所在材面面积的	不许有	不许有	10%	25%
3	裂纹、夹皮	长度不得超过材长的	10%	15%	40%	不限
4	虫　　害	任意材长 1m 范围内的个数不得超过	不许有	不许有	8	不限
5	钝　　棱	最严重缺角尺寸，不得超过材宽的	15%	25%	50%	80%
6	弯　　曲	横弯不得超过	0.5%	1%	2%	4%
		顺弯不得超过	1%	2%	3%	不限
7	斜　　纹	斜纹倾斜高不得超过水平长的	5%	10%	20%	不限

(4) 板、方材的分类(表 7-27)

板、方材的分类 **表 7-27**

板材(宽≥3×厚)		方材(宽<3×厚)	
按厚度分(cm)		按宽、厚的乘积分(cm^2)	
薄　板	≤18	小　方	≤54
中　板	19～35	中　方	55～100
宽　板	36～65	大　方	101～225
特厚板	≥66	特大方	≥226

(5) 毛边锯材

长度:针叶树 1～8m,阔叶树 1～6m;长度进级:自 2m 以上,按 0.2m 进级,同时有 2.5m 长度,不足 2m 的按 0.1m 进级。毛边锯材分等见表 7-28。

毛边锯材分等 **表 7-28**

序号	缺陷名称	检量方法	限度	
			一等	二等
1	节　子	最大尺寸不得超过材宽的	20%	不限
		任意材长 1m 范围内的个数不得超过(阔叶树活节不计)	4 个	不限
2	腐　朽	面积不得超过所在材面面积的	不许有	20%
3	裂纹、夹皮	长度不得超过材长的	10%	50%
4	虫　眼	任意材长 1m 范围内的个数	不许有	不限
5	弯　曲	横弯不得超过	3%	6%
		顺弯不得超过	3%	不限

7.3 人造板材

人造板材是利用木材、木材下脚料或含有一定量纤维的其他植物为原料,采用一定的物理和化学方法加工而成的。这类板材与天然木材相比，材质均匀，强度高，无缺陷，幅面大，吸水变形小，不翘曲开裂，故此在许多行业中都得到广泛应用。常用人造板材品种有：胶合板、纤维板、刨花板、细木工板等。

7.3.1 胶合板

胶合板是由原木旋切成单板或木方刨切成薄木，再经胶合而成的三层或三层以上奇数层的板材。胶合板具有变形小、幅度大，施工方便，不翘曲，横纹抗拉力学性能好等特点。胶合板是建筑、家具、包装、车厢、造船、航空、军工及其他工业部门常用的材料。2.5m³ 原木可以生产 1m³ 胶合板，可以代替 5m³ 原木使用，提高了木材利用率。胶合板的分类见表 7-29。

胶合板分类 **表 7-29**

<table>
<tr><th rowspan="2">序号</th><th rowspan="2">分类方法</th><th colspan="3">类　别</th></tr>
<tr><th>1</th><th>2</th><th>3</th></tr>
<tr><td rowspan="6">1</td><td rowspan="6">按结构和制造工艺分类</td><td rowspan="2">薄胶合板</td><td>普通胶合板</td><td>Ⅰ类（NQF）耐大气耐沸水胶合板
Ⅱ类(NS)耐水胶合板
Ⅲ类(NC)耐潮胶合板
Ⅳ类(BNC)不耐潮胶合板</td></tr>
<tr><td colspan="2">塑化胶合板、强化胶合板、特种处理胶合板、夹芯板</td></tr>
<tr><td>厚胶合板</td><td colspan="2">胶合板厚板、细木芯板、空芯板</td></tr>
<tr><td>木材塑料</td><td colspan="2">木材层积塑料、强化木材层积塑料、碎料成型塑料</td></tr>
<tr><td>异型胶合板</td><td colspan="2">成型胶合板、胶合板管子</td></tr>
<tr><td>装饰胶合板</td><td colspan="2">表面机械加工胶合板、覆面装饰胶合板、涂装胶合板</td></tr>
<tr><td rowspan="2">2</td><td rowspan="2">按树种分类</td><td>针叶材胶合板</td><td colspan="2">松木、落叶松、华山松、乔松胶合板</td></tr>
<tr><td>阔叶材胶合板</td><td colspan="2">椴木、水曲柳、桦木、核桃楸、荷木胶合板</td></tr>
</table>

续表

序号	分类方法	类别		
		1	2	3
3	按用途分类	普通用途胶合板	主要用于建筑装修、家具制造等	
		特种用途胶合板	车、船专用胶合板；军工专用	
4	按层数分类	3层胶合板、5层胶合板、7层胶合板、9层胶合板、21层胶合板		

（1）普通胶合板

在实际生产和利用中，普通胶合板的产量最大、用途最广。胶合板常用的国产阔叶树种有椴木、水曲柳、桦木、荷木、杨木、榆木、柞木、枫香、拟赤杨、椴木等；常用的国产针叶树种有马尾松、云南松、落叶松、云杉松等。

1）普通胶合板按特性分为4类，各类板的特性及适用范围见表7-30。

胶合板分类、特性及适用范围 **表7-30**

分类	名称	胶种	特性	适用范围
Ⅰ类	耐气候、耐沸水胶合板	酚醛树脂胶或其他性能相当的胶	耐久、耐煮沸或蒸汽处理、耐干热、抗菌	室外工程
Ⅱ类	耐水胶合板	脲醛树脂或其他性能相当的胶	耐冷水浸泡及短时间热水浸泡、不耐煮沸	室外工程
Ⅲ类	耐潮胶合板	血胶、带有多量填料的脲醛树脂或其他性能相当的胶	耐短期冷水浸泡	室内工程一般常态下使用
Ⅳ类	不耐潮胶合板	豆胶或其他性能相当的胶	有一定胶合强度但不耐水	室内工程一般常态下使用

2）胶合板的幅面尺寸见表 7-31。

胶合板的幅面尺寸 **表 7-31**

宽度(mm)	长度(mm)				
	915	1220	1830	2135	2440
915	915	1220	1830	2135	—
1220	—	1220	1830	2135	2440

3）厚度：厚度为 2.7mm，3mm，3.5mm，4mm，5mm，5.5mm，6mm……，自 6mm 起按 1mm 递增。其中厚度在 4mm 以下为薄胶合板。

4）公称厚度自 6mm 以上的胶合板的翘曲度：特等板不得超过 0.5%，一、二等板不得超过 1%，三等板不得超过 2%。

5）普通胶合板按加工后胶合板上可见的材质缺陷和加工缺陷分成 4 个等级：特等、一等、二等、三等。其中一、二、三等为普通胶合板的主要等级。

6）用途：

① 特等胶合板适用于高级建筑装饰、高级家具及其他特殊需要的制品。

② 一等胶合板适用于较高级建筑装饰、高中级家具、各种电器外壳制品。

③ 二等胶合板适用于家具、普通建筑、车辆、船舶等装修。

④ 三等胶合板适用于低级建筑装修及包装材料等。

(2) 0LZB-841 阻燃胶合板

1）阻燃原理：阻燃胶合板的阻燃原理主要在于阻燃剂遇热后熔化，在木材表面形成隔火层，使氧气和木材隔断接触，使燃烧不易继续进行，并分解出大量的不燃气体排挤木材表面的空气，冲淡木材分解出来的可燃性气体，使木材不再燃烧，有效地阻滞火势蔓延。

2）特性：阻燃胶合板外观与普通胶合板相同，保持木材原有纹理、无毒、无特殊气味，易于进行各种装饰、涂饰和加工。

3）主要用途：阻燃板主要用于宾馆、影剧院、展览馆等建筑物内装修材料和展览馆的展板；作火车、轮船等大型交通工具内受高温辐射较强部位的装板，防火门的门扇板以及各种内部设施。

4）阻燃板规格见表 7-32。

阻燃胶合板规格　　表 7-32

宽度（mm）	长度（mm）						厚度（mm）
	915	1220	1525	1830	2135	2440	
915	915	—	1525	1830	2135	—	
1220	—	1220	—	1830	2135	2440	4～22
1525	—	—	1525	1830	—	—	

（3）滞燃型胶合板

滞燃型胶合板在火灾发生时能起到滞燃和自熄的效果。而其他物理力学性能和外观质量均符合国家Ⅰ类胶合板的标准。其加工性能与普通胶合板无异，无论是锯、刨、刮、砂均不受影响。滞燃型胶合板与金属接触不会加速金属在大气中的腐蚀速度。由于采用的阻燃剂无毒、无臭、无污染，所以滞燃型胶合板对周围环境无任何不良影响。

阻燃性能分 A、B 两个等级，见表 7-33。

规格分 2135mm×915mm×3.5mm 和 2135mm×915mm×6mm 两种。

滞燃胶合板阻燃性能等级　　表 7-33

序号	项目名称		A 级	B 级
1	氧指数(OI)		不小于 30	不小于 35
2	倾斜燃烧试验	明燃(s)	＜10	＜5
		阴燃(s)	＜40	＜20
		炭化面积(cm^2)	＜80	＜40

7.3.2 纤维板

(1) 纤维板分类

纤维板是以木材(或植物)纤维为主要原料(将板皮、刨花、树枝、稻草、麦秸、玉米杆等废料，经破碎浸泡研磨成木浆)，经过纤维分离，加入一定胶料、成型、干燥和热压等工艺制成的一种人造板材。通常 $3m^3$ 木材剩余物可生产 1t 纤维板，可代替 $5\sim7m^3$ 原木制成的板材。纤维板密度小于 $400kg/m^3$ 称为软质纤维板，密度为 $400\sim800kg/m^3$ 称为半硬质纤维板，密度在 $800kg/m^3$ 以上称为硬质纤维板。

(2) 纤维板的性质和用途

各种纤维板的性质和用途见表 7-34。

纤维板性质和用途 **表 7-34**

序号	种类	品　名	性质和用途
1	软质纤维板	标准软质纤维板	具有一定的刚度和强度，主要用于绝缘、密度较低的场合，作顶棚使用时，常打孔以提高吸声效率，在建筑墙壁、冷藏库、车辆船舶等方面用作隔热的夹心材料
		吸声板	打规则或不规则的孔，提高吸声效率
		磁漆壁板	主要用于装饰表面，作建筑物内部的顶棚
		钛白纸壁纸	作表面装饰的软质板
		施胶板	常加入防水沥青可提高强度和防水性能
		防火板	加入各种防火药剂，加磷酸双氰胺防火剂作防火材料
2	半硬质纤维板		成型方法同软质板和硬质板。强度较硬质板低，容易加工，有一定的绝缘性能，主要用作建筑壁板、家具，产品也可以贴纸或装饰
3	硬质纤维板	标准板	强度高，再加工时易于弯曲和打孔，广泛用于建筑、车辆、船舶、家具、包装等方面
		油处理硬质板	成型时加入干性油乳液或热压后用于干性油处理，强度和耐水性好，室内外均可使用

续表

序号	种类	品　名	性质和用途
3	硬质纤维板	着色硬质板	成型时铺撒染色的纤维或热压后涂上各种颜色作硬质装饰板
		涂饰硬质板	为了简化施工现场，常在纤维板车间附设油漆加工生产线，这种产品可以用于建筑装饰装修
		单板贴面板	用旋切和刨切单板贴面，容易加工，有木材真实感，是收音机、电视机外壳的好材料
		塑料薄膜贴面板	塑料薄膜常以酚醛、脲醛树脂或三聚氰胺为主要原料的浸渍纸为贴面，性能良好、用途广泛
		印花板	在硬质纤维板表面直接印刷木纹或其他图案
		打孔板	提高打孔板的音响效果，在使用时，板的内面常留一定的空隙，或与其他吸声材料同时使用
		模压板	如瓦棱板，表面花纹板以及直接模压成包装箱等

(3) 硬质纤维板

硬质纤维板使用比较广泛。硬质纤维板按原料分类，可分为木材硬质纤维板和非木材硬质纤维板。按板面分类，可分为一面光硬质纤维板和两面光硬质纤维板。按处理方式分为普通纤维板和特级纤维板，特级纤维板施加了增强剂或采取了浸油处理达到了规定的物理力学性能指标。按外观质量纤维板分为三个等级，硬质纤维板外观质量见表 7-35。

硬质纤维板外观质量　　　表 7-35

序号	缺　陷	计量方法	允许限度			
			特级	一级	二级	三级
1	水渍	占板面积百分比(%)	不许有	≤2	≤20	≤40
2	污点	直径(mm)	不许有		≤15	≤30(小于15不计)
		每平方米个数(个)			≤2	≤2

续表

序号	缺陷	计量方法	允许限度			
			特级	一级	二级	三级
3	斑纹	占板面积百分比(%)	不许有			≤5
4	粘痕	占板面积百分比(%)	不许有			≤1
5	压痕	深度或高度(mm)	不许有		≤0.4	≤0.6
		每个压痕面积(mm^2)			≤20	≤400
		任意每平方米个数(个)			≤2	≤2
6	分层、鼓泡、裂痕、水湿、炭化边角松软		不许有			

7.3.3 密度板(MDF)

密度板是以木质纤维或其他植物纤维为原料，施加脲醛树脂或其他适用的胶粘剂制成的密度在450～880kg/m^3 的人造板材，是近年来国内外大力发展的一种新型木质人造板材。

密度板具有组织结构均匀、密度适中、重量轻、抗拉强度大、板面平滑易于装饰、握持螺钉牢固、开槽、钻孔、截断容易等特点。在生产过程中加入防火、防霉、防蚀等添加剂还可制成各种特殊性能的中密度纤维板，以满足各种特殊用途。

密度板可代替天然木材，广泛应用于家具、建筑等领域。在建筑上主要用于内门、墙板、隔断、地板、窗台板、暖气罩、踢脚板、楼梯扶手和各种装饰线条。经过特殊处理的密度板还可当水泥混凝土模板用。

其分类见表 7-36。

密度板分类 **表 7-36**

类　型	80 型	70 型	60 型
公称密度(kg/m^3)	800	700	600

密度板厚度(mm)为 6、(8)、9、12、15、(16)、18、(19)、21、24、(25)等。表面外观质量见表 7-37。

密度板外观质量 **表 7-37**

序号	缺陷名称	缺陷规定(mm)	允许范围		
			特级	一级	二级
1	局部松软	直径≤80	不允许	1 个	3 个
2	边角缺损	宽度≤10	不允许		允许
3	分层、鼓泡、炭化		不允许		

7.3.4 刨花板

刨花板系利用施加或未施加胶料的刨花木渣、短小废料、木丝和木屑或木质纤维材料(如亚麻等)压制的板材，亦称为木丝板、木屑板。使用时不需干燥；可采用各种连接方法，如榫结合、钉、螺钉及金属连接件结合等。

(1) 刨花板用途

刨花板主要用于家具制造和建筑工程，也用于车辆、船舶的内部装修，以及用作某些机器的台板，还可做成绝缘板等。因为其应用范围很广，每种用途对刨花板的要求也不相同。刨花板的应用与要求见表 7-38。

刨花板应用与要求 **表 7-38**

序号	用　途	板厚(mm)	其他要求
1	家具用板	8～25	质硬；均匀的表面；边部孔隙要少；胶合强度高；要有较好的稳定性；厚度变异要小

续表

序号	用　　途	板厚(mm)	其　他　要　求
2	建筑用板	15～30	静曲强度要高；膨胀要小；饰面适当；较好的稳定性
3	车船装饰板	1.6～8	板面压制均匀；饰面均匀；弹性模量高；内部胶合强度高；对抗弯翘有较好的稳定性
4	绝缘板	25～60	密度小；静曲强度好；对声、热绝缘性能好；稳定性较好

(2) 刨花板的分类与等级

常用刨花板按加工方式分为平压木质刨花板与挤压木质刨花板，平压木质刨花板分一级品、二级品两个等级，挤压木质刨花板为一个等级。各类刨花板的厚度为：6、8、10、(12)、13、16、19、22、25、30(mm)等。

(3) 刨花板的翘曲度和外观质量标准

刨花板的翘曲度和外观质量缺陷允许范围分别见表 7-39 和表 7-40。

翘曲度允许范围　　表 7-39

检测尺寸(mm)	允许范围(mm)		
	平　压　板		挤压板
	一级品	二级品	
1000	5	10	—

外观质量缺陷允许范围　　表 7-40

序号	缺 陷 名 称	计 算 方 法	允 许 范 围		
			平压板		挤压板
			一等品	二等品	
1	板边断痕透裂	长度(mm)不超过	不许有		120
		宽度(mm)不超过			2
		每边允许条数			2

续表

<table>
<tr><th rowspan="3">序号</th><th rowspan="3" colspan="2">缺陷名称</th><th rowspan="3">计算方法</th><th colspan="3">允许范围</th></tr>
<tr><th colspan="2">平压板</th><th rowspan="2">挤压板</th></tr>
<tr><th>一等品</th><th>二等品</th></tr>
<tr><td rowspan="5">2</td><td rowspan="5">局部松软</td><td rowspan="2">中部</td><td>每处面积(cm^2)</td><td colspan="2" rowspan="2">不许有</td><td>80</td></tr>
<tr><td>每平方米允许处数</td><td>1</td></tr>
<tr><td rowspan="3">边部</td><td>宽度(mm)不超过</td><td rowspan="3">不许有</td><td>25</td><td>25</td></tr>
<tr><td>长度不超过板材的</td><td>1/6</td><td>1/6</td></tr>
<tr><td>每张板允许处数</td><td>1</td><td>1</td></tr>
<tr><td>3</td><td colspan="2">表面夹杂物</td><td>测量最大边缘尺寸</td><td>轻微</td><td>不显著</td><td>不显著</td></tr>
<tr><td>4</td><td colspan="2">压　　痕</td><td>测量最大尺寸</td><td>轻微</td><td>不显著</td><td>较轻微</td></tr>
<tr><td>5</td><td colspan="2">边角缺损</td><td>宽度(mm)不超过</td><td colspan="2">不许有</td><td>10</td></tr>
</table>

（4）刨花板的物理力学性能

刨花板的物理力学性能见表 7-41。

物理力学性能指标　　表 7-41

<table>
<tr><th rowspan="2">序号</th><th rowspan="2" colspan="3">项　　目</th><th colspan="2">平压板</th><th rowspan="2">挤压板</th></tr>
<tr><th>一级品</th><th>二级品</th></tr>
<tr><td rowspan="5">1</td><td rowspan="5">必　测</td><td colspan="2">含水率(%)</td><td colspan="3">5.0～11.0</td></tr>
<tr><td colspan="2">密度(g/cm^3)</td><td colspan="3">0.50～0.85</td></tr>
<tr><td colspan="2">静曲强度(MPa)</td><td>≥18.0</td><td>≥15.0</td><td>≥1.0</td></tr>
<tr><td colspan="2">平面抗拉强度(MPa)</td><td>≥0.40</td><td>≥0.30</td><td>—</td></tr>
<tr><td colspan="2">吸水厚度膨胀率(%)</td><td>≤6.0</td><td>≤10.0</td><td>—</td></tr>
<tr><td rowspan="3">2</td><td rowspan="3">抽　测</td><td rowspan="2">握螺钉力(N)</td><td>垂直板面</td><td>≥1100</td><td>—</td><td>—</td></tr>
<tr><td>平行板面</td><td>≥700</td><td>—</td><td>—</td></tr>
<tr><td colspan="2">弹性模量(N/mm^3)</td><td>2.0×10^2</td><td>—</td><td>—</td></tr>
</table>

7.3.5　细木工板

细木工板是近些年来生产的新型人造板材，由于在铺拼芯板时打破材料方向界限(如空心细木工板)，能克服原有木材力学性质的异向性，故不易变形和翘曲。细木工板已广泛应用于高档家具制造、车船内部装修、建筑物内部装饰和工作台、图板及缝纫机台板等。

(1) 细木工板的构造和分级

细木工板由芯板和面板构成。芯板是由小规格厚度相同的板条拼接而成，厚度约为该板材的 3/4。在芯板的两面胶贴一层或二层单板，构成其面板和背板。正面的单板称为面板；背面的单板称为背板。

细木工板按面板的材质和加工工艺质量分为一级品、二级品、三级品 3 个等级。细木工板有砂光和不砂光两种，各类细木工板的厚度尺寸为 16、19、22、25(mm)。

(2) 细木工板的质量缺陷

细木工板的面板和背板的材质缺陷及加工缺陷见表 7-42。

细木工板的材质缺陷　　表 7-42

<table>
<tr><th rowspan="3">序号</th><th rowspan="3">木材缺陷名称</th><th rowspan="3" colspan="2">检量项目</th><th colspan="3">面　板</th><th rowspan="3">背板</th></tr>
<tr><th colspan="3">细木工板等级</th></tr>
<tr><th>一</th><th>二</th><th>三</th></tr>
<tr><td rowspan="10">1</td><td rowspan="10">节子、夹皮、补片</td><td colspan="2">每平方米板面上的总个数不超过</td><td>4</td><td>5</td><td>6</td><td>允许</td></tr>
<tr><td rowspan="8">尺寸(mm)</td><td rowspan="2">不健全节</td><td>10</td><td>25</td><td rowspan="2">允许</td><td rowspan="2">允许</td></tr>
<tr><td>5 以下者不计</td><td>5 以下者不计</td></tr>
<tr><td rowspan="2">死节</td><td>4</td><td>6</td><td>12</td><td rowspan="2">50</td></tr>
<tr><td>2 以下者不计</td><td colspan="2">4 以下者不计</td></tr>
<tr><td rowspan="2">浅色夹皮</td><td>10</td><td>40</td><td>允许</td><td rowspan="3">允许</td></tr>
<tr><td>10</td><td>20</td><td>100</td></tr>
<tr><td>深色夹皮</td><td>浅色夹皮个数不计</td><td colspan="2">长度 10 以下者不计</td></tr>
<tr><td>补片</td><td>—</td><td>40</td><td>60</td><td>120</td></tr>
<tr><td colspan="6">注：补片与木板的纹理方向应基本一致。二等板上还应本色相近。其缝隙：二、三等板上分别不得大于 0.1mm 和 0.4mm，背板上应小于 1mm</td></tr>
</table>

续表

<table>
<tr><td rowspan="3">序号</td><td rowspan="3">木材缺陷名称</td><td rowspan="3">检量项目</td><td colspan="3">面板</td><td rowspan="3">背板</td></tr>
<tr><td colspan="3">细木工板等级</td></tr>
<tr><td>一</td><td>二</td><td>三</td></tr>
<tr><td rowspan="3">2</td><td rowspan="3">变色</td><td rowspan="2">总面积占板面积(%)不得超过</td><td>5</td><td>20</td><td colspan="2" rowspan="2">允　许</td></tr>
<tr><td colspan="2">浅　色</td></tr>
<tr><td colspan="5">注：(1) 桦木允许有伪心材；
(2) 环孔显心材(如水曲柳)的异色边心材，按浅色变色计；
(3) 髓斑按斑条计，但二等板面上不得相互交织密集</td></tr>
<tr><td rowspan="3">3</td><td rowspan="3">裂缝</td><td>长度(mm)</td><td>100</td><td>200</td><td>300</td><td>不限</td></tr>
<tr><td>宽度(mm)</td><td>0.5</td><td>0.5</td><td>1.5</td><td>3</td></tr>
<tr><td colspan="5">注：(1) 一、二等板不允许有密集的发丝干裂；
(2) 水曲柳、桦木和南方阔叶树材制成的细木工板，其裂缝限度可适当放宽 1 倍</td></tr>
<tr><td rowspan="2">4</td><td rowspan="2">虫孔、排钉孔</td><td>尺寸(mm，量长径)</td><td>2</td><td>4</td><td>8</td><td>—</td></tr>
<tr><td>每平方米板面上的个数不超过</td><td>4</td><td>4
直径 2mm 以下者不太影响美观时不计</td><td colspan="2">不密集</td></tr>
<tr><td rowspan="2">5</td><td rowspan="2">腐朽</td><td rowspan="2">总面积占板面积(%)不得超过</td><td colspan="2" rowspan="2">不许有</td><td>1</td><td>30</td></tr>
<tr><td colspan="2">不会剥落</td></tr>
</table>

7.3.6　木质饰面复合板

木质饰面复合板是由木质基层、塑料或树脂饰层复合成的一类人造板材，包括华丽板、宝丽板、免漆板、免漆工板、强化复合地板等。其中免漆板、免漆工板、强化复合地板目前比较流行。

(1) 免漆板和免漆工板

免漆板和免漆工板一般有面层、装饰层和基层三层结构组成。免漆板的基层为胶合板，免漆工板的基层为细木工板。免漆板和免漆工板表面不刷漆，可减少现场污染和缩短施工时间，且表面色泽鲜艳，具有耐磨、防潮功能。

(2) 强化复合地板

强化复合地板是近年来开发的一种新型木地板。是由防潮底层、高密度板中间层、装饰层和耐磨面层经高温压合而成，因此，又称叠压地板。其面层材料是以结晶三氧化二铝、三聚氰胺树脂为主要原料制成，有很高的强度和优异的耐磨性能，因此又称为保护面层；其装饰层可设计成各种花纹图案，如仿各种高级名贵树木、仿大理石、印花等，图案色彩精美绚丽，使复合地板具有极强的装饰效果和可选择性。装饰膜经过特殊树脂浸泡处理，具有良好的抗紫外线性能，阳光照射下不会变色。其基层为高密度板，是用原木粉碎后加防潮剂加工压制而成，提高了木材的强韧性、外观平整性和尺寸稳定性，解决了木材变形的问题。其防潮底层是贴有一层防潮薄膜，起到防潮功能，以确保地板不变形。这一层的材料主要是具有防水防潮性能的合成树脂，故也称为树脂层。强化复合地板既保持了原木地板的自然本色，又在耐磨、防潮、阻燃等方面有极大的改进，而且表面不涂漆，免打蜡，使用时只需湿布擦抹保洁，保养方便，是近年来在国内市场上流行起来的一种新型、高档铺地材料。

(3) 木质饰面复合板使用注意事项

1) 注意环保

使用带装饰面层的木质复合板要选用甲醛含量较少的品种，施工时应保持室内通风，应在装饰后一个月再居住，并在室内放置绿色植物，有助于减少室内有害气体。

2) 注意成品保护

木质饰面复合板免去了复杂的油漆工序，使施工简单快捷，但面层破坏后不易修复，因此，施工必须加强成品保护。

3) 选择优质面层

根据使用场合选择具有耐磨、防潮或阻燃功能的面层。例如：浴室应选择防水木质饰面复合板(浸入水中不变形)，地板应选择耐磨性高的木质饰面复合板，厨房应选择具有阻燃功能的木质饰面复合板。

4) 施工主要质量要求

拼缝、接缝紧密无缝隙，棱角应碰肩；表面光洁、无沾污、无胶痕；铺贴平整、牢固、耐久。

人造板材另外还有，模压木饰板、定向木片层压板、碎木板、木丝板(万利板)、薄木贴面装饰板等。

7.4 木材的干燥、防腐及防火

我国的木材资源十分缺乏，提高木材的耐久性，延长木材的使用年限，是充分利用木材资源节约木材的重要途径。中国有句谚语："干千年，湿千年，干干湿湿二三年"。由此可以看出，木材使用时，为了保证其使用寿命，必须采取措施来提高木材的耐久性。提高耐久性最常用的有效措施是木材进行干燥、防腐及防火处理。

7.4.1 木材的干燥

(1) 天然干燥法

将板材或枋材有规律地堆放在通风良好的棚中，不使日光直晒或雨淋，使木材中的水分自然蒸发。应注意堆放方法，务求空气畅通，并使木材不直接置于地上。

此法优点是不需特殊设备。缺点是干燥时间长，并只能将木材干燥到风干状态。

(2) 人工干燥法

利用人工排除木材中的水分。此法最大特点是使木材干燥的时间缩短。常用方法有：

1) 浸水法：是将木材浸入水中，使之充分溶去树液，以后再进行风干或烘干。此法比天然干燥的时间缩短一半，但强度稍有降低。此法最适于木材加工厂。

2）蒸材法：将木材堆放在密闭的干燥室内，通入蒸汽，使温度提高到60～70℃，并保持一定时间，然后再进行暖汽烘干和室外风干。此法对木材有杀菌作用，能增强耐久性，但对强度稍有降低，弹性和光泽受到损失。

3）热炕法：此法系将木材堆放在有火炕的干燥室内，利用火炕热量干燥木材。一般室内温度不高于80℃，可将木材含水量干燥到最少限度。但温度升高过快木材易于开裂。

另外还有电流干燥法、真空干燥法及烟熏法等，均能使木材加速干燥，但共同的缺点是木材收缩过快，容易产生裂纹。

7.4.2 木材的防腐

（1）木材的腐蚀

木材的腐蚀是由真菌侵入所至，真菌侵入将改变木材的颜色和结构，使细胞壁受到破坏，从而导致木材物理力学性能降低，使木材松软或成粉末，真菌在木材中生存和繁殖必须具备四个条件：

1）水分：真菌繁殖生存时适宜的木材含水率是35％～50％，亦即木材含水率在稍超过纤维饱和点时易产生腐朽，而对含水率在20％以下的气干木材不会发生腐朽。

2）温度：真菌繁殖的适宜温度为25～30℃，温度低于5℃时，真菌停止繁殖，而高于60℃时，真菌则死亡。

3）空气：真菌繁殖和生存需要一定氧气存在，所以完全浸入水中的木材，则因缺氧而不易腐朽。

4）养分：木质素、淀粉、糖类等为营养。

（2）防腐措施

防止木材腐朽可从两方面着手，一是创造不适于真菌生存和繁殖的环境。二是使木材变为对真菌有毒的物质。具体方法：

1）结构预防法

在设计与建造时，将木材含水率干燥至20%以下，并使木结构不受潮湿，如门窗框靠近墙四侧和木桁架两端入墙部分均涂刷沥青，木地板墙下设置通风格子，木房架顶设置上壳子等，注意通风排湿。木结构表面涂漆，使木材处于干燥状态。另外，可将木材完全浸入水中或深埋地下，使其缺氧不宜腐蚀。

2）防腐剂法

常用防腐剂有水溶性防腐剂，油溶剂防腐和油质防腐剂。

防腐剂处理法：分为常压法和压力法两类，常压法的种类很多，如涂抹、喷射、浸渍、热冷槽浸透法等。压力法如压力渗透法等。

① 涂刷及喷射法：是将防腐剂直接涂刷或喷枪射在气干的木材表面，重复施行二三次。此法简单，但防腐剂透入木材内部不深，效果较差。

② 浸渍法：是将木材在防腐剂中浸渍一定时间（防腐剂最好是热的），经此法处理的木材防腐剂透入较前法为深，适于处理气干的建筑板材、木杆之类。

③ 热冷槽浸透法：是将木材先放入盛有防腐剂的热槽中（90℃以上）数小时，此时细胞内气体膨胀，再放入盛防腐剂的冷槽或温槽中数小时，则细胞收缩吸入药剂，此法是常压法中最好的方法，药剂透入木材的深度几乎与压力法相似。缺点是处理方法比较复杂，而且时间长。此法适用于处理建筑零件、桩、柱、枕木等。

④ 压力渗透法：此法又分满细胞法和空细胞法两种。

a）满细胞法是将风干木材放入密闭的防腐罐内，排除空气，使之变成真空，然后把热的防腐剂加压充满罐内，经过一定时间，解除压力，排除剩余的防腐剂，最后取出木材进行风干，经过这样处理的木材，防腐剂充满整个细胞，故防腐效力很好。此法适用于处理永久性的木建筑、枕木、坑木、海中桩柱等。

b）空细胞法的特点是使药剂只充满细胞壁，而细胞腔及细胞间隙不保留或少保留药剂。和满细胞法比较起来，效力稍差，但用防腐剂较少，适于使用效力大且价格高的防腐剂处理木材。

⑤ 烧焦后浸透法：是将埋置于地下潮湿部分的木材用火烤焦 1～1.5cm，然后浸入蒽油中 3～4d，再于表面涂刷沥青防腐剂。此法处理简单，亦能收效，适于作电杆、桩、柱等的防腐处理。

木材除真菌腐朽外，还会遭受昆虫的蛀蚀，常见的有白蚁、天牛、囊虫等。防止虫蛀的主要方法是向木材内注入防虫剂，一般防腐用的药剂对防虫基本有效。

7.4.3 木材的防火

木材防火是将木材经过具有阻燃性能的化学物质处理后，变成难燃材料，以达到遇小火能自熄，遇大火能延缓或阻滞燃烧蔓延，从而赢得扑救的时间。

（1）木材常用阻燃剂

用作木材阻燃剂的化学物质很多，常用品种有下列几类：

1）磷-氮系阻燃剂。有磷酸胺、磷酸氢二铵、磷酸二氢铵、聚磷酸铵、磷酸双氰铵、三聚氰铵、甲醛-磷酸树脂等。

2）硼系阻燃剂。有硼酸、硼砂、硼酸锌、五硼酸铵等。

3）卤系阻燃剂。有氯化铵、溴化铵、氯化石蜡等。

4）含有铝、镁、锑等金属氧化物或氢氧化物的阻燃剂。有含水氧化铝、氢氧化镁以及氧化锑等。

5）其他阻燃剂。有碳酸铵、硫酸铵、水玻璃等。

（2）木材防火处理方法

1）表面涂敷法

在木材的表面涂覆防火涂料，既能起到防火作用，又可有防腐和装饰效果。木材防火涂料分溶剂型防火涂料和水乳型防火涂料，见表 7-43。

木材防火涂料主要品种、特性及应用　　表 7-43

序号	品种		防火特性	应用
1	溶剂型防火涂料	A60-1 型改性氨基膨胀防火涂料	遇火生成均匀致密的海绵状泡沫隔热层，防止初期火灾和减缓火灾蔓延扩大	高层建筑、商店、影剧院、地下工程等可燃部位防火
		A60-501 膨胀防火涂料	涂层遇火体积迅速膨胀 100 倍以上，形成连续蜂窝状隔热层，释放出阻燃气体，具优异的阻燃隔热效果	广泛用于木板、纤维板、胶合板等的防火保护
		A60-KG 型快干氨基膨胀防火涂料	遇火膨胀生成均匀致密的泡沫状碳质隔热层，有极其良好的隔热阻燃效果	公共建筑、高层建筑、地下建筑等有防火要求的场所
		AE60-1 膨胀型透明防火涂料	涂膜透明光亮、能显示基材原有纹理，遇火时涂膜膨胀发泡，形成防火隔热层。既有装饰性，又具防火性	广泛用于各种建筑室内木质、纤维板、胶合板等结构构件及家具防火保护和装饰
2	水乳型防火涂料	B60-1 膨胀型丙烯酸水性防火涂料	在火焰和高温作用下，涂层受热分解放出大量灭火性气性，抑止燃烧。同时，涂层膨胀发泡，形成隔热覆盖层，阻止火势蔓延	公共建筑、高级宾馆、酒店、学校、医院、商场等建筑物的木板、纤维板、胶合板结构构件及制品的表面防火保护
		B60-2 木结构防火涂料	遇火时涂层发生理化反应，构成绝热的炭化泡膜	建筑物木墙、木屋架、木吊顶以及纤维板、胶合板构件的表面防火阻燃处理
		B878 膨胀型丙烯酸乳胶防火涂料	涂膜遇火立即生成均匀致密的蜂窝状隔热层，延缓火焰的蔓延，无毒无臭，不污染环境	学校、影剧院、宾馆、商场等公共建筑和民用住宅等内部可燃性基材的防火保护及装饰

2）溶液浸注法

木材防火溶液浸注处理又分常压浸注和加压浸注两种，后者阻燃剂吸入量及透入深度均大于高于前者。浸注处理前，要求木材必须达到充分气干，并经初步加工成型，以免防火处理后再进行大量锯、刨等加工，将木料中浸有阻燃剂的部分除去。

8 建筑装饰装修材料

建筑工程中将设置或涂刷在建筑物内外表面，主要起装饰和装修作用的材料统称为建筑装饰材料。由于建筑装饰材料主要设置在建筑物的内外表面上起装饰作用，故又称为饰面材料。饰面材料和装饰装修工程的质量不但决定着建筑物的外观效果，也决定着建筑物耐久性和使用功能的舒适性。因此，装饰装修是建筑施工的重要分部工程。只有充分发挥装饰材料的技术特性和完美的利用装饰材料的色彩、质感、线条、形状以及各种材料在空间的协调组合，才能创造出具有丰富艺术表现力、完善的使用功能和坚固耐久的建筑物。

8.1 建筑装饰装修材料基础

建筑装饰装修是技术和艺术的结合，是饰面材料技术特性和装饰性的合理使用。了解和掌握装饰材料的功能、类型、技术特性和装饰性，才能正确地、经济合理地选用建筑装饰装修材料。

8.1.1 建筑装饰材料的功能

建筑装饰材料主要有三个方面的功能，即装饰作用、保护建筑结构和改善使用功能。

(1) 装饰作用

建筑师们经过精心巧妙的设计，合理的选择和正确的使用建筑装饰材料对建筑物进行艺术加工和装饰，从而使建筑物获得令人满意的美感和舒适感。

(2) 保护建筑结构

装饰材料铺设、粘贴或涂刷在建筑表面，直接处于外界环境之中对建筑结构起保护作用。外墙饰面材料直接受风、霜、雨、雪、冰雹的袭击，承受冻融的循环变化，空气中有害气体的侵蚀，太阳光的热辐射作用，从而减轻或防止了这些作用对墙体的危害，保护了墙体，提高了建筑物的耐久性。内墙饰面材料能够防止墙体(浴室、厨房、厕所等部位)受潮湿以及受磕碰，延长墙体的年限。用于地面的装饰材料可起到防止磨损、磕碰、撞击以及有害物质的渗透使楼板的钢筋锈蚀等作用。

（3）改善使用功能

饰面材料在使用时应不妨碍建筑结构本身的正常功能，并且对建筑物结构的使用功能有一定的改善。如改善建筑物的保温性和抗渗性，改善建筑物的采光、隔热、吸声与隔声效果等，较好地提高和改进人们的居住、生活、娱乐和工作环境。

8.1.2 建筑装饰材料的分类

（1）按装饰部位分类

建筑装饰与装修材料几乎遍布建筑物的各个部位，他们对建筑的各种部位起着装饰、保护和改善功能的作用。根据建筑工程不同部位，大致可分为以下几类：

1）墙柱装饰材料

① 建筑物的外墙体一般应具有良好的稳定性、抗冻性、隔声性、绝热性等要求。因此在选择饰面材料时要考虑饰面材料有一定的透气能力，使墙体内部水分顺利排出，以保证墙体的耐久性及热工性能。

② 内墙抹灰层对室内有调节空气湿度的作用。当室内空气潮湿时，抹灰层能吸收空气中的水蒸气，当室内干燥时，抹灰层又能释放出一定的水分。这样，抹灰层起到水气的呼吸作用。使房间保持舒适环境。石灰砂浆尤其是石膏抹面这种作用更为明显。

③ 为了保证室内的采光，内墙面应有一定的反光能力，才

能使室内亮度比较均匀。这一点，墙体本身是不能满足要求时，因此要通过内墙饰面(抹灰、喷白、粘贴面砖、壁纸等)来实现。

④ 墙体的声学功能也是一个重要的功能，如声的反射、吸声与隔声。影剧院、音乐厅等通过墙面、地面和顶棚的饰面材料对反射声波、吸声的性能达到控制混响时间，改善音质的目的；公共场所通过饰面来控制噪声，减少嘈杂程度；广播设施采用一定材质及厚度的抹灰层可以提高墙体的隔声性能。

⑤ 柱是建筑物主要结构件之一，可以有效地扩展建筑空间；但是，柱影响空间的完整性，是装饰的重点与难点。实现视觉的合理性，才能化腐朽为神奇。

⑥ 墙柱装饰一般采用涂料、面砖、装饰板等；内墙还可采用裱糊、软包或木装饰，也包括窗帘盒、窗台板和散热器罩等细部装饰工程；外墙和柱还可采用装饰混凝土、金属装饰材料或玻璃幕墙。

2）顶棚装饰材料

顶棚一般可采用涂饰、裱糊等平面装饰方式，也可以采用吊顶方式装饰。平面装饰施工简单、经济、不降低层高；使用的材料为涂料、壁纸等。吊顶装饰顶面富于变化、有利于形成良好的视觉，可以降低层高，便于安装和布置顶棚电器，适用于客厅、会议室、走廊等场所，使用的材料为龙骨和轻质的装饰板(装饰石膏板、吸声板、人造木质板)、织物等。

3）地面装饰材料

① 地面装饰材料应具有一定的强度、硬度、耐磨损、防渗水以及表面平整光洁便于清洗等要求。有时还要求地面具有耐油、耐酸碱、防止发生静电火花以及弹性等性能要求。

② 地面装饰材料一般采用花岗石饰面板、地面砖、木地板、竹地板、强化复合地板、塑料地板、地毯、地面涂料等。

4）门窗装饰材料

门窗工程的装饰是装饰和装修中画龙点睛的工程，包括安装铝合金门窗、塑钢门窗、木制装饰门、防盗门窗、特种玻璃与装饰玻璃、阳台和窗护栏、门窗贴脸等。

5）屋顶装饰材料

屋顶装饰和装修多见于仿古建筑，也见于为协调环境艺术效果或建筑装饰装修档次较高的工程。坡屋顶一般可采用艺术陶瓷和彩色涂层钢板等。平屋顶可采用园林陶瓷、金属护栏、室外地砖等。

本章主要介绍墙、柱、吊顶和地面新型装饰材料，门窗和屋顶装饰材料不作介绍。

（2）装饰结构和材料特点综合分类

按照装饰结构，结合装饰材料的特点，综合分为八大类装饰材料：

1）龙骨材料。

2）装饰石材。

3）陶瓷墙地砖。

4）饰面板。

5）涂饰料。

6）裱糊饰料。

7）装饰织物。

8）金属装饰材料。

8.1.3 饰面材料的装饰性

装饰性是涉及环境艺术与美学的概念，不同的工程及使用环境对装饰材料性能的要求差别很大，难以用具体的参数反映其装饰性的优劣。建筑物对材料装饰效果的要求主要体现在材料的颜色、质感、光泽、外观形状等方面。这些要求往往与建筑物的类型、所处环境、立体或空间尺寸等有关。

建筑物的总体装饰效果，除取决于设计者的主观意图、美学及审美观点外，更重要的是取决于设计者能否正确合理地选择适当的建筑装饰材料，充分发挥建筑材料本身的装饰性能（色彩与质感），并且用适当的手法，通过各种施工及操作方法进行处理（如分格线、窗间墙、凹凸线条、粗细比例等），造成某种艺术效果，达到装饰的目的。建筑材料对建筑物的装饰作用主要取决于建筑材料的色彩、材料本身的质感和材料外观形状与尺寸。

（1）色彩

色彩是构成一个建筑物外观及影响周围环境的重要因素。

1）色彩本质上属于材料对光反射所产生的一种效果，它是由材料本身及其所接收光谱共同决定的。通常所说的材料的色彩是指在普通阳光照射下所产生的效果，它可以是一种颜色，也可以是几种颜色的相互搭配。有时为获得灯光照射下的某种装饰效果，应考虑材料在灯光下的色彩。从与建筑物的相关因素来看，建筑色彩是由颜色的基调、色相（暖色或冷色）、明度、彩度等相互组合的结果。色彩可以从不同方面影响装饰效果。

2）色彩对建筑物的装饰效果实质上是人的视觉对颜色的生理反应，这种反应能够对人的生理或心理产生影响。装饰材料的色彩就是利用这种影响达到所期望的艺术效果。因此，对同一种装饰材料来说，不同的颜色甚至同种颜色在深浅不同时也可以产生不同的艺术效果。

3）建筑物的色彩首先利用建筑材料的本色，这是一种最经济、最合理、最方便、最可靠的来源。烧结普通砖中青砖具有良好的装饰色彩和耐久性，使我国无数建筑经数百年仍保持着色彩效果；天然石材除具有良好的耐久性外，还具有宽阔的色彩范围，如花岗石可有灰、黄、棕、黑各种颜色；纯净的大理石为白色，我国常称为汉白玉、雪花白等，是高级的室内装饰材料；石灰、石膏洁白的颜色使其成为良好的室内抹面材料；建筑铝材、不锈钢、玻璃、木材等，它们都可以利用自身本色，为建筑物提供色彩效果，而且是有良好的耐久性。

4）在对建筑物进行装饰时，只依靠材料的本色是不够的，获得色彩的第二个来源就是采用天然的矿质颜料、植物染料以及人工合成的染料来改变建筑材料的色彩。例如在白水泥中加入碱性颜料制成彩色水泥。这些颜色不溶于水，分散性好，耐碱，在大气中不褪色，掺入水泥中不会明显降低强度。常用以氧化铁为基础的各色的颜料，如铁红(Fe_2O_3)、铁黄($Fe_2O_3XH_2O$)、铁紫(Fe_2O_3 的高温煅烧物)、铁黑(Fe_3O_4)等，在配合以白色或彩色骨料制成彩色水泥、混凝土及砂浆。然而这种将整个构件都改变颜色的方法，显然在经济上是不合理的。因此，人们找到了一种最经济的作法，即采用饰面材料本身来装饰建筑物。这种作法可以使人们按自己的主观意愿尽可能地进行理想的调配。当墙体材料需要通过饰面保护改善耐久性，或者立面装饰需要同时改变质感与色彩时，通常需外加装饰的面层，如做砂浆类、石渣类面层或粘贴面砖等做法。当饰面的目的仅仅是改变颜色时，对一般等级的建筑物来说采用表面刷涂料的办法是比较经济合理的。

5）确定饰面色彩时所要考虑的因素比较多，首先，应满足建筑艺术的要求，与周围色彩环境建立有机关系，使建筑物成为环境中形成完整的色彩协调整体的一部分。其次，饰面色彩还要使建筑物(或房间)的建筑形式及使用功能相一致。此外，还要考虑饰面颜色本身的耐染性与色彩的耐久性及饰面做法、造价等因素。

(2) 质感

1）质感是人们对建筑材料外观质地的一种感觉。它包括内容很多，如材料表面粗糙或细腻的程度；材料本身的纹理与花样；材料的坚实与松软；材料的光滑、透明性、光亮与昏暗；花纹的清晰与模糊；色彩深浅等。材料的质地不同，给人们以不同的感觉，如坚硬而又光滑的材料(镜面花岗石)有严肃、有力、整洁之感；保持自然本色的材料(木材)则给人以清新、亲切、淳朴之感等。

2）质感除取决于所用材料外，更重要的是取决于材料的加工方法和加工程度。采用不同的加工方法及加工程度，可取得不同的质感效果。如粗凿的花岗石可给人一种粗犷、伟岸、神圣不可侵犯、坚如磐石的感觉。装饰砂浆、装饰混凝土、石渣类饰面等主要是通过装饰做法来达到装饰目的。

3）一定的分格线、凹凸线条也是构成装饰效果的因素。抹灰、刷石、水磨石、天然石材、混凝土板材、石膏板、玻璃等的分块、分格等除了防止开裂及施工接茬的需要外，也是装饰面在比例、尺度感上的需要。因此，饰面线型的设置在某种程度上也可看作是整体质感一个组成部分，应在工艺合理的条件下充分利用。

4）质感的丰富与贫乏、粗犷与细腻是在比较中体现的，因此在建筑设计中对建筑物的不同部位，选择不同的装饰做法以求得总体质感上的对比与衬托，来体现建筑风格与设计意图。

5）质感对人心理或生理也有一定的影响，这些影响往往与人们对某些典型材料表面质感的印象有关。如仿花岗岩表面给人以坚硬的感觉；仿木纹表面给人以温暖和富于弹性的感觉；防丝棉花纹给人以松软的感觉。

（3）形状与尺寸

材料的形状与尺寸是指单块材料的表面尺寸与形状，这些块状材料之间的连接线和点构成了建筑物表面的组织形状。表面尺寸与形状对人的视觉也具有一定的引导作用，或产生规则整齐的感觉、或动态起伏的感觉、或流畅自然的感觉、或对称协调的感觉等。

8.1.4 建筑装饰材料的选用要点

建筑物的种类繁多，不同功能的建筑物，对装饰的要求不同，即使同一类建筑物，也因设计标准不同而装饰要求也不同。通常建筑物的装修有高档装修、中档装修和普通装修之分。在建筑装饰工程中，为确保工程质量、美化和耐久，应当按照不同档次的装修要求，正确而合理地选用建筑装饰材料。

建筑装饰是为了创造环境和改造环境，这种环境是自然环境和人造环境的高度统一与和谐。然而，各种装饰材料的色彩、光泽、质感、触感、耐久性等性能的不同运用，将会在很大程度上影响到环境。因此在选择装饰材料时，应考虑以下几个方面的问题：

（1）建筑物的装饰效果与风格

建筑物的装饰效果是选材时首先应考虑的。选材时应结合建筑物的造型、功能、用途、所处的环境(包括周围的建筑物)、材料的使用部位等，充分考虑建筑装饰材料的颜色、质感、花纹、图案、形状、尺寸及其相应之间的配合与组合，并考虑建筑装饰材料的其他性质，从而最大限度地表现出建筑装饰材料的装饰效果，以取得良好的装饰效果和建筑风格。

（2）建筑物的适用性与功能

所选的装饰材料应能满足建筑物的功能与使用要求。如播音室的内部装饰，所选的装饰材料还应具有较高的吸声效果；卫生间所选装饰材料还应具有一定的抗渗性和易洁性；大型公共建筑所选的装饰材料除应满足各种使用功能外，还应具有良好的防火性等等。

（3）方便施工

选用的装饰材料以及设计方案应尽量方便施工和维修。

（4）耐久性

所选的装饰材料应具有所处环境相适应的耐久性，以保证建筑装饰工程的耐久性和建筑物的各项使用功能，并减少维修次数与费用。

（5）经济性

在保证以上四项的基础上，应尽量选用价格低廉或适中的装饰材料。要做到这一点就必须很好地掌握各种装饰材料的特性与装饰效果，同时既要考虑一次投资的多少，又要考虑日后的维修费用。低廉的装饰材料只要运用得当也同样会取得良好的装饰效果，如法国戴高乐机场和美国的肯尼迪机场的候机大厅就是采用装饰混凝土，它取得了较好的装饰效果并较好地体现了建筑物的风格。

根据使用条件要求，要选择各部位的装饰材料应具有相应的功能，可按表 8-1 考虑。

不同部位饰面的性能要求 **表 8-1**

性能＼部位	外　墙	内　墙	地　面	天　棚	屋　面
大气稳定性	○				○
温度变形性	○				○
抗　冻　性	○				○
绝　热　性	○				○
防　火　性	○	○	○	○	○
耐　水　性	○		○		○
抗　渗　性	○		○		○
隔　声　性	○	○	○	○	○
吸　声　性		○		○	
耐　磨　性			○		
抗冲击性			○		
防结露性	○		○		○
耐污染性	○	○	○	○	○

8.2 龙骨材料

在建筑装饰工程中最常见的是隔墙龙骨及吊顶龙骨。隔墙龙骨一般作为室内隔断墙骨架，两面以石膏板或石棉水泥板、塑料板、纤维板、金属板等为墙面，表面用塑料壁纸或贴墙布、涂刷内墙涂料等进行装饰，可组成新型完整的隔断墙。吊顶龙骨用作室内吊顶骨架，面层采用各种吸声材料，可形成新颖美观的室内吊顶。龙骨的材料一般有木材、轻钢、铝合金、塑料等。

8.2.1 木骨架简介

木骨架分为内木骨架和外木骨架两种。内木骨架是指用于天棚、隔墙、木地板搁栅等的骨架，多选用材质较松、纹理不美观、干缩小、不易开裂、不易变形的树种；外木骨架是指用于高级门窗、楼梯扶手、栏杆、踢脚板等外露式栅架，多选用木质较硬、纹理清晰美观的树种。

（1）吊顶木骨架

吊顶木骨架通常采用方格结构，便于面板与龙骨牢固结合，方格结构的常用尺寸为：250mm×250mm、300mm×300mm、400mm×400mm 三种。如果吊顶采用高低迭级或圆拱等造形，则需按设计或造型要求合理选用木骨架的断面和间距，吊顶木骨架断面常用的有 25mm×35mm 和 30mm×45mm 两种。

（2）隔墙木骨架

1）隔墙木骨架有单层木骨架和双层木骨架两种结构形式。单层木骨架以单层木方为骨架，其墙厚一般小于 100mm；双层木骨架以两层木方组合成骨架，骨架之间用横杆连接，其墙厚一般在 120～150mm 左右。

2）隔墙木骨架的结构通常采用方格结构，方格结构的尺寸根据面层的规格来确定。通常木骨架方格结构的尺寸为 300mm×300mm 和 400mm×400mm 两种；单层隔墙木骨架常用的断面有 30mm×45mm 和 40mm×55mm 两种；双层隔墙木骨架常用的断面为 25mm×35mm。

（3）墙面木骨架

1）建筑墙面上的木骨架，常用的结构形式有方格结构和长方结构。方格结构尺寸一般为 300mm×300mm，长方结构尺寸一般为 300mm×400mm，其木骨架的断面尺寸一般为 25mm×30mm、25mm×40mm、25mm×50mm、30mm×40mm 几种。

2）木骨架材料是传统建筑材料，它具有质轻、造型丰富、易加工、使用方便等诸多优点，但也有易干燥收缩、防火性能差等不足之处。由于当今木材资源严重缺乏，目前当代建筑装饰工程的吊顶和隔墙已普遍被轻钢龙骨或其他材料所取代。

8.2.2 轻钢龙骨

轻钢龙骨是目前装饰工程中最常用的顶棚和隔墙的骨架材

料，是用镀锌钢板和薄钢板，经剪裁、冷弯、滚轧、冲压而成，是木骨架的换代产品。

（1）轻钢龙骨的特点和种类

1）轻钢龙骨具有自重轻、防火性能优良、抗震及冲击性能好、安全可靠以及施工效率高等特点，已普遍用于建筑内的装饰，大面积顶棚、隔墙的室内装饰，现代化厂房的室内装饰，防火要求较高的娱乐场所和办公楼宇的室内装饰。

2）轻钢龙骨按其产品类型可分为C型龙骨、U型龙骨和T型龙骨。C型龙骨主要用作隔墙，即在C型龙骨组成骨架后，两面再装配面板组成隔断墙；U型和T型龙骨主要用来做吊顶，即在U型和T型龙骨组成的骨架下，装配面板组成明架或暗架顶棚。

（2）隔墙轻钢龙骨

1）隔墙轻钢龙骨主要有Q50、Q75、Q100、Q150系列，Q75系列以下用于层高3.5m以下的隔墙，Q75系列以上用于层高3.5～6.0m的隔墙。

2）隔墙轻钢龙骨主件有沿地龙骨、竖向龙骨、加强龙骨、通贯龙骨，配件有支撑卡、卡托、角托等。隔断龙骨的名称、规格、适用范围见表8-2。

3）隔墙轻钢龙骨主要适用于办公楼、医院、娱乐场所、影剧院的分隔墙和走廊隔墙。

隔断龙骨的名称、产品代号、规格、适用范围　　表8-2

名　称	产品代号	标　　记	规格尺寸(mm)			用钢量(kg/m)	适用范围
			宽度	高度	厚度		
沿顶沿地龙骨 竖龙骨 通贯龙骨 加强龙骨	Q50	Qu50×40×0.5 Qu50×45×0.8 Qu50×12×1.2 Qu50×10×1.5	50 50 50 50	40 45 12 40	0.5 0.8 1.2 1.5	0.82 1.12 0.41 1.5	层高3.5m以下

续表

名 称	产品代号	标 记	规格尺寸(mm)			用钢量(kg/m)	适用范围
			宽度	高度	厚度		
沿顶沿 地龙骨 竖龙骨 通贯龙骨 加强龙骨	Q75	Qu77×40×0.8 Qc75×45×0.8 Qc75×50×0.5 Qu38×12×1.2 Qu75×40×1.5	77 75 75 38 75	40 45 50 12 40	0.8 0.8 0.5 1.2 1.5	1.0 1.26 0.79 0.58 1.77	层高3.5～6.0m
沿顶沿 地龙骨 竖龙骨 通贯龙骨 加强龙骨	Q100	QU102×40×0.5 QC100×45×0.8 QU38×12×1.2 QU100×40×1.5	102 100 38 100	40 45 12 40	0.5 0.8 1.2 1.5	1.13 1.43 0.58 2.06	层高6.0m以上

(3) 顶棚轻钢龙骨

轻钢龙骨顶棚按吊顶的承载能力可分为不上人吊顶和上人吊顶。不上人吊顶承受吊顶本身的重量，龙骨断面一般较小；上人吊顶不仅要承受自身的重量，还要承受人员走动的荷载，一般可以承受 80～100kg/m^2 的集中荷载，常用于空间较大的影剧院、音乐厅、会议中心或有中央空调的顶棚工程。顶棚轻钢龙骨主要规格有 D38、D45、D50、D60 四种系列，名称和规格见表 8-3。

吊顶龙骨的名称、产品代号、规格尺寸　　表 8-3

名 称	产品代号	规格尺寸(mm)			钢 量	吊点间距(mm)	吊顶类型
		宽度	高度	厚度			
主龙骨(承载龙骨)	D38 D50 D60	38 50 60	12 15 30	1.2 1.2 1.5	0.56kg/m 0.92kg/m 1.53kg/m	900～1200 1200 1500	不上人 上人 上人
次龙骨(覆面龙骨)	D25 D50	25 50	19 19	0.5 0.5	0.13kg/m 0.41kg/m		
L 型龙骨	L35	15	35	1.2	0.46kg/m		

续表

名　称	产品代号	规格尺寸(mm)			钢　量	吊点间距(mm)	吊顶类型
		宽度	高度	厚度			
T16-40暗式轻钢吊顶骨	D-1型吊顶	16	40		0.9kg/m^2	1250	不上人
	D-2型吊顶	16	40		1.5kg/m^2	750	不上人防火
	D-3型吊顶	Dc+T16—40龙骨构成骨架			2.0kg/m^2	900～1200	上人
	D-4型吊顶	T16—40龙骨配纸面石膏板			1.1kg/m^2	1250	不上人
	D-5型吊顶	DC+T16—40配铝合金吊顶板			2.0kg/m^2	900～1200	上人
主龙骨	D60(CS360)	60	27	1.5	1.37kg/m	1200	上人
	D60(CS60)	60	27	0.63	0.61kg/m	850	不上人
铝合金T型主龙骨	D32	25	32			900～1200	不上人
铝合金T型次龙骨	D25	25	25				
铝合金T型边龙骨	D25	25	25				

8.2.3　铝合金龙骨

铝合金龙骨多为铝合金挤压件，具有不锈、质轻、美观、防火、安装方便等特点，特别适用于室内吊顶装饰。

(1) 铝合金吊顶龙骨

铝合金吊顶龙骨一般常用的多为T型，可与板材组成450mm×450mm、500mm×500mm、600mm×600mm的方格，不需要大幅面的吊顶板材，可灵活选用。小规格吊顶材料、铝合金材料经过电氧化处理后，具有光亮、不锈、色调柔和的特点，吊顶龙骨呈方格状外露，美观大方。铝合金吊顶龙骨性能见表8-4。

铝合金吊顶龙骨性能 **表 8-4**

名　称	铝龙骨	铝平吊顶筋	铝边龙骨	大龙骨	配　件
壁厚(mm)	1.3	1.3	1.3	1.3	连接件及吊挂件
截面积(cm^2)	0.775	0.555	0.555	0.870	
单位质量(kg/m)	0.21	0.15	0.15	0.77	
长度(m)	3 或 0.6 的倍数	0.596	3 或 0.6 的倍数	2	
机械性能	抗拉强度 210MPa，延伸率 8%				

(2) 铝合金隔墙龙骨

铝合金隔墙龙骨是用大方管、扁管、等边槽、连接角等四种铝合金型材作墙体框架，用厚玻璃或其他材料作墙体饰面的一种隔墙方式。铝合金隔墙多用于办公室的分隔、生产用房分隔和其他空间的分隔。四种铝合金型材见表 8-5。

铝合金隔墙龙骨 **表 8-5**

序号	型材名称	外型截面尺寸长(mm)×宽(mm)	单位质量(kg/m)
1	大方管	76.2×44.5	0.894
2	扁管	76.2×25.4	0.661
3	等槽	12.7×12.7	0.100
4	等角	31.8×3.8	0.503

8.3 常用装饰石材

装饰石材主要是指用于工程各表面部位的装饰性板材或块材，也包括各种园林小品、标志、造型、室内摆设等所采用的石材。由于石材性能的差别，用于土木建筑工程的装饰石材主要是花岗石、大理石和人造石材。

8.3.1 天然花岗石简介

(1) 花岗石板材的分类

根据装饰用花岗石板材的基本形状，可划分为普通型平面板材(PX 型)、圆弧板(HM)和异形板材(YX)三种。依据其表面加工程度又可划分为：

1）粗面板材(CM)：表面粗糙但平整、端面切锯整齐的板材，有较规则的加工条纹，给人以坚固、自然、粗犷的感觉，适用于要求坚固耐久的土木建筑工程。

2）亚光板材(YG)：表面平整细腻的板材，给人以庄重华贵的感觉，并且能在较长时间内保持原貌。

3）镜面板材(JM)：它是在亚光板材的基础上，经过抛光，形成晶莹的光泽、给人以华丽精致感觉的板材。

亚光板材和镜面板材主要应用于大型建筑物的局部装饰，室内外墙柱面、地面的装修。此外，根据不同的加工工艺，花岗石板材还可分为剁斧板、精磨板、磨光板、机刨板等。

(2) 花岗石板材的规格尺寸与质量要求

考虑花岗石板材的加工、运输、施工以及对建筑物结构荷载的影响，其产品的尺寸规格受到一定的限制。当板材越薄时，对建筑物结构荷载的影响就越小。因为花岗石板材硬而脆、加工难度较大，特别是加工很薄的板材时成品率下降。虽然采用先进加工手段可加工出厚度 10mm、甚至更薄的板材，但是目前大量生产的板材仍然以厚度 20mm 为主。常用花岗石板材规格尺寸见表 8-6。

常用花岗石板材规格尺寸(mm) **表 8-6**

长	宽	长	宽
300	300	600	600
305	305	640	610
400	400	900	600
600	300	600	305

为保证装饰效果，对应用于同一工程的花岗石板材的外观色调和花纹要求应基本一致，规格尺寸与建筑整体相协调，相同尺寸规格板材间的尺寸偏差不得明显。由于在材质、加工水平等方面的差异，花岗石板材的外观质量可能产生较大差别，这种差别

容易造成装饰效果、施工操作等方面的缺陷。因此国家标准规定花岗石板材的尺寸及外观质量均要求达到相应的标准。其标准要求见表 8-7 和表 8-8(参照 GB/T 18601—2001)。

普通花岗石板材尺寸允许偏差(mm)　　**表 8-7**

<table>
<tr><th colspan="3" rowspan="2">项　目</th><th colspan="3">亚光面和镜面板材</th><th colspan="3">粗面板材</th></tr>
<tr><th>优等品</th><th>一等品</th><th>合格品</th><th>优等品</th><th>一等品</th><th>合格品</th></tr>
<tr><td rowspan="3">尺寸允许偏差</td><td colspan="2">长度
宽度</td><td colspan="2">0
−1.0</td><td>0
−1.5</td><td colspan="2">0
−1.0</td><td>0
−1.5</td></tr>
<tr><td rowspan="2">厚度</td><td><12</td><td>±0.5</td><td>±1.0</td><td>+1.0
−1.5</td><td colspan="3">—</td></tr>
<tr><td>>12</td><td>+1.0</td><td>±1.5</td><td>+2.0
−2.0</td><td>+1.0
−2.0</td><td>+2.0
−2.0</td><td>+2.0
−3.0</td></tr>
<tr><td rowspan="3">平整度允许极限公差</td><td rowspan="3">平板长度</td><td>≤400</td><td>0.20</td><td>0.35</td><td>0.50</td><td>0.60</td><td>0.80</td><td>1.00</td></tr>
<tr><td>400～800</td><td>0.50</td><td>0.65</td><td>0.80</td><td>1.20</td><td>1.50</td><td>1.80</td></tr>
<tr><td>≥800</td><td>0.70</td><td>0.85</td><td>1.00</td><td>1.50</td><td>1.80</td><td>2.00</td></tr>
<tr><td colspan="2" rowspan="2">角度允许极限公差</td><td>≤400</td><td>0.30</td><td>0.50</td><td>0.80</td><td>0.30</td><td>0.50</td><td>0.80</td></tr>
<tr><td>>400</td><td>0.40</td><td>0.60</td><td>1.00</td><td>0.40</td><td>0.60</td><td>1.00</td></tr>
</table>

花岗石板材正面外观缺陷要求　　**表 8-8**

<table>
<tr><th>名称</th><th>缺陷含义</th><th>优等品</th><th>一等品</th><th>合格品</th></tr>
<tr><td>缺棱</td><td>长度不超过 10mm，宽度不超过 1.2mm(长度小于 5mm、宽度小于 1.0mm 不计)，周边每米长允许个数(个)</td><td rowspan="5">不允许</td><td rowspan="3">1</td><td rowspan="3">2</td></tr>
<tr><td>缺角</td><td>沿板材边长，长度≤3mm，宽度≤3mm(长度≤2mm、宽度≤2mm 不计)，每块板允许个数(个)</td></tr>
<tr><td>裂纹</td><td>长度不超过两端顺延至板边总长度的 1/10(长度小于 20mm 的不计)，每块板允许条数(条)</td></tr>
<tr><td>色斑</td><td>面积不超过 15mm × 30mm(面积小于 10mm×10mm 不计)每块板允许个数(个)</td><td rowspan="2">2</td><td rowspan="2">3</td></tr>
<tr><td>色线</td><td>长度不超过两端顺延至板边总长度的 1/10(长度小于 40mm 的不计)，每块板允许条数(条)</td></tr>
</table>

注：干挂板材不允许有裂纹存在。

8.3.2 天然大理石简介

天然大理石结构致密、表观密度较大（2600～2700kg/m^3）、抗压强度比较高（100～150MPa）。但硬度并不太大（肖氏硬度 50 左右），使其既具有较好的耐磨性，又易于抛光或雕琢加工，取得光洁细腻的表面效果。大理石的吸水率也很小（<1%），具有较好的抗冻性和耐久性，其使用年限可达 40～100 年以上。对于抛光或磨光的装饰薄板材来说，即使其吸水率不大，在有些情况下也会带来负面影响。粘贴后板材的局部通常出现潮华现象，造成装饰效果的缺陷，根据其表面缺陷的程度有返碱、起霜、水印（洇湿阴影）等表现。产生潮华的原因主要是石材本身结构含有易于渗入水分的孔隙结构所致，特别是当含有可溶性碱性物质时，更容易造成这些物质的析出而产生起霜或返碱。在工程中产生潮华的方式有两种；一是施工过程中粘结材料中水分通过石材向外渗出所致；二是在工程使用过程中由于基层渗水延伸到石材表面所致。为防止石材潮华的产生，应选用吸水率低、结构致密的石材；粘贴胶凝材料应选用阻水性较好的材料，并在施工中将粘贴面均匀地涂满；施工完后应及时勾缝和打蜡，必要时可涂有机硅阻水剂或进行硅氟化处理。

根据所加工板材的基本形状，大理石板材可分为直角四边形的普通型板材（PX 型）和圆弧形（HM）板材。《天然大理石建筑板材（GB/T 19766—2005）》建材标准依据板材加工的尺寸精度及正面外观缺陷将其划分为优等品（A 级）、一等品（B）级、与合格品（C）级三个质量等级，并要求同一批板材的花纹色调应基本一致。不同等级板材的要求见表 8-9、表 8-10。

大理石的抗风化能力较差。由于大理石的主要组成成分 $CaCO_3$ 为碱性物质，容易被酸性物质所腐蚀，特别是大理石中有的有色物质很容易在大气中溶出或风化，失去表面的原有装饰效果。因此，多数大理石不宜用于室外装饰。

普通大理石板材的规格尺寸及允许偏差(mm)　　表 8-9

<table>
<tr><th colspan="3" rowspan="2">规　格</th><th colspan="3">允 许 偏 差</th></tr>
<tr><th>优等品</th><th>一等品</th><th>合格品</th></tr>
<tr><td rowspan="3">规格尺寸允许偏差</td><td colspan="2">长、宽</td><td>0
−1.0</td><td>0
−1.0</td><td>0
−1.5</td></tr>
<tr><td rowspan="2">厚　度</td><td>≤12</td><td>±0.5</td><td>±0.8</td><td>±1.0</td></tr>
<tr><td>>12</td><td>±1.0</td><td>±1.5</td><td>±2.0</td></tr>
<tr><td rowspan="3">平面允许极限公差</td><td colspan="2">≤400</td><td>0.20</td><td>0.30</td><td>0.50</td></tr>
<tr><td colspan="2">400～800</td><td>0.50</td><td>0.60</td><td>0.80</td></tr>
<tr><td colspan="2">≥800</td><td>0.70</td><td>0.80</td><td>1.00</td></tr>
<tr><td rowspan="2">角度允许极限偏差</td><td colspan="2">≤400</td><td>0.30</td><td>0.40</td><td>0.50</td></tr>
<tr><td colspan="2">>400</td><td>0.40</td><td>0.50</td><td>0.70</td></tr>
</table>

大理石板材正面外观缺陷要求　　表 8-10

<table>
<tr><th>名称</th><th>规定内容</th><th>优等品</th><th>一等品</th><th>合格品</th></tr>
<tr><td>裂纹</td><td>长度不超过 10mm 的允许条数(条)</td><td>0</td><td>0</td><td>0</td></tr>
<tr><td>缺棱</td><td>长度不超过 8mm，宽度不超过 1.5mm(长度≤4mm、宽度≤1mm 不计)，每米长允许个数(个)</td><td rowspan="4">允许</td><td rowspan="2">1</td><td rowspan="2">2</td></tr>
<tr><td>缺角</td><td>沿板材边长顺延方向，长度≤3mm，宽度≤3mm(长度≤2mm、宽度≤2mm 不计)，每块板允许个数(个)</td></tr>
<tr><td>色斑</td><td>面积不超过 6cm²(面积小于 2cm² 不计)每块板允许个数(个)</td><td rowspan="2">不明显</td><td rowspan="2">有，不影响装饰效果</td></tr>
<tr><td>砂眼</td><td>直径在 2mm 以下</td></tr>
</table>

8.3.3　新型人造石材

人造成石材是采用无机矿物粉料、胶粘剂、颜料等经人工合成的石材，是应用比较广泛的室内装饰材料。

(1) 聚酯型人造大理石饰面板

聚酯型人造大理石是以不饱和聚酯树脂为胶粘剂，配以天然大理石或方解石、白云石、硅砂、玻璃粉等无机矿物粉料，以及适量的阻燃剂、稳定剂、颜料等，经配料混合、浇注、振动压缩、挤压等方法固化制成的一种人造石材。由于其颜色、花纹和光泽等均可以仿制成天然大理石、花岗石或玛瑙等的装饰效果，故称之为人造大理石、人造花岗石、人造玛瑙等。人造大理石由于质量轻、强度高、耐腐蚀、耐污染、施工方便等优点，是室内装饰装修应用比较广泛的材料。更方便的是，其装饰图案、花纹、色彩可根据需要人为地控制，厂商可根据据市场要求生产出各式各样的图案组合，这是天然石材所不及的。人造大理石具有良好的可加工性，可用加工天然大理石的办法对其进行切割、钻孔等。

人造大理石可用作室内墙面、柱面、壁面、匾额、建筑浮雕等外装饰，也可用于卫生间卫生洁具的装饰及化验、医疗、通信等方面。人造大理石的物理力学性能如表 8-11 所示。

人造大理石的物理力学性能 **表 8-11**

抗压强度(MPa)	抗折强度(MPa)	抗拉强度(MPa)	表面光洁度(%)	表面巴氏硬度	吸水率(%)	热变形温度(℃)	线膨胀系数($\times10^{-5}$)	耐热温度(℃)
>100	3.8	6	>100	50～60	<0.1	141.5	2～3	62.5

聚酯类人造大理石产品的质量目前还不稳定，再加上成本较高，产品的收缩性大，容易翘曲变形，因而在一定程度上限制了自身的发展。

(2) 水泥—树脂复合型人造大理石

这种人造大理石的制作工艺是以普通水泥砂浆作基层，然后在表面敷树脂以罩光和添加图案色彩。这种人造大理石降低了生产成本，另一方面也避免了产品在使用过程中的翘曲变形问题。

复合型人造大理石制品性能如表 8-12 所示。

复合型人造大理石制品性能 **表 8-12**

性 能	指 标	与聚酯类人造大理石对比
装饰性与表面耐污染性	表面光洁度较高，花纹美观，有极好的耐污染性能	两者基本一致
物理力学性能	抗折、抗压强度稍高于水泥浆制品	力学性能比聚酯类人造大理石低得多，吸水率大于聚酯类，且基层无耐酸性
耐热变性	制品在 85℃烘 2h，然后 20℃水中冲 15min；再在 85℃烘 2h，又于 20℃水中冲 15min，如此反复循环 15 次无变化	优于聚酯类人造大理石
抗冻性	－15℃冻融无开裂、变形现象	优于聚酯类人造大理石
耐候性	将成品（30mm × 30mm × 15mm）平放于屋面，在夏季气温为 33～37℃条件下放置三个月后，制品表面无变化，不翘曲，无损伤破坏现象	优于聚酯类人造大理石

（3）硅酸盐类人造大理石

硅酸盐类人造大理石是水泥花阶砖工艺的一种新形式，即用白水泥或几种有色水泥浆料混合，自然形成的一种大理石纹理的材料作为面层，再制成板材；或在板材表面进行艺术处理，模拟天然大理石的特征。表面光洁度通过树脂罩光或磨光、抛光获得。这类人造大理石的物理化学性能比天然大理石稍差，但其价格极为经济，仅为天然大理石产品的 1/10 左右。

在这类大理石中，硅酸盐石英类人造大理石的研制和应用是比较成功的。它以普通硅酸盐水泥或白水泥为主要原料、掺入耐磨砂子和石英粉作填料，加入颜料后入模成型。面层经特殊工艺处理，在色泽花纹、物理、化学性能等方面都优于其他类型的人造大理石。装饰效果达到以假乱真的程度，而产品生产成本仅为天然大理石的4%～5%。

(4) 高强度人造石膏大理石板

建筑石膏制品用于建筑装饰与装饰非常普遍，但是采用加压成型方法制造高强度的人造大理石制品，国外也只有俄罗斯等国家进行批量生产。北京市建材科研所研制成功的高强度人造大理石制品，其抗压强度达到55.9MPa，耐水溶蚀性良好，可用于室内外装饰装修。这种材料的基本配方为(质量百分比)：建筑石膏75～80；消石灰20～25；水60～86；底色颜料0.5～2；纹饰颜料3～8。

高强度人造石膏大理石的主要技术关键是成型加工工艺，优选最佳加压时间、脱模时间和成型压力值，使胶凝材料内多余的水分全部挤压溢出，同时还需保留其水化凝结所必需的最少而又足够的水量，从而达到体密实度增大，获得制品强度高于浇注成型方法4～5倍的效果。这种制品的防水处理采取两种方法：其一为无机材料防水处理，在配方中加入消石灰的人造大理石板，成型后浸泡到无机物防水处理溶液中，使之表面生成新的难溶物质；其二为有机材料防水处理，采用甲基丙烯酸甲酯(MMA)和苯乙烯(st)的混合单体在－98.6kPa的真空度下，抽真空3h，浸渍单体加热固化，板面无裂纹，断开面平齐，不但具有防水性能，而且起到增强作用。

这种人造大理石板材成本比聚酯型人造大理石板材低30%～50%。人造石膏大理石物理力学性能见表8-13。

人造石膏大理石物理力学性能 **表8-13**

性能＼板材	俄罗斯高强石膏装饰板	国产表面防水石膏大理石	国产树脂浸渍石膏大理石
抗压强度(MPa)	50～70	31.35	55.9
抗折强度(MPa)	10～15	13.4	33.9
密度(g/cm^3)	1.90	1.92	2.00

续表

性能 \ 板材	俄罗斯高强石膏装饰板	国产表面防水石膏大理石	国产树脂浸渍石膏大理石
吸水率(%)	7	9	1.6
硬度	2.5～3.0(莫氏)	21.7(肖氏)	34(肖氏)
抗冻性	30～50次循环无变化	15次循环无变化	15次循环无变化
磨耗率(g/cm^2)	0.7～1.4	3.3	3.31
光洁度	—	110	107
耐水溶蚀性	—	无溶蚀现象	无溶蚀现象

(5) 浮印型人造饰面板

浮印型人造饰面板是由比重小于水，且不溶于水的调合剂配以颜料在各种不同的基材(如胶合板、纤维板、塑料板、石膏板、硬纸板、金属板、陶瓷板、玻璃板等)面上经喷涂、浮印、压膜等工序而成。花色图案可人为控制，产品与天然大理石、花岗石极为相似，装饰效果达到以假乱真的程度。产品质量轻，安装方便，加工成本低，更可在异形或曲面上浮印，如在陶瓷基材上浮印后经过焙烧，能与釉面融合，其耐久性优于天然大理石。如在玻璃基材上浮印后则称为玻璃大理石，其表面平整，光洁如镜。如经过特殊加工，可制成不同色彩的金属闪光玻璃大理石，装饰效果更加富丽堂皇，熠熠生辉。

(6) 玉石合成饰面板

玉石合成饰面板亦称人造琥珀石饰面板，以透明不饱和聚酯树脂将天然石粒(如卵石)、各色石块(如均匀的玉石、大理石)以至天然的植物、昆虫等浇注成板材。产品具有光洁度高，质感强，强度高，耐酸碱腐蚀的优点，是一种高雅美观的室内墙面地面装饰材料。

(7) 幻彩石

幻彩石是一种新型的人造石材，主要是由各种不同色彩的精选云石，加入其他装饰物料如玻璃或贝壳等，压成砖块，体积较小可用作墙地砖或洗手盆台面板等。幻彩石最引人入胜之处在于其款式繁多，从绚丽夺目的浅色到典雅高贵的深蓝或黑色等。产品图案色彩可任意变化，为现代室内设计提供了广阔的遐想空间。

（8）微晶玻璃装饰板

微晶玻璃不是传统意义上用来采光的玻璃品种，也不是用于玻璃幕墙的那一类玻璃，而是全部用天然材料制成的一种人造高级建筑装饰材料，较天然花岗石具有更灵活的装饰设计和更佳的装饰效果。

微晶玻璃装饰板是应用受控晶化高技术而得到的多晶体，其特点是结构致密、高强、耐磨、耐蚀，在外观上纹理清晰、色泽鲜艳、无色差、不褪色。目前已代替天然花岗石用于墙面、地面、柱面、楼梯、墙裙、踏步等处装饰。

微晶玻璃装饰板目前只有日本、韩国和我国台湾、天津、广东等少数几个厂家能生产，由于其优良的装饰性能，使得产品一上市就深受消费者的欢迎。近几年，日本新建的车站或车站翻新维修时，其内、外墙和地面大多改用微晶玻璃板，如名古屋附近的车站、东京车站、上野地铁车站、新大阪地铁车站、箱崎地铁车站等。此外，在为数众多的公用建筑、商业建筑、娱乐设施及工业建筑的装饰中也大量使用采用微晶玻璃板，如新千岁空港旅客进港大厅、新东京邮电局、竹井美术馆、大阪科学馆、住友银行、东京银座时装大厦、SONY 电子株式会社厂房、NEG 本社等等。在台湾省，桥福第一信托大楼、高雄南荣大楼、板信汉生金融大楼、田中农社等都采用了微晶玻璃装饰。

微晶玻璃装饰板的成分与天然花岗石相同，均属硅酸盐质，除比天然石材具有更高的强度、耐蚀性、耐磨性外，还具有吸水率小（0%～0.1%）、无放射性污染、颜色可调整、规格大小可控制的优点，还能生产弧形板。它们之间的性能比较见表 8-14。

微晶玻璃板与大理石、花岗石装饰板主要性能比较　表 8-14

性　能	微晶玻璃板	大理石板	花岗石板
密度(g/cm^3)	2.70	2.70	2.70
抗压强度(MPa)	300～549	60～150	100～300
抗折强度(MPa)	40～60	8～15	10～20
莫氏硬度	6.5	3～5	5.5
吸水率(%)	0～0.1	0.3	0.35
扩散反射率(%)	89	59	66
耐酸性(1%H_2SO_4)	0.08	10.3	1.0
耐碱性(1%NaOH)	0.05	0.30	0.10
热膨胀系数(10^{-7}/℃)	62	80～260	50～150
耐海水性(mg/cm^2)	0.08	0.19	0.17
抗冻性(%)	0.028	0.23	0.25

8.3.4　装饰石材的选材与应用

由于大理石板材的良好的装饰性能，常将其应用于高级公用建筑、纪念性建筑的内部装修，如内墙面、柱面、台阶与地面的表面铺贴。此外，大理石还是良好的雕塑材料。除了个别品种(汉白玉、艾叶青等)外，多数大理石因含有易风化成分而不适于室外装饰。

因为花岗石具有优良的耐久性，所以，可应用于许多恶劣的环境中。通常剁斧板材应用于各种建筑物的室外地面、台阶、基座装饰；机刨板材多应用于室内外地面、台阶、基座、踏步、檐口、护坡等处的表面装饰；粗磨板材多应用于室内外的墙面、柱面、台阶、纪念碑与铭牌；磨光板材主要应用于要求色彩与光泽的室内外墙面、地面、柱面以及各种标志的装饰。

工程中使用装饰石材时应注意其强度、吸水率、自重、厚度等方面对施工质量的影响。由于天然石材吸水率很低，在墙面装饰中难以直接粘结定位，常采用湿挂或干挂法铺贴。因此，要求石材必须达到一定厚度才能方便打孔。只有石材较薄且胶粘剂性能较好时才能采用直接粘贴法。

另外，还可以选用人造石材，例如水磨石板、铸石、微晶玻璃(也称水晶玻璃)、胶结型人造石材等。可用作室内墙面、柱面、壁面、地面，室外匾额、建筑浮雕等内外装饰；也可用于厨房台板、卫生间卫生洁具的装饰及化验、医疗、通讯等方面。

8.4 陶瓷墙、地面砖

用于铺设地面和装饰建筑内外墙壁的各种陶瓷材料，统称为陶瓷墙地面砖，其中用于建筑物内墙装饰的面砖称为内墙面砖，用于建筑外墙装饰的陶瓷砖称为外墙面砖，用于铺设地面的陶瓷砖称为铺地砖。

陶瓷墙地面砖按其用途的不同，可分为内墙砖、墙地砖、大型饰面砖、道路砖等。按施釉情况又分为釉面砖及无釉面砖。另外，砖面可制成单色或彩色的。

8.4.1 内墙釉面砖

(1) 内墙釉面砖的概念及种类

内墙釉面砖系以陶土为主要原料，经压制成坯、干燥、焙烧后制成，属于精陶制品。内墙面砖大多施有釉层，故又称釉面砖、瓷砖、瓷片等。由于装饰内墙面砖表面的釉层品种繁多、类型多样，几乎所有的陶瓷装饰方法都可应用，因此，釉面砖的种类也是极其丰富。主要包含单色、彩色、印花和图案砖等品种。

由于内墙面砖在结构上的固有特性，与用于外墙的瓷砖有着本质的不同，故不可用于室外环境。

(2) 内墙釉面砖的物理力学性质

内墙釉面砖中，白色陶瓷釉面砖用量最大且最有代表性。根据国家标准《白色陶瓷釉面砖》GB 4100 的规定，应符合以下的性能要求：

1) 密度：2300～2400kg/m^3；

2）吸水率：应小于22％，吸水率的大小决定于其坯体的原料组成、烧结温度、结构的密实度等，并影响成品的一系列物理性能；

3）耐急冷急热：由140℃至常温（19±1℃）热交换不少于三次，无裂纹；

4）抗弯强度：平均不小于17MPa；

5）抗折强度：2.0～4.0MPa；

6）白度：由供需双方商定，一般不低于78％。

（3）釉面内墙砖的规格尺寸

1）形状及尺寸

无论单色、彩色或图案砖，内墙釉面砖基本上是由正方形、长方形和特殊位置使用的异形配件砖组成。瓷砖的常用规格有108mm×108mm×5mm，152mm×152mm×5mm，200mm×150mm×5mm等，详见表8-15。另外，为配合建筑物内部阴、阳角处的贴面及压顶、腰线贴面等要求，还有各种配件异形砖，如阴角砖、阳角砖、压顶砖、腰线砖等。内墙瓷砖的种类和各种配件砖。其尺寸分为普通标准尺寸（按部颁标准生产）、非标准尺寸（包括设计中特殊要求尺寸和订购协议尺寸）。

内墙釉面砖主要尺寸规格（mm） **表8-15**

标准化	装配尺寸（C）	产品尺寸（长×宽）（A×B）	产品厚度	侧面形状
模数化	300×250	297×247	生产厂家定	大圆边
	300×200	297×197		
	200×200	197×197		小圆边
	200×150	197×148	5～7	
	150×150	148×148	5	平　边
	150×75	148×73	5	
	100×100	98×98	5	带凸缘边
非模数化		152×152	5～6	
		108×108	5	

2）釉面砖按其外观质量分为优等品、一等品、合格品三个等级。各等级釉面砖的表面缺陷允许范围应符合国家规定。见表 8-16。

釉面砖表面质量要求　　表 8-16

<table>
<tr><th colspan="2" rowspan="2">表面缺陷</th><th colspan="3">表面质量要求</th><th rowspan="2">说明</th></tr>
<tr><th>优等品</th><th>一级品</th><th>合格品</th></tr>
<tr><td>缺陷名称</td><td>缺釉、斑点、裂纹、落脏、棕眼、熔洞、釉缕、釉泡、烟熏、开裂、磕碰、剥边</td><td>距砖面1m处目侧，无可见缺陷</td><td>距砖面2m处目侧，可见缺陷不超过5%</td><td>距砖面3m处目侧，缺陷不明显</td><td rowspan="5">在产品的侧面和背面，不许有妨碍粘结的附着釉及其他影响使用的缺陷存在。
釉面上人为装饰效果的偏差不算缺陷</td></tr>
<tr><td rowspan="4">最大允许变形</td><td>中心弯曲度(%)</td><td>±0.5</td><td>±0.6</td><td>+0.8～−0.6</td></tr>
<tr><td>翘曲度(%)</td><td>±0.5</td><td>±0.6</td><td>±0.7</td></tr>
<tr><td>边直度(%)</td><td>±0.5</td><td>±0.6</td><td>±0.7</td></tr>
<tr><td>直角度(%)</td><td>±0.6</td><td>±0.7</td><td>±0.8</td></tr>
<tr><td colspan="2">色差</td><td>基本一致</td><td>不明显</td><td>不严重</td><td>白度由供需双方商定</td></tr>
<tr><td colspan="2">背面磕碰</td><td>深度<砖厚1/2</td><td colspan="2">不影响使用</td><td></td></tr>
<tr><td colspan="2">分层、开裂、釉裂</td><td colspan="3">不得有结构缺陷存在</td><td></td></tr>
</table>

(4) 内墙面砖的品种分类

釉面砖正面施釉，背面吸水率高且有凹槽纹，利于粘贴。正面所施釉料品种很多，有白色釉、彩色釉、光亮釉、珠光釉、结晶釉等。釉面砖的主要品种和特点见表 8-17。

釉面砖的主要品种及特点　　表 8-17

<table>
<tr><th colspan="2">种类</th><th>代号</th><th>特点</th></tr>
<tr><td colspan="2">白色釉面砖</td><td>FJ</td><td>色纯白，釉面光亮，简洁大方</td></tr>
<tr><td rowspan="2">彩色釉面砖</td><td>有光彩色釉面砖</td><td>YG</td><td>釉面光亮晶莹，色彩丰富雅致</td></tr>
<tr><td>无光彩色釉面砖</td><td>SHG</td><td>釉面半无光，不晃眼，色泽一致柔和</td></tr>
</table>

续表

种类		代号	特点
装饰釉面砖	花釉砖	HY	系在同一砖上施以多种彩釉，经高温烧成。色釉互相渗透，花纹千资百态，有良好装饰效果
	结晶釉面砖	JJ	晶花辉映，纹理多资
	斑纹釉面砖	BW	斑纹釉面，丰富多彩
	理石釉面砖	LSH	具有天然大理石花纹，颜色丰富，美观大方
图案砖	白地图案砖	BT	在白色釉面砖上装饰各种图案，经高温烧成。纹样清晰，色彩明朗，清洁优美
	色地图案砖	YGT DYGT SHGT	在有光(YG)或无光(SHG)彩色釉面砖上装饰各种图案，经高温烧成。产生浮雕、缎光、绒毛、彩漆等效果
字画釉面砖			以各种釉面砖拼成各种瓷砖字画，或根据以有画稿烧制成釉面砖，组合拼装而成，色彩丰富，光亮美观，永不褪色

8.4.2 外墙面砖及地面用瓷砖

陶瓷外墙面砖和地砖都属于炻器材料，虽然他们在外观形状、尺寸及使用部位上都有不同，但由于他们在技术性能上的相似性，使得部分产品可用作墙地通用面砖。因此，通常把外墙面砖和地面砖统称为陶瓷“墙地砖”。

墙地砖是以优质陶土为原料，加入其他材料配成生料，经半干压后于1100℃左右焙烧而成。墙地砖的生产工艺与釉面内墙砖相似，但它增加了坯体的厚度和强度，降低了吸水率。现在墙地砖产品丰富多样，装饰日趋华丽高雅，某些产品已经具有一些天然高级材料的表面质感，使墙地砖应用更加广泛。

（1）墙地砖的种类划分

1）按配料和制作工艺分类

可制成平面、麻面、毛面、磨光面、抛光面、纹点面、压花浮雕表面、防滑面，以及丝网印刷、套花、渗花等品种；其中抛光砖的技术日益成熟，市场推崇、普及广泛。

2）按表面装饰分类

墙地砖根据表面装饰方法的不同，分为无釉和有釉两种。表面不施釉的的称为单色砖；表面施釉的称为彩釉砖。彩釉砖中又可根据釉面装饰的种类和花色的不同进行细分。例如立体彩釉砖（又称线砖）、仿花岗石面砖、斑纹釉砖、结晶釉砖、有光彩色釉砖、仿石光釉面砖、图案砖、花釉砖等。

3）按使用位置分类

陶瓷墙地砖按所使用位置分为：外墙面砖、地面砖、通用墙地砖、线角砖、梯沿砖（楼梯踏步专用砖）等。

（2）墙地砖的规格尺寸

在陶瓷墙地砖中，从正方形到长方形，从 100mm 到 600mm 边长尺寸的产品均有生产。厚度由生产厂商自定，以满足使用强度要求为原则，一般为 8～10mm。从普遍情况看，墙面用砖一般规格较小，地面用砖规格较大。而且，从墙地砖的发展趋势看，地面砖的使用规模，正向 500mm×500mm 及更大尺寸的正方形超大规格方向发展。

（3）墙地砖的物理力学性能

1）吸水率：不大于 10%。

2）耐急冷急热性：经三次冷热循环不出现炸裂或裂纹。

3）抗冻性：经 20 次冻融循环不出现裂纹。

4）抗弯强度：平均不低于 24.5MPa。

5）耐磨性（仅指地砖）：通常依据耐磨试验砖面层出现磨损痕迹时的研磨次数，将地砖耐磨性能分为四级。

6）耐化学腐蚀性：依据试验分为五个等级。

（4）墙地砖的允许偏差

墙地砖外观尺寸允许偏差规定如下：

1）边长<150mm 的，允许偏差≤±1.5mm；

2）边长在 150～250mm 之间的，允许偏差≤±2.0mm；

3）边长>250mm 的，允许偏差≤±2.5mm；

4）厚度<12mm 的，允许偏差≤±1.0mm；

8.4.3 陶瓷锦砖

（1）陶瓷锦砖的种类和规格

陶瓷锦砖俗称马赛克，是以优质瓷土为原料烧制而成，是一种规格较小的墙地砖，是具有多种颜色、不同几何形状的小片瓷砖。单块锦砖常见形状有正方形、矩形、六边形、三角形、梯形、菱形等，边长一般在 20～30mm 之间，最大在 50mm 以内；厚度在 3～4.5mm 之间。陶瓷锦砖分为白色单彩色和纹点制品，表面装饰也分为有釉和无釉两种，目前以无釉锦砖为多。

一般每联陶瓷锦砖尺寸为 305mm×305mm。

（2）陶瓷锦砖的特点与应用

陶瓷锦砖的基本特点是质地坚硬、色泽美观、形状多样，而且耐酸、耐碱、耐磨、耐水、耐压、耐冲击。在建筑物的内、外装饰工程中获得了广泛的应用。可用于外墙贴面、内墙拼花装饰等。锦砖的典型用途通常是室内地面的装饰，这主要是因为它具有不渗水、不吸水、易清洗、防滑等特点，特别适合湿滑环境的地面铺设。

另外，由于陶瓷锦砖在材质、颜色方面选择种类多样，可拼装图案相当丰富，只要设计得当，可以创作出不俗的视觉效果产品。

8.4.4 各种陶瓷面砖比较

各种陶瓷面砖比较，见表 8-18。

各种陶瓷面砖的相互比较 **表 8-18**

比较内容 \ 瓷砖种类	内墙砖	外墙砖	地　砖	陶瓷锦砖
陶瓷类别	陶　质	炻　质	炻　质	瓷　质
砖体厚度(mm)	5～7	8～10	8～12	3.0～4.5

续表

瓷砖种类 / 比较内容	内墙砖	外墙砖	地　砖	陶瓷锦砖
常用规格(mm)	150×150、150×200、200×300	200×80、240×60、108×108	500×500、300×300、150×150	单块边长 15.2～39 每联为 305×305
一般吸水率	20%	1%～8%	1%～6%	0.2%
抗弯强度(MPa)	不小于 17	不小于 24.5	一般大于 30	
其他力学性能	较小	较强	强	强
抗冻性能	不抗冻	抗冻	抗冻	抗冻
其他特点	表面施釉、光滑、美观、易于清洁	有施釉和不施釉之别，色彩多样	花色品种繁多，性能优良，美观耐用	耐酸碱、耐磨、耐冲击、防滑、易清洗
适用范围	用于有卫生要求室内环境的墙面、台面等处	建筑外墙面，部分可用于室内外地面	住宅、商业及其他公共建筑室内地面	浴厕、厨房、露台等处的地面及墙面装饰
选用注意事项	寒冷地区的非采暖房间慎用	使用时应注意排列方式及砖缝的处理	有湿滑性的室内地面应选用合适的防水、防滑地砖	用于墙面时应注意图案组织及施工精度，不然会影响外观效果

8.4.5　新型墙、地砖

近年来，随着建筑装饰业的不断发展，新型墙、地砖装饰材料品种不断增加，如陶瓷劈离砖、瓷质玻化砖、彩胎砖、麻面砖、陶瓷艺术砖、金属光泽釉面砖等。

（1）劈离砖

劈离砖又称劈裂砖，是将一定配比的原料，经粉碎、炼泥、真空挤压成型、干燥、高温煅烧而成。由于成型时为双砖背连坯体，烧成后再劈裂成两块砖，故称劈离砖。

劈离砖最先在德国兴起并得到发展，不久在欧洲各国引起重视，继而世界各地竞相仿效。这种新型墙、地砖制造工艺简单，能耗低，使用效果好，深受消费者喜爱。目前世界上有100多条劈离砖生产线。我国现有北京、厦门、襄樊及台湾等省市引进劈离砖生产线先后建成投产，产品质量均已达到德国DIN工业标准要求。另外，广东佛山市石湾化工陶瓷厂、黑龙江省汤原县建筑陶瓷厂等单位利用国产设备和技术生产的劈离砖，经检测其产品质量可达到德国同类产品标准。国产劈离砖除供应国内用户外，还出口销售到香港、澳门、新加坡、日本、美国、加拿大、科威特、中东等国家和地区。

劈离砖强度高、吸水率低、抗冻性强、防潮防腐、耐磨耐压、耐酸碱、防滑；色彩丰富，自然柔和，表面质感变幻多样，或清秀细腻，或浑厚粗犷；表面施釉者光泽晶莹，富丽堂皇；表面无釉者质朴典雅、大方，无反射弦光。

产品主要规格有：240mm×52mm×11mm、240mm×115mm×11mm、194mm×94mm×11mm、190mm×190mm×13mm、240mm×115/52mm×13mm、194mm×94/52mm×13mm等。

劈离砖适用于各类建筑物外墙装饰，也适合用作楼堂馆所、车站、候车室、餐厅等处室内地面铺设。较厚的砖适合于广场、公园、停车场、走廊、人行道等露天地面铺设，也可作游泳池、浴池池底和池沿的贴面材料。

（2）彩胎砖

彩胎砖是一种本色无釉瓷质饰面砖，它采用彩色颗粒土原料混合配料，压制成多彩坯体后，经一次烧成呈多彩细花纹的表面，富有天然花岗石的纹点，有红、绿、黄、蓝、灰、棕等多种基色，多为浅色调，纹点细腻，质朴高雅。

产品主要规格有：200mm×200mm、300mm×300mm、400mm×400mm、500mm×500mm 及 600mm×600mm 等，最小尺寸为 95mm×95mm，最大规格可为 600mm×900mm。

彩胎砖表面有平面和浮雕型两种，又有无光与磨光、抛光之分，吸水率小于 1%，抗折强度大于 27MPa，这种砖的耐磨性极好，特别适用于人流密度大的商场、剧院、宾馆、酒楼等公共场所铺地装饰，也可用于住宅厅堂墙地面装饰。

（3）玻化砖

玻化砖是坯料在 1230℃以上的高温下，使砖中的熔融成分成玻璃态，具有玻璃般的亮丽质感的一种新型高级铺地砖，也有人称为瓷质玻化砖。我国上海斯米克建筑陶瓷有限公司生产的斯米克玻化砖，按照欧洲 EN—176 标准生产，有四大系列，100 多个品种。如纯色系列、彩点系列、聚晶与梦幻系列、特殊用途的玻化砖系列，主要色系有白色、灰色、黑色、黄色、红色、绿色、蓝色、褐色等。主要规格有：200mm×200mm×20mm、300mm×300mm×30mm、400mm×400mm×40mm、500mm×500mm×50mm。

斯米克玻化砖的特性有：

1）低吸水率

吸水率<0.1%，比欧洲标准及天然石材低 5～30 倍，长年使用，不变颜色，不留水迹，如终如新。

2）高耐磨性

由于经高温烧制而成，产品的莫氏硬度达到 7，质地密实坚硬，耐磨性为 130mm^3，仅为欧洲标准的 64%（欧洲标准为 205mm^3）。

3）高强度

具有大于 46MPa 的抗折强度，施工使用时不易破损。

4）耐酸碱

斯米克玻化砖耐酸碱性强，不留污渍，易于清洗。

5）其他性能

斯米克玻化砖采用全电脑化的生产和检选设备，尺寸均匀平整，色泽协调均匀，易于施工。由于产品吸水率极低，表面未施任何透明釉料，普通亚光面砖摩擦系数高达 0.7，具有极好的防滑效果。此外，产品原料中不含对人体有害的放射性元素，是高品质的环保型建材。

表 8-19 为斯米克玻化砖的技术标准。

玻化砖技术标准 **表 8-19**

试验项目	测试方法	欧洲标准	企业标准	试验项目	测试方法	欧洲标准	企业标准
吸水率	EN99	≤0.50%	≤0.1%	耐磨度	EN102	<205mm^3	<130mm^3
抗折强度	EN100	>27MPa	>46 MPa	莫氏硬度	EN101	>6	>7
长度偏差	EN98	±0.6%	±0.4%	线性热膨胀系数	EN103	<9×$10^{-6}K^{-1}$	<7×$10^{-6}K^{-1}$
宽度偏差	EN98	±0.6%	±0.4%	耐化学腐蚀性	EN106	认可	认可
厚度偏差	EN98	±5%	±3%	热振性	EN104	认可	认可
表面平整度偏差	EN98	±0.5%	±0.4%	抗冻性	EN202	认可	认可
边直度偏差	EN98	±0.6%	±0.4%	摩擦系数	0.40≤		0.70(干)
直角度偏差	EN98	±0.5% ±0.5%	±0.4% ±0.4%		≤0.74		0.44(湿)

斯米克玻化砖已成功应用在上海商务中心、上海广播电视大楼、上海新世界城、上海第一八佰伴新世纪商厦、北京故宫博物院、外交部大楼、中央电视塔、钓鱼台酒店、国际饭店等工程铺地装饰。

（4）麻面砖

麻面砖是采用仿天然岩石色彩的配料，压制成表面凹凸不平的麻面坯体后，经一次烧成的炻质面砖。砖的表面酷似经人工修凿过的天然岩石面，纹理自然，粗犷雅朴，有白、黄、红、灰、黑等多种色调。主要规格（mm）：200×100、200×75 和 100×100 等。麻面砖吸水率＜1%，抗折强度＞20MPa，防滑耐磨。薄型砖适用于建筑物外墙装饰，厚型砖适用于广场、停车场、码头、人行道等地面铺设。

（5）大规格墙、地砖

广东佛山石湾鹰牌陶瓷有限公司，1996 年引进设备，生产出 1000mm×1000mm、800mm×1200mm 和 650mm×900mm 等超大规格瓷质砖。这种大规格砖酷以天然石材而优于石材，它的硬度大于石材而密度小于石材，耐酸、耐碱、耐风化，没有天然石材边缝水渍现象，也不含对人体有危害的放射性物质，颜色丰富多彩，应用前景十分广阔。目前我国大规格瓷质砖在市场上繁花似锦，占据了主要位置。

（6）陶瓷艺术砖

陶瓷艺术砖采用优质黏土、瘠性原料及无机矿化剂为原料，经成型、干燥、高温焙烧而成，砖表面具有各种图案浮雕，艺术夸张性强，组合空间自由度大，可运用点、线、面等几何组合原理，配以适量同规格彩釉砖或釉面砖，可组合成抽象的或具体的图案壁画。

（7）金属釉面砖

金属釉面砖运用进口和国产金属釉料等特种原料烧制而成，是当今国内市场的领先产品。我国四川陶瓷厂生产的金属釉面砖含黑色与红色两大系列，主要有金灰色、古铜色、墨绿色、宝石蓝等多个品种。产品具有光泽耐久、质地坚韧、网纹淳朴、赋于墙面装饰静态的美，还有良好的热稳定性、耐酸碱性、易于清洁、装饰效果好等性能。

金属光泽釉面砖，是采用钛的化合物，以真空离子溅射法将釉面砖表面处理呈金黄、银白、蓝、黑等多种色彩，光泽灿烂辉煌，给人以坚固豪华的感觉。这种面砖抗风化、耐腐蚀，历久长新，适用于商店柱面和门面的装饰。

(8) 黑瓷装饰板

由山东省新材料研究所和北京丰远黑瓷制品厂生产的钒钛黑瓷板，现已获中、美、澳三国专利。这种瓷板具有比黑色花岗石更黑、更硬、更亮的特点，可用于宾馆饭店等内外墙面及地面装饰，也可用作单位铭牌、仪器平台等。

(9) 大型陶瓷艺术饰面板

大型陶瓷艺术饰面板具有单块面积大、厚度薄、平整度好、吸水率低、抗冻、抗化学侵蚀、耐急冷急热、施工方便等优点，并有绘制艺术、书法、条幅、陶瓷壁画等多种功能。产品表面可做成平滑或各种浮雕花纹图案，并施以各种彩色釉，用其作为建筑物外墙、内墙、墙裙、廊厅、立柱等的饰面材料，尤其适合用在大厦、宾馆、酒楼、机场、车站、码头等公共设施的装饰。

8.5 饰 面 板

用于装饰室内墙面和天棚的饰面板材，称为饰面板，一般配合墙面或吊顶龙骨直接粘贴或使用。按照材质不同有以下几类。

8.5.1 塑料装饰板

塑料装饰板是以合成树脂(聚氯乙烯树脂、聚酯树脂)与稳定剂、色料等加工而成的高级装饰材料。具有表面美观、光滑、色彩鲜艳、防水、耐腐蚀、耐污染等特点，聚酯装饰板还可以和胶合板、刨花板、中密度纤维板、水泥石棉板、金属板等复塑成复合材料板材。进一步改善其使用功能。这种装饰板材主要用于室内墙面、天花板的装饰装修。

全塑装饰板的产品规格及性能见表 8-20。

全塑装饰板的产品规格及性能　　表 8-20

名　称	规格(mm)	性　　能
聚氯乙烯装饰硬板	1600×700×(2～60)	密度：1350～1600kg/m^3 抗拉强度：≥50MPa 抗弯强度：≥90MPa 缺口冲击强度：≥30J/cm^2 耐热(马丁)：≥50℃
聚酯装饰板		装饰表面美观，手感好，柔光和镜面(有光)都可制，物化性能稳定，强度高，耐水、耐污染、耐药品性能好，可与多种材料复塑

8.5.2　木质装饰板

常用的人造木质板包括：胶合板、刨花板、纤维板等，见本书第 7 章。专用的木质饰面板有富丽板和宝丽板，是以三层胶合板为基材贴合特种花纹面制作而成的。

富丽板花纹面外深覆不饱和树脂，宝丽板在树脂表面又压合一层塑料薄膜保护层。

富丽板和宝丽板均属中档饰面材料。富丽板有多种仿天然名贵树种材质的图案花纹，耐热、耐烫、耐擦洗能力较差，一般可在室内墙面、墙裙、柱面及家具表面不需要经常擦洗的部位使用；宝丽板表面硬度中等，耐热、耐烫性能优于油漆面和富丽板，对酸、碱、油脂、酒精等具有一定的抗腐蚀能力，表面易于清洗，板面光亮、平直，色采丰富并具有多种图案花纹，可用于室内墙面、墙裙、柱面、造型面及各种家具的表面。

富丽板和宝丽板均可分成普通板和坑板两大类。坑板即是在普通平板表面按一定间距，加工出一条宽 3mm、深 1mm 左右的坑槽，增加装饰效果。常用的普通板、坑板的规格为 915mm×1800mm、1220mm×2440mm 两种，面积分别为 1.674m^2/块和 2.977m^2/块。

目前，木质饰面板使用比较广泛的是各种免漆板(参见本书第7章)。

8.5.3 石质装饰板

石质装饰板主要为花岗石装饰板、大理石石板和人造石板，详见本章第3节(8.3)。

8.5.4 金属装饰板

金属装饰板主要为不锈钢板、涂层钢板和铝合金装饰板，见本章第9节(8.9)。

8.5.5 顶棚罩面板

用于顶棚罩面有玻璃棉装饰吸声板、膨胀珍珠岩装饰吸声板、石膏装饰板、矿棉装饰吸声板和贴塑矿(岩)棉吸声板等。

顶棚罩面板应具有质轻、吸声、防火、隔热、保温等特点。顶棚罩面板用于会场、影剧院、礼堂、音乐厅、播音室、录音室等，可控制和调整室内混响时间，消除回声，改善室内音质，用于喧哗场所，可降低室内噪声级，改善环境条件(参见第10章)。

8.6 涂　　料

建筑涂料可用于各种基材(如普通混凝土、多孔混凝土、抹灰层、石膏板、金属、木板等)表面涂装。具有防护、装饰、防锈、防腐、防水或其他特殊功能(例如：防火、保温、闪光、彩幻、防结露、防霉、防虫和抗静电等)。建筑涂料品种繁多，按主要成膜物质的化学成分可分为有机涂料、无机涂料和无机-有机复合涂料三大类；按溶剂分为乳液型涂料、溶剂型涂料和水溶性涂料；按构成涂膜的主要成膜物质分类有聚乙烯醇、丙烯酸、环氧树脂、聚氨酯等合成树脂系列，此外还有氯化橡胶、水玻璃及硅溶等系列无机涂料；按在建筑物上使用部位可分为外墙涂料、内墙涂料、顶棚涂料、地面涂料等。

8.6.1 外墙涂料

外墙涂料主要功能用于装饰和保护建筑物的外墙面。常用外墙涂料的品种、特点、技术性能及用途见表 8-21。

外墙涂料品种、特点、性能及用途　　表 8-21

品种与特点	用途	技术性能
(1) 104 外墙饰面涂料 由有机高分子胶粘剂和无机胶粘剂制成 具有无毒无味、涂层厚且呈片状、防水、防老化性能良好，涂层干燥快，粘结力强，色泽鲜艳，装饰效果好	适用于各种建筑外墙粉刷之用	粘结力：0.8MPa 耐水性：20℃浸 1000h 无变化 紫外线照射：520h 无变化 人工老化：432h 无变化 冻融循环：25 次无脱落
(2) 乙丙外墙乳胶漆 由乙丙乳液、颜料、填料及各种助剂制成 以水作稀释剂，安全无毒，施工方便，干燥迅速，耐候性、保光保色性较好	适用于住宅、商业用房、宾馆、办公用房的建筑外墙饰面	黏度：≥17 固体含量：不小于 45% 干燥时间：表干≤30min，实干≤24h 遮盖力：≤170g/m² 耐湿性：浸 96h 破坏<5% 耐碱性：浸 48h 破坏<5% 冻融稳定性：>3 个循环不破坏
(3) 彩砂涂料 丙烯酸酯乳液为胶粘剂、彩色石英砂为骨料，加各种助剂制成 无毒、无溶剂污染、快干、不燃、耐强光、不褪色、耐污染	用于板材及水泥砂浆抹面的外墙装饰	耐水性：浸水 1000h 无变化 耐碱性：浸碱溶液 1000h 无变化 耐冻融性：50 次循环无变化 耐洗净性：1000 次无变化 粘结强度：1.5MPa 耐污染性：高档<10%，一般 35%

续表

品种与特点	用　途	技术性能
(4) 溶剂型外墙涂料 以高分子合成树脂为主要成膜物质，有机溶剂为稀释剂，加入适量的颜料、填料及辅助材料配制而成； 涂膜细腻光洁、有较好的硬度、光泽好，有良好的耐水、耐候、耐久、耐酸碱等特点； 缺点：易燃、价格高、涂膜透气性差、施工时基层要求干燥、溶剂挥发对人体有害	适用于公共建筑、办公楼、商业用房、学校、住宅等建筑物的外墙装饰或门面装饰	固体含量：≮45% 细度：≯45μm 遮盖力：<140g/m² 表面干燥时间：≯2h 实干时间：≯24h 耐水性：浸 114h 无变化 耐碱性：浸 24h 无变化 耐洗刷性：≮2000 次 耐人工老化：250h 无损坏 耐冻融循环：10 次无损坏 粉化、变色：≯2 级
(5) 新型无机外墙涂料 以碱金属硅酸盐为主要成膜物质，配以固化剂、分散剂、稳定剂及颜料和填料配制而成 具有良好的耐候、保色、耐水、耐水洗刷、耐酸碱等性能	用于宾馆、办公楼、商业用房、学校、住宅等建筑物的外墙装饰或门面装饰	固体含量：34%～40% 黏度：30～40s 表面干燥时间：<1h 遮盖力：<300g/m² 附着力：100% 耐水性：25℃浸 24h 无变化 耐热性：80℃，5h，无发黏开裂现象 紫外线照射：20h，稍有脱粉 涂刷性能：无刷痕 沉淀分层情况：24h 沉淀 5mL

下面介绍几种目前国内主要的建筑外墙涂料。

(1) 溶剂型外墙涂料

溶剂型外墙涂料是以高分子合成树脂为主要成膜物质，以有机溶剂为稀释剂，加入颜料、填料、助剂等，经研磨而制成的一种溶剂挥发型涂料，习惯上称作油漆。常见的溶剂型外墙涂料有丙烯酸树脂涂料、丙烯酸聚氨酯树脂涂料、氯化橡胶涂料、环氧树脂、过氯乙烯涂料、苯乙烯焦油涂料、聚乙烯醇缩丁醛涂料等。这种涂料对墙面具有较强的渗透作用，牢度好、附着力强、耐酸、耐碱、涂膜有光泽、不易褪色和粉化、不易脱落等特点。施工方便，不受施工气候条件的限制，可在－20～＋50℃环境下施工。适用于各种建筑物外墙装饰，特别是对旧建筑物已有涂层的再涂、复层外墙涂料的罩面层，污水池、游泳池和湿霉地区外墙防护装饰具有优异的耐久性和独特的效果。

应用技术要点如下：

1）施工墙面应进行清理，除掉灰尘、油污和松动的砂石尖角等；基层要平整，不宜太毛糙，否则应进行罩面及修补，减少涂料耗用量。墙面要干透，待水泥完全水化硬化后再施工。

2）施工要求基层干燥，空气湿度不可过大，在下雨、下雪、浓雾天气不可露天施工。

3）施工时可用刷、喷、滚等工艺。一般涂刷两遍即可。第一遍干燥后，再做第二遍。第一遍涂刷黏度可低于第二遍。涂刷时，要依次先斜后直，先上后下，先左后右，纵横涂刷，用力均匀适中。如在弹涂层表面再涂装时，应注意保持花纹的清晰。

4）产品使用前必须充分搅拌，上下调匀(整桶无沉淀、无色差)。用量按工艺而定，使用时要注意。

5)不同种类、不同批号的涂料不可混用。

6）在室内施工时，应将门窗打开，保持通风；操作人员要戴眼镜、口罩、手套、着工作服等安全防护物品；防止刺激性气味过大有害人体健康。

(2) 合成树脂乳液外墙涂料

合成树脂乳液外墙涂料是以高分子合成树脂借助乳化剂的作用，以 0.1～0.5μm 的极小微粒分散于水中构成的乳液为主要成膜物质，加入颜料、填料、助剂等，经研磨而制成的一种涂料。省去了价格较贵的有机溶剂，以水为稀释剂，习惯上称为乳胶漆。合成树脂乳液外墙涂料分为薄质和厚质两类。常用的有乙-顺乳胶漆、乙-丙乳胶漆、氯-醋-丙乳胶漆、苯-丙乳液涂料、氯-偏乳液涂料等。其主要技术指标见表 8-22。

合成树脂乳液外墙涂料技术指标　　表 8-22

项　　目		指　　标
在容器中的状态		无硬块，搅拌后呈均匀状态
固体含量(120±2℃，2h)(%)	不小于	45
低温稳定性		不凝聚、不结块、不分离
遮盖力(白色及浅色)(g/m²)	不大于	250
颜色及外观		表面平整，符合色差范围
干燥时间(h)	不大于	2
耐洗刷性(次)	不小于	1000
耐碱性(48h)		不起泡、不掉粉，允许轻微失光和变色
耐水性(96h)		
耐冻融循环性(10 次)		无粉化、不起鼓、不开裂、不剥落
耐人工老化性(250h)		不起泡、不剥落、无裂纹
粉化(级)	不大于	1
变色(级)	不大于	2
耐沾污性(白色及浅色 5 次循环)，反射系数下降率(%)	不大于	30

合成树脂乳液外墙涂料具有较好的耐候性、保色性，特别是对底层的附着力很牢，成膜性能优良，结膜致密，透气率极低，涂膜具有光泽和良好的耐水、耐碱和耐磨性能，且价格便宜、无毒、不燃、对人本无害、有一定的透气性，对墙面、金属、木器和纸张都有良好的附着力，干燥迅速，并能在稍潮湿基层上施工，是今后建筑涂料发展的主流。但施工温度一般应在 10℃以上，用于潮湿部位易发霉，需加防霉剂。

应用技术要点如下：

1）涂料在施工过程中，不能随意掺水或随意掺加颜料，也不宜在夜间灯光下施工。

2）在施工过程中，尽量避免涂料污染门窗等不需涂装的部位。万一污染，务必在涂料干燥前揩去。

3）防止有水分从涂层的背面渗透过来，如遇女儿墙、卫生间、盥洗室等，应在室内墙根处做防水封闭层。否则，外墙正面的涂层容易起粉、发花、鼓泡或被污染，严重影响装饰效果。

4）施工所用的一切机具、用具等应事先清洗干净，不得将灰尘、油垢等杂质带入涂料中。施工完毕或施工间断时，机具、用具应及时洗净，以备下次再用。

5）一个工程所需要的涂料，应选用同一批号的产品，尽可能一次备足，以免由于涂料批号不同，颜色和稠度不一致而影响装饰效果。

6）涂料在使用前和使用过程中需不断搅拌，以防涂料厚薄不均、填料结块或色泽不一致。

7）涂料不能在雨天冒雨施工，预计有雨时应停止施工。风力达 4 级以上时不能进行喷涂施工。

8）涂料的运输及贮存温度应在 0℃以上。不要在高温处存放，贮存期一般为半年。

(3) 合成树脂乳液砂壁状建筑涂料

合成树脂乳液砂壁状建筑涂料(简称砂壁建筑涂料)是以合成树脂乳液为主要粘结料，以砂料和石粉为骨料，采用喷涂方法形成粗面涂层，用于建筑物外墙。

1）砂壁状建筑涂料按着色方式可分为：*A*、*B*、*C* 三类。*A* 类采用人工烧结彩色砂粒和彩色粉着色；*B* 类是采用天然彩色砂料和彩色石粉着色；*C* 类是采用天然砂粒和石粉加颜料着色。

2）砂壁状建筑涂料产品质量见表 8-23。

砂壁状建筑涂料的各项技术指标　　表 8-23

<table>
<tr><th>试验类别</th><th colspan="2">项　目</th><th>技 术 指 标</th></tr>
<tr><td rowspan="4">涂料试验</td><td colspan="2">在容器中的状态</td><td>经搅拌后呈均匀状态，无结块</td></tr>
<tr><td colspan="2">骨料沉降性(%)</td><td><10</td></tr>
<tr><td rowspan="2">贮存稳定性</td><td>低温贮存稳定性</td><td>3 次试验后，无硬块、凝聚及组成物的变化</td></tr>
<tr><td>热贮存稳定性</td><td>1 个月试验后，无硬块、发霉、凝聚及组成物的变化</td></tr>
</table>

续表

试验类别	项　目	技　术　指　标
涂层试验	干燥时间(表干)(h)	≤2
	颜色及外观	颜色及外观与样本相比，无明显差别
	耐水性	240h试验后，涂层无裂纹、起泡、剥落、软化物的析出，与未浸泡部分相比，颜色、光泽允许有轻微变化
	耐碱性	240h试验后，涂层无裂纹、起泡、剥落、软化物的析出，与未浸泡部分相比，颜色、光泽允许有轻微变化
	耐洗刷性	1000次洗刷试验后涂层无变化
	耐沾污率(%)	5次沾污试验后，沾污率在45以下
	耐冻融循环性	10次冻融循环试验后，涂层无裂纹、起泡、剥落，与未试验试板相比，颜色、光泽允许有轻微变化
	粘结强度(MPa)	≥0.69
	人工加速耐候性	500h试验后，涂层无裂纹、起泡、剥落、粉化，变色<2级

(4) 复合外墙涂料

由底涂料、中间层涂料(主涂料)和面涂料(罩面涂料)两种或三种材料配套复合而成的涂料称为复层涂料。这种涂料具有优良的耐候性、耐水性、耐碱性、耐擦洗性、不易积灰、耐沾污性好、高附着性，且涂层质感强、装饰效果好、无污染、对人体无害，是当今世界上建筑外墙装饰的流行产品。常用的有丙烯酸系复层涂料(底漆1度，中涂1度，面涂2度)、环氧丙烯酸乳液复合涂料(主涂层为水乳型环氧厚涂料，面层采用耐久性良好的常温交联型丙烯酸合成树脂为主要成膜物质的涂料)。

另外，复合外墙涂料还包括有机-无机复合外墙涂料，它是以无机高分子物质为成膜剂，辅以有机乳液为成膜助剂，再加分散剂、增稠剂、填料、颜料等混合而成。具有取长补短，各自发挥优势的特点，也是一种有发展前途的建筑涂料。

8.6.2 内墙涂料

内墙涂料主要功能是用来装饰及保护室内墙面。内墙涂料应便于涂刷，涂层应质地平滑、细腻、色彩丰富，并具有良好的透气性、耐碱、耐水、耐粉化、耐污染等性能。

用于内墙的涂料有：刷浆材料(如石灰浆、大白浆、可赛银等)；各类油漆；溶剂型涂料；乳胶漆(如乙-丙内墙乳胶漆、聚醋酸乙烯乳胶漆等)；水溶性涂料(如聚乙烯醇水玻璃内墙涂料、聚乙烯醇缩甲醛内墙涂料等)。

(1) 合成树脂乳液内墙涂料

合成树脂乳液内墙涂料主要技术性能指标见表 8-24。

合成树脂乳液内墙涂料技术指标　　表 8-24

项　目		指　标
在容器中的状态		无硬块，搅拌后呈均匀状态
固体含量(120±2℃，2h)(%)	不小于	45
低温稳定性		不凝聚、不结块、不分离
遮盖力(白色及浅色)(g/m^2)	不大于	250
颜色及外观		表面平整，符合色差范围
干燥时间(h)	不大于	2
耐洗刷性(次)	不小于	300
耐碱性(48h)		不起泡、不掉粉、允许轻微失光和变色
耐水性(96h)		不起泡、不掉粉、允许轻微失光和变色

(2) 水溶性内墙涂料

水溶性内墙涂料是以水溶性化合物为基料，加入一定量的填料、颜料和助剂，经过研磨、分散后而制成的，可分为Ⅰ类和Ⅱ类两大类。

Ⅰ类用于涂刷浴室、厨房的内墙；Ⅱ类用于涂刷建筑物内的一般墙面。各类型水溶性内墙涂料的各项技术指标见表 8-25。

水溶性内墙涂料的技术指标 **表 8-25**

序号	性能项目	技术要求	
		Ⅰ类	Ⅱ类
1	容器中状态	无结块、沉淀和絮凝	
2	黏度①(s)	30～75	
3	细度（μm）	≤100	
4	遮盖力(g/m^2)	≤300	
5	白度②(%)	≥80	
6	涂膜外观	平整，色泽均匀	
7	附着力(%)	100	
8	耐水性	无脱落、起泡、皱皮	
9	耐干擦性(级)		≤1
10	耐洗刷性(次)	≥300	

① GB 1723 中涂—4 黏度计的测定结果的单位为"s"。

② 白度规定只适用于白色涂料。

(3) 常用内墙涂料的产品品种、特点、技术性能及用途

常用内墙涂料的产品品种、特点、技术性能及用途见表 8-26。

各品种内墙涂料的特点、技术性能及用途 **表 8-26**

品种与特点	用途	技术性能
(1) 106 内墙涂料(聚乙烯醇水玻璃内墙涂料) 是用聚乙烯醇树脂溶液和水玻璃为基料，混合定量的填料、颜料和助剂，经过混合研磨、分散而成。 无毒无味，能在稍湿的墙面上施工，与墙面有一定的粘结力。涂层干燥快，表面光洁平滑，能形成一层类似无光泽的涂膜	适用于住宅、商业用房、医院、宾馆、剧场、学校等建筑物的内墙装饰	容器中状态：经搅拌无结块、沉淀和絮凝现象 黏度(s)：35～75 细度(μm)：不大于 90 遮盖力(g/m^2)：不大于 300 白度(度)：不大于 80 涂膜的外观：涂膜平整光滑，色泽均匀 附着力：划格试验无方格脱落 耐水性：浸水 24h 涂层无脱落、起泡和皱皮现象 耐干擦性：不大于 1 级

续表

品种与特点	用　途	技术性能
(2) 803 内墙涂料(聚乙烯醇半缩醛) 新型水溶性涂料，具有无毒无味、干燥快、遮盖力强、涂层光洁、在冬季较低温度下不易结冻、涂刷方便、装饰性好、耐湿擦性好、对墙面有较好的附着力等优点	可涂刷于混凝土、纸筋石灰、灰泥表面，适合大厦、住宅、剧院、医院、学校等室内墙面装饰	表面干燥时间(35℃)：<30min 附着力：100% 耐水性：浸 24h 不起泡不脱粉 耐热性：80℃6h 无发黏开裂 耐洗刷性：50 次无变化、不脱粉 黏度：25℃　50～70s
(3) 107 耐擦洗内墙涂料 系以改进型 108 胶为基料制成。具有干燥快、涂层光洁美观、防水、防污等突出特点	适用于各种建筑内墙的装饰	干燥时间：常温 1h 耐水性：48h 无变化 耐热性：80℃7h 无变化 遮盖率：<250g/m² 耐洗净性：>150 次 贮存稳定性：1～2 个月
(4) 乙丙内墙乳胶漆 是由醋酸乙烯和丙烯酸酯共聚制成，外观细腻，有良好的耐久性、耐水性和保色性	适用于高级的内墙面装饰，也可用于木质门窗	干燥时间：表干≤30min，实干 24h 光泽：≤20% 耐水性：浸水 96h 破坏 5% 最低成膜温度：≥15℃ 遮盖力：≤170g/m²

8.6.3　地面与顶棚涂料

地面与顶棚涂料主要功能是装饰和保护室内地面与顶棚，使其清洁美观。地板与顶棚涂料应具有良好的粘结性能、耐碱、耐水等性能，地板涂料还应具有耐磨及抗冲击等性能。

(1) 地面涂料的分类和品种

地面涂料的分类和品种见图 8-1。

(2) 常用的地板及顶棚涂料的品种

常用的地板及顶棚涂料的品种、特点、性能及应用见表 8-27。

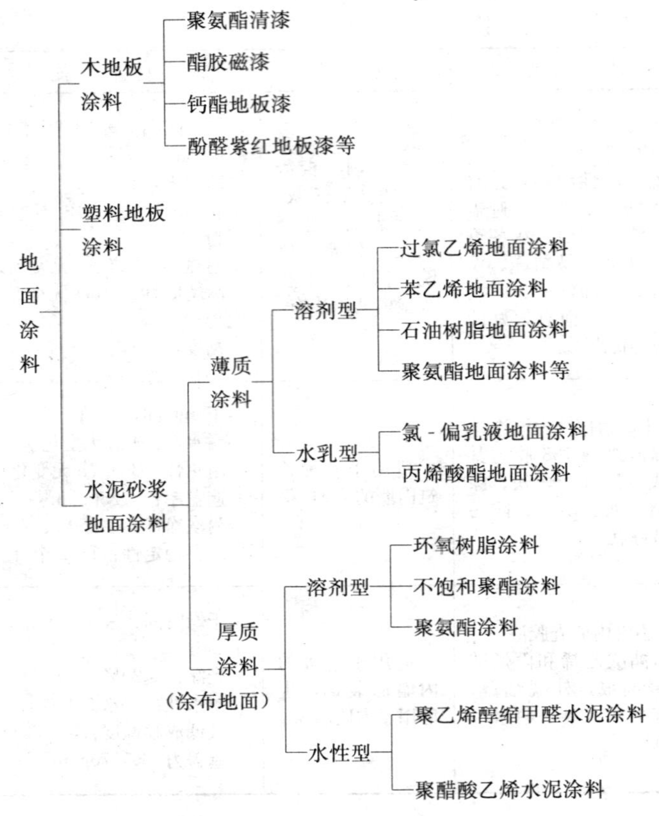

图 8-1　地面涂料分类

地板、顶棚涂料的品种、特点、用途及技术性能　　表 8-27

品种与特点	用　途	技术性能
(1) 膨胀珍珠岩喷涂料 是一种粗质感喷涂料，装饰效果类似小拉毛效果，但质感比拉毛好，对基层要求低，遮盖效果好	适用于客房及走廊的天棚、办公室、会议室、小型俱乐部及住宅顶棚等	含固量：41.7% 表观密度：0.86g/cm^3 黏度：25.5S 粘结强度：0.11MPa 耐水性 1.5h 无变化 耐热性：温度 47℃，168h 无变化

续表

品种与特点	用途	技术性能
(2) 毛面顶棚涂料 涂层表面有一定颗粒状毛面质感，对棚面不平有一定的遮盖力，装饰效果好。施工工艺简单，喷涂工效高，可减轻劳动强度	产品分高、中、低档，适用于宾馆、饭店、影剧院、办公楼等公共建筑物的空间较大的房间或走廊的顶棚装饰	耐水性：48h 无脱落 耐碱性：8h 无变化，48h 无脱落 渗水性：无水渗出 耐刷洗：250 次无掉粉 储存稳定性：半年后有沉淀
(3) 777 地面涂层材料 以水溶性高分子聚合物为基料与特制填料、颜料制成。分为 *A*、*B*、*C* 三组分。*A* 组分 42.5 号水泥；*B* 组分色浆；*C* 组分面层罩光涂料 具有无毒、不燃、经济、安全、干燥快、施工简便、经久耐用等特点	用于公共建筑、住宅建筑以及一般实验室、办公室水泥地面的装饰	耐磨：0.006g/cm^2 粘结强度：0.25MPa 抗冲击性：50J/cm^2 耐火性：20℃，7d 无变化 耐热性：105℃，1h 无变化
(4) 聚氨脂弹性地面涂料 有较高强度和弹性，良好的粘结力，涂铺地面光洁不滑、弹性好，耐磨、耐压、行走舒适、不积尘、易清扫，可代替地毯使用，施工简单等优点	适用于会议室、图书馆作装饰地面以及车间耐磨、耐油、耐腐蚀地面	硬度(邵氏)：60%～70% 耐撕力：5～6MPa 断裂强度：5MPa 伸长率：200% 耐磨性：0.1cm^2/1.61km 粘结强度：4MPa 耐腐蚀：10% HCl 三个月无变化

8.7 裱糊饰料

目前，用于裱糊的壁纸、墙布花色品种繁多，有全塑的，有以纸、布、石棉纤维为基层的，面层材料多数为聚乙烯或聚氯乙烯。表面装饰效果有套色印花、压纹；有仿锦缎、仿木纹、仿石纹和各种织物。壁纸、壁布的主要品种有塑料壁纸、玻璃纤维贴墙布、无纺贴墙布、装饰墙布、化纤装饰贴墙布、纸基涂塑纸、麻草墙纸等。

8.7.1 聚氯乙烯壁纸

聚氯乙烯壁纸是以聚氯乙烯为面层，以纸或其他材料为底层的内墙面装饰材料的总称，简称为PVC壁纸。分为PVC压花壁纸和PVC发泡壁纸两大类。

(1) 产品规格

PVC壁纸的规格见表8-28。

PVC壁纸主要规格 **表8-28**

类别	主要规格(m)	
	长度	宽度
PVC压花壁纸	10+0.05 50+0.50	0.53±0.05 (0.90～1.00)±0.10
PVC发泡壁纸	10+0.05	0.53±0.05

(2) 质量标准

1) 外观质量(见表8-29)

外观质量 **表8-29**

名称＼等级	优等品	一等品	合格品
色差	不允许有	不允许有明显差异	允许有差异，但不影响使用
伤痕和皱折	不允许有	不允许有	允许基纸有明显折印，但壁纸表面不许有死折
气泡	不允许有	不允许有	不允许有影响外观的气泡
套印精度	偏差不大于0.7mm	偏差不大于1mm	偏差不大于2mm

续表

名称 \ 等级	优　等　品	一　等　品	合　格　品
露　点	不允许有	不允许有	允许有不大于2mm的露底，但不允许密集
漏　印	不允许有	不允许有	不允许有影响外观的漏印
污染点	不允许有	不允许有目视明显的污染点	允许有目视明显的污点，但不允许密集

2）物理性能（见表8-30）

物 理 性 能　　　　表8-30

项　目			指　标		
			优等品	一等品	合格品
褪色性（级）			＞4	≥4	≥3
耐摩擦色牢度试验（级）	干摩擦	纵向	＞4	≥4	≥3
		横向			
	湿摩擦	纵向	＞4	≥4	≥3
		横向			
遮蔽性（级）			＞4	≥3	≥3
湿润拉伸负荷（N/15mm）		纵向	＞2.0	≥2.0	≥2.0
		横向			
胶粘剂可拭性		横向	20次无外观上的损伤和变化	20次无外观上的损伤和变化	20次无外观上的损伤和变化

注：可拭性是指粘贴壁纸的胶粘剂附在壁纸的正面，在胶粘剂未干时，应有可能用湿布或海绵拭去，而不留下明显痕迹。

8.7.2　复合壁纸

（1）外观质量

复合壁纸的外观质量要求与PVC壁纸相同。

(2) 技术性能

复合壁纸的物理性能应符合表8-31的规定。

复合壁纸的物理性能 **表8-31**

项目		指标		
		优等品	一等品	合格品
褪色性(级)		>4	≥4	≥3
粘合剂或拭性(横向)		20次无外观上的损伤和变化	20次无外观上的损伤和变化	20次无外观上的损伤和变化
可洗性(横向)		30次无外观上的损伤和变化	30次无外观上的损伤和变化	—
施工性	纵	均不得有任何浮起和剥落	均不得有任何浮起和剥落	均不得有任何浮起和剥落
	横			
耐硫化污染(级)		>4	≥4	≥4

8.7.3 其他壁纸

(1) 织物型壁纸(纱线壁纸)

织物型壁纸是以纸为基层，以丝、羊毛、棉、麻等天然纤维为面层，经过抽纱纺织、印染、复合等工序而制成的一种新型内墙面装饰材料。织物型壁纸色调高贵、典雅、文静、柔和，质感强，透气性好，适用于高级宾馆、饭店、家庭住房及橱窗布置等装饰之用。

(2) 天然材料壁纸

天然材料壁纸是以纸为基层，以编织或经过特殊处理的麻、草、木屑、树皮等天然材料为面层，经复合加工而成的一种新型室内装饰材料。天然材料壁纸质感好，手摸触感也不错，且具有自然、古朴、粗犷的大自然之美，田园气息浓厚。适用于会议室、接待室、影剧院、酒吧、舞厅及商店的橱窗设计。

(3) 无机质壁纸

无机质壁纸是以纸为基层，以蛭石、珍珠岩、云母等颗粒状无机材料为面层制成的一种室内装饰材料。此类壁纸粗犷而不失典雅。且具有防火、保温、吸声、吸湿等性能，集装饰性、功能性于一身。适用于歌厅、影剧院等娱乐场所。

（4）植绒壁纸

植绒壁纸是以纸为基层，以各色化纤绒毛为面层，通过静电植绒、压花等工艺制成的新型室内装饰材料，其质感强、触感好，还具有一定的吸声性。缺点是色彩单调、缺乏层次，多用于墙面及顶棚装饰。

（5）金属壁纸

金属壁纸是在纸基上真空喷镀一层铝膜(或其他金属)，形成热反射层，再经印刷、压花等工艺制成的新型室内装饰材料。每平方米仅耗铝数克，却能反射 65％的红外幅射热。使用金属壁纸可节约建筑能源费 10％～30％。此类壁纸表面虽有金属镀膜，但不会形成屏蔽效应，不影响无线电及电视接收，金属壁纸属纸质壁纸，故具有一定的透气性，可使墙体保持正常“呼吸”，对防止墙面结露、霉变也有一定作用。

8.7.4 装饰墙布

贴墙布是采用棉、麻等天然纤维或涤腈等合成纤维，经无纺成型，上树脂、印制彩色花纹而成的一种新型贴墙材料。是以发泡聚乙烯或无纺布为基层，丝绸、织锦锻、亚麻等织物面料为面层复合而成的高档室内装饰材料，具有挺括、富有弹性、不易折断、纤维不老化、质轻柔软、不散失以及对皮肤无刺激作用等特点。无纺贴墙布色彩鲜艳、图案雅致、粘贴方便，具有一定的透气性，能擦洗不褪色，适用于各种建筑物的室内墙面装饰。尤其是涤纶棉无纺贴墙布，除具有麻质无纺贴墙布的特点外，还具有质地细洁、光滑的特点，特别适用于高级宾馆、高级住宅等建筑物。

（1）玻璃纤维墙布

玻璃纤维墙布简称“玻纤墙布”。玻纤墙布是以一种中碱纤维布为基材，表面涂以耐磨树脂，再印刷彩色图案而成的墙面装饰材料。

玻纤墙布具有良好的耐火性能，能离火自熄，可用于对防火有特殊要求的室内空间；具有优良的耐洗性，在3%浓度以下的沸皂水中煮不褪色、不变色；色彩鲜艳，花色繁多，具有布纹质感；不老化、不变形；可掩盖基层某些缺陷，如小裂缝和接缝，较适合用于轻质板材基面的粘贴装饰；防潮、耐酸碱；属中、低档装饰壁布材料。

玻璃纤维贴墙布技术标准，参见表8-32。

玻璃纤维贴墙布技术标准 **表8-32**

项 目 名 称	统 一 标 准	
厚纱支数(支数/股数)	经 纬	42/2 45/2
单丝公称直径(μm)	经 纬	8 8
厚度(mm) 宽度(cm) 重量(g/m²)	0.15±0.015 91±1.5 155±15	
密度(根/cm)	经 纬	20±1 16±1
断裂强度(kg/25mm×100mm)	经 纬	65 55
含油率组织	斜 纹	

(2) 无纺贴墙布

无纺贴墙布采用麻、棉等天然纤维或涤腈等合成纤维，经过无纺成型，上树脂，印制彩色花纹而制成的一种新型墙布材料。

无纺贴墙布挺括、富有弹性、不易折断、表面光洁而又有羊绒毛质感、纤维不老化、不散失；色彩艳丽，图案雅致，耐磨、耐晒、耐湿、不褪色，具有吸声性和一定的透气性，粘贴方便，可擦洗。

常用无纺贴墙布技术标准见表 8-33。

常用无纺贴墙布规格、物理性能参考表 **表 8-33**

名称	性能指标			规格			每卷面积 (m^2)
	密度 (g/m)	强度 (MPa)	粘贴牢度 (N/2.5cm)	幅宽 (mm)	长度 (m)	厚度 (mm)	
涤纶无纺贴墙布	75	2.0 (平均)	5.5(粘贴在混合砂浆墙面上) 3.5(粘贴在油漆墙面上)	850	30	0.12	25.5
麻无纺贴墙布	100	1.4 (平均)	5.5(粘贴在混合砂浆墙面上) 3.5(粘贴在油漆墙面上)	900	50	0.18	45

(3) 装饰墙布

装饰墙布外观质量见表 8-34。

装饰墙布外观质量标准 **表 8-34**

序号	疵点名称	一等品	二等品	备注
1	同批内色差	4 级	3～4 级	同一包(300m)内
2	左中右色差	4～5 级	4 级	指相对范围
3	前后色差	4 级	3～4 级	指同卷内
4	深浅不匀	轻微	明显	严重为次品
5	折皱	不影响外观	轻微影响外观	明显影响外观为次品
6	花纹不符	轻微影响	明显影响	严重影响为次品
7	花纹印偏	1.5cm 以内	3cm 以内	
8	边疵	1.5cm 以内	3cm 以内	
9	豁边	1cm 以内三只	2cm 以内六只	
10	破洞	不透露胶面	轻微影响胶面	透露胶面为次品
11	色条色泽	不影响外观	轻微影响外观	明显影响为次品
12	油污水渍	不影响外观	轻微影响外观	明显影响为次品

续表

序号	疵点名称	一等品	二等品	备　　注
13	破边	1cm 以内	2cm 以内	
14	幅宽	同卷内不超过±1.5cm	同卷内不超过±2cm	低于二等品为次品

装饰墙布是以纯棉平板经过前处理、印花、深层制作而成，具有强度大、静电小、蠕变性小、无光、吸声、无毒、无味等特点。可以用在公共建筑旅游建筑的室内墙面、顶面装饰。

在施工中，需注意拼花，力求图案完整，间隙一致，并随时对比墙布的颜色变化，确有差别时应予以分类。

(4) 化纤装饰墙布

化纤装饰墙布是以化纤为基材，经一定处理后印花而成。这种墙布无毒、无气味、透气、防潮、耐磨、无分层，适用于各类建筑物室内装饰。

目前该墙布有多种花色品种，常见规格参考表 8-35。

化纤装饰墙布常见规格表　　表 8-35

幅宽(mm)	长度(m)	厚度(mm)	每卷面积(m^2)
820～840	50	0.15～0.18	41～42

(5) 常用墙布选用

常用墙布材料的品种、特点、用途见表 8-36。

常用墙布材料的品种、特点、用途　　表 8-36

品种	说　明	特　　点	用　　途
玻璃纤维墙布	以中碱玻璃纤维为基材，表面涂以耐磨树脂，印上彩色图案而成	(1) 色彩鲜艳，花色繁多，有布纹质感受。 (2) 防火、防潮。室内使用不褪色、不老化。 (3) 施工简单、粘贴方便，可用皂水洗刷。 (4) 盖底能力差。涂层磨损后散出少量纤维	适用于招待所、旅馆、饭店、宾馆、展览馆、会议室、餐厅、净化车间、居室等内墙装饰

续表

品种	说　明	特　点	用　途
无纺贴墙布	采用棉、麻等天然纤维或涤、睛等合成纤维，经无纺成型、上树脂、印花而成	(1) 色彩鲜艳，图案雅致，表面光洁，有羊毛感。 (2) 挺括，有弹性、不易折断，能擦洗不褪色。 (3) 纤维不老化、不散失，对皮肤无刺激作用。 (4) 有一定的透气性和防潮性，粘贴方便	适用于各种建筑物室内装饰，尤其涤沦棉无纺墙布特别适合高级宾馆和高级住宅的内墙装饰
装饰墙布	以纯棉平布经过前处理、印花、涂层而制成	(1) 强度大，花型色泽美观大方。 (2) 静电小，无光、吸声、无毒、无味	用于宾馆、饭店、公共建筑和较高级民用建筑
化纤装饰墙布	以化纤布为基材，经一定处理后印花而成	具有无毒、无味、透气、防潮、耐磨、无分层等优点	用于宾馆、旅馆、办公室、会议室和居室
锦缎墙布	是丝织物的一种	(1) 花纹图案绚丽多彩、古雅精致、可创造一种高雅的环境。 (2) 造价昂贵，不能擦洗，易长霉	只适用于重点工程的室内高级饰面裱糊

8.8 金属装饰材料

金属装饰材料以其独特的光泽与色彩、庄重华贵的外表、经久耐用等特点，在建筑装饰工程中被广泛应用，包括钢、铝、铜及其合金。金属材料在建筑装饰装修工程中，可用于扶手、爬梯等装饰件，金属装饰材料也可用作饰面材料，如各种饰面板等。

8.8.1 彩色涂层钢板

彩色涂层钢板按涂层物质分为有机涂层、无机涂层和复合涂层三类。涂层常用的聚氯乙烯、聚丙烯酸酯、环氧树脂、醇酸树脂等。可配制成各种不同的色彩和花纹，故通常称为彩色涂层钢板。涂层与热轧钢板和镀锌钢板结合。结合方法有薄膜层压法和涂料覆法两种。

彩色涂层钢板用途很广，建筑中可用于墙板、防水、汽渗透板等。

(1) 彩色涂层钢板的种类

1) 涂装钢板

用镀锌钢板作为基底，在其正面背面都进行涂装，以保证其耐蚀性能。正面第一层为底漆，通常为环氧底漆，背面也涂有环氧树脂或丙烯酸树脂。第二层(面层)过去用醇酸树脂，现在一般用聚酯类涂料或丙烯酸树脂涂料。

2) PVC 钢板

有两种类型的 PVC 钢板：一种是用涂布 PVC 糊的方法生产的，称为涂布 PVC 钢板；另一种是将已成型和印花或压花 PVC 膜贴在钢板上，称为贴模 PVC 钢板。

无论是涂布还是贴膜，其表面 PVC 层均较厚，可达到 100～300μm，而一般涂装钢板的涂层仅 20μm 左右。PVC 表面层的缺点是容易老化。为改善这一缺点，现已生产出一种在 PVC 表面再复合丙烯酸树脂的新型复合型 PVC 钢板。

3) 隔热涂装钢板

在彩色涂层钢板的背面贴上 15～17mm 的聚苯乙烯泡沫塑料或硬质聚氨酯泡沫塑料，可用来提高涂层钢板的隔热隔声性能。目前，我国已能生产此类钢板。

4) 高耐久性涂层钢板

根据氟塑料和丙烯酸树脂耐老化性能好的特点，将它用在钢板表面涂层上，能使钢板的耐久性、耐腐蚀性能提高。

(2) 涂层钢板的性能

涂层钢板的性能应符合表 8-37 的要求。

彩色涂层钢板基本性能　　表 8-37

<table>
<tr><th rowspan="2" colspan="2">性能指标
涂料
用途</th><th rowspan="2">涂层厚度(μm)</th><th colspan="3">60°光泽(%)</th><th rowspan="2">铅笔硬度</th><th colspan="2">弯曲</th><th colspan="2">反向冲击(J)</th><th rowspan="2">耐盐雾(h)</th></tr>
<tr><th>高</th><th>中</th><th>低</th><th>厚度≤0.8mm 180°(T)</th><th>厚度>0.8mm</th><th>厚度≤0.8mm</th><th>厚度>0.8mm</th></tr>
<tr><td rowspan="4">建筑外用</td><td>外用聚酯</td><td rowspan="3">≥20</td><td rowspan="3">>70</td><td rowspan="8">40～70</td><td rowspan="8"><40</td><td rowspan="3">≥HB</td><td>≤8</td><td rowspan="8">90°</td><td>≥6</td><td>≥9</td><td>≥500</td></tr>
<tr><td>硅改性聚酯</td><td rowspan="2">≤10</td><td rowspan="2" colspan="2">≥4</td><td>≥750</td></tr>
<tr><td>外用丙烯酸</td><td>≥500</td></tr>
<tr><td>塑料溶胶</td><td>≥100</td><td>—</td><td>—</td><td>0</td><td colspan="2">≥9</td><td>≥1000</td></tr>
<tr><td rowspan="4">建筑内用</td><td>内用聚酯</td><td rowspan="2">≥20</td><td rowspan="2">>70</td><td rowspan="2">≥HB</td><td rowspan="2">≤8</td><td>≥6</td><td>≥9</td><td rowspan="2">250</td></tr>
<tr><td>内用丙烯酸</td><td colspan="2">≥4</td></tr>
<tr><td>有机溶胶</td><td>≥30</td><td>—</td><td>—</td><td>≤2</td><td rowspan="2" colspan="2">≥9</td><td>≥500</td></tr>
<tr><td>塑料溶胶</td><td>≥100</td><td>—</td><td>—</td><td>0</td><td>≥1000</td></tr>
</table>

8.8.2 不锈钢

不锈钢装饰，是近年来较流行的一种建筑装饰方法。已经从小型不锈钢五金装饰件和不锈钢建筑雕塑，扩展到普通建筑装饰工程之中，如不锈钢用于柱面、栏杆、扶手装饰等。常用的不锈钢牌号有0Cr 18Ni8、0Cr 17Ti、1Cr 17Mn2Ti、1Cr 18Ni 17Ti、1Cr 17Ni8、1Cr 17Ni9、0Cr 18Ni、12Mn2Ti等。不锈钢制品中应用最多的为板材，一般均为薄板，厚度多小于2.0mm。

不锈钢装饰制品除板材外，还有管材、型材(如各种弯头规格的不锈钢楼梯扶手等)。它轻巧、精制、线条流畅，展示了优美的空间造型，使周围环境得到了升华。不锈钢自动门、转门、拉手、五金与晶莹剔透的玻璃相结合，使建筑装饰达到了尽善尽美的境地。不锈钢龙骨也已经开始大量应用，其刚度高于铝合金龙骨，因而具有更强的抗风压能力和安全性，它光洁、明亮，因而主要用于高层建筑的玻璃幕墙中。

(1) 常用不锈钢板机械性能

常用不锈钢板机械性能见表8-38。

不锈钢板的机械性能(GB 4239—91) **表 8-38**

常用牌号	机械性能			硬度	
	$\sigma_{0.2}$(MPa)	σ_b(MPa)	δ(%)	HB	HV
1Cr 17Ni8	≥210	≥580	≥45	≥187	≤200
1Cr 17Ni9	≥250	≥530	≥40	≥187	≤200

(2) 彩色不锈钢板

彩色不锈钢板是在不锈钢板上进行技术和艺术加工，使其成为各种色彩绚丽的不锈钢板。其颜色有蓝、灰、紫、红、青、绿、金黄、茶色及橙色等。由于彩色不锈钢板具有良好的抗腐蚀性及机械性能，耐磨、耐刻划性能好，耐高温(200℃)，因此用于墙面，不仅坚固耐用，而且随光照角度的不同会产生变幻的色调效果，美观新颖。

(3) 不锈钢包覆钢板(管)

不锈钢包覆钢板(管)是在普通钢板的表面包覆不锈钢而成。其优点是可节省价格昂贵的不锈钢，且加工性能优于纯不锈钢，使用效果与不锈钢相似。

(4) 不锈钢板选用原则

建筑装饰用不锈钢板在选用中应注意掌握以下原则：

1) 表面处理决定装饰效果，可根据使用部位的特点去追求镜面效果或亚光风格，还可设计、加工成深浅浮雕花纹等。

2) 根据所处环境确定受污染与腐蚀程度，选择不同品种的不锈钢。

3) 不同类型、厚度及表面处理都会影响工程造价。为此，在保证使用前提下，应十分注意选择不锈钢板的厚度、类型及表面处理形式。

8.8.3 铝合金

(1) 铝合金门窗

铝合金门窗的品种很多，其主要品种与代号见表8-39。

铝合金门窗产品的主要品种与代号　　表8-39

产品名称	平开铝合金窗		平开铝合金门		推拉铝合金窗		推拉铝合金门		滑轴平开窗	固定窗	上悬窗	中悬窗	下悬窗	主转窗
	不带纱扇	带纱扇	不带纱扇	带纱扇	不带纱扇	带纱扇	不带纱扇	带纱扇						
代号	PLC	APLC	PLM	SPLM	TLC	ATLC	TLM	STLM	HPLC	GLC	SLC	CLC	XLC	LLC

(2) 铝合金装饰板

铝合金装饰板属于现代较为流行的建筑装饰材料，具有质量轻、不燃烧、耐久性好、施工方便、装饰效果好等优点，适用于公共建筑室内、外墙面柱面的装饰。当前的产品规格有开放式、封闭式、波浪式、重叠式和藻井式、内圆式、龟板式块状吊顶板；颜色有本色、金黄色、古铜色、茶色等；表面处理方式有烤漆和阳极氧化等形式。近年来在装饰工程中用得较多的铝合金板材有以下几种。

1）铝合金花纹板及浅花纹板

铝合金花纹板是采用防锈铝合金坯料，用特殊的花纹辊轧制而成的，它花纹美观大方、突筋高度适中、不易磨损、防滑性好、防腐蚀性能强、便于冲洗，通过表面处理可以得到各种不同的颜色。花纹板板材平整，裁剪尺寸精确，便于安装，可广泛应用于现代建筑的墙面装饰及楼梯、踏板等处。

铝合金浅花纹板是优良的建筑装饰材料之一，其花纹精巧别致，色泽美观大方。同普通铝合金相比，刚度高出 20%，抗污垢、抗划伤、抗擦伤能力均有所提高，它是我国所特有的建筑装饰产品。

铝合金浅花纹板对白光反射率达 75%～90%，热反射率达 85%～95%，在氨、硫、硫酸、磷酸、亚硝酸、浓硝酸、浓醋酸中耐腐蚀性良好，通过电解、电泳涂漆等表面处理，可以得到不同色彩的浅花纹板。

2）铝合金压型板

铝合金压型板质量轻、外形美、耐腐蚀、经久耐用、安装容易、施工快速，经表面处理可得到各种优美的色彩，是现代建筑广泛应用的一种新型建筑装饰材料，主要用作墙面和屋面。铝合金压型板的板厚一般为 0.5～1.0mm。

3）铝合金穿孔板

铝合金穿孔板是用各种铝合金平板经机械穿孔而成。孔型根据需要有圆孔、方孔、长圆孔、长方孔、三角孔、大小组合孔等。这是近年来开发的一种降低噪声并兼有装饰效果的新产品。

铝合金穿孔板材质轻、耐高温、耐高压、耐腐蚀、防火、防潮、防震、化学稳定性好，造型美观、色泽幽雅、立体感强、可用于宾馆、饭店、剧场、影院、播音室等公共建筑和高级民用建筑中以改善音质条件，也可用于各类车间厂房、机房、人防地下室等作为降噪材料。

（3）铝合金花格网

铝合金花格网是由铝合金挤压型拉制及表面处理等而成的花格网。

这种花格网有银白、古铜、金黄、黑等颜色，并且外形美观、质轻、机械强度大、式样规格多、不积污、不生锈、耐酸碱腐蚀性好。用于平窗、凸窗、花架、屋内外设置、球场防护网、栏杆、遮阳、护沟和学校围墙等安全防护、防盗设施和装饰。

（4）铝箔

铝箔是用纯铝或铝合金加工成 6.3～200μm 的簿片制品。具有良好的防潮、绝热性。铝箔作为多功能保温隔热材料和防潮材料广泛用于建筑工程中，也是现代建筑重要的建筑装饰材料之一。常用的有铝箔牛皮纸、铝箔泡沫塑料板、铝箔波形板等。

8.8.4 铜及铜合金

铜是我国历史上使用较早，用途较广的一种有色金属。在古建筑装饰中，铜材是一种高档的装饰材料。在现代建筑中，铜仍是高级装饰材料，集古朴和华贵于一身，用于高级宾馆、商厦、饭店、机关等建筑中的楼梯扶手、栏杆、防滑条等装饰，可使建筑物显得光彩耀目、富丽堂煌。有的西方建筑用铜包柱，可使建筑物光彩照人、美观雅致、光亮耐久，并烘托出华丽、高雅的氛围。除此之外，还可用于制作墙板、执手、把手、门锁、纱窗。在卫生器具、五金配件方面，铜材也有着广泛的应用。

常用的铜合金有黄铜（铜锌合金）、青铜（铜锡合金）等。

铜合金经挤制或压制可形成不同横断面形状的型材，有空心型材和实心型材。

铜合金型材也具有铝合金型材类似的优点，可用于门窗的制作。以铜合金型材作骨架，以吸热玻璃、热反射玻璃、中空玻璃等为立面形成的玻璃幕墙，一改传统外墙的单一面貌，可使建筑物乃至城市生辉。另外，利用铜合金板材制成铜合金压制板应用于建筑物外墙装饰，同样使建筑物金碧辉煌、光亮耐久。

铜合金装饰制品的另一特点是其具有金色感，常替代稀有的、价值昂贵的黄金在建筑装饰中作为点缀使用。

现代建筑装饰中，显耀的厅门配以铜质的把手、门锁、执手；变幻莫测的螺旋式楼梯扶手栏杆选用铜质管材，踏步上附有铜质防滑条；浴缸龙头、坐便器开关、淋浴器械配件；各种灯具、家具采用的制作精致、色泽光亮的铜合金。无疑，这必将在原有豪华、高贵的氛围中增添了装饰的艺术性，使其装饰效果得以淋漓尽致的发挥。

铜合金的另一应用是铜粉(俗称“金粉”)，是一种由铜合金制成的金色颜料。主要成分为铜及少量的锌、铝、锡等金属。常用于调制装饰涂料，可代替“贴金”。

9 建筑防水材料

建筑物的围护结构要防止雨水、雪水和地下水的渗透；要防止空气中的湿气、蒸汽和其他有害气体与液体的侵蚀；分隔结构要防止给排水的渗漏。这些防渗透、渗漏和侵蚀的材料统称为防水材料。

9.1 防水材料分类和发展

防水一般有瓦防水、刚性防水和柔性防水(见图 9-1)。

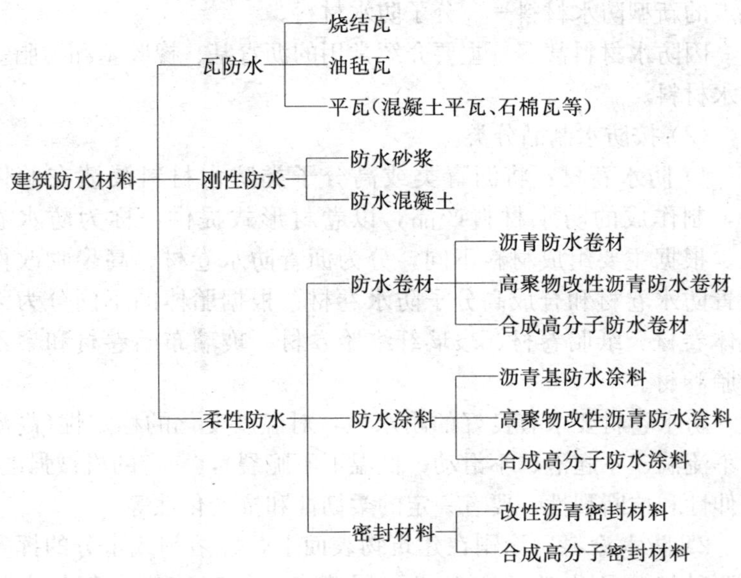

图 9-1 防水材料综合分类

介绍防水材料以柔性防水材料为主。

9.1.1 防水材料分类

(1) 按主要组成材料分类

1) 沥青类防水材料：沥青防水材料是传统的防水材料，包括冷底子油、沥青胶(玛琋脂)和乳化沥青等，因其耐热性、低温柔性和粘结性等性能不良，现已趋于淘汰，本章不再作介绍。沥青通过掺加矿物填充料和高分子填充料进行改性后，发展出了沥青基防水材料。沥青基防水材料是目前应用较多的防水材料，但耐用寿命仍然较短。沥青防水材料和沥青基防水材料统称为沥青类防水材料。

2) 合成高分子防水材料：随着石油化工和高分子合成技术的发展，已研制出以合成橡胶及合成树脂等高分子化合物为主要成分，具有高弹性、大延伸、耐老化、冷施工和单层防水等诸多优点的新型防水材料——分子防水材料。

因防水材料甚多，主要介绍常用的沥青基、橡胶基和树脂基防水材料。

(2) 按防水制品分类

1) 防水卷材：将沥青类或高分子类防水材料浸渍在胎体上，制作成的防水材料产品，以卷材形式提供，称为防水卷材。根据主要组成材料不同，分为沥青防水卷材、高聚物改性沥青防水卷材和合成高分子防水卷材；根据胎体的不同分为无胎体卷材、纸胎卷材、玻璃纤维胎卷材、玻璃布胎卷材和聚乙烯胎卷材。

防水卷材要求有良好的耐水性，对温度变化的稳定性(高温下不流淌、不起泡、不滑动；低温下不脆裂)，一定的机械强度、延伸性和抗断裂性，要有一定的柔韧性和抗老化性等。

2) 防水涂料：涂刷在建筑物表面上，经溶剂或水分的挥发或两种组分的化学反应形成一层薄膜，使建筑物表面与水隔绝，从而起到防水、密封的作用，这些涂刷的粘稠液体称为防水涂料。防水涂料经固化后形成的防水薄膜具有一定的延伸性、弹塑性、抗裂性、抗渗性及耐候性，能起到防水、防渗和保护作用。防水涂料有良好的温度适应性，操作简便，易于维修与维护。

3）密封材料：填充于建筑物的接缝、门窗四周、玻璃镶嵌部位以及开裂产生的裂缝。能起水密、气密性的材料称为密封材料。嵌缝材料只用于填充缝隙，由于嵌缝材料与密封材料用途相似，因此，统称为密封材料。

（3）按材料的型态综合分类

1）防水卷材分类

① 沥青防水卷材。其分类见图 9-2。

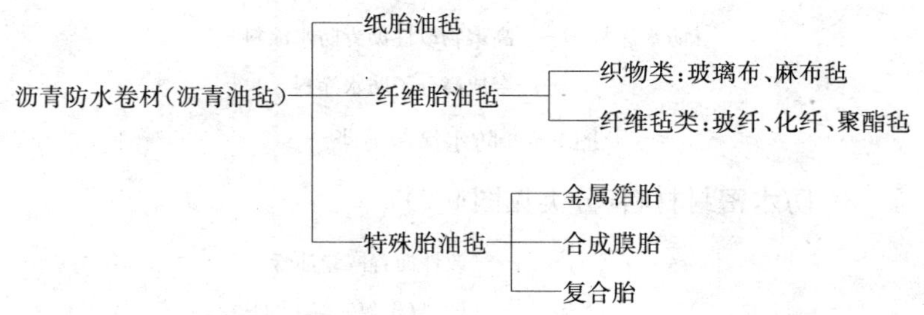

图 9-2　沥青防水卷材

② 高聚物改性沥青防水卷材。其分类见图 9-3。

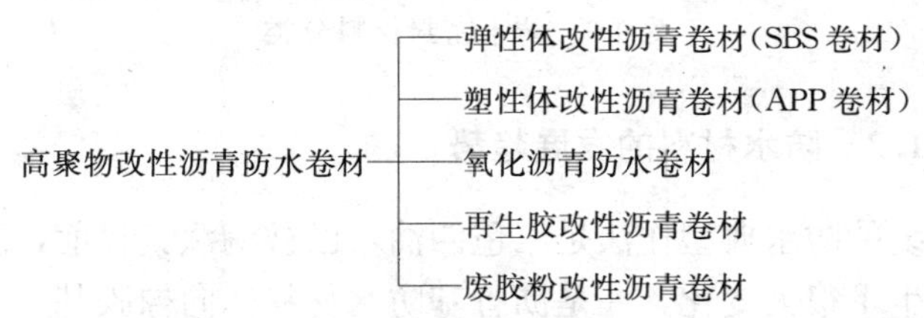

图 9-3　高聚物改性沥青防水卷材

③ 合成高分子防水卷材。其分类见图 9-4。

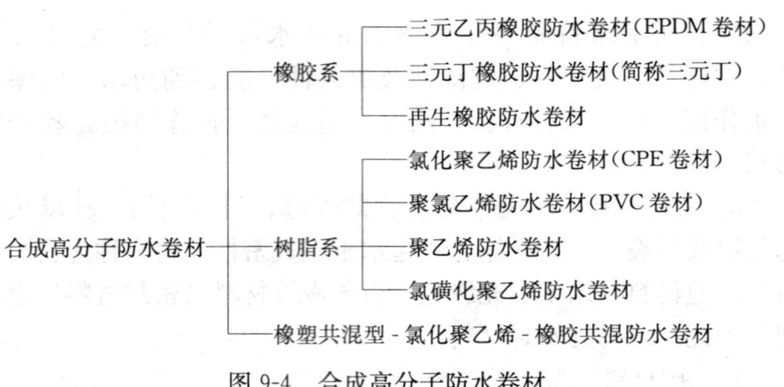

图 9-4　合成高分子防水卷材

2）防水涂料(分类见图 9-5)

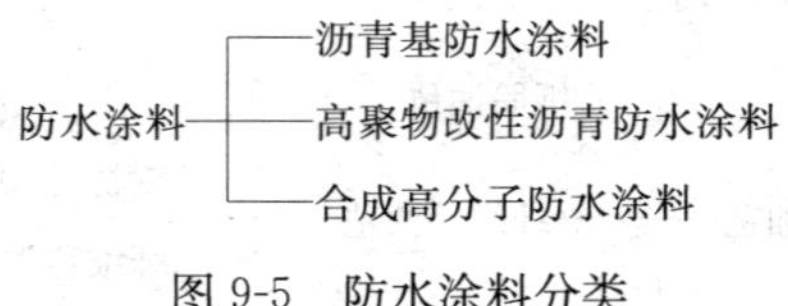

图 9-5　防水涂料分类

3）防水密封材料(分类见图 9-6)

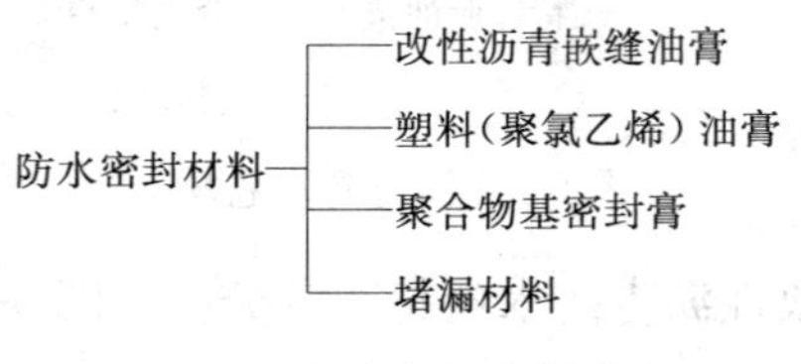

图 9-6　防水密封材料分类

9.1.2　防水材料的发展趋势

传统的防水典型作法是三毡四油，已被淘汰。目前，防水材料已发生了很大变化，一是沥青基防水材料已向橡胶基、树脂基和高聚物改性沥青发展；二是油毡的胎体由纸胎向玻纤胎或化纤胎方面发展；三是密封材料和防水涂料由低塑性向高弹性、高耐久性方向发展；四是防水层的构造亦由多层向单层发展；五是施工方法由热熔法向冷贴切法发展。

9.2 防 水 卷 材

9.2.1 沥青防水卷材

有浸渍卷材(有胎卷材)和辊压卷材(无胎卷材)。

(1) 普通原纸胎基油毡和油纸

采用低软化点沥青浸渍原纸所制成的无涂盖层的纸胎防水卷材叫油纸，当再用高软化点沥青涂盖油纸的两面，并撒布隔离材料后，则称为油毡。常用的有石油沥青油纸、石油沥青油毡和煤沥青油毡 3 种。所用隔离材料为粉状时(如滑石粉)称为粉毡，为片状时(如云母片)称为片毡。按原纸 $1m^2$ 的质量克数，油毡分为 200、350 和 500 三种标号，常用油毡为 350 号石油沥青油毡。油纸分为 200 和 350 两种标号。每卷总面积为 $20\pm0.3m^2$。

油毡主要物理性能见表 9-1。

主要物理性能 **表 9-1**

<table>
<tr><th rowspan="2">指标名称</th><th colspan="3">200 号</th><th colspan="3">350 号</th><th colspan="3">500 号</th></tr>
<tr><th>合格</th><th>一等</th><th>优等</th><th>合格</th><th>一等</th><th>优等</th><th>合格</th><th>一等</th><th>优等</th></tr>
<tr><td rowspan="2">耐热度(℃)</td><td colspan="2">85±2</td><td>90±2</td><td colspan="2">85±2</td><td>90±2</td><td colspan="2">85±2</td><td>90±2</td></tr>
<tr><td colspan="9">受热 2h 涂盖层应无滑动和集中性气泡</td></tr>
<tr><td>拉力 25±2℃时纵向不小于(N)</td><td>240</td><td colspan="2">270</td><td>340</td><td colspan="2">370</td><td>440</td><td colspan="2">470</td></tr>
<tr><td rowspan="2">柔 度</td><td>18±2℃</td><td colspan="2">18±2℃</td><td>18±2℃</td><td>16±2℃</td><td>14±2℃</td><td colspan="2">18±2℃</td><td>14±2℃</td></tr>
<tr><td colspan="6">绕 φ20mm 圆棒或弯板无裂纹</td><td colspan="3">绕 φ25mm 圆棒或弯板无裂纹</td></tr>
</table>

油纸主要物理性能为：

1) 拉力 25±2℃时纵向不小于：200 号为 110N；350 号为 240N。

2) 柔度在 18±2℃时，围绕 φ10mm 圆棒或弯板无裂纹。

（2）石油沥青玻璃纤维胎油毡

主要物理性能见表 9-2。

物 理 性 能 **表 9-2**

<table>
<tr><th colspan="2" rowspan="2">指 标 名 称</th><th colspan="3">15 号</th><th colspan="3">25 号</th><th colspan="3">35 号</th></tr>
<tr><th>优等</th><th>一等</th><th>合格</th><th>优等</th><th>一等</th><th>合格</th><th>优等</th><th>一等</th><th>合格</th></tr>
<tr><td colspan="2">耐热度(℃)</td><td colspan="9">85±2℃，受热 2h 涂盖层应无滑动</td></tr>
<tr><td rowspan="2">柔度</td><td>温度不高于(℃)</td><td>0</td><td>5</td><td>10</td><td>0</td><td>5</td><td>10</td><td>0</td><td>5</td><td>10</td></tr>
<tr><td>弯曲半径</td><td colspan="6">绕 r=15mm 弯板无裂纹</td><td colspan="3">绕 r=25mm 弯板无裂纹</td></tr>
<tr><td>人工加速气候老化(27周期)</td><td>外　　观</td><td colspan="9">无裂纹、无气泡等现象</td></tr>
</table>

（3）石油沥青玻璃布胎油毡

主要物理性能见表 9-3。

物 理 性 能 **表 9-3**

<table>
<tr><th>序号</th><th colspan="2">项　　目</th><th>一等品</th><th>合格品</th></tr>
<tr><td>1</td><td colspan="2">耐热度(85±2℃，2h)</td><td colspan="2">无滑动、起泡现象</td></tr>
<tr><td rowspan="2">2</td><td rowspan="2">柔　度</td><td>温度(℃)≤</td><td>0</td><td>5</td></tr>
<tr><td>弯曲直径 30mm</td><td colspan="2">无　裂　纹</td></tr>
</table>

（4）适用范围

1）沥青防水卷材为传统防水材料，价格低，低温脆裂，高温流淌，抗拉强度低，延伸性差，易老化，易腐烂，耐用寿命短（3～5 年）。

2）200 号油毡适用于简易防水、临时性建筑防水、建筑防潮及包装；350 号和 500 号粉毡适用于屋面、地下、水利等工程的多层防水；片毡用于单层防水；油纸适用于建筑防潮和包装，也可用于多层防水层的下层。

目前沥青防水卷材正在或逐步被淘汰，尤其是纸胎油毡已经淘汰。

9.2.2 高聚物改性沥青防水卷材

改善沥青材料(包括石油沥青、煤沥青)的使用性能后的沥青称为高聚物改性沥青，用改性沥青代替石油沥青(或焦油沥青)制成的防水卷材，称为高聚物改性沥青卷材。

(1) 弹性体改性沥青防水卷材

弹性体改性沥青防水卷材(简称“SBS卷材”)按胎基分为聚酯胎(PY)和玻纤胎(G)两类，按上表面材料分为聚乙烯膜(PE)、细砂(S)与矿物粒(片)料(M)3种，按物理力学性能分为Ⅰ型和Ⅱ型。卷材按不同胎基，不同上表面材料分为6个品种，见表9-4。

弹性体改性沥青防水卷材品种 **表9-4**

上表面材料＼胎基	聚酯胎	玻纤胎
聚乙烯膜	PY-PE	G-PE
细砂	PY-S	G-S
矿物粒(片)料	PY-M	G-M

1) 卷重、面积及厚度

卷重、面积及厚度见表9-5。

SBS卷材卷重、面积及厚度 **表9-5**

厚度(mm)		2		3			4					
上表面材料		PE	S	PE	S	M	PE	S	M	PE	S	M
面积(m^2/卷)	公称面积	15		10			10			7.5		
	偏差	±0.15		±0.10			±0.10			±0.10		

续表

厚度(mm)		2		3			4					
上表面材料		PE	S	PE	S	M	PE	S	M	PE	S	M
最低卷重(kg/卷)		33.0	37.5	32.0	35.0	40.0	42.0	45.0	50.0	31.5	33.0	37.5
厚度(mm)	平均值≥	2.0		3.0		3.2	4.0		4.2	4.0		4.2
	最小单值	1.7		2.7		2.9	3.7		3.9	3.7		3.9

2）物理力学性能

主要物理力学性能见表9-6。

SBS卷材主要物理力学性能 **表9-6**

序号	胎基		PY		G	
	型号		Ⅰ	Ⅱ	Ⅰ	Ⅱ
1	耐热度(℃)		90	105	90	105
			无滑动、流淌、滴落			
2	低温柔度(℃)		−18	−25	−18	−25
			无裂纹			
3	撕裂强度(N)≥	纵向	250	350	250	350
		横向			170	200
4	人工气候加速老化	外观	1级			
			无滑动、流淌、滴落			
		低温柔度(℃)	−10	−20	−10	−20
			无裂纹			

注：表中1、2项为强制性项目。

3）特性与应用范围

① SBS卷材在常温下有弹性，在高温下有热塑性，低温柔性好，耐热性、耐水性和耐腐蚀性好。其中聚酯毡机械性能、耐水性和耐腐蚀性性能更优；玻纤毡价格低，但强度较低，无延伸性。

② SBS卷材适用于屋面和地下防水工程，尤其适用于较低

气温环境的建筑防水。

4）应用注意事项

① 成卷卷材应卷紧卷齐，端面里进外出不得超过 10mm。

② 成卷卷材在 4～50℃任一产品温度下展开，在距卷芯 1000mm 长度外不应有 10mm 以上的裂纹或粘结。

③ 胎基应浸透，不应有未被浸渍的条纹。

④ 卷材表面必须平整，不允许有孔洞，缺边和裂口，矿物粒(片)料粒度应均匀一致并紧密地粘附于卷材表面。

⑤ 每卷接头处不应超过 1 个，较短的一段不应少于 1000mm，接头应剪切整齐，并加长 150mm。

(2) 塑性体改性沥青防水卷材

塑性体改性沥青防水卷材(统称“APP 卷材”)按胎基分为聚酯胎(PY)和玻纤胎(G)两类，按上表面材料分为聚乙烯膜(PE)、细砂(S)与矿物粒(片)料(M)3 种，按物理力学性能分为Ⅰ型和Ⅱ型。卷材按不同胎基，不同上表面材料分为 6 个品种(同 SBS)，见表 9-7。

1）卷重、面积及厚度

① 以玻纤毡为胎基的卷材见表 9-7。

玻纤毡卷重、面积及厚度　　表 9-7

上表面材料		PE 膜	细砂	矿物粒(片)料	PE 膜	细砂	矿物粒(片)料	PE 膜	细砂	矿物粒(片)料
标称质量(kg/10m²)		25			35			45		
面积(m²/卷)		10±0.1			10±0.1			7.5±0.1		
最低卷重(kg)		20.0	22.0	28.0	30.0	32.0	38.0	30.0	31.5	36.0
厚度(mm)	平均值	≥2.0	—	—	≥3.0	—	—	≥4.0	—	—
	最小单值	1.7	—	—	2.7	—	—	3.7	—	—

② 以聚酯毡为胎基的卷材见表 9-8。

聚酯毡卷重、面积及厚度 **表 9-8**

上表面材料		PE 膜	细砂	矿物粒(片)料	PE 膜	细砂	矿物粒(片)料	PE 膜	细砂	矿物粒(片)料
标称质量 (kg/10m²)		35			45			55		
面积 (m²/卷)		10±0.1			7.5±0.1			5±0.1		
最低卷重 (kg)		30.0	32.0	38.0	30.0	31.5	36.0	25.0	26.0	29.0
厚度 (mm)	平均值	≥3.0	—	—	≥4.0	—	—	≥5.0	—	—
	最小单值	2.7	—	—	3.7	—	—	4.7	—	—

2）主要物理性能

① 以玻纤毡作胎基的各标号、等级的卷材，主要物理性能见表 9-9。

玻纤毡主要物理性能 **表 9-9**

指标名称	25 号			35 号			45 号		
	优等品	一等品	合格品	优等品	一等品	合格品	优等品	一等品	合格品
耐热度 (℃)	130	120	110	130	120	110	130	120	110
	受热 2h，涂盖层应无滑动								
柔度(℃)	−15	−10	−5	−15	−10	−5	−15	−10	−5
	r=15mm，3s，弯 180°无裂纹						r=25mm，3s，弯 180°无裂纹		

② 以聚酯毡作胎基的各标号、等级的卷材，主要物理性能见表 9-10。

聚酯毡主要物理性能　　表 9-10

<table>
<tr><td rowspan="2">指标名称</td><td colspan="3">35 号</td><td colspan="3">45 号</td><td colspan="3">55 号</td></tr>
<tr><td>优等品</td><td>一等品</td><td>合格品</td><td>优等品</td><td>一等品</td><td>合格品</td><td>优等品</td><td>一等品</td><td>合格品</td></tr>
<tr><td rowspan="2">耐热度(℃)</td><td>130</td><td>120</td><td>110</td><td>130</td><td>120</td><td>110</td><td>130</td><td>120</td><td>110</td></tr>
<tr><td colspan="9">受热 2h，涂盖层应无滑动</td></tr>
<tr><td>断裂延伸率(%)纵横向均不小于</td><td>40</td><td>30</td><td>20</td><td>40</td><td>30</td><td>20</td><td>40</td><td>30</td><td>20</td></tr>
<tr><td rowspan="2">柔度(℃)</td><td>−15</td><td>−10</td><td>−5</td><td>−15</td><td>−10</td><td>−5</td><td>−15</td><td>−10</td><td>−5</td></tr>
<tr><td colspan="6">r=15mm，3s，弯 180°无裂纹</td><td colspan="3">r=25mm，3s，弯 180°无裂纹</td></tr>
</table>

3）特性与应用范围

① APP 卷材耐热性优异，耐水性、耐腐蚀性好，低温柔性较好(但不及 SBS 卷材)。其中聚酯毡机械性能、耐水性和耐腐蚀性性能优良；玻纤毡价格低，但强度较低，延伸性较差。

② APP 卷材适用于屋面和地下防水工程，以及道路、桥梁等建筑物的防水，尤其适用于较高气温环境的建筑防水。

4）应用注意事项

① 成卷卷材应卷紧卷齐，端面里进外出不得超过 10mm。

② 成卷卷材在环境温度为柔度规定的温度以上时应易于展开，不应有距卷芯 1000mm 外长度为 10mm 以上的裂纹和破坏表面 10mm 以上的粘结。

③ 胎基必须浸透，不应有未被浸渍的浅色斑点。

④ 卷材表面必须平整，不允许有孔洞、缺边和裂口，撒布材料的颜色和粒度应均匀一致，并紧密地粘附于卷材表面。

⑤ 每卷卷材的接头处不应超过一个，较短的一段不应少于 2500mm，接头处应剪切整齐，并加长 150mm 备作搭接。

(3) 改性沥青聚乙烯胎防水卷材

改性沥青聚乙烯胎防水卷材，主要类别分 OEE、MEE、PEE，其中，第一位“O”氧化改性沥青；“M”丁苯橡胶改性氧化沥青；P 树脂改性沥青；第二位 E 高密度聚乙烯胎体；第三位 E 高密度聚乙烯覆面膜。

1）卷重、尺寸及其允许偏差见表 9-11。

卷重、尺寸及允许偏差　　　　表 9-11

序　号	项　　目		OEE	MEE	PEE
1	标称卷重（$kg/10m^2$）	3mm	36.3		
		4mm	49.5		
2	最低卷重（$kg/10m^2$）	3mm	33		
		4mm	45		
3	长（m）		10.0±0.1		
4	宽（mm）		1100±16		
5	厚（mm）	3mm	3±0.3		3±0.2
		4mm	4±0.4		4±0.2

2）主要物理力学性能见表 9-12。

主要物理力学性能　　　　表 9-12

项　目	OEE			MEE			PEE		
	优等品	一等品	合格品	优等品	一等品	合格品	优等品	一等品	合格品
柔　度（℃）	0		5	−10		−5	−15		−10
	3mm 厚，r=15mm；4mm 厚，r=25mm；3s 弯 180°，无裂纹								
耐热度（℃）	85			90	85		95	90	
	加热 2h 无流淌、无起泡								

3）应用注意事项

① 成卷卷材应卷紧、卷齐，端面里进外出不得超过 30mm。胎体与沥青基料和覆面材料相互紧密粘结。

② 卷材表面应平整，不允许有可见的缺陷，如孔洞、裂纹、疙瘩等。

③ 卷材在 35℃下开卷不应发生粘结现象，在环境温度为柔

度试验温度以上时，易于展开。

④ 成卷卷材接头不应超过一处，其中较短一段不得少于2500mm。接头处应剪切整齐，并加长150mm，备作搭接。优等品有接头的卷材数不得超过批量数的3%。

9.2.3 合成高分子防水卷材

(1) 三元乙丙橡胶防水卷材

三元乙丙橡胶防水卷材是一种高弹性的高档新型防水材料。

1) 特点：三元乙丙橡胶防水卷材，与传统的沥青防水材料相比，具有质量轻(约2kg/m^2)、防水性能优异、耐候性好、耐化学腐蚀性强、弹性和抗拉强度高，并且对基层材料的伸缩或开裂变形适应性强、使用温度范围宽(－60～120℃)、使用年限长(30～50年)、可以冷施工、成本低等优点。是目前性能最优的防水卷材。

2) 适用范围：三元乙丙橡胶防水卷材适用范围很广，最适用于屋面工程作单层外露防水，也适用于有保护层的屋面或室内楼(地)面、厨房、厕所及地下室、贮水池、隧道等土木建筑工程防水。是高分子防水卷材中用量最大的一种。

(2) 三元丁橡胶防水卷材

三元丁橡胶防水卷材(简称“三元丁卷材”)按物理性能分为一等品(*B*)和合格品(*C*)。

1) 尺寸允许偏差见表9-13。

尺寸允许偏差 **表9-13**

项　目	允 许 偏 差
厚度(mm)	±0.1
长度(m)	不允许出现负值
宽度(mm)	不允许出现负值

注：1.2mm厚规格不允许出现负偏差。

2) 主要物理性能见表9-14。

主要物理性能　　表 9-14

<table>
<tr><th>序号</th><th colspan="2">项　目</th><th>一等品</th><th>合格品</th></tr>
<tr><td>1</td><td colspan="2">低温弯折性(－30℃)</td><td colspan="2">无　裂　纹</td></tr>
<tr><td rowspan="2">2</td><td rowspan="2">人工加速气候老化 27 周期</td><td>外　观</td><td colspan="2">无裂纹，无气泡，不粘结</td></tr>
<tr><td>低温弯折性</td><td colspan="2">－20℃，无裂缝</td></tr>
</table>

3）应用注意事项

① 成卷卷材应卷紧卷齐，端面里进外出不得超过 10mm。

② 成卷卷材在环境温度为低温弯折性规定的温度以上时应易于展开。

③ 卷材表面应平整，不允许有孔洞、缺边、裂口和夹杂物。

④ 每卷卷材的接头不应超过一个。较短的一段不应少于 2500mm，接头处应剪整齐，并加长 150mm。一等品中，有接头的卷材不得超过批量的 3％。

(3) 聚氯乙烯防水卷材

聚氯乙烯(PVC)防水卷材根据其基料的组成及其特性分为两种类型。

S 型：以煤焦油与聚氯乙烯树脂混溶料为基料的柔性卷材。

P 型：以增塑聚氯乙烯为基料的塑性卷材。

1）主要物理性能见表 9-15。

聚氯乙烯防水卷材主要物理性能　　表 9-15

<table>
<tr><th rowspan="2">序号</th><th colspan="2" rowspan="2">项　目</th><th colspan="3">P 型</th><th colspan="2">S 型</th></tr>
<tr><th>优等品</th><th>一等品</th><th>合格品</th><th>一等品</th><th>合格品</th></tr>
<tr><td>1</td><td colspan="2">低温弯折性</td><td colspan="5">－20℃，无裂纹</td></tr>
<tr><td>2</td><td colspan="2">抗 渗 透 性</td><td colspan="5">不　透　水</td></tr>
<tr><td>3</td><td colspan="2">抗 穿 孔 性</td><td colspan="5">不　渗　水</td></tr>
<tr><td colspan="8">实验室处理后卷材相对于未处理时的允许变化</td></tr>
<tr><td rowspan="2">4</td><td rowspan="2">热老化处理</td><td>外观质量</td><td colspan="5">无气泡、不粘结、无孔洞</td></tr>
<tr><td>低温弯折性</td><td colspan="2">－20℃无裂纹</td><td>－15℃无裂纹</td><td>－20℃无裂纹</td><td>－10℃无裂纹</td></tr>
</table>

续表

序号	项目		P型			S型	
			优等品	一等品	合格品	一等品	合格品
5	人工候化处理	低温弯折性	−20℃无裂纹		−15℃无裂纹	−20℃无裂纹	−10℃无裂纹
6	水溶液处理	低温弯折性	−20℃无裂纹		−15℃无裂纹	−20℃无裂纹	−10℃无裂纹

2）应用注意事项

① 外观质量：卷材表面应无气泡、疤痕、裂纹、粘结和孔洞。

② 卷材的面积允许偏差±0.3%。

③ 卷材中允许有一处接头，其中较短的一段长度不少于2.5m，接头处应剪切整齐，并加长150mm备作搭接。优等品批中有接头的卷材卷数不得超过批量的3%。

④ 卷材的平直度不大于50mm。

⑤ 卷材的平整度不应大于10mm。

3）特性与应用范围：PVC防水卷材耐老化性能好(耐用年限25年以上)，拉伸强度高，断裂伸长率极大，原材料丰富，价格便宜。用热风焊铺贴，施工方便，不污染环境。适用于我国南北方广大地区防水要求高、耐用年限长的防水工程。用于屋面防水时，可做成单层外露防水。

(4) 氯化聚乙烯防水卷材

氯化聚乙烯(CPE)防水卷材分两个类型：

Ⅰ型：非增强氯化聚乙烯防水卷材。

Ⅱ型：增强氯化聚乙烯防水卷材。

1）主要物理性能见表9-16。

主要物理力学性能　　表9-16

序号	项目	Ⅰ型			Ⅱ型	
		优等品	一等品	合格品	一等品	合格品
1	低温弯折性	−20℃，无裂纹				

续表

序号	项　目		Ⅰ型			Ⅱ型	
			优等品	一等品	合格品	一等品	合格品
2	抗渗透性		不　透　水				
3	抗穿孔性		不　渗　水				
实验室处理后卷材相对于未处理时的允许变化							
4	热老化处理	外观质量	无气泡、疤痕、裂纹、粘结和孔洞				
		低温弯折性	−20℃无裂纹		−15℃无裂纹	−20℃无裂纹	−15℃无裂纹
5	人工候化处理	低温弯折性	−20℃无裂纹		−15℃无裂纹	−20℃无裂纹	−15℃无裂纹
6	水溶液处理	低温弯折性	−20℃无裂纹		−15℃无裂纹	−20℃无裂纹	−15℃无裂纹

2）应用注意事项

① 外观质量：卷材表面应无气泡、疤痕、裂纹、粘结和孔洞。

② 面积和宽度：允许偏差为±0.3%。

③ 卷材的接头：卷材中允许有一处接头，其中较短的一段不少于2.5m，接头处应剪切整齐，并加长150mm备作搭接。优等品批中有接头的卷材卷数不得超过批量的3%。

④ 平直度：应不大于50mm。

⑤ 平整度：应不大于10mm。

3）特性和应用范围：氯化聚乙烯防水卷材是聚氯乙烯防水卷材的改进型，氯化聚乙烯是由氯取代聚乙烯分子中部分氢原子而形成的无规氯化聚合物。改性后，其耐臭氧性、耐热老化、阻燃性等有明显提高，其应用范围与聚氯乙烯防水卷材相近。另外CPE卷材的耐磨性好，还可作为室内地面材料，兼具防水和装饰效果。

9.2.4　其他卷材简介

（1）铝箔塑胶油毡

铝箔塑胶油毡(BW-A)对阳光的反射率高，具有一定的抗拉强度和延伸率，弹性好，低温柔性好，在－20～80℃温度范围内适应性较强，并且价格较低，是一种中档的新型防水材料。适用于建筑工程的屋面防水。

（2）沥青再生橡胶油毡

沥青再生橡胶油毡具有质地均匀、延伸性大、弹性好等优点，并且抗腐蚀性强，不透水性、不透气性、低温柔韧性和抗拉强度均较高。适用于屋面防水，尤其适用于保护层的屋面或基层沉降较大（包括不均匀沉降）的建筑物变形缝处的防水；地下结构（如地下室、深基础、贮水池等）的防水及作浴室、洗衣室、冷库等处的蒸汽隔离层。

（3）氯丁橡胶防水卷材

氯丁橡胶防水卷材的抗拉强度达 12.4MPa 以上，伸长率达 300%以上。断裂永久变形 5%，－40℃时冷脆性合格。同时其耐油性、耐日光、耐臭氧、耐候性等均好。与三元乙丙橡胶卷材相比，除耐低温性稍差外，其他性能基本类似。其使用年限可达 20 年以上。

（4）EPT/IIR 防水卷材

这种卷材的抗拉强度为 7.5MPa 以上，伸长率 450%以上，直角撕裂强度 25kN/m 以上，低温冷脆温度达－53℃，各项性能与三元乙丙橡胶类似。除了应用于高级建筑和高层建筑的防水工程外，目前在普通建筑中也开始推广应用。

（5）丁基橡胶防水卷材

最大特点是耐低温性特好，特别适用于严寒地区的防水工程及冷库防水工程。

（6）氯化聚乙烯-橡胶共混防水卷材

氯化聚乙烯-橡胶共混防水卷材属中高档防水材料。既有氯化聚乙烯特有的高强度和优异的耐候性，又有橡胶的高弹性、高延伸率及良好的耐低温性能，其有些物理力学性能已接近或达到三元乙丙橡胶的指标，使用年限在 10 年以上。可采用单层冷作业粘贴、工艺简便。可用于屋面工程作单层外露防水，有保护层的屋面或楼(地)面，厨房厕浴间及贮水池等处防水。

9.3 防水涂料

9.3.1 防水涂料分类

防水涂料分类见表9-17。

防水涂料分类　　表9-17

分类	名称
按液态类型分	溶剂型、水乳型、反应型
按成膜物质分	沥青基、高聚物改性沥青基、合成高分子
按施工厚度分	薄质、厚质

9.3.2 防水涂料简介

防水涂料种类繁多，本节只介绍几种代表性的防水涂料主要质量指标及选用原则。

(1) 水性沥青基涂料

1) 分类：水性沥青基涂料分为厚质和薄质两类；按其质量为分一等品和合格品。

2) 涂料性能质量指标见表9-18。

涂料性能质量指标　　表9-18

项目	质量指标			
	AE-1类		AE-2类	
	一等品	合格品	一等品	合格品
外观	搅拌后为黑色或黑灰色均质膏体或黏稠体，搅匀和分散在水溶液中无沥青丝	搅拌后为黑色或黑灰色均质膏体或黏稠体，搅匀和分散在水溶液中无明显沥青丝	搅拌后为黑色或蓝褐色均质液体，搅拌棒上不粘附任何颗粒	搅拌后为黑色或蓝褐色液体，搅拌棒上不粘附明显颗粒

续表

项　目	质 量 指 标			
柔韧性	5±1℃	10±1℃	−15±1℃	−10±1℃
	无裂纹、断裂			
耐热性(℃)	无流淌、起泡和滑动			
不透水性	不　渗　水			
抗冻性	20次无开裂			

3）水性沥青防水涂料可在复杂表面形成无接缝较柔韧防水膜，无毒，不燃，冷作业，不污染。但防水性能较低，一般可涂刷或喷涂在材料表面作为防潮或防水层，也可做冷底子油用。做屋面防水工程时，必须与其他材料配套使用，或用于油毡屋面的保护层，不宜单独使用。

4）水性沥青防水涂料可直接在潮湿但无积水的表面上施工。施工时温度不宜低于5℃，以免水分结冰破坏防水层；也不宜在夏季烈日下施工，以防水分蒸发过快，乳化沥青结膜过快，膜内水分蒸发不出而产生气泡。

(2) 改性沥青防水涂料

1）再生橡胶沥青防水涂料

这种涂料分为溶剂型再生橡胶沥青防水涂料(又称JG-1防水冷胶料)和水乳型再生橡胶沥青防水涂料(又称JG-2防水冷胶料)。这两种防水冷胶料具有良好的粘结性、耐热性、抗裂性、不透水性和抗老化性。可以冷操作。与中碱玻璃丝布配合使用做防水层，适用于屋面、墙体、地面及地下室等工程，也可用以嵌缝及防腐工程等。

2）氯丁橡胶沥青防水涂料

这种涂料分为溶剂型氯丁橡胶沥青防水涂料(又名氯丁橡胶-沥青防水涂料)和水乳型氯丁橡胶沥青防水涂料(又名氯丁胶乳沥青水涂料)。

① 特点：氯丁橡胶沥青防水涂料具有橡胶和沥青双重优点。有较好的耐水性、耐腐蚀性，成膜快、涂膜致密完整、延伸性好、抗基层变形性能较强、能适应多种复杂面层，耐候性能好，能在常温及较低温度条件下施工。

② 应用：可用于混凝土屋面防水层，防腐蚀地坪的隔离层，旧油毡屋面维修，以及厨房、水池、卫生间、地下室等处的抗渗防潮等。

③ 施工条件：氯丁橡胶沥青防水涂料施工方法为冷施工，可用喷涂或人工涂刷，找平层要求平整、清洁、无积水，非冰冻期晴天即可施工。

氯丁橡胶沥青防水涂料性能优良，成本不高，属中档防水涂料，应用较普通。

(3) 合成高分子防水涂料

1) 丙烯酸酯防水涂料：丙烯酸酯防水涂料涂膜具有一定的柔韧和耐候性，易配制成多种颜色的防水涂料。改性丙烯酸彩色高弹性隔热防水涂料，待水分蒸发后，可形成橡胶状弹性涂膜。该涂料弹性好，延伸率大，耐低温性好，无毒、不燃。可用于潮湿基层，并可提供多种颜色，反射紫外线，隔热，美观。与无纺布或玻璃布配套使用，可用于各种屋面与地下的工程防水、防潮。

2) 聚氨酯涂膜防水涂料：一般用双组分型。由含异氰酸基(—NCO)的聚氨酯预聚物(简称甲组分)和含多羟基(—OH)或氨基(—NH_3)的固化剂以及多种化学助剂、填料剂、稀释剂等混合物(简称乙组分)组成。甲乙两组按 1∶1.5 质量比混合均匀，即成为化学反应型涂料，涂布于基层上，常温下可交联固化形成一种具有橡胶状弹性的整体涂膜。这种涂膜固化时无体积收缩，易成厚膜，操作简便，并具有优异的耐候、耐油、耐磨、耐臭氧、耐海水、不燃烧等性能。使用温度范围在−30～80℃，施工厚度在 1.5～2.0mm 时，耐用年限在 10 年以上，故在中高级建筑的卫生间、水池等防水工程及地下室和有保护层的屋面防水工程中得到广泛应用。

9.3.3 防水涂料的选用

各类防水涂料的特点及适用范围见表 9-19。

各类防水涂料的特点及适用范围 **表 9-19**

<table>
<tr><th>涂料类别</th><th>防水涂料名称</th><th>特　点</th><th>适用范围</th><th>施工工艺</th></tr>
<tr><td rowspan="2">沥青基防水涂料</td><td>石灰乳化沥青防水涂料</td><td>属水性涂料，可在潮湿基层上施工，工地配制简单方便，价格低廉，有一定的防水防渗能力，但延伸率较低，低温下易变脆、开裂</td><td>系低档防水涂料，可用于防水等级为Ⅲ、Ⅳ级的屋面，厚度4～8mm</td><td>抹压法冷施工</td></tr>
<tr><td>石棉或膨润土乳化沥青防水涂料</td><td>乳液稳定性好，耐热性、防水性、抗裂性、耐久性较好，价格较低，可在潮湿基层上施工</td><td></td><td></td></tr>
<tr><td rowspan="5">高聚物改性沥青防水涂料</td><td>水乳型氯丁橡胶沥青防水涂料</td><td>为阳离子型，成膜较快，强度高，耐候性好，无毒，不污染环境，抗裂性好，操作方便</td><td rowspan="4">可用于Ⅱ、Ⅲ、Ⅳ级的屋面防水，单独使用时厚度不小于3mm，复合使用时厚度不小于1.5mm</td><td rowspan="2">涂刮法冷施工</td></tr>
<tr><td>溶剂型氯丁橡胶沥青防水涂料</td><td>具有较好的耐高、低温性能，黏结性好，干燥成膜快，操作方便</td></tr>
<tr><td>水乳型再生橡胶沥青防水涂料</td><td>具有一定的柔韧性及耐寒、耐热、耐老化性能，无毒，无污染，操作简便，原料来源广泛，价格低</td><td>冷施工，但气温低于5℃时不宜施工</td></tr>
<tr><td>溶剂型再生橡胶沥青防水涂料</td><td>有良好的耐水性、抗裂性，高温不流淌，低温不易脆裂，弹塑性良好，操作方便，干燥速度快</td><td>冷施工，且可在负温度下操作</td></tr>
<tr><td>SBS改性沥青防水涂料</td><td>有良好的防水性、耐湿热、耐低温、抗裂性及耐老化性，无毒，无污染，是中档的防水涂料</td><td>适于寒冷地区的Ⅱ、Ⅲ级屋面使用</td><td>冷施工</td></tr>
</table>

续表

涂料类别	防水涂料名称	特　　点	适用范围	施工工艺
合成高分子防水涂料	聚氨酯防水涂料	具有橡胶状弹性，延伸性好，拉伸强度和撕裂强度高，有优异的耐候、耐油、耐磨、不燃烧及一定的耐酸碱、阻燃性，与各种基层的黏结性优良，涂膜表面光滑，施工简便，使用温度区间为－30～80℃	宜用于Ⅰ、Ⅱ、Ⅲ级的屋面防水，单独使用时厚度不小于2.0mm，复合使用时厚度不小于1.0mm	反应型，冷施工
	聚氨酯煤焦油防水涂料	高弹性，高延伸，对基层开裂适应性强，具有耐候、耐油、耐磨、不燃烧及一定的耐碱性，与基层黏结性好，但与聚氨酯相比，反应速度不易调整，性能指标较易波动	宜用于Ⅰ、Ⅱ、Ⅲ级的屋面防水，单独使用时厚度不小于2.0mm，复合使用时厚度不小于1.0mm，但外露式防水屋面不宜采用	冷施工
	丙烯酸酯防水涂料	涂膜有良好的黏结性、防水性、耐候性、柔韧性和弹性，无污染，无毒，不燃，以水为稀释剂，施工方便，且可调制成多种颜色，但成本较高	宜涂覆于水乳型橡胶沥青防水层上，适用于有不同颜色要求的屋面	冷施工，可刮，可涂，可喷，但温度需高于4℃时才能成膜
	有机硅防水涂料	具有良好的渗透性、防水性、成膜性、弹性、黏结性和耐高、低温性能，适应基层变形能力强，成膜速度快，可在潮湿基层上施工，无毒，无味，不燃，可配制成各种颜色，但价格较高 用于Ⅰ、Ⅱ级屋面防水	用于Ⅰ、Ⅱ级屋面防水	冷施工，可涂刷或喷涂

9.4 密 封 材 料

密封材料又称嵌缝材料，是嵌入接缝缝隙中，用以防止水分、空气、灰尘、热量和声波等通过建筑接缝的材料。密封材料既能解决建筑物的渗漏，延长建筑物的使用寿命，又可提高建筑物绝热保温、隔声性能。

密封材料分为定型和不定型两大类。定型的俗称密封条或压条。本节不作介绍，不定型的俗称密封膏或嵌缝膏，密封材料要求具有良好的粘附性、强度、耐老化性和温度稳定性，能长期经受被粘附构件的收缩与振动而不破坏。

9.4.1 密封膏种类(3 大类)

(1) 塑性密封膏

塑性密封膏价格低，具有一定的塑性，但弹性差，耐久性及延伸性均不理想，适用于形变位移±5%以内的接缝处，如门窗嵌缝。使用年限在 10 年以上。属于低档密封材料。常用的有桐油沥青密封膏、塑料油膏、PVC 胶泥等。

(2) 弹塑性密封膏

弹塑性密封膏粘结力、弹塑性、延伸性能好，适用于形变位移为±5%～±12%的接缝处，有一定的耐久性，可使用 10 年以上。属中档密封材料。常用于装配玻璃、加气混凝土及一些中等尺寸结构的嵌缝。

(3) 弹性密封膏

弹性密封膏特点是弹性大，温度适应性、耐老化、耐腐蚀等性能良好，适用于形变位移±12%～±25%的接缝处，如中空玻璃、大型预制件及高层建筑的嵌缝。这类密封膏耐久性良好，可使用 20 年以上，属高档密封材料。

9.4.2 建筑防水沥青嵌缝油膏(油膏)

(1) 特性与应用

建筑防水沥青嵌缝油膏价格低，各种性能均较差，在发达国家已逐渐被淘汰。

(2) 技术要求(JC/T 207—96)

1) 外观：油膏应为黑色均匀膏状，无结块和未浸透的填料。

2) 低温柔性：标号为 701 和 702 分别在－20℃和－10℃时粘结状况应无裂纹和剥离现象。

9.4.3 聚氨酯建筑密封膏

聚氨酯建筑密封膏是以聚氨基甲酸酯聚合物为主要成分的双组分反应固化型的建筑密封材料。使用时，将甲乙两组分按比例混合，经固化反应成为弹性体。

(1) 特性与应用

聚氨酯建筑密封膏弹性好，粘结力强，耐疲劳性和耐候性优良，且耐水、耐油，是一种中高档密封材料。广泛用于屋面、墙板、地下室、门窗、管道、卫生间、蓄水池、机场跑道、公路、桥梁等的接缝密封防水。

(2) 外观质量

经目测，密封膏应为均匀膏状物，无结皮，凝胶或不易分散的固体团块。密封膏的颜色与供需双方商定的样品相比，不得有明显差异。

(3) 低温柔性

优等品在－40℃、一等品和合格品在－30℃时，粘结状况应无裂纹和剥离现象。

9.4.4 其他常用密封材料

(1) 塑料油膏

1) 特性：塑料油膏粘结力为 0.2～0.3MPa，耐腐蚀、耐热度达 75℃，抗老化性较好，可以热用或冷用。

2）应用：塑料油膏主要用于屋面板、大型墙板嵌缝防水、天沟、落水、管道嵌缝接头以及旧屋面的补漏工程。

（2）聚硫建筑密封膏

1）特性与应用：聚硫建筑密封膏耐候性优异，低温柔性好，粘结力强，且耐水、耐油、耐湿热，是一种高档密封材料。广泛用于建筑物上部结构、地下结构、水下结构及门窗玻璃、管道接缝等的接缝密封防水。施工时，粘接面应清洁干燥，多孔材料表面应打底。

2）技术要求(JC 483—92(96))

3）外观质量：外观应为均匀膏状物、无结皮结块、无不易分散的析出物。两组分应有明显色差。密封膏颜色与供需双方商定的颜色不得有明显差异。

4）使用情况：聚硫密封膏是世界上应用最早、使用最成熟的一种密封材料。使用温度－40～90℃，使用年限达 20 年以上，是最耐久的密封膏之一。

（3）丙烯酸酯建筑密封膏

1）特性与应用：丙烯酸酯建筑密封膏延伸性、耐候性和粘结性均较好，耐水性差，属中档密封膏。它不能用于长期浸水部位。施工前应打底，可用于潮湿但无积水的基面。施工温度应在 5℃以上；也不能在高温气候施工，如施工温度超过 40℃，应用水冲刷冷却，待稍干后再施工。

2）技术要求(JC/T 484—2006)

① 外观质量：外观应无结块、无离析的均匀细腻的膏状体。产品颜色与供需双方商定的色标，应无明显差别。

② 初期耐水性：未见混浊液。

③ 低温贮存稳定性：未见凝固离析现象。

（4）建筑用硅酮结构密封胶

1）特性与应用：建筑用硅酮结构密封胶具有优异的耐热、耐寒性，良好的耐候性、耐疲劳性、耐水性，与各种金属、非金属材料均有良好的粘结性能。适用于建筑玻璃幕墙及其他结构的粘结、密封。

2）技术要求(GB 16776—2005)

① 外观：产品应为细腻、均匀膏状物，无结块、凝胶、结皮及不易迅速分散的析出物。双组分结构胶的两组分颜色应有明显区别。

② 物理力学性能见表 9-20。

建筑用硅酮结构密封胶物理力学性能　　表 9-20

<table>
<tr><th>序号</th><th colspan="3">项　　目</th><th>技术指标</th></tr>
<tr><td rowspan="2">1</td><td rowspan="2">下　垂　度</td><td>垂直放置(mm)</td><td>≤</td><td>3</td></tr>
<tr><td colspan="2">水平放置</td><td>不变形</td></tr>
<tr><td>2</td><td colspan="2">挤出性(s)</td><td>≤</td><td>10</td></tr>
<tr><td>3</td><td colspan="2">适用期①(min)</td><td>≥</td><td>20</td></tr>
<tr><td>4</td><td colspan="2">表干时间(h)</td><td>≤</td><td>3</td></tr>
<tr><td>5</td><td colspan="3">邵氏硬度</td><td>30～60</td></tr>
<tr><td rowspan="2">6</td><td rowspan="2">拉伸粘结性</td><td>拉伸粘结强度(MPa)②</td><td>≥</td><td>0.45</td></tr>
<tr><td>粘结破坏面积(%)</td><td>≤</td><td>5</td></tr>
<tr><td rowspan="3">7</td><td rowspan="3">热　老　化</td><td>热失重(%)</td><td>≤</td><td>10</td></tr>
<tr><td colspan="2">龟裂</td><td>无</td></tr>
<tr><td colspan="2">粉化</td><td>无</td></tr>
</table>

① 仅适用于双组分产品。

② 标准条件：90℃、－30℃、浸水后和水-紫外线光照后均为≥0.45MPa。

9.5　防水材料选用

防水材料品种繁多，且新产品不断涌现，这些产品有些已有质量标准(国家标准或行业标准)，有些产品尚无相应的质量标准。为了适应这一情况，《屋面工程质量验收规范》(GB 50207—2002)和《地下防水工程质量验收规范》(GB 50208—

2002)分别对屋面防水材料和地下防水材料提出了总体质量要求，对同类型材料，GB 50208 的质量要求较 GB 50207 更高。应以这些技术要求为指导，选择符合要求的防水材料。

9.5.1 屋面防水材料质量总体要求

(1) 防水卷材的质量指标

1) 高聚物改性沥青防水卷材的外观质量和物理性能应符合表 9-21 和表 9-22 的要求。

高聚物改性沥青防水卷材外观质量　　表 9-21

项　目	质量要求
孔洞、缺边、裂口	不允许
边缘不整齐	不超过 10mm
胎体露白、未浸透	不允许
撒布材料粒度、颜色	均匀
每卷卷材的接头	不超过 1 处，较短的一段不应小于 1000mm，接头处应加长 150mm

高聚物改性沥青防水卷材物理性能　　表 9-22

项　目		性能要求		
		聚酯毡胎体	玻纤胎体	聚乙烯胎体
拉力(N/50mm)		≥450	纵向≥350，横向≥250	≥100
延伸率(%)		最大拉力时，≥30	—	断裂时，≥200
耐热度(℃，2h)		SBS 卷材 90，APP 卷材 110，无滑动、流淌、滴落		PEE 卷材 90，无流淌、起泡
低温柔度(℃)		SBS 卷材-18，APP 卷材-5，PEE 卷材-10。3mm 厚 r=15mm；4mm 厚 r=25mm；3s 弯 180°无裂纹		
不透水性	压力(MPa)	≥0.3	≥0.2	≥0.3
	保持时间	≥30min		

注：1. SBS——弹性体改性沥青防水卷材。

2. APP——塑性体改性沥青防水卷材。

3. PEE——改性沥青聚乙烯胎防水卷材。

2）合成高分子防水卷材的外观质量和物理性能应符合表 9-23和表 9-24 的要求。

合成高分子防水卷材外观质量　　表 9-23

项　目	质量要求
折　痕	每卷不超过 2 处，总长度不超过 20mm
杂　质	每平方米不超过 $9mm^2$，大于 0.5mm 颗粒不允许
胶　块	每卷不超过 6 处，每处面积不大于 $4mm^2$
凹　痕	每卷不超过 6 处，深度不超过本身厚度的 30%；树脂类深度不超过 15%
每卷卷材接头	橡胶类每 20 米长不超过 1 处，较短的一段不应小于 3000mm，接头处应加长 150mm；树脂类 20m 长度内不允许有接头

合成高分子防水卷材物理性能　　表 9-24

<table>
<tr><th colspan="2" rowspan="2">项　目</th><th colspan="4">性能要求</th></tr>
<tr><th>硫化橡胶类</th><th>非硫化橡胶类</th><th>树脂类</th><th>纤维增强类</th></tr>
<tr><td colspan="2">断裂拉伸强度（MPa）</td><td>≥6</td><td>≥3</td><td>≥10</td><td>≥9</td></tr>
<tr><td colspan="2">扯断伸长率（%）</td><td>≥400</td><td>≥200</td><td>≥200</td><td>≥10</td></tr>
<tr><td colspan="2">低温弯折（℃）</td><td>−30</td><td>−20</td><td>−20</td><td>−20</td></tr>
<tr><td rowspan="2">不透水性</td><td>压力（MPa）</td><td>≥0.3</td><td>≥0.2</td><td>≥0.3</td><td>≥0.3</td></tr>
<tr><td>保持时间（min）</td><td colspan="4">≥30</td></tr>
<tr><td colspan="2">加热收缩率（%）</td><td><1.2</td><td><2.0</td><td><2.0</td><td><1.0</td></tr>
<tr><td rowspan="2">热老化保持率（80℃，168h）</td><td>断裂拉伸强度</td><td colspan="4">≥80%</td></tr>
<tr><td>扯断伸长率</td><td colspan="4">≥70%</td></tr>
</table>

3）沥青防水卷材的外观质量和物理性能应符合表 9-25 和表 9-26 的要求。

沥青防水卷材外观质量 **表 9-25**

项　目	质 量 要 求
孔洞、硌伤	不允许
露胎、涂盖不匀	不允许
折纹、皱折	距卷芯 1000mm 以外，长度不大于 100mm
裂纹	距卷芯 1000mm 以外，长度不大于 10mm
裂口、缺边	边缘裂口小于 20mm；缺边长度小于 50mm，深度小于 2mm
每卷卷材的接头	不超过 1 处，较短的一段不应小于 2500mm，接头处应加长 150mm

沥青防水卷材物理性能 **表 9-26**

项　目		性 能 要 求	
		350 号	500 号
纵向拉力(25±2℃，N)		≥340	≥440
耐热度(85±2℃，2h)		不流淌，无集中性气泡	
柔度(18±2℃)		绕 ϕ20mm 圆棒无裂纹	绕 ϕ25mm 圆棒无裂纹
不透水性	压力(MPa)	≥0.10	≥0.15
	保持时间(min)	≥30	≥30

4）卷材胶粘剂的质量应符合下列规定：

① 改性沥青胶粘剂的粘结剥离强度不应小于 8N/10mm。

② 合成高分子胶粘剂的粘结剥离强度不应小于 15N/10mm，浸水 168h 后的保持率不应小于 70％。

③ 双面胶粘带剥离状态下的粘合性不应小于 10N/25mm，浸水 168h 后的保持率不应小于 70％。

（2）防水涂料的质量指标

1）高聚物改性沥青防水涂料的物理性能应符合表 9-27 的要求。

高聚物改性沥青防水涂料物理性能　　表 9-27

项　目		性 能 要 求
固体含量(%)		≥43
耐热度(80℃，5h)		无流淌、起泡和滑动
柔性(－10℃)		3mm 厚，绕 ϕ20mm 圆棒无裂纹、断裂
不透水性	压力(MPa)	≥0.1
	保持时间(min)	≥30
延伸(20±2℃拉伸，mm)		≥4.5

2）合成高分子防水涂料的物理性能应符合表 9-28 的要求。

合成高分子防水涂料物理性能　　表 9-28

项　目		性能要求		
		反应固化型	挥发固化型	聚合物水泥涂料
固体含量(%)		≥94	≥65	≥65
拉伸强度(MPa)		≥1.65	≥1.5	≥1.2
断裂延伸率(%)		≥350	≥300	≥200
柔性(℃)		－30，弯折无裂纹	－20，弯折无裂纹	－10，绕 ϕ10mm 圆棒无裂纹
不透水性	压力(MPa)	≥0.3		
	保持时间(min)	≥30		

3）胎体增强材料的质量应符合表 9-29 的要求。

胎体增强材料质量要求　　表 9-29

项　目		质量要求		
		聚酯无纺布	化纤无纺布	玻纤网布
外　观		均匀，无团状，平整无折皱		
拉力(N/50mm)	纵　向	≥150	≥45	≥90
	横　向	≥100	≥35	≥50
延伸率(%)	纵　向	≥10	≥20	≥3
	横　向	≥20	≥25	≥3

(3) 密封材料的质量指标

1) 改性石油沥青密封材料的物理性能应符合表 9-30 的要求。

改性石油沥青密封材料物理性能　　表 9-30

项目		性能要求	
		Ⅰ	Ⅱ
耐热度	温度(℃)	70	80
	下垂值(mm)	≤4.0	
低温柔性	温度(℃)	−20	−10
	粘结状态	无裂纹和剥离现象	
拉伸粘结性(%)		≥125	
浸水后拉伸粘结性(%)		≥125	
挥发性(%)		≤2.8	
施工度(mm)		≥22.0	≥20.0

注：改性石油沥青密封材料按耐热度和低温柔性分为Ⅰ类和Ⅱ类。

2) 合成高分子密封材料的物理性能应符合表 9-31 的要求。

合成高分子密封材料物理性能　　表 9-31

项目		性能要求	
		弹性体密封材料	塑性体密封材料
拉伸粘结性	拉伸强度(MPa)	≥0.2	≥0.02
	延伸率(%)	≥200	≥250
柔性(℃)		−30，无裂纹	−20，无裂纹
拉伸-压缩循环性能	拉伸-压缩率(%)	≥±20	≥±10
	粘结和内聚破坏面积(%)	≤25	

9.5.2　地下防水材料质量总要求

(1) 防水卷材和胶粘剂的质量指标

1）高聚物改性沥青防水卷材的主要物理性能应符合表 9-32 的要求。

高聚物改性沥青防水卷材主要物理性能　　　表 9-32

<table>
<tr><th colspan="2" rowspan="2">项　目</th><th colspan="3">性 能 要 求</th></tr>
<tr><th>聚酯毡胎体卷材</th><th>玻纤毡胎体卷材</th><th>聚乙烯膜胎体卷材</th></tr>
<tr><td rowspan="2">拉伸性能</td><td>拉力(N/50mm)</td><td>≥800(纵横向)</td><td>≥500(纵向)
≥300(横向)</td><td>≥140(纵向)
≥120(横向)</td></tr>
<tr><td>最大拉力时延伸率(%)</td><td>≥40(纵横向)</td><td>—</td><td>≥250(纵横向)</td></tr>
<tr><td colspan="2" rowspan="2">低温柔度(℃)</td><td colspan="3">≤−15</td></tr>
<tr><td colspan="3">3mm 厚，r=15mm；4mm 厚，
r=25mm；3s 弯 180°，无裂纹</td></tr>
<tr><td colspan="2">不 透 水 性</td><td colspan="3">压力 0.3MPa，保持时间 30min，不透水</td></tr>
</table>

2）合成高分子防水卷材的主要物理性能应符合表 9-33 的要求。

合成高分子防水卷材主要物理性能　　　表 9-33

<table>
<tr><th rowspan="2">项　目</th><th colspan="5">性 能 要 求</th></tr>
<tr><th colspan="2">硫化橡胶类</th><th>非硫化橡胶类</th><th>合成树脂类</th><th>纤维胎增强类</th></tr>
<tr><td></td><td>JL_1</td><td>JL_2</td><td>JF_3</td><td>JS_1</td><td></td></tr>
<tr><td>拉伸强度(MPa)</td><td>≥8</td><td>≥7</td><td>≥5</td><td>≥8</td><td>≥8</td></tr>
<tr><td>断裂伸长率(%)</td><td>≥450</td><td>≥400</td><td>≥200</td><td>≥200</td><td>≥10</td></tr>
<tr><td>低温弯折性(℃)</td><td>−45</td><td>−40</td><td>−20</td><td>−20</td><td>−20</td></tr>
<tr><td>不 透 水 性</td><td colspan="5">压力 0.3MPa，保持时间 30min，不透水</td></tr>
</table>

3）胶粘剂的质量应符合表 9-34 要求。

胶粘剂质量要求　　　表 9-34

项　目	高聚物改性沥青卷材	合成高分子卷材
胶粘剂剥离强度(N/10mm)	≥8	≥15
浸水 168h 后粘结剥离强度保持率(%)	—	≥70

(2) 防水涂料和胎体增强材料的质量指标

1) 有机防水涂料的物理性能应符合表 9-35 的要求。

有机防水涂料物理性能 **表 9-35**

涂料种类	可操作时间(min)	潮湿基面粘结强度(MPa)	抗渗性(MPa)			浸水168h后断裂伸长率(%)	浸水168h后拉伸强度(MPa)	耐水性(%)	表干(h)	实干(h)
			涂膜(30min)	砂浆迎水面	砂浆背水面					
反应型	≥20	≥0.3	≥0.3	≥0.6	≥0.2	≥300	≥1.65	≥80	≤8	≤24
水乳型	≥50	≥0.2	≥0.3	≥0.6	≥0.2	≥350	≥0.5	≥80	≤4	≤12
聚合物水泥	≥30	≥0.6	≥0.3	≥0.8	≥0.6	≥80	≥1.5	≥80	≤4	≤12

注：耐水性是指在浸水 168h 后材料的粘结强度及砂浆抗渗性的保持率。

2) 无机防水涂料的物理性能应符合表 9-36 的要求。

无机防水涂料物理性能 **表 9-36**

涂 料 种 类	抗折强度(MPa)	粘结强度(MPa)	抗渗性(MPa)	冻融循环
水泥基防水涂料	>4	>1.0	>0.8	>D50
水泥基渗透结晶型防水涂料	≥3	≥1.0	>0.8	>D50

3) 胎体增强材料质量应符合表 9-29 的要求。

(3) 塑料板的主要物理性能

塑料板的主要物理性能应符合表 9-37 的要求。

塑料板主要物理性能 **表 9-37**

项　　目	性 能 要 求			
	EVA	ECB	PVC	PE
拉伸强度(MPa) ≥	15	10	10	10

续表

项目		性能要求			
		EVA	ECB	PVC	PE
断裂延伸率(%)	≥	500	450	200	400
不透水性(24h，MPa)	≥	0.2	0.2	0.2	0.2
低温弯折性(℃)	≤	−35	−35	−20	−35
热处理尺寸变化率(%)	≤	2.0	2.5	2.0	2.0

注：EVA——乙烯醋酸乙烯共聚物；ECB——乙烯共聚物沥青；PVC——聚氯乙烯；PE——聚乙烯。

（4）高分子材料止水带质量指标

1）止水带的尺寸公差应符合表 9-38 的要求。

止水带尺寸　　表 9-38

止水带公称尺寸		极限偏差
厚度 B	4～6mm	+1，0
	7～10mm	+1.3，0
	11～20mm	+2，0
宽度 L(%)		+3

2）止水带表面不允许有开裂、缺胶、海绵状等影响使用的缺陷，中心孔偏心不允许超过管状断面厚度的 1/3；止水带表面允许有深度不大于 2mm、面积不大于 16mm^2 的凹痕，气泡、杂质、明疤等缺陷不超过 4 处。

3）止水带的物理性能应符合表 9-39 的要求。

止水带物理性能　　表 9-39

项目		性能要求		
		B型	S型	J型
硬度(邵尔 A，度)		60±5	60±5	60±5
拉伸强度(MPa)	≥	15	12	10

续表

项目			性能要求		
			B型	S型	J型
扯断伸长率(%) ≥			380	380	300
压缩永久变形	70℃，24h(%) ≤		35	35	35
	23℃，168h(%) ≤		20	20	20
撕裂强度(kN/m) ≥			30	25	25
脆性温度(℃) ≤			−45	−40	−40
热空气老化	70℃，168h	硬度变化(邵尔A，度)	+8	+8	—
		拉伸强度(MPa) ≥	12	10	—
		扯断伸长率(%) ≥	300	300	—
	100℃，168h	硬度变化(邵尔A，度)	—	—	+8
		拉伸强度(MPa) ≥	—	—	9
		扯断伸长率(%) ≥	—	—	250
臭氧老化 50PPhm：20%，48h			2级	2级	0级
橡胶与金属粘合			断面在弹性体内		

注：1. B型适用于变形缝用止水带；S型适用于施工缝用止水带；J型适用于有特殊耐老化要求的接缝用止水带。

2. 橡胶与金属粘合项仅适用于有钢边的止水带。

(5) 遇水膨胀橡胶腻子止水条的质量指标

1) 遇水膨胀橡胶腻子止水条的物理性能应符合表9-40的要求。

2) 选用的遇水膨胀橡胶腻子止水条应具有缓胀性能，7d的膨胀率应不大于最终膨胀率的60%。当不符合时，应采取表面涂缓膨胀剂措施。

遇水膨胀橡胶腻子止水条物理性能　　表 9-40

项　　目	性　能　要　求		
	PN-150	PN-220	PN-300
体积膨胀倍率(%)	≥150	≥220	≥300
高温流淌性(80℃，5h)	无流淌	无流淌	无流淌
低温试验(－20℃，2h)	无脆裂	无脆裂	无脆裂

注：体积膨胀倍率＝膨胀后的体积÷膨胀前的体积×100%。

(6) 接缝密封材料的质量指标

1) 改性石油沥青密封材料的物理性能应符合表 9-30 的要求。

2) 合成高分子密封材料的物理性能应符合表 9-41 的要求。

合成高分子密封材料物理性能　　表 9-41

项　　目		性　能　要　求	
		弹性体密封材料	塑性体密封材料
拉伸粘结性	拉伸强度(MPa)	≥0.2	≥0.02
	延伸率(%)	≥200	≥250
柔性(℃)		－30，无裂纹	－20，无裂纹
拉伸-压缩循环性能	拉伸-压缩率(%)	≥±20	≥±10
	黏结和内聚破坏面积(%)	≤25	

(7) 管片接缝密封垫材料的质量指标

1) 弹性橡胶密封垫材料的物理性能应符合表 9-42 的要求。

弹性橡胶密封垫材料物理性能　　表 9-42

项　　目	性　能　要　求	
	氯丁橡胶	三元乙丙胶
硬度(邵尔 A，度)	(45±5)～(60±5)	(55±5)～(70±5)
伸长率(%)	≥350	≥330
拉伸强度(MPa)	≥10.5	≥9.5

续表

项目		性能要求	
		氯丁橡胶	三元乙丙胶
热空气老化（70℃，96h）	硬度变化值（邵尔 A，度）	≤+8	≤+6
	拉伸强度变化率(%)	≥−20	≥−15
	扯断伸长率变化率(%)	≥−30	≥−30
压缩永久变形(70℃，24h)(%)		≤35	≤28
防霉等级		达到或优于 2 级	达到或优于 2 级

注：以上指标均为成品切片测试的数据，若只能以胶料制成试样测试，则其力学性能数据应达到标准的 120%。

2）遇水膨胀密封垫胶料的物理性能应符合表 9-43 的要求。

遇水膨胀密封垫胶料物理性能　　表 9-43

项目		性能要求			
		PZ-150	PZ-250	PZ-400	PZ-600
硬度(邵尔 A，度)		42±7	42±7	42±7	42±7
拉伸强度(MPa) ≥		3.5	3.5	3	3
扯断伸长率(%) ≥		450	450	350	350
体积膨胀倍率(%) ≥		150	250	400	600
反复浸水试验	拉伸强度(MPa) ≥	3	3	2	2
	扯断伸长率(%) ≥	350	350	250	250
	体积膨胀倍率(%)≥	150	250	300	500
低温弯折(−20℃，2h)		无裂纹	无裂纹	无裂纹	无裂纹
防霉等级		达到或优于 2 级			

注：1. 成品切片测试应达到标准的 80%。
2. 接头部位的拉伸强度指标不得低于标准的 50%。

（8）排水用土工复合材料的主要物理性能

排水用土工复合材料的主要物理性能应符合表 9-44 的要求。

排水层材料主要物理性能 表 9-44

项目	性能要求	
	聚丙烯无纺布	聚酯无纺布
单位面积质量(g/m²)	≥280	≥280
纵向拉伸强度(N/50mm)	≥900	≥700
横向拉伸强度(N/50mm)	≥950	≥840
纵向伸长率(%)	≥110	≥100
横向伸长率(%)	≥120	≥105
顶破强度(kN)	≥1.11	≥0.95
渗透系数(cm/s)	$\geqslant 5.5\times10^{-2}$	$\geqslant 4.2\times10^{-2}$

9.5.3 常用材料复验

防水材料进场现场必须进行复验。

(1) 屋面防水材料复验(见表 9-45)

屋面防水材料现场抽样复验 表 9-45

材料名称	现场抽样数量	外观质量检验	物理性能检验
沥青防水卷材	大于 1000 卷抽 5 卷，每 500～1000 卷抽 4 卷，100～499 卷抽 3 卷，100 卷以下抽 2 卷，进行规格尺寸和外观质量检验。在外观质量检验合格的卷材中，任取一卷作物理性能检验	孔洞、硌伤、露胎、涂盖不匀，折纹、皱折，裂纹，裂口，缺边，每卷卷材的接头	纵向拉力，耐热度，柔度，不透水性
高聚物改性沥青防水卷材	大于 1000 卷抽 5 卷，每 500～1000 卷抽 4 卷，100～499 卷抽 3 卷，100 卷以下抽 2 卷，进行规格尺寸和外观质量检验。在外观质量检验合格的卷材中，任取一卷作物理性能检验	孔洞、缺边、裂口，边缘不整齐，胎体露白、未浸透，撒布材料粒度、颜色，每卷卷材的接头	拉力，最大拉力时延伸率，耐热度，低温柔度，不透水性

续表

材料名称	现场抽样数量	外观质量检验	物理性能检验
合成高分子防水卷材	大于1000卷抽5卷，每500～1000卷抽4卷，100～499卷抽3卷，100卷以下抽2卷，进行规格尺寸和外观质量检验。在外观质量检验合格的卷材中，任取一卷作物理性能检验	折痕，杂质，胶块，凹痕，每卷卷材的接头	断裂拉伸强度，扯断伸长率，低温弯折，不透水性
石油沥青	同一批至少抽一次	—	针入度，延度，软化点
沥青玛瑞脂	每工作班至少抽一次	—	耐热度，柔韧性，粘结力
高聚物改性沥青防水涂料	每10吨为一批，不足10吨按一批抽样	包装完好无损，且标明涂料名称、生产日期、生产厂家、产品有效期；无沉淀、凝胶、分层	固体含量，耐热度，柔性，不透水性，延伸
合成高分子防水涂料	每10吨为一批，不足10吨按一批抽样	包装完好无损，且标明涂料名称、生产日期、生产厂家、产品有效期	固体含量，拉伸强度，断裂延伸率，柔性，不透水性
胎体增强材料	每3000平方米为一批，不足3000m² 按一批抽样	均匀，无团状，平整，无折皱	拉力，延伸率
改性石油沥青密封材料	每2吨为一批，不足2吨按一批抽样	黑色均匀膏状，无结块和未浸透的填料	耐热度，低温柔性，拉伸粘结性，施工度
合成高分子密封材料	每1吨为一批，不足1吨按一批抽样	均匀膏状物，无结皮、凝胶或不易分散的固体团状	拉伸粘结性，柔性
平瓦	同一批至少抽一次	边缘整齐，表面光滑，不得有分层、裂纹、露砂	—

续表

材料名称	现场抽样数量	外观质量检验	物理性能检验
油毡瓦	同一批至少抽一次	边缘整齐，切槽清晰，厚薄均匀，表面无孔洞、硌伤、裂纹、折皱及起泡	耐热度，柔度
金属板材	同一批至少抽一次	边缘整齐，表面光滑，色泽均匀，外形规则，不得有扭翘、脱膜、锈蚀	—

注：此表摘自《屋面工程质量验收规范》（GB 50207—2002），是对屋面防水材料现场抽样的要求，表中对抽样数量的规定与产品检验抽样数量规定不尽相同。抽样方法和判定规则仍采用产品标准中的规定。

（2）地下防水工程材料复验（见表 9-46）

地下防水工程材料现场抽样复验项目　　表 9-46

材料名称	现场抽样数量	外观质量检验	物理性能检验
高聚物改性沥青防水卷材	大于 1000 卷抽 5 卷，每 500～1000 卷抽 4 卷，100～499 卷抽 3 卷，100 卷以下抽 2 卷，进行规格尺寸和外观质量检验。在外观质量检验合格的卷材中，任取一卷作物理性能检验	断裂、皱折、孔洞、剥离、边缘不整齐，胎体露白、未浸透、撒布材料粒度、颜色，每卷卷材的接头	拉力，最大拉力时延伸率，低温柔度，不透水性
合成高分子防水卷材	大于 1000 卷抽 5 卷，每 500～1000 卷抽 4 卷，100～499 卷抽 3 卷，100 卷以下抽 2 卷，进行规格尺寸和外观质量检验。在外观质量检验合格的卷材中，任取一卷作物理性能检验	折痕、杂质、胶块、凹痕、每卷卷材的接头	断裂拉伸强度，扯断伸长率，低温弯折，不透水性
沥青基防水涂料	每工作班生产量为一批抽样	搅匀和分散在水溶液中，无明显沥青丝团	固体含量，耐热度，柔性，不透水性，延伸率

续表

材料名称	现场抽样数量	外观质量检验	物理性能检验
无机防水涂料	每10吨为一批，不足10吨按一批抽样	包装完好无损，且标明涂料名称、生产日期、生产厂家、产品有效期	抗折强度，粘结强度，抗渗性
有机防水涂料	每5吨为一批，不足5吨按一批抽样	包装完好无损，且标明涂料名称、生产日期、生产厂家、产品有效期	固体含量，拉伸强度，断裂延伸率，柔性，不透水性
胎体增强材料	每3000平方米为一批，不足3000平方米按一批抽样	均匀，无团状，平整，无折皱	拉力，延伸率
改性石油沥青密封材料	每2吨为一批，不足2吨按一批抽样	黑色均匀膏状，无结块和未浸透的填料	低温柔性，拉伸粘结性，施工度
合成高分子密封材料	每2吨为一批，不足2吨按一批抽样	均匀膏状物，无结皮、凝胶或不易分散的固体团块	拉伸粘结性，柔性
高分子防水材料止水带	每月同标记的止水带产量为一批抽样	尺寸公差；开裂，缺胶，海绵状，中心孔偏；凹痕，气泡，杂质，明疤	拉伸强度，扯断伸长率，撕裂强度
高分子防水材料遇水膨胀橡胶	每月同标记的膨胀橡胶产量为一批抽样	尺寸公差；开裂，缺胶，海绵状；凹痕，气泡，杂质，明疤	拉伸强度，扯断伸长率，体积膨胀倍率

注：此表摘自《地下防水工程质量验收规范》(GB 50208—2002)，是对地下防水材料现场抽样的要求，表中对抽样数量的规定与产品检验抽样数量规定不尽相同。抽样方法和判定规则仍采用产品标准中的规定。

(3) 常用防水材料批量划分、抽样方法和数量

批量划分、抽样方法和数量，见表9-47。

批量划分、抽样方法和数量 **表 9-47**

名称	验收批组成	每批数量	取样方法及数量
石油沥青纸胎油毡、油纸	同一品种 同一标号 同一等级 同一规格	1500 卷为一批，不足 1500 卷也按一批计	卷重：在每批产品中抽取 10 卷检验 面积和外观：在质量合格后，抽取 3 卷检验 物理性能：在质量合格的 10 卷中取质量轻的，外观和面积合格的无接头的 1 卷
石油沥青玻璃纤维胎油毡	同一品种 同一标号 同一等级	每 1500 卷为一批，不足 1500 卷也按一批计	在每批产品中，按产品数量提取下列样品，进行质量、面积、外观检查： 250 卷以内　2 卷 251～500 卷　3 卷 501～1000 卷　4 卷 1000 卷以上　5 卷 物理性能取样： 在质量合格的样品中取质量最轻的、外观和面积合格的，无接头的一卷作为样品
石油沥青玻璃布胎油毡	同一等级	每 500 卷为一批，不足 500 卷也按一批计	在每批产品中随机抽取 3 卷进行卷重、面积、外观的检验 物理性能取样： 取卷重、外观、面积合格的无接头的最轻的一卷作为试样
弹性体沥青防水卷材塑性体沥青防水卷材	同一品种 同一标号 同一等级	每 1000 卷为一批，不足 1000 卷也按一批计	每批产品中，按数量抽取样品。 卷重、面积、外观质量： 250 卷以内　2 卷 251～500 卷　3 卷 501～1000 卷　4 卷 物理性能： 在卷重合格的样品中取质量最轻的、外观、面积、厚度合格的及无接头的一卷作为样品，若最轻的一卷不合抽样条件时，可取次轻的一卷，但要记录
改性沥青聚乙烯胎防水卷材	同一品种 同一规格 同一等级	每 1000 卷为一批，不足 1000 卷也按一批计	从每批中抽取 3 卷检验，从卷重、外观与尺寸偏差均合格的产品中任取一卷作物理力学性能试验

续表

名称	验收批组成	每批数量	取样方法及数量
三元丁橡胶防水卷材	同一规格 同一等级	每300卷为一批，不足300卷也按一批计	从每批产品中任取3卷进行检验规格尺寸和外观质量，从上面合格品中任取一卷作物理力学性能检验
聚氯乙烯防水卷材	同一规格 同一类型	每5000平方米为一批，5000平方米以下亦按一批计	随机抽取一组3卷，用于外观质量面积和宽度、接头、平直度、平整度的检验，检验合格后任取1卷，在距端部300m处裁取约3m，用于厚度和物理力学性能试验所需的试样
氯化聚乙烯防水卷材	同一规格 同一类型	每5000平方米为一批，5000平方米以下亦按一批计	随机抽取一组3卷，用于外观质量面积和宽度、接头、平直度、平整度的检验，检验合格后任取1卷，在距端部300m处裁取约3m，用于厚度和物理力学性能试验所需的试样
水性沥青基防水涂料	同一班组 生产产品	以每班生产量为一批	按"涂料产品的取样"中规定的数量，在批中随机抽取整桶样品，逐桶检查外观质量，然后按GB 3186的规定，取一份2kg样品用于全部的性能试验 样品的标志和密封按《涂料产品的取样》GB 3186进行
聚氨酯防水涂料	以每班的生产量为一批	甲组：以5吨为一批，不足5吨也按一批计 乙组：按产品质量配比相应组批	按"涂料产品的取样"规定进行，按产品的配比取样，甲、乙组分样品总量为2kg
建筑防水沥青嵌缝油膏	同一标号	每20吨为一批，不足20吨亦按一批计	每批随机抽取3件产品，离表皮大约50mm处各取样1kg，装于密封容器内，一份作试验用，另二份留作备查

续表

名称	验收批组成	每批数量	取样方法及数量
聚氨酯建筑密封膏	同一等级 同一类型	每200桶产品为一批(包括A组分和配套的B组分)不足200桶亦作一批计	每组试样数量为: 出厂检验不少于1.0kg 型式检验不少于2.5kg 取样数量按GB 3186的规定
聚硫建筑密封膏	同一等级 同一类型	每2吨为一批，不足2吨也按一批计	每组试样数量为: 出厂检验不少于1.0kg 型式检验不少于2.5kg 取样数量按GB 3186的规定

10 建筑绝热与吸声材料

随着社会的发展和人民生活水平的提高，在满足建筑物结构安全耐久和使用功能的前提下，人们对环境的要求越来越高。居住需要舒适的温度，严寒地区要保温，酷暑季节要隔热、降温；保持室内良好的声环境和减少噪声污染，需要采用减声、隔声。绝热材料和吸声材料都是功能材料，对建筑物的保温隔热以及吸声、隔声，提高人们生活质量有重要作用。发展和开发新型的高效绝热材料和吸声材料已成为可持续性发展的重要问题。

10.1 绝热与吸声材料基础

10.1.1 传热与绝热材料

热量本质上是物质的分子、原子和电子等微观结构的组成部分移动、转动和振动所释放的能量。热量总是从高温区向低温区自发流动，这种热量的流动称为传热。传热是由于温差而引起的能量转移，只要有温差，就会出现传热过程。

传热有三种基本方式，直接接触的物质各部分热量交换的现象称为导热。在固体、液体和气体中均可发生。流体各部分发生相对移动而引起的热量交换称为对流。对流主要发生在液体和气体中。依靠物体表面对外发射电磁波而传递热量称为热辐射。任何物体，只要其温度大于绝对零度，都会对外发射能量，并且不需要直接接触或传递介质。

(1) 导热系数(λ)

物体传热能力的大小用一个系数来表示称为传热系数(用 K

表示)。传热系数是导热系数、换热系数和辐射系数的综合，一般用现场实验测定的导热系数 λ 来代替。

(2) 热阻(R)：

传热系数的倒数称为热阻系数(用 r 表示)即 $r=1/K$。

热阻在建筑中表示围护结构抵抗热流通的能力。

$$R=d/\lambda$$

上式中，d 为材料的厚度，λ 为材料的导热系数。

R 值越大，通过围护结构的热损失愈小。同一种材料，厚度愈厚，其热阻也愈大。

(3) 热容量(Q)和比热(C)：

热容量是指材料受热时吸收热量和冷却时放出热量的性质。与材料的质量(m)、材料的比热(C)及材料受热或冷却前后的温差(t_1-t_2)有关，可按下式计算：

$$Q=m\cdot C\cdot(t_1-t_2)$$

比热是反映材料吸热和放热能力大小的物理量。

材料的比热越高，热容量值愈大，材料的隔热性能愈好。

(4) 绝热材料

通常把防止内部热量的散失称为保温，把防止外部热量的进入称为隔热，保温和隔热统称为绝热。在进行建筑物围护结构热工计算时，材料的导热系数和比热是重要参数，设计时应选取用导热系数小而比热大的建筑材料，减少供暖和降温能耗，使室内冬暖夏凉。这些导热系数小的建筑材料称为绝热材料，一般 $\lambda\leqslant 0.175W/(m\cdot K)$。

10.1.2 影响材料绝热性能的主要因素

绝热就是最大限度地阻抗热流的传递。因此，要求材料具有较小的导热系数，或由绝热材料组成的保温或保冷层具有较高的热阻值。影响材料绝热性能的主要因素有：

(1) 材料的化学成分和微观结构

不同化学成分的材料其导热性能有很大的差异。一般来讲，有机高分子材料的导热系数小于无机材料；在无机材料中，非金属的导热系数小于金属材料；气态物质的导热系数小于液态物质，液态物质小于固体。

具有不同微观结构的材料，导热系数有很大的差异，分子结构越复杂、结晶程度越低，导热系数越小。一般结晶结构的最大，微晶结构的次之，玻璃结构的最小。因此有时为获得导热系数较低的材料，可通过改变其微观结构的办法来实现。如将熔融的高炉矿渣通过不同的冷却速度，可形成微观结构不同的材料，其中通过骤冷所得高炉膨胀矿渣珠具有玻璃体结构，是一种较好的绝热材料。

但对于多孔的绝热材料，无论固体部分的微观结构属玻璃体或晶体，和孔隙中的空气相比，还是气体对导热系数的影响更大。

(2) 表观密度

由于材料中固体物质的导热能力比空气要大得多，故表观密度小的材料，因其孔隙较大，导热系数就小。对于表观密度很小的材料，特别是纤维状材料(如超细玻璃纤维)，当其表观密度低于某一极限值时，导热系数反而会增大，这是由于孔隙增大且互相连通的孔隙大大增多，而使对流作用加强的结果。因此这类材料存在一最佳表观密度，即在这个表观密度时导热系数最小，当体积密度超过或低于这个限值时，导热系数都将增大。

(3) 孔隙结构

材料的孔隙结构包括两方面的含义：孔隙率与孔隙特征。

在孔隙特征相近的情况下，在工程上可用体积密度来代替孔隙率，以表示孔结构对导热性能的影响。体积密度越小，孔隙率越大，即在材料的表观体积内气体占的比例越大，则导热系数越小。绝大多数绝热材料正是利用这一点来实现绝热的。如多孔混凝土、膨胀珍珠岩、泡沫塑料等。

在孔隙率相近的情况下，孔径越大，孔隙互相连通的越多，导热系数将偏大。这是由于气体产生了对流的结果。

(4) 湿度

材料吸湿受潮后，其导热系数就增大，在多孔材料中最为明显。这是由于在材料的孔隙中有了水分(包括水蒸气和液态水)后，除了孔隙中剩余空气分子得到热、对流以及部分孔壁的辐射之外，孔隙中蒸汽的扩散和水分子的热传导起着主要作用。因水的导热系数 [λ=0.58W/(m·K)] 比孔隙中的空气的导热系数 [λ=0.023W/(m·K)] 大20倍左右。如果孔隙中的水结成了冰 [冰的λ=2.23W/(m·K)]，其结果使材料的导热系数更加增大。故绝热材料在应用时必须注意防水避潮。

蒸汽渗透是值得注意的问题。水蒸气能从温度较高的一边渗入材料中，当水蒸气在材料孔隙中达最大饱和度时就凝结成水，从而使温度较低的一边表面上出现冷凝水滴，这不仅大大提高了导热性，而且还会降低材料的强度和耐久性。防止的方法是在可能出现冷凝水的界面上，用沥青卷材或铝箔、塑料薄膜等加做隔蒸汽层。

(5) 温度

材料的导热性能随着温度的不同而不同，一般来讲，导热系数随温度的升高而增大。

(6) 热流方向

对于各向异性的材料，如木材等纤维质的材料，当热流平行于纤维方向时，受到的热流阻力小，而热流垂直于纤维方向时，受到的阻力就大。以松木为例，当热流垂直于木纹时，λ=0.17W/(m·K)，而当热流平行于木纹时，则λ=0.35W/(m·K)。在使用此类材料时要考虑这个因素。

上述各项因素中以孔隙结构和湿度对导热系数影响最大。孔隙结构对导热系数的影响在工程上可近似地用体积密度来处理。体积密度是由材料本身的组成和结构决定的，组成、结构不同，材料的导热性能也就不同，所以在工程上体积密度是决定材料导热性能的重要依据，也是选择绝热材料的重要依据之一。至于湿度应根据使用条件来估计，在测定导热系数时，最好在接近使用条件的温、湿度条件下进行。

10.1.3 绝热材料的选用

绝热材料是用于减少结构物与环境热交换的一种功能材料，是保温材料和隔热材料的总称。

(1) 绝热材料的基本要求

绝热材料常用于建筑围护结构，即外墙和屋顶。围护结构通常的做法有三种：一是承重和绝热采用同一种材料，如空心砖、空心砌块等，这样的材料必须满足两方面的要求即强度和导热系数。二是框架结构的围护结构，这种材料只承受墙体自身的质量，这里主要有体积密度和导热系数的要求，如加气混凝土等。三是承重材料和绝热材料选择两种材料，复合在一起共同工作，分别发挥各自的作用。屋顶的绝热一般放在屋面上，但绝热层必须加做效果良好的防水层，这种情况下，绝热材料可选择粒状、纤维及各种绝热制品，对其要求除了导热系数之外，尚有体积密度、强度等。

在选择绝热保温材料时可参考下列内容选定。

1) 按温度范围选择保温材料。

如在建筑上应用，应根据当地历年的最高气温、最低气温条件而决定。如在设备、管道上应用，应根据工艺参数选择保温材料，除能满足节能要求外，还应具有最小经济厚度，保证在规定的使用寿命之内。

2) 优先选用具有最低导热系数的保温材料。

在满足绝热保温效果的条件下，应优先选用具有最小导热系数的保温材料，这样不仅满足设计要求、施工方便、减少运输等费用，而且占用空间小。

3) 保温材料应有良好化学稳定性。

保温材料与化工气体直接接触的场合或被保温的基层有专用的防腐涂料时，在施工时保温材料不应被化工气体腐蚀，保温材料也不应腐蚀被保温的设备、管道、罐体等结构。

4) 保温材料应有足够的机械强度。

保温材料应能承受一定荷载并能抵抗外力撞击。

5）保温材料的性价比。

用保温材料的单位热阻价格比较来选用相对低价保温材料。

6）应优选阻燃型保温材料。

在建筑结构中，防火要求高的区域中使用，应优选阻燃型保温材料。

7）应优选吸水率低或不吸水的保温材料。

避免增加保温材料的导热系数，防止降低节能指标。

8）应优选低密度的保温材料。

减轻荷载，施工方便。

9）保温材料应具有良好的施工性并容易维修。

保温材料施工应方便、操作简便、易保证质量要求，且维修方便，使用效果、寿命符合规定。

10）保温材料应选择有较长的使用寿命。

建筑上外用保温材料，常年经受自然界冻融循环的影响；在热力设备上的保温材料经常处于高温状态。随着时间的延长，保温材料的物理性能难免出现下降，降低节能效果，因此，应选择物理性能指标稳定、耐老化性好的保温材料，以保证节能效果，延长使用寿命。

（2）绝热材料分类

1）根据绝热材料的化学组成，可分为无机、有机、复合三大类型，见表 10-1。

绝热材料的成分类型　　表 10-1

大类	类	亚类	举　例
无机绝热材料	金属	黑色金属	不锈钢板
		有色金属	铝箔、铜箔
	非金属	天然矿物	浮石、火山渣、硅藻土、石棉、海泡石
		加工矿物	膨胀珍珠岩、膨胀蛭石、陶粒与陶砂、泡沫石棉、泡沫石膏、泡沫黏土、泡沫菱苦土、碳化石灰

续表

大类	类	亚类	举　例
无机绝热材料	非金属	合成材料	微孔硅酸钙、微孔铝酸钙、微孔碳酸镁、泡沫玻璃、加气混凝土、泡沫水泥、岩棉、矿棉、玻璃棉、硅酸铝棉、泡沫水玻璃、中空玻璃
		工业废渣	膨胀矿渣、炉渣、粉煤灰、废砖瓦
有机绝热材料	动植物		软木、纸屑、木屑、刨花、麦糠、稻壳、玉米芯、芦苇、蔓草、棉花、羊毛
	矿物		泡沫沥青
	合成高分子		泡沫聚苯乙烯、泡沫聚氯乙烯、泡沫聚氨酯、泡沫脲醛树脂、泡沫酚醛树脂、泡沫橡胶、钙塑绝热板
复合绝热材料	金属与无机非金属复合		镀膜玻璃
	金属与有机材料复合		铝塑反射板、铝箔夹心隔热膜
	有机与无机非金属复合		吸热涂层玻璃板

2）根据绝热材料的结构，可分为纤维状、散粒状、微孔状、层状等四大类型，见表10-2。

绝热材料的结构类型　　表10-2

大类	类	举　例
纤维状	天然的	石棉与石棉制品、植物纤维、动物纤维
	人造的	岩棉与岩棉制品、矿渣棉及其制品、玻璃棉及其制品、硅酸铝棉及其制品、化学纤维与纤维织物
散粒状	天然的	浮石、火山渣、硅藻土、炉渣、植物碎屑
	人造的	膨胀珍珠岩及其制品、膨胀蛭石及其制品、陶粒与陶砂制品、空心氧化铝球及其制品、防水隔热粉
微孔状	天然的	硅藻土、沸石岩、泉华、软木
	人造的	加气混凝土、泡沫水泥、泡沫石膏、泡沫菱苦土、泡沫黏土、泡沫水玻璃、泡沫玻璃、泡沫塑料、微孔硅酸钙、微孔铝酸钙、微孔碳酸镁

续表

大类	类	举　例
层状	天然的	木板
	人造的	塑料板、吸热玻璃板、铝箔、镀膜玻璃、中空玻璃、蜂窝夹心板、空腹门窗

3）按照绝热材料的生产工艺，可分为加工型、合成型和复合型三大类，具体分类方案见表 10-3。

绝热材料的工艺类型　　表 10-3

大类	类	举　例
加工型	破碎选别型	风选石棉、浮石、炉渣、木渣
	烧胀型	膨胀珍珠岩、膨胀蛭石、陶粒与陶砂
	烧结型	粉煤灰陶粒、烧结氧化铝空心球砖
	烧失型	硅藻土砖、泡沫黏土砖
	胶结型	水泥、石膏、水玻璃、沥青等胶结的各种膨胀珍珠岩和膨胀蛭石制品
	分散型	泡沫石棉
合成型	熔制型	岩棉、矿棉、玻璃棉、硅酸铝棉、熔制型泡沫玻璃
	烧结型	烧结型微孔玻璃
	胶凝型	泡沫水泥、泡沫石膏、泡沫菱苦土、泡沫水玻璃、微孔铝酸钙、微孔硅酸钙、加气混凝土
	交联型	各种泡沫塑料
复合型	混合型	硅酸盐保温涂料、石棉硅钙板、碳化石灰板
	复层型	蜂窝夹心板、铝箔夹心被
	拼装型	中空玻璃

此外，还有根据材料形状分类的，如板、毡、被、带、条、棉、管、瓦、管壳、散粒、粉、膏、涂料等。

(3) 常用绝热材料

绝热材料种类很多，常见的绝热材料见表 10-4。

(4) 建筑绝热材料的使用

建筑绝热材料的使用部位见表 10-5。

常用绝热材料 **表 10-4**

分类	形状	名称	特性最高使用温度 T_m	导热系数 W/(m·K)	体积(堆)密度 (kg/m³)	强度 (MPa)	应用
无机材料	纤维状材料	矿棉	不燃、吸声、耐火、价格低	<0.052	80～110		填充材料
		矿棉毡	$T_m=250℃$	0.048～0.052	0.35～160		墙、屋顶保温冷库隔热
		矿棉板		<0.046	<150	$F_{折}=0.2$	冷库、隔热
		玻璃棉	含碱 $T_m=300℃$ 无碱 $T_m=600℃$	<0.035	80～200		围护结构
	粒状材料	膨胀蛭石	$T_m=1000℃$ 不蛀、不腐、吸水大	0.046～0.07	80～200		填充墙壁、楼板
		蛭石制品	$T_m=600～900℃$	0.079～0.1	300～400	$F_{压}=0.2～1$	砖、管、板围护结构
		膨胀珍珠岩	$T_m=800℃$	0.025～0.048	40～300		绝热填充料
		珍珠岩制品		0.058～0.87	300～400	$F_{压}=0.5～1$	同蛭石制品
	多孔材料	泡沫混凝土	$T_m=600℃$	0.082～0.186	300～500	$F_{压}<0.4$	围护结构
		加气混凝土		0.093～0.164	400～900		
		微孔硅酸钙	$T_m=650℃$	0.041	250	$F_{压}=0.5$	管道、围护结构
		泡沫玻璃	不透水、气、防火、抗冻、易加工	0.06～0.13	150～600	$F_{压}=0.8～1.5$	冷库隔热

续表

分类	形状	名称	特性最高使用温度 T_m	导热系数 W/(m·K)	体积(堆)密度 (kg/m³)	强度 (MPa)	应用
有机材料	泡沫塑料	聚苯乙烯	吸水小、耐低温、酸、碱 $T_m=75℃$	0.031～0.047	21～51	$F_{压}=0.14$～0.36	屋面、墙面保温、冷库、隔热、复合板、夹层等
		硬质聚氯乙烯	不吸水、耐酸、碱、油等 $T_m=80℃$	<0.043	<45	$F_{压}\geqslant0.18$	
		硬质聚氨酯	透气、吸尘 $T_m=120℃$	0.037～0.055	30～40	$F_{压}\geqslant0.2$	
		尿醛	最轻、吸水强	0.028～0.041	<15	$F_{压}=0.015$～0.025	
	多孔板	软木板	抗渗、防腐 $T_m=120℃$	0.052～0.7	150～350	$F_{折}\geqslant0.25$	冷库隔热
		木丝板		0.11～0.26	300～600	$F_{折}=0.4$～0.5	顶棚、护墙板
		蜂窝板	强度比大、导热低、抗振好				结构、非结构保温、隔声

建筑绝热材料的使用部位　　表 10-5

部位		绝热型式	编号
屋面	坡屋面	通风屋面，绝热层铺在椽子之间的板上，不承受荷载	(1)
		通风屋面，绝热层位于椽子与外保护层之间	(2)
		通风屋面，绝热层位于承重结构与外保护层之间	(3)
		通风屋面，绝热层在椽子下方	(4)
	平屋面	通风屋面，绝热层在椽子或梁之间	(5)
		倒置屋面，绝热层在屋面防水层上	(6)
		钢板屋面，绝热层在屋面防水层下	(7)
		绝热层在屋面防水层之下，承受轻型或重型荷载	(8)
		绝热层在屋面防水层之下，仅承受维修荷载	(9)

续表

部位	绝热型式	编号
墙体	砖石或混凝土墙，抹灰层覆盖的外部绝热层	(10)
	木龙骨结构，木龙骨直接支撑外部绝热层和粉刷层	(11)
	木龙骨结构，绝热层和粉刷层在内侧	(12)
	砖或混凝土墙，墙支撑具有轻质保护面层的内侧绝热层	(13)
	砖或混凝土墙，木龙骨局部支撑具保护面层的内绝热层	(14)
	砖或混凝土墙，有自承重保护内面层的内绝热层	(15)
	具有板状面层的龙骨结构，绝热层在龙骨之间	(16)
	空心墙结构，绝热层在两层墙体之间，具有通风空腔	(17)
	空心墙结构，绝热层充满空腔，外侧墙体不防渗	(18)
	具有板状面层的龙骨结构，绝热层外有通风的外保护层	(19)
	地下墙体、有防水保护面层的外侧绝热层	(20)
	地下墙体，直接与土壤接触的外部绝热层	(21)
	地窖或检查口，有或没有面层的内部绝热层	(22)
顶棚	绝热层在承重结构之上或梁之间	(23)
	绝热层铺在基层上，其上铺传布荷载的地面	(24)
	绝热层在结构层的下面	(25)
基础	绝热层在混凝土下面直接与土壤接触	(26)
	绝热层在混凝土板和防水层之上，上铺传布荷载的地面	(27)
	绝热层在混凝土板之下，防水层之上	(28)
	冰点以下温度，绝热层在土壤内或靠在土壤上	(29)

10.1.4 建筑吸声系数及影响因素

声音是机械振动在空气中的传播，也可称为声波。声波在传播过程中，一部分声能随距离而扩散，另一部分则因空气分子的吸收而减弱。声能的这种减弱现象在室外的空旷下十分明显。当声波遇到材料时，一部分被反射，另一部分穿透材料。声波的干扰将给学习、工作、生活带来很多不便，尤其是影剧院、礼堂、教室等公共场所更是如此。所以吸声材料在建筑工程中有相当的作用。

(1) 吸声材料吸声原理

吸声材料大多是疏松、多孔材料，若表面光滑、材质硬的材料接触声波后，绝大部分声波将反射回空气，而吸收和穿透的仅是极少部分，这就失去了吸声的作用。材料吸声的机理是复杂的，可以认为：声波进入到材料内部空间中，在此经多次反射，振动的空气分子受到摩擦和黏滞阻力，而使声波的能量降低，这些能量传给细小纤维或孔壁，而使他们产生机械振动，最终转换成热能而被吸收。这些疏松、多孔材料的吸声系数，一般从低频到高频逐渐增大，故对高频、中频声音的吸收效果较好。

(2) 影响多孔性材料吸声性能的因素

1) 材料的表观密度。对同一种多孔材料(例如超细玻璃纤维)而言，当其表观密度增大时(即孔隙率减小时)，对低频的吸声效果有所提高，而对高频的吸声效果则有所降低。

2) 材料的厚度。增加多孔材料的厚度，可提高对低频的吸声效果，而对高频则没有多大的影响。

3) 材料的孔隙特征

① 对于同一种多孔或纤维材料，当其孔隙率增加或体积密度下降时，对低频的吸声系数有所降低，而对高、中频的吸声系数有所提高，其平均吸声系数有所增加，这正是吸声材料都是疏松、多孔的原因。

② 孔隙特征对吸声材料是至关重要的，一般来讲，孔隙越多，越细小，吸声效果越好。若孔隙太大，则效果就差。若材料的孔隙大部分为单独的封闭的气泡(如泡沫塑料)，因声波不能进入，从吸声机理来看，就不属于吸声材料。当多孔材料表面涂刷

涂料或材料吸湿，材料的孔隙被水分或涂料堵塞，则吸声效果大大降低，因此，吸声材料还应具有透气性。

值的注意的是，有些吸声材料和绝热材料是相同的多孔材料，但对材料的孔隙特征上有着完全不同的要求。绝热材料要具有封闭的不连通的气孔，这种气孔越多，其绝热性能越好；而吸声材料恰恰相反，要求具有开放的、互相连通的气孔，孔隙越多，其吸声性能越好。

10.1.5 吸声与隔声材料的选用

（1）吸声材料的基本要求

吸声材料的基本要求，除了主要考虑吸声系数之外，还要求轻质、有一定的强度，这样可以便于施工，且能长期工作。

除了采用多孔吸声材料吸声外，还可将材料组成不同的吸声结构，达到更好的吸声效果。常用的吸声结构形式有薄板共振吸声结构和穿孔板吸声结构。

薄板共振吸声结构系采用薄板钉牢在靠墙的木龙骨上，薄板与板后的空气层构成了薄板共振吸声结构。如表 10-6 中序号 13、14 的胶合板结构。

穿孔板吸声结构是用穿孔的胶合板、纤维板、金属板或石膏板等为结构主体，与板后的墙面之间的空气层(空气层中有时可填充多孔材料)构成吸声结构。该结构吸声的频带较宽，对中频的吸声能力最强。如表 10-6 中序号 12、15、16、17 的穿孔胶合板结构。

（2）隔声材料的概念

吸声性能好的材料，一般为轻质、疏松、多孔的材料，不能简单把他们作为隔声材料。为了隔绝声音，首先要了解声音的传播途径。声音按传播途径的不同可分为空气声(由空气的振动传播的)和固体声(由固体传播的)两种。对于隔绝固体声音最有效的措施采用不连续结构处理，即在墙壁和承重梁之间，房屋的框架和墙壁及楼板之间加弹性衬垫，这些衬垫的材料大多可以采用上述的吸声材料，如毛毡、软木等。将固体声转换成空气声后而被吸声材料吸收；对于空气声，其传声的大小主要取决于墙或板的单位面积质量，质量越大，越不易振动，则隔声效果越好。可以认为：固体声的隔绝主要是吸收，这和吸声材料是一致的；而空气声的隔绝主要是反射，因此必须选择密实、沉重的（如黏土砖、钢板等）作为隔声材料。

（3）常用吸声材料及吸声结构

常用吸声材料及其吸声结构见表10-6所示。

建筑常用吸声材料及吸声结构 **表10-6**

序号	名称	厚度(cm)	各频率下的吸声系数						装置情况
			125	250	500	1000	2000	4000	
1	石膏砂浆（掺有水泥、玻璃纤维）	2.2	0.24	0.12	0.09	0.30	0.32	0.83	粉刷在墙上
*2	石膏砂浆（掺有水泥、石棉纤维）	1.3	0.25	0.78	0.97	0.81	0.82	0.85	喷射在钢丝网板上，表面滚平，后有15cm空气层
3	水泥膨胀珍珠岩板	2	0.16	0.46	0.64	0.48	0.56	0.56	贴实
4	矿渣棉	3.13 8.0	0.10 0.35	0.21 0.65	0.60 0.65	0.95 0.75	0.85 0.88	0.72 0.92	贴实
5	沥青矿渣棉毡	6.0	0.19	0.51	0.67	0.70	0.85	0.86	贴实
6	玻璃棉 超细玻璃棉	5.0 5.0 5.0 15.0	0.06 0.10 0.10 0.50	0.08 0.12 0.35 0.85	0.18 0.31 0.85 0.85	0.44 0.76 0.85 0.85	0.72 0.85 0.86 0.86	0.82 0.99 0.86 0.80	贴实
7	酚醛玻璃纤维板（去除表面硬皮层）	8.0	0.25	0.55	0.80	0.92	0.98	0.95	贴实

续表

序号	名　　称	厚度(cm)	各频率下的吸声系数						装置情况
			125	250	500	1000	2000	4000	
8	泡沫玻璃	4.0	0.11	0.32	0.52	0.44	0.52	0.33	贴实
9	脲醛泡沫塑料	5.0	0.22	0.29	0.40	0.68	0.95	0.94	贴实
10	软木板	2.5	0.05	0.11	0.25	0.63	0.70	0.70	贴实
*11	*木丝板	3.0	0.10	0.36	0.62	0.53	0.71	0.90	钉在木龙骨上，后留10cm空气层
*12	穿孔纤维板(穿孔率5%，孔径5mm)	1.6	0.13	0.38	0.72	0.89	0.82	0.66	钉在木龙骨上，后留5cm空气层
*13	*胶合板(三合板)	0.3	0.21	0.73	0.21	0.19	0.08	0.12	钉在木龙骨上，后留5cm空气层
*14	*胶合板(三合板)	0.3	0.60	0.38	0.18	0.05	0.05	0.08	钉在木龙骨上，后留10cm空气层
*15	*穿孔胶合板(五合板)(孔径5mm，孔心距25mm)	0.5	0.01	0.25	0.55	0.30	0.16	0.19	钉在木龙骨上，后留5cm空气层
*16	*穿孔胶合板(五合板)(孔径5mm，孔心距25mm)	0.5	0.23	0.69	0.86	0.47	0.26	0.27	钉在木龙骨上，后留5cm空气层，但在空气层内填充矿物棉

续表

序号	名　称	厚度(cm)	各频率下的吸声系数						装置情况
			125	250	500	1000	2000	4000	
*17	*穿孔胶合板(五合板)(孔径5mm，孔心距25mm)	0.5	0.20	0.95	0.61	0.32	0.23	0.55	钉在木龙骨上，后留10cm空气层，填充矿物棉
18	工业毛毡	3	0.10	0.28	0.55	0.60	0.60	0.59	张贴在墙上
19	地毯	厚	0.20		0.30		0.50		铺于木搁栅楼板上
20	帷幕	厚	0.10		0.50		0.60		有折叠，靠墙装置

注：1. 表中名称前有*者表示系用混响室法测得的结果；无*者系用驻波管法测得的结果。混响室法测得的数据比驻波管法约大0.20左右。

2. 穿孔板吸声结构在穿孔率为0.5%～5%、板厚为1.5～10mm、孔径为2～15mm、后面留腔深度为100～250mm时，可获得较好效果。

3. 序号前有*者为吸声结构。

10.2 纤维状绝热材料及制品

纤维状绝热材料有天然纤维和人造纤维之分。常见的天然纤维有棉花、羊毛、废纸、蔓草、芦苇等动植物纤维和石棉、纤维状硅灰石等。人造纤维主要有岩棉、矿渣棉、玻璃棉、硅酸铝棉等，在低温条件下，也可使用醋酸纤维、丙稀酸纤维、尼龙纤维等有机合成纤维。但在常温条件下的建筑绝热和高温条件下的热工设备绝热工程中，通常较多的使用无机纤维。

10.2.1 石棉及石棉绝热制品简介

石棉是一种可分剥成柔韧细长纤维的硅酸盐矿物的总称。常见的有蛇纹石石棉、角闪石石棉和水镁石石棉。其中，又以蛇纹石石棉居多。石棉纤维具有极高的抗拉强度，并具有耐高温、耐腐蚀、耐酸碱、隔声、绝热、绝缘等优良特性，是一种优质绝热材料。

(1) 常用石棉种类

1) 蛇纹石石棉具有较好的耐热性，高温下不燃烧，在500℃时开始失去结晶水，强度降低，当温度升至700～800℃时，性质变脆。长期安全使用温度为400～450℃，短时间使用可达700℃。

2) 角闪石石棉包括直闪石石棉、透闪石石棉、蓝石棉、铁石棉等，纤维一般较长，他们不仅可用作绝热材料，而且因其良好的吸附性和耐酸性，更多用作耐酸或吸附、过滤材料。

3) 水镁石石棉，常与蛇纹石石棉共生，纤维硬而脆，需作软化处理。

松散的石棉很少单独使用，多将其制成制品用在工程上。

(2) 石棉按生产工艺分类

1) 织造类：如石棉纱、石棉线、石棉绳、石棉布、石棉带、石棉被、石棉衣着等。

2) 造纸类：如石棉纸、石棉衬垫、石棉保温板等。

3) 模制类：如石棉硅酸钙板、碳酸镁石棉管、泡沫石棉等。

4) 涂料类：如石棉硅酸盐复合涂料、石棉灰浆等。

常用石棉保温材料的性能及用途见表10-7。

石棉保温材料的性能及用途 **表10-7**

材料名称	材质	形态	表观密度 (kg/m^3) (松散表观密度)	导热系数 [W/(m·K)]	使用温度 (℃)	用途
耐热复合涂料	石棉、岩棉、矿棉、黏土	粉末	400	0.07	800	涂抹
硬水泥	石棉粉、水泥	粉末	1500	0.29	700	涂抹

续表

材料名称	材质	形态	表观密度(kg/m³)(松散表观密度)	导热系数[W/(m·K)]	使用温度(℃)	用途
快硬涂料	石棉、无机结合剂	粉末	800	0.12	800	涂层
石棉板	石棉、胶粘剂	板	200	0.042	650	承重部位
石棉白云石制品	石棉、白云石	板	350～400	0.079	450	保温

10.2.2 矿物棉及其绝热制品

矿物棉系用熔融状的无机非金属矿物制成的纤维状松散材料的总称。主要是指岩棉、矿渣棉、玻璃棉和硅酸铝棉。

(1) 岩棉及其制品

岩棉是以火山玄武岩、辉绿岩和安山岩为主要原料，经高温熔融，用喷射法或离心法而制成的人造纤维状材料，具有质轻、导热系数小、不燃、较好的耐低温性、长期使用稳定性等特点，是一种新型的保温材料和良也的吸声材料。在工程上除作为填充材料外，常在岩棉中加入胶粘剂，制成各种岩棉制品，如岩棉板、岩棉管、岩棉保温带及岩棉毡等。

(2) 矿渣棉(矿棉)及其制品

矿棉是以炼铁厂的废料矿渣为主要原料，经熔化后采取高速喷吹法或离心法而制成的一种棉丝状的纤维材料。矿棉具有质轻、导热系数小、不燃、耐腐蚀、防蛀等优点。通常采用沥青或酚醛树脂作粘结材料制成各种矿棉制品。矿棉常用其加工成毡、带、板和管壳等保温制品。

(3) 玻璃棉及其制品

玻璃棉是用石英砂、长石、石灰石、白云石、碳酸钠、棚砂等天然矿物和化工产品为原料，或用废玻璃为原料的一种人造无机纤维棉。

玻璃棉是将熔融后的原料，用火焰喷吹或离心喷吹等方法制成的棉絮状材料，包括短棉和超细棉两种。玻璃棉极轻，导热系数小，化学稳定性好，不燃，不腐，吸湿性小，是一种高级的无机保温材料，常用其加工成毡、板、管壳等保温制品，其安全使用温度可达到 400℃。

（4）硅酸铝棉及其制品

硅酸铝棉是一种以硅酸铝为主要成分的耐高温无机纤维，所用原材料为高岭土、叶蜡石、铝矾土等天然矿物，为了提高纤维的 $A1_2O_3$ 含量，也有的掺加一部分工业氧化铝，甚至直接用高纯石英和工业氧化铝配料。

硅酸铝棉具有理化性能稳定、轻质、高强、防火、耐酸碱、耐腐蚀、耐高温、耐急冷急热等特点。

按照纤维的耐热温度，硅酸铝纤维可分为低温型、标准型、高温型、超高温型。常用其加工成毡、板和管壳等保温制品。

（5）矿物棉的主要技术性能

矿物棉人造纤维绝热材料及制品的产品形式包括：棉、板、带、毡、缝毡、贴面板、管壳等。岩棉、矿棉、玻璃棉及其制品主要用于 650℃以下的设备、管道与建筑物的绝热，而硅酸铝棉及其制品主要用于 800℃以上的窑炉和热工设备，有时称为陶瓷棉。

1）对矿物棉的技术要求见表 10-8。

岩棉、矿棉、玻璃棉的技术物理性能表　　10-8

性能指标	岩棉、矿棉			玻璃棉			
	优等	一等	合格	1号	2a号	2b号	3号
渣球含量(粒径＞0.25mm)(%) ≤	12	15	18	1	4	0.3	10
纤维平均直径(μm) ≤	7	7	8	5	8	8	8
表观密度(kg/m³) ≤	150						

续表

<table>
<tr><th rowspan="2">性能指标</th><th colspan="3">岩棉、矿棉</th><th colspan="4">玻璃棉</th></tr>
<tr><th>优等</th><th>一等</th><th>合格</th><th>1号</th><th>2a号</th><th>2b号</th><th>3号</th></tr>
<tr><td>导热系数(平均温度 70±5℃，试验密度见括号内数字)[W/(m·K)] ≤</td><td colspan="3">0.044
(150)</td><td>0.041
(40)</td><td colspan="2">0.042
(40)</td><td>0.049
(70)</td></tr>
<tr><td>最高使用温度(℃)</td><td colspan="3">650</td><td colspan="4">400</td></tr>
</table>

2）对制品的技术要求见表 10-9。

岩棉、矿棉、玻璃棉制品的技术物理性能　　表 10-9

<table>
<tr><th rowspan="3">纤维类别</th><th rowspan="3">产品形式</th><th colspan="4">表观密度(kg/m³)</th><th rowspan="3">导热系数(平均温度 70±5℃)[W/(m·K)]</th><th rowspan="3">有机物含量(%)</th><th rowspan="3">不燃性</th><th rowspan="3">最高使用温度(℃)</th></tr>
<tr><th rowspan="2">密度等级</th><th colspan="3">极限偏差(%)</th></tr>
<tr><th>优等</th><th>一等</th><th>合格</th></tr>
<tr><td rowspan="13">岩棉、矿棉</td><td rowspan="5">板</td><td>80</td><td rowspan="5">±10</td><td rowspan="5">±15</td><td rowspan="5">±20</td><td rowspan="2">≤0.044</td><td rowspan="5">≤4.0</td><td rowspan="5">A级</td><td>400</td></tr>
<tr><td>100</td><td rowspan="4">600</td></tr>
<tr><td>120</td><td rowspan="2">≤0.046</td></tr>
<tr><td>150</td></tr>
<tr><td>160</td><td>≤0.048</td></tr>
<tr><td rowspan="3">带</td><td>80</td><td rowspan="3">±10</td><td rowspan="3">±15</td><td rowspan="3">±20</td><td rowspan="3">≤0.054</td><td rowspan="3">≤4.0</td><td rowspan="3">—</td><td>400</td></tr>
<tr><td>100</td><td rowspan="2">600</td></tr>
<tr><td>150</td></tr>
<tr><td rowspan="4">毡、缝毡、贴面板</td><td>60</td><td rowspan="4">±10</td><td rowspan="4">±15</td><td rowspan="4">±20</td><td rowspan="4">≤0.049</td><td rowspan="4">≤1.5</td><td rowspan="4">—</td><td rowspan="2">400</td></tr>
<tr><td>80</td></tr>
<tr><td>100</td><td rowspan="2">600</td></tr>
<tr><td>120</td></tr>
<tr><td>管壳</td><td>200</td><td>±10</td><td>±15</td><td>±20</td><td>≤0.044</td><td>≤5.0</td><td>A级</td><td>600</td></tr>
</table>

续表

纤维类别	产品形式	表观密度(kg/m³)				导热系数(平均温度 70±5℃)[W/(m·K)]		有机物含量(%)	不燃性	最高使用温度(℃)
		密度等级	极限偏差(%)							
			优等	一等	合格					
			极限偏差(%)			导热系数 ≤				
			1号	2号	3号	1号	2号	3号		
玻璃棉	板	24		±2			0.049			300
		32		±4			0.047			
		40					0.044			350
		48					0.043			
		64		±6						
		80		±7	±7		0.042	0.047		400
		96		±9	±9					
		120		±12	±12				不燃	
	带	25		≥25			0.052			
	毯	24		≥24		0.047	0.048			350
		40		≥40			0.043			400
	毡	10		≥10						300
		16		≥16			0.058			250
		24		≥24			0.049			300
	管壳	45		≥45			0.043			350

3）硅酸铝棉性能见表 10-10。

硅酸铝棉的物理性能 **表 10-10**

种类	渣球含量(%)	导热系数(平均温度 500±10℃)	最高使用温度(℃)
1号	直接用棉、干法制品用棉：≤15；湿法制品用棉：≤25	直接用棉：0.153 [W/(m·K)](测试时试件表观密度为 160kg/m³)	800
2号			1000
3号			1100
4号			1200
5号			1300

（6）矿物棉设计选用注意事项

1）矿物棉制品在建筑上可用于钢结构、混凝土和砖石结构的屋面、外墙、隔墙以及幕墙的保温和高温管道、罐体等设备保温。

2）水分在矿物棉（岩棉、玻璃棉、矿渣棉）保温材料中具有极易迁移特性，而其制品固有的疏松会导致很高的空气渗透性，故选用矿物棉制品时，应考虑其水分迁移性（液态水会很快从竖直建筑构件的底部排出）和空气渗透性。

3）对于保温层裸露的通风屋面以及保温层两侧有空腔的墙体应采取可靠的防渗透措施，以确保其保温性能不会大幅度下降。

4）在常用密度范围内，矿物棉制品的导热系数基本上不随密度而变。然而矿物棉制品的热阻却与其厚度成正比。荷载作用而造成的压缩，长期荷载作用下的压缩蠕变，长期使用下的沉陷等都会导致热阻的下降。矿物棉制品的耐久性主要涉及压缩蠕变、沉陷及受潮变质，这些变化都会直接影响其保温性能。

5）矿物棉制品可熔性氯离子含量低，对钢铁构件（包括奥氏体不锈钢）表皮没有腐蚀作用。

6）矿物棉制品在高温下可能产生收缩变形，密度低的矿物棉制品在长期使用或有高频低辐振动的场合使用时，可能发生厚度沉陷。

7）热和水蒸气的作用可能对无机矿物纤维产生有害影响，矿物棉长期暴露于高温高湿环境，可能导致纤维变质碎断以及保温性能的降低。

（7）矿物棉施工注意事项

1）需保温的设备和管道应无溢漏，表面干燥，无油脂，无锈蚀，在有些情况下，为利于防腐，被保温表面应采取适当涂层处理，如涂刷防锈漆等。

2）为达到热损失最小目的，板、毡和管的所有接头必须封接十分紧密，在多层保温时各个十字接缝应交错进行，以免形成热桥，在保冷时必须杜绝出现冷桥。

3）岩棉制品用于室外保温或者在易受机械磨损的地方宜用金属或塑料包皮保护，并注意接头、接缝的密封，必要时加胶质封条，包裹层重叠部分不应小于 100mm。

4）用于保冷时，必须在冷面加防潮层。当用在温度特别低的情况下，可用不含树脂的岩棉进行绝热，其防潮层也必须是防水的。

5）当温度超过 200℃时，保温层必须加合适的外防护，当保温层可能产生膨胀时，防止厚度和密度发生变化。

6）对于大直径或平壁设备用矿棉制品保温时，超过 200℃时应加保温钉(间距宜为 400mm)或适当进行绑扎，要求外护要贴紧。

7）对于较大曲率半径的罐体及设备的保温可按要求采用板、缝毡。大面积的保温应按照工程要求加上支撑箍条，以防保温材料的脱落，最后进行不同材料的外护处理。

8）当用矿棉管进行保温时，所需厚度超过 80mm 时，宜采用双层管套保温，并将接缝错开。对于大直径管道可采用棉缝毡保温，最后根据设计要求用镀锌铁皮、铝箔、玻璃钢、铝合金板以及其他各种外护材料进行外包覆处理。

9）当保温对象垂直放置，具有相当高度时，其保温层一定要有定位销或支承环，间距不应大于 3m，以防保温材料在有振动时向下滑动。

10）室外保温、保冷施工不得在雨天进行，否则应采取防雨措施。

10.3 散粒状绝热材料及制品

散粒状绝热材料主要是利用颗粒内部的孔隙与颗粒之间的空隙，阻止热流的传递。散粒状绝热材料，一般充填于其他固体材料的空腔或夹裹于其他材料间层内使用，也可通过胶凝材料胶结成块状材料直接使用。

常用的散粒状绝热材料有天然的矿物颗粒，如浮石、火山渣、硅藻土、礁灰岩、泉华等；天然的植物碎屑，如木渣、麦糠、稻壳、玉米芯等；某些工业废料，如炉渣、粉煤灰、自燃煤矸石、废旧的泡沫塑料包装箱、废砖瓦等城市建筑垃圾等。

按照散粒材料成孔机理，有烧胀法、烧结法、熔吹法、胶结法、改性法等，主要产品有膨胀珍珠岩、膨胀蛭石、膨胀黏土(黏土或页岩陶粒、陶砂)、粉煤灰陶粒、空心氧化铝球、防水隔热粉等。

将上述散粒状材料胶结、成型后所得到的块状产品；称为散粒状绝热制品。

工程上使用较多的是膨胀珍珠岩和膨胀蛭石两种颗粒状绝热材料。

10.3.1 膨胀珍珠岩及其绝热制品

珍珠岩是一种呈酸性的天然岩石，因其具有珍珠光泽而得名。珍珠岩经破碎、筛分、预热和高温焙烧，使其体积发生急剧膨胀而形成一种白色或灰色的无机砂状材料，称为膨胀珍珠岩。具有质轻、保温、无毒、无味、不燃、不腐和吸声等特点，缺点是吸水率大，吸水后强度和保温、隔热性能都要下降。

(1) 膨胀珍珠岩标号和等级

1) 标号与堆积密度(kg/m^3)数值相同。按产品密度分为 200 号、250 号和 350 号三个标号。

2) 按照堆积密度均匀性指标分为三个等级，见表 10-11 的规定。

膨胀珍珠岩堆积密度均匀性　　表 10-11

等级	堆积密度均匀性
一等品	5 袋试样中最大堆积密度或最小堆积密度与 5 袋试样堆积密度平均值之差的绝对值不超过 5 袋试样平均值的 10%
二等品	5 袋试样中最大堆积密度或最小堆积密度与 5 袋试样堆积密度平均值之差的绝对值不超过 5 袋试样平均值的 15%
合格品	5 袋试样堆积密度的平均值符合本标号堆积密度规定

（2）膨胀珍珠岩制品物理技术性能

物理技术性能要求见10-12。

膨胀珍珠岩制品的物理技术性质标准　　　表10-12

<table>
<tr><th colspan="2" rowspan="3">项　　目</th><th colspan="5">指　　标</th></tr>
<tr><th colspan="2">200号</th><th colspan="2">250号</th><th>350号</th></tr>
<tr><th>优等品</th><th>合格品</th><th>优等品</th><th>合格品</th><th>合格品</th></tr>
<tr><td colspan="2">密度(kg/m³)</td><td colspan="2">≤200</td><td colspan="2">≤250</td><td>≤350</td></tr>
<tr><td rowspan="2">导热系数
[W/(m·K)]</td><td>298K ±2K</td><td>≤0.060</td><td>≤0.068</td><td>≤0.068</td><td>≤0.072</td><td>≤0.087</td></tr>
<tr><td>623K±2K
(S类要求此项)</td><td>≤0.10</td><td>≤0.11</td><td>≤0.11</td><td>≤0.12</td><td>≤0.12</td></tr>
<tr><td colspan="2">抗压强度(MPa)</td><td>≥0.40</td><td>≥0.30</td><td>≥0.50</td><td>≥0.40</td><td>≥0.40</td></tr>
<tr><td colspan="2">抗折强度(MPa)</td><td>≥0.20</td><td>—</td><td>≥0.25</td><td>—</td><td>—</td></tr>
<tr><td colspan="2">质量含水率(%)</td><td>≤2</td><td>≤5</td><td>≤2</td><td>≤5</td><td>≤10</td></tr>
</table>

（3）膨胀珍珠岩制品有关特性

常见膨胀珍珠岩制品有关性能见表10-13。

膨胀珍珠岩制品有关性能　　　表10-13

序号	制品名称	表观密度(kg/m³)	抗压强度(MPa)	使用温度(℃)	常温导热系数[W/(m·K)]	备注
1	水泥膨胀珍珠岩	250～450	0.3～1.0	≤600	0.058～0.080	耐酸性较弱
2	憎水膨胀珍珠岩	200～300	0.5～0.8	—	0.06～0.075	可用于潮湿环境
3	水玻璃膨胀珍珠岩	200～300	0.5～1.2	≤650	0.048～0.074	耐酸性强耐水性弱
4	磷酸盐膨胀珍珠岩制品	200～250	0.5～1.0	1000	0.038～0.045	耐热性强
5	乳化沥青膨胀珍珠岩制品	300～350	0.3～0.5	≤90	0.07～0.09	吸水率低

续表

序号	制品名称	表观密度(kg/m³)	抗压强度(MPa)	使用温度(℃)	常温导热系数[W/(m·K)]	备注
6	硅酸盐膨胀珍珠岩制品	300～450	0.3～0.5	≤400	0.7～0.12	
7	碳酸盐膨胀珍珠岩	200～350	0.3～0.8	≤650	0.065～0.15	

(4) 膨胀珍珠岩制品外观质量

外观质量见表 10-14。

膨胀珍珠岩制品的外观质量要求(mm) **表 10-14**

<table>
<tr><th colspan="2" rowspan="3">项　目</th><th colspan="4">指　标</th></tr>
<tr><th colspan="2">平板</th><th colspan="2">弧形板、管壳</th></tr>
<tr><th>优等品</th><th>合格品</th><th>优等品</th><th>合格品</th></tr>
<tr><td rowspan="4">尺寸允许偏差</td><td>长度(mm)</td><td>±3</td><td>±5</td><td>±3</td><td>±5</td></tr>
<tr><td>宽度(mm)</td><td>±3</td><td>±5</td><td>—</td><td>—</td></tr>
<tr><td>内径(mm)</td><td>—</td><td>—</td><td>+3
+1</td><td>+5
+1</td></tr>
<tr><td>厚度(mm)</td><td>+3
−1</td><td>+5
−2</td><td>+3
−1</td><td>+5
−2</td></tr>
<tr><td rowspan="5">外观质量</td><td>垂直度偏差(mm)</td><td>≤2</td><td>≤5</td><td>≤5</td><td>≤8</td></tr>
<tr><td>合缝间隙(mm)</td><td>—</td><td>—</td><td>≤2</td><td>≤5</td></tr>
<tr><td>裂纹</td><td colspan="4">不允许</td></tr>
<tr><td>缺棱掉角</td><td colspan="4">优等品：不允许。
合格品：1. 三个方向投影尺寸的最小值不得大于 10mm，最大值不得大于投影方向边长的 1/3。
2. 三个方向投影尺寸的最小值不大于 10mm、最大值不大于投影方向边长 1/3 的缺棱掉角总数不得超过 4 个
注：三个方向投影尺寸的最小值不大于 3mm 的棱损伤不作为缺棱，最小值不大于 4mm 的角损伤不作为掉角</td></tr>
<tr><td>弯曲度(mm)</td><td colspan="4">优等品：≤3，合格品：≤5</td></tr>
</table>

(5) 膨胀珍珠岩制品设计选用要点

憎水珍珠岩绝热制品因含有憎水剂，不易与水泥砂浆胶结。应注意同时选用与之配套胶结剂。

非憎水制品用于外露保温时应作外防护措施。

(6) 施工注意事项

1) 屋面施工：全面铺贴，在轴线位置纵横交叉。留设排气槽，排气管插设一般在分线处。

2) 防水保温板铺贴与一般地面砖及墙面砖施工方法相同，须用专用配套胶结剂与水混合调制而成进行铺贴。

3) 防水保温板在平屋面上施工时应进行不同厚度找坡。

4) 施工工艺流程：清理基层—施工放线—材料准备—全面铺贴—排气槽清理—插设气管—检查验收。

(7) 应用范围

膨胀珍珠岩是由一种散粒状绝热材料。安全使用温度为200～1000℃，是一种优质绝热材料。膨胀珍珠岩粉可以松铺或松填于屋面、楼板、墙壁、地面等处，也可以膨胀珍珠岩为主要原材料，用水泥、石膏、石灰、水玻璃、沥青、合成高分子树脂将其胶结成整体而制成的具有规则形状的材料，称为膨胀珍珠岩绝热制品。由于这类产品资源丰富、生产简便、耐高温、耐酸碱，导热系数小，因此被广泛应用于各种建筑物的围护结构以及烟囱、管道及热工设备的绝热，以及低温和超低温设备的保温等。

1) 做墙体、屋面、吊顶等围护结构的散填保温隔热材料。

2) 配制轻骨料混凝土，预制各种轻质混凝土构件。

3) 以膨胀珍珠岩为骨料，用各种有机和无机胶粘剂制成绝热吸声的膨胀珍珠岩制品。

4) 膨胀珍珠岩涂料。膨胀珍珠岩多功能涂面材料是一种以膨胀珍珠岩为骨料，添加胶粘剂和其他多种掺合料而调成的一种混合涂料。这种涂料的料浆分两个层次(保温层与饰面层)，喷涂在墙体等围护结构的一侧，当料浆固化成面层后，则具有保温、隔热、防水和装饰等多种功能。

膨胀珍珠岩涂料层与基体墙的粘结强度、抗压强度、抗渗和冻融等各项技术指标均可达到使用要求。经冬季热工实验证明：当膨胀珍珠岩涂料层的含水率在4%以下，其热导率可达到0.14～0.087W/(m·K)，应用效果较好。

5）用膨胀珍珠岩制造硅酸钙隔热材料

天然的硅藻土和硅粉是制造硅酸钙绝热制品常选用的硅质材料。用珍珠岩代替硅藻土作原料，由于珍珠岩的比表面积比硅藻土小得多，掺入碱性物质对凝胶时间的影响极小，使成品的抗弯强度要比用硅藻土大30%。

6）珍珠岩制品在工业窑炉保温工程中应用

为减少炉窑散热损失和保持良好操作条件，对窑炉彻体采用轻质浇注料作隔热壁，采用珍珠岩作保温材料，可大大降低砌体散热和蓄热损失。

7）用珍珠岩制作泡沫玻璃

熔岩泡沫玻璃是一种轻质、高强、隔热材料，可用作墙体和工业设备上保温。它的主要原料是珍珠岩及少量发泡剂，加热发泡后制成的。

10.3.2 膨胀蛭石及其绝热制品

蛭石是一种层状结构的含水铝(镁)硅酸盐矿物。颜色呈金黄、黄褐、褐色到褐绿、暗绿、黑色不等，外观多呈片状、鳞片状或单斜假晶，片状解理完全，但不易剥成完整薄片。受热时迅速膨胀、扭曲，形似水蛭，故称其为蛭石。

膨胀蛭石具有导热系数小，吸声、化学性能稳定，防火、防腐、无毒、无味、加工工艺简单，生产品种多样，价格低廉、制品性能指标可调等到特点。

(1) 膨胀蛭石的主要性能(FC/T 441—1996)

1）分类：按其颗粒级配分为5个类别，即：1号、2号、3号、4号和5号。

2）对于不需要分级混合料，其物理性能须符合表 10-15 的规定。

膨胀蛭石的物理性能指标　　表 10-15

项　　目	优等品	一等品	合格品
堆积密度（kg/m^3）　≤	100	200	300
导热系数（平均温度 25±5℃）［W/（m·K）］	0.062	0.078	0.095
含水率（%）　≤	3	3	3

（2）膨胀蛭石制品

膨胀蛭石绝热制品，是以膨胀蛭石为骨料，配合适量胶结剂，经搅拌、成型、干燥、焙烧或养护而成的板、砖、管等。

1）按照胶结剂的种类划分，常用的膨胀蛭石制品品种见表 10-16。

膨胀蛭石的品种及特点　　表 10-16

品　种		主要用途	特　点
无机胶结剂	水泥膨胀蛭石制品	围护结构及热工设备和管道	质量轻、导热系数小
	现浇水泥蛭石保温层	屋面及夹壁墙	强度适宜、成本低
	膨胀蛭石灰浆	高湿度房间的墙面与顶棚粉刷	绝热、调湿、防冷凝水滴、施工方便
	水玻璃膨胀蛭石制品	建筑围护结构、热工设备、冷藏设备、工业管道、高温窑炉等	质量轻、导热系数小、无毒无味、不燃、抗菌
有机胶结剂	沥青膨胀蛭石制品	冷库工程、冷冻设备、管道、屋面	绝热、憎水、耐腐蚀
复合胶结剂	石棉蛭石制品	各种绝热场合	质量轻、强度高、不易开裂和破坏

2）用水泥胶结的制品应用最广，各种水泥制品及灰浆的常用配方及产品性能见表 10-17。

水泥膨胀蛭石绝热制品的配合比及其技术性能　　表 10-17

制品名称	原材料体积比	产品技术性能			
		表观密度（kg/m³）	抗压强度（MPa）	导热系数［W/（m·K）］	耐热温度（℃）
水泥膨胀蛭石制品	水泥：膨胀蛭石＝1：6	400	0.55	0.075	600
	水泥：膨胀蛭石＝1：10	300	0.20	0.065	600
水泥膨胀蛭石保温层	水泥：膨胀蛭石＝1：10，覆盖 10mm 1：3 水泥砂浆	320	0.30	0.093	
	膨胀蛭石＝1：12，覆盖 10mm 1：3 水泥砂浆	290	0.25	0.087	
石灰膨胀蛭石灰浆	水泥：石灰：膨胀蛭石＝1：1：（5～8）	749～635	2.13～1.22	0.194～0.160	
	石灰：膨胀蛭石＝1：（2.5～4）	497～405	0.181～0.157	0.153～0.164	

3）水玻璃膨胀蛭石绝热制品的耐高温性能较水泥制品要好，其产品配方及其技术性能见 10-18。

水玻璃膨胀蛭石制品的配合比及其技术性能　　表 10-18

制品名称	原材料体积比	产品技术性能			
		表观密度（kg/m³）	抗压强度（MPa）	导热系数［W/（m·K）］	耐热温度（℃）
水玻璃膨胀蛭石制品	水玻璃：膨胀蛭石：氟硅酸钠＝2：1～3：2	<350	0.25～0.95	0.068～0.072	900
石棉膨胀蛭石制品	膨胀蛭石：Ⅴ级石棉：膨润土：淀粉＝17：5：2：1	<300	抗拉强度 >0.15	0.093	600
石棉硅藻土水玻璃膨胀蛭石制品	膨胀蛭石：Ⅳ级石棉：硅藻土：水玻璃：氟硅酸钠：水＝80：10：10：50：10：286	<400	>0.4	0.09～0.103	900

续表

制品名称	原材料体积比	产品技术性能			
		表观密度（kg/m^3）	抗压强度（MPa）	导热系数［W/(m·K)］	耐热温度（℃）
耐火黏土水玻璃膨胀蛭石制品	膨胀蛭石：耐火黏土：水玻璃＝1：2.5：13	＜620	＞0.3	0.165	800

（3）膨胀蛭石制品的质量标准

对于膨胀蛭石绝热制品的尺寸偏差及外观质量要求，与对膨胀珍珠岩制品的要求基本相同。按照 JC/T 442—96，对于膨胀蛭石制品的物理技术性能要求见表 10-19。

膨胀蛭石绝热制品的物理性能　　表 10-19

项目 ＼ 等级		优等品	一等品	合格品
压缩强度(MPa)	≥	0.40	0.40	0.40
表观密度(kg/m^3)	≤	350	480	550
含水率(%)	≤	4	5	6
导热系数(平均温度 25±5℃)［W/(m·K)］	≤	0.090	0.112	0.142

（4）应用范围

广泛应用于建筑、冶金、石油、化工、轻工、机械、电力、环保及交通运输等部门。

1）松散膨胀蛭石能够单独使用，可以填充和装置在建筑围护结构中作为保温、隔热、隔声和保冷材料。例如用于工业与民用建筑的墙壁、楼板、顶棚和屋面部位。也可作为热工设施、工业窑炉和冷藏设施以及绝缘层填料。

2）以膨胀蛭石为主要材料，用石膏、水泥、沥青、水玻璃与合成树脂等胶结剂制成建筑保温材料，根据用途的不同，制造各种形状和规格尺寸的砖、板、管壳等。这些制品广泛用于各种工业管道的保温和绝热，也可用于建筑物的隔声、保冷。

3）膨胀蛭石为轻集料制作混凝土，可以现浇、预制成各种规格的构件，如墙板、楼板、屋面板。

4）膨胀蛭石用耐火水泥作为胶结料，制成轻质耐火混凝土，可用于工业窑炉和热工设备作为耐火、隔热材料。

5）膨胀蛭石与石膏、石灰和水泥等胶结材料，按一定配合比加水制成浆体，用于建筑物的内墙、顶棚等粉刷工程，以喷涂抹制形式作为室内保温层和吸声层。

（5）应用要点

1）膨胀蛭石的安全使用温度一般为900℃以下。

2）24h吸湿率一般在2%以下。

3）干燥状态下具有很好的抗冻性，并且化学性能稳定。

4）膨胀蛭石的吸水性很大，吸水后引起强度下降、绝热性能下降。表观密度越小吸水率越大。

5）膨胀蛭石的耐酸性差，不宜用于有酸性侵蚀处。

6）介电性能差。

7）现浇水泥膨胀蛭石与现浇水泥珍珠岩保温材料一样，由于施工时要加水拌合，致使在保温材料中含水率过高，水分不易挥发，这不仅加大了导热系数，降低保温效果，从而导致屋面卷材、涂膜防水层鼓泡，所以不得用于建筑屋面层的保温工程。

8）憎水膨胀蛭石制品与憎水膨胀珍珠岩制品一样，不易与水泥砂浆粘结，选用时应注意同时选用与之配套的胶粘剂。

9）非憎水膨胀蛭石制品用于外露保温时，应有适当外保护层。

10）整体现浇的热沥青膨胀蛭石与热沥青膨胀珍珠岩保温材料一样，在气温低于－10℃时不宜施工。

10.3.3 陶粒与陶粒制品简介

陶粒是以易熔黏土或页岩等为原料，经高温快速焙烧而获得的一种外壳致密坚硬、内部具有均匀而互不连通微孔的人造轻骨料。粒径大于 5mm 者称为陶粒，小于 5mm 者称为陶砂。当其表观密度较小时，可用于配制绝热用混凝土制品。

(1) 作绝热用的陶粒和陶砂，一般要求其堆积密度不大于 $800kg/m^3$。对于烧结型和胶结型陶粒和陶砂，其表观密度主要决定于原材料的颗粒密度。

(2) 陶粒制品主要有陶粒、陶粒砖、陶粒板，可用于垫层，填充墙等。

10.4 微孔状绝热材料及制品

微孔状绝热材料是一种内部分布着大量均匀、细小(一般小于 3mm)封闭气孔的块状材料，分为有机和无机两种。常用的无机微孔绝热材料有泡沫水泥、泡沫石膏、泡沫菱苦土、泡沫水玻璃、加气混凝土、泡沫黏土、硅藻土制品、泡沫玻璃、泡沫陶瓷、微孔硅酸钙、微孔铝酸钙等。

有机微孔状绝热材料有天然软木、桐木等，但主要是指泡沫塑料和泡沫橡胶制品。

与无机微孔状绝热材料相比，有机微孔状绝热材料具有质量轻、导热系数小、耐水抗渗、耐腐蚀、耐低温，弹性好，尺寸稳定，加工与安装方便等特点，但耐热性较差。

10.4.1 无机微孔状绝热材料

(1) 硅藻土与耐火黏土绝热制品简介

硅藻土与耐火黏土绝热制品是一种耐高温性能较强的轻质耐火绝热材料，常用于工业窑炉的炉衬、蓄热室和绝热保温层。

1) 硅藻土的孔隙率高，比表面积大。表观密度一般为 $400 \sim 500kg/m^3$，磨细粉的真密度为 $1900 \sim 2300kg/m^3$，堆积密度为 $200 \sim 600kg/m^3$，比表面积 $19 \sim 65m^2/g$。

2) 硅藻土的熔点 1400～1650℃。

3) 耐火黏土是指耐火度大于 1580℃的黏土，按照其矿石特征，可分为软质黏土、半软质黏土、硬质黏土和高铝黏土，其主要组成矿物为一水硬铝石、一水软铝石、三水铝石、高岭石、地开石、伊利石等黏土矿物及少量杂质。

4）硅藻土与耐火黏土制品尺寸偏差及外观质量，应符合表10-20要求。

硅藻土与耐火黏土绝热制品的尺寸与外观指标　　表 10-20

项　目	尺寸范围	指　标
尺寸偏差	尺寸≤100mm ≤	±2
	尺寸 101～200(101～250)mm ≤	±3
	尺寸 201～300(251～400)mm ≤	±4
扭　曲	长≤250mm ≤	2
	长度 251～300(251～400)mm ≤	3
缺棱缺角深度(mm) ≤		不规定(7)
熔洞直径(mm) ≤		10(5)
裂纹长度	宽度≤0.5mm ≤	不限制
	宽度 0.51～1.0mm ≤	40(30)*
	宽度>0.1mm ≤	不准有

注：1. 表中数字有“*”者，宽度的裂纹不允许跨过两个或两个以上的棱。
2. 指标中括号内数字为黏土制品，括号外为硅藻土制品。

5）硅藻土绝热制品的物理性质要求，见表10-21。

（2）微孔硅酸钙和微孔铝酸钙绝热制品

1）微孔硅酸钙是一种新型微孔状绝热材料，质量轻、导热系数小，使用温度较高，可广泛用于各种热工设备、管道及建筑围护结构的绝热保温。其技术性能见表10-22。

硅藻土绝热制品的物理性质标准　　表 10-21

项　　目	牌　　号					
	GG-0.7a	GG-0.7b	GG-0.6	GG-0.5a	GG-0.5b	GG-0.4
表观密度（kg/m^3）　≤	700	700	600	500	500	400
常温抗压强度（MPa）　≥	2.5	1.2	0.8	0.8	0.6	0.8
重烧线变化不大于 2%，保温 8h 的试验温度（℃）	900					
导热系数（平均温度 300±10℃）[W/(m·K)] ≤	0.20	0.21	0.17	0.15	0.16	0.13

注：制品的工作温度不超过重烧线变化的试验温度。

微孔硅酸钙绝热材料的技术特性　　表 10-22

项　　目	普通微孔硅酸钙		超轻微孔硅酸钙
	托贝莫来石型	硬硅钙石型	硬硅钙石型
表观密度（kg/m^3）	200	230	100
抗弯强度（MPa）	0.49	0.88	0.49
导热系数[W/(m·K)]	0.0465	0.0558	0.036
线收缩率（%）	1.5（650℃）	1.0（1000℃）	0.2（650℃）
安全使用温度（℃）	650	1000	1000

2）对于绝热用的微孔硅酸钙制品，其物理性能应满足表 10-23的规定。

微孔硅酸钙绝热制品的物理性能标准　　表 10-23

牌号	表观密度（kg/m^3）≤	导热系数（平均温度 70±5℃）[W/(m·K)] ≤	抗压强度（MPa）≥	抗折强度（MPa）≥	线收缩率（%）≤	质量含水率（%）≤
170	170	0.055	0.4	0.2	2.0	7.5

续表

牌号	表观密度(kg/m³)≤	导热系数(平均温度70±5℃)[W/(m·K)]≤	抗压强度(MPa)≥	抗折强度(MPa)≥	线收缩率(%)≤	质量含水率(%)≤
220	220	0.062	0.5	0.3	2.0	7.5
240	240	0.064	0.5	0.3	2.0	7.5

3）对于作建筑壁板、吊顶等用途的隔热防火硅酸钙板，其物理性能应达到表10-24的规定。

纤维增强硅钙板的物理力学性能　　表10-24

项目		密度级别								
		D0.6			D0.8			D1.0		
表观密度（kg/m³）		500～750			750～900			900～1200		
抗折强度(MPa)≥	品级	优等品	一等品	合格品	优等品	一等品	合格品	优等品	一等品	合格品
	厚度≤12	6	5	4	9	8	7	11	10	9
	厚度>12	4.9	4.0	3.5	6.0	5.5	5.0	7.0	6.5	6.0
螺钉拔出力(N/mm)≥		49			60			75		
导热系数[W/(m·K)]≤		0.2			0.25			0.29		
含水率(%)≤		10								
湿胀率(%)≤		0.25								
热收缩率(600℃，3h)(%)≤		1								

4）微孔铝酸钙制品是新近开发的一种以高铝水泥为主要原料，添加适量增强纤维，经胶化、压滤成型、干燥而成的绝热保温材料，其主要技术指标见表10-25。

微孔铝酸钙制品的技术性能　　表 10-25

项　目	测试条件	性能指标		
		100	150	200
表观密度(kg/m^3)	干燥状态	100	150	200
抗弯强度(MPa)	干燥状态	0.50	0.60	0.65
抗压强度(MPa)	干燥状态，压缩 5%	0.58	0.70	0.85
	浸水 10h，压缩 5%	0.42	0.60	0.72
导热系数［W/(m·K)］	平均温度 25±2℃	0.036	0.045	0.054
	平均温度 350±5℃	0.069	0.085	0.102
线收缩率(%)	650℃，3h	0.45	0.30	0.25
	1000℃，3h	1.50	1.30	1.20
最高使用温度(℃)	线收缩率 2%时	1030	1050	1050

5）纤维增强铝酸钙防火隔热板技术性能见表 10-26。

纤维增强铝酸钙防火隔热板技术性能　　表 10-26

项　目	测试条件	烘干型	煅烧型
表观密度(kg/m^3)	干燥状态	800	750
抗弯强度(MPa)	厚度 4	9.5	6.4
导热系数［W/(m·K)］	常温	0.18	0.13
线收缩率(%)	600℃、3h	0.64	0.25
最高使用温度(℃)	线收缩率 1%	1000	1050

6）设计选用要点

① 憎水型绝热制品具有防水特点。

② 高强硅酸钙主要用作高强度支吊架隔热环，用于热力设备和管道的支吊，可以减少设备管线的热损失，节省耐高温合金钢。

③ 轻质产品适宜作保温材料；中等表观密度的制品，适宜作墙壁材料和耐火覆盖材料；高密度制品适宜作墙壁、地面或绝缘材料。根据现场要求和使用条件确定产品种类，根据使用温度确定类型。

④ 软化系数一般为 0.8 左右。吸水强度、水中浸泡强度降低，但不会被破坏，干燥后又可恢复到原来的强度。

⑤ 具有良好的耐腐蚀性能，在使用过程中，其水溶-出物显中性或弱碱性，可对设备或管道起一定的保护作用。

⑥ 耐火性好，属于不燃保温材料，在高温下不产生有毒气体、不发烟。

⑦ 在施工中采用传统的水泥砂浆抹面较为困难，表面易开裂，须使用专用配套用抹面材料，必要时应采用耐高温胶粘剂。

（3）无机泡沫胶凝材料

无机泡沫胶凝材料，是指无机胶凝材料在常温条件下的凝结、硬化过程中，引入气泡而制成的微孔状绝热材料，包括泡沫水泥、泡沫石膏、泡沫菱苦土、泡沫水玻璃、泡沫磷酸铝等。其主要性质有：

1）表观密度：最小可达到 200kg/m^3。

2）抗压强度：对于轻质的绝热材料而言，表观密度决定抗压强度。

3）抗折强度：抗折强度主要由增强纤维的用量决定。含10%～15%短切纤维的制品，其抗折强度几乎与抗压强度相接近。

4）导热系数：泡沫胶凝材料的导热系数，与表观密度有关，密度等级为 300 的制品导热系数，一般为 0.076～0.082W/(m·K)。

5）耐热性：泡沫水泥的耐热温度为 300～350℃，泡沫水玻璃的耐热温度约 550℃，泡沫磷酸盐可耐 800～900℃的高温。而泡沫石膏、泡沫菱苦土制品，通常只能用于＜65℃的常温环境。

10.4.2 有机微孔状绝热材料

（1）聚氨酯泡沫塑料

聚氨酯泡沫（Polyurethane Foam）简称 PUF 塑料，全称叫聚氨基甲酸酯泡沫塑料。PUF 塑料是以聚合物多元醇（聚醚或聚酯）和异氰酸酯为主体基料，在催化剂、稳定剂、发泡剂等助剂的作用下，经混合后发泡反应而制成各类软质(高回弹)、半软半硬、硬质的一种微孔发泡体。

1）特性

闭口孔隙率达 80％～90％，表观密度仅为 30～60kg/m^3，抗压强度＞0.2MPa，导热系数最低可达 0.016W/(m·K)，有一定的自熄性，使用温度一般为－100～100℃。

硬质聚氨酯泡沫具有相对密度小、比强度高、隔音防振性能好、独立闭孔、导热系数低、耐化学腐蚀、绝热保温等优良性能。

软质聚氨酯泡沫具有多孔、质轻、无毒、相对不易变形、柔软、弹性好、撕力强、透气、防尘、不发霉、吸声等特性。

2）应用范围

用作墙体、坡屋面(包括粮库的贮粮仓、拱型彩钢屋顶)、平屋面(绝热层在防水层之下，承受轻型或重型交通或来自屋顶花园或蓄水的荷载，如屋顶停车场、种植屋面、蓄水屋面；绝热层在防水层之下，仅承受维修荷载；架空屋面，绝热层在防水层之下，仅承受架空层荷载)、密封(出现缝隙及冷桥部位)、冷库等方面的绝热保温，以及屋面防水、保温和隔热一体化功能型的应用。常用作保冷和低温条件下的保温材料。使用时既可预制成板状或管壳状等制品，也可以现场喷涂或灌注发泡。

3）普通型 PUF 塑料设计选用要点

① PUF 塑料导热系数较低，普通型最高使用温度在 100℃，通过改性后，最高使用温度可达 120℃甚至 150℃。预制直埋蒸汽管保温，应采用无机与有机保温材料复合等法制造，最高使用温度不超过 350℃，多用于供暖管道或储罐绝热保温。

② PUF 塑料中发泡会因扩散作用不断与环境中的空气进行置换，致使导热系数随时间延长逐渐增大。为了克服这一缺点，可采用不透气材料做面层将其密封，以限制或减缓这种置换作用。

③ 外露使用的 PUF 塑料会出现过早老化，导致各项物理性

能指标下降，应在 PUF 塑料外层上增加保护层，以便延长使用寿命并保持应用效果。

④ 现场喷涂 PUF 塑料压缩性能高，施工简便、快速、无接缝，适用于屋面等大面积保温施工。

⑤ PUF 塑料用于管道敷设（尤其是地下管道）和屋面保温时，应采取可靠的防水、防潮措施。同时应采用密封材料作保护层。

采暖供热管道的保温厚度不得小于表 10-27 中规定的数值。

采暖供热管道最小保温厚度　　表 10-27

保温材料	直径(mm)		最小保温厚度(mm)
PUF 塑料管(直埋管)	公称直径 D_0	外径 D	δ
$\lambda_m=0.02+0.00014t_m$ [W/(m·K)] $t_0=70$℃ $\lambda_m=0.03$ [W/(m·K)]	25～32 49～20D 250～300	32～38 45～219 273～325	20 25 35

注：表中 t_m 为保温材料层的平均使用温度(℃)，取管道内热媒与管道周围空气的平均温度。

⑥ PUF 塑料发烟温度低，遇火时产生大量浓烟与有毒气体，不宜直接用作内保温材料。

⑦ 普通 PUF 塑料为易燃品，根据应用要求可相应选用阻燃型，并应达到设计要求。

⑧ 用于结构空腔、缝隙、冷桥等部位密封时，宜有保护层。

4）屋面用功能型防水保温 PUF 塑料设计选用要点

① PUF 塑料防水保温隔热一体型工程设计方案的选择，应根据各类建筑防水与保温隔热性能要求、区域气候条件、建筑结构特点、工程耐用年限、维修管理等因素，经技术经济综合比较后确定。

② PUF 塑料适用于防水等级为Ⅰ～Ⅳ级的工业与民用建筑的平屋面、坡屋面、墙体及大跨度的金属网架结构屋面、异型屋

面与需防渗漏的构筑物的防水保温，也适用于旧建筑的维修和改造。

③ PUF 塑料防水保温材料适用于混凝土结构、金属结构、木质结构的屋面及墙体的保温隔热。其保温隔热效果必须满足建筑节能标准的要求。

④ PUF 塑料防水保温层厚度的设计，应根据建筑防水与保温隔热性能要求而定，并应符合《民用建筑热工设计规范》(GB 50176—93)。按屋面传热系数 K(W/m^2 · K)的大小，一般分为以下几个厚度等级，见表 10-28。

PUF 塑料防水保温层厚度 **表 10-28**

<table>
<tr><th>屋面传热系数</th><th>防水保温层厚度</th><th>屋面传热系数</th><th>防水保温层厚度</th></tr>
<tr><td>不需保温部位</td><td>≮20mm</td><td>$K \leqslant 0.60$</td><td>40mm</td></tr>
<tr><td>$K \leqslant 0.80$</td><td>25mm</td><td rowspan="2">$\leqslant 0.50$</td><td rowspan="2">≥50mm
最大厚度可达 80mm</td></tr>
<tr><td>$K \leqslant 0.70$</td><td>30mm</td></tr>
</table>

⑤ 建筑屋面的结构层为混凝土时，应设找坡层或找平层。找平层或找坡层应坚实、平整(含水率应小于 8%)，表面不应有浮灰和油污。

⑥ 落水集水范围的坡度：平屋面的排水坡度不应小于 2%，天沟、檐沟的纵向排水坡度不应小于 1%。

⑦ 屋面与山墙、女儿墙、天沟、檐沟以及突出屋面结构的连接处应为圆弧连接，其圆弧半径为 R=80～100mm。

⑧ PUF 塑料防水保温材料的防水性能指标应符合《建筑设计防火规范》的要求。

⑨ 防水保温层表面上应设防护层。

5) 施工注意事项

① 质量通病。影响聚氨酯泡沫塑料质量的因素很多，为了便于掌握操作要领，表 10-29 列举了施工中常见的一些质量通病、发生的原因和预控措施。

聚氨酯泡沫塑料施工中的常见问题与预控措施　　表 10-29

现　　象	原因分析	预控措施
泡沫发脆、强度差	环境温度、料温低	提高组分及被保温表面的温度
	水分掺入量大	注意空气干燥和避免外界水分
	催化剂加量不足	适当提高催化剂用量
	搅拌不充分	提高搅拌转速，延长搅拌时间
泡沫发软、熟化慢	固化剂量小	提高有机锡含量
	A 组分过量	提高 B 组分含量
	料温或表面温度过低	提高料温或加热工作表面
泡孔偏大、不均匀	稳泡剂少	补加稳泡剂
	反应温度低	提高料温或增加催化剂、固化剂
	搅拌不充分	提高搅拌速度或延长搅拌时间
闭孔率降低、通孔率增高	催化剂过量	提高有机锡含量，降低胺类含量
	稳泡剂量少	补加稳泡剂
	B 组分纯度过低	更换 *B* 组分
	B 组分用量过少	提高 *B* 组分用量
塌泡、泡沫不稳定	稳泡剂失效	更换稳泡剂
	稳泡剂过量	减少稳泡剂
	固化剂量少	增加固化剂
表观密度偏大	发泡剂含量过少	补加发泡剂
	料温或环境温度低	提高料温
	催化剂、固化剂量少	增加催化剂、固化剂用量
	搅拌不充分	提高搅拌速度或延长搅拌时间
	投料太多，内压过大	准确计算投料量
收缩变形	反应不充分	提高料温、延长搅拌时间
	A 组分过量	增加 *B* 组分用量
	阻燃剂过多	调节阻燃剂用量
泡沫开裂或中心发焦、发黄	固化剂过量	减少有机锡用量
	反应温度太高	减少催化剂用量
	发泡体积过大	减少发泡块体积

② 对于设备及管道保温用的硬质聚氨酯泡沫塑料的基本要求见表 10-30。

硬质聚氨酯泡沫塑料保温层性能指标　　　　表 10-30

项　　目		单　　位	性能指标
表观密度		kg/m^3	40～60
抗压强度		MPa	≥0.2
吸 水 率		$g/100cm^3$	≤3
导热系数		W/(m·K)	<0.035
耐热性	尺寸变化	%	<1.5
	质量变化	%	<1
	导热系数变化	%	<10

③ 对于建筑绝热用的聚氨酯泡沫塑料，其主要技术性能指标见表 10-31。

建筑绝热用聚氨酯泡沫塑料的技术性能　　　　表 10-31

项　　目	Ⅰ型		Ⅱ型	
	A 级	*B* 级	*A* 级	*B* 级
表观密度(kg/m^3) ≥	30		30	
压缩性能(屈服点或变形 10%的压缩应力)(MPa) ≥	0.1		0.15	
导热系数 [W/(m·K)] ≤	0.022	0.027	0.022	0.027
尺寸稳定性(70℃，48h)(%) ≤	5			
水蒸气渗透系数(23±2℃，0%～85%RH)，[ng/(pa·m·s)] ≤	6.5			
吸水率(%) ≤	4		3	

续表

<table>
<tr><td colspan="4" rowspan="2">项　目</td><td colspan="2">Ⅰ型</td><td colspan="2">Ⅱ型</td></tr>
<tr><td>A级</td><td>B级</td><td>A级</td><td>B级</td></tr>
<tr><td rowspan="5">燃烧性</td><td rowspan="2">1级</td><td rowspan="2">垂直燃烧法</td><td>燃烧时间(s) ≤</td><td colspan="4">30</td></tr>
<tr><td>燃烧高度(mm) ≤</td><td colspan="4">250</td></tr>
<tr><td rowspan="2">2级</td><td rowspan="2">水平燃烧法</td><td>燃烧时间(s) ≤</td><td colspan="4">90</td></tr>
<tr><td>燃烧高度(mm) ≤</td><td colspan="4">50</td></tr>
<tr><td>3级</td><td colspan="2">非阻燃型</td><td colspan="4">无要求</td></tr>
</table>

④ 现场安全防火。在喷涂施工现场，施工后的PUF塑料上面，不管是普通型还是阻燃型，绝不允许乱丢火种，严禁吸烟、乱扔未熄灭烟头、动用明火。绝不允许在与泡沫接触部位进行电焊、切割等明火作业，不得在PUF施工时与其他动火工程交叉作业。当PUF塑料施工完成后，若进行明火作业时，必须在动火部位的周围留出与PUF塑料有足够的距离或间隔，并备好现场用消防设备，应根据现场具体情况制定严密动火规范和安全使用规范。

(2) 聚苯乙烯泡沫塑料

聚苯乙烯泡沫塑料简称PS，是以聚苯乙烯树脂为主体原料，加入发泡剂等辅助材料，经加热发泡制成的一种内部具有无数封闭微孔的材料。按生产配方及生产工艺的不同，可生产不同类型的聚苯乙烯泡沫塑料制品，目前常用主要类型的产品有可发性聚苯乙烯树脂泡沫(EPS)塑料和挤塑型聚苯乙烯泡沫(XPS)塑料两大类。

1) 特点

EPS塑料具有质轻、保温、隔热、吸声、防震性能好、吸水性小、耐酸碱性好、耐低温性好、有一定弹性、易加工等特点，自熄型在离火后1～2s自行熄火。

XPS塑料具有质轻、抗压强度高、高热阻、低线性膨胀率、极低的吸水率、耐老化、无毒、不霉变、耐腐蚀等特点，挤压过程拥有连续、均匀的表层及闭式蜂窝结构，板两面均无缝隙。缺点是不耐多数有机化学试剂。

2）性能

绝热用聚苯乙烯泡沫塑料的技术性能要求见表10-32。

聚苯乙烯泡沫塑料的技术要求 **表10-32**

项　目		单位	性能指标		
			Ⅰ	Ⅱ	Ⅲ
表观密度　≥		kg/m^3	15.0	20.0	30.0
压缩强度(即在10%变形下的压缩应力)　≥		MPa	0.06	0.1	0.15
导热系数　≤		W/(m·K)	0.041	0.041	0.041
70℃、48h后尺寸变化率　≤		%	5	5	5
水蒸气透湿系数　≤		ng/(Pa·m·s)	9.5	4.5	4.5
吸水率　≤		%(V/V)	6	4	2
熔结性	断裂弯曲负荷　≥	N	15	25	35
	弯曲变形　≥	mm	20	20	20
氧指数　≥		%	30	30	30

3）应用范围

广泛用于建筑物外墙外保温和屋面的隔热保温系统。

① EPS用在外墙的砖石或混凝土承重墙，以抹灰层为保护层的外保温。

② 框架结构填充墙，以抹灰层为保护层的外保温。

③ 用在平屋面绝热层在防水层之下，仅承受维修荷载。

④ 架空屋面，绝热层在防水层之下，仅承受架空层荷载。

⑤ 楼板的绝热层在楼板之上，其上铺均布荷载的钢筋网碎石混凝土找平层。

⑥ 地下室顶棚，绝热层位于楼板之下。

⑦ 外墙的砖石混凝土承重墙，木龙骨局部支撑具有轻质保护面层的内保温；地面的绝热层在混凝土板和防水层之上，其上铺均布荷载的钢筋网碎石混凝土找平层等。

⑧ XPS 用在平屋面的倒置式屋面，绝热层在防水层之上；绝热层在楼板之上，其上铺均布荷载的钢筋网碎石混凝土找平层。

⑨ 地下墙体，直接与土壤接触的外保温。

⑩ 在地面上，绝热层在混凝土下面直接与土壤接触，温度在冰点以下，绝热层在土壤内或靠在土壤上等。

4）EPS 塑料板设计选用要点

① 在 EPS 板薄抹面外保温系统中，为避免后收缩造成抹面层开裂，要求 EPS 板成型后在常温下至少存放 40 天，或者在 70℃下至少养护一周，同时要求尺寸稳定性在 0.3%以下。

② EPS 板自重轻，且具有一定的抗压、抗拉强度，靠自身强度能支承抹面保护层，不需要拉件，可避免形成热桥。

③ EPS 板的密度在 30～50kg/m^3 的范围内，导热系数值最小；在平均温度 10℃、密度 20kg/m^3 时，导热系数为 0.033～0.036W/(m·K)；密度小于 15kg/m^3 时，导热系数随密度的减小而急剧增大；密度 15～22kg/m^3 的 EPS 板适合做外保温。

④ EPS 板具有很好的使用耐久性，但当 EPS 板直接暴露于室外时，表面极易受损，故应加保护层。

⑤ EPS 板在加热成型后会产生后收缩，用不同的原料和不同的加工条件生产的 EPS 板，其后收缩量是不同的，理想的 EPS 板的后收缩量为 0.3%～0.5%。

⑥ EPS 板用于外墙和屋面保温时，一般不会产生明显的受潮问题。但当 EPS 板一侧长期处于高温高湿环境，另一侧处于低温环境并且被透气性不好的材料封闭时，或当屋面防水层失效后，EPS 板可能严重受潮，从而导致其保温性能严重降低，应考虑防水保护。

⑦ EPS 板在表面裸露的情况下，因直射阳光和风化作用易造成损坏。因此，在外保温或屋面保温层施工过程中，应及时做保护层。

⑧ 用于冷库、空调等低温管道保温时，必须在 EPS 板外表面设置隔气层。

5）XPS 塑料板设计选用注意事项

① XPS 板具有特有的微细闭孔蜂窝状结构，与 EPS 板相比，具有密度大、压缩性能高、导热系数小、吸水率低、水蒸气渗透系数小等特点，较适用于潮湿环境。

② 在长期高湿度或浸水环境下，XPS 仍能保持其优良的保温性能，在各种常用保温材料中，是惟一能在 70％相对湿度下两年后热阻保留率仍在 80％以上的保温材料。

③ 由于 XPS 板长期吸水率低，特别适用于倒置式屋面和空调风管。

④ XPS 板还具有很好的耐冻融性能及较好的抗压缩蠕变性能。

（3）聚烯烃泡沫塑料简介

聚烯烃泡沫塑料主要是指聚乙烯(PE)和聚丙烯泡沫塑料。

1）优点：表观密度小、低温稳定性好、抗化学腐蚀性强。可以制成片状发泡体、块状发泡体、颗粒状发泡体以及各种管、管壳等绝热材料。

2）主要缺点是耐热性差，易燃烧。为了提高其耐热温度，目前，采用硅烷接枝、氯化、氯磺化、氟化；与丙烯酸酯、醋酸、乙烯等共混；引入阻燃剂等方法进行改性，可收到良好效果。

3）聚烯烃泡沫绝热材料，宜采用热熔粘贴，若使用胶粘剂粘贴时，宜选用氯丁二烯、丁基橡胶、丙烯、尿烷等粘结剂或丙烯酸系乳胶。聚烯烃泡沫塑料不含增塑剂，在已知的溶剂中均不溶解，但在光、热、臭氧和紫外线的作用下会发生降解。

4）聚烯烃泡沫塑料无毒性，可用于食品保温或保鲜。广泛用于中央空调、冷库、冷冻冷藏箱夹层保温系统，采暖管道、冷热水管、化工管道、轻钢结构建筑的绝热保温。建筑基础工程、节能型建筑墙体、屋面保温，地铁、隧道涵洞、地下设施工程保温，地下室及地上防水保护材料。消防管道、给水管道、轻钢结构屋顶、墙体的防结露、隔热、降噪音用材料。桥梁、堤岸混凝土工程、高速公路、水利工程、道路、地面、机场等建筑伸缩缝填充衬条。钢结构建筑工程的大块玻璃防震衬垫。

(4) 聚氯乙烯泡沫塑料简介

聚氯乙烯树脂(PVC)泡沫塑料是以聚氯乙烯树脂为主体材料，添加适量的高分子改性剂、发泡剂、热稳定剂和增塑剂等辅助材料，经过低速或高速混合机混匀，预塑造粒或压片，再采用模压发泡、挤出发泡或注塑发泡而制成的泡沫塑料。

PVC泡沫塑料，按硬度可分为软质、半硬质泡沫和硬质泡沫；按泡孔结构分为闭孔泡沫和开孔泡沫；按密度分为低密度泡沫和高密度泡沫；按是否交联，又可分交联泡沫和未交联泡沫；按其生产方法划分，有机械发泡法和化学发泡法。

1) 特点

具有比重轻、导热系数低、不吸水、耐酸碱、耐油、隔热、保温、隔声、防震等优点。

硬质泡沫水蒸气透过率低、强度高、阻燃性能优良。

2) 应用范围

① 硬质PVC结构泡沫塑料的表面有密实的不发泡层，内部为泡沫。可代替木材用作房屋建筑、车辆、船舶的内装饰材料，其绝热保温、阻燃性能优于木材。如窗框和构件、隔声板、组合式隔墙板和活动房的内装饰；汽车的内外装饰板；商业和办公设备；电气电子仪器行业；家具和家庭用品；农业和园艺等领域应用。

② 最显著特点是刚度较好，具有一定的承载负荷的能力。在低温条件下其压缩、拉伸、弯曲的弹性模量，比常温时更加优越，因此常用于保冷工程、冷冻车、冷冻库、船舶和储罐的绝热

材料。

③ 在建筑业用于保温、隔热、吸声材料等。

④ 闭孔泡沫主要用于防震方面。

⑤ 软质 PVC 泡沫复合材料用于管道、储罐等绝热保温保冷材料，还可用于生活设施、医疗卫生、汽车坐垫等。由于其不易燃烧，可用于安全要求较高的设备上。

（5）酚醛泡沫塑料

酚醛树脂泡沫(PF)塑料，俗称“粉泡”。酚醛泡沫塑料是以酚醛树脂为主要原料，经过机械发泡或化学发泡而制成一种绝热材料。

1）特点

酚醛树脂泡沫具有难燃、防火、隔声、绝热保温、热稳定性好、低温收缩性小、耐化学腐蚀、耐火焰穿透、抗老化、质轻、价格便宜等特点 ，具有独特的阻燃和尺寸稳定性。氧指数高，在 2000℃高温条件下，不燃烧、不熔化、不收缩、不变形、无毒气、无浓烟。在高温明火接触时，只在表面形成炭化层，而无融熔滴落物。

未改性的酚醛泡沫塑料，具有极强的耐热性和耐冻性，安全使用温度一般情况下在－150～130℃之间，是泡沫塑料中耐热性能较高的品种之一，当遇到高温时虽然发生碳化，但不燃烧，且强度还会增加，在超低温条件下反复冻融也不会产生裂纹，阳光下长期曝晒也未见老化现象。

缺点主要是强度受表观密度影响较大，低表观密度的产品强度较低，再就是吸水性较强。为改善上述缺点，近几年来，发展了一系列对酚醛泡沫塑料进行改性的技术措施：

① 用酚醛树脂与三聚氰胺－甲醛树脂共混，可以使抗压强度提高 1 倍以上，吸湿性减弱 1/3。

② 用甲阶酚醛低聚物胶结聚苯乙烯泡沫颗粒，将前者的耐热性能和后者的高强度和高韧性相结合，可制成酚醛聚苯乙烯泡沫塑料。

③ 用酚醛树脂与固化剂、发泡剂混合，然后加入膨胀珍珠岩、球形泡沫玻璃等填料，制成有机-无机复合泡沫体，可提高其耐热性和抗压强度。

④ 利用铝粉悬浮胶作发泡剂，可以克服甲阶酚醛树脂在闭合容器内易爆炸的缺点，利用上部空间所聚集的氢气，可以大范围地调节泡沫塑料的密度，同时适合于连续操作。

⑤ 近年来，一种将热固性酚醛树脂和少量含氮热敏化合物混合后喷成雾状，加热后制得微小空心球，然后用聚酯树脂或环氧树脂结合成蜂窝状或夹心状的复合泡沫塑料，具有极高的机械强度和耐热性，可用于航空和航天方面的绝热保温。

2）应用范围

① 广泛适用于防火保温要求较高的工业建筑，如屋面、地下室墙体的内保温、地下室的顶棚（绝热层位于楼板之下），礼堂、扩音室隔声材料。

② 石油化工过热管道、反应设备、输油管道、液化气管道与贮藏罐的保温隔热。

③ 防火要求较高的高层建筑、医院、宾馆、公用建筑的中央空调系统的隔热保温。

④ 轻质保温、隔声墙体、防火门。

⑤ 住宅小区集中供热管网建设、锅炉保温。

⑥ 冷库等深冷工程的保冷、绝热等。

3）设计选用注意事项

① PF 塑料与 PUF 比较相对压缩性能较低，但 PF 塑料耐温性和防火性能远远优于 PUF 塑料，所以特别适用于高温管道和防火要求严格的场合。

② PF 塑料的耐热性、阻燃性远远优于 PUF 塑料及其他泡沫塑料，长期使用温度可高达 150℃，允许间歇使用温度高达 250℃。

③ PF 塑料氧指数高达 50%，烟密度等级（SDR）为 4，在空气中不燃，不熔融滴落。按 GB 9978—90 进行耐火试验时，试

件无明显变形，无窜火现象。

④ 因生产配方不同，个别PF塑料吸水性偏高，与金属接触有一定腐蚀性。

⑤ PF塑料强度较低，需作保护层，以保护绝热结构不致被损伤，保证绝热层的完好，防止雨水侵入。保护层要选用防水、防火、化学性能优良的材料。保护层应在平整、光滑干燥的保温层或防潮层表面上施工。

⑥ PF塑料吸水性较强，保冷工程需作防潮层，防止大气中的水蒸气进入保冷层中影响绝热效果。

4）酚醛树脂泡沫施工注意事项

① 各种管线应单独进行绝热施工，保温层表面与相邻障碍物应保持一定距离。

② 各块泡沫间的缝隙不得大于5mm，所有缝隙用胶泥勾缝或其他形式密封。

③ 管壳在水平管道上安装时，必须上下覆盖错接，使管壳水平接缝在侧面。在垂直管道上必须自下而上施工，每节管壳至少捆扎两道塑料带，间距不大于400mm。

④ 对尺寸大于500mm的风管应提前一天在风管底部、侧面先用强力胶粘上塑料钉，塑料钉间距约200～300mm左右。

⑤ 弯头、三通、阀门、法兰等处用毡状材料施工时，毡状材料应铺盖均匀，厚薄一致；弯头用酚醛泡沫管壳施工时，应将管壳加工成不少于三段的虾米腰形进行管道安装，并用胶泥砌筑。

⑥ 用塑料薄膜作防潮层时，用卷轴塑料薄膜螺旋形缠绕于酚醛泡沫层上，重叠部分为其宽度的三分之一左右，缠绕时要紧，不允许有松脱、翻边、皱褶现象。缠绕施工时，起点和终点要用铁丝或塑料带扎牢。

⑦ 玻璃布作保护层，用缠绕方法施工时，用卷轴玻璃布螺旋形缠绕于防潮层上，重叠部分为其宽度的三分之一左右，缠绕时要紧，不允许有松脱、翻边、皱褶和鼓泡现象，缠绕施工时起

点和终点要打结扎牢。

用覆铝玻璃布作保护层时，安装的壳体要贴紧在保温层或防潮层上，环缝、竖缝可采用搭接，缝口朝下，搭接长度 30～50mm，并用自攻螺钉紧固，其间距不得大于200mm。

保护层应在平整、光滑干燥的保温层或防潮层表面上施工。施工保护层时不得刺破防潮层。

(6) 脲醛泡沫塑料

脲醛树脂泡沫(简称 UF)塑料，又名氨基泡沫塑料。是以脲醛树脂液为主体基料，加入起泡剂、乳化剂、硬化剂等助剂构成起泡液，通过化学起泡或机械打泡法制成。

1) 特点

具有质轻、密度小、导热系数低、耐热耐冷性能好、耐腐蚀、隔声、阻燃、制造简便、价格低廉、通过改性可进一步提高阻燃效果等优点。在 100℃下长期使用，性能几乎不发生变化，温度超过 120℃时发生严重收缩，若加入少量磷酸二氢胺改性，可提高到 200℃。在－50～200℃下长期使用，性能基本稳定。具有一定的透气性，但不透水。最终稳定后的泡沫能够抵抗稀酸、碱、油和溶剂的腐蚀，也不会腐烂。充填木结构空间时还具有杀虫、防蛀、防霉作用。

缺点：相对吸水性强，对水蒸气的作用不稳定，机械强度较低，(通常只有 0.025～0.05MPa)，尺寸稳定性差等。因此，只能用于充填，不可用于承重。

2) 应用范围

在建筑工程中用于空心墙体夹层中或绝热层的填充保温、隔热、吸声材料等。广泛用于影剧院、电台、电视台、文化宫等播音室的隔声建筑。用于石油化工的贮罐、密封容器、等隔热保温。

3) 设计选用要点

① UF 塑料耐老化、耐霉菌，干燥后对金属不腐蚀。

② 现浇 UF 塑料适用于夹芯墙体和空心砌块填充保温。

③ UF 塑料在硬化过程中有水分释放，故其外围材料应有良好的透水蒸气性，以使硬化 UF 塑料充分干燥；如果应用空间长期处于潮湿状态，或者材料不是用于保 温而是保冷，则应对潮湿问题特别加以考虑。

④ UF 塑料在干燥过程中收缩较大，有可能产生裂缝，而且在材料与空间的接触面处容易产生松脱现象。如果不允许有此种现象发生，应事先向材料供应商提出。

⑤ UF 塑料存在甲醛释放问题。

4）施工要点

① 脲醛泡沫突出优点是阻燃性好，并可在原有阻燃性能基础上进一步改性。当应用在贮油罐、管道、保冷设备时，可切割成相似形状，拼贴粘接后再进行保护包扎，防止泡体保温层进水或碰撞。

② 用在有振动的交通工具时，为防止由于振动而造成泡沫粉碎，应设法将泡沫紧密夹在框格里。应用在复杂、异形保温时，可采用多块拼凑安装法，特殊部位也可采用碎沫填满，但不得有空隙。

③ 如果大面积应用时，宜将泡沫板材用塑料薄膜包裹，以防吸水。板材可选择合适黏合剂粘贴。

④ 当用在静止的建筑做保温隔热材料时，除应采取防潮措施外，泡沫不得有任何压力，应采用防护措施。

(7) 其他有机微孔绝热材料

近几年，随着科技的进步，发展了一些强度更高或耐热性更强的有机微孔状绝热材料，以适应某些特殊用途的绝热保温。

1）有机硅泡沫塑料：有机硅泡沫塑料具有良好的热稳定性，可以经受 360℃的高温，并且难以燃烧。按照发泡前的物料形式，可分为发泡粉和液态双组分两种发泡料。

2）环氧泡沫塑料：环氧泡沫塑料也是一种耐高温绝热材料，长期使用温度可达 200℃，常温固化，粘合力强，化学稳定性好，能自熄。根据使用方式可分为预制绝热制品和现场发泡保温两种类型。

10.5 层状绝热材料及制品

为了取得既满足绝热需要，又满足强度要求的绝热制品，可以采取将加强材料与多孔绝热材料复合的技术措施。用强度较高的层状材料，夹裹多孔材料或静止空气而形成的多层叠置材料，称为层状绝热材料。按照绝热层的结构，可以分为中空状、夹心状和覆膜状三大类型。

10.5.1 层状中空结构绝热材料

层状中空结构绝热材料，由高抗弯或抗拉强度的面层，内夹静止空气间隔层组成。

(1) 面层材料

硬质层状中空板的面层材料主要是一些抗弯强度较高的薄层平板或曲板。按照材料的化学组成，可分为金属板，如抛光铝板、不锈钢板、彩色镀锌钢板等；无机非金属板，如玻璃板、石膏板、纤维水泥板等；有机高分子板，如塑料板，胶合板、纤维板、浸胶纸板等；无机-有机复合板，如玻璃钢板、水泥木屑板、石膏刨花板等。

1) 无机纤维板的厚度一般为 2～18mm。纤维可用石棉纤维、玻璃纤维、岩矿棉或废纸纤维，胶凝材料一般为水泥和石膏。

2) 有机纤维板和有机-无机纤维板，可使用锯末、刨花、细木屑麦秸、稻草等植物纤维或碎粒，以高分子树脂或无机胶凝材料胶结。一般采用模压成型。厚度 0.5～15mm 不等。纸板厚度一般为 0.1～0.3mm。

3) 金属板和塑料板的厚度一般为 0.2～3mm。

(2) 芯层材料

层状中空板的芯层材料主要是指将两层面板结合成整体，并构成静止空气隔热空间的材料。一般有龙骨、蜂窝芯子、瓦楞板三种形式。

1）龙骨可采用木龙骨，也可以采用纤维石膏、纤维水泥等料浆模铸成或用纤维石膏、纤维水泥等板条粘合制成，截面形状有“口”形、“工”形、“C”形。平行式或格式布局，用胶粘剂与面板粘合。

2）蜂窝芯子一般有纸蜂窝、玻璃布蜂窝、棉布蜂窝、塑料蜂窝和铝合金蜂窝，也可使用纤维增强水泥或石膏、菱苦土制作蜂窝。

3）瓦楞板可用草浆纸、纤维水泥等材料模压定型而成。

（3）板材复合

面板与芯子的复合一般采用粘贴法。利用胶粘剂将龙骨芯子、蜂窝芯子或瓦楞板粘合到两层面板之间。胶粘剂最好选用组成与粘结基材料相类似的材料。模铸法成型芯子时，常利用芯子及面板在凝固前的粘结性实现自粘结，芯子、面板制作和中空板的复合可在一条专用的成型生产线上连续完成。

10.5.2 层状夹心结构绝热材料

层状夹心结构绝热材料是由面层材料夹裹微孔绝热材料所形成的一种复层绝热材料。

面层材料可用各种金属、非金属以及复合材料薄板、纤维织物或热反射薄膜。芯层材料为前述的各种微孔结构绝热材料或制品。

按照复合方式，可以分为叠层胶粘型、板框充填型和缝毡型。

层状夹心结构绝热材料一般按面层一芯层材料类型命名。常见的夹心复合板有：

（1）EPS隔热夹心板

用彩色涂层钢板做面层，泡沫塑料做夹心材料，通过特定的生产工艺复合而成的隔热夹心板。心材又分为聚氨酯和聚苯乙烯泡沫塑料两种。彩色涂层钢板有强度高、防水、防腐蚀好、色泽鲜艳等优点，而泡沫塑料重量轻、保温性能极佳，又可承受一定的剪力。因此夹心板用于大跨度建筑屋盖是非常理想的建筑材料。它可以按建筑师的意图创造出各种形状的屋面。

1）优良的机械性能，有较大的截面惯性矩和抗弯截面模量。

2）最佳的保温隔热性能。导热率为 0.018～0.023 W/(m·K)，总热阻为 1.1551～9.583(m^2·K)/W。

3）理想的轻质特性，复合板的质量 9.5～12.0kg/m^2。

4）良好的装饰特性，几十种艳丽色彩，可美化建筑。

5）优良的隔声防噪性能，可达 13.4～94dB 的隔声效果。

6）优秀的隔火耐抗性能，表面可碳化阻燃。

7）耐久的稳定性，包括化学稳定性（耐酸、碱、油和有机溶剂）、抗生物降解性和抗老化性。

(2) 彩钢面矿物棉夹芯复合板

面层为预涂彩色钢板，夹芯为矿物棉包括岩棉、矿渣棉和玻璃棉。彩钢面矿物夹心复合板和彩钢面聚氨酯复合板一样，用作建筑物的维护结构，作为墙板或屋面板。其高效多功能特性，和彩钢面聚氨酯复合板相似。

(3) 石膏面矿物棉夹芯复合板

面层为纸面石膏板，夹芯亦为矿物棉。作为新型建材，石膏面矿物棉夹芯复合板为内隔墙建材。该复合板也有上述两种复合板相类似的高效多功能特性。

(4) 矿棉沥青毡复合垫

该复合垫是沥青毡和矿物棉的耦联复合，是将沥青毡的里面层的表面即无防水膜面，进行热溶而与矿物棉垫压合粘结。复合垫具有良好的防水与保温隔热作用，是保温隔热屋面良好材料。

(5) 在层状绝热材料中，值得注意的是一种芯层材料中含“相变储能物质(PCM)”的特种绝热材料。

在建筑中，通过在建筑材料中掺入 PCM，可以进行自动空气调节。为了使室内温度符合空调舒适温度，选择“PCM”技术要求如下：

1）为减少 PCM 用量，应尽量选用单位质量热焓大的材料。

2）相变点 T_m 应在常温的 15～30℃ 范围内，最好夏季 26.5℃左右、冬季 21℃左右。

3）应具有优良的耐久性，可无限制地重复使用至少 50 年，不变质、不挥发；

4）在封闭条件下，应不泄露、不产生放射性、遇火不发生燃烧或使火焰迅速蔓延。

（6）各种轻质保温复合外墙板与屋顶板

轻质保温复合外墙板与屋顶板，一般采用高性能轻质混凝土和钢筋网架构成混凝土及混凝土框架、肋，混凝土框架与混凝土肋之间及外侧填充聚苯乙烯泡沫塑料保温板，保温板外侧包覆玻璃纤维网格布及聚合物抗裂砂浆保护层；抗裂砂浆保护层外，墙板涂布外墙装饰涂料，屋顶板作防水处理。轻质保温复合外墙板与屋顶板用作装配式外围护结构。

10.5.3 热反射薄膜

在层状绝热材料中，使用热反射薄膜，可以极大地降低材料的总体导热系数，增强材料的绝热性能和抗蒸汽渗透性。

绝热材料中，最常用的热反射薄膜是铝箔和不锈钢箔。这类材料的主要特点是具有极小的热辐射发射率，并具有良好的反射热辐射能力。

铝箔和不锈钢箔是由铝或不锈钢经轧制加工制成的，按照热处理方式，有退火和冷作两种类型，二者热辐射黑度基本接近，但由于退火型铝箔或不锈钢箔质地柔软有韧性、表面光洁，便于使用，因此绝热材料制作和绝热施工中，多采用退火型箔。

箔制品有卷材、带状、片状、波纹状等形式，工业设备保温一般使用 0.04～0.05mm 的卷材和带材，建筑隔热工程一般使用 0.01～0.014mm 的各式箔。

由于热反射材料的绝热能力只取决于材料的表面状况，而基本上与反射材料的厚度无关，为了节省铝材和不锈钢材的消耗，同时也是为了增强热反射材料的强度，目前发展了很多在其他无机、有机材料表面生成热反射薄膜的技术，主要有：

化学镀膜法、化学气相沉淀镀膜法、物理气相沉淀镀膜法、喷镀法、浸镀法与渗镀法等方法。

另外，新型的复合保温涂料（膏、乳胶漆）涂刷到所需的物体表面，干燥后，可以形成保温隔热层，起到良好的保温隔热效果。有的还可以形成热反射薄膜，对太阳光的反射率与辐射率高达80%以上。从而可大大降低物体表面和物体内部的温度。

10.6 绝热材料的发展

目前，全国建筑能耗已占总能耗的25%以上，而且还有不断提升的趋势。降低建筑能耗已成为我国可持续发展的关键。随着国家各项节能政策的强制执行，发展和开发新型的高效绝热材料和吸声材料迫在眉睫。

10.6.1 建筑绝热保温系统

利用各种相互补充的组合成分，共同达到建筑物绝热保温及相关的基底处理、粘结、保护（耐候、防水、防裂与抗冲击等）与可装饰等各项要求的体系称为建筑绝热保温系统。目前，各企业开发高效绝热材料均以发展新型的高效绝热保温系统与系列产品为主。

(1) 外墙内保温系统

外墙内保温是采用具有优良保温性能的板材或复合板材，通过粘贴的方法将其粘贴于外墙的室内一面的外墙保温方式。外墙内保温系统，曾经大面积推广和应用，通过实践证明，在建筑结构上取得了一定的节能保温效果。适合在外墙外保温施工方法因特殊情况而无法实现时选用。外墙内保温的施工方法占用室内使用面积，且墙体不可避免存在“冷桥”现象，这是其最大的缺点，在应用时可按照地区、环境等具体情况来选择，如能避免出现“冷桥”，那么仍然是值得推广和应用的好方法。

目前，外墙内保温系统典型做法，大致可分为以下几种做法：

1）在外墙内侧粘贴或砌筑块状保温板(如膨胀珍珠岩板、水泥聚苯板、加气混凝土块、聚苯乙烯泡沫板等)，并在表面抹保护层(如水泥砂浆或聚合物水泥砂浆等)；

2）在外墙内侧拼装GRC聚苯复合板或石膏聚苯复合板，表面刮腻子；

3）在外墙内侧安装岩棉轻钢龙骨纸面石膏板或其他板材；

4）在外墙内侧抹保温浆料(如聚苯颗粒浆料、硅酸盐类保温膏等)；

5）在外墙内侧抹保温砂浆(但不得用于大城市民用建筑)等。

夹芯保温在东北地区曾普遍使用，一般以24cm砖墙做外墙片，以12cm砖墙为内墙片。也有内外墙片相反的做法。两片墙之间留出空腔，随砌墙随填充保温材料。保温材料可为岩棉、EPS板或XPS板、膨胀珍珠岩等。两片墙之间可采用砖拉接或钢筋拉接，并设钢筋混凝土构造柱和圈梁连接内外墙片。

(2) 外墙外保温系统

外墙外保温与内保温相比主要有以下优点：

由于保温材料贴在墙体的外侧，基本消除了“热桥”的影响，其保温、隔热效果优于内保温和夹心保温；提高了墙体的防水和气密性，使墙体潮湿情况得到改善，同时，缓冲了因温度变化导致结构变形产生的应力，减少了冷凝现象，有利于保护主体结构，延长了建筑物的寿命；有利于室温保持稳定，有利于改善室内热环境质量；适用范围更广，便于旧建筑物进行节能改造，可减少保温材料用量，增加房屋的使用面积，经济效益是十分显著。

1）规程推荐的系统

《外墙外保温工程技术规程》所推荐的五种外墙外保温系统：

① EPS 板薄抹面外保温系统

以 EPS 板为保温材料，玻纤网增强聚合物砂浆抹面层和饰面涂层为保护层，采用粘结方式固定，抹面层厚度小于 6mm 的外墙外保温系统。

② 胶粉 EPS 颗粒保温浆料外保温系统

以矿物胶凝材料和 EPS 颗粒组成的保温浆料为保温材料并以现场抹灰方式固定在基层上，以抗裂砂浆玻纤网增强抹面层和饰面层为保护层的外墙外保温系统。在此基础上又开发了适合于粘贴面砖饰面层的外墙外保温系统。

③ 现浇混凝土复合无网 EPS 板外保温系统

用于现浇混凝土剪力墙体系。以 EPS 板为保温材料，以玻纤网增强抹面层和饰面涂层为保护层，在现场浇灌混凝土时将 EPS 板置于外模板内侧，保温材料与混凝土基层一次浇注成型的外墙外保温系统。

④ 现浇混凝土复合 EPS 钢丝网架板外保温系统

用于现浇混凝土剪力墙体系。以 EPS 单面钢丝网架板为保温材料，在现场浇灌混凝土时将 EPS 单面钢丝网架板置于外模板内侧，保温材料与混凝土基层一次浇注成型，钢丝网架板表面抹水泥抗裂砂浆并可粘贴面砖材料的外墙外保温系统。

⑤ 机械固定 EPS 钢丝网架板外保温系统

采用锚栓或预埋钢筋机械固定方式，以腹丝非穿透型 EPS 钢丝网架板为保温材料，后锚固于基层墙体上，表面抹水泥抗裂砂浆并可粘贴面砖材料的外墙外保温系统。

2）其他开发的外墙外保温系统

① 岩棉外保温系统：以岩棉为主作为外墙外保温材料与混凝土浇注一次成型或采取钢丝网架机械锚固件进行岩棉板锚固，耐火等级高，保温效果好，为外保温系统增强防火性能起着重要的作用。

② 硬泡聚氨酯外保温系统：用聚氨酯发泡工艺将聚氨酯保温材料喷涂于基层墙体上，聚氨酯保温材料面层用轻质找平材料

进行找平，饰面层可采用涂料或面砖等进行装饰。该工艺保温效果好，可达到国家第三步节能目标，而且施工速度快，能明显缩短工期。

③ 保温砌块和预制保温板外保温系统：用轻质砂浆预制成保温砌块或工厂预制的保温挂板与墙体复合形成保温系统，施工速度快，能明显缩短工期。

④ XPS 板外保温系统：用 XPS 板代替 EPS 板形成的保温系统，导热系数低、保温性能好，但 XPS 板表面的粘结性以及透气性仍应进一步研究。

⑤墙体保温膏(浆)外保温系统

是近几年常用于建筑业保温材料的单独一类。目前，较常用的保温膏(浆)有：聚苯颗粒保温浆料、硅酸盐保温膏类和现浇聚苯复合材料等，采用抹灰工艺进行施工。保温层施工完成后，还可按设计具体要求进行饰面施工，进一步达到保温、装饰效果。该类产品施工方便，价格低，广泛用于采暖地区工业与民用的新、老建筑外墙外保温、以及屋面保温工程。

(3) 屋面保温系统

屋面保温工程是在建筑的顶面，保温与防水工程息息相关，这是屋面保温工程的特殊性。在设计、应用屋面保温材料时，作防水工程必须考虑保温，作保温工程必须考虑防水。

现浇水泥膨胀蛭石、现浇水泥膨胀珍珠岩保温层，保温层中的含水量很大，保温层保温效果差。在该类保温上使用防水卷材、防水涂料层，常导致防水层鼓泡，最终也减少防水材料使用寿命，在现行国家标准中(GB 50345—2004)取消了这两种现浇保温层在屋面保温工程的做法。但在建筑等级较低的屋面保温层仍可使用。

目前，推广使用最普通的保温层是板状保温层、整体现浇保温层等。在整体现浇保温材料中，尤其是现浇硬质喷涂聚氨酯泡沫保温层，在应用上有很多优点。还有水泥(胶凝材料)、聚苯颗粒与防水剂为主体材料复合的，有水泥与粉煤灰为主体材料复合的，有氯氧镁与聚苯颗粒为主体材料合成的等各种现浇保温材料，在应用效果上较传统现浇保温材料有很大改进与提高。它们共同的特点是保温材料中含水少、吸水率低、导热系数低、施工简便、快速，有些保温材兼有防水功能。

屋面保温施工方法除采用常规法(正铺)外，还广泛采用倒置式屋面保温法，这种方法是近几年发展的一种新式施工法，它不仅是保温，更重要是保护防水材料、延长防水材料的使用寿命。

屋面保温和隔热是两种功能，两个不同的概念，但又相互联系。保温材料使用热惰性好的材料，封闭屋面，尽量减少室内的热量向室外传递。隔热是尽量杜绝室外的热向室内传递。保温要求材料轻质多孔，而隔热要求材料反光，隔热涂料或者是薄板材等就能满足。

10.6.2 建筑绝热材料的发展趋势

(1) 环保性能

从环保方面考虑，一些对环境产生破坏的材料被限制使用或淘汰。同时，加大对废渣的利用率，充分利用天然草纤维秸秆、稻壳、稻草、玉米芯等废弃物发展绿色建材。新的环保绿色建筑绝热材料施工中不产生破坏大气臭氧层的有害气体(氟里昂HFAs，HCFCs)或甲醛，从而使大气环境得到了保护。长期使用不释放任何有害气体和味道。

(2) 保温性能

从良好的保温隔热性能方面考虑，降低取暖或制冷设备的负荷，节约能耗是新型建筑绝热材料重点。

新材料的导热系数更小，以减少热传导损失。例如新材料的导热系数≤0.023W/(m·K)

新材料对空气的隔绝性能好，以减少热对流损失。由于空气的泄露而产生的热对流所带来的能量损耗(或获取)有时会占整个建筑能量损耗(或获取)的40%。因此，建筑保温材料的性能不但取决于其导热系数值，还取决于其减少热对空气泄露的能力。

例如“安健能”保温隔热体系可形成严密的空气隔绝层，减少热传导和热对流双重热损失，每年能源费用是一般保温材料的53%。另外，空气隔绝层还有助于减少建筑结构内的潮气问题，减少冷凝现象，有助于消除霉菌和菌变所造成的建筑结构的损坏，降低建筑维护成本，有助于形成非常有效的隔声层。

新材料具有良好的热反射性能。例如，太空隔热防晒涂料对太阳光的反射率和幅射率均在85%以上。

(3) 其他功能

1) 优良的力学性能。新材料具有弹性特征，使其能随着建筑物的不同构件相移动(热胀冷缩或地震)。新材料具有良好的强度和抗撞击性，以适应各种使用需要。

2) 优良的耐久性。新材料具有更好的耐腐蚀、耐酸碱、抗老化、性能，不收缩、不变形或变质退化。不是白蚁或其他虫类的食物源。

3) 新材料具有良好的隔音吸声性能，降低由空气通过墙体、楼面和屋顶传导的声音。

4) 优异的防水性能。例如，佛山天智节能材料有限公司生产的CZ系列隔热保温防水膏，产品为憎水型，即使面膜表面被外力破坏，水流其上也不留水渍。用于厨卫、游泳池、生活水箱、地下隧道等防水、防渗、防潮工程。

5) 致密性能好。可以阻止灰尘、过敏源、气味及污染源等倒进入室内。

6) 防火阻燃性能好。

(4) 施工简捷

不受天气限制，包括气温、风、雨等。设备简单，现场操作简易。无异味、无毒、无污染。适应不同建筑形式和形状。

从绝热材料的发展看，外围护结构保温隔热技术中，外墙内保温浆体材料正在被限制和逐步禁止使用，各种形式的外墙外保温系统正在推广。实心型墙体材料制品向空心型墙体材料制品发展；小块墙体材料制品向大块墙体材料制品发展；重质墙体材料制品向轻质墙体材料制品发展；现场湿作业多的墙体材料制品向现场湿作业少的墙体材料制品发展；单一材料的墙体向多功能复合材料墙体发展；新型绝热材料兼有防水、轻质、阻燃、隔声及装饰功能。

10.7 保温绝热玻璃

10.7.1 低辐射玻璃与吸热玻璃

低辐射玻璃也称 Low. E 玻璃。其对可见光具有良好的透过性，同时能阻挠红外线辐射。主要功能是减少室内的能量以热辐射的形式向室外散失，保持室内温度，降低采暖费用。达到降低室内的热能消耗，具有可见光透过率高，太阳能辐射率低等特点。用低辐射镀膜玻璃制造中空玻璃能更有效地提高隔热能力。

吸热玻璃是指加入某些成分后，使该类玻璃能吸收大量红外线辐射，对红外线的透射率很低，并保持较高可见光透过率的平板玻璃。吸热玻璃的颜色有灰色、茶色、蓝色、绿色、古铜色、青铜色、粉红色和金黄色等。可减少阳光进入室内的热量，尤其在夏季，有利于降低室内温度，达到节约能耗的目的。吸热玻璃厚度有 2、3、5、6mm 四种规格。吸热玻璃还可进一步加工制成磨光、钢化、夹层或中空玻璃。

(1) 特点

低辐射玻璃与吸热玻璃与普通平板玻璃相比具有如下特点：

1) 吸收太阳辐射热或减少室内的能量以热辐射的形式向室外散失。如 6mm 厚透明浮法玻璃，在太阳光照射下总透过热为 84%，而同样条件下吸热玻璃的总透过热量为 60%。吸热玻璃的颜色和厚度不同，对太阳辐射热的吸收程度也不同。低辐射玻璃允许一半以上的太阳辐射热进入建筑内，被室内物体所吸收，进入后的太阳辐射热有 90%会保留在建筑物内，从而降低室内的热能消耗，并能阻挡紫外线，使室内摆设及家具减少褪色。

2）有较高的可见光透过率，与普通玻璃不相上下，能清晰地观察室外。

3）吸收太阳可见光，减弱太阳光的强度，起到反眩作用。

4）具有一定的透明度，并能吸收一定的紫外线，色泽绚丽，装饰效果显著。

（2）应用范围

低辐射玻璃主要用于中、高纬度地区，用于建筑物朝西、北部位的使用效果更好。吸热玻璃用于建筑工程中的采光及隔热。如高档建筑的门窗或幕墙玻璃以及火车、汽车、轮船的风挡玻璃等。起到隔热、防眩、采光及装饰等作用。也可按不同用途进行加工，如制成磨光、夹层、镜面及中空玻璃，隔热效果显著。

10.7.2 热反射玻璃

热反射玻璃是一种涂层玻璃或镀膜玻璃，是一种能够反射热量而又保持良好透光性能的平板玻璃的深加工制品。镀膜玻璃是利用不同的镀膜工艺在玻璃表面镀制一层薄膜，从而来改善表面性能，改善玻璃对光和热辐射的透过性能以及对光的反射性能。镀膜玻璃可分为阳光控制膜、低辐射膜、防紫外膜、导电膜和镜面膜等类型。热反射膜主要指阳光控制膜玻璃和透明反热膜，该类玻璃具有较高的热反射性，而又能保持良好的透光性。

通常，热反射玻璃与吸热玻璃(低辐射玻璃)的区分可用下式表示：$S=A/B$。式中 A 为玻璃整个光通量的吸收系数，B 为玻璃整个光通量的反射系数。当 $S>1$ 时称为吸热玻璃，当 $S<1$ 时称之为热反射玻璃。

（1）热反射玻璃特点

1）允许可见光及波长为 0.3～2.5μm 的近红外光透过，但不允许 3～12μm 的远红外光透过。即允许足够的太阳光射入室内，能把大部分太阳光热能反射掉。对太阳辐射热反射率约为30%，是普通平板玻璃的 4 倍左右，其热导率只有透明玻璃的80%。

2）减少室内热量的积聚，降低通风及空调的费用。

3）玻璃的透过率，可在较宽范围灵活选择。视线具有单向性，即视线只能从光线暗的一边看到光线亮的一边。这种特殊的性能给建筑物披上一层神秘的外纱，同时也给人们的视觉造成多种联想。周围的景物都可以映在建筑物的墙面，而人们却看不见室内的景物，对建筑物起到遮蔽及帷幕的作用，所以，采用热反射玻璃，建筑物室内不必设窗帘。

4）可单片选用，也可做成中空玻璃使用。

5）从颜色上分，有灰色、茶色、金色、浅蓝色、棕色、古铜色、褐色等。

（2）分类

按工艺分为真空磁控阴极溅射、电浮法、真空离子镀膜3类；按厚度分为3、4、5、6、8、10、12mm7种规格。

（3）热反射玻璃应用范围

广泛应用于建筑玻璃幕墙、外门窗；车窗玻璃、电烤箱和微波炉的炉门等，起到单向透视和反射热的功能。应用于冷柜、保鲜柜和冷库的透明门及高温环境下的透明隔热墙等领域。

（4）目测检查

反射玻璃的性能从外观方面，主要是目测检查，其内容包括色彩、平整度、膜的均匀性。镀膜要完整，不能有划破及比较明显的针眼等外观问题。

热反射玻璃尺寸允许偏差（包括偏斜）、外观质量和性能指标见表10-33和表10-34及表10-35。

热反射玻璃的尺寸允许偏差（mm）　　**表10-33**

厚　度	允许偏差范围	
	≤2000×2000	>2000×2000
3～6	±3	±4
8～12	±4	±5

热反射玻璃擦伤、条纹允许限度　　　　表 10-34

缺陷	说　　明	等　　级		
		优等品	一级品	合格品
擦伤	75mm 边部，面积小于或等于 $300mm^2$	不允许	允许 1 处	允许 2 处
	75mm 边部，面积大于 $300mm^2$、小于 $500mm^2$	不允许	不允许	允许 1 处
条纹	500mm 边部，宽小于 5mm	不允许	允许 1 条	允许 2 条
	50mm 边部，宽大于 5mm、小于 10mm	不允许	不允许	允许 2 处

热反射玻璃的外观质量　　　　表 10-35

缺陷	说　　明	等　　级		
		优等品	一级品	合格品
针孔（空洞）	直径小于 1.2mm	集中的针孔不允许	集中的针孔每平方米允许 2 处	不限
	直径大于或等于 1.2mm、小于或等于 1.6mm 的，每平方米面积允许数	中部不允许，边缘 75mm 允许 3 个	集中的针孔不允许	不限
	直径大于 1.6mm、小于或等于 2.5mm 的，每平方米面积允许数	不允许	75mm 边部允许 4 个，中部允许 2 个	75mm 边部允许 8 个，中部允许 3 个
	直径大于 2.5mm	不允许		
斑纹	不允许			
斑点	直径大于 1.6mm、小于 5.0mm 的，每平方米面积允许数	不允许	4 个	8 个

续表

缺陷	说明	等级		
		优等品	一级品	合格品
划伤	宽度大于0.1mm、小于或等于0.3mm的，每平方米面积允许条数	长度小于或等于50mm的允许4条	长度小于或等于100mm的允许4条	不限
	宽度大于0.3mm的，每平方米面积允许条数	不允许	宽度小于0.4mm、长度小于或等100mm的1条	宽度小于0.8mm、长度小于或等100mm的2条

注：集中针孔(空洞)是指100mm直径圆面积内超过20个。

10.7.3　光致变色玻璃简介

光致变色玻璃是一种随光线增强而改变颜色的玻璃。制造这种玻璃最好的基础玻璃是钠硼硅玻璃料，在基料中加入感光剂氯化银、溴化银等。为了提高感光灵敏度，必须加入微量氯化亚铜(CuC1)或氧化铜(CuO)作增感剂，然后以1380～1450℃高温经8～10h，熔化成光学性质优良的玻璃，最后在550～650℃左右烘烧一定时间就获得了光致变色玻璃。受到光照射时，玻璃体内分离出卤化银的微小晶体，产生色素，当光照停止时，又恢复到玻璃原来的颜色。含氯化银的玻璃的敏感波长范围为300～400nm，溴化银的为300～550nm，氧化银－碘化银的为300～650nm。由于生产这种玻璃耗银量颇大，故使用受到一定限制。

10.7.4　中空玻璃

中空玻璃又称密封隔热玻璃，它是一种能满足现代建筑物对保温要求的极为理想的材料。它由两片或多片玻璃通过填充干燥剂的铝框或塑胶条隔开，周边密封而成。在玻璃之间可充入干燥空气也可充入惰性气体，玻璃边部密封可以采用密封胶或结构胶。中空玻璃不但具有单层玻璃的采光性能，而且具有保温、隔热、隔声性能以及防结露，还改善了居住环境，达到安全、美观等效果。

(1) 中空玻璃主要特点

1) 隔声、隔热，能保持室内适宜的温度及光线。

2) 能避免冬季窗户结露并保持室内一定温度，节约能源。

3) 用低辐射镀膜玻璃制造的点式中空玻璃既可以保证玻璃的隔热保温性能，又可以保证玻璃有非常好的通透性能。

4) 中空玻璃内的密封空气，在窗框内灌充的高效分子筛吸附剂作用下，成为导热系数很低的干燥空气，从而形成一道隔热、隔声屏障。

(2) 中空玻璃应用范围

1) 广泛应用于各类工业、民用建筑，如别墅、住宅、饭店、宾馆、办公楼、写字楼、学校、医院、商场、精密车间和厂房等建筑。

2) 各种交通工具如火车、轮船，以及机场等隔热、隔音、防结露而又需采光的部位。

3) 轻工业方面的冷柜等。

(3) 中空玻璃的品种

可有多种具体划分，如按层数分：包括2层、3层和多层，可有数种；按使用的玻璃种类分：有普通中空玻璃、吸热中空玻璃、热反射中空玻璃、钢化中空玻璃、夹层中空玻璃、夹丝中空玻璃、压花中空玻璃等；按颜色分类：有无色、茶色、蓝色、灰色、紫色、金色、银色及复合式多种；按隔离框厚度分：有6mm、9mm、12mm、16mm、18mm等；按使用玻璃原片的厚度分：包括3～18mm数种。

(4) 中空玻璃规格

中空玻璃一般以正方形或长方形为主，其次是圆形或半圆形。

最大规格：2600mm×1700mm；

最小规格：300mm×300mm；

玻璃厚度：1～10mm。

(5) 中空玻璃效率

1) 节能

普通 12mm 厚双层中空玻璃的传热系数为 3.59W/(m²·K)，可节约能源费用 20%～40%；三层中空玻璃，或填充特种气体或以吸热玻璃、热反射玻璃等制成中空玻璃，节能可达 30%～70%。

中空玻璃与其他材料的传热系数比较见表 10-36。

中空玻璃与其他材料的传热系数　　表 10-36

材料名称	传热系数 [W/(m²·K)]	材料名称	传热系数 [W/(m²·K)]
3mm 透明平板玻璃	6.45	100mm 厚混凝土	3.26
5mm 透明平板玻璃	6.34	240mm 厚一面抹灰砖墙	2.09
6mm 透明平板玻璃	6.28	20mm 厚木板	2.67
12mm 双层透明中空玻璃	3.59	21mm 三层透明中空玻璃	2.43
18mm 双层透明空玻璃	3.22	33ram 三层透明中空玻璃	2.10
22mm 双层透明中空玻璃	3.17		

中空玻璃与单片玻璃相比参见表 10-37。

中空玻璃与单片玻璃的传热系数　　表 10-37

材料名称	空气层厚度 (mm)	传热系数 [W/(m²·K)]	备注
单片 5mm 玻璃	—	24.24	
中空玻璃：两片 5mm 玻璃	6	12.54	
中空玻璃：两片 5mm 玻璃	12	11.29	隔除噪声 29～30dB

2）中空玻璃具有良好的隔声、隔热性能，采光甚好，不但可以隔绝噪声，并可保持室内空调的温度和湿度，从而大量节约能源，尤其适用于寒冷或酷热地区，是一种有前途的节能建筑材料。适用于宾馆、办公楼、学校、医院、研究所等建筑。

3）中空玻璃可改变产品结构和单片普通玻璃的本体(如改用茶色玻璃、钢化玻璃、夹丝玻璃、涂膜反射玻璃等)，以适应不同建筑使用的功能要求。

（6）中空玻璃技术指标

1）中空玻璃的形状尺寸、尺寸允许偏差见表 10-38 至表10-41。

中空玻璃的形状和最大尺寸　　表 10-38

<table>
<tr><th>原片玻璃厚度（mm）</th><th>空气层厚度（mm）</th><th>方形尺寸</th><th>矩形尺寸</th></tr>
<tr><td>3</td><td rowspan="4">6，9，12</td><td>mm：1200×1200</td><td>mm：1200×1500</td></tr>
<tr><td>4</td><td>mm：1300×1300</td><td>mm：1300×1500
mm：1300×1800
mm：1300×2000</td></tr>
<tr><td>5</td><td>mm：1500×1500</td><td>mm：1500×2400
mm：1600×2400
mm：1800×2500</td></tr>
<tr><td>6</td><td>mm：1800×1800</td><td>mm：1800×2400
mm：2000×2500
mm：2200×2600</td></tr>
</table>

中空玻璃的长度和允许偏差（mm）　　表 10-39

长度	允许偏差	长度	允许偏差
＜1000	±2.0	＞2000～2500	±3.0
1000～2000	±2.5		

中空玻璃的厚度允许偏差(mm) **表 10-40**

玻璃厚度	公称厚度	允许偏差
≤6	<18	±1.0
	18~25	±1.5
>6	>25	±2.0

注：中空玻璃的公称厚度为两片玻璃的公称厚度与间隔框厚度之和。

中空玻璃对角线允许偏差(mm) **表 10-41**

对角线长度	允许偏差	对角线长度	允许偏差
<1000	4	1000~2500	6

2）性能指标

性能指标(GB 11944)见表 10-42。

中空玻璃的性能指标 **表 10-42**

试验项目	试验条件	性能要求
密封	在试验压力低于环境气压10kPa时，厚度增长必须大于或等于0.8mm。在该气压下保持2.5h后，厚度增长偏差小于15%为不渗漏	全部试样不允许有渗漏现象
露点	将露点仪温度降到−40℃或更低，使露点仪与试样表面接触3min	全部试样内表面无结露或结霜
紫外线照射	紫外线照射168h	试样内表面上不得有结雾或污染的痕迹
气候循环及高温、高湿	气候试验经320次循环，高温、高湿试验经224次循环，试验后进行露点测试	总计12块试样，至少11块无结露或结霜

3）中空玻璃密封胶层宽度：单道密封胶层宽度为10mm，双道密封外层密封胶层宽度为5~7mm。

4）中空玻璃的内表面不得有妨碍透视的污迹及胶粘剂飞溅现象。

10.7.5 泡沫玻璃

泡沫玻璃又称多孔玻璃。泡沫玻璃是以碎玻璃(磨细玻璃粉)为主要原料，在高温下掺入少量能产生大量气泡的发泡剂(如闭孔用炭黑，开孔用碳酸钙)，混合后装模，在高温下熔触发泡，再经冷却后形成具有封闭气孔或开气孔的泡沫玻璃制品，最后再经切割等工序制成壳、砖、块、板等。按其不同工艺和基础原料，可分为普通泡沫玻璃、石英泡沫玻璃、熔岩泡沫玻璃等，也可生产多种彩色独立闭孔的保温隔热泡沫玻璃和通孔的吸声泡沫玻璃。

由于这种无机绝热材料具有防潮、防火、防腐的作用，加之玻璃材料具有长期使用性能不劣化的优点，使其在绝热、深冷、地下、露天、易燃、易潮以及有化学侵蚀等苛刻环境下应用备受用户欢迎。

(1) 特点

1) 气孔封闭的泡沫玻璃机械强度较高(抗压强度 1～15MPa)，不透水、不透水蒸气和气体，尺寸稳定性好，抗冻性强，可锯、钻、钉钉子等，经久耐用。

2) 热导率很小(0.057～0.13W/(m·K))，耐高、低温，使用温度范围宽，不燃，防火，隔热(冷)保温，因而是一种良好的保温绝热材料。

3) 产品不变形，无毒，化学性能稳定，防霉，不受虫蛀，不受鼠啮，耐腐蚀，不变质，能耐大多数的有机酸、无机酸、氢氧化物。

4) 气孔连通和部分连通的泡沫玻璃，有较大的吸声系数，为 0.3～0.4(声频 100～250Hz)，隔音，防振，故是一种相当好的吸声材料。

5) 根据所采用不同的发泡剂，可制得不同颜色的泡沫玻璃：以软锰矿作发泡剂时，可得紫色泡沫玻璃；用硝酸钠，可得白色、灰色泡沫玻璃；用石灰石、大理石，可得白色泡沫玻璃；用无烟煤，可得烟草黄到深灰色泡沫玻璃；用焦炭，可得褐色至黑色的泡沫玻璃等，颜色多样，且不会褪色。因此，泡沫玻璃又是具有多种优异功能的装饰材料。

6）在低温深冷、地下、露天、易燃、易潮、有化学侵蚀等苛刻环境下使用安全可靠。

7）因其是脆性材料，有易碎、易破损等缺点。

（2）应用范围

可砌筑轻质隔墙和框架结构的填充墙，可做建筑结构的木墙、砖墙和混凝土墙以及地板、楼板和屋面的隔热、保温(冷)、吸声材料。浅色和彩色泡沫玻璃可作影剧院、音乐厅和大礼堂墙面和顶棚的吸声材料，同时可获得良好的装饰效果。

生产中废料(泡沫玻璃粉)和碎料可以作为装饰轻混凝土的填充料及其他应用。

（3）各种泡沫玻璃的性能指标

各种泡沫玻璃的特点、性能和用途见表 10-43

各种泡沫玻璃的特点、性能和用途　　表 10-43

品种名称	说明和特点	主要性能指标	用　途
隔热泡沫玻璃	又名低密度泡沫玻璃。其特点是闭口气孔多，密度小，热导率低、抗冷性好。通常用炭素作发泡剂，并加入少量助泡剂等，在高温下发泡而制得	密度：120～200kg/m^3 热导率：0.035～0.087W/(m·K) 吸水率(体积)：<0.2% 抗压强度：0.5～2.0MPa	主要用作化工、石油、食品、交通等部门作冷冻装置、地下工程、特殊建筑、交通工具、化工设备的热绝缘材料
吸声泡沫玻璃	其特点是开口气孔多，密度小、吸声系数高，吸水率大。通常是用碳酸盐作发泡剂，在高温下发泡而制得	开口气孔率：40%～60% 抗压强度：0.8～4.0MPa 吸声系数：100～250Hz 隔声性能：噪音减少率0.12%，隔声能量：约28dB	可用作各种类型管道的消声器，地下、地面工程、特殊建筑物的墙面吸声材料，以降低室内噪声

续表

品种名称	说明和特点	主要性能指标	用　途
彩色泡沫玻璃	用炭素作发泡剂，泡沫玻璃呈黑色；用碳酸盐作发泡剂，一般呈白色；如基础玻璃带颜色，则呈基础玻璃原有的颜色；也可在制作泡沫玻璃的粉料中加入无机颜料而着色		可作各种建筑物墙壁装饰材料，兼有吸声效果
石英泡沫玻璃	以石英为基础的泡沫玻璃，制造方法与一般泡沫玻璃相似，用99%的石英玻璃废料微粉碎，加入1%左右的炭素为发泡剂，在还原或中性气氛中发泡（发泡温度为1700℃左右）而制得。特点：化学稳定性高、使用温度范围为－270～1280℃	密度：150kg/m³	用于化工、军工等行业，在耐高温、温度急变等特殊场合作保温、绝缘材料
熔岩泡沫玻璃	用珍珠岩、黑曜岩等天然熔岩或工业废料为基础原料制成的泡沫玻璃。天然熔岩的软化温度较高，常用芒硝等作高温发泡剂，并于较高温度下发泡制得。也可掺入一些废玻璃料，以降低发泡温度，亦可使用低温发泡剂	密度：300～500kg/m³ 抗压强度：0.35～0.5MPa	可用作建筑物及热工设备的保温隔热材料

(4) 泡沫玻璃设计选用要点

1) 设计选用时应注意选用质量可靠的产品，并应进行工程试点。

2) 泡沫玻璃几乎不吸水，不透水蒸气，长期在湿热环境下使用时，含水率不会增加，因而导热系数不受使用环境和使用年限的影响。

3) 泡沫玻璃抗拉强度高，能与胶粘剂牢固黏结。在各种温度下都具有极好的尺寸稳定性，能有效地防止自身及其保护层的开裂。

4) 泡沫玻璃可广泛用于屋面、地面(特别是停车场等有较大荷载的地面)、墙体及高低温管道、设备保温。

5) 作为外保温材料时，泡沫玻璃的外层可以直接使用各种涂料、金属板等外墙装饰材料；作为内墙保温材料时，可以将电线、电缆、开关等置于泡沫玻璃内，再在其表面直接装修。

6) 在寒冷地区，建筑物外墙在室内标高以下的垂直墙面，以及周边接触土壤的热桥部位可采用泡沫玻璃，以防止热桥部位内表面结露，减少建筑物的传热损失。

7) 因抗压、抗折强度高，可作为预制保温墙的保温材料。

8) 高密度(250～350kg/m^3)泡沫玻璃具有较高强度，可用于建筑物的非承重围护结构。

(5) 泡沫玻璃施工要点

1) 泡沫玻璃是脆性玻璃质固体材料，施工时不得强力碰撞，避免出现破损。

2) 施工时，尽可能铺砌在平整的使用过程中不变形的表面上。

3) 铺砌时不得使用工具敲打泡沫玻璃，应压紧。

4) 在泡沫玻璃表面一次性灰层不得过厚，避免降低粘结强度。

5) 墙面基层处理：新墙面用水泥砂浆找平，打糙，硬结即可粘贴。旧墙应清除表面污物、浮灰等，墙面干燥时，应用水喷潮，保持湿度，稍干后粘贴。

6）胶粘剂调配：将专用胶粘剂拌成糊状胶泥。

7）粘贴：放样线后，将糊状胶粘剂涂刮在墙面砖背面或墙面上，厚度 3mm，约占每块待贴泡沫玻璃 3/5 面积，涂于四边为佳，然后再贴。

8）嵌缝：用水泥聚合物胶泥或与其类似的其他胶泥嵌于凹槽内，也可用配套的耐候嵌线条粘嵌于凹槽内。

9）用于热工设备、管道、容器和制冷机的绝热，可将产品制成板、块、筒瓦或拱块等。

10）使用温度高于 100℃时，一般用铁丝或金属条带绑扎固定，或用螺栓、角铁固定，也可使用高温胶粘剂粘结。若用水玻璃之类的胶粘剂，则必须进行点粘结。

11）使用温度低于－30℃时，如在－30～－70℃之间，除用泡沫填封材料密实组装外，还须每隔 230mm 绑扎一道金属条带使之固定；低于－70℃时，一般不用胶粘剂，而是采用两层以上的多层组装形式，从第二层起，用填料填缝，再绑上箍带，外露层涂覆低温玛碲脂或其他材料。

10.8 工程常用吸声材料

吸声系数(α)是用来表示吸声材料吸声性能好坏的重要指标。

吸声系数大小，除与材料本身的性质有关外，还与声音的频率、声音的入射方向有关。材料相同，声波的频率不同时，其吸声系数不一定相同。通常将 125Hz、250Hz、500Hz、1000Hz、2000Hz 和 4000Hz 6 个频率作为检测材料吸声性能的依据。凡对此 6 个频率作用后，其平均吸声系数大于 0.2 时，则可以认为是吸声材料。工程上使用较多的吸声材料的特点都是多孔的，许多绝热材料也有良好的吸声性能，见表 10-44，其性能可参见有关内容。

建筑工程常用的吸声材料及吸声性能　　表 10-44

序号	名称	厚度 mm	表现密度 kg/m³	各种频率下的吸声系数 α					
				125	250	500	1000	2000	4000
1	矿渣棉	31.3	210	0.10	0.21	0.60	0.95	0.85	0.72
2	玻璃棉	50	80	0.06	0.8	0.18	0.44	0.72	0.82
3	酚醛玻纤板	80	100	0.25	0.55	0.80	0.92	0.98	0.95
4	工业毛毡	30	370	0.10	0.28	0.55	0.60	0.60	0.56
5	水泥蛭石板	40	—	—	0.14	0.46	0.78	0.50	0.60
6	石膏砂浆	22	—	0.24	0.12	0.09	0.30	0.32	0.83
7	水泥珍珠岩板	20	350	0.16	0.46	0.64	0.48	0.56	0.56
8	泡沫玻璃	40	1260	0.11	0.32	0.52	0.44	0.52	0.33
9	脲醛泡沫塑料	50	20	0.22	0.29	0.40	0.68	0.95	0.94
10	泡沫水泥	20	—	0.18	0.05	0.22	0.48	0.22	0.32
11	吸声蜂窝板	—	—	0.27	0.12	0.42	0.86	0.48	0.30
12	泡沫塑料	10	—	0.03	0.06	0.12	0.41	0.85	0.07
13	软木板	25	260	0.05	0.11	0.25	0.63	0.70	0.70
14	木丝板	30	—	0.10	0.36	0.62	0.53	0.71	0.90
15	三夹板	3	—	0.21	0.73	0.21	0.19	0.08	0.12
16	穿孔五夹板	5	—	0.01	0.25	0.55	0.30	0.16	0.19
17	木丝板	8	—	0.03	0.02	0.03	0.03	0.04	—
18	木质纤维板	11	—	0.06	0.15	0.28	0.30	0.33	0.31

注：1. 序号 3 酚醛玻纤板为酚醛玻璃纤维板(去除表面硬皮层)；
2. 序号 6 石膏砂浆中掺有水泥玻璃纤维；
3. 序号 7 水泥珍珠岩板为水泥膨胀珍珠岩板；
4. 序号 10 泡沫水泥为外粉刷；
5. 吸声材料分为：纤维状材料类、散粒状材料类、多孔状材料类、木制品材料类四大类。

本节主要介绍已经成熟的吸声材料产品

10.8.1 吸声用穿孔板

将基板(穿孔板的基础板材)经切割、贯通穿孔等工艺制成的板称为吸声穿孔板，主要用于控制室内混响时间和降低环境噪音。可穿圆孔或长孔。基板的背面可粘贴透气性材料，称为背覆材料，也可以无背覆材料。基板、背覆材料、吸声材料及板后空气层(必须设置)，组合成的吸声结构，共同完成吸声功能。

(1) 吸声用穿孔石膏板(GB 11980)(以装饰石膏板和纸面石膏板为基板)

1) 规格尺寸

① 边长规格为 500mm×500mm 和 600mm×600mm。厚度规格为 9mm 和 12mm。

② 孔径、孔距与穿孔率见表 10-45。

孔径、孔距与穿孔率　　表 10-45

孔径(mm)	孔距(mm)	穿孔率(%)	
		孔眼正方形排列	孔眼三角形排列
$\phi6$	18	8.7	10.1
	22	5.8	6.7
	24	4.9	5.7
$\phi8$	22	10.4	12.0
	24	8.7	10.1
$\phi10$	24	13.6	15.7

注：其他规格的板材可由供需双方商定，但其质量应符合本节的要求。

2) 使用条件

吸声用穿孔石膏板主要用于室内吊顶和墙体的吸声结构中。在潮湿环境中使用或耐火性能有较高要求时，则采用相应的防潮、耐火或耐水基板。

3) 外观质量

吸声用穿孔石膏板不应有影响使用和装饰效果的缺陷，对以纸面石膏板为基板的板材不应有破损、划伤、污痕、凹凸、纸面剥落等缺陷；对以装饰石膏板为基板的板材不应有裂纹、污痕、气孔、缺角、色彩不均匀等缺陷。

穿孔应垂直于板面。棱边形状为直角型的板材，侧面应与板面成直角。

4）板材的尺寸允许偏差应不大于表 10-46 的规定。

尺寸允许偏差(mm) **表 10-46**

项　　目	优 等 品	一 等 品	合 格 品
边长	0，－2	＋1，－2	
厚度	±0.5	±1.0	
不平度	1.0	2.0	3.0
直角偏离度	1.0	1.2	1.5
孔径	±0.5	±0.6	±0.7
孔距	±0.5	±0.6	±0.7

5）板材的含水率应不大于表 10-47 的规定。

板材的含水率(%) **表 10-47**

优 等 品		一 等 品		合 格 品	
平均值	最大值	平均值	最大值	平均值	最大值
2.0	2.5	2.5	3.0	3.0	3.5

(2) 吸声用穿孔纤维水泥板(JC/T 566)(以纤维增强的水泥平板为基板)

1）产品等级与规格

产品分为优等品(*A*)、一等品(*B*)和合格品(*C*)。其规格为：

① 长度、宽度：产品的长度、宽度尺寸见表 10-48。

产品长度、宽度尺寸(mm) **表 10-48**

长×宽	500×500	600×600	985×985	1000×1000	1200×1200

② 厚度：厚度规格为 4mm、5mm 和 6mm。

③ 孔尺寸、孔径、边距与穿孔率：孔（圆孔或长孔）的公称尺寸、孔距、边距与穿孔率见表 10-49。

孔的位置、尺寸及穿孔率 **表 10-49**

<table>
<tr><th>孔尺寸
（d、l×b）mm</th><th>孔距
（α）mm</th><th>边距
（c_1、c_2）mm</th><th>穿孔率
（%）</th></tr>
<tr><td rowspan="3">5</td><td>15</td><td rowspan="8">14～30</td><td>8.7</td></tr>
<tr><td>20</td><td>4.9</td></tr>
<tr><td>30</td><td>2.2</td></tr>
<tr><td rowspan="3">8</td><td>15</td><td>22.3</td></tr>
<tr><td>20</td><td>12.6</td></tr>
<tr><td>30</td><td>5.6</td></tr>
<tr><td>10</td><td>20</td><td>19.6</td></tr>
<tr><td>mm：45×4</td><td>$\alpha_1$20，$\alpha_2$75</td><td>12.3</td></tr>
</table>

注：1. 其他规格的产品可由供需双方商定，但其质量应符合本节二的要求。

2. d 孔径、l 孔长、b 孔宽。

3. 穿孔率按正方形排列时孔洞的实际面积与整板的实际面积计算的，仅作为参考指标。

4. 对应边距应相等。

2）主要技术要求

① 产品尺寸允许偏差应不大于表 10-50 的规定。

尺寸允许偏差（mm） **表 10-50**

<table>
<tr><th colspan="2" rowspan="2">项目</th><th colspan="3">尺寸允许偏差</th></tr>
<tr><th>优等品</th><th>一等品</th><th>合格品</th></tr>
<tr><td colspan="2">长度，宽度</td><td>0，−2</td><td>0，−3</td><td>0，−4</td></tr>
<tr><td colspan="2">厚度</td><td>±0.2</td><td>±0.4</td><td>±0.4</td></tr>
<tr><td colspan="2">孔径</td><td rowspan="2">±03</td><td rowspan="2">±0.4</td><td rowspan="2">±0.5</td></tr>
<tr><td rowspan="2">长孔</td><td>宽度</td></tr>
<tr><td>长度</td><td rowspan="2">±0.3</td><td rowspan="2">±0.6</td><td rowspan="2">±1.0</td></tr>
<tr><td colspan="2">孔距</td></tr>
</table>

② 外观质量：产品正面应平整光滑，边缘整齐，不得有破损、裂纹、分层、剥落等缺陷。

各等级穿孔板的外观质量指标的允许偏差应不大于表 10-51 的规定。

外观质量指标允许偏差　　表 10-51

项　　目	尺寸允许偏差		
	优等品	一等品	合格品
厚度不均匀度(%)	8	10	12
边缘平直度(mm/m)	1.0	2.0	
边缘垂直度(mm/m)	2.0	3.0	

③ 含水率：出厂含水率不得大于 13%。

10.8.2　装饰吸声板

(1) 膨胀珍珠岩装饰吸声板(JC 430)

1) 产品分类

① 普通膨胀珍珠岩装饰吸声板(下称普通板)，用于一般环境，代号为 PB。

② 防潮珍珠岩装饰吸声板(下称防潮板)，经特殊防水材料处理，可用于高湿环境，代号为 FB。

2) 产品规格

① 边长公称尺寸为 400mm×400mm，500mm×500mm，600mm×600mm。

② 产品公称厚度为 15mm，17mm，20mm。

③ 其他规格可由供需双方商定。

3) 主要技术要求

① 板的外观质量应符合表 10-52 的规定。

② 板的尺寸允许偏差应符合表 10-53 的规定。

(2) 矿渣棉装饰吸声板(JC 670)(本内容也适用于岩棉装饰吸声板)

板的外观质量要求　　　　表 10-52

项　目	要　求	
	优等品、一等品	合格品
缺棱、掉角、裂缝、脱落、剥离等现象	不允许	不影响使用
正面的图案破损、夹杂物	图案清晰、无夹杂物混入	
色差 ΔE	≤3	

板的尺寸允许偏差(mm)　　　　表 10-53

项　目	优等品	一等品	合格品
边长	0，－0.3	0，－1.0	
厚度	±0.5	±1.0	
直角偏离度　不大于	0.10	0.40	0.60
不平度　不大于	0.8	1.0	2.5

1）分类：根据表面加工的形式及防潮性能的不同，其分类及代号见表 10-54。

矿渣棉装饰吸声板分类代号　　　　表 10-54

分类	普通板					防潮板				
	滚花	印刷	立体	浮雕	贴面	滚花	印刷	立体	浮雕	贴面
代号	GH	YS	LT	FD	TM	FGH	FYS	FLT	FFD	FTM

注：防潮板指可在相对湿度为 90％的环境中使用的矿渣棉装饰吸声板。

2）规格尺寸：常用规格尺寸见表 10-55。

规格尺寸(mm)　　　　表 10-55

长度	宽度	厚度
500，1000	500	9
600，1200	300，600	12
1800	375	15

注：其他规格由供需双方商定，但其质量要求应符合本节规定。

3）主要技术要求

① 外观质量：矿渣棉装饰吸声板（以下简称吸声板）的正面不应有影响装饰效果的污痕、色彩不匀、图案不完整等缺陷。产品不得有裂纹、碎片、翘曲、扭曲，不得有妨碍使用及装饰效果的缺角缺棱。

② 尺寸允许偏差：吸声板的尺寸允许偏差应符合表 10-56 的规定。

吸声板的尺寸允许偏差　　表 10-56

项目 \ 加工级别	允许偏差		
	精密	一般	半精密
长度（mm）	±5	±2.0	±2.0
宽度（mm）			±0.5
厚度（mm）	±0.5	±1.0	
直角偏离度	1/1000	5/1000	

③ 体积密度：吸声板的体积密度应不大于 500kg/m³。

④ 含水率：吸声板的含水率应不大于 3%。

⑤ 燃烧性能：按 GB 8625 测定的产品，燃烧性能应达到 B_1 级，按 GB 2406 测定的产品，氧指数应大于 50。要求燃烧性能达 A 级的产品，由供需双方商定。

⑥ 降噪系数：降噪系数应符合表 10-57 的规定。并根据频率分别为 125、250、500、1000、2000、4000Hz 时的吸声系数给出频率特性曲线并注明试验方法。除非另有规定，混响室法为仲裁试验方法。

吸声板的降噪声系数　　表 10-57

类别	降噪系数	
	混响室法（刚性壁）	驻波管法（后空腔 50mm）
滚花	≥0.45	≥0.25
其余	≥0.30	≥0.15

⑦ 受潮挠度：防潮板受潮挠度应不大于 3.5mm。

10.8.3 吸声用玻璃棉制品(JC/T 469)

以火焰法、离心法、高压载能气体喷吹法等技术用熔融玻璃纤维制成的吸声材料称为吸声玻璃棉制品。

(1) 产品种类

1) 玻璃棉纤维的种类，根据其纤维平均直径分类，见表10-58。

玻璃棉纤维的种类及直径(μm) **表 10-58**

玻璃棉的种类	纤维平均直径(不大于)
1 号玻璃棉	5
2 号玻璃棉(包括 2a 号、2b 号)	8
3 号玻璃棉	13

2) 制品的密度规格，见表 10-59。

制品的密度规格(kg/m^3) **表 10-59**

制品的种类	密　　度
吸声毡	8，10，12，16，20，24，
吸声板	32，40，48，64，80，96，120

(2) 主要技术要求

1) 制品的尺寸、密度及极限偏差，应符合表 10-60 的规定。

2) 制品的不燃性应符合不燃性材料的规定。

3) 制品的含水率应不大于 1%。

4) 制品的质量吸湿率应不大于 5.0%。

5) 有防水要求时，制品的憎水率应不小于 98%。

6) 制品的吸声系数可用混响室法或驻波管法测定。

制品的尺寸、密度及极限偏差　　表 10-60

<table>
<tr><th rowspan="2">种类</th><th colspan="2">长度(mm)</th><th colspan="2">宽度(mm)</th><th colspan="2">厚度(mm)</th><th colspan="2">密度(kg/m³)</th></tr>
<tr><th>长度</th><th>极限偏差</th><th>宽度</th><th>极限偏差</th><th>厚度</th><th>极限偏差</th><th>密度</th><th>极限偏差</th></tr>
<tr><td rowspan="3">1号吸声毡</td><td rowspan="3">2800</td><td rowspan="3">不允许负偏差</td><td rowspan="3">600</td><td rowspan="3">+30
0</td><td>50，75</td><td>+8，0</td><td rowspan="3">8</td><td rowspan="3">±1</td></tr>
<tr><td>100</td><td>+10，0</td></tr>
<tr><td>150</td><td>+15，0</td></tr>
<tr><td rowspan="9">2号吸声毡</td><td rowspan="9">1200
2800
5500
11000</td><td rowspan="9">不允许负偏差</td><td rowspan="9">600
1200</td><td rowspan="9">+20
0</td><td>50，75</td><td>+8，0</td><td rowspan="3">10
12</td><td rowspan="3">±1</td></tr>
<tr><td>100</td><td>+10，0</td></tr>
<tr><td>150</td><td>+15，0</td></tr>
<tr><td>40</td><td>+5，0</td><td rowspan="3">16</td><td rowspan="3">±2</td></tr>
<tr><td>50，75</td><td>+8，0</td></tr>
<tr><td>100</td><td>+10，0</td></tr>
<tr><td>25，40</td><td>+5，0</td><td rowspan="3">20
24</td><td rowspan="3">±3</td></tr>
<tr><td>50，75</td><td>+8，0</td></tr>
<tr><td>100</td><td>+10，0</td></tr>
<tr><td rowspan="7">2号吸声板</td><td rowspan="7">1200</td><td rowspan="7">+10
−3</td><td rowspan="7">600</td><td rowspan="7">+10
−3</td><td>20，25</td><td>+3，−2</td><td rowspan="2">32</td><td rowspan="4">±4</td></tr>
<tr><td>40，50，75</td><td>+5
−3</td></tr>
<tr><td>15，20，25</td><td>+3
−2</td><td rowspan="2">40
48</td></tr>
<tr><td>40，50</td><td>+5，−3</td></tr>
<tr><td>15，20，25</td><td>+3
−2</td><td>64</td><td>±6</td></tr>
<tr><td>15，20，25</td><td>±2</td><td>80</td><td>±7</td></tr>
<tr><td>15
20
25</td><td>±2</td><td>96</td><td>±9</td></tr>
</table>

续表

种类	长度(mm)		宽度(mm)		厚度(mm)		密度(kg/m³)	
	长度	极限偏差	宽度	极限偏差	厚度	极限偏差	密度	极限偏差
3号吸声板	1200	+10 −3	600	+10 −3	20 25 40	±2	80	±7
					15 20 25	±2	96	±9
					15 20 25	±2	120	±12

注：1. 其他尺寸和密度，可由供需双方商定，但极限偏差，仍按本表规定。长度在3000mm以上的板，不允许有负偏差。

2. 密度按公称厚度计算。

11 建筑防火材料

建筑火灾极大地危害着人身生命和财产安全。建筑物内存在着大量的可燃性和易燃性物质(包括家具、衣物、装饰材料、绝热材料、木结构、竹木地板与木门窗等)，很容易引发火灾和造成火灾蔓延。随着人们生活水平的不断提高，各种装饰材料和功能材料的大量采用，以及高层建筑的兴起与不断扩展，使建筑物内可燃性和易燃性物质在增加；高层建筑确定起火部位的难度在增加；绿化地带、喷水池、裙房和服务区等严重妨碍云梯车靠近着火建筑物。这许多问题都使火灾的危险性在不断地增大。燃烧产生高温、浓烟和有毒气体，造成人员大量伤亡；高温使建筑物结构破坏，建筑物倒塌，也造成人员伤亡和大量财产的损失。据统计，较大的建筑火灾曾造成人员伤亡上千人，建筑物被烧毁近万平方米，直接经济损失数以亿计。因此，积极地采用适当的防火材料，可以消灭火灾隐患，减少火灾危害，保障人身的生命和财产安全。

11.1 建筑防火材料基础

本节主要介绍建筑材料的火灾特性和主要建筑材料的火灾防护。建筑材料的火灾特性包括建筑材料的燃烧性能、耐火极限和燃烧时的毒性气体。火灾防护介绍钢材、混凝土、玻璃、塑料、木材和装饰材料等主要材料的火灾防护。

11.1.1 建筑材料的火灾特性

(1) 燃烧性能分级

建筑材料的燃烧性能，是指材料燃烧或遇火时所发生的一切物理、化学变化。其中着火的难易程度、火焰传播速度以及燃烧时的发热量，均对火灾的发生和蔓延具有重要意义。建筑材料燃烧性能分为4级：A、B_1、B_2、B_3，见表11-1。

燃烧性能级别、名称和检验方法　　表11-1

级　别	级别名称	检验方法
A	不燃性建筑材料	GB 5464
B_1	难燃性建筑材料	GB 8625
B_2	可燃性建筑材料	GB 8626
B_3	易燃性建筑材料	不检验

1）不燃性建筑材料　在空气中受到火烧或高温作用时不起火、不微燃、不炭化。如花岗石、大理石、水磨石、水泥制品、混凝土制品、石膏板、石灰制品、黏土砖、玻璃、陶瓷、锦砖、钢材、铝合金制品等。

2）难燃性建筑材料　在空气中受到火烧或高温作用时难起火、难微燃、难炭化，当火源移走后，燃烧或微燃立即停止。如纸面石膏板、水泥刨花板、难燃胶合板、难燃中密度纤维板、难燃木材、硬质PVC塑料地板、酚醛塑料等。

3）可燃性建筑材料　在空气中受到火烧或高温作用时，立即起火或微燃，而且火源移走以后仍继续燃烧或微燃。如天然木材、木制人造板、竹材、木地板、聚乙烯塑料制品等。

4）易燃性建筑材料　在空气中受火烧或高温作用时，立即起火，且火焰传播速度很快。如有机玻璃、赛璐珞、泡沫塑料等。

对于某些特殊材料，例如塑料、纤维织物、防火涂料等，允许以其他特别认可的标准试验方法，确定其材料的燃烧性能。

（2）建筑构件的耐火极限

耐火极限是指在标准耐火试验条件下，建筑构件、配件或结构从受到火的作用时起，到失去稳定性、完整性或隔热性时止的时间。建筑构件的耐火极限决定了建筑物在火灾中的稳定程度及火灾蔓延速度。

1）耐火极限。对承重墙和非承重墙、楼板和水平屋顶、梁、柱以及类似构件，从受到火的作用时起，到失去支持能力或完整性破坏或失去隔火作用时止的时间，以小时（h）表示。

2）失去支持能力。是指构件自身解体或垮塌；梁、板等受弯承重构件，挠曲速率发生突变，是失去支持能力的象征。

3）完整性被破坏。是指楼板、隔墙等具有分隔作用的构件，在试验中出现穿透裂缝或较大的孔隙。

4）失去隔火作用。是指具有分隔作用的构件，在试验中背火面测温点测得的平均温升到达140℃（不包括背火面的起始温度）；或背火面测温点中测得的任意一点的温升达180℃；或不考虑起始温度的情况下，背火面任一测点的温度达到220℃。

（3）建筑材料燃烧时的毒性气体

材料燃烧时的毒性，包括建筑材料在火灾中受热发生热分解释放出的热分解产物和燃烧产物对人体的毒害作用。统计资料表明，火灾中人员死亡的原因，主要是中毒而死，或先中毒昏迷而后烧死，直接烧死的只占少数。特别是建筑装修采用大量塑料等高分子合成材料以后，火灾会产生很多毒性气体。主要有毒气体的毒害作用为：

缺氧（O_2）：由于对机体组织供氧量降低而造成精神肌肉活动能力降低，呼吸困难，窒息。

CO_2：呼吸中使O_2分压力降低，引起缺氧症，呼吸困难，弱刺激，窒息。

CO：阻碍血液的输氧能力，头痛，防碍肌肉调节，虚脱，意识不清。

HCN：细胞呼吸停止，发晕、虚脱、意识不清。

H_2S：高浓度时呼吸中枢麻痹，低浓度时刺激眼、上呼吸道黏膜。

HCl：刺激眼、上呼吸道黏膜，因上呼吸道破坏而形成机械性窒息。

NH_3：刺激眼、上呼吸道黏膜，形成肺水肿。

HF：刺激眼、上呼吸道黏膜，产生腐蚀作用。

SO_2：刺激眼、上呼吸道和支气管黏膜，因肺、嗓门水肿，引起呼吸道闭塞的机械性窒息。

Cl_2：刺激眼、上呼吸道和肺组织，引起流泪喷嚏，咳嗽，由于肺水肿、呼吸困难，窒息。

$COCl_2$：刺激支气管、肺细胞，由于肺水肿致呼吸困难，窒息。

NO_2：刺激支气管、肺细胞，由于肺水肿而呼吸困难，窒息。

主要有害气体对人体生理的作用的允许浓度见表 11-2。

主要有害气体对人体生理的作用的允许浓度(单位：ppm)　**表 11-2**

分类代号	气体	容许浓度	闻到臭味	刺激咽喉	刺激眼	咳嗽	接触数小时安全	接触1小时安全	接触1小时危险	接触30分致死	短时间接触致死
A	CO_2	5000		4%	4%	1.4	1.1%～1.7%	3.4%～4%	5%～6.7%		20%
B	CO	50				100	100	400～500	1500～2000	4000	13000
	HCN	10				20	20	45～54	110～135	135	270
	H_2S	10	10	100		20	20	170～300	400～700		1000～2000
C	HCl	5	35	35		10	10	50～100	1000～2000		1300～2000
	NH_3	50	53	408	698	100	100	300～500	2400～4500		5000～10000

续表

分类代号	气体	容许浓度	闻到臭味	刺激咽喉	刺激眼	咳嗽	接触数小时安全	接触1小时安全	接触1小时危险	接触30分致死	短时间接触致死
C	HF	3				1.5	1.5～3.0	10	50～250		
	SO_2	5	3～5	8～12	20	10	10		50～100		400～500
	Cl_2	1	3.5		30		0.35～1.0	4	40～60		1000
	$COCl_2$	0.1	5.6		4.8		1.0		25		50
	NO_2	5	5				10～40		117～154		240～775

注：1. 容许浓度是指1d工作8h，一周工作40h的劳动环境中的容许浓度。

2. 分类代号*A*：单纯窒息性；*B*：化学窒息性；*C*：黏膜刺激性。

11.1.2 建筑物耐火等级的划分

(1) 建筑物耐火等级

建筑物的耐火等级分为四级，其构件的燃烧性能和耐火极限不应低于表11-3的规定(另有规定者除外)。

建筑物构件的燃烧性能和耐火极限(单位：h)　　**表11-3**

构件名称 \ 燃烧性能和耐火极限(h) \ 耐火等级		一级	二级	三级	四级
墙	防火墙	非燃烧体 4.00	非燃烧体 4.00	非燃烧体 4.00	非燃烧体 4.00
	承重墙、楼梯间、电梯井的墙	非燃烧体 3.00	非燃烧体 2.50	非燃烧体 2.50	难燃烧体 0.50
	非承重外墙、疏散走道两侧的隔墙	非燃烧体 1.00	非燃烧体 1.00	非燃烧体 0.50	难燃烧体 0.25

续表

构件名称 \ 燃烧性能和耐火极限(h) \ 耐火等级		一级	二级	三级	四级
墙	房间隔墙	非燃烧体 0.75	非燃烧体 0.50	难燃烧体 0.50	难燃烧体 0.25
柱	支承多层的柱	非燃烧体 3.00	非燃烧体 2.50	非燃烧体 2.50	难燃烧体 0.50
	支承单层的柱	非燃烧体 2.50	非燃烧体 2.00	非燃烧体 2.00	燃烧体
梁		非燃烧体 2.00	非燃烧体 1.50	非燃烧体 1.00	难燃烧体 0.50
楼板		非燃烧体 1.50	非燃烧体 1.00	非燃烧体 0.50	难燃烧体 0.25
屋顶承重构件		非燃烧体 1.50	非燃烧体 0.50	燃烧体	燃烧体
疏散楼梯		非燃烧体 1.50	非燃烧体 1.00	非燃烧体 1.00	燃烧体
吊顶(包括吊顶搁栅)		非燃烧体 0.25	难燃烧体 0.25	难燃烧体 0.15	燃烧体

注：1. 以木柱承重且以非燃烧材料作为墙体的建筑物，其耐火等级应按四级确定。

2. 高层建筑的预制钢筋混凝土装配式结构，其节点缝隙或金属承重构件节点的外露部位，应做防火保护层，其耐火极限不应低于本表相应构件的规定。

3. 二级耐火等级的建筑物吊顶，如采用非燃烧体时，其耐火极限不限。

4. 在二级耐火等级的建筑中，面积不超过 $100m^2$ 的房间隔墙，如执行本表的规定有困难时，可采用耐火极限不低于 0.3h 的非燃烧体。

5. 一、二级耐火等级民用建筑疏散走道两侧的隔墙，按本表规定执行有困难时，可采用 0.75h 非燃烧体。

6. 建筑构件的燃烧性能和耐火极限，可按《建筑设计防火规范》附录二确定。

（2）高层建筑物火灾危险性分类

高层民用建筑应根据其使用性质、火灾危险性、疏散和扑救难度等进行分类，见表 11-4。

高层建筑物火灾危险性分类　　表 11-4

名　称	一　类	二　类
居住建筑	高级住宅、19 层及 19 层以上的普通住宅	10 层至 18 层的普通住宅
公共建筑	(1) 医院。 (2) 高级旅馆。 (3) 建筑高度超过 50m 或每层建筑面积超过 $1000m^2$ 的商业楼、展览楼、综合楼、电信楼、财贸金融楼。 (4) 建筑高度超过 50m 或每层建筑面积超过 $1500m^2$ 的商住楼。 (5) 中央级和省级(含计划单列市)广播电视楼。 (6) 网局级和省级(含计划单列市)电力调度楼。 (7) 省级(含计划单列市)邮政楼、防灾指挥调度楼 (8) 藏书超过 100 万册的图书馆、书库。 (9) 重要的办公楼、科研楼、档案楼。 (10) 建筑高度超过 50m 的教学楼和普通的旅馆、办公楼、科研楼、档案楼等	(1) 除一类建筑以外的商业楼、展览楼、综合楼、电信楼、财贸金融楼、商住楼、图书馆、书库。 (2) 省级以下的邮政楼、防灾指挥调度楼、广播电视楼、电力调度楼。 (3) 建筑高度不超过 50m 的教学楼和普通的旅馆、办公楼、科研楼、档案楼等

(3) 高层建筑耐火等级

高层民用建筑的耐火等级分为一、二两级，其建筑构件的燃烧性能和耐火极限不应低于表 11-5 的规定。各类建筑构件燃烧性能和耐火极限应符合有关规定。

高层建筑构件的燃烧性能和耐火极限(单位：h)　　表 11-5

构件名称 \ 燃烧性能和耐火极限(h)		耐火等级	
		一级	二级
墙	防火墙	不燃烧体 4.00	不燃烧体 4.00
	承重墙、楼梯间、电梯井和住宅单元之间的墙	不燃烧体 3.00	不燃烧体 2.50

续表

构件名称 \ 燃烧性能和耐火极限(h)		耐火等级 一级	二级
墙	非承重外墙、疏散走道两侧的隔墙	不燃烧体 1.00	不燃烧体 1.00
	房间隔墙	不燃烧体 0.75	不燃烧体 0.50
柱		不燃烧体 3.00	不燃烧体 2.50
梁		不燃烧体 2.00	不燃烧体 1.50
楼板、疏散楼梯、屋顶承重构件		不燃烧体 1.50	不燃烧体 1.00
吊顶		不燃烧体 0.25	难燃烧体 0.25

注：1. 适用于十层及十层以上的住宅建筑、超过 24m 以上的民用建筑，但不适用于超过 100m 的民用建筑和超过 24m 的体育馆、会堂、剧院等公共建筑。

2. 预制钢筋混凝土装配式结构，其节点缝隙或金属承重构件节点的外露部位，应做防火保护层，其耐火极限不应低于本表相应构件的规定。

11.1.3 钢结构的防火保护

钢材在火灾高温作用下，强度损失很快。以钢材制作的构件，如梁、柱、屋架，若不加以保护或保护不力，在火灾中有可能失去承载能力而引起整个建筑的倒塌。

当建筑物采用钢结构时，由于耐火极限仅 0.25h，与国家有关防火规范对建筑构件的耐火极限要求相差很远，必须实施防火保护见表 11-6。

建筑构件的耐火极限要求(单位：h)　　表 11-6

耐火等级	高层建筑设计防火规范 柱	梁	楼板屋顶承重构件	支承多层的柱	支持单层的柱	建筑设计防火规范 梁	楼板	屋顶承重构件
一级	3.0	2.0	1.5	3.0	2.5	2.0	1.5	1.5
二级	2.5	1.5	1.0	2.5	2.0	1.5	1.0	0.5
三级				2.5	2.0	1.0	0.5	

钢结构的防火保护方法主要有涂覆防火涂料、包封法以及水冷法。

(1) 涂覆钢结构防火涂料

施涂于建筑物和构筑物钢结构构件表面，能形成耐火隔热保护层，以提高钢结构耐火极限的涂料，称钢结构防火涂料。按其涂层厚度又可分为厚涂型、薄涂型和超薄涂型防火涂料。

(2) 包封法

包封法是钢结构用防火隔热材料包封起来，使钢结构免受火灾高温作用。常用的防火隔热材料有石膏、矿棉、岩棉、玻璃纤维、蛭石、珍珠岩以及混凝土等。这些隔热防火材料有的能吸热，有的能释放结晶水，而有的导热能力小、隔热作用强等。做法如下：

1) 使用围护材料。例如采用悬空吊顶或隔墙把钢结构保护起来，使钢结构不与火直接接触。

2) 在钢结构外浇注混凝土保护层。混凝土内含有16%～20%的水分，水分蒸发需吸收热量，混凝土的导热系数比较小，混凝土保护层能有效地提高钢结构的耐火极限，但保护层自重大，施工复杂。

3) 用不燃材料包覆钢构件。用不燃性材料制作的板材，如蛭石板、蛭石水泥板、石膏板、硅钙板、粘贴或用铁钉固定在钢结构上。25mm的蛭石板可使钢结构的耐火极限达90min。这种方法适用于结构体积大且形状简单的钢结构，对形状复杂的钢结构，施工包覆比较困难。

4) 喷涂无机防火隔热涂料。防火隔热材料有：矿棉纤维、玻璃纤维、珍珠岩粉料、蛭石粉料、石膏、水泥砂浆等。如在钢柱表面用金属网抹砂浆保护，砂浆厚25mm，耐火极限可达0.8h，50mm厚的耐火极限可达1.35h。

(3) 水冷却法

对空心钢柱，可在内部充循环冷却水。火灾时传递给钢柱的热量被内部冷却水带走，使钢柱温度不会升得很高。某钢铁办公大楼，16 层，设置的冷水循环系统，最大静水压为 0.64MPa。这种办法的最大缺点是设备费用高，需设置蓄水池、冷却系统，还必须采取防锈、防水措施，因此实际应用受到限制。

11.1.4 混凝土的防火保护

混凝土在火灾中受高温作用，强度会降低。如果室内可燃物很多，火灾时间长，混凝土强度损失很大，会危及建筑物安全；如果火灾作用时间短，混凝土构件基本能满足建筑设计防火规范要求。但预应力钢筋混凝土楼板，在火灾时受高温作用，抗拉强度下降很快。实验证明其耐火极限只有 0.5h，甚至更低，达不到二级耐火等级建筑物对耐火极限 1.00h 的要求，是个薄弱部位。预应力钢筋混凝土楼板，由于省材料、经济意义大，目前各建筑中广泛采用。为了提高其耐火极限，除采取增加主筋的保护层厚度以外，还可采取喷涂防火涂料或砂浆的办法。

(1) 喷涂防火涂料(详见本章第 2 节)

(2) 涂抹砂浆保护层

一般采用普通抹面砂浆，具体是用于混凝土梁、柱、板、墙等基层多采用水泥石灰混合砂浆；用于面层的抹灰砂浆多采用混合砂浆、麻刀石灰浆。也可以采用保温隔热砂浆，常用的保温隔热砂浆有水泥膨胀蛭石砂浆、水泥膨胀珍珠岩砂浆、水泥石灰膨胀蛭石砂浆等。它们具有保温隔热性能。例如涂 2cm 厚的蛭石石膏浆，耐火极限可达 2h。

设置钢筋保护层时，楼板中钢筋保护层必须在 2.0～2.5cm 以上；柱、梁中钢筋保护层必须在 4～4.5cm 以上，以防止混凝土剥落，将钢筋暴露在空间，特别是构件连接受力处；混凝土内可以适当添加耐火性能好的火成岩、炉渣作骨料。

(3) 配制耐火混凝土

耐火混凝土种类很多，常用的有：硅酸盐水泥耐火混凝土、铝酸盐水泥耐火混凝土和水玻璃耐火混凝土。

11.1.5 玻璃的防火保护

普通玻璃遇火即炸，耐火极限很低。在防火窗、防火门上安装的防火玻璃，既要求有一定的透明度，又要求有一定的耐火能力，为此必须对普通玻璃进行防火处理。

(1) 灌注粘结剂

玻璃层间灌以耐火透明的胶粘剂，制成夹层玻璃。这种夹层玻璃受热后，胶粘剂受热膨胀，形成致密的蜂窝隔热层，从而起到防火隔热作用。即使玻璃炸裂，但胶粘剂把碎片牢固粘结在一起，裂而不散，仍能起到隔火作用。

(2) 压入金属丝

将加热的金属丝压入被加热软化的玻璃中，制成夹丝玻璃，玻璃受火炸裂时，裂而不散，仍能起到隔火作用。目前夹层防火玻璃用得较普遍。

(3) 喷涂透明防火保护剂

防火保护剂的主料为无机化合物，如磷酸盐、硅酸盐、硼酸盐的胶凝物。增塑剂为干酪素、淀粉、糖等。阻燃剂和辅助材料为聚磷酸铵、氢氧化铝、季戊四醇、尿素、硼砂、烧碱、锡酸钠、聚乙烯醇、硼酸锌、氧化镁等。水为溶剂。其配方为：

主料：100；树脂：1～18；增塑剂：0.1～5；固化剂：0.4～10；阻燃剂：1～16；辅助材料：0.2～12；溶剂：5～25。

涂层附着力 3.35MPa；涂防火保护剂 7mm 的玻璃，其耐火极限为 1h。

11.1.6 建筑塑料的防火保护

大部分塑料是可燃材料，少部分是难燃材料。塑料在火灾中具有燃烧热大、火焰温度高、燃烧速度快、释放出大量烟及有毒气体等。

塑料的燃烧特点　　表 11-7

塑料名称	燃烧难易程度	离开火焰是否燃烧	火焰的状态	表面状态	嗅　味
聚氯乙烯	难燃	不燃	黄色、外边绿色	软化	盐酸刺激味
聚乙烯	易燃	燃烧	蓝色，上端黄色	熔融滴落	石蜡气味
聚丙烯	易燃	燃烧	蓝色，上端黄色	膨胀滴落	石油气味
聚苯乙烯	易燃	燃烧	橙黄色、浓黑烟，向空中喷出黑碳末	发软	特殊气味
尼龙	缓燃	缓熄	蓝色，上端黄色	熔融滴落	烧羊毛味
有机玻璃	易燃	燃烧	黄色，上端蓝色	发软	香味
赛璐珞	急燃	燃烧	黄色	全烧完	闻不到味
酚醛塑料	难燃	不燃	黄色火花	裂纹变深	甲醛味
酚醛塑料#	缓燃	不燃	黄色，黑烟	膨胀、裂纹	木头、甲醛味
脲醛塑料	难燃	不燃	黄色，上端淡蓝	膨胀、裂纹发白	甲醛气味
三聚氰胺	难燃	不燃	淡黄色	膨胀、裂纹发白	甲醛气味
塑料				膨胀、裂纹发白	甲醛气味

注：酚醛塑料为无填料，酚醛塑料#以木粉为填料。

(1) 典型塑料燃烧特点

(2) 建筑塑料的阻燃处理

塑料的防火保护主要是对塑料进行阻燃处理，将可燃、易燃的塑料变成难燃的塑料，使火灾难以发生，或发生火灾以后难以蔓延。塑料的阻燃处理方法一般有以下三种。

1) 添加阻燃剂

在塑料中加入阻燃剂和无机填料，使塑料制成品的燃烧特性得到改善。常用的无机阻燃剂有氢氧化铝、氢氧化镁、碳酸镁、硼酸锌、三氧化二锌；有机阻燃剂有氯化石蜡、六溴苯、十溴联苯醚等。填料有碳酸钙、滑石粉、珍珠岩粉、蛭石粉、陶土等。为了使树脂能与无机阻燃剂很好溶合，须对无机阻燃剂、无机填料进行表面处理。常用的表面处理剂有有机硅、石蜡等。

2）共混

在所有塑料树脂中，含卤素聚合物一般是难燃的，因为卤化氢在燃烧过程中有捕捉［OH］$^-$生成 H_2O、降低［OH］$^-$的作用，使燃烧难以进行下去。如果将阻燃性差的树脂与卤素树脂共混，则得到比原有树脂好的阻燃性能。

3）接枝

在基础聚合物上用阻燃性好的单体进行接枝共聚。例如在ABS 树脂接枝上氯乙烯单体，氯乙烯含量达到一定数量，就具有较好的阻燃性能。再例如，将四溴双酚 A 与环氧树脂反应，可制得四溴双酚 A 二缩水甘油醚环氧树脂，其含卤量达 16%～50%。溴含量越高，阻燃性越好。四溴双酚 A 加得过多，会使制品的电气、机械性能有所下降，常常把溴化环氧树脂与其他环氧树脂配合使用，使树脂的电气、机械性能不致有太大的下降。为了弥补因此而引起的阻燃特性下降，可适当加入三氧化二锑、氢氧化铝等阻燃剂。

11.1.7 木材的防火保护

对木材及其制品的防火保护有浸渍、添加阻燃剂和涂覆 3 种方法。经防火保护处理的木材及其制品，其燃烧性能等级可从可燃性材料(B_2 级)提高到难燃性材料(B_1 级)。

(1) 浸渍

浸渍按工艺可分为常压浸渍、热浸渍和加压浸渍 3 种。

1）常压浸渍

在常压室温条件下，将木材浸渍在粘度较低的含有阻燃剂的溶液中，使阻燃剂溶液渗入到木材表面的组织中，经干燥使水分蒸发，阻燃剂留在木材的浅表面层内。这种方法由于浸入的阻燃剂不多，阻燃效果受到限制，但其方法简单，适用于阻燃效果要求不高，木材密度不大的薄板材。

2）热浸渍

在常压下将木材放入热的阻燃剂溶液中浸渍，直至药液冷却。因为木材受热，内部气体膨胀而释放出来，等到阻燃剂冷却后，木材内部孔隙就可以多吸收些阻燃剂溶液，然后干燥将阻燃剂留在木材孔隙内。

3）加压浸渍

先将木材放在高压容器中，抽真空并保持，再注入含有阻燃剂的浸渍液并加压、加温，保持 7h，解除压力后，放入烘窖进行干燥。加压浸渍适用于阻燃要求高的木材。

（2）添加阻燃剂

在生产纤维板、胶合板、刨花板、木屑板的过程中，可以添加适量的阻燃剂。例如用木屑 100 份、聚磷酸铵 50 份、双季戊四醇 12 份、氢氧化铝 8 份、55％的甲醛-三聚氰胺-尿素共聚物 40 份，经过热压后制得的木屑板，具有很好的阻燃特性，自熄时间为零秒。

添加型阻燃剂应与胶粘剂及其他添加料能很好地相溶。用来制造人造板材的单板、刨花、纤维如果预先浸渍处理，则阻燃效果会更好。

（3）涂覆

涂覆就是在需要进行阻燃处理的木材表面涂覆防火材料。这种防火涂料，除了要求具备好的阻燃性以外，还往往要求具有较好的着色性、透明度、粘着力、防水、防腐蚀等普通涂料所具有的性能。

11.1.8 装饰装修材料防火保护

（1）装饰装修材料的火灾特性

在现代建筑中，无论是生活用房、办公用房、娱乐场所、教学用房、医院、图书馆、还是招待所、俱乐部、幼儿园、住宅等，装饰装修材料无所不在。

1）为了保证建筑的防火安全需要，首先要了解用在工程各个不同部位的装饰装修材料的燃烧性能等级。常用装修材料燃烧性能的等级基本情况见表11-8。

2）单层、多层建筑内部各部位装修材料所需要的燃烧性能等级见表11-9。

3）高层建筑内部各部位装修材料所需要的燃烧性能等级见表11-10。

4）地下建筑内部各部位装修材料所需要的燃烧性能等级见表11-11。

建筑内部常用装修材料燃烧性能等级划分举例　　表11-8

材料类别	级别	材料举例
各部位材料	A	花岗岩、大理岩、水磨石、水泥制品、混凝土制品、石膏板、石灰制品、黏土制品、玻璃、瓷砖、陶瓷锦砖、钢铁、铝、铜合金等
顶棚材料	B_1	纸面石膏板、纤维石膏板、水泥刨花板、矿棉装饰吸声板、玻璃棉装饰吸声板、珍珠岩装饰吸声板、难燃胶合板、难燃中密度纤维板、岩棉装饰板、难燃木材、铝箔复合材料、难燃酚醛胶合板、铝箔玻璃钢复合材料等
墙面材料	B_1	纸面石膏板、纤维石膏板、水泥刨花板、矿棉板、玻璃棉板、珍珠岩板、难燃胶合板、难燃中密度纤维板、防火塑料装饰板、难燃双面刨花板、多彩涂料、难燃墙纸、难燃墙布、难燃仿花岗岩装饰板、氯氧镁水泥装配式墙板、难燃玻璃钢平板、PVC塑料护墙板、轻质高强复合墙板、阻燃模压木质复合板材、彩色阻燃人造板、难燃玻璃钢等
	B_2	各类天然木材、木制人造板、竹材、纸制装饰板、装饰微薄木贴面板、印刷木纹人造板、塑料贴面装饰板、聚酯装饰板、复塑装饰板、塑纤板、胶合板、塑料壁纸、无纺贴墙布、墙布、复合壁纸、天然材料壁纸、人造革等
地面材料	B_1	硬PVC塑料地板、水泥刨花板、水泥木丝板、氯丁橡胶地板等
	B_2	半硬质PVC塑料地板、PVC卷材地板、木地板、氯纶地毯等
装饰织物	B_1	经阻燃处理的各类难燃织物等
	B_2	纯毛装饰布、纯麻装饰布、经阻燃处理的其他织物等

续表

材料类别	级别	材料举例
其他装饰装修材料	B_1	聚氯乙烯塑料、酚醛塑料、聚碳酸酯塑料、聚四氟乙烯塑料。三聚氰胺、脲醛塑料、硅树脂塑料装饰型材、经阻燃处理的各类织物等。另见顶棚材料和墙面材料内的有关材料
	B_2	经阻燃处理的聚乙烯、聚丙烯、聚氨酯、聚苯乙烯、玻璃钢、化纤织物、木制品等

单层、多层建筑内部各部位装修材料的燃烧性能等级　　表 11-9

建筑物及场所	建筑规模、性质	装修材料燃烧性能等级							
		顶棚	墙面	地面	隔断	固定家具	装饰织物		其他装饰材料
							窗帘	帷幕	
候机楼的候机大厅、商店、餐厅、贵宾候机室、售票厅等	建筑面积＞10000m² 的候机楼	A	A	B_1	B_1	B_1	B_1		B_1
	建筑面积≤10000m² 的候机楼	A	B_1	B_1	B_1	B_2	B_2		B_2
汽车站、火车站、轮船客运站的候车(船)室、餐厅、商场等	建筑面积＞10000m² 的车站、码头	A	A	B_1	B_1	B_2	B_2		B_1
	建筑面积≤10000m² 的车站、码头	B_1	B_1	B_1	B_2	B_2	B_2		B_2
影院、会堂、礼堂、剧院、音乐厅	＞800 座位	A	A	B_1	B_1	B_1	B_1	B_1	B_1
	≤800 座位	A	B_1	B_1	B_1	B_2	B_1	B_1	B_2
体育馆	＞3000 座位	A	A	B_1	B_1	B_1	B_1	B_1	B_2
	≤3000 座位	A	B_1	B_1	B_1	B_2	B_2	B_1	B_2
商场营业厅	每层建筑面积＞3000m² 或总建筑面积＞9000m² 的营业厅	A	B_1	A	A	B_1	B_1		B_2

续表

建筑物及场所	建筑规模、性质	装修材料燃烧性能等级							
		顶棚	墙面	地面	隔断	固定家具	装饰织物		其他装饰材料
							窗帘	帷幕	
商场营业厅	每层建筑面积 $1000\sim3000\text{m}^2$ 或总建筑面积为 $3000\sim9000\text{m}^2$ 的营业厅	A	B_1	B_1	B_1	B_2	B_1		
	每层建筑面积 $<1000\text{m}^2$ 或总建筑面积 $<3000\text{m}^2$ 的营业厅	B_1	B_1	B_1	B_2	B_2	B_2		
饭店、旅馆的客房及公共活动用房	设有中央空调系统的馆店、旅馆	A	B_1	B_1	B_1	B_2	B_2		B_2
	其他饭店、旅馆	B_1	B_1	B_2	B_2	B_2	B_2		
歌舞厅、餐馆等娱乐、餐饮建筑	营业面积 $>100\text{m}^2$	A	B_1	B_1	B_1	B_2	B_1		B_2
	营业面积 $\leqslant100\text{m}^2$	B_1	B_1	B_1	B_2	B_2	B_2		B_2
幼儿园、托儿所、医院病房楼、疗养院、养老院		A	B_1	B_1	B_1	B_2	B_1		B_2
纪念馆、展览馆、博物馆、图书馆、档案馆、资料馆等	国家级、省级	A	B_1	B_1	B_1	B_2	B_1		B_2
	省级以下	B_1	B_1	B_2	B_2	B_2	B_2		B_2
办公楼、综合楼	设有中央空调系统的办公楼、综合楼	A	B_1	B_1	B_1	B_2	B_2		B_2
	其他办公楼、综合楼	B_1	B_1	B_2	B_2	B_2			

续表

建筑物及场所	建筑规模、性质	装修材料燃烧性能等级							
		顶棚	墙面	地面	隔断	固定家具	装饰织物		其他装饰材料
							窗帘	帷幕	
住宅	高级住宅	B_1	B_1	B_1	B_1	B_2	B_2		B_2
	普通住宅	B_1	B_2	B_2	B_2	B_2			

高层建筑内部各部位装修材料的燃烧性能等级　　表 11-10

建筑物	建筑规模、性质	装修材料燃烧性能等级									
		顶棚	墙面	地面	隔断	固定家具	装饰织物				其他装饰材料
							窗帘	帐幕	床罩	家具包布	
高级旅馆	＞800座位的观众厅、会议厅、顶层餐厅	A	B_1	B_1	B_1	B_1	B_1	B_1		B_1	B_1
	≤800座位的观众厅、会议厅	A	B_1	B_1	B_1	B_1	B_1	B_1		B_2	B_1
	其他部位	A	B_1	B_1	B_2	B_2	B_1	B_2	B_1	B_2	B_1
商业楼、展览楼、综合楼、商住楼、医院病房楼	一类建筑	A	B_1	B_1	B_1	B_2	B_1	B_1		B_2	B_1
	二类建筑	B_1	B_1	B_2	B_2	B_2	B_2	B_2		B_2	B_2
电信楼、财贸金融楼、邮政楼、广播电视楼、电力调度楼、防灾指挥调度楼	一类建筑	A	A	B_1	B_1	B_1	B_1	B_1		B_2	B_1
	二类建筑	A	A	B_1	B_1	B_1	B_1	B_1		B_2	B_2

续表

建筑物	建筑规模、性质	装修材料燃烧性能等级									
		顶棚	墙面	地面	隔断	固定家具	装饰织物				其他装饰材料
							窗帘	帐幕	床罩	家具包布	
教学楼、办公楼、科研楼、档案楼、图书馆	一类建筑	A	B_1	B_1	B_1	B_2	B_1	B_1		B_1	B_1
	二类建筑	B_1	B_1	B_2	B_1	B_2	B_1	B_2		B_2	B_2
住宅、普通旅馆	一类普通旅馆、高级住宅	A	B_1	B_2	B_1	B_2	B_1		B_1	B_2	B_1
	二类普通旅馆、高级住宅	B_1	B_1	B_2	B_2	B_2	B_2		B_2	B_2	B_2

注：1. “顶层餐厅”包括设在高空的餐厅、观览厅等。

2. 建筑物的类别、规模、性质应符合国家现行标准《高层民用建筑设计防火规范》的有关规定。

地下建筑内部各部位装修材料的燃烧性能等级　　表 11-11

建筑物及场所	装修材料燃烧性能等级						
	顶棚	墙面	地面	隔断	固定家具	装饰织物	其他装饰材料
休息室和办公室等、旅馆的客房及公共活动用房等	A	B_1	B_1	B_1	B_1	B_1	B_2
娱乐场所、旱冰场等，舞厅、展览厅等，医院的病房、医疗用房等	A	A	B_1	B_1	B_1	B_1	B_2
电影院的观众厅、商场的营业厅	A	A	A	B_1	B_1	B_1	B_2
停车库、人行通道、图书资料库、档案库	A	A	A	A	A		

装饰装修材料的品种、规格数以千计，在此仅以其装饰装修

的部位来介绍该部位的防火要求，以及应用于这些部位的装饰装修材料的防火特性。以吊顶和墙面装修为例。

（2）吊顶装修材料的防火保护

通常室内发生火灾时，首先最易燃烧的是家具、衣物等，其产生的热烟气，使室内周围的空气温度迅速升高。由于冷热对流和受热空气质量较轻，因而骤然上升，其结果自然会使处于室内最上部的吊顶的温度很快提高，因此说吊顶是室内最容易受到火灾侵害的部位。

大多数吊顶是出于装饰装修的功能而设置的，为了简洁室内环境，往往将电线管路等隐蔽于吊顶的龙骨骨架上。然而，由于电器设备(如空调、吊扇、电视等)较多，以及电线的老化、老鼠的咬坏，电线的过载和短路等，均极易产生电火花而成为火灾。因此吊顶是室内火灾隐患较大的部位。从表 11-9、表 11-10 和表 11-11 中不难看出，吊顶(顶棚)在各种建筑中，对其装修材料的燃烧性能等级均比用于其他的装修材料的燃烧性能等级要高，也可以说是要求最高。绝大多数的建筑要求吊顶材料是 A 级的，仅有少数几种可以是 B_1 级的。

因此，对于室内吊顶来说，其防火性能的要求是较高的，最好使用不燃材料，至于一般建筑中的住宅等也应使用不燃材料或者难燃材料。

（3）墙面装修材料的防火保护

从实验得知，火焰在固体表面传播的速度与火焰的传播方向有关。当火焰由上向下传播，或由上向下沿 30°以内角传播时，火焰传播的速度为一固定常数；当火焰水平传播时，其传播速度是向下传播速度的两倍，火焰由下向上传播的速度最快，而且越来越快。

墙体作为房间的水平隔离体，在火灾中有阻断火焰水平传播的功能，和吊顶一样应选用不燃性材料(A 级)或难燃性材料(B_1 级)。从表 11-9、表 11-10 和表 11-11 可以看出。对于新型的组合板墙体，墙体软包装饰或龙骨板式装饰的装修材料，在火灾中有阻止火焰沿墙体由下向上传播的功能，应能有效地控制火焰沿墙向上蔓延。因为这种蔓延，火焰包住邻近上方的垂直表面，使释放挥发物的热分解区长度越来越长，火焰高度越来越高，则火焰的传播速度近似成指数增长。

因此，建筑物防火要求高的轻钢龙骨薄板复合墙体或墙体的装修材料，应尽量采用A级的墙体板材，例如埃特尼特板、硅钙板、GRC板等。防火要求低时也可以采用B_1级的纸面石膏板、纤维石膏板、水泥刨花板等材料。

11.2 防火涂料

施用于可燃性基材表面，用以改变材料表面燃烧特性，阻滞火灾迅速蔓延；或施用于建筑构件上，用以提高构件的耐火极限的特种涂料，称防火涂料。

在建筑材料表面涂覆防火涂料，是建筑材料常用而有效的防火保护方法。防火涂料除了一般涂料所具有的防锈、防水、防腐、耐磨以及涂层坚韧性、着色性、粘附性、易干性和一定的光泽以外，其自身应是不燃或难燃的，不起助燃作用。其防火原理是涂膜层能使底材与火(热)隔离，从而延长了热侵入底材和达到底材另一侧所需要的时间，即延迟和抑制火焰的蔓延作用。如火焰侵入底材所需的时间愈长，则涂层的防火性能愈好。因此，防火涂料的主要作用是隔热和阻燃。

11.2.1 防火涂料的分类与组成

防火涂料的分类见图11-1。

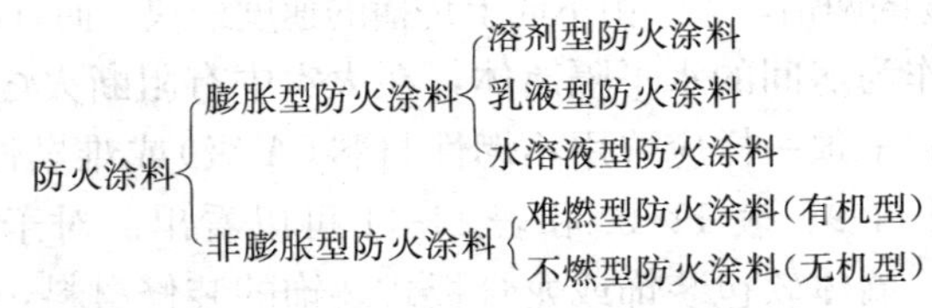

图11-1 防火涂料的分类

根据防火涂料的保护对象可分为钢结构防火涂料、预应力混凝土防火涂料和饰面防火涂料。饰面防火涂料可涂覆在木材、石膏板材、电缆等表面，是一种多用途防火涂料。

11.2.2 钢结构防火涂料

钢结构防火涂料按其使用场所分室内钢结构防火涂料和室外钢结构防火涂料。按其厚度又分为超薄型钢结构防火涂料、薄型钢结构防火涂料和厚型钢结构防火涂料。涂料可用喷涂、抹涂、辊涂、刮涂或刷涂等方法中的任何一种或多种方法方便地施工，并能在通常的自然环境条件下干燥固化。涂料应呈碱性或偏碱性，复层涂料应相互配套。底层涂料应能同普通防锈漆配合使用。涂层实干后不应有刺激性气味。燃烧时一般不产生浓烟和有害人体健康的气体。

各类涂料名称与代号对应关系如下：

室内超薄型钢结构防火涂料——NCB。

室外超薄型钢结构防火涂料——WCB。

室内薄型钢结构防火涂料——NB。

室外薄型钢结构防火涂料——WB。

室内厚型钢结构防火涂料——NH。

室外厚型钢结构防火涂料——WH。

(1) 厚涂型防火涂料

厚涂型防火涂料涂层度一般大于 7mm，且小于或等于 45mm，呈粒状面，密度较小，热导率低，耐火极限 2.0～3.0h，又称钢结构防火隔热涂料。厚涂型防火涂料适合于建筑物或构筑物竣工后，已经被围护、装饰材料遮蔽、隔离，防火保护层的外观要求不高，但其耐火极限在 1.5h 以上，如商贸大厦等超高层全钢结构以及宾馆、医院、礼堂、展览馆等建筑物的钢结构。厚涂型防火涂料，因涂层厚，要求干密度小，不得过多增加建筑物的的载荷，同时要求热导率低、耐火隔热性好。

(2) 薄涂型防火涂料

薄涂型防火涂料一般涂层厚度大于 3mm，且小于或等于 7mm，有一定装饰效果，高温时涂层发泡膨胀，又称钢结构膨胀防火涂料。被涂覆过薄涂型防火涂料的钢结构，其耐火极限可达 1.0～1.5h。薄涂型防火涂料适合于建筑物或构筑物竣工后仍然裸露的钢结构，如体育场馆等的钢结构。

薄涂型钢结构防火涂料、涂层粘结力强，抗震抗弯性好，可调配各种颜色以满足不同的装饰要求。

(3) 超薄型防火涂料

超薄型防火涂料厚度一般小于或等于 3mm，耐火极限达 1.0h 以上。

1) SCA 型涂料。该涂料是以几种水性树脂复合反应物为基料，磷酸与氢氧化铝为主的复合阻燃剂，以水为溶剂制成。SCA 涂层厚度 1.61mm，耐火极限 63min。

2) SCB 涂料。该涂料以拼合树脂为基料，轻溶剂油为溶剂的溶剂型钢结构膨胀型防火涂料。涂料干燥时间表干为 1h；粘结强度 0.19MPa；抗振性为挠曲 $L/200$，涂层不起层，不脱落；抗弯性为挠曲 $L/100$，涂层不起层，不脱落；耐水、耐酸碱、耐盐水性：分别在自来水、3%HCl、3% $Ca(OH)_2$ 和 3%NaCl 水溶液中浸泡 24h，涂层无变化；耐冻融性：耐冻融循环 15 次以上。涂层厚度 2.69mm 时，耐火极限 147min。

该两种涂料适用于钢柱、钢梁、钢框、钢桁、钢网的防火保护。

(4) 常用钢结构防火涂料选用

选用常用钢结构防火涂料时，可参照表 11-12

薄型钢结构防水涂料还有很多品种，如 GJ-1、WBA60-02 等等。除此以外还研制出不少超薄型钢结构防火涂料，如 LF、CB、SCB、GJ-3、L6、SB60-2。

常用钢结构防火涂料性能　　表 11-12

名称	LG	SWJ	STI-A	STI-B	SJ-I	JG-276	LB	SWB
类型	厚涂型	厚涂型	厚涂型	厚涂型	厚涂型	厚涂型	薄涂型	薄涂型
主要组成	无机粘结剂、膨胀蛭石、膨胀珍珠岩、粉煤灰空心微珠	无机粘结剂、耐火绝热材料、有机树脂	无机粘结机、膨胀蛭石等	绝热骨料、无机粘结剂、防火剂	无机绝热材料、水泥	多孔隔热材料、无机粘结剂	磷-氮-碳系列、硅酸铝、合成树脂	有机与无机复合物、高温膨胀隔热材料
涂层厚度（mm）	12、18、2、30、35	15、20、25、32、40	15、20、25、30	防火层厚 30	25、30	36	2.5、4.0、6.5	3.0、5.0、7.0、10.0
耐火时间（h），不低于	1.0、1.5、2.0、2.5、3.0	1.0、1.5、2.0、2.5、3.0	1.5、2.0、2.5、3.0	3.0	2.0、2.5	4	0.5、1.0、1.5	0.5、1.0、1.5、2.0
应用范围	隐蔽钢结构	室外钢结构	隐蔽钢结构	露天钢结构	持续高温钢构	隐蔽钢结构	室内钢结构	室外钢结构
主要特点		耐水、耐化学腐蚀、耐冻融循环	施工时需用金属网加固	防火层外需喷涂5～7mm防水层		粉状涂料、沾水、结块、冻结不能用	着色好、粘结力强	耐水、耐化学腐蚀、耐冻融循环

注：涂层厚度栏数字和耐火时间栏的数字按各自序号相互对应。例：厚度 12，耐火时限为 1.0；厚度 18，耐火时限为 1.5……。

11.2.3　饰面型防火涂料

涂于可燃基材（如木材、塑料、纸板、纤维板）表面，能形成具有防火阻燃保护和装饰作用涂膜的防火涂料，称为饰面型防火涂料。

（1）饰面型防火涂料技术指标

饰面型防火涂料技术指标的含义和作用见表 11-13

饰面型防火涂料技术指标的含义和作用　　　表 11-13

技术性能指标	含义和作用
耐燃时间	耐燃时间是饰面型防火涂料耐燃性能指标。在规定的基材和特定的燃烧条件下，测定试板背火面温度达到 220℃或试板出现穿透时所需要的时间，以分钟表示。涂层耐燃时间越长，阻火性能越高
火焰传播比值	火焰传播比值是饰面型防火涂料耐延燃性的指标。当石棉板的火焰传播比值为“0”、橡树木板的火焰传播比值为“100”时，受试材料具有的表面火焰传播特性数据，其传播比值越小，涂层耐延燃性则越好
质量损失	试件在规定的涂覆比值和规定的燃烧条件中，燃烧前后试件质量之差，以克表示。在试验过程中，试件的质量损失越小越好
炭化体积	在规定的涂覆比值和规定的燃烧条件下，基材被炭化的最大长度、最大宽度和最大深度的乘积，以 cm^3 表示，炭化体积越小，则表明阻燃性越好

注：饰面型防火涂料需测定的技术性能指标还有细度、在容器中状态、干燥时间、附着力、柔韧性、耐水性、耐冲击性等。

（2）饰面型防火涂料施工的一般要求

防火涂料可用刷涂、喷涂、辊涂或刮涂中任何一种或多种方法方便地施工。用于施工的防火涂料在规定的存放期内，应是均匀液态或稠状、浆状流体，没有硬化、结皮或明显的颜色填料沉淀。允许轻微分层，但经搅拌即可变成均匀、悬浮的体系。通常在自然环境条件下干燥、固化。成膜后表面无明显凹凸或条痕，没有脱粉、针孔、气泡、龟裂、斑点或颜色分离现象，能形成平整的饰面。防火涂料在施工实干后应没有刺激性的气味。

(3) 常用饰面型防火涂料选用

防火涂料能提高基材的耐火极限，改变基材的燃烧性能等级。一般而言，施涂于 A 级基材上的无机装饰涂料，可作为 A 级装修材料使用；施涂于 A 级基材上，湿涂覆比小于 1.5kg/m^2 的有机装饰涂料可作为 B_1 级装修材料使用；胶合板表面涂覆一级饰面型防火涂料时可作为 B_1 级装修材料使用；涂料施涂于 B_1、B_2 级基材上时，应将涂料连同基材一起通过建筑材料燃烧性能等级试验，确定其燃烧性能等级。

常用饰面型防火涂料性能见表 11-14。

常用饰面型防火涂料性能　　表 11-14

名称	耐燃时间(s)	火焰传播比值(%)	失重(g)	炭化体积(cm^3)	防火性能等级	湿涂覆比(g/m^2)	性能	应用范围
A60-1	43	10	2.2	9.8	1	500	耐水、油、酸、碱，耐候性好	木材、纤维、石膏、塑料板、电线、电缆表面
A60-501	44	12	1.2	3.0	1	厚 0.2～0.3mm	膨胀 100 倍	木材、纤维、塑料、胶合板、海绵、玻璃钢、石膏板表面
A60-KG					1	500	防水、防潮、快干，着色性好	木材、电缆、钢材
AE60-1	21	13	5	5	2		透明	木材、纤维、胶合板
F60-2	＞35	＜10	＜4	＜10	1	500	防水、防潮、耐酸碱	木材及其制品、电缆

续表

名称	耐燃时间(s)	火焰传播比值(%)	失重(g)	炭化体积(cm^3)	防火性能等级	湿涂覆比(g/m^2)	性能	应用范围
G60-3	22-30	<10	1.7	1.52	1～2	500	防水、酸、碱、盐，耐油、耐候性好	木材、纤维、胶合板、玻璃、钢、石膏板、电缆、塑料
E60-1	35	3.8	3.4	0.74	1		耐水、耐候性好、成本低	木材、纤维、胶合板、塑料制品
B60-2	32	8.6	2.6	7.2	1	500	颜色鲜艳、装饰效果好	木材、纤维、胶合板、电缆
B60-1	≥30	0.25	<5	≤25	1		快干，附着力强	木材、纤维、胶合板
P60-1	35	7	1.86	3.45	1	500	成本低、无毒无污染	木材、纤维、塑料、玻璃钢
WJD-14	38	12	3.2	5	1			
SAP-11	>30	9	3	0.5	1			木材、纤维、纸板
A60-506	35	≤15	5	<10	1	1000	透明	豪华内装修
PC60-1	35	7	1.86	3.45	1	500	成本低、快干、着色好、耐潮、无污染	木材、纤维、塑料、电缆
G60-GD	30	9	2.5	3	1	厚0.5～1mm	耐水、碱、油，耐候性好、着色好、快干	木材、纤维电缆

续表

名称	耐燃时间(s)	火焰传播比值(%)	失重(g)	炭化体积(cm^3)	防火性能等级	湿涂覆比(g/m^2)	性能	应用范围
S60-1	>30	<25	<10	<25	1	1000	防腐、油，无毒、无污染，附着力强	隔墙、吊顶、门窗等木结构
L60-1	20-40	7.0	3.6	7.0	1～2	>600	无毒、快干、耐火、耐油，可砂磨打光，颜色多样	木制品表面

(4) 产品简介

1) A60-1 改性氨基膨胀防火涂料

A60-1 改性氨基膨胀防火涂料是以改性氨基树脂为胶粘剂，与多种防火添加剂配合，加上颜料和助剂配制而成的。其特点是：遇火生成均匀致密海绵状泡沫隔热层，有显著的隔热、防火、防水、抗潮、防油、耐候等特性。可以调配成多种颜色，有较高的装饰效果。可用于建筑、电缆等火灾危险性较大的物件，也适用于地下工程的防火。其主要性能：

① 阻燃性：失重 2.2g，炭化体积 9.8cm^3。

② 耐火性：耐火时间 43min。

③ 电缆阻燃试验：防火性能达到美国和日本的先进水平。

④ 毒性分析：基本无毒。

⑤ 黏度：用于建筑物上 30～70s，用于电缆上 60～100s。

⑥ 颜色：本品为乳黄色，可根据需要调配成多种颜色。

⑦ 干燥时间：表干 1h 左右，实干 24～72h。

⑧ 耐水：在水中浸泡 48h 无变化。

⑨ 耐油：在油中浸泡 120h 无变化。

⑩ 耐候性：湿热老化试验 600h 不起泡、不开裂、不脱落，有防锈、防霉作用。

2）YZ-196 发泡型防火涂料

YZ-196 发泡型防火涂料是由无机高分子材料和有机高分子材料复合而成的。它对无机防火涂料和有机防火涂料的优点进行取长补短的综合。涂膜遇火膨胀发泡，生成致密的蜂窝状隔热层，有良好的防火效果。其特点是：具有良好的隔热防火、防水、耐候、抗潮等性能，附着力强，粘结力高，涂膜有瓷釉的光泽，装饰效果良好。其主要性能：

① 防火性能：阻燃性，失重 3.14g，炭化体积 0.052cm^3；耐火时间 30.3min。

② 理化机械性能：涂料为白色，可调成多种颜色；干燥时间，表干 1～2h，实干 4～5h；耐水性，在水中浸泡 1 周涂层无变化；耐候性，在 45℃、100％湿度的饱和 CO_2 气氛作用下，48h 无变化。

3）YZL-858 发泡型防火涂料

YZL-858 发泡型防火涂料是由无机高分子材料和有机高分子材料复合而成的，具有质轻、防火、隔热、耐候、坚韧不脆、装饰良好等特点。适用于饭店、宾馆、礼堂、学校、办公大楼、仓库等公用建筑和民用建筑物的室内木结构基材。我国某厂生产的 YZL-858 发泡型防火涂料的主要性能：

① 阻燃性：失重 2.9g，炭化体积 0.16cm^3。

② 耐火性：耐火时间 33.7min。

③ 毒性分析：燃烧产物基本无毒。

④ 颜色：本品为白色，根据需要可调成多种颜色。

⑤ 干燥时间：表干 1～2h，实干 4～5h。

⑥ 耐水性：在水中浸泡 1 周涂层完整无缺。

⑦ 附着力；＞3MPa。

⑧ 耐候性：在 45℃、100％湿度的饱和 CO_2 气氛作用下 48h 无变化。

⑨ 装饰性：可配成各种颜色，其涂层带有瓷釉光泽，而无瓷质的脆性。

11.3 阻 燃 剂

为了预防火灾的发生，或者发生火灾以后阻止或延缓火灾的发展，往往用阻燃剂对易燃、可燃材料进行阻燃处理。所谓阻燃处理，就是提高材料抑制、减缓或终止火焰传播特性的工艺过程。易燃、可燃材料经过阻燃处理后，其燃烧性能等级得以提高，变成难燃、不燃材料。

11.3.1 阻燃剂分类

(1) 无机阻燃剂和有机阻燃剂(按化合物分)

1) 无机阻燃剂具有热稳定性好，不产生腐蚀性气体、不挥发、效果持久、无毒等优点。无机阻燃剂虽有许多优点，但在一般情况下，它对材料的加工性、成型性、物理力学性能、电气性能都有所影响，须进行改性研究。无机阻燃剂种类见表11-15。

无机阻燃剂的种类　　表 11-15

元素名称	化合物名称	参与反应的状态
磷(P)	红磷	液相，固相
锡(Sn)	氧化锡，氢氧化锡	不明
锑(Sb)	氧化锑	气明
钼(Mo)	氧化钼，钼酸铵	不明
硼(B)	硼酸锌，偏硼酸钡	液相，固相
锆(Zr)	氧化锆，氢氧化锆	不明
铝(Al)	氢氧化铝，碱式碳酸铝钠	固相，气相
镁(Mg)	氢氧化镁	固相，气相
钙(Ca)	铝酸钙	固相，气相

2）有机阻燃剂品种很多，主要有磷系阻燃剂和卤系阻燃剂。磷系阻燃剂又可分为含卤和不含卤两类。

有机磷系阻燃剂特别适用于纤维素的阻燃。它能促成纤维素的脱水和炭化。经验表明，高聚物中含有5%以上的磷，就有阻燃效果。有机磷系阻燃剂在室温下多为液态，故有增加材料流动性的倾向，并具有毒性，发烟量大，且易水解和热稳定性差等缺点。常用有机磷系阻燃剂见表11-16。

常用有机磷系阻燃剂 **表11-16**

种　类	名　称	分子量	磷(%)	卤素(%)
不含卤素	磷酸三辛酯	434	7.1	
	磷酸丁乙醚酯	398	7.8	
	辛基磷酸二苯酯	362	8.6	
含卤素	三(氯乙基)磷酸酯	286	10.8	37(Cl)
	磷酸三(2，3，-二溴丙基)酯	698	4.4	68.8(Br)
	磷酸三(2，3，-二氯丙基)酯	431	7.2	49.4(Cl)

(2) 反应型阻燃剂和添加型阻燃剂(按工艺分)

1) 反应型阻燃剂是阻燃剂本身参加高聚物综合反应，结合到高聚物的主链或侧链中，成为高聚物的一部分。它适用于缩聚反应，例如聚氨酯、不饱和聚酯、环氧树脂、聚碳酸酯等。反应型阻燃剂具有阻燃性能持久，对高聚物性能影响小等优点，但反应型阻燃剂的阻燃处理工艺复杂，要求阻燃剂必须能同被阻燃材料起反应，在实际使用中不及添加型阻燃剂用得普遍。

2) 添加型阻燃剂是以物理的分散状态添加在被阻燃的材料中。添加型阻燃剂使用方便，应用广泛，其用量比反应型阻燃剂多的多。其缺点是对材料的使用性能影响较大。

11.3.2 常用阻燃剂

(1) 无机阻燃剂

1) 氢氧化铝［$Al(OH)_3$］

氢氧化铝具有热稳定性好、无毒、不挥发、不产生腐蚀性气体等特点；铝能减少燃烧时的产烟量，能捕捉有害气体；氢氧化铝为白色粉末、透明度、着色性好；资源丰富，价格便宜。由于以上原因，氢氧化铝使用量在所有阻燃剂中占第一位。它广泛用于环氧树脂、不饱和聚酯树脂、聚氨酯、聚乙烯、ABS、硬质PVC中。

氢氧化铝阻燃效果与很多因素有关。氢氧化铝用量越大，阻燃效果越好；氢氧化铝越细，阻燃效果越好；对氢氧化铝进行表面处理可以大大提高其阻燃性能。

2）三氧化二锑（Sb_2O_3）

三氧化二锑为白色结晶粉末。在材料阻燃处理中，主要作为卤素阻燃剂的协效剂使用。实验发现，加入三氧化二锑以后，卤素化合物的阻燃效果提高很多。

锑卤阻燃体系可应用于PVC、聚丙烯、聚乙烯、ABS、聚氨酯等塑料中。也可用于纺织品、纤维、油漆、橡胶的阻燃处理中。

3）水合硼酸锌

硼系阻燃剂具有毒性低，热稳定性好，价格低廉的特点。硼系阻燃剂中使用最早的是硼砂（$Na_2B_4O_7 \cdot 10H_2O$）和硼酸（H_3BO_4），广泛用作木材、纸张、棉布等纤维素阻燃剂。目前使用最广泛的是水合硼酸锌。

硼酸锌一般与卤素阻燃剂用于聚乙烯、聚丙烯、ABS、聚酯、天然橡胶、氯丁橡胶以及防火涂料中。

（2）有机阻燃剂

1）四溴双酚A

溴系阻燃剂品种很多，四溴双酚A是其中之一。四溴双酚A为白色结晶型粉末，属反应型阻燃剂，亦可作添加型阻燃剂使用。常用于环氧树脂、聚碳酸、酚醛树脂、ABS、聚氨酯以及纸张、纤维素的阻燃处理。

2）氯化石蜡-42

氯化石蜡是使用最多最普遍的氯系阻燃剂。氯化石蜡品种很多，氯化石蜡-42，为金黄色黏稠液体。氯化石蜡具有与聚氯乙烯类似的结构，阻燃性和电绝缘性好，能使制品具有一定的光泽度，价格低。普遍用于 PVC 电缆、软管、板材、人造革、薄膜的阻燃处理中；还可用于丁苯橡胶、丁腈橡胶、氯丁橡胶、聚氨酯橡胶的阻燃处理中。

3）甲基膦酸二甲酯(DMMP)

甲基膦酸二甲酯，为无色透明液体，磷含量25%，具有透明、高效、低毒、使用范围广、成本低廉等优点。属添加型阻燃剂。广泛应用于聚氨酯泡沫塑料、不饱和聚酯树脂、环氧树脂的阻燃处理。

11.3.3 材料阻燃处理中的新技术

随着阻燃科学的发展，材料阻燃处理中出现了很多高新技术。这些高新技术极大地提高了材料的阻燃性。

(1) 纳米技术

采用物理、化学方法，将固体阻燃剂分散成 1～100nm 大小微料的方法，称纳米技术。物理方法有蒸发冷凝法、机械破碎法；化学方法有气相反应法、液相法。阻燃剂超细处理技术，不仅可以提高阻燃效率，降低阻燃剂用量，对于改善阻燃剂的发烟性、耐候性、着色性都会产生很大影响。

(2) 微胶囊技术

微胶囊技术就是把阻燃剂微粒包裹起来。例如用硅烷、钛酸酯对氢氧化铝、氢氧化镁进行表面处理；或者将阻燃剂吸附在无机物载体的空隙中，形成蜂窝状微胶囊阻燃剂。这样可以改善阻燃剂与高聚物的相溶性。硅烷分子、钛酸酯分子在氢氧化铝、氢氧化镁颗粒表面，形成“分子膜层”，在阻燃剂与高聚物之间搭起了“桥键”；若用的包裹物是硅酸盐、有机硅树脂，可以使易热分解的有机阻燃剂被很好的保护起来，从而改善阻燃剂的热稳定性。

(3) 辐射交联技术

高聚物在高能射线(γ 射线、β 射线或 X 射线)作用下，引起电离，激发分子和自由基。这些活性粒子在分子内部或分子之间，互相结合产生“桥架”或“交连键”，聚合物具有三维网状结构，从而改善材料的耐热性、阻燃能力、力学性能和化学稳定性。

（4）复配技术

在对材料进行阻燃处理过程中，已经发现某些阻燃剂同时使用会取得很好的协同效应，获得 1＋1＞2 的阻燃效果。例如磷＋卤、锑＋卤、磷＋氮、磷＋结晶水化合物等。

11.4 防火玻璃

11.4.1 普通透明防火玻璃

防火玻璃是在规定的耐火试验中能够保持其完整性和隔热性的特种玻璃。适用于建筑、船舶和其他用途。

（1）按用途分为两类

A 类：建筑用防火玻璃及其他防火玻璃。

B 类：船用防火玻璃。

（2）按耐火性能分等级

A 类防火玻璃按耐火性能分为：甲级、乙级、丙级。

B 类防火玻璃按耐火性能分为：B-0 级、B-15 级。

（3）外观质量

A 类防火玻璃的外观质量见表 11-17。周边 15mm 范围内不做规定。

A 类防火玻璃的外观质量　　表 11-17

种类/等级/缺陷名称	甲级		乙级		丙级	
	优等品	合格品	优等品	合格品	优等品	合格品
气泡	直径 300mm 圆内允许长 0.5～1mm 的气泡 1 个	直径 300mm 圆内允许长 1～2mm 的气泡 3 个	直径 300mm 圆内允许长 0.5～1mm 的气泡 2 个	直径 300mm 圆内允许长 1～2mm 的气泡 4 个	直径 300mm 圆内允许长 0.5～1mm 的气泡 3 个	直径 300mm 圆内允许长 1～2mm 的气泡 6 个

续表

缺陷名称 \ 等级 \ 种类	甲级		乙级		丙级	
	优等品	合格品	优等品	合格品	优等品	合格品
胶合层杂质	直径500mm圆内允许长2mm以下的杂质2个	直径500mm圆内允许长3mm以下的杂质3个	直径500mm圆内允许长2mm以下的杂质3个	直径500mm圆内允许长3mm以下的杂质4个	直径500mm圆内允许长2mm以下的杂质4个	直径500mm圆内允许长3mm以下的杂质5个
裂痕	不允许存在					
爆边	每平方米允许有长度不超过20mm、自玻璃边部向玻璃表面延伸深度不超过厚度一半的爆边					
	4个	6个	4个	6个	4个	6个
叠差	不得影响使用，可由供需双方商定					
磨伤						
脱胶						

(4) 耐火性能

A类防火玻璃的耐火性能必须符合表11-18的规定。

A类防火玻璃的耐火性能(min) **表11-18**

耐火等级	耐火性能	耐火等级	耐火性能
甲级≥	72	丙级≥	36
乙级≥	54		

11.4.2 复合防火玻璃

复合防火玻璃是由两层或两层以上的平板玻璃间含有透明阻燃胶粘层而制成的一种夹层玻璃。平时，这种玻璃和普通玻璃一样是透明的，在火灾发生初期，防火玻璃仍是透明的，随着火势的蔓延扩大，室内温度增高，夹层受热膨胀发泡，逐渐由透明物质转变为不透明的多孔物质，形成防火隔热层，起到防火隔热保护作用。

复合防火玻璃除具有优良防火隔热性能外，还有一定的抗冲击强度，存放稳定性好。主要用作室内防火门、窗和防火隔墙材料。

按国际标准 ISO 3009 镶玻璃建筑构件耐火试验条件进行试验，复合防火玻璃耐火性能见表 11-19。

复合防火玻璃的耐火性能　　表 11-19

型号	厚度(mm)	耐火极限(h)	质量(kg/m²)
FB10	10±0.5	0.6	23±1
FB15	15±1.0	0.9	35±2
FB18	18±1.5	1.2	40±3
FB8×2	16±1.0	1.2	36±2

注：FB8×2 为双层，厚度为 8mm 的防火玻璃。

产品系列见表 11-20，表中型号 FB 表示复合防火玻璃，P 表示普通，M 表示磨砂或磨花，S 表示有色，Y 表示压花。例如：防火门用玻璃、防火门玻璃亮子和防火隔墙用玻璃等均有多种规格。

产品系列等级和耐火极限　　表 11-20

型　号	耐火等级	耐火极限(min)
FBP-18、FBM-18、FBS-18、FBY-18	甲级	≥72
FBP-15、FBM-15、FBS-15、FBY-15	乙级	≥54
FBP-10、FBM-10、FBS-10、BFY-10	丙级	≥36

11.4.3　透明防火复合玻璃

透明防火复合玻璃是国际上近年来才问世的新型建筑材料。具有良好的透光和防火隔热性能，是高层建筑作防火门、窗及玻璃隔墙的理想材料。产品主要技术指标：

(1) 外观

人站在距试件 1m 处观察，无影响透明度的杂质和气泡存在。

(2) 透光性能

可见光总透过率不低于相同层数普通平板玻璃的 90%。

(3) 耐温性能

在温度－20～80℃范围内放置 24h，透光率和颜色无变化。

(4) 耐火性能

按国际标准 ISO 3009 镶玻璃建筑构件耐火试验条件进行试验，耐火性能见表 11-21。

透明防火复合玻璃耐火性能　　　　表 11-21

型号	厚度(mm)	耐火极限(min)	质量(kg/m^2)
FB10	10±0.5	36	23±1
FB15	15±1.0	54	35±2
FB18	18±1.5	72	40±3
FB8×2	16±1.0	72	36±2

注：1. FB8×2 为双层，厚度为 8mm 的防火玻璃。

2. 防火门用玻璃防火门玻璃亮子和防火隔墙用玻璃有各种规格。

12 建筑管材与管件

建筑设备是房屋建筑的心脏，管道是血管和命脉。管道是赋予建筑活力的大通道，涉及给水、排水与采暖、燃气、通风与空调、电气、电信和网络等工程，一旦出现问题，就会造成很大危害。管道由管材和管件组成。本章在简要介绍传统的建筑管材的基础上，重点介绍新型建筑管材与管件。

12.1 管材与管件基础

12.1.1 管材的分类

(1) 按材质分类

常用管材按照材质分为：钢管、铸铁管、塑料管、复合管、混凝土管与陶土管等。传统的建筑管材主要指钢管及铸铁管、混凝土管与陶土管等，新型建筑管材主要指塑料管材及各种复合管材。目前，新型管材品种有聚氯乙烯(PVC)管、氯化聚氯乙烯(PVC-C)管、硬聚氯乙烯(PVC-U)管、聚乙烯(PE)管、交联聚乙烯(PE-X)管、无规共聚聚丙烯(PP-R)管、聚丁烯(PB)管、ABS管、铝塑复合(PAP)管、铜塑复合管、钢塑复合(SP)管、不锈钢塑料复合管、玻璃钢夹砂(RPM)管等。其中PVC-U管、交联聚乙烯(PE-X)管和无规共聚(三型)聚丙烯(PP-R)管等是塑料管的主导产品。

(2) 按横截面的形状分类

常用管材按照横截面的形状分为：圆管和异形管。由于建筑安装管材主要用于流体输送，绝大多数是圆管；方管和矩形管只用于支架等受力构件。

(3) 按工程分类

管道涉及建筑设备安装各个领域，管材按照安装工程分为：给水、排水、采暖、燃气等低压流体输送管，锅炉、通风与空调等耐高温、高压的流体输送管，电气、电信和网络等用电线套管。

给水、排水与采暖管道必须满足给水、排水与采暖的工作压力，满足介质流动不泄漏及防腐与保温的要求，生活给水系统的管道还必须达到饮用水卫生标准。燃气管道必须满足输、配送燃气的气质、压力的需要及防腐与保温的要求。通风与空调系统除了使用普通的输送流体用管材外，还需要耐高温氧化、耐腐蚀、强度高、抗冲击、安装简捷的管材和通风与空调工程专用的通风管道。电气、电信和网络室内配线须要配管，配管必须绝对满足对线路畅通的保护。

12.1.2 管材的特性

(1) 管材的规格

1) 直径

管材的直径分为外径、内径和公称口径。管材外壁的直径称为外径，内壁直径称为内径。公称口径是标准中规定的名义直径。低压流体输送用焊接钢管(黑管)和低压流体输送用镀锌焊接钢管的规格用公称口径表示，它是内径的近似值(公称口径不等于外径减去二倍的壁厚)。普通碳素钢电线套管的规格用公称口径表示，它是外径的近似值(公称口径不等于内径加上二倍的壁厚)。显然，相同规格的低压流体输送用焊接钢管比普通碳素钢电线套管要粗。铸铁管的公称口径为内径的近似值。公称口径习惯上常用英寸表示。塑料管材及各种复合管材规格用公称外径表示，公称外径一般等于平均外径的最小值。

2) 壁厚

按照壁厚管材有普通管与加厚管之分。普通碳素钢电线套管一种是厚壁管，管厚为 2.25～4.0mm，称为一分管，主要用于大型混凝土掩蔽式配电工程和露出式配电工程。另一种薄壁管，壁厚为 1.6～2.0mm，称为五厘管，适用于木建筑掩蔽式配电工程和露出式配电工程。塑料管材及各种复合管材的产品厚度不均匀，产品厚度的最小值称为公称厚度。

3）规格表示方法

钢管用“外径×壁厚”的毫米数表示。

塑料管材及各种复合管用规格表示方法在我国新标准中采用 ISO 国际标准方法，即管材规格用“管系列 S，公称外径 d_n×公称壁厚 e_n”表示。例如，管系列 S5，公称外径 d_n 为 32mm，公称壁厚 e_n 为 2.9mm，则表示为：S5，32×2.9。

（2）管材的主要理化性能

1）材质密度

物质具有质量，单位体积物体的质量称为物体的密度，用 ρ 表示，单位为 g/cm^3 或 kg/m^3，用于计算管材的理论质量。

2）拉伸强度

管材在拉伸试验中材料在断裂前所能承受的纵向应力最大值，单位为 MPa。

3）硬度

管材的硬度是指材料抵抗比它更硬的物体压入其表面的能力。材料越硬，受压后的压痕越小。

4）导热系数

当沿着热流方向 1m 距离内，温差为 1K 时，在 1h 内传过 $1m^2$ 截面的热量为导热系数。它是材料导热能力的物理参数，单位为 W/(m·K)。

5）维卡软化点及维卡软化温度

维卡软化是评价热塑性塑料管材高温变形趋势的一种试验方法。该方法是在等速升温条件下，用一根带有规定负荷、截面积为 $1mm^2$ 的平顶针放在试样上，当平顶针刺入试样 1mm 时的温度即为该试样所测得的维卡软化温度。

6）交联

为了提高塑料管材机械性能和热性能，交联是最为有效的手段。所谓高分子交联反应是将分子间的范德华力吸引转变成化学键的结合，交联的结果是将线性分子材料转变成三维网状结构，从而大大改善材料的性能。

7）共混

将不同类型的高分子材料通过物理或化学的方法混合在一起的方法称为共混。它是塑料管材改性的一种极为有效的手段。一般来说，单一组分的聚合物往往有些性能不够理想，通过共混，将两种或两种以上性能各异、甚至不完全相容的聚合物混合在一起，则可得到与其中各种均聚物都大不相同的性能。

12.1.3　新型管材重要参数和标识

(1) 管系列

1）额定压力(p)

额定压力(p)是指管道系统在选定使用温度和寿命下所允许的压力，其单位是 MPa。

2）静压设计应力(σ)

在额定静压长期作用下，引起管壁产生应力，主要是环向应力，称为静压设计应力(σ)，即具有一定安全系数保证的实际选用应力值，在此应力下管子至少能安全工作 50 年。应力是由压力作用管壁而产生的环应力，其单位也是 MPa。

3）管系列

S 值在 ISO 4065 标准中被定义为确定管壁厚度系列的重要参数值，称为管系列，$S=\sigma/p$。由管系列(S)、公称外径 D 确定壁厚 e 公式为 $e=D/2p+1$。

(2) 管材分级

1）公称压力

管道所能承受的耐压能力取决于使用寿命和最高使用温度。为了统一标准，国际上的分类方法是使用公称压力(PN)，它是指使用水温为 20℃、使用寿命为 50 年，以 MPa 为单位的允许压力。例如，公称压力 PN1.0MPa 的给水聚丙烯管，表示在连续使用水温为 20℃、使用寿命为 50 年时，管道允许压力为 1.0MPa。

2）设计压力

在设计选定的流体工作温度下，确保一定的使用寿命，管道系统设计的最大压力称为设计压力。

3）塑料管材的分级

① 按管材承受压力的情况分级

按管材承受压力的情况分级，就是按管材公称压力定级，经过 10000h 的试验，拟合和外推到 20℃ 、50 年的管道最小必须强度 MRS 值。如 PE100、PE80 等级的划分。

② 按使用条件分级

为了方便使用者，最新 ISO 冷、热水塑料管按使用条件分级，其方法是在对设计压力规定了 4bar、6bar、8bar、10bar 四个等级的条件下，按管材使用的不同温度的时间百分比进行分级，使用条件分成四个级别，见表 12-1。

建筑用冷、热水管产品使用条件　　表 12-1

应用等级	设计温度下工作时间		最大工作温度下工作时间		故障温度下工作时间		典型应用范围
	T_D(℃)	时间(年)	Tmax(℃)	时间(年)	T(℃)	时间(h)	
1	60	49	80	1	95	100	供应热水 60℃
2	70	49	80	1	95	100	供应热水 60℃
3	20 40 60	2.5 20 25	70	2.5	100	100	地板采暖和低温散热器采暖
4	20 60 80	14 25 10	90	1	100	100	高温散热器采暖

对表12-1的说明，使用条件分级的管道系统应同时满足在20℃、1MPa条件下，使用寿命为50年的要求。在1995年通过的ISO 10508冷、热水管分级标准中，有“使用条件级别3”是使用于低温地板采暖；在新的ISO冷、热水管产品使用分级中，没有列入这个等级，估计是考虑到使用者很少。表12-1的分级方法是一种指南，而不是硬性规定。在一些国家因气候极端情况下，允许使用其他分级，但选用表12-1未规定的级别时，应得到各方的同意。

如果使用条件不符合标准中的四个级别，允许使用者另定等级，但应计算出设计应力，再按四个级别的设计压力，求出管系列S，查出不同公称外径管材应选择的壁厚。

(3) 管材的标识

1) 色泽

以管材表面的整体颜色表示管材用途的信息。目前，我国建筑用塑料管常用的色泽颜色如表12-2所示。

各种管材色泽常用的颜色　　表12-2

颜色 管材	蓝色	橙红色或红色	灰色	白色	黄色	黑色	绿色
冷水给水管	○	×	△	△	×	△	×
热水给水管	×	○	△	△	×	△	×
埋地排水管	×	×	○	△	×	△	×
排水管	×	×	○	△	×	△	×
雨落水管	×	×	×	○	×	×	×
燃气管	×	×	×	×	○	△	×
电工套管	×	×	×	△	×	△	○

注：1. 表中“○”符号表示规定的颜色；

2. 表中“△”符号表示必须添加规定颜色的色泽；

3. 表中“×”符号表示禁用的颜色。

管材表面色泽应均匀，无明显色差。色泽的色牢度试验，应符合《食品包装用聚乙烯、聚本乙烯、聚丙烯成型品卫生标准的分析方法》(GB/T 5009.60—1996)中脱色试验的要求。

2）色标

以管材表面的颜色线条或线条加文字表示管材的用途信息。

当用色标方式来表示管材的用途时，色标应符合表 12-3 的规定。

色标的颜色 **表 12-3**

颜色 管材	蓝色	橙红色或红色	灰色	黄色	绿色
冷水给水管	○				
热水给水管		○			
埋地排水管			○		
排水管			○		
雨落水管					
燃气管				○	
电工套管					○

色标的线条可采用实线或虚线，应沿轴向延续。色标的线条数量不得少于 1 条，多条线条宜沿轴向均布。当采用文字加线条表示色标时，文字和线条必须为相同颜色。色标的线条宽度应符合表 12-4 的规定。色标应清晰、整齐，着色牢固。

建筑塑料管材色标线条宽度 **表 12-4**

公称外径(mm)	线条的宽度(mm)
≤250	1.5～2.0
>250	2.5～3.0

色标的色牢度试验，应符合《食品包装用聚乙烯、聚苯乙烯、聚丙烯成型品卫生标准的分析方法》(GB/T 5009.60—1996)中脱色试验的要求。

3）标识

色泽和色标统称为标识。

12.1.4 管道连接的基本方式

管道系统连接包括管材与管材连接、管材与管件连接、管材与器具(水嘴、水表、阀门、热水器等)的过渡连接。管道系统连接不好，不但影响管道系统使用寿命，而且造成管路系统“跑、冒、滴、漏”等现象。因此，连接方式是管道安装和验收重要内容，必须倍加重视。

管道的连接方式，因管材和管件种类不同而有区别，即使用同一种方法连接，在施工中操作上也不尽相同。本节只介绍几种典型连接方式，具体的连接方法及安装施工操作，在各种管材施工中再做详细说明。

（1）热熔连接

热熔连接是相同热塑料制作的管材与管件互相连接时新型管材连接方法，连接强度比较高。采用专用热熔工具，将连接部位表面加热，直接对其热熔和承插，冷却后连接成为一体。

热熔连接是在规定的温度条件下、在特定的模型内，经过管道或管件的端口进行预热、升温、恒温、降温的一个热反应过程，使得被熔两端充分地、均匀地、规则地、完全地融合粘结的技术。它不是化学反应的过程，而是一个物理变化过程及其结果。

热熔连接方法有下列三种：

1）直接热熔连接

是将连接部位加热，直接对其进行热熔连接。

2）承插式热熔连接

承插式热熔连接是将管材插入端和承插端分别加热变软后，迅速插入，冷却后即可达到比较牢固的结合。为提高承插连接的使用压力，也可采用在承插部位加套管。

3）电熔连接

相同的热塑性管道连接时，插入特制的电熔管件，由电熔连接机具向电熔管件通电，依靠电熔管件内部预先埋设的电阻丝产生所需要的热量进行熔接，冷却后管道与电熔管件连成为一个整体。

电熔连接的特点是连接方便、快速、接头质量好、外界因素干扰小。电熔连接一般用在受安装部位限制、无法实施热熔连接的处所。

热熔连接技术在PP、PE、PB管道施工中被广泛采用。

（2）焊接

焊接是同质管材连接常用的方法，主要用于金属管材，特别是铜管焊接最为牢固。焊接详见第6章。

（3）粘结

同质管材用专用的胶粘剂粘结，如PVC-U、ABS管材和管件的粘结，是通过专用胶粘剂来实现的，这种粘结也称之为“冷焊”。如果管道与管件公差配合适当，这种粘结也是一种很好的连接方法。用于生活给水时，对粘结胶水毒性问题，应予以足够重视。

（4）机械式连接

机械式连接适用于所有管材，特别是当管材与器具连接时，一般均采用机械连接，机械连接方法较多，主要有下列几种：

1）活接式接头

活接式接头结构是由管箍螺母、密封胶圈、打滑圈和弹性挡圈组成。

塑料管材采用活接式接头，施工时用开槽刀在管端部转动数圈，开出一条挡圈槽，然后逐一套上管箍螺母、弹性挡圈、打滑圈和橡胶密封圈，再将带槽管端插入管件，拧紧管箍螺母即可。

2）卡套式连接

连接件由带锁紧螺母和丝扣管件组成。当管道插入管件后，拧动锁紧螺母，把预先套在管道上的金属管箍压紧，以起到管材与管件的密封和连接作用。

3）承插式连接

承插式连接是用于承插式管接头，它是由铸钢、不锈钢或铜制接头本体、螺母、卡套、衬套和橡胶密封圈等组成。安装时将管道插入管件后，拧动螺母，压紧密封圈和垫圈，起到管材与管件的连接和密封作用，管接头分外螺纹锁紧和内螺纹锁紧两类。

铸铁管连接、塑料管材热熔连接虽非机械式连接，但连接接口为承插式。

4）法兰盘连接

法兰盘连接用螺母、垫圈拧紧保证密封。法兰盘与金属管采用焊接；与塑料管一端与过渡接头采用热熔连接，再套上法兰盘，将耐热无毒橡胶密封圈、钢管或钢阀门金属法兰盘用螺母、垫圈拧紧保证密封。法兰盘连接使用时方便，一般在与法兰阀门、水泵进出口连接时采用。

5）法兰压盖橡胶圈连接

这是一种机械接口方法，是借螺栓挤压橡胶圈形成密封，密封性能可靠。此法适宜于较大口径的塑料给水管采用，水压可达10MPa。

法兰压盖橡胶圈连接每一个接口包括法兰套箍（又称伸缩接轮）一件，法兰压盖两个，O型橡胶圈两个，螺栓、螺母和垫圈数个。法兰压盖及法兰套箍可用铸铁件，也可用注塑件。此法除密封性好外，还可承受一定的轴向伸缩和由于地基沉降或其他外力引起的轴向小量偏转。

6）扩口式法兰连接

大口径并且受力较大情况下可采用扩口式法兰连接。

7）套筒式连接

套筒式连接管材采用对焊，对焊后将焊缝铲平，加套管，套管两端再焊接在管道上。也可采用胶粘剂将套管与连接管粘合。

套管的长短一般大于各管的直径。

此种连接使用可靠、施工方便，但不可拆卸，多用于金属管焊接或塑料管道胶水粘结。

8）卡箍式连接

管道插入有倒牙的管件后，将套在管道外表面的铜质管箍用专用夹紧钳夹紧，以起到管材与管件密封和连接作用。插入式连接件和专用工具保证了管道安装简便快捷、安全可靠。

9）形状记忆效应连接法(或称卡压式连接法)

这种连接法是利用金属的一项特殊性能——形状记忆效应，这是实现管道连接的新方法。形状记忆效应是指具有记忆功能的材料在应力作用下，诱发内部结构转变而使零件宏观上发生变化。

所谓的形状记忆效应连接法，是在两根管道(或管件)的连接处套上一个小巧不锈钢记忆接头，然后通过加热器将接头低温加热(不到 1min)，接头受热后产生记忆效应，收缩固紧管道。也有的不用加热，而是用专用工具加压，使接头连接。

这种连接方法适用于小口径的不锈钢管、紫铜管、铝管、铝塑复合管、外壳为金属的复合管等。管道连接方法快捷、安全可靠，所以是一种很有前途的管道连接方法。

10）钳压式管件连接

钳压式管件连接是一种新型管件连接，它是由管件本体、不锈钢套和两个 O 型密封圈构成的。该管件结构紧凑，管件本体由锻压形成的黄铜坯料经精加工制成，不锈钢套压紧后形成的外圆柱面亮丽美观。

钳压式管件连接在安装时，其压紧过程是利用专用加压钳工具，使管件上的不锈钢套产生永久压缩塑性变形，连接后的不锈钢套外圆柱面上会出现三个压紧凹槽。这种连接方法密封性能好，连接使用寿命长。使用范围广，无论是冷热水、燃气管道领域，还是冲击、振动场合都适用。构成管件的零件数量少，结构简单，安装方便。

这种连接方法，要用专用加压钳，小口径管可用人工加压钳，大口径管要用液压式加压钳。它连接后不能再拆卸，因此，适用于要求永久密封连接安装的场合。

12.2 传统管材

12.2.1 钢管

钢管具有强度高、承受内压大、抗震性能好、重量较轻、接头少、内外表面光滑、易加工安装等优点。钢管的连接方法有螺纹连接、法兰连接、焊接。钢管按照制造工艺分为热轧、冷拔和挤压；按照材质分为普通钢管(碳素钢、合金钢)与不锈钢管；普通钢管可分为焊接钢管和无缝钢管。

(1) 普通无缝钢管

普通无缝钢管是用普通碳素钢、优质碳素结构钢、低合金钢或合金结构钢制成，品种规格多、强度高，广泛用于压力较高的管道中。无缝钢管的标准化系列执行 GB/T 17395—1998《无缝钢管尺寸、外形、重量及允许偏差》。

普通无缝钢管的规格用外径壁厚的毫米数表示，如外径 76mm、壁厚 3.2mm 无缝钢管的规格可表示为：

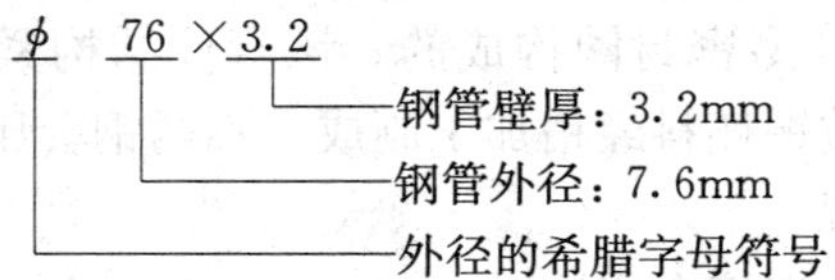

常用建筑安装无缝钢管在选用时，必须依据使用要求和标准。即使同一牌号、同一规格的无缝钢管，不同的标准其成分和技术要求也不同，选用错误可能造成很大的经济损失。以 20 号优质碳素结构钢制成的外径 48mm、壁厚 4mm 的无缝钢管为例说明，详见表 12-5。其他规格的管材也有类似问题。

常用建筑安装无缝钢管不同标准规定比较表　　表 12-5

标准编号	钢管名称	力学性能			尺寸偏差		检验项目
		σ_s (MPa)	σ_b (MPa)	δ_s (%)	外径 (mm)	壁厚 (%)	
GB 8163	输送流体用无缝钢管	245	390～530	20	±0.45	+12 −10	注①
GB 3087	低中压锅炉用无缝钢管	245	392～588	20	±0.45	+12 −10	注②
YB(T) 33	低中压锅炉用冷拔无缝钢管	265	410～530	25	±0.3	±10	注③

注：1. 水压试验，最大试验压力为 10MPa；压扁试验，压扁距 28mm。
2. 水压试验，最大试验压力为 10MPa；压扁 28，还可进行扩口(卷边)检验。
3. 水压试验，最大试验压力为 10MPa；压扁 28，还可进行扩口(卷边、冷弯)检验。
4. 另外还有高压锅炉用无缝钢管(GB 5310)和高压锅炉用冷拔无缝钢管(YB(T)32)，相应性能要求更高。

(2) 普通焊接钢管

普通焊接钢管又称有缝钢管，是用 08、10、15、20 号碳素钢或 Q215、Q235、Q255 号碳素结构钢板或钢带卷曲成型后焊制而成的钢管，简称焊管。按焊缝的形式分为直缝焊管和螺旋焊管，较小口径的焊管大都采用直缝焊，大口径焊管则大多采用螺旋焊，螺旋焊管的强度一般比直缝焊管高。建筑用焊管是水、燃气输送钢管中应用最为广泛的一种，又称为低压流体输送焊接钢管。分为镀锌钢管，又称白铁管(GB/T 3091)；非镀锌钢管，又称黑铁管(GB/T 3092)两种。常用的非镀锌钢管的规格及重量见表 12-6。镀锌钢管外径、壁厚和理论重量均采用镀锌前的黑管数据。

非镀锌焊接钢管常用规格 **表 12-6**

公称直径		钢管外径(mm)	普通钢管		加厚钢管	
mm	in		壁厚(mm)	质量(kg/m)	壁厚(mm)	质量(kg/m)
6	1/8	10.00	2.00	0.39	2.50	0.46
8	1/4	13.50	2.25	0.62	2.75	0.73
10	3/8	17.00	2.25	0.82	2.75	0.97
15	0.5	21.25	2.75	1.25	3.25	1.45
20	0.75	26.75	2.75	1.63	3.50	2.01
25	1	33.50	3.25	2.42	4.00	2.91
32	1.25	42.25	3.25	3.13	4.00	3.78
40	1.5	48.00	3.50	3.84	4.25	4.58
50	2	60.00	3.50	4.88	4.50	6.16
70	2.5	75.50	3.75	6.64	4.50	7.88
80	3	88.50	4.00	8.34	4.74	9.81
100	4	114.00	4.00	10.85	5.00	13.44
125	5	140.00	4.50	15.04	5.50	18.24
150	6	165.00	4.50	17.81	5.50	21.63

注：公称口径≤1.5英寸的管外径允许偏差为±0.5mm，公称口径＞1.5英寸的管外径允许偏差为±1%，壁厚允许偏差为＋12%、－15%。

另外，建筑用焊接钢管还有一般低压流体输送用螺旋缝埋弧焊钢管(SY 5037—83)和一般低压流体输送用螺旋缝高频焊钢管(SY 5039—83)。这两种焊接钢管是以热轧钢带卷作管坯，经常温螺旋成型，采用自动埋弧焊或高频搭接焊法焊接制成的用于水、燃气、空气和蒸汽等一般低压流体输送用钢管。

无缝钢管与焊接管的连接，除焊接不需要管件外，大口径一般采取法兰连接，需制作法兰盘；小口径采用螺纹连接，需要管箍、对丝、活接、弯头、三通、丝堵等管件。

(3) 不锈钢管材及管件

不锈钢管也分为无缝不锈钢管(GB/T 12770—1991)和焊接不锈钢管(GB/T 12771—1991)。在建筑业中，焊接不锈钢管主要用于建筑装饰（GB/T 18705—2002），无缝不锈钢管用于结构（GB/T 14975—2002）、流体输送（GB/T 14976—2002）和锅炉、热交换器（GB/T 13296—1991）。水暖主要使用《流体输送用不锈钢无缝钢管》（GB/T 14976—2002），分为热轧（挤、扩）和冷拔（轧）不锈钢无缝钢管。

1）特点

不锈钢管材耐腐蚀性能好，比普通钢长久耐用，清洁，光洁度高，适用于卫生要求较高的场所；表面美观以及使用可能性多样化；不必作表面处理，安装简捷、维护简单、综合费用低；耐高温氧化、强度高、抗冲击、膨胀系数低，适用于压力大、温度高的场所。是钢管中仍有应用前景的管材。

2）适用范围

适用于输送饮水净水、生活饮用水、热水和温度不高于135℃的高温热水，锅炉热交换器管网，装饰要求较高的冷水、暖气、燃气管网以及水质要求较高的食品、医药、化工和电子等行业低压流体输送管网。

3）规格

① 热轧不锈钢无缝钢管外径 54～480mm，壁厚 4.5～45mm；

② 冷拔不锈钢无缝钢管外径 6～200mm，壁厚 0.5～21mm；

③ 钢管的长度（不定尺）：

热轧管 1.5～10m，热挤压管≥1m；

冷拔（轧）管：壁厚 0.5～1.0mm 的 1～7m；壁厚≥1mm 的 1.5～8m。

4）材质要求

① 表面质量：象划伤、麻点、折痕等这些缺陷不管是高级材还是低级材都不允许出现；根据表面各种缺陷出现的程度和频率，来确定其表面质量等级及产品等级。

② 厚度公差：

不锈钢管其要求原料厚度公差为－10％。

12.2.2 铸铁管

铸铁管是由生铁制成的无缝管材，与钢管比较铸铁管具有抗腐蚀性好、经久耐用、价格便宜的优点；但也有质地较脆、不耐振动和弯折、工作压力比钢管低、重量较大、施工比钢管困难等缺点。按照铸造工艺分为连续、离心及砂型铸铁管；按照材料分为灰口铸铁管、可锻铸铁管、球墨铸铁管和蠕墨铸铁管等。铸铁管的连接方式有承插式和法兰式，承插接口常用于埋地管线，法兰接口常用于明装或沿地敷设的管道中和泵房内或经常拆卸的管道。铸铁管多用于给水、排水和燃气等管道工程。

(1) 砂型离心铸铁管(GB 3421—82)

砂型离心铸铁管用于输送水及煤气，按壁厚分为P和G级，公称直径近似为内径，计有 *DN*200mm～*DN*1000mm 12 种规格。砂型离心铸铁管为承插接口。其性能见表 12-7。

砂型离心铸铁管力学性能与试验压力表　　表 12-7

直管种类	公称口径 *DN*(mm)	管环抗弯强度(MPa)不小于	试验压力(MPa)
P级/G级	≤300	340	
	350～700	280	
	≥800	240	
P级	≤450		2.0
	≥500		1.5
G级	≤450		2.5
	≥500		2.0

(2) 连续铸铁管

连续铸铁管用于输送水及燃气，材料为灰口铸铁，按壁厚分为LA、A和B级，公称直径近似为内径，计有 *DN*75～*DN*1200 17 种规格。连续铸铁管只有承口。其性能见表 12-8

连续铸铁管技术性能表 **表 12-8**

性能	要　求
化学成分	连续铸铁管的磷含量不大于 0.30%，硫含量不大于 0.10%
抗弯强度	公称口径 DN≤300mm，管环抗弯强度不小于 340MPa。 DN=350～700mm，管环抗弯强度不小于 280MPa。 DN≥800mm，管环抗弯强度不小于 240MPa。
表面硬度	不得大于 HB210
水压试验	公称口径 DN≤450mm 时，试验压力(MPa)，LA：2.0，A：2.5，B：3.0 公称口径 DN≥500mm 时，试验压力(MPa)，LA：1.5，A：2.0，B：2.5
气密性试验	铸铁管用于煤气管道时，如需做气密性试验，试验方法由供需双方协商规定

(3) 排水用灰口铸铁直管与管件(GB 8716—88)

该直管与管件是采用连续铸造、离心铸造及砂模铸造的灰口铸铁直管及管件，用于排水。按承插口部位的形状分 A 型和 B 型两种。公称直径近似为内径，常用的管规格有[DN(mm)]：50、75、100、125、150 和 200 等 6 种规格。排水铸铁管的管壁较薄，不能承受高压，主要用于排除室内生活污水、屋面雨水以及振动不大场所的生产污废水。排水管路的接口形式为承插式，常用石棉水泥、水泥砂浆、膨胀水泥、氯化钙及石膏水泥等作填塞材料。管件主要有 45°、90°承插弯管与三通、四通管，P 型、S 型存水弯管，套管，带检查孔的承插短管及检查孔盖等。其性能见表 12-7。

(4) 排水用柔性接口铸铁管及管件(GB/T 12772—1999)

该铸铁管柔性连接，抗震性能好；强度高，抗冲击性能好；防水性能好，噪声小；壁厚均匀平直，表面光洁平整；安装方便，易于检修。高层、超高层及地震区优先选用。

常用的排水铸铁管型号有 W 型(无承口)和 A 型(法兰压盖)；规格有 W 型：DN50～DN300 共 8 种规格；A 型：DN50～DN200

共 6 种规格。

主要技术性能参数见表 12-9。

排水铸铁管主要性能指标 **表 12-9**

性能 \ 条件	耐水压（MPa）	持续时间（min）	位移量（mm）	效果
密封性	0.4	30	0	无渗漏
轴向位移	0.4	10	±12～±15	无渗漏
横向位移	0.4	10	±38～±48	无渗漏

连接方式：W 型无承口，采用不锈钢管箍连接；A 型采用法兰压盖，螺栓连接。两种类型均采用橡胶圈密封。

（5）离心柔性接口铸铁排水管材

采用离心铸造技术生产离心柔性接口铸铁排水管材，并采用负压消失模技术生产相配套的铸铁排水管件。

该系列管材机械强度高，壁厚均匀，内外壁光滑；几何尺寸精度高，连接密封性能好；采用柔性橡胶套圈连接，抗震、防火、抑制噪声性能好，可在任意方向摆动 15°，横向振动挠曲可达±31.5mm，同时安装、维修拆卸方便，省时、省力。它是传统承插式砂模铸铁排水管材的替代产品，用于建筑排水管道系统，特别适用于高层、超高层、永久性和重点建筑工程中的建筑排水管。其规格尺寸见表 12-10。

管材规格尺寸(mm) **表 12-10**

规格	内径	外径	壁厚	长度	质量(kg/根)
50(2″)	50	61	4.3	3000±10	16.5
75(3″)	75	86	4.4		24.4
100(4″)	100	111	4.8		34.6
125(5″)	125	137	4.8		43.1
150(6″)	150	162	4.8		51.2
200(8″)	200	214	5.8		81.9

管件：共有15个品种，160多个规格，以及相配套的不锈钢卡箍和橡胶套圈。

12.2.3 混凝土管与陶土管

混凝土管根据用途、承受压力及制造方法的不同，分为预应力钢筋混凝土管、普通钢筋混凝土管和无筋混凝土管3类。接口形式有承插式、企口式和平口式。

混凝土管具有价格便宜和抗腐蚀性好的特点，但也有抗渗性差、管节短、接口多、搬运不便等缺点。

预应力钢筋混凝土管能承受较高的压力，一般用于给水管道；普通钢筋混凝土管多用于承受压力较小或不承压的排水管道；无筋混凝土管其抗拉强度差，主要用于排水管道。

陶土管由塑性黏土焙烧而成，可以分为双面挂釉、单面挂釉和不挂釉3种。带釉的陶土管内外壁光滑、水流阻力小、不透水性好、耐磨损、抗腐蚀，尤其适用于排除酸碱性废水；但其质脆易碎、抗弯抗拉强度低，不宜敷设在松土中或埋深较深的地方。另外因管节短、施工接口多，一般多用于排除庭院污水。其常用规格见表12-11。

常用陶土管规格 **表12-11**

管径(mm)	管长(mm)	管径(mm)	管长(mm)
50	500	200	600
100	500	250	600
150	600	300	600

12.3 聚乙烯管材

聚乙烯(PE)是三大通用塑料之一，它已成为世界上热塑性树脂中产量最高的品种。常用的PE树脂品种主要有高密度聚乙烯(HDPE)、中密度聚乙烯(MDPE)、低密度聚乙烯(LDPE)和交联聚乙烯(PE-X)。目前，国外塑料管仍以 PVC 和 PE 为主导产品，且呈现出 PE 管超越 PVC 管的势头。特别是 PE-X 管材经欧美数十个国家权威机构论证，为优选管材。

12.3.1 聚乙烯(PE)管材的特点和应用

聚乙烯成为优良管材是因为它具有密度低、强度和质量比值高、脆化温度低(－80℃)、介质流动阻力小、耐化学腐蚀等优点。

聚乙烯管有单壁管、波纹管、PE 金属内衬管等产品。

普通聚乙烯(PE)由线性或短支键分子组成，分子之间由范德华力结合，其强度随温度升高而降低的幅度较大，因此，这类材料不能用于热水管道系统。

高密度聚乙烯管耐热性能和机械性能均高于中密度和低密度聚乙烯管，是一种难透气、透湿、最低渗透性的管材。它的应力—寿命曲线性能尤为优良，当工作温度在－70～40℃时，工作压力可达 1.0MPa。

中密度聚乙烯管既有高密度聚乙烯管的刚性和强度，又有低密度聚乙烯管的柔性和耐蠕变性，它比高密度聚乙烯管有更高的热熔连接性，对管道安装十分有利。中密度聚乙烯管的综合性能高于高密度聚乙烯管，因此，欧美各国认为中密度聚乙烯管比高密度聚乙烯管更符合使用要求。

低密度聚乙烯管的化学稳定性和高频绝缘性能十分优良，柔软性、伸长率、耐冲击和透明性比高、中密度聚乙烯管好，但管材许用应力仅为高密度聚乙烯管的一半，管壁较厚，市场销售量远不及高密度和中密度管。低密度和中密度管在管径小于 ϕ110mm 时，可盘绕成盘供应，施工方便。

PE 管广泛应用在天然气管道、水管和农业灌溉管，在西方发达国家，PE 压力管已获得大规模应用，并逐步建立了相应标准和法规。PE 管取得最引人注目的成就是在燃气管道上的应用。特别是 20 世纪 80 年代后期，国外相继开发了 PE80、PE100 级 PE 树脂原料，进一步解决了 PE 压力管长期使用性能问题。高密度或中密度 PE80、PE100 聚乙烯管已是燃气管道首选材料。美国近 30 年来使用 PE 管作燃气管已占 92%，德国、加拿大等国家 PE 管作燃气管道普及率也很高。

国内聚乙烯燃气管生产也有了国家标准，现在燃气管材在颜色上有两种：一种是黄色管，一种是带黄色条的墨色管。公称尺寸范围在 ϕ20～250mm，但实际生产规格已扩大到 ϕ315mm。根据使用工作压力的不同(0.4MPa，0.2MPa)，PE 管可分为 SDR11、SDR17.6 两个尺寸系列。2000 年，PE 管在城市中、低压燃气管网中使用率达到 30%左右，尤其是随着西部大开发及"西气东输"工程的开工，国内聚乙烯燃气管用量也在逐年增加。

城市给水 HDPE 管、LDPE 管执行标准为 GB/T 13663—92 和 GB 1930—93；压力等级分为 0.25MPa、0.4MPa、0.6MPa 和 1.0MPa 四个级别。颜色一般为黑色或本色。国内聚乙烯供水管生产的品种主要有 LDPE 管、LLDPE 管和 HDPE 管，规格一般是 ϕ16～315mm。国内 PE 管特别是 LDPE 管用量最多，在农村主要是给水、灌溉工程，约占 50%。用于城市给水和建筑给水使用量也在逐年增加。LDPE 管也可作电力、电缆邮电通讯线路保护套管等。

12.3.2 交联聚乙烯(PE-X)管材的突出特点与应用

为了提高聚乙烯管材的耐温性能，对 PE 材料进行改性，其中，以交联改性即交联聚乙烯(PE-X)管，应用最广。

PE-X 管的应用，始于 20 世纪 90 年代初，目前，在西方发达国家，已得到广泛推广使用。它是目前国际公认的适用于冷热水及饮用水的最佳管材之一，尤其是在长期耐高温、高压方面，它是性能最佳的管材之一。

据国外有关杂志披露，欧美国家在冷热水管系统应用上，PE-X 管使用率最高。展望国内管材市场，随着新型管材在工程上不断应用，PE-X 管材的市场将在我国进一步扩大。

(1) PE-X 管材的性能

1) 物理化学性能见表 12-12。

PE-X管材和管件物理化学性能　　　　表 12-12

项　　目	技术性能要求	静液压强度（MPa）	温度（℃）	试验时间（h）	试验方法
密度（g/cm³）	≥0.940				
拉伸强度（MPa）	≥16				
纵向收缩率（%）	≤3		120	e_n≤8mm：1 8mm<e_n≤16mm：2	EN［155w1056］方法（120℃）
热稳定性	无破损或泄漏	2.5	110	8760	EN921A 型端帽（暴露于空气中）
交联度： 过氧化物交联（%） PE-Xa（%） 硅烷交联（%） PE-Xb（%） 辐射交联（%） PE-Xc（%） 偶氮交联（%） PE-Xd（%）	＞70 ＞65 ＞60 ＞60			EN579	

注：表中 e_n 为壁厚。

2）管材的力学性能见表 12-13。

管材的力学性能　　　　表 12-13

性能	要求	试验参数			试验方法
		静液压强度（MPa）	试验温度（℃）	试验时间（h）	
耐内压（a）	试验中无破裂	12.0	20	1	EN921A 型端帽
耐内压（b）		4.8	95	1	
耐内压（c）		4.7	95	22	
耐内压（d）		4.6	95	165	
耐内压（e）		4.4	95	1000	

(2) PE-X 管材的突出特点

PE-X 管除具有塑料管材共性的优点外，由于聚乙烯经过交联，机械性能、尺寸稳定性、耐化学药品性、耐高温、耐高压和耐环境应力开裂性等都大大提高，它具有以下更突出的特点：

1）优良的耐高、低温特性

PE-X 管材的使用温度范围是塑料管材中最宽的材料之一，为−70～110℃，所以，它可用于高温输送热水系统，寿命可达 50 年，额定工作压力可达 1.25MPa。

2）抗化学腐蚀性能好

由于 PE-X 管其三维网状分子结构，即使处于高温下也能输送多种化学物质，而不被腐蚀。

3）良好的环保性能

PE-X 管材本身无毒、无味，也不释放有害物质，对水质不产生二次污染。

PE-X 管的废料虽然不像 PP-R 管废料可以回收再一次熔化利用，但 PE-X 管材的废料容易降解，它被焚烧后只产生水和二氧化碳。因此，PE-X 管可以说是绿色环保管材。

4）不结垢特性更突出

PE-X 管具有较低的表面张力以致使高表面张力的水不会被侵润管壁，从而更能防止管内壁水垢的形成。

5）抗弯曲性能好

当 PE-X 管被加热到适当温度（小于 180℃）会变成透明状，再冷却时会恢复到原来的形状，PE-X 这种性能，有人称为良好的记忆性能。在安装过程中，出现错误弯曲都可以通过热风枪加以矫正，使用起来更加自由。

(3) PE-X 管材的不足

PE-X 管材存在以下不足：

1）一般只有小口径管（管径 ϕ20～63mm）。而大口径交联管（ϕ300～600mm）目前世界上从商品问世情况来看尚属空白，原因是当管径为 ϕ300～600mm 时，壁厚为 12～50mm，任何一种固化交联方式都将消耗大量能源，致使交联出的产品价格昂贵，市场无法接受。据报道，近年来，国内外研究人员发现改变“接枝液”配方可以解决这个问题。这一发现对大口径交联管的生产和推广起到决定性作用。据称用这种方法交联大口径管，成本甚至低于中、小口径管。我国有些部门已完成小试或中试。

2）PE-X 管材热膨胀系数比较大。

3）连接形式为机械式连接，采用卡套夹紧式金属接头连接，一般用铜接头，配件成本较高。

（4）PE-X 管的应用

PE-X 管的使用领域比较广，可应用下列领域：

1）室内给水管、热水管、纯净水输送管。

2）食品、石油化工工业中液体食品输送管道。

3）水暖供热系统、中央空调管道系统、地面辐射采暖系统、太阳能热水器系统等。

4）电镀、石油、化工厂输送管道系统。

5）PE-X 管是地板采暖用最佳管材之一。

（5）地板辐射采暖要点

温热水地板辐射采暖简称地板辐射采暖，是一种世界公认的最为先进的采暖方式之一，是目前最先进、最流行的节能、卫生、舒适的供暖方式。它是通过埋于地(楼)板上部细石层内的加热盘管(PE-X、PAP、PP-R 压力管等)，用特殊的方式双向循环供热。热源可用容积式家庭热水器或其他热源。地表温度可达 25～32℃，室内温度具有最佳温度分布。不仅大量用于饭店、展览馆、商场、游泳馆等大型公共场所，而且已普及到住宅、户外停车场、花圃、种植大棚等场所。欧美等国应用地板辐射供暖占新建住宅面积的 80％以上，以致未设置地板辐射供暖的住宅很难售出。现在，随着我国科技的发展，特别是新型管材的发展，地板辐射技术得到了进一步的完善，取得良好的社会和经济效益。

地板辐射采暖的特点是：

使室内温度更加均匀、稳定，温度梯度更加合适，热量集中在人体受益的高度内，制造出真正适合人体的热环境，符合“暖人先暖脚”、“温足凉顶”的健身理论。

不占使用面积，室内卫生条件明显改善，不易造成污浊空气急剧对流，减少灰尘飞扬。

在制造相同舒适感觉条件下，地板辐射系统室内计算采暖温度时，可比对流采暖时降低 2～3℃，也就是说，节能 20%～30%。由于地面层及混凝土层热容量大，热稳定性好，在空隙供暖的条件下，温度变化缓慢。

地板辐射 PE-X、PAP 等管材使用寿命为 50 年以上，地板采暖使用寿命长、管理操作方便、安全可靠。

采用地板辐射采暖系统应注意：

1）地板采暖系统的设计是依据外墙的结构、尺寸、门窗的布局以及地层平面、地板材料，建筑物区域内的功能及温度要求等来计算确定。地板辐射采暖结构剖面如图 12-1 所示。

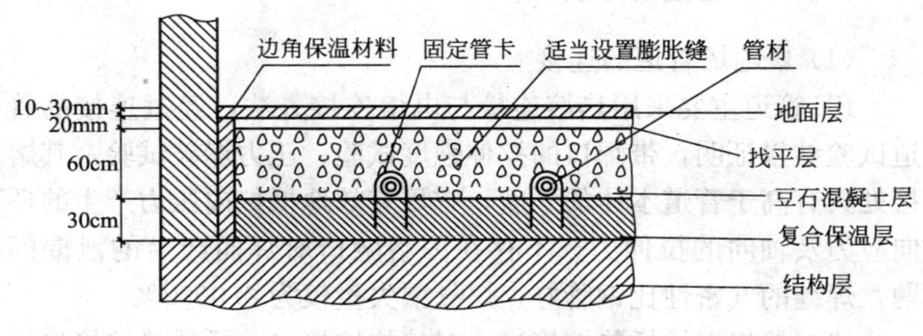

图 12-1　地板辐射采暖结构剖面图

2）供水温度宜取 40～60℃，供回水温差宜取 8～15℃。

3）地板表面平均温度宜采用表 12-14 的数值。

地板表面平均温度　　**表 12-14**

地面使用情况	平均温度(℃)
经常有人停留	24～26
短期有人停留	28～30
无人停留	32～35

4）PE-X 管工作压力≤0.8MPa。

5）加热盘管的水流速度>0.35m/s。

6）在供水干管上应设过滤器，以防异物进入地板采暖系统内。在供水干管上可设流量调节阀、散热量表等。

7）地板采暖结构层承受载荷≤2000kg/m^2。若>2000kg/m^2，应采取相关措施。

8）由于地板温差较大，每 6～7m 应设 5～8mm 的膨胀缝，缝中填充膨胀膏。

9）地板采暖系统安装过程应按下列顺序进行：敷设边界保温层→敷设复合保温层→铺设钢筋并固定→铺设地暖加热管路→安装分水器→地暖系统试压验收→铺填细石混凝土→抹水泥砂浆找平→安装总管路系统→铺设地板材料。

有水房间敷设前应先做防水处理。

12.3.3 管道的连接

（1）聚乙烯管道的连接

PE 管道主要采用热熔连接与电熔连接方法，经过连接的管道试验结果证明，带焊口的拉伸强度试验、压力爆破试验，其熔接处具有高于管道本体的强度，它可有效地抵抗内压力产生的环向应力及轴向的拉伸力，不存在因熔融口对焊而产生的泄漏问题，焊缝的气密性比钢管好，煤气漏失量仅为 0.0002%。

热熔接口有承插热熔接口、对接热熔接口。承插热熔接口具有接口强度高、气密性好、成本低等优点，是中、小口径聚乙烯管可靠的连接方法。对接热熔连接主要用于大口径管道的连接。采用对接接口，可以减少管件、接口数。它比承插热熔连接操作简便，但融接技术要求比较高。电熔连接接口具有质量稳定，操作简便等优点，但设备较多，适宜于大型工程施工。

由于聚乙烯管管壁光滑，不适宜用胶粘结。

（2）交联聚乙烯管道连接

交联聚乙烯管道连接是用机械连接，主要有下列方法：卡箍式连接、卡套式连接、U形式连接和扩口法兰连接。

1）D_e 小于等于 25mm 时管道与管件连接宜采用卡箍式连接，D_e 大于等于 32mm 时宜采用卡套式连接。中口径受力不大的情况下，可采用U形夹式连接；大口径并且受力较大情况下，可采用扩口法兰连接方式。

2）管道应采用企业配套的铜质管件、紧固环及施工紧固工具进行施工，卡套式连接橡胶密封圈材质，应符合卫生要求，且应采用耐热的氟橡胶或硅橡胶材料。

3）卡箍式管件连接。将铜制的卡紧环套在管道的外周，用工具将卡紧环卡紧，使环将管紧紧地压人插入式管件凹槽中，形成永久性的密封连接。其具体操作方法，按以下程序进行：

① 按设计要求的管径和确定的管道长度，用专用剪刀或细齿锯进行断料。管口应平整，端面应垂直管轴线。

② 选择与管道相应口径的紫铜紧箍环套入管道，将管口用力压人管件的插口，直至管件插口根部。

③ 将紧箍环推向已插入管件的管口方向，使环的端口距管件插口根部 2.5～3mm 为止，用相应管径的专用夹紧钳夹紧铜环直至钳的头部二翼合拢为止。

④ 用专用定径卡板检查紧箍环周边，以不受阻为合格。

4）卡套式管件连接。对小口径 PE-X 管，常用带插管的卡套连接法和带扩口插管的卡套锁紧法。它用在要求密封性较高和抽拔力较大的场合。

卡套式管件连接操作程序如下：

① 先将管子调直，再按设计的管道长度，用专用剪刀或细齿锯进行断料，管口应平整，端面应垂直于管轴线，管内口宜用专用铰刀进行坡口，坡度为 20°～30°，深度 1～1.5mm，坡口结束后再用清洁布将残屑揩擦干净。

② 若不圆整，用专门的整圆铰刀将管子整圆扩孔。

③ 将卡套螺帽和C型锁紧环套入管口。

④ 将管口一次用力推入管件插口至根部。管道推入时应注

意橡胶圈位置，不得将其延位或顶歪，如发生顶歪情况应修正管口的坡口，放正胶圈后，重新推入。

⑤ 将C型锁环推到管口位置，用扳手把螺帽旋紧，固定在管件本体外螺纹上。

⑥ 安装所需工具：管剪、活络扳手、扩孔器等。

5）U形夹式连接和扩口式法兰连接见图12-2和图12-3。

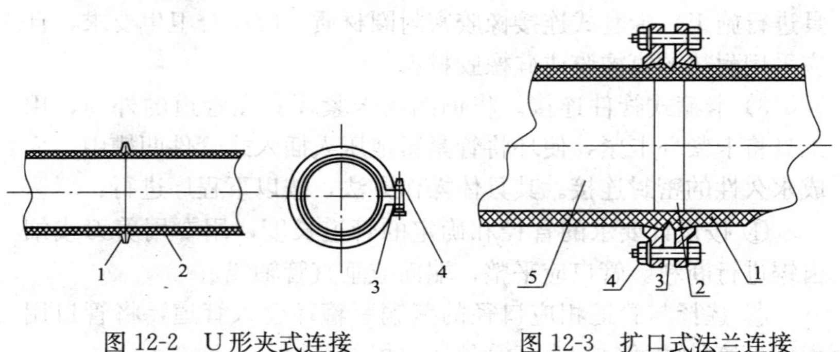

图12-2　U形夹式连接

1—U形夹体；2—交联管；3—螺栓；4—螺母

图12-3　扩口式法兰连接

1—法兰；2—支承环；3—螺栓；4—螺母；5—交联管

6）管道与其他管道附件、阀门等连接，应采用专用的外螺纹卡箍式或卡套式连接件。

12.3.4　管道安装的注意事项

（1）管材复验

1）管道安装前应复验管材表面注明的商标、规格、耐温和耐压等级、出厂日期等标记。

2）管道在安装前，应对材料外观质量和管件的配合公差进行仔细检查，受污染的管材、管件内外污垢应彻底清理干净。施工过程中应防止污物污染管材、管件。

（2）管材的敷设

1）管道穿越混凝土板墙应预埋钢制套管，穿越水池水箱池壁应预埋耐腐蚀金属材料套管或套件，管道安装结束，在穿越部位的中部，宜采用防水胶泥嵌实，宽度不小于 50mm，待固化后，两侧应用 M15 水泥砂浆嵌实，表面筑平。

2）管道穿越屋面、楼板部位，应按设计要求配合土建、预留孔洞、预埋套管或套件。预留孔径宜大于管外径 70mm，预埋管套的内径不宜大于管外径 50mm。应做好严格防渗漏措施，穿越部位管段中间应加夹一只铜箍或其他紧固件；立管安装结束，经检查无误后在板底支模，用 C15 细石混凝土及 M15 膨胀水泥砂浆两次嵌缝，第一次为楼板厚度的 2/3，待达到 50%强度后，进行第二次嵌缝到结构面层；面层施工结束，在管道周围应采用 M10 水泥砂浆砌筑高度≥20mm、宽度≥25mm 的阻水圈，或在管道及土建施工时加设硬聚氯乙烯套管，套管应嵌在板面整浇层或找平层内，但不得贯穿楼板孔，套管应高于最终完成面 50mm。

3）嵌墙敷设管道，在确定部位应配合土建预留或开凿管槽，槽壁管外壁间距不应小于 10mm，槽深不得小于管道外壁与毛墙面间距 5mm，槽口应整齐顺通。弯曲管段管槽应随管道转弯，其转弯半径不应小于 $8D_e$。

4）敷设在吊顶内的横管，管壁距楼板底及吊顶构造面不宜小于 50mm。横支管与立管或横干管连接的引出部位宜留有长度为 200～300mm 的悬臂管段。

5）嵌墙管道应沿墙水平或垂直敷设；管槽断面尺寸应符合规定，管槽应顺道，冷热水槽中心距应按选用的水暖零件尺寸确定；管道在槽内宜设管卡，间 距为 1.0～1.2m，且不应有无规则的弯曲或设卡。土建嵌墙应采用 M10 水泥砂浆，宜分两次进行，第一次窝嵌应超过管中心，待初硬后，第二次再嵌到与墙面相平。土建窝嵌时砂浆应密实饱满，且不得使管道移位或走动。

6）管道在室内穿出地坪处应有长度不小于 100mm 的护套管，其根部应窝嵌在地坪找平层内；室外管道管顶覆土深度不应小于 300mm，穿越道路部位不应小于 600mm；进户管在室外根据建筑物沉降量情况，采取水平折弯进户。

7）热水管道应与冷水管道平行敷设，水平方向热水管宜在外侧；竖直方向热水管宜在上方。

8）冷热水管道，其立管及横管支承间距应符合表12-15的规定。

冷、热水管道其立管及横管支承间距　　表12-15

管径 De(mm)		20	25	32	40	50	63
立管支承间距(mm)		800	900	1000	1300	1600	1800
横管支承间距(mm)	冷水管	600	700	800	1000	1200	1400
	热水管	300	350	400	500	600	700

9）管道穿越墙体为活动支承点，在管道与套管或孔洞的空隙部位应采用软性填料填实。

10）管道系统附件、水表、阀门等宜有支承措施，附件重量或启闭阀门的扭具不宜作用于管路系统。

11）采用硬聚氯乙烯波纹护套管进行护套，护套管口径宜按表12-16进行配置。

护套管选用　　表12-16

管径 D(mm)	20	25
护套管最大外径(mm)	32	40

护套管在土建施工时应密切配合直接敷设或埋设，最小转弯半径不应小于其管道外径的$8D$，弯管两端和直线管段每隔1.0～1.2m间距应设管卡，护套管表面混凝土保护层不宜小于10mm；管道在护套管内不得设有连接管件。

（3）管道保温

室外管道基体材料宜采用单面开口的高发泡聚乙烯管，保温管按管道口径配置，厚度不宜小于15mm；保温材料包覆后，宜外缠两道宽度为100～120mm、厚度为0.22mm的黑色聚氯乙烯薄膜；保护层用1mm浸塑铁丝扎紧，间距为0.4～0.5m。

明敷管道在有可能受阳光直射时，应采取避光措施。管道不得用作拉攀、吊件使用。

(4) 管道检验

安装管道应适时对整个系统进行严格的水压试验。暗装及嵌装管道安装符合规定后，应进行二次水压试验。管道试验合格后，将管道系统内存水放空，进行管路消毒，消毒时应灌注含20～30mg/L有效氯的溶液，静置消毒不得少于24h。消毒结束，放空管道内消毒液，再用生活饮用水冲洗管道，使其水质符合《生活饮用水卫生标准》方可交付使用。

12.4 聚氯乙烯管材

聚氯乙烯(PVC)也是三大通用塑料之一，是最早被工业化的塑料品种之一。在塑料管材中，它也是应用较早，价格最为低廉的管材。

聚氯乙烯制品初期有质软、强度低、不结实、易老化、有毒性等缺点。随着科学技术的不断进步，目前，PVC树脂和管材性能已获得很大改善。特别是硬质聚氯乙烯(PVC-U)管材，在加工过程中，加入稳定剂、抗老化剂、耐冲击改性剂等各种添加剂，使PVC-U管的强度和使用寿命大为提高。将PVC-U管用作给水管道，不但承压方面完全符合要求，而且经长期蠕变性能试验测定，其使用寿命在50年以上。

全世界PVC-U管材的应用相当普遍，例如，美国开发使用PVC-U管材有多年的历史。20世纪90年代已占建筑用塑料管材的72%，并逐年以约5%的速度增长。德国是开发利用PVC-U管材较早的国家，在建筑给排水管中已占65%以上。在美国、西欧和日本，PVC-U管材得到充分发展，目前，它仍是塑料管材的主导产品之一。

国内对PVC管材的推广应用起步较晚，在城市排水管道中使用率逐年提高，使用管径不断增大。PVC-U管材市场潜力很大。

12.4.1 PVC-U 管材的特性和应用

(1) PVC-U 管材的特性

1) 符合卫生性能要求。目前，PVC-U 的配方可以达到无毒级，其成分中的游离氯在加工时也可基本挥发。

就目前国内生产情况看，如果严格按照国家标准生产，其卫生性能可以达到国家饮用水卫生的要求，使用是安全的。

2) PVC-U 管材具有良好的耐老化性、能长期保持其理化性能、阻燃性好、耐腐蚀性强、使用寿命长。

3) 管径范围大约为 ϕ20～1000mm，或更大。

4) PVC-U 管原料完全国产化，因此，管材原料价格低廉，与其他塑料管材相比，在价格上具有绝对优势。

5) PVC-U 管材耐温等级较低，使用温度范围－5～45℃。

6) PVC-U 管材的击穿电压在 35kV/mm 以上，绝缘性能好。

(2) 应用

PVC-U 塑料管材是国内外应用最为广泛的塑料管道，主要用于建筑排水、给水、落水、排污、穿线、通风、农业输水灌溉等方面。在给水管中仅限于常温下输送饮用水，在排污管中应用较广。

PVC-U 管材是国内发展较为成熟的一种塑料管材。目前，应用在排水工程占 50%，给水管占 5%，化工管占 15%，穿线管占 15%，通讯管占 5%，农业排灌管占 5%，其他占 5%。

12.4.2 PVC-U 管材的品种

PVC-U 管材随着科技进步和人们生活居住水平不断提高，环境保护意识的增强，对建筑给、排水管的要求也越来越高。于是一些有别于传统实壁管的新型结构的 PVC-U 管材应运而生，这些管材均具有独特的功能和特点。

新型结构的 PVC-U 管材有波纹管、双壁波纹管、螺旋缠绕管、螺旋消声管、空壁螺旋管、加强筋管和芯层发泡管。而现在正趋向于发展 PVC-U 低发泡管材。

（1）单层实壁管

这是应用最早的传统的也是应用最普遍的一种管材。

（2）双壁波纹管

双壁波纹管管壁纵截面由两层结构组成，外层为波纹状，内层光滑。这种管材比实壁厚管节省 40％的原料，并且提高了管子承受外载荷的能力。它主要用于室外埋地排水管、通信电缆套管和农用排水管等处。

双壁波纹管管材、承口尺寸见表 12-17。

双壁波纹管管材、承口尺寸表（mm）　　**表 12-17**

公称外径 D_c	110	160	200	250	315	400	500	630
内径 D_0	97.0	135.0	172.0	216.0	270.0	340.0	432.0	540.0
波纹壁外径 D_{01}	110.5	160.6	200.7	250.9	316.1	401.3	501.6	632.0
承口长度 L_2	41.1	46.0	50.0	55.0	61.0	70.0	80.0	93.0

注：1. 表中数值根据 GB/T 1916—9 标准列出。

2. 管子长度为 6m。

3. 管材环应力取决于管子的壁厚，由生产厂提供。

（3）螺旋缠绕管

螺旋缠绕管是由带“上”型肋的 PVC-U 塑料板材卷制而成。板材之间由快速嵌接的自锁机构锁定。在自锁机构中加入胶粘剂粘合。它可以在施工现场，按工程需要卷制所需要的不同直径管道。直径 ϕ150～260mm，适用于城市排水、农业灌溉、输水工程和通信工程等。

（4）螺旋消声管

螺旋消声管是在管内壁有与管壁一起加工成型的八根三角形起导向作用的螺旋肋，是应用于建筑物室内排水立管的专用管。

1）消声构造和原理

建筑物室内排水螺旋单立管系统主要是由螺旋消声管及与之

配套的消声三通或四通组成。由于管内螺旋筋的导流作用，管内水流沿管内壁呈螺旋旋转下落，管中心形成一个通畅空气柱，使通气能力提高 5～6 倍，管内壁形成较为稳定而密实的水流，大大提高了通水能力，显著地降低了立管内的压力波动。消声三通或四通与排水立管相接不对中，能把横支管流来的污水从圆周切线方向导流进入立管，因而减少了水流碰撞，为降低排水管噪音创造了条件，同时可以削弱支管进水的水舌和避免形成水塞。在消声三通的下端还设有防止排水逆流的特殊构造。这种室内排水管系统经使用，证明其排水量和通气效果卓越，目前，国内外应用在众多建筑物中，其中，最高达 140m，均取消辅助通气管。

螺旋消声管具体特点是：

① 排水量大，例如，ϕ110mm 消声管最大通水能力达 6L/s，由于该系统省略通气管系统，不但节省材料，节约了人工等安装费用，同时增加了室内使用面积。

② 由于螺旋消声管比普通塑料管降低噪音 5～7dB，创造了很好的家居环境。

③ 由于螺旋管良好的减压性能，大大提高了高层建筑排水管的安全系数，也降低了因各种原因形成的大便器返溢的可能性。

④ 由于管道系统采用丝扣柔性连接，不仅安装、维修方便，而且外观精美，抗震效果好。

2）螺旋消声管结构和规格

螺旋消声管规格见表 12-18。

螺旋消声管规格表(mm) **表 12-18**

公称外径 *De*		壁厚 *E*		螺旋高度 *e*		长度 *L*	
基本尺寸	公差	基本尺寸	公差	基本尺寸	公差	基本尺寸	公差
75	±0.3	2.3	±0.3	3.0	±0.4	4000 或 6000	±10
110	±0.4	3.0	±0.3	3.0	±0.4		
160	±0.5	3.8	±0.6	3.0	±0.4		

(5) 空壁螺旋管

空壁螺旋管是通过特定的模头和其他辅助设施，一般是在PVC空壁管材内壁均匀形成六条三角形螺旋筋。管材的环刚度≥0.6MPa，纵向回缩率≤5%。

由于是在空壁内带有螺旋筋，它除了具有螺旋消声管特点外，还由于管空壁的作用，隔音消声更佳，并且有隔热、保温作用。

PVC-U空壁螺旋管基本特性如下：

1）降低排水噪声。降低噪声是人们对居住环境追求目标之一，而PVC-U空壁螺旋管在排水过程中比PVC实壁管低7～9dB，其排水噪声功率仅为普通管的50%。这是因为管壁沿圆周均匀分布与轴向平行的小孔，即空壁腔。管内水流产生的声音，在经过管内壁的同时还须经过小孔中的空气层才能传至管外，这样使声音衰减，同时，水流在管内壁三角形螺旋筋的导流作用下，呈螺旋状附壁下落，水流在上述二者的双重作用下，大大降低了管道的水流噪声。

表12-19是同济大学声学研究所使用丹麦BD2215声级计，对三种形式的PVC-U排水管在相似条件下测试的噪声比较。

PVC-U排水管的噪声比较　　表12-19

试验条件： 高度(楼层数) 同时放水流量(L/s)	11 2	10，11 4	9，10，11 6	8，9，10，11 8
普通管噪声(dB)	60	61	62	64
螺旋管噪声(dB)	53	54	57	59
空壁螺旋管噪声(dB)	51	53	55	57

2）提高通风能力。

与普通管相比，它具有改善管内水流状态，减少立管内压力波动，降低排气量，提高管道排通能力等优点。在高层建筑排水中可采用单立管，而不需要另设通气管，有利于降低工程造价。排通能力比普通管增加 25%～35%，排气量降低 15%～20%，见表 12-20。

普通 PVC-U 管与 PVC-U 空壁螺旋管比较表　　表 12-20

测试项目	测试流量(L/s)	普通 PVC-U 管	PVC-U 空壁螺旋管
排气量(L)	4.0	15.2	21.6
	6.0	20.3	16.9
	8.0	21.5	18.6
最大负压(Pa)	4.0～8.0	−380	−19
最大正压(Pa)	6.0	1180	360
	8.0	1300	490

3）空壁螺旋管的热传导系数约为实壁管的 70%，若输送某些热介质，具有节能特点。它是一种新型的节能环保管材。

（6）加强筋管

PVC-U 加强筋管，又称加筋管。从 20 世纪 80 年代开始，已在发达国家排水、排污工程中得到广泛应用，逐步取代了传统水泥管和实心壁 PVC-U 管材，成为目前世界上最先进的埋地排水、排污管材之一。现已列为我国建设部小康住宅科技成果重点推广项目。

1）加筋管主要优点

PVC-U 加强筋管是由 PVC 树脂一次挤压成型，内壁光滑，外壁带有与轴线垂直的同心圆加强筋，同样的环刚度比普通实壁 PVC-U 管节省原材料 35%～50%，具有材质新颖，结构合理，强度高、重量轻，搬运安装方便；橡胶圈承插连接，方便可靠，施工质量易保证；柔性接口，抗不均匀下滑能力强；耐酸碱等多种介质的腐蚀等特点。

2）产品主要性能。

产品主要性能见表 12-21。

产品主要性能　　表 12-21

项　目	指标
管道工作内压	0.2MPa
管道环刚度(抗外负载)	$8kN/m^2$
压扁：100% 压扁：30%	两边无裂痕 能复原
抗冲击： *DN*300mm、*DN*400mm，7.5kg，落锤 2m 高，冲击 20 次 *DN*225mm，5.5kg，落锤 2m 高，冲击 14 次 *DN*150mm，3.6kg，落锤 2m 高，冲击 8 次	均无损坏
使用环境温度	−30℃～70℃

3）产品主要规格

目前加筋管主要生产规格为：*DN*150、*DN*225、*DN*300、*DN*400。

4）据国外规范，加强筋管管顶最小覆土层厚度如下：

不受汽车负载：300mm；受汽车负载，穿过道路：500mm；沿着道路：600mm；受土建工程设备负载：600mm。

（7）芯层发泡管

PVC-U 芯层发泡管，是 PVC 三层共挤芯层发泡管材，是一种新型建筑管道材料，特别适合于建筑排水管，已广泛应用于城乡建筑排水、低压力给水管、通讯电缆护套管、通风、排气、农业灌溉等领域，是具有广泛发展前景的一种新型管材，也是国家大力推广应用的主要化学建材产品。

PVC-U 芯层发泡排水管由三层组成，内、外层的组成成分相同，是普通硬质 PVC-U 实壁管的材料，仅中间发泡层是由 PVC 树脂经过发泡之后形成。根据国标 GB/T 16800—1997 规定，内外实壁层必须具有很好的力学性能，如拉伸强度不小于 43MPa，又要有好的加工性能，一般选用 SG-4、SG-5PVC 树脂。在生产 PVC-U 芯层发泡管时，芯层的挤出要求流动性稍高于实壁层的 SG-6、SG-7PVC 树脂。管材的芯层与内外皮层熔接一定要紧密。

皮层(内外实芯层)和芯层的厚度比例是发泡管生产的一个重

要参数，若皮层占比例大，则管材的密度高，管壁较重，未能发挥发泡管用材少的优势；若皮层占比例少，则管较轻，但机械强度有些下降。有些厂家据多年生产经验，认为皮层和芯层的挤出量比例为 11∶13 时，管材质量既符合国家标准，又比较轻（这时管材的整体密度为 0.95g/cm³）。

PVC-U 芯层发泡管主要技术性能：

内外实壁层的维卡软化点≥83℃；

拉伸强度≥45.4MPa；

断裂伸长率≥92%；

密度 0.9～1.2g/cm³。

由于中间发泡层的密度仅为 0.7～0.9g/cm³，比普通实壁管低 10%～35%，故口径越大的管材，发泡芯层占壁厚的比例越大，节省材料也就越多。平均来说，同等壁厚的 PVC-U 芯层发泡排水管比 PVC-U 实壁管节省材料约 25%，每米成本降低 32%。

PVC-U 芯层发泡管与 PVC-U 普通管比较，有下列优点：

1）有良好的隔声效果，由于发泡层的作用，它比实壁排水管，可降低排水噪声 10dB 左右。

2）使用温度范围扩大到 －30～100℃。

3）内壁抗压能力增加，环向刚性为实壁管的 8 倍。

4）隔热性强，比实壁管传热率低 35%，作为通讯用管材更为有利。

由于 PVC-U 芯层发泡管具有上述优点，所以被世界公认为新型建筑材料，发展前景十分广阔。

12.4.3 PVC-U 管材的规格

PVC-U 塑料管是我国重点发展的管材品种之一，主要规格有：给水管，ϕ16～700mm；建筑排水管，ϕ90～160mm；双壁波纹管，ϕ90～400mm；螺旋缠绕管，ϕ150～2600mm；电工护套管，ϕ16～20mm。从整体上看，主要是 ϕ400mm 以下规格。

目前，国内生产 PVC-U 管材、管件厂家，大部分执行国家标准 GB/T 5836.1～2—92、GB 10002.2—92、GB 10002.2—88、JB/T 3001—92 和 DB 31/74—1992 等，也有些厂家采用企业标准，但这些企业标准的某些指标高于国家标准。这些标准基本上达到国际 20 世纪 90 年代中期水平，实现了与国际接轨。

12.4.4 PVC-U 管材的连接

承插口连接是 PVC-U 管材的主要连接方式，另外，还有法兰连接和螺纹连接，缺少管件时也可采用接触(摩擦)焊，但 PVC-U 管材不能采用熔接连接。承插口连接分为使用粘合剂的承插口(俗称平直承插口)和使用弹性密封圈的承插口(俗称 R 型承插口)。其中，以承插胶粘接口为最佳，是 PVC-U 管道连接的最理想接口，它具有强度高、耐压高、气密性可靠、工艺简单和经济性好等优点。但胶粘接口的承插管件和管子的公差配合要求较高。

(1) 管道承插粘结(TS)法

PVC-U 管道采用承插粘结法，大大加快了施工速度，降低了施工成本，这是其他塑料管道无法比拟的。

采用管道承插粘结(TS)法为保证管道的连接质量，必须注意下列几点：

1) 采用管道承插粘结接口，适用于管外径 D_e 为 20～200mm 的管道连接。

2) PVC-U 管材与管件的粘结，是通过 PVC-U 专用胶粘剂。这种专用胶粘剂以能溶解 PVC 材质的试剂为溶剂，以 PVC 同类材料为溶质配制而成的。这种胶粘剂能溶解被粘合体的两接合面，使之溶为一体，待溶剂挥发尽后，则获得很高的结合力，因此，这种粘结亦称之为“冷焊”。管道承插粘结接口，必须采用专用胶粘剂，必须保证胶粘剂的质量。

3) 管件的壁厚不得小于同规格管材的壁厚，为保证管件在管网中的安全可靠性，尽量采用增强型管件(即管件壁厚大于同规格管材的壁厚)。

4) 保证管材、管件配合公差。管材和管件配合尺寸过松，使粘合层密度较疏松；若配合过紧，使溶融面过薄，承插深度不能到位等。

5）管材切割后需将插口处倒小圆角，即管口外缘倒角，形成坡口后再进行连接，加工的坡口坡度宜 15°～20°，边坡长度按管径大小确定，宜取 2.5～9.0mm。坡口加工完后，应将残屑清除干净。

6）连接时保证足够压紧力。

7）管件承插的深浅，决定了管材与管件有效粘合面积的大小，适当增加管件的承插深度，能有效地增加其与管材的结合强度，从而提高管道使用的可靠性。

8）承插口的养护，粘结工序完成，应将残留承口的多余胶粘剂擦揩干净，粘结部位在 1h 内不应受外力作用，24h 内不得通水试压。

(2) 管道橡胶圈连接(R-R)法

橡胶圈连接适用管外径 D_e 为 63～600mm 的管道连接。

据 GB/T 10002.3—1996 标准，部分管材橡胶圈连接承口和插口连接剖面、尺寸见表 12-22。

橡胶圈连接承口和插口尺寸表(mm) **表 12-22**

公称外径 D_e	壁厚 e 刚度等级/kPa			插口长度 L_1	承口长度 L_2	倒角长度 H	管材外径 D_s	管材长度 L
	2	4	8					
110		3.2	3.2	54	54	6	110.4	
125	3.2	3.2	3.7	61	61	6	125.4	
160	3.2	4.9	4.7	74	74	7	160.5	
200	3.9	4.9	5.9	90	90	9	200.6	
250	4.9	6.2	7.3	125	125	9	250.8	5000 6000
315	6.2	7.7	9.2	132	132	12	316.0	
400	7.8	9.8	11.7	140	140	15	401.5	
500	9.8	12.3	14.6	160	160	18	501.5	
630	12.3	15.4	18.4	180	180	23	631.9	

管道连接切管也须在插口端另行倒角(15°～20°)，坡口端厚度为管壁的1/3～1/2。切断管材时应保证切口平整且垂直于管轴线。承口内橡胶圈及插口端工作面须用抹布擦拭干净。若插管端有划花或过于粗糙，宜用砂纸擦拭。将擦干净的橡胶圈放入承口内后，应在装嵌在承口处的橡胶圈和插口端的外表面上涂润滑剂。润滑剂可采用V型脂肪酸盐(如洗洁精)，禁止用黄油类作润滑剂。用手动葫芦或其他拉力机械将管一次插入至标线，要保证连接管道的插口对准承口，保持插入管段的平直，要防橡胶圈扭曲。

(3) 法兰连接法

法兰盘方式连接，主要用于大口径PVC-U管与钢、铜管道及各种机械的金属接口的连接。

这种连接方法，首先用TS承插粘结法，将PVC-U管与法兰承口粘结，再垫上橡胶圈以螺栓对角均匀锁紧法兰。

(4) 螺纹连接

PVC-U管与金属管配件采用螺纹连接方法，其连接的PVC-U管径不宜大于63mm。

螺纹连接的管道系统应遵守下列规则：

1) 必须采用注塑成型的螺纹塑料管件，不得在PVC-U管及管件上车制螺纹或用铰板套丝螺纹。

2) 注塑成型螺纹宜将塑料管件作为外螺纹，金属管配件为内螺纹。若塑料管件作为内螺纹，则使用金属内螺纹镶嵌的塑料管件，或在注塑螺纹端外部嵌有金属加固圈的塑料连接件。

3) 注塑成型的螺纹塑料管件与金属管配件螺纹连接时，宜采用聚四氟乙烯生料带作为密封填充物，不宜使用厚白漆、麻丝。

4) 螺纹连接应紧固，但紧固后应留有2～3扣螺纹为宜。

12.4.5 PVC-U管材安装注意事项

PVC-U管道的施工安装除应遵守管道安装的基本要求外，

由于 PVC-U 管道的特点，还应特别注意下列要求：

1）管道在安装前应对材料外观和管材、管件的配合公差进行检查。管材、管件内外表面当有污物时应清理干净。管道在安装过程中应严格防止油漆、沥青等有机污染物沾污管材、管件表面。

2）管道不得用作吊、拉、攀件使用。口径大于 32mm 的水表、阀门及其管道附件宜有固定措施。

3）管道穿越楼板、屋面处，其空隙部位应采用 C10 细石混凝土二次窝嵌密实，底部应采用 M10 水泥砂浆，砌筑宽度不小于 30mm，阻水圈高度不小于 25mm，或设置高出地平面不小于 50mm 的硬聚氯乙烯护套管，套管根部应窝嵌在地面找平层内。

4）室外进户管道，管道穿越沉降缝、伸缩缝应采用 90°转弯折角安装形式，其折边长度为 500～700mm。在建筑物沉降较大地区，其折弯部位宜配置相同管径和压力等级的卡套式橡胶圈密封的管件。

5）管道穿越墙壁、壁柜等，应预埋硬聚氯乙烯套管或预留孔洞。管道穿越地下室混凝土外墙壁，应按设计要求预埋钢制防水套管或硬聚氯乙烯专用套管。

6）管道穿越水池、水箱，按设计要求应预埋耐腐蚀金属材料套管或硬聚氯乙烯材质专用套管；水池、水箱溢流管可留孔或直接预埋硬聚氯乙烯管及配件。安装杠杆式进水浮球阀端部的管段应采用耐腐蚀金属管及管件。

7）给水管道穿越预埋套管，其孔隙的中间部位，应采用防水胶泥嵌缝，厚度不小于 35mm，待嵌缝材料密实固化后，再用 M10 水泥砂浆填实，墙体两侧应与墙面抹平。

8）管道与给水栓连接部位应采用塑料增强管件、镶嵌金属或耐腐蚀金属管件。明敷管道的配水点应利用带锚固件管件或两端设金属管卡，采取可靠的固定措施。

9）管材、管件在运输、装卸和搬运时应小心轻放、排列整齐，不得受尖锐物品碰撞，不得抛、摔、滚、拖和烈日曝晒。

胶粘剂及酒精丙酮等清洁剂均为易燃品，在存放、运输和使用时应远离火源，存放处应安全可靠、阴凉干燥、通风良好。

10）因 PVC-U 管材的抗冲击能力随温度下降而下降，故在0℃以下施工安装时更要加倍小心，而胶粘剂在 0℃以下的使用技巧显得更加重要。

11）PVC-U 管道的最大支承间距规定按表 12-23 选取。

PVC-U 管道的最大支承间距(mm) **表 12-23**

外径	20	25	32	40	50	63	75	90	110
水平管间距	500 (400)	550 (400)	650 (500)	800 (600)	950 (700)	1100 (800)	1200 (900)	1350 (1000)	1550 (1100)
立管间距	900 (500)	1000 (500)	1200 (600)	1400 (700)	1600 (800)	1800 (900)	2000 (1000)	2200 (1100)	2400 (1200)

若管道布置环境可能使管道的温度较高时，应缩短管道支承距离，请参考括号内数值。

12）安装管道应适时对整个系统进行严格的水压试验。暗装及嵌装管道安装符合规定后，应进行二次水压试验。管道试验合格后，将管道系统内存水放空，进行管路消毒，消毒时应灌注含20～30mg/L 有效氯的溶液，静置消毒不得少于 24h。消毒结束，放空管道内消毒液，再用生活饮用水冲洗管道，使其水质符合《生活饮用水卫生标准》方可交付使用。

12.5 聚丙烯管材

普通聚丙烯(PP)由于存在低温脆性和长期蠕变性能差等缺陷，限制了它在管道上的应用。经过大量的试验研究，对 PP 改性，先后开发出了均聚聚丙烯(PP-H)、嵌段共聚聚丙烯(PP-B)和无规共聚聚丙烯(PP-R)管道专用料。特别是无规共聚聚丙烯(PP-R)管道专用料在 20 世纪 80 年代末投入生产，由于性能优良，欧美国家目前每年递增幅度在塑料管中首屈一指。近几年，国内开始引入，发展迅猛，原料基本上从国外进口。有些生产企业片面追求低价格，在原料选择时，不用 PP-R 管专用料，而是用价格低廉的改性聚丙烯或其他原材料冒充 PP-R 管，业内人士在选用 PP-R 管材时，一定要认清品牌。

12.5.1 PP-R 管材的特性和应用

(1) PP-R 管材的特点

PP-R 管除具有一般塑料管质量轻、耐腐蚀、不结垢、使用寿命长等优点外，还有以下特点：

1) 良好的卫生性能。PP-R 管的原料属聚烯烃，其分子仅由碳、氢元素组成，原料和辅料完全达到食品卫生标准要求。因此，PP-R 管不仅可用于冷、热水管系统，而且可用于纯净饮用水系统。

2) 保温节能。PP-R 管导热系数为 0.21W/(m·K)，仅为钢管导热系数的 1/200，用于热水管道，保温节能效果明显。

3) 较好的耐热性能，使用寿命长。PP-R 管维卡软化点为 131.5℃，最高工作温度可达 95℃，长期(50 年、1.0MPa 下)使用温度一般可达 70℃。若在常温下(20℃)使用寿命可达 100 年。

4) 安装方便，连接可靠。由于 PP-R 管具有良好的熔接性能，因此，PP-R 管材、管件可采用热熔连接和电熔连接。这种连接技术可靠安全，接头质量高，其连接部位的强度大于管材本体的强度。与其他类管材相比，出现渗漏的可能性更小。施工方便，比镀锌管和铜管安装效率高出 3～5 倍。

5) PP-R 管性能优越，价格适中，性能价格比在目前可供选择的管材中名列前茅。

6) 物料可回收利用。PP-R 管材、管件在生产及施工过程中产生的废料，经清洗、破碎后可回收利用，具有降低成本、保护环境的作用，是名副其实的绿色建材。

7) PP-R 原料可以生产大口径管材，即直径大于 110mm 的管材。在这一点上，优于交联聚乙烯管、铝塑复合管等管材。

(2) 应用

PP-R 管材主要应用于工业与民用建筑冷、热水管系统，饮用水系统和采暖系统(包括地板辐射采暖)。欧美在建筑冷、热水管系统中，使用 PP-R 管较为普遍，已逐渐上升为主导产品。有人预测，在室内给水管领域，PP-R 管将是人们更新、更好的选择，比交联聚乙烯管、铝塑复合管更具有发展前途。

12.5.2 PP-R 管材的产品技术要求

(1) 管材和管件的外观质量规定

1) 管材和管件的内外壁应光滑平整，无气泡、裂口、裂纹、脱皮和明显的痕纹、凹陷，且色泽基本一致，冷水管、热水管必须有醒目的标志；

2) 管材的端面应垂直于管材的轴线；

3) 管件应完整、无缺损、无变形，合模缝和浇口应平整，无开裂。

(2) 管材规格

管材规格用管系列 S，公称外径 d_n×公称壁厚 e_n 表示。例如，管系列 S5，公称外径为 32mm，公称壁厚为 2.9mm，则表示为 S5，$d_n32 \times e_n2.9$mm。管材的公称外径、平均外径及管系列 S 对应的公称壁厚见表 12-24。

管材管系列和规格尺寸(mm)　　表 12-24

公称外径	平均外径		管系列				
			S5	S4	S3.2	S2.5	S2
d_n	$d_{em.min}$	$d_{em.max}$	公称壁厚 e_n				
12	12.0	12.3				2.0	2.4
16	16.0	16.3		2.0	2.2	2.7	3.3
20	20.0	20.3	2.0	2.3	2.8	3.4	4.1
25	25.0	25.3	2.3	2.8	3.5	4.2	5.1
32	32.0	32.3	2.9	3.6	4.4	5.4	6.5

续表

公称外径	平均外径		管系列				
			S5	S4	S3.2	S2.5	S2
d_n	$d_{em.min}$	$d_{em.max}$	公称壁厚 e_n				
40	40.0	40.4	3.7	4.5	5.5	6.7	8.1
50	50.0	50.5	4.6	5.6	6.9	8.3	10.1
63	63.0	63.6	5，8	7.1	8.6	10.5	12.7
75	75.0	75.7	6.8	8.4	10.3	12.5	15.1
90	90.0	90.9	8.2	10.1	12.3	15.0	18.1
110	110.0	111.0	10.0	12.3	15.1	18.3	22.1
125	125.0	126.2	11.4	14.0	17.1	20.8	25.1
140	140.0	141.3	12.7	15.7	19.2	23.3	28.1
160	160.0	161.5	14.6	17.9	21.9	26.6	32.1

注：1. 公称外径为12、S为2.5时，所对应的壁厚的基本尺寸和偏差值为该规格最小值，所以S5、S4、S3、S2对应壁厚的基本尺寸和偏差值与S2.5对应的壁厚基本尺寸和偏差值一致。

2. 同样，公称外径为16，S4系列对应的壁厚基本尺寸和偏差值为该规格最小值。所以S5对应的壁厚基本尺寸和偏差值与S4一致。

（3）壁厚偏差

壁厚偏差见表12-25。

壁厚偏差 **表12-25**

公称壁厚 e_n	允许偏差	公称壁厚 e_n	允许偏差	公称壁厚 e_n	允许偏差
$1.0<e_n\leqslant2.0$	+0.3	$12.0<e_n\leqslant13.0$	+1.4	$23.0<e_n\leqslant24.0$	+2.5
$2.0<e_n\leqslant3.0$	+0.4	$13.0<e_n\leqslant14.0$	+1.5	$24.0<e_n\leqslant25.0$	+2.6
$3.0<e_n\leqslant4.0$	+0.5	$14.0<e_n\leqslant15.0$	+1.6	$25.0<e_n\leqslant26.0$	+2.7
$4.0<e_n\leqslant5.0$	+0.6	$15.0<e_n\leqslant16.0$	+1.7	$26.0<e_n\leqslant27.0$	+2.8
$5.0<e_n\leqslant6.0$	+0.7	$16.0<e_n\leqslant17.0$	+1.8	$27.0<e_n\leqslant28.0$	+2.9
$6.0<e_n\leqslant7.0$	+0.8	$17.0<e_n\leqslant18.0$	1.9	$28.0<e_n\leqslant29.0$	+3.0

续表

公称壁厚 e_n	允许偏差	公称壁厚 e_n	允许偏差	公称壁厚 e_n	允许偏差
$7.0<e_n\leqslant 8.0$	+0.9	$18.0<e_n\leqslant 19.0$	+2.0	$29.0<e_n\leqslant 30.0$	+3.1
$8.0<e_n\leqslant 9.0$	+1.0	$19.0<e_n\leqslant 20.0$	+2.1	$30.0<e_n\leqslant 31.0$	+3.2
$9.0<e_n\leqslant 10.0$	+1.1	$20.0<e_n\leqslant 21.0$	+2.2	$31.0<e_n\leqslant 32.0$	+3.3
$10.0<e_n\leqslant 11.0$	+1.2	$21.0<e_n\leqslant 22.0$	+2.3	$32.0<e_n\leqslant 33.0$	+3.4
$11.0<e_n\leqslant 12.0$	+1.3	$22.0<e_n\leqslant 23.0$	+2.4		

注：表中所列为允许偏差上偏差值，下偏差值均为0。

（4）热熔承插连接管件的承口尺寸

热熔承插连接管件承口尺寸应符合图12-4及表12-26之规定。

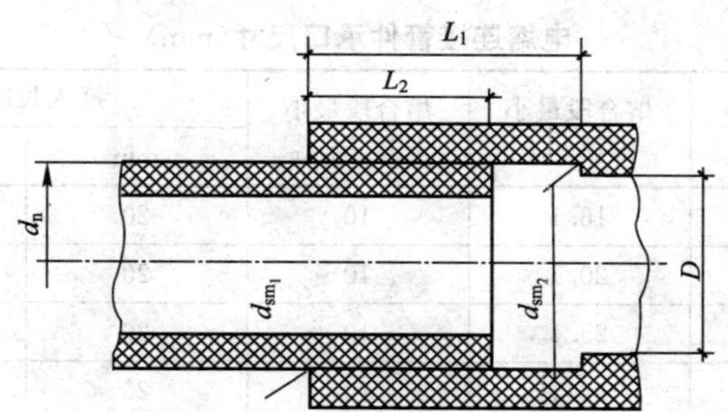

图12-4　热熔承插连接管件承口

热熔承插连接管件承口尺寸(mm)　　**表12-26**

公称外径 d_n	最小承口深度 L_1	最小承插深度 L_2	承口的平均内径				最大不圆度	最小通径 D
			里端内径 d_{sm1}		外端内径 d_{sm2}			
			最小	最大	最小	最大		
16	13.3	9.8	14.8	15.3	15.0	15.5	0.6	9
20	14.5	11.1	18.8	19.3	19.0	19.5	0.6	13
25	16.0	12.5′	23.5	24.1	23.8	24.4	0.7	18
32	18.1	14.6	30.4	31.0	30.7	31.3	0.7	25

续表

公称外径 d_n	最小承口深度 L_1	最小承插深度 L_2	承口的平均内径				最大不圆度	最小通径 D
			里端内径 d_{sm1}		外端内径 d_{sm2}			
			最小	最大	最小	最大		
40	20.5	17.0	38.3	38.9	38.7	39.3	0.7	31
50	23.5	20.0	48.3	48.9	48.7	49.3	0.8	39
63	27.4	23.9	61.1	61.7	61.6	62.2	0.8	49
75	31.0	27.5	71.9	72.7	73.2	74.0	1.0	58.2
90	35.5	32.0	86.4	87.4	87.8	88.8	1.2	69.8
110	41.5	38.0	105.8	106.8	107.3	108.5	1.4	85.4

(5) 电熔连接管件承口尺寸

PP-R 管电熔连接管件的承口应符合表 12-27 之规定。

电熔连接管件承口尺寸(mm)　　**表 12-27**

公称外径 d_n	熔合段最小内径 d_{min}	熔合段最小长度 $L_{2.min}$	插入长度 L_1	
			min	max
16	16.1	10	20	35
20	20.1	10	20	37
25	25.1	10	20	40
32	32.1	10	20	44
40	40.1	10	20	49
50	50.1	10	20	5S
63	63.2	11	23	63
75	75.2	12	25	70
90	90.3	13	28	79
110	110.3	15	32	85
125	125.3	16	35	90
140	140.3	18	38	95
160	160.4	20	42	101

注：此处的公称外径 d 指与管件连接的管材的公称外径。

（6）PP-R 管材和管件物理力学性能

PP-R 管材和管件物理力学性能见表 12-28。

管材和管件物理力学性能 **表 12-28**

<table>
<tr><th colspan="2" rowspan="2">项　目</th><th rowspan="2">单　位</th><th colspan="2">指　标</th><th rowspan="2">试验方法</th></tr>
<tr><th>管材</th><th>管件</th></tr>
<tr><td colspan="2">密　度</td><td>g/cm³(20℃)</td><td colspan="2">0.89～0.91</td><td>GB 1033—86</td></tr>
<tr><td colspan="2">导热系数</td><td>W/(m·K)</td><td colspan="2">0.23～0.24</td><td>GB 3399—82</td></tr>
<tr><td colspan="2">膨胀系数</td><td>mm/(m·℃)</td><td colspan="2">0.14～0.16</td><td>GB 1036—89</td></tr>
<tr><td colspan="2">弹性模量</td><td>N/mm²(20℃)</td><td colspan="2">800</td><td>GB 1040—79</td></tr>
<tr><td colspan="2">拉伸强度</td><td>MPa</td><td colspan="2">≥20</td><td>GB 1040—79</td></tr>
<tr><td colspan="2">纵向回缩率 135℃，2h</td><td>%</td><td>≤2</td><td></td><td>GB 6671.3—86</td></tr>
<tr><td colspan="2">摆锤冲击试验 15J，0℃，2h 破损率</td><td>%</td><td><10</td><td></td><td>GB 1043—79</td></tr>
<tr><td rowspan="2">液压实验</td><td>短期 20℃，1h，环应力</td><td>16MPa</td><td>无渗漏</td><td>无渗漏</td><td>GB 6111—85</td></tr>
<tr><td>长期 95℃，1000h，环应力</td><td>3.5MPa</td><td>无渗漏</td><td>无渗漏</td><td>GB 6111—85</td></tr>
<tr><td>承接口密封试验</td><td>20℃，1h，试验压力为 2.4 倍公称压力</td><td></td><td>无渗漏或无破坏</td><td>无渗漏或无破坏</td><td>GB 6111—85</td></tr>
</table>

12.5.3　PP-R 管材的布置与敷设

（1）给水聚丙烯管道提倡暗敷

暗敷的好处是：

1）容易解决热膨胀。直接嵌墙或在建筑面层内敷设，可利用其摩擦力克服管道因温差引起的膨胀力。

2）有利于隔热、防火。

（2）直埋于墙体或地平面层管道，因为墙体或地坪内的水泥砂浆限制住了管道的热膨胀，故可不考虑纵向伸缩补偿。规定管外径≤D_e25 是按一般地平面层厚度只有 50mm，如果面层厚度小于 50mm，则直埋的管外径应相应减小。直埋暗管强调接口必须采用热熔连接的方式。

(3) 设置在公共场所部位的给水立管宜敷设在管道井内。

(4) 明敷的给水立管宜布置在靠近用水量大的卫生器具的墙角、墙边或立柱旁。

(5) 明敷给水管不得穿越卧室、贮藏室以及烟道、风道。给水管道应远离热源，立管距热水器或灶边净距不得小于 400mm，当条件不具备时应加隔热防护措施，但最小净距不得小于 200mm。

(6) 非直埋管道应设置支、吊架，管道敷设宜利用管道折角自由臂补偿管道的伸缩；当不能利用自然补偿或补偿器时，管道支、吊架均应为固定支架。

(7) 敷设在面层内的管道应注有定位尺寸，是避免二次装饰时，损坏管道。对某些部位的管道有可能遭受损坏时，则需加钢套管保护。

(8) 管道穿越地下室外壁及水箱、水池应设固定支架的规定，主要是防止管道受温差变形，引起渗漏水。固定支架位置宜贴近水箱、水池外壁。

(9) 由于给水塑料管道刚度差，故不允许将水浮球阀等设备质量直接作用在管道上。浮球阀等设备质量应单独设固定措施。

(10) 使管道互相伸缩时不受影响的做法可参照热水管通常做法。

(11) 给水聚丙烯管抗紫外线性能差，防阳光直射，是指长年受阳光照射的场所，这在管道布置时须考虑。

(12) 当管道用于给水加压水泵的出水管时，应采取防止水锤作用的技术措施。

12.5.4 PP-R 管材的连接

(1) PP-R 管材的连接方法选用

PP-R 管道主要连接方式为热熔连接和电熔连接。同质的 PP-R 管材与管件一般采用这两种方法，应优先采用热熔连接；安装部位狭窄处，施工不方便的场合，宜采用电熔连接，电熔连接成本较高。

PP-R 管道的另外两种次要连接方式是法兰连接和丝扣连接。当 PP-R 管与金属管件或其他不同材质的管件连接时，当 PP-R 管与五金配件、阀门、仪表或洁具等连接时，采用这两种方法。法兰连接是法兰管件和 PP-R 法兰式管套的连接，它适用于大口径管道连接；丝扣连接是丝扣管件和带金属丝扣嵌件的 PP-R 管件的连接，它适用于小口径管道的连接。当与管道连接的器具可能要拆卸的场合，宜采用法兰或丝扣连接。

暗敷直埋管道为防止接口渗漏，规定禁止使用法兰连接或丝扣连接方式。

（2）热熔连接

热熔连接采用的专用热熔器，要选用匹配和良好的热熔器。一般来讲，PP-R 管在热熔连接时，产生虚焊、假焊、塑孔等问题，用肉眼是很难观察到的，但是它造成管道漏水、渗漏、破裂、脱落的事故是难免的。为了保证管道热熔接质量，使用热熔焊接器时应注意下列几点：

1）中等口径以上的管材、管件焊接作业时，必须使用半自动化机械焊接设备，否则，很难保证熔接的质量。

2）允许用小功率设备焊接大口径管材，这样造成的损失是巨大的。

3）预热套外径绝对不能超出热熔焊接设备的聚能板边缘，否则，就容易产生半生不熟的焊接情况。

4）预热套的表面涂层若发生脱落情况，不能再使用，应及时更换，否则，会产生沾塑拉丝的情况，造成焊接部位吻合不良。

5）管道的热焊接作业，热熔焊接器是带电工作，要有良好的接地设备。操作中一定要注意人身和设备的安全。

6）切割管材时，管材端面应去除毛边和毛刺。管材与管件连接端面必须清洁、干燥、无油。

7）焊接温度宜控制在约 260℃，到达工作温度指示灯亮后方能开始操作。

8）熔接时，无旋转地把管端导入加热套内，插入到所标志的深度，用力要适度，不要插入太深；也不要求插入太浅，造成两个连接件的接口搭接太少，使接口的强度降低。同时，无旋转地把管件推到加热头上，达到规定标志处。刚熔接好的接头还可校正，但严禁旋转。加热时间应满足工具生产厂家的规定。热熔连接操作时间参见表 12-29。

热熔连接技术参数 **表 12-29**

公称外径(mm)	加热时间(s)	调节时间(s)	冷却时间(min)
20	5	4	3
25	7	4	3
32	8	4	4
40	12	6	4
50	18	6	5
63	24	6	6
75	30	10	8
90	40	10	8
110	50	15	10

9）当操作环境接近 0℃时，加热时间应延长 50%，调节时间相应缩短。

10）热熔连接管件的承口和尺寸应符合图 12-4 和表 12-26 的规定。

（3）电熔连接

电熔连接是近几年新开发的塑料管材连接方法，它是采用控制设备自动进行熔接。所以，电熔接口具有性能稳定、质量可靠、操作简便等优点。但需要设备较多，故适宜于大型工程施工。

电熔接口设备是由电熔连接机具(接口夹具)和电熔控制箱组成。当电流通过控制箱导入连接件插座后，承口加热线圈升温并使管子表面也受热，当达到熔点时，承口与管表面熔合成一体，此时，控制箱能自动切断电源。

电熔连接应符合下列规定：

1）应保持电熔管件与管材的熔合部位不受潮。

2）电熔承插连接管材的连接端应切割垂直，并应用洁净棉布擦净管材和管件连接面上的污物，并标出插入深度，刮除其表皮。

3）在夹具上将连接管固定，校直两对应的连接件，使其处于同一轴线上。

4）电熔连接机具与电熔管件的导线连通应正确。接线前，应检查通电加热的电压，加热时间应符合电熔连接机具与电熔管件生产厂家的有关规定。

电熔连接的标准加热时间应由生产厂家提供，并应随环境温度的不同而加以调整。电熔连接的加热时间与环境温度的关系应符合表 12-30 的规定。

电熔连接的加热时间与环境温度的关系　　表 12-30

环境温度(℃)	修正值	举例
−10	$T+12\%T$	112s
0	$T+12\%T$	108s
+10	$T+12\%T$	104s
+20	标准加热时间 T	100s
+30	$T+12\%T$	96s
+40	$T+12\%T$	92S
+50	$T+12\%T$	88s

若电熔机具有温度自补偿功能，则不需调整加热时间。

5）在熔合及冷却过程中，不得移动、转动电熔管件和熔合的管道，不得在连接件上施加任何压力。

6）焊接完毕，细心拆卸接口夹具和接线。

7）电熔连接管件的承口应符合表 12-27 的规定。

(4) 法兰连接及丝扣连接

1) 法兰连接

当管道采用法兰连接时，应符合下列规定：

① 法兰盘套在管道上。

② PP-R 管过渡接头与管道热熔连接步骤和方法，应符合热熔连接法的规定。

③ 校直两对应的连接件，使连接的两片法兰垂直于管道中心线，表面相互平行。

④ 法兰的衬垫，应采用耐热无毒橡胶圈。

⑤ 应使用相同规格的螺栓，安装方向一致。螺栓应对称紧固。紧固好的螺栓应露出螺母之外，宜齐平。螺栓、螺帽宜采用镀锌件。

⑥ 连接管道的长度应精确，当紧固螺栓时，不应使管道产生轴向拉力。

⑦ 法兰连接部位应设置支吊架。

2) 丝扣连接

与金属管道及用水器连接的塑料管件，必须带有耐腐蚀金属螺纹嵌件，即厂家提供的钢塑转换过渡件，不能直接在 PP-R 管上采用丝扣或法兰连接形式，弯头、三通等过渡件一端可现场热熔连接，而另一端内或外嵌有金属镀铬丝扣。其螺纹应符合 GB/T 7306—87 的规定，其强度与水密性试验压力不得低于规定的试验压力。

PP-R 管材安装注意事项，参照 PVC-U 管材。

12.6 其他新型管材

12.6.1 氯化聚氯乙烯管材(PVC-C)

PVC-C 管是国外 20 世纪 90 年代初开发的一种新型管材，它的原料是将额外的氯原子加入到 PVC 分子内制造而成，故被称为“氯化聚氯乙烯管”。

(1) PVC-C 管材主要特点

1) 属于绿色环保产品

PVC-C 原料主要从石油（30%～37%）及食盐（63%～70%）中提炼出来，与其他塑料产品相比，它使用较少石油，故属于环保产品。

2) 出色均衡的特性

PVC-C 管材综合性能良好。它抗张力比 PVC、PP-R、PE-X、PB 管材高；管材的导热系数、热膨胀系数比 PP-R、PE-X、PB 管材低，它的热损失较小；长期最高温度可达 93℃。PVC-C 与其他管材性能比较见表 12-31。

PVC-C 与其他管材性能比较　　表 12-31

性能＼材料	PVC-C	PVC-U	PP-R	PE-X	PB
抗拉强度(23℃)(MPa)	55	50	30	25	27
热膨胀系数[mm/(m·℃)]	0.07	0.08	0.18	0.20	0.13
热传导率[W/(m·K)]	0.14	0.14	0.22	0.22	0.22
限氧指数	60	45	18	17	18
水中余氯影响	无	无	有	有	有
安装方法	粘结（简单）	粘结（简单）	热熔（较简单）	机械连接（复杂）	热熔（较简单）

3) 良好的阻燃性

PVC-C 管材的限氧指数是 60，所以 PVC-C 的燃烧能力不高，它不会产生火滴，火焰扩散慢，还能限制烟雾产生，又不会产生有毒气体。

4) 良好的卫生性能

很多聚烯烃材料（包括 PP、PE、PB 等材料）遇水中余氧时可能会使其分子分解，而 PVC-C 则不会受水中余氧影响。PVC-C 管道在所有测试管道中，细菌繁殖率最低。

5）耐腐蚀性能好

PVC-C 不论对酸或碱都有较强的防腐性能。

6）安装方便

PVC-C 管材用溶剂粘结，连接方法十分简单方便。

7）PVC-C 管材与 PVC-U 管材的区别

PVC-C 与 PVC-U 管材有类似的抗化学腐蚀能力和相似的管道连接方法，但也有区别，主要表现在：

① PVC-U 管材的最高长期操作温度只能达到 60℃，而 PVC-C 管材可以高达 93℃，具有较好的耐高温性能。

② 氯含量相差较大。普通 PVC-U 管材含氯量为 56.7%，而 PVC-C 管材含氯量为 67%～74%。

③ 由于 PVC-U 属于晶状结构，是一种挠性物质，而 PVC-C 由于在制造过程中加入了氯，所以较为刚化，亦较脆化。

（2）PVC-C 管材技术数据

PVC-C 管材技术数据见表 12-32。

PVC-C 管材技术数据 **表 12-32**

外径(mm)	最小壁厚(mm)	质量(kg/m)	最大工作压力(MPa)
21.34	3.73	0.337	58.6
25.57	3.91	0.457	47.6
33.40	4.55	0.571	43，4
42.16	4.85	0.928	35.9
48.26	5.08	1.130	32.4
60.33	5.54	1.560	27.6

注：管外径是据英寸换算后的数据。

（3）PVC-C 管材工作压力校正因子

PVC-C 管材工作压力是基于 23℃水及非螺纹连接基础上的，当温度高于 23℃时，需要采用校正因子，如表 12-33。

压力校正因子 **表 12-33**

温度(℃)	压力校正因子	温度(℃)	压力校正因子
23～27	1.00	60	0.50
32	0.57	71	0.40
38	0.82	82	0.25
49	0.65	93	0.20

(4) PVC-C 管材的应用

PVC-C 管材除保留 PVC 管材原有基本性能外，它还具有许多优异的性能，且施工方便。PVC-C 管广泛应用于仪表及饲料工业，应用于排放含有腐蚀性化学物质的冷、热的工业废水，也可用于输送冷、热生活用水。已被广泛地用作各种工业管道、冷热水管道及防火管道；用作住宅冷、热水管道系统。国内用于高温盐水、含氯淡盐水、湿氯气的输送，使用非常满意。随着我国新兴塑料管材的发展，PVC-C 管材必将得到更大的发展。

(5) PVC-C 管道系统的连接方法

PVC-C 管道系统连接方法与 PVC-U 管道系统相似，主要方法是:

1) 胶水粘结法

这种方法的可参见 PVC-U 管道的粘结(TS)连接法，这是 PVC-C 管道系统最普遍和简单的连接方法。

2) 法兰式连接法

当管道系统需要拆或维修时，不能用胶水时，可用此法连接。

3) 螺纹连接

螺纹连接只适用于管径小于 100mm 的管道系统和操作温度小于 54℃时。

PVC-C 管材安装注意事项可参照 PVC-U 管材进行。

12.6.2 聚丁烯管材(PB)

聚丁烯塑料由丁烯聚合而成。目前，国际公认的适用于冷、热水及饮用水的最佳管道是 PE-X 和 PB 管，尤其是在长期耐高温、高压方面，其性能最佳。PB 管材完全无毒，管材使用温度范围最宽，为－70～110℃，可输送 90℃左右的热水，长期使用温度为 95℃，并具有良好的综合物理机械性能，具有优良的长期压力作用下的抗蠕变性和卫生性。

PB 管适合制作薄壁小口径受压管，安装时可以熔焊与压接相结合，连接牢固。

PB 管和 PE-X 管在性能上没多大区别，但是 PE-X 管的价格要比 PB 管低 30％～50％。PB 管价格昂贵，限制了它在工程中的应用。

12.6.3 铝塑复合管(PAP)

（1）铝塑复合管的种类

铝塑复合管按塑料材料不同，分为 PE/AL/PE(PAP)复合压力管和 PEX/AL/PEX 复合压力管两大类。其中有：

1）HDPE/AL/HDPE 复合压力管——内外管壁为聚乙烯或高密度聚乙烯，中间层为热熔胶铝合金成型的复合管。

2）PEX/AL/PEX 复合压力管——内外管壁为交联聚乙烯，中间层为热熔胶铝合金成型的复合管。

3）HDPE/AL/PEX 复合压力管——外壁为高密度聚乙烯，内壁为交联聚乙烯，中间层为热熔胶铝合金成型的复合管。

（2）特点

铝塑复合管采用了特殊的复合工艺，而不是几种材料简单的“涂覆”，它要求几种复合材料基本等强度、等物理性能，通过亲和助剂热压，紧密结合成一体；具有复合的致密性、极强的复合力。为此，它同时兼有高分子材料和金属材料的优点。其主要特点是：

1）良好的耐腐蚀性。与钢管相比，铝塑复合管更能耐酸、碱、盐的腐蚀。

2）铝塑复合管具有良好的塑性变形能力。与塑料管相比，它能在一定范围内弯曲，且弯曲后不反弹。可以盘绕，连续长度可达200m以上，能几十米、几百米长度连续敷设，减少接头，还能自由弯曲，减少弯头。

3）耐压强度高、使用寿命长，工作压力完全可以满足多层建筑的需要。由于铝塑管冷脆温度低，在无强射线辐射的条件下，寿命可达50年。

4）质量轻。铝塑管单位长度质量仅为同规格的镀锌铁管1/17～1/15，为同规格的钢管的1/4～1/3。

5）PEX复合铝塑管工作温度达到－40～90℃，HDPE复合铝塑管工作温度也达到－40℃～60℃。抗冻性能好。

6）阻力小。铝塑管PE内壁塑料层表面光滑，不易积水垢，其沿程阻力系数仅为0.009，而钢管为0.3～0.4。流量比相同金属管增加20%～30%。内外管壁均不发生锈蚀。

7）卫生性能优异。管内层为PE层，无毒无味，内壁不积水垢和滋生微生物，解决了令人头疼的生活用水二次污染的问题。

8）管材具有一定弹性，能减弱供水中的水锤现象，减弱管内流水产生噪声。

9）由于铝合金是良好的隔磁材料，具有良好的导电性能，管材抗静电性能好，也有较好的抗氧性。

10）铝塑复合管的接头配件齐全。采用嵌入压装式接头和管子均不用加工螺纹，施工较方便。

（3）应用

由于铝塑复合管具有上述良好性能，应用范围比较广泛：

1）可作为住宅小区、公共建筑的冷、热水系统管道。

2）由于中间铝层的作用，它具有较好的隔氧性，因此，更适用于依靠散热器采暖的供暖系统管道。

3）可作为煤气、天然气、氧气等可燃气体管道或特种气体运输管道。

4）可作为化工、石油、食品工业的特种液体（酸、碱、盐）输送管道。

5）可做通信、输供电用屏蔽电气导管和绝缘电气导管。

6）PAP 管材是地板采暖用理想管材之一。

12.6.4 塑覆铜管材

随着镀锌管在我国逐渐禁用，新型卫生金属管道在推广应用时的保温、防冻、防腐问题显得特别重要。近几年，我国借鉴国外先进技术，研制开发出了防冻、保温、节能的新型塑覆铜管材。

（1）塑覆铜管材种类

目前，国内市场塑覆铜管有两大类产品，发泡保温塑覆铜管和铜管外壁覆有特殊造型的聚乙烯为主的塑覆铜管。

发泡保温塑覆铜管是三层复合结构，其内层为纯紫铜管。塑覆铜管的核心材料是采取含铜量 99.9%无缝 T2 紫铜管作为基体。它具有耐高温、韧性好等金属优良性能。中间层为发泡保温塑料层，采用聚乙烯塑料为基材，采用物理发泡方式，泡体具有封闭的气泡，封闭的气泡中填充 N_2，具有良好的隔热效果，形成发泡塑覆铜管的导热系数为 0.036W/(m·K)。最外层为保护层，也采用聚乙烯塑料为基材，在发泡体表面有一层外表保护层，它具有一定强度，除保护发泡体不易受损坏外，还有防腐、抗光热老化、防火阻燃作用。

具有特殊造型保温层的塑覆铜管外层用聚乙烯塑料为基材的保温层，它的断面有齿形和平环形两种，塑覆铜管的导热系数≤0.22W/(m·K)。

（2）塑覆铜管规格

塑覆铜管规格用外径×壁厚表示。建筑用铜管规格系列为 *DN*15～54mm。

（3）塑覆铜管材应用

塑覆铜管可用于输送冷热水、纯净水、海水、油类、酚、醇、非氧化性有机流体等。

铜是集超常的防腐性和高强度为一身的金属，具有优良的生物学性能，被称为“可信赖的绿色环保管材”。特别适宜用作热水管，因其安全可靠性领先，目前尚无其他管材能与它相媲美。

目前，国内一些中高档宾馆、高层、超高层和中高档商品房、公寓别墅、小康新村，家庭装潢中的供水供热管道越来越受到人们青睐，因此，具有广阔的应用前景。

12.6.5 玻璃钢夹砂管(RPM)

(1) 玻璃钢夹砂管的种类和结构

玻璃钢夹砂管的全称为玻璃纤维增强热固性树脂夹砂管，是一种树脂基复合材料。目前，生产工艺有玻璃纤维连续缠绕成型、定长缠绕成型和玻璃纤维离心浇铸成型(也称为 HOBAS 管)三种。

生产 RPM 管的原料有玻璃纤维、树脂、石英砂和固化剂、促进剂(辅助材料)等。玻璃钢夹砂管结构有内衬层、缠绕层、树脂砂浆层和外防腐层组成。

RPM 管生产时已设计有防腐蚀的内衬层和外防腐层，内衬层是增强了的富树脂层，该层的树脂含量达 80%以上，它不仅保证管子密实及不渗不漏，还具有一定的强度。玻璃钢的耐腐蚀性主要依赖于树脂的耐腐蚀性，而内层又可根据不同介质选择不同的树脂，达到满足不同介质对管道内壁腐蚀的要求，这种灵活多变的耐腐蚀性能是钢管、铁管、水泥管所不可比拟的。

玻璃纤维夹砂层两侧有玻璃纤维缠绕的增强热固性树脂结构层，该层玻璃纤维含量高达 70%，因此，具有管线所需的强度。不仅如此，它还可以通过玻璃纤维纱与轴线缠绕角度的改变来改变轴向和径向的强度比，以满足不同使用条件的要求，由于这种可设计性，使其不增加管壁厚度就能达到不同使用强度的要求。

玻璃纤维夹砂管设计巧妙之处就是在管壁两缠绕层中间的低应力区夹进砂浆层，这样，在不降低管壁强度的情况下大大提高了管子的刚度，这一特性不仅使管子的成本降低，同时，也使它具备了埋地管所必须的高刚度性能。

(2) 玻璃钢夹砂管的特点

1) 轻质、高强度、高刚度

玻璃钢夹砂管的密度为 1.7～2.0g/cm^3，是同规格钢管的 1/5、铸铁管的 1/4、预应力水泥管的 3/4。RPM 管的环向拉伸强度为 160～320MPa，环向弯曲模量为 $1.5\times10^4\sim3.6\times10^4$MPa，分别是 PVC 管的 7.5 倍和 5 倍。由于夹砂层的存在，大大提高了管材的刚度。

2) 管内壁光滑、耐腐蚀、不易结垢

RPM 管内壁非常光滑，由于不易被腐蚀，不易结垢，摩擦系数仅为 0.915×10^{-3}，而且能长期保持较小的摩擦系数。水头损失小，仅是钢管、铁管、水泥管的 1/3 至 1/2。因此，能保证管道长期处于安全、节能状态下运行。

3) 卫生性能良好

近年来 RPM 管用于输水工程，于是人们关心它对水质的影响，研究人员和工程使用者从多方面做了大量试验和测试，比如检测该产品浸泡水的感官指标和一般化学指标，毒理学指标，蒸发残渣和耗氧量指标等均符合 GB/TB 17219—1998《生活饮用水输配水设备及防护材料的安全性评价标准的要求》。

4) 运输、安装方便、综合经济指标好

轻质的玻璃钢夹砂管，给运输及安装带来极大的便利，与钢管、铸铁管和水泥管相比，它不需要较大的装卸设备和重型运输工具。特别是安装时，采用橡胶圈密封承插连接技术，安装快捷。

玻璃钢夹砂管与钢管、铸铁管和水泥管从管材、运输、安装、防腐、运行的总体费用比较，价格是低的，因此，大力推广和应用玻璃钢夹砂管会带来巨大的经济效益。

(3) 玻璃钢夹砂管应用

由于玻璃钢夹砂管具有优良的性能，被广泛应用于城市给水工程、工业冷却水系统、工业废水处理系统及给排水长距离输送系统等。

据有关资料报道，在新铺设的大、中型输水、污水管中，欧美各国玻璃钢夹砂管占15%～50%，日本占25%，在中东地区，几乎所有大、中型输水管、污水管、海水淡化系统管道全部为玻璃钢夹砂管。目前，玻璃钢夹砂管属于国家重点扶持的建材项目之一。由于它是一种柔性的非金属复合材料管，具有质量轻、刚度大、阻力小及抗腐蚀性强等特点，国内正在被广泛应用。

(4) 使用注意事项

1) 要按水流方向安装

平坡地段每根管的插口方向与设计的水流方向相反，即“逆水流”安装管道，这样可以使采用承插式双O型密封圈连接的管道保证密封性好，流水阻力小。在陡坡地段，上坡“顺水流”安装，即插口方向与设计的水流方向相同；下坡“逆水流”安装。

2) 特殊地段安装

在不适合开沟挖槽的地段(如遇公路、铁路或其他障碍物)，可采用混凝土套管保护玻璃钢夹砂管道。

3) 许用转角的几何半径

玻璃钢夹砂管道转弯安装最大借转角应在表12-34允许借转角角度之内。

允许借转角角度 **表12-34**

公称直径(mm)	许用转角度	公称直径(mm)	许用转角度
＜500	3°	1000～1400	1°
600～900	2°	＞1400	0.5°

在水平或垂直转弯地段安装玻璃钢夹砂管道时，根据允许用转角、转弯地段有效长度计算转角的几何半径。

4) 回填土施工

管道施工中，对管沟回填土技术非常非常重要，回填土的质量好坏直接影响整个管道系统的运行状态，必须注意下列几点：

① 在回填土前，应排除沟底积水。

② 先回填管道两侧面腋下的三角区，然后对管道的左右两侧面对称分层回填。

③ 对管道的三角区夯实，这是十分重要的一道工序，是防止玻璃钢夹砂管道系统扭曲变形的有效措施。夯实程度至少达到 90％。

④ 在管顶覆土 300～500mm，可直接使用夯实设备进行夯实。

5）为了确保整个管道系统安装质量，水压试验 除了逐节检查已安装完毕的管道承插口外，还要每千米管路为一试验压力段，进行试验。

12.6.6 ABS 管

（1）ABS 管材特点

ABS 是丙烯腈、丁二烯、苯乙烯的三元共聚物树脂。丙烯腈组分使 ABS 具有良好的耐化学腐蚀性、热稳定性及表面硬度，丁二烯组分使 ABS 具有韧性和抗冲击性，苯乙烯组分则赋予 ABS 塑料刚性和良好的加工性和染色性。由于三组分各显其性，故 ABS 管材具有良好的综合性能，主要特点是：

1）ABS 管材在温度－40～100℃范围内，仍能保持刚性和刚度。一般 ABS 热变形温度为 93℃，耐热级可达 115℃。

2）具有质轻、较高耐冲击强度和表面硬度，耐腐蚀，抗蠕变性、耐磨性良好。

3）加工容易，收缩率小而价格相对低廉。

4）由于抗冲击强度高，可以采用轻型管螺纹铰板直接在管材两端铰丝，管件上的螺纹经注塑一次成型。因此管路系统可采用塑料螺纹连接，管道连接方式可实现与传统镀锌管的兼容。

5）管材本身无毒，卫生性能良好。

（2）应用

由于 ABS 管材具有良好的综合性能，所以在国外常用作卫生洁具下水管、输气管、高腐蚀工业管道。在国内一般用于室内外给水管网、室内热水管和水处理的加药管道、有腐蚀作用的工业管道。

（3）ABS 管道的连接方法

ABS 管的连接主要是用 ABS 溶胶粘接，也可用螺纹连接。

1）溶胶粘接

ABS 溶胶是一种黏稠状的粘合剂，其中溶剂很容易挥发。当把 ABS 溶胶涂在 ABS 管和管件上，通过溶胶中的溶剂使 ABS 母材表面的树脂开始熔化一部分，在管和管件插在一起后，溶胶中的溶剂慢慢挥发出去，从而固化，形成坚硬的 ABS 树脂，使管件与管结合在一起，形成一个整体。

① 对溶胶的要求

ABS 溶胶的质量是保证 ABS 管道粘接质量的前提，必须对溶胶的质量进行严格控制。

a. 在 ABS 溶胶使用前，应充分搅拌，使其均匀。同时，ABS 溶胶盒要随开随关，以防溶剂挥发和落入灰尘。如果出现稀稠不均的浆糊解汤状态，或存在大量的微小气泡，这样的溶胶就不能使用。

b. 检查 ABS 溶胶的稠度是否合适，太稠，不便涂刷；太稀，粘缝区形成的 ABS 树脂固化后，因密度太低会降低粘接质量。

② 粘接注意事项

a. 要保证粘接牢固，达到密封，粘接口不能渗漏；

b. 在确保不堵塞管腔的同时，尽量控制缩颈。

2）螺纹连接

螺纹连接可参照镀锌管的施工方法。

12.6.7 钢塑复合管(SP)

钢塑复合管在发展中逐步实现了产品标准化、管件配套化和原料配套化。由于钢塑复合管的连接不能采用焊接形式，所以连接件成为推广应用钢塑复合管的一个关键问题。各国很重视钢塑管件的研制开发，管件配套齐全，并执行统一的标准。

钢塑复合管的性能主要取决于涂塑层原料的性能。近几年不断开发出多种功能钢塑复合管用的粉末和管材，除各种树脂外，还有新型的稳定剂、固化剂、流平剂、增泡剂等。这样，使钢塑复合管所具备的功能越来越多，使用范围也越来越广泛。

钢塑复合管按生产方法分类有流化床涂装法、静电喷涂法、真空抽吸法、钢管喷涂法、钢管衬塑法和挤出成型法等钢塑复合管。

目前，国内企业开发的钢塑复合管主要品种见表 12-35。

钢塑复合管主要品种 **表 12-35**

品种	特 点 及 应 用
化工用管	1）在钢管内、外涂敷 PE 或 PVC，管径可达 300mm 以上 2）输送耐酸碱等腐蚀性介质 3）一般是采用法兰连接
PE 涂敷衬里钢管	1）钢管外镀锌，内涂敷 PE 塑料，涂层厚度在 0.55mm 以上，规格 ϕ20～120mm 2）管子刚性好，承受最高压力为 1MPa，涂层具有良好的卫生性和耐久性，可在－30℃环境下使用，供水温度可达 55℃
环氧树脂涂敷衬里钢管	1）外镀锌钢管，内涂敷环氧树脂塑料，涂层在 0.3mm 以上，规格 ϕ12～120mm 2）由于涂料是改性环氧粉末涂料，具有很好的强度和耐腐蚀性能，可用作供热水管、油田的油井管和注水管等，应用广泛
UPVC 管衬里钢塑复合管	1）用 UPVC 塑料管衬里的钢管，规格有 ϕ12～120mm，衬里 UPVC 管的壁厚 1～2.5mm 2）这种管有很好的强度和耐腐蚀，供水温度可达 70℃，主要用作给水管

续表

品种	特 点 及 应 用
PE-X管衬里钢塑复合管	1）是在钢管内衬上PE-X管材衬里，厚度1.5～4.5mm，规格ϕ12～120mm； 2）管子具有很好强度和耐腐蚀性，良好的卫生性能，供水温度可达105%，适用于净水工程和热水工程
钢塑电缆套管	1）在钢管内外涂敷黑色的PE； 2）特点是刚性好、绝缘性能好、隔潮气，用于供电和通讯电缆的埋地保护套管； 3）采用管节连接
挤 出成型钢塑复合管	1）国内已开发生产出挤出成型钢塑复合管，此管为三层结构，中间层为带有孔眼的钢板卷焊层或钢网焊接层，内外层为熔于一体的HDPE层或PE-X层，目前生产规格为中小口径管； 2）有良好的强度，耐腐蚀、卫生性能好，可用于给排水管道

随着钢塑复合管新品种不断开发、管材性能不断提高和人们对它性能的了解，其使用范围不仅限于化工、油井、电缆和海水用管，现已扩展到建筑给排水用管，特别是在高层和多层建筑中，它已显示出优越性，具有良好的发展前景。

12.6.8 薄壁不锈钢管和不锈钢塑料复合管

耐腐蚀金属管作为给水管是很安全可靠的，但价格昂贵。金属管通过薄壁化并与新型塑料材料复合，是扬长避短的极佳办法。薄壁不锈钢管和不锈钢塑料复合管，在国外已应用十多年，1999年进入中国市场。尤其是不锈钢塑料复合管具有金属和塑料双重优异特性，用作供热水管道，其安全可靠性领先，越来越受到人们的青睐。

（1）特点

1）质量轻、强度高、刚性好、抗腐蚀、耐冲击、使用寿命长；可100%回收，有效管径比金属管大30%左右，经济性显著。结构新颖、外观靓丽、安装豪华，具有良好的装饰效果，被称为供水管的新秀。

2）不锈钢管内壁光滑、无锈蚀、不结垢、阻力小、有效水流量大。

3）不锈钢内有18％～20％的铬成分，可以形成完全的保护膜，在大气中管子不易被腐蚀，卫生，环保。

4）不锈钢管连接方便快捷、安全可靠，省时省力，便于拆卸、维修，密封性能好，杜绝渗漏现象。

5）为增加薄壁不锈钢管的隔热保温性能，可在不锈钢管材外面再套上内侧带齿的塑料管；也可根据输送介质温度不同，在管内壁敷不同材质的塑料层。导热系数小，保温性能优良。

（2）应用

主要用于自来水、纯净水、桑拿蒸汽、太阳能热水器等建筑热水管和直饮水管；水景、中高档宾馆、商住楼、公寓别墅等装饰要求较高的冷水、暖气、燃气管网；水质要求较高的食品、医药、化工和电子等行业供水管网；以及食用油、石油、天然气等管道方面。

（3）前景

薄壁不锈钢管材及管件是国家科委2001年推广项目，已列入2002年国家火炬计划，并列为建设部2004年科技成果推广项目，是目前世界潮流和发展方向。薄壁不锈钢管具有较高的可靠、安全和卫生等性能，在发达国家已经普遍使用。该技术与产品的推广应用，将对提高我国现代建筑的档次，改善与保障供水水质和达到管件行业国际先进水平都具有重要意义。薄壁不锈钢管材在未来几年内将广泛普及，应用在民用建筑冷、热水管道、燃气、化工、医药等行业。随着国家的推广，薄壁不锈钢管必将成为管道业的主导产品。埋地材质宜用SUS316，明装宜用SUS304。

（4）技术参数

工作压力1.6MPa，工作温度－40～130℃。

规格：*DN*15～200mm，壁厚为0.8～1.5mm管材及相应管件共300多种。管材规格见表12-36。

薄壁不锈钢和不锈钢塑料复合管管材规格(mm)　　表 12-36

公称直径	外径×壁厚		公称直径	外径×壁厚	
	非埋地管	地埋管		非埋地管	地埋管
15	14×0.6	—	65	67×1.2	67×1.2
20	20×0.6	—	80	76×1.5	76×1.5
25	26×0.8	26×1.2	100	102×1.5	102×1.5
32	35×1	35×1.2	150	159×3	159×3
40	40×1	40×1.2	200	219×3.5	219×3.5
50	50×1	50×1.2	—		

注：埋地材质宜用 SUS316，明装宜用 SUS304

(5) 管道的连接方法

按不同应用场合和不同管径范围，分别选用压缩式、锥螺纹式、法兰式和焊接式的管件进行连接，见表 12-37。薄壁不锈钢和不锈钢塑料复合管道系统应全部采用不锈钢材质的管件与附件，与其他材质(除铜外)的钢管和附件连接时，应注意采取必要的防止电位腐蚀的措施。

薄壁不锈钢和不锈钢塑料复合管连接方式　　表 12-37

名称		原理	使用范围
压缩式		将管子插入管件的管口，由螺母紧固，用螺旋力将管口部的套管通过密封圈压缩，起密封作用，完成管间连接的方式	DN15～DN50
锥螺纹式		将管口(外螺纹)与管子作环缝 TIG 焊接，用管件将管子以锥螺纹连接起密封作用，完成管间连接的方式	DN65～DN100
法兰式	快接法兰	法兰与管子之间作环缝 TIG 焊接，用快夹使法兰间的密封垫压缩起到密封作用，完成配管间连接的方式	DN15～DN100
	活接法兰	榫槽型法兰与管子(或管件)作环缝 TIG 焊接，用紧固件通过活套法兰、榫槽法兰和密封圈起到密封作用，完成配管间连接的方式	DN150～DN200

续表

名　　称		原　　理	使用范围
焊接式	承插搭接焊	将承插式的管件与管子作环缝 TIG 焊接起到密封作用，完成配管间连接的方式	$DN15 \sim DN200$
	对接焊	将管子与管子（或管件）之间用环缝 TIG 焊接，完成配管间连接的方式	$DN150 \sim DN200$

注：TIG 为氩弧焊。

(6) 新品种与新技术

近年来，还出现了不锈钢复合管（GB/T 18704—2002）和环压连接、快速焊接、专用不锈钢记忆金属管箍件和伸缩可挠性接头等新管件与新技术。

采用环压连接方法，以硅橡胶为密封件，卫生指标完全达到国家规定，寿命可达 50 年以上。

伸缩可挠性接头具有伸缩性和可挠性，这种连接通过旋紧内螺母，压紧 C 型环，挤压环对密封橡胶圈挤压，使它形成管道和接头座紧密抱紧状态，密封性能良好，耐水压在 5MPa 以上，负压在 0.093MPa 以上，破坏压力在 20MPa 以上，并有承受伸缩与挠动任何不利因素的功能。用于热水管道系统可不设伸缩节。伸缩可挠性接头拆装容易，连接可靠。不锈钢伸缩可挠性接头优点：

1）不怕温度变化而引起的膨胀，耐折动和耐伸缩，以大于 0.75MPa 水压垂直折动或纵向抽动 10mm，以 60 次/min 连续 10h 以上保持不漏水。

2）此接头耐水压 5MPa 以上，负压为 0.093MPa 以上，破坏压力 20MPa 以上。

3）使用温度范围是－10～120℃

12.6.9　新型风管

(1) 玻纤复合风管

玻纤复合风管一般指标见表 12-38。

玻纤复合风管一般指标　　表 12-38

项　目	特　征	备　注
构　造	以离心玻璃纤维板为基材，外层为铝箔玻纤布和多层玻纤布，作为气密隔气保护层，内层为防水玻纤布	
基材厚度	一般为 25mm	可有厚度为 30mm、40mm 或特殊加厚型
风管规格	内径边长与矩形钢板风管相同	只适合制作矩形或多边形
连接方式	采用承插式接口连接，与设备或其他构件采用法兰连接	
保温性能	离心玻璃纤维板基材的导热系数≤0.03W/(m·K)，在一般情况下无需再做保温	用于低温送风时应验算其所需厚度
执行标准	JC/T 591—1995《复合玻纤板风管》，GB 13350《绝热用玻璃棉及其制品》	
防火性能	难燃 *A* 级(玻璃纤维)	
承压性能	2000Pa	
适合使用的场合	输送空气，温度不高于 100℃，相对湿度不大于 95%，环境温度不高于 70℃和不低于 −30℃，无抗酸碱要求的一般通风和空调工程	不适合应用于： 1. 作为厨房、浴室、游泳池等潮湿场所的排气管； 2. 输送强腐蚀性气体； 3. 风速大于 20m/s； 4. 压力大于 2000Pa 的送风管和大于 1500Pa 的回风管； 5. 有高度净化要求的工程

(2) 插接式无机玻璃钢保温风管

插接式无机玻璃钢保温风管指标见表 12-39。

插接式无机玻璃钢保温风管　　　　表 12-39

序号	项　目	特　征	备　注
1	构　造	内层和外层以多组分无机材料为基础的玻纤强材料，密度为 1800kg/m^3，中间层复合有难燃聚苯乙烯泡沫塑料	
2	厚　度	外层厚度为 2mm。内层厚度：宽度或直径不大于 1m 时为 2mm；大于 1m 和不大于 1.6m 时为 3mm，大于 1.6m 和不大于 2.5m 时为 4mm；大于 2.5m 和不大于 4m 时为 5mm	
3	风管规格	可为矩形或圆，内径或矩形的长、宽与钢板风管规格相同	
4	保温性能	保温材料导热系数≤0.048W/(m·K)，最小保温材厚度为 20mm	保温层厚度可根据使用要求，按 10mm 进位，由设计确定
5	连接方式	采用承插式接口连接，在插口处涂专用胶粘剂，与设备或其他构件连接时，开口处用玻璃钢树脂封口，与钢板风管用自攻螺钉或拉铆钉连接	
6	安　装	可以采用普支、吊架方式，也可以采用内置暗吊架方式	
7	适合使用的场合	一般空调工程的送回风、排风和消防排烟系统。对潮湿环境有良好的适应性	不适合应用于有高度净化要求的工程

12.7　管　　件

管道系统的管件和连接是非常重要的，在管件发展史上，已有很多因管件和连接质量问题引起的事故，造成巨额经济损失和不良影响。但是开发一种新的管件和连接方法是极不容易的，一种成功的连接方法，同开发管材相比，常常花费更多精力、更长的时间，更要经过长时间实践考验。

总体来说，对管件的各项性能要求与管材基本相同，包括材料的机械性能、物理性能、耐化学性能、耐压能力、连接的密封性和良好的长期使用性能等。但是，管件生产与管材生产也有不同，生产管件一般需要较高的成型工艺，而且管件用料及配比要求比较高。

12.7.1 管件分类

管件的品种繁多，根据不同角度，大体上可分类如下：

(1) 按管件材质分

1) 金属材料管件

铜质管件、镀镍的特殊黄铜管件、不锈钢管件、镀锌钢管件等。

2) 新型塑料管件

PVC-U、PE、PP-R、PB、ABS等塑料材质管件。

3) 塑覆金属管件

塑覆金属管件又可分为金属管件外涂敷新型塑料和金属管件内涂敷新型塑料。

(2) 按用途分

1) 用于焊接连接的管件；

2) 用于热熔连接(包括电熔连接)的管件；

3) 用于粘接的管件；

4) 用螺纹连接的各种管件；

5) 封堵管口用的管件；

6) 用于法兰连接的管件；

7) 用于弯管连接的管件；

8) 特殊用途的管件，如水锤吸纳器、减震接头等；

9) 各种用途管道支承固定件。

(3) 按管件形式分

包括直管连接管件、45°弯头、90°弯头、三通接头、四通接头、法兰盘接头、管堵、管帽、弯管接头、托架、追码等。

12.7.2 管件的选择

有人主张在暗埋管道系统避免管道接头，采用明装分水器、暗装无接头的方案，这种方案投资高，又达不到现代家庭装潢的要求，是不可行的。因此，人们应该根据使用管材选用合理的连接方法，选择匹配的管件，满足暗埋管道连接要求，保证管道连接质量。这是管道设计者和施工安装者保证管道连接的接头和管件的可靠性的关键因素。

(1) 选择正确的连接方式管件

1) 机械式连接用管件

钢管、PE-X、PP-R、PAP、内衬 PE-X 铝合金管、钢塑复合管、薄壁不锈钢管、铜管及塑铜复合管等，均可采用可锻铸铁、铸钢、钢制、铜制、不锈钢、铝合金管件或复合管件，采用机械式连接和密封方法。实践证明，这一类管接头明装性能较好，即使发现渗漏，绝大部分情况下，紧一紧接头即可。

由于铝、黄铜合金制品在混凝土内有腐蚀作用，加上外形尺寸较大、造价较高，如果出现渗漏，修理也困难，因此，在暗埋管道连接的接头不宜采用机械式连接用管件。

2) 热熔(或电熔)承插连接用管件

PE、PP-R、PB 管道连接用热熔(或电熔)连接承插式管件，相对于机械式连接管道，这种连接的可靠性有极大的提高。唯一缺点是，万一承插焊接出现质量故障，必须剪断管件及承插管子而重新连接操作。

3) 胶水粘结用管件

PVC-U、ABS 等管，可以用胶水粘结，如果管道与管件配合公差适当，操作规范，应该说这种连接质量是可以得到保证的。

4）焊接用管件

铜管、金属管和塑料管的焊接连接方法是最为牢靠的，但施工安装费时，焊接的质量受焊接方法、操作人员素质等条件因素影响较大。焊缝一旦出现渗漏，维修困难。

（2）选择合理的管件形式

在管道系统中，管件为管材的各种连接件，其作用：连接管道、改变管径、改变管道方向、接出支线管道和封闭管道等。管件按接口形式分为：螺纹连接管件、法兰连接管件和承插口连接管件等；按接口方式分为：各种角度的弯头，短接、活接，各种同径与变径三通、四通，堵头和异形管等管件。

（3）承插连接与螺纹连接的选择

在管件选择上还有一个值得业内人士注意的问题，就是小口径管（如 ϕ20mm 以下）的连接同大口径（如 ϕ50mm 以上）的连接与配件，在很多方面有不同的特点。对于大口径管道来说，承插式滑入式接口可以说是当今最有生命力的连接，已为现今各种新型管材所接受，并成为首选的连接方式。对于小口径管来说，管螺纹连接是最可靠的连接，它的许多优点是其他连接方法难以比拟的。在今后的发展中，仍是主要连接方式，这是因为：

1）管件的通用化、标准化程度高，使复杂的管线配置能方便地完成。

2）小口径阀门、给水器具等几乎均采用管螺纹连接，给水管道采用的各种连接，最后必须用过渡管件转换成管螺纹。

3）无论是连接强度还是密封性能，均是最安全可靠的。

4）管螺纹连接处的整体性能好，因伸缩、振动而脱开几乎是不存在的。

螺纹连接方法和承插连接是不能互相取代的。

（4）新型管材典型管件

各种类别典型管件简单介绍如下：

1）直管连接的管件、弯头和三通

直管连接的管件、弯头和三通见表 12-40。

直管连接的管件、弯头和三通　　　　表 12-40

形式	序号	管件名称	活接	承插件	螺纹件	承口	插口	外螺纹	内螺纹	变径
直管连接的管件	1	一承一插异径接头		*		1	1			*
	2	双承口异径接头		*		2				*
	3	承口外螺纹接头		*	#	1		1		
	4	承口内螺纹拉头		*	#	1			1	
	5	双承口活接头	#	*	#	2				
	6	承口外螺纹活接头	#	*	#	1		1		
	7	套筒接头		*						
	8	全塑双承口活接头	*	*		2				
	9	金属承口外螺纹接头			#	1		1		
	10	金属双外螺纹接头			#			2		
	11	金属内外螺纹接头			#			1	1	
	12	金属双内螺纹活接头	#		#				2	
	13	金属承口外螺活接头	#		#	1		1		
	14	金属双承口活接头	#		#	2				
	15	金属承口内螺活接头	#		#	1			1	
	16	金属双承口异径接头			#	2				#
90°弯头	1	90°承口外螺纹弯头		*	#	1		1		
	2	90°承口内螺纹弯头		*	#	1			1	
	3	90°双承口弯头		*		2				
	4	90°双内螺纹弯头			#				2	
	5	90°双承口长半径弯头			#	2				
	6	90°承口内螺纹弯头			#	1			1	
45°弯头	1	45°双承口全塑弯头		*						
	2	45°双承口弯头			#					
	3	45°一承一插弯头			#	1	1			

续表

形式	序号	管件名称	活接	承插件	螺纹件	承口	插口	外螺纹	内螺纹	变径
180°弯头	1	180°双承口弯头								
	2	180°一承一插弯头								
	3									
三通接头	1	三承口三通接头		*		3				
	2	三承口三通异径接头		*		3				
	3	承口内螺纹三通接头		*	#	2			1	
	4	承口外螺纹三通接头		*	#			1		
	5	三内螺纹三通接头			#				3	

说明：表中数字为管件中承口、插口、内螺纹、外螺纹的数量，# 表示为金属材料，* 表示为塑料。活接除全塑管件外一般均为金属材料，外螺纹和内螺纹均为金属材料，承口与插口材料按表中所列。规格尺寸参照厂家说明。

2）管堵(管塞)、管帽

① 管堵

管堵也称丝堵，插头为外螺纹，用于堵塞管道端头为内螺纹的管道附件或预留口。有外方堵头、带边外方堵头、内方堵头，规格见表 12-41。

管　　堵　　表 12-41

公称通径 D_e(mm)	管螺纹(in)	管堵长度 L(mm)	方形(mm)
6	1/8	15(20)	4.5
8	1/4	18(24)	6
10	3/8	20(26)	8
15	1/2	24(30)	10
20	3/4	27(33)	12
25	1	30(37)	16
32	$1\frac{1}{4}$	34(41)	18
40	$1\frac{1}{2}$	37(45)	22
50	2	40(48)	27

② 管塞

管塞也称插堵，插头为外楔形，用于堵塞端头为承口的管道附件或管道预留口。管塞规格见表 12-42。

管　塞　　表 12-42

楔头长度(in)	管塞长度 L(mm)	楔头长度 G(in)	管塞长度 L(mm)
1/4	18	1	29
3/8	18	$1\frac{1}{4}$	32
1/2	23	$1\frac{1}{2}$	32
3/4	24	2	37

③ 管帽

管帽也称承堵，为内螺纹或内楔形，内螺纹形用于堵塞管道端头为外螺纹的管道附件或预留口，内楔形用于堵塞热熔连接或粘结连接的管道端头、管道附件或预留口。管帽规格见表 12-43。

管　帽(mm)　　表 12-43

公称通径 D_e	管螺纹 R	帽端长度 Z
20	3/4	8
25	1	9
32	$1\frac{1}{4}$	10
40	$1\frac{1}{2}$	10
50	2	11
63	$2\frac{1}{2}$	13
75	3	15
90	$3\frac{1}{2}$	18
110	4	22

3）法兰

法兰用于带有法兰的阀件相接和需要经常检修拆卸的管道。法兰的基本尺寸参见表 12-44。

法兰的基本尺寸(mm) **表 12-44**

公称直径 *DN*	法兰外径 *D*	螺孔间距 *K*	螺栓孔	法兰厚度 *L*
15	95	65	4×ϕ14	16～38
20	105	75	4×ϕ14	18～42
25	115	85	4×ϕ14	20～45
32	140	100	4×ϕ18	22～51
40	150	110	4×ϕ18	25～52
50	165	125	4×ϕ18	26～57
65	185	145	4×ϕ18	30～63
80	200	1 60	4×ϕ18	36～74
100	220	180	8×ϕ18	40～79
125	250	210	8×ϕ18	42～79
150	285	240	8×ϕ23	48～79

① 普通金属法兰盘和塑覆金属法兰

用于新型管材的一般法兰盘连接。

② 承口铜翻边松套钢法兰

用于通过腐蚀性介质的耐腐蚀管道的连接。法兰厚度尺寸见表 12-45。

承口铜翻边松套钢法兰(mm) **表 12-45**

DN	15	20	25	32	40	50	65	80	100	125	150
L	30	35	35	41	41	50	50	55	65	65	75

③ 外螺纹松套钢法兰和内螺纹铜环松套钢法兰

松套法兰用于高温高压管道。利用凹凸肩圈受力将密封垫片挤严，承压能力高。法兰厚度尺寸见表 12-46、表 12-47。

外螺纹松套钢法兰(mm) **表 12-46**

DN	15	20	25	32	40	50	65	80	100	125	150
L	38	42	45	51	52	57	63	74	79	79	79

内螺纹铜环松套钢法兰(mm) **表 12-47**

DN	15	20	25	32	40	50	65	80	100
L	22	22	25	27	28	31	35	37	43

④ 承口全铜法兰

法兰厚度尺寸见表 12-48。

法兰厚度(mm) **表 12-48**

DN	15	20	25	32	40	50	65	80	100	125	150
L	16	18	20	22	25	26	30	36	40	42	48

⑤ 带压盖法兰［参见 12.1.4，(4)，5)］

⑥ 法兰密封垫片

法兰密封垫片见图 12-5 和表 12-49。

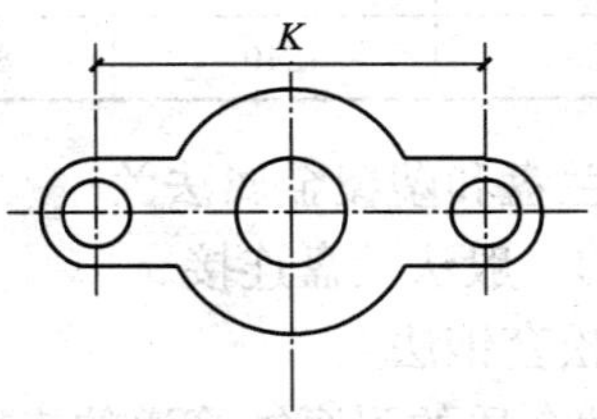

图 12-5 法兰密封垫片图

法兰密封垫片(mm) **表 12-49**

管材规格 *DN*	法兰孔中距 *K*	管材规格 *DN*	法兰孔中距 *K*
20	75	65	145
25	85	80	160
32	100	100	180
40	110	125	210
50	125	150	240

法兰密封垫片一般采用橡胶垫、橡胶石棉垫、金属垫片等。

4）管道固定件

① 托架/追码

托架/追码见图 12-6 和表 12-50。

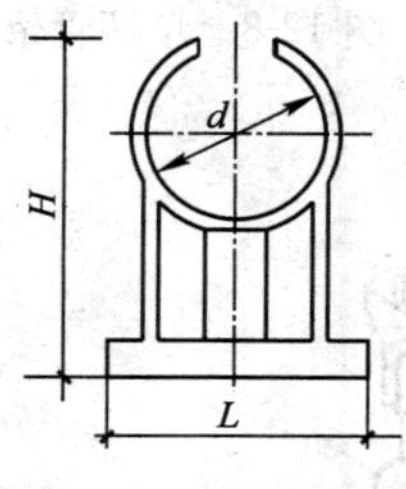

图 12-6 托架/追码

托架/追码(mm) **表 12-50**

编号	配用管径	*d*	*L*	*H*
ET0	16	15.2	21	23
ET1	20	19.2	26	26
ET2	25	24.2	31	29
ET3	32	30.2	36	34

② 铜管架

铜管架见图 12-7 和表 12-51。

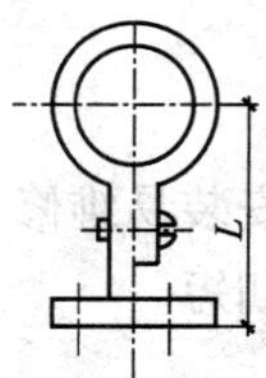

图 12-7 铜管架

铜管架(mm) **表 12-51**

DN	*L*	*DN*	*L*
15～16	31	32	45
15～19	33	40	58
20	35	50	63
25	41		

③ 鞍形管箍

鞍形管箍形似马鞍，马鞍中心到固定片的规格见表 12-52。

鞍形管箍(mm) **表 12-52**

DN	*L*	*DN*	*L*
8	4.5	25	13.5
10	5.5	32	17.0
15～16	7.5	40	21.5
15～19	9.0	50	27.0
20	10.5		

④ 单柄管架

单柄管架见图 12-8。规格：DN8～50

⑤ 管吊架

管吊架见图 12-9。规格：DN10～50

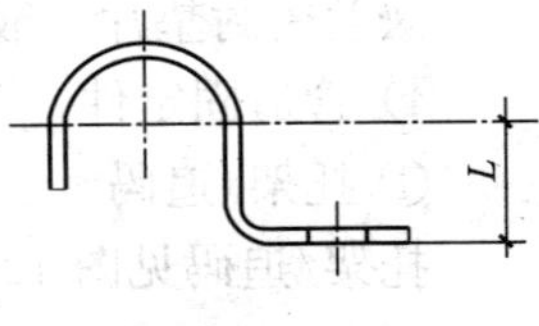

图 12-8 单柄管架

12.7.3 快装管件

(1) 特点

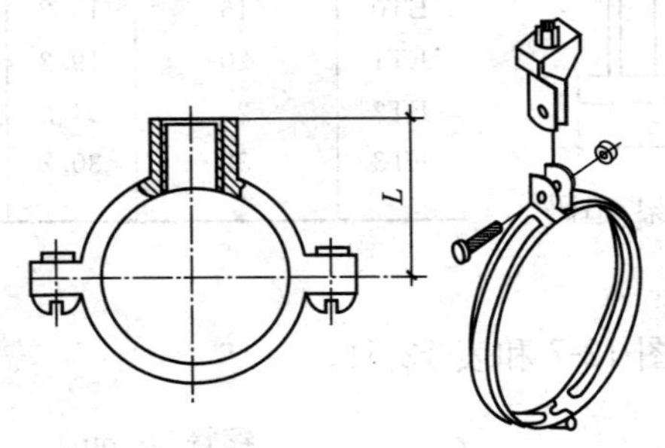

图 12-9 管吊架

1) 钢管不用绞丝、缠麻，可取消活接头，易安装易维修。

2) 节省安装费，降低工程造价，工效高，工期短。

3) 管道截面通量大，节省输送或循环能耗。

(2) 适用范围

可用于给水、消防、采暖、空调等各种液体输送管道和燃气、液化石油气等各种气体输送管道。

(3) 技术性能见表 12-53。

技 术 性 能 **表 12-53**

技术指标	效 果
内压试验	内压 3.0MPa，持续时间 48h，无变形、渗漏
水压试验	测试依据 Q/DYA. J. 001—2000，26℃，合格
密封环 耐油、耐温	耐油性：汽油浸泡 72h，无变化 耐温性：－30℃或 150℃下，48h，不变形

(4) 规格型号

1) 低压管件(<2.0MPa)：ϕ15～ϕ150 各种直通、弯头、三通、四通、堵头、外接头、内接头、法兰接头，各种异径直通、弯头、三通、四通。

2) 中高压管件(<20.0MPa)：ϕ80～ϕ2000 各种直通、弯头、三通、四通，各种异径直通、弯头、三通、四通。

(5) 管件接头构造：该快装管件包括管件主体、密封胶环、垫片、卡环、螺母、限位挡板等部分。

(6) 产品主要材质：可锻铸铁、铸钢、不锈钢、铜合金。

(7) 选用要点：凡是钢管、涂塑钢管、不锈钢管、铜管、铸铁管、铝管等金属管材都可应用该管件。根据工作压力与管道输送的介质不同来选择不同的材料与不同的密封环。

12.8 新型管材的选用

新型管材和传统金属管相比，具有质量轻、耐腐蚀、卫生安全、水流阻力小、安装方便等特点，因而得以普遍应用。近年来，国家建设部、国家经贸委、国家质量技术监督局、国家建材局联合通知：自 2000 年 6 月 1 日起，在新建住宅中，淘汰砂模铸造铸铁排水管用于室内排水管道，禁止使用镀锌钢管做给水管，推广应用 PAP 管、PE-X 管、PP-R 管、PVC-C 管等塑料管道。如何选用新型管材成为推广应用的主要问题。

12.8.1 典型管材主要性能汇总

典型管材主要性能汇总见表 12-54。

主要塑料管道性能汇总表 **表 12-54**

管材 性能	PE-X	PP-R	PAP	PB	PE	PVC-U	ABS
工作温度范围	0～ 110℃	−20～ 70℃	−40～ 85℃	−70～ 110℃	−20～ 90℃	−5～ 45℃	−80～ 90℃

续表

性能＼管材	PE-X	PP-R	PAP	PB	PE	PVC-U	ABS
密度(g/cm³)(20℃)	0.93	0.90	0.92～0.96	0.91	0.92～0.96	1.40	1.02～1.08
导热系数[W/(m·K)](20℃)	0.41	0.23	0.45	0.22	0.41	0.14	0.14
线膨胀系数[mm/(m·℃)]	0.20	0.18	0.025	0.13	0.16	0.08	0.07
隔氧性能	较差	一般	较好	较差	较差	较差	较差
卫生性能	优	优	优	优	优	较差	较差
生产工艺及设备	较复杂	较简单	最复杂	较简单	较简单	较简单	较简单
物料回收利用性	不能	可以	不能	可以	可以	可以	可以
壁厚(满足相同要求)	较薄	较厚	较薄	最薄	较薄	较薄	较薄
连接方法： 粘结 热熔连接 电熔连接 机械连接	 不能 不能 不能 可以	 不能 可以 可以 不能	 不能 不能 不能 可以	 不能 可以 可以 不能	 不能 可以 可以 不能	 可以 不能 不能 不能	 可以 不能 不能 不能
连接管件	金属	PP-R	金属	PB	PE	PVC-U	ABS
综合性能评价	卫生无毒，耐高温、高压，生产成本较高。适用于冷、热水管及采暖水管	卫生无毒，可做成大口径管，废料可再利用，安装方便。用于冷水、温水供水管道	卫生无毒，抗冲击性能好，施工快捷方便，但生产工艺较复杂，成本高。适用于冷、热供水管道及采暖水管	耐高温、高压，价格昂贵。可以用于冷、热水管及采暖管	无毒、耐冲击、高韧性，施工方便，价格较低。大量使用在燃气压力管道和供水管道	具有塑料管材共性，由于原材料国产化，价格低廉。用作冷水、供水、排水、排污管	生产成本高。不适用于地板辐射采暖管

12.8.2 选用要点

（1）影响新型管材使用寿命的主要因素

塑料管材本身性能取决于构成管材的内在结构，塑料大分子的化学结构、其原材料的性能、制造工艺以及塑料添加剂等。

影响塑料管材使用寿命有五大因素：管内的工作压力，环境温度和管内流体介质的性质及温度，管道外径与壁厚，管道连接方式与管件，管道系统的敷设方法。

如果不严格按产品标准要求，在短期内可能不出现问题，但经过一段使用后可能因为破坏造成重大损失。因此应根据输送介质、介质温度、压力、连接方法，管材的线膨胀系数、抗渗氧能力、壁厚、价格等因素进行管材、管件比选。

（2）建筑用塑料管的基本要求

作为建筑管材应满足以下基本要求：

1）管材的额定工作压力不得小于1.0MPa，水压强试验要求不得小于1.5MPa，并能承受由于水锤所造成的压力冲击。

对于管材的使用压力，一般可按生产厂提供的工作压力，即长期使用压力。设计中没有必要再除以安全系数（对于外径≤90mm的管，产品设计已考虑2.5的安全系数；外径>90mm的管，产品设计也考虑了2.0的安全系数。厂内短期试验压力则为工作压力的4.2倍）。

2）用于建筑热水管及供暖管道的管材输送介质额定工作温度不得小于70℃，瞬时的最高工作温度为95℃。用于生活给水管材卫生性能必须通过《生活饮用水输配水设备及防护材料的安全性评价标准》（GB/T 17219—1998）的评价要求。

3）建筑塑料管材的使用寿命和耐久性不得小于50年。

4）管道的连接方式简便易行，并且安全可靠。

5）管道系统的管材、管件、支吊卡具、施工安装机具其附配件应配套齐全，满足工程施工安装和使用的要求。

（3）选用程序

1）根据使用场合通过比较选择合适的管道系统种类和使用条件级别。

2）根据使用场合的要求确定设计压力。

3）根据使用条件级别和设计压力从相关标准中选择管道系统的S系列(壁厚)。注意：如果水温超过20℃，应按标准规定的系数折减工作压力(冷水)。

4）根据水力计算选择管道系统的管径，管道系统的布置和铺设方式、连接形式、补偿温度变形和防止火灾贯穿等技术措施。

（4）定货要点

1）管道系统的管材管件都必须全面达到国家有关标准的要求。生产单位提供的检测报告的检测项目必须完全(防止避开关键项目)。重大定货应该抽样送检(防止检测的试样和实际不符)。

2）应该要求管材管件的生产单位说明其采用的是符合标准的原材料，并提供原材料达到标准要求的有关证明文件(正规的原材料生产企业对于其生产的管件专用料都可以提供在国际公认的检测机构进行的长期耐压性能的检测合格报告)。特别是注意管材管件的长期静液压试验是否符合标准，否则不能保证使用寿命。

3）重大定货前应该到生产单位现场检查其质量保证体系。

4）建筑冷热水和采暖用塑料管道系统最容易出现毛病的是连接。各种管材、管件应按不同连接方式进行“系统适用性”试验，即按规定把管材和管件组装起来进行试验，具体见表12-55。

系统适用性试验 **表12-55**

测试项目	连 接 方 法			
	承插熔接	电熔连接	粘接	机械连接
内压试验	做	做	做	做
弯曲试验	不做	不做	不做	做
拔出试验	不做	不做	不做	做
热循环试验	做	做	做	做
压力循环试验	不做	不做	做	做
直空试验	不做	不做	做	做

定货时应要求供货单位提供其管材和相配套管件通过“系统适用性”试验的证明文件。

5）卫生性能要符合规定。

6）埋地排水塑料管最容易出现的问题是连接，故应要求生产单位提供证明其连接方法依据。如提供对弹性密封圈接头进行连接密封性(系统适用性)试验的检测报告。

7）优先选用做过塑料管热稳定试验的厂家产品。即在110℃介质温度下，连续进行8760h静压试验。

12.8.3 新型管材选用点评

(1) 塑料给水管的品种

由于建筑冷水供水管材选择余地比较大，目前，我国建筑给水塑料管道有PVC-U管、PVC-C管、PE管、PAP管、PE-X管、PP-R管、ABS管等。这些管材性能，均可以满足工程使用要求。

从国外PVC-U管材发展经验，选用管径在400mm以下是经济的。国产PVC-U给水管材、管材外径尺寸为63～315mm，管材长度为4～6m。PE管材有良好的卫生性能又以热熔连接为主，若只考虑输配冷水，则选PE为佳。在欧、美、日等国家，ϕ50mm以下的给水管，PVC-U，PE管占80%左右。

现今，随着住宅建筑水准的提高，人们对饮水与健康倍加关注，对饮水质量的要求提高，要求给水系统更加安全、卫生，而价格因素相对淡化。这就给新型塑料管和其他新型管材提供了市场。如铜管和塑覆铜管、塑覆不锈钢管等各种新型钢塑管受到人们的青睐，走进千家万户。由于PVC-U、PE管材、管件和连接质量不断提高，它们以价格低廉的优势仍占据着塑料管材市场的很大份额。目前，给水管道形成主导产品是PVC-U管、PE管、PAP管、PE-X管、PP-R管、铜管及塑覆铜管等。

(2) 热水与采暖应用的塑料管

所选管材是否适用于供热水和采暖工程，在什么压力下适用什么温度，它的使用寿命如何，这些问题是用户最关心的。

传统上多用铜管，但铜管本身价高、保温性能差，现在正被新型塑料管和保温塑覆铜管取代。目前，适用于热水和采暖的塑料管有：PB 管、PE-X 管、内壁为 PE-X 交联 PAP 管、PP-R 管、塑覆铜管等。

在长期耐高温、高压方面，性能最佳的是 PB 管和 PE-X 管。PB 管是目前塑料管中的佼佼者，但它的昂贵价格令人望而却步。PE-X 管和交联 PAP 管是供热水及采暖工程理想管材。特别是 PAP 管具有较好的抗氧性，更适用于依靠散热器采暖的系统管道。PP-R 管材适用于温水供热系统。

（3）室外埋地给水管材的选择

室外埋地管道包括市政给水管、小高层居住群供水管、住宅群室外消火栓给水管、自动喷水管等，这类管道一般 $DN \leqslant 200$mm。

室外 $DN \leqslant 200$mm 埋地给水管材主要有两种：

1）PVC-U 给水管，若管径 $DN \leqslant 50$mm，用粘接。$DN>50$mm 用密封橡胶圈承插连接。

2）HDPE 管采用插口电热熔连接，管道连接质量较好。

（4）室内暗埋水管的选用

室内暗埋水管一般用于卫生间、厨房及以清洁为目的的场所相互之间连接的管道。暗埋管道是为了美观或节能，暗埋地点大部分为墙、楼板结构层、结构梁、柱、找平层或墙脚装饰线内等。

上述管道主要为 $DN \leqslant 32$mm 管段。暗埋水管要求管道强度足以满足给水工作压力及施工外力，使用寿命应在 50 年以上。PB 管、PE-X 管、PP-R 管、PAP 管、PVC-U 管等都可用于暗埋管道，其中以 PB 管物理及流体特性最佳，其次为 PE-X 管。暗装管道最方便的是埋在建筑找平层内，管道施工往往在楼板固化之后进行。这样，即使发生管材故障或施工事故，管道在找平层内修复也比较方便。

在承受外力作用变形破坏能力方面，铜管、塑覆铜管、

PAP 管有承受变形和破坏能力，PVC-U 管次之，其他管材问题也不大。因此，对铜管、塑覆铜管、PAP 管尽量埋在结构层内。当找平层厚度不够时，也只好让 PP-R 管在结构层内找藏身之地。

（5）室外明装或安装在吊顶、管井内的给水管选择

安装在吊顶、管井内的给水管只要满足使用工作压力和使用温度要求，所有新型管材都可以使用。

在室外明装，要选择有防紫外线型的管材。从综合效果考虑，有人主张选用内衬 PE-X 铝合金及钢塑管为好。

（6）主要新型管材种类及应用范围

主要新型管材种类及应用范围见表 12-56。

主要新型管材种类及应用范围　　表 12-56

管理品种＼应用范围		市政给水	市政排水	建筑给水	建筑排水	燃气	热水	雨水管	穿线管	排污管
聚氯乙烯系列	PVC-U	√		√	√			√		
	CPVC	√		√			√			√
	径向筋管		√							
	螺旋缠绕管		√					√		
	芯层发泡管				√			√		
	螺旋消声管				√					
	双壁波纹管	√	√						√	
	单壁波纹管									
聚乙烯系列	HDPE	√		√		√			√	
	MDPE			√					√	
	LDPE									
	双壁波纹管	√	√							
	螺旋缠绕管		√							
PE-X				√			√		√	√
PP-R				√			√			√

续表

应用范围 / 管理品种	市政给水	市政排水	建筑给水	建筑排水	燃气	热水	雨水管	穿线管	排污管
PB			√			√			√
ABS			√			√			√
铝塑复合管			√		√	√		√	√
玻璃钢管	√	√							
钢塑复合管	√	√	√		√				

(7) 管材经济性比较

单从管材价格来说，PVC-U 管材价格最低，PE 管材次之，PB 管材价格最高。管材经济性能比较是一个综合性的问题，不能单纯比较管材的价格，而要包括管道的设计位置和施工方法，弯头、三通、接头等管件费用、施工费用，综合加以对比。

另外，需要指出，管材经济性能比较也应考虑管材安装工时的损耗。同时，管道安装时，材料损耗完全取决于管材的供货形式，盘管可以最大程度地降低损耗，一般可言，直管在剪断时的损耗为 5%～10%，而盘管损耗为 1%以下。另外，盘管由于使用中可以尽量减少接头数量，对成本下降也作了贡献。接头数量减少，同时意味着漏水的可能性降低，维修周期延长。

13　管道阀门、仪表与器具

建筑水暖、燃气和通风空调工程在安装管道的同时要安装许多阀门、仪表和器具(水嘴、热水器、散热器、消火栓、燃气灶等)。阀门是启闭、控制管道内流体(液体或气体)的流向、流速、流量和压力的管道附件。仪表是计量管道内流体(液体或气体)流量、温度、压力等的管道附件。器具是管道内流体(液体或气体)的使用主件。

13.1　管道阀门

13.1.1　阀门的分类

我国生产的阀门种类有上百种之多，按阀门性质和功能有制约类阀门、调节类阀门、安全类阀门、特种类阀门和各种专用阀门，见图 13-1。

(1) 按用途分类

管道阀门的种类很多，不同种类的阀门，有着不同的用途，例如截止作用，调节作用，正逆作用，安全作用，稳压作用，排污作用等，可分为截止阀、闸阀、球阀、旋塞阀、蝶阀、隔膜阀、节流阀、安全阀、减压阀、疏水阀等，见表 13-1。要根据不同需要选用不同种类的阀门。

(2) 按传动方或连接方式分类

管道阀门传动方式有电磁动、电磁-液动、电-液动、蜗轮、正齿轮、伞齿轮、气动、液动、气-液动、电动；连接方式有内螺纹、外螺纹、法兰、焊接、对夹、卡箍、卡套，见表 13-2。

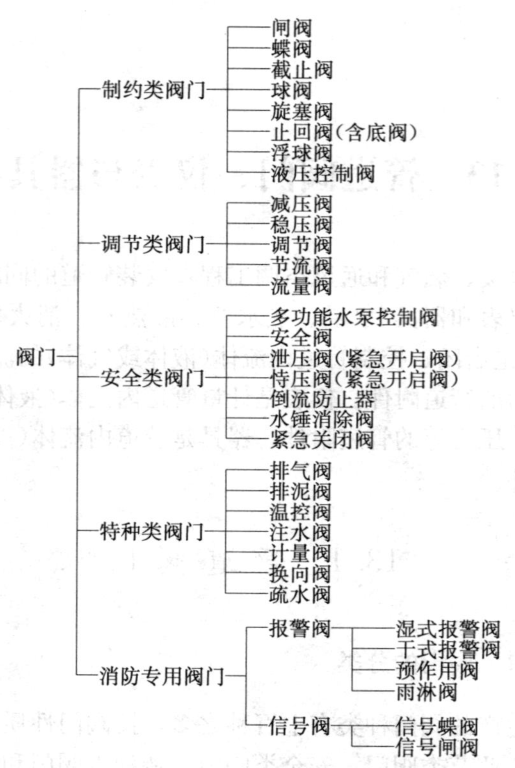

图 13-1 阀门分类

阀门类型 **表 13-1**

拼音字母	J	Z	Q	X	D	G	L	H	A	Y	S
阀门类型	截止阀	闸阀	球阀	旋塞阀	蝶阀	隔膜阀	节流阀	止回阀	安全阀	减压阀	疏水阀

阀门传动方式和连接方式 **表 13-2**

一位数字	0	1	2	3	4	5	6	7	8	9
传动方式	电磁动	电磁-液动	电-液动	蜗轮	正齿轮	伞齿轮	气动	液动	气-液动	电动
连接方式	—	内螺纹	外螺纹	—	法兰	—	焊接	对夹	卡箍	卡套

(3) 按结构形式分类

各种阀门都有不同的结构形式，例如截止阀有直流式、角式、直通式等，闸阀有楔式、平行式等，详见表13-3。

阀门结构形式 **表13-3**

类别 \ 代号	1	2	3	4	5	6	7	8	9	0
截止阀 节流阀	直通式			角式	直流式	平衡直通式	平衡角式			
闸阀	明杆楔式单闸板	明杆楔式双闸板	明杆平行式单闸板	明杆平行式双闸板	暗杆楔式单闸板	暗杆楔式双闸板		暗杆平行式双闸板		明杆楔式弹性闸板
球阀	浮动直通式			浮动L形三通式	浮动T形三通式	浮动四通式	固定直通式			
旋塞阀			填料直通式	填料T形三通式	填料四通式		油封直通式	油封T形三通式		
蝶阀	垂直板式		斜板式							杠杆式
隔膜阀	屋脊式		截止式				闸板式			
止回阀 底阀	升降直通式	升降立式	升降角式	旋启单瓣式	旋启多瓣式	旋启双瓣式				
安全阀	弹簧封闭微启式	弹簧封闭全启式	弹簧不封闭带扳手双弹簧微启式	弹簧封闭带扳手全启式	弹簧不封闭带扳手微启式	弹簧不封闭带控制机构全启式	弹簧不封闭带扳手微启式	弹簧不封闭带扳手全启式	脉冲式	弹簧封闭带散热片全启式
减压阀	薄膜式	弹簧薄膜式	活塞式	波纹管式	杠杆式					
疏水阀	浮球式				钟形浮子式		双金属式	脉冲式	热动力式	

(4) 按阀门材料分类

各种阀门阀体一般用铸铁、铸钢、铜制造，阀座用铜、合金、塑料或不锈钢制造，详见表 13-4 和表 13-5。

阀座密封面或衬里材料 **表 13-4**

拼音字母	T	X	N	F	B	H
材料名称	铜合金	橡胶	尼龙塑料	氟塑料	锡基轴承合金	合金钢
拼音字母	D	Y	J	Q	P	W
材料名称	渗氮钢	硬质合金	衬胶	衬铅	渗硼钢	阀体直接加工

阀 体 材 料 **表 13-5**

拼音字母	Z	K	Q	T	C
阀体材料	HT25-27	KT30-6	QT40-15	H62	ZG25Ⅱ
拼音字母	I	P	R	V	
阀体材料	Cr5Mo	Cr18Ni9Ti	Cr18Ni12Mo2Ti	12Cr1MoV	

(5) 按公称压力分类

按公称压力分为真空阀、低压阀、中压阀、高压阀和超高压阀。

(6) 管道阀门型号

阀门型号含义见图 13-2。

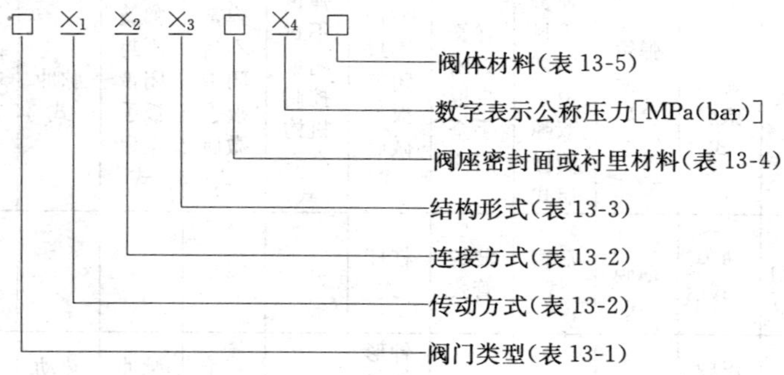

图 13-2 管道阀门型号

13.1.2 通用阀门

介绍主要通用阀门的功能、特点和使用范围。

(1) 截止阀

1) 结构和功能

该阀是由阀杆带动阀瓣作升降运动，达到与阀座密封，阀壳中部接近球形，球形壳内用隔板分为上下两室，两室间通道大小由阀瓣和阀座距离来调节，并借以控制流量。因此既可截止介质又可控制流量。阀体一般用铸铁、铸钢、铜制造。阀瓣和阀座用铜或不锈钢制造。

2) 截止阀分类

其分类见表 13-6。

截止阀分类 **表 13-6**

名称	定义
下螺纹截止阀	阀杆传动螺纹设在阀盖里面
上螺纹截止阀	阀杆传动螺纹设在阀盖外面
直通式截止阀	阀体进出 121 的轴线同在一条直线上，并与阀杆轴线垂直。通常是球形阀体
直流式截止阀	阀体进出口的轴线同在一条直线上，阀杆轴线与阀体通路轴线成 45°
直角式截止阀	通常是球形阀体。阀体进出口的轴线互相垂直。阀杆轴线与阀体一端通路的轴线重合

主要品种有内螺纹连接铁制截止阀(GB 8465.2—87)、内螺纹连接铜制截止阀(GB 8465.6—87)、法兰连接钢制截止阀(GB 12235—89)。内螺纹连接截止阀公称压力 $PN\leqslant1.6$MPa，法兰连接截止阀公称压力 $PN1.6\sim16$MPa。

3) 使用范围

截止阀易于调节流量，启闭缓慢，无水锤现象。

① 因流体是从下向上通过阀门，在压力高时，阀门背面不

承受压力，故启闭容易，操作可靠。用于需截断水流，而阀门启闭经常乃至频繁的场合。

② 广泛用于各种有压力的流体管路上，用于调节小口径管道流量、压力。

③ 截止阀只供全开全关各种管道或压力容器中介质之用。适用于工作温度 $t \leqslant 200$℃，介质为水、蒸汽及非腐蚀性气、液体的管道。用于水流为单向流动的管段上。

④ 通过阀门的流体要改变方向，流阻较大，因而在主管道上不宜采用。

4）截止阀安装注意事项

截止阀的安装是有方向性的，要求为低进高出，安装时要注意介质的流向与阀体上的标志相一致，不得接反。安装正确开启省力，关闭后介质与填料不接触，既不易损坏密封填料，检修也方便。

（2）闸阀

1）闸阀的结构和功能

闸阀为直通的阀门，阀体两端口的轴线在一直线上，利用闸板来启闭阀门，闸板由阀杆带动，沿阀座密封面作升降运动。调节闸板高度，即可调节流体流量。阀体轴线通常与阀体两端口的轴线垂直。闸阀通常用黄铜、铸铁、铸钢、不锈钢制造。闸阀供全开、全关各类管道或压力容器中介质之用。

2）闸阀的主要品种和特点

楔式闸板像一个楔子插在阀座上，平行式闸板是由两块平行板组成，二板中间夹一块或上下二块楔形块，利用楔形块移动来挤压两块闸板，使之向左右分开，贴紧阀座密封面。明杆式闸阀，闸板启开时，阀杆升出手轮以上。视升出高度可判断闸阀开闭或开度大小。阀杆在阀体外面，不受管内流体的腐蚀。阀杆升高时多占空间。暗杆式闸阀，占空间较小，但阀杆易受管内液体的腐蚀。

闸阀分类见表 13-7。

闸阀分类 **表 13-7**

分类	名称	定义
下螺纹阀杆（阀杆的传动螺纹设在体腔内部）	下螺纹明杆闸阀	当阀门开启时阀杆和连在阀杆上的闸板一起旋升
	下螺纹暗杆闸阀	手轮与阀杆连接只旋不升，当阀门开启时闸板在阀杆上提升
上螺纹阀杆（阀杆的传动螺纹设在阀盖的外部）	上螺纹	阀门开启时，阀杆和连在阀杆上的手轮一起上升
	上螺纹（下）	仅阀杆上升。手轮与装在支架里的阀杆螺母连接，当阀门开启时，阀杆螺母旋转，阀杆上升
楔式闸阀（靠楔形闸板和阀座间楔的作用来关闭）	整体楔式	楔形闸板为一整块，可以是实心、空心或弹性的
	楔式双闸板	楔式闸板由两块组成
平行式闸阀（靠闸板和阀座密封面间的滑动来关闭）	带有撑开机构的双闸板闸阀	闸板由两块组成，靠撑开机械使它与两个平行的阀座吻合，来保证阀门的有效密封
	双闸板阀	闸板由两块组成，不带有撑开机构，它在两个平行的阀座间滑动，靠流体的压力来密封，其有效的密封在闸板的出口侧

主要品种有内螺纹连接铁制闸阀（GB 8465.1—87）、内螺纹连接铜制闸阀（GB 8465.5—87）、法兰连接铁制闸阀（GB 12232—89）和法兰和对焊连接钢制闸阀（GB 12234—89）等。前两种闸阀适用于公称压力 $PN \leqslant 1.0$MPa 和 $PN \leqslant 1.6$MPa，后两种闸阀适用于公称压力 $PN0.1 \sim 4.0$MPa 和 $PN1.6 \sim 42.0$MPa。

3）使用范围和注意事项

闸阀流道直通、流动阻力小，开关速度缓慢，不会产生水锤，且介质流向不受限制，广泛地用于各种液体和气体管路，特别是主干管道上。适用于工作温度 $t \leqslant 200$℃的介质为水、蒸汽及非腐蚀性气、液体的管道。

① 大口径管道需调节流量、压力时。

② 需截断水流，以便于管道、配件附件和设备的检修时。

③ 水流需双向流动或单向流动的管段。

④ 结构复杂，闭合面磨损较快，研磨修理比较困难。

⑤ 阀座槽中容易沉积杂质，易导致关闭不严或堵塞，不适于流体中含有固体物质的管路。

闸阀不宜倒装，倒装时，使介质长期存于阀体提升空间，检修也不方便。明杆阀门不宜暗埋，以防阀杆锈蚀。

(3) 球阀

1) 球阀的结构和功能

球阀由阀体、扳手、球、阀杆、密封圈和填料组成。球阀是带有旋球的阀门，球体与阀座密封。扳动扳手带动阀杆，转动旋球，使其通道位置与阀体密封面位置作相对运动，来控制流体的流动。

球阀材质为铜、铸铁、铸钢、不锈钢。球阀主要供全开全关各类管道或压力容器中介质之用。

2) 球阀的主要品种和特点

球阀阀座有两种：一种是弹性阀座，一种是金属阀座。

球阀可以是两通的，也可以是三通或四通的。通道可以是直通，也可以带缩口。二通阀、三通阀、四通阀的主要零件是相同的。

球阀的主要品种有铁制和铜制球阀(GB/T 15185—94)和法兰和对焊连接钢制球阀(GB 12237—2007)，前者灰铸铁制的公称压力 $PN \leqslant 1.6$MPa，球墨铸铁制的 $PN \leqslant 4.0$MPa，可锻铸铁制的 $PN \leqslant 2.5$MPa、铜合金制的 $PN \leqslant 2.5$MPa。后者适用于公称压力 $PN1.6 \sim 10$MPa，公称通径 $DN10 \sim 500$mm 的法兰和对焊连接工业管道。

3) 球阀的适用范围

球阀密封性较好，开关迅速，流阻小，开关力矩小，启闭灵活。阀门是否处于工作状态，一看扳手位置即一目了然。尤其适合安装在开关频繁的场合。用于低压、小口径管道，截断介质流动；二通阀、三通阀、四通阀用于改变流量的分配。但要注意其可能产生水锤现象。适用介质为水、蒸汽及非腐蚀性气、液体的管道。

(4) 旋塞阀

1) 旋塞阀的结构和功能

旋塞阀是带有旋塞的阀门。转动旋塞，使其通道位置与阀体密封面位置作相对运动，来控制流体的流动。旋塞阀不用阀杆和手轮，而用带孔的锥形旋塞来进行启闭。旋塞孔与阀体孔道相对，管路即通，利用两者孔的面积来调节流量。所以同时可以起截止和节流作用。旋塞阀可用黄铜、铸铁、硅铁和不锈钢制造。

2) 旋塞阀的分类

旋塞阀有直通式、三通式。直通式旋塞阀作开启或关闭管道及压力容器中介质之用，也可作节流用。三通式主要作分配或改变介质流动方向用。

分类见表13-8。

旋塞阀分类 **表13-8**

分类	定义
无油封旋塞阀	它能通过结构设计来减少旋塞表面和阀座间的摩擦力
油封旋塞阀	它能通过结构设计在压力下注入润滑剂来减少旋塞表面和阀座间的摩擦力
锥形旋塞	阀中的旋塞为锥形
圆柱旋塞	阀中的旋塞为圆柱形

3) 旋塞阀的适用范围

旋塞阀具有结构简单、体积小、启闭迅速、阻力小、流量大等特点。经久耐用，易于修理研磨。由于启闭迅速，所以不能精确调整流量。用于高压管路时易产生水锤现象。因摩擦面大，转动费力，不适于大通径管道。受热后旋塞膨胀难以转动，因此用于温度不高的管路。不宜用于蒸汽管道。

(5) 蝶阀

1) 蝶阀的结构和功能

蝶阀主件是阀体、蝶板和阀轴。蝶板是一块椭圆形翻板，能围绕阀轴旋转大约 90°。阀轴固定在管道中，轴一端伸出管外，轴伸出管壁一端为方形，可用扳手或手柄转动。轴与管壁有密封装置。阀轴垂直于流体的流动方向。

蝶阀主要为全开全关各种管道或压力设备的介质之用，也可作节流用。

2) 蝶阀的类型

蝶阀有两种：一种阀门主要用于切断，在关闭位置时，不允许泄漏，也可用于调节流量。另一种阀门仅用于调节流量，在关闭位置时蝶板与阀座间可有间隙存在。

主要品种有法兰和对夹连接蝶阀(GB 12238—89)，该阀为法兰和对夹两种型式。公称压力 PN0.25～2.5MPa，用于液体介质时，蝶阀进口处液体的最高流速为 3m/s 和 5m/s 两个级别。适用于截流并密封，截流和低泄露，可在规定范围内调节流量。但不适用于自由排空的情况。

3) 蝶阀的适用范围和注意事项

该阀结构简单，开关迅速，流阻较小，操作力矩小。

① 由于翻板不易和管壁紧密配合，大多适用于调节流量。特别适用于水、蒸汽、燃气管道中大口径管道需调节流量、压力时用。

② 用于需截断水流，以便于管道、配件、附件和设备的检修时。

③ 用于安装空间小，启闭状态需明示的场所。

该阀有方向性，安装时应注意介质流向与阀体上所示方向一致。

(6) 隔膜阀

1) 隔膜阀的结构和功能

隔膜阀是以弹性隔膜作为关闭件的阀门。隔膜随阀瓣的升降而升降，以达到与阀座的密封。阀瓣的轴线垂直于阀座的密封面，隔膜截止介质的动作可由气动或者机械机构来控制。

隔膜阀是专用于控制腐蚀性介质的阀门。

2）隔膜阀的种类

隔膜阀有“堰式”、“直通式”、“角式”、“直流式”。

3）隔膜阀的适用范围

隔膜阀的隔膜使介质与驱动零件处于隔离状态。它既能确保密封性能，又有良好的防腐蚀特性。可供各类管道或设备作启闭及节流用。但一般不宜使用在真空管路和真空设备上。

（7）止回阀

1）止回阀的结构和功能

止回阀以名单向流阀，是一种利用止回机构来阻止流体倒流的阀门，是一种利用阀前阀后的压力自动启闭的阀门，它靠流体的流动来开启，当流动中断时靠止回机构的重量或背压来关闭。

2）止回阀的种类

止回阀按其阀盘的动作分为升降式止回阀和旋启式止回阀。

升降式止回阀的阀盘垂直落于阀座上。阀盘上有一导向杆，靠上面导向套保持垂直。正常情况从左侧来的流体压头冲开阀盘向右流动。当压力有波动，当左侧压力小于右侧时，阀盘靠重力及右方流体大于左方的压力差，紧紧扣于阀座之上，闭塞管路，防止逆流。阀盘也有为球形的，这样不要导向杆及导向套筒，亦可正常操作。

旋启式止回阀，阀盘如一吊门，由水平销钉悬挂在阀座右侧。正常情况下，由于左侧压力大于右侧，流体推开阀盘，向右流动。一旦压力波动或来路流体中断，右侧压力大于左侧，则阀盘被紧紧地来自右方的压力压在阀座上，把管路切断。

止回阀类型见表 13-9。

止回阀类型　　　　表 13-9

类　型	定　义
水平型	阀门的进出口在同一轴线。适用于水平安装
垂直型	阀门的进出口在同一轴线。适用于垂直安装
角　型	阀门的进出口轴线互相垂直。适用于相互垂直管道间的安装
旋启式	在止回阀中，盘形阀瓣作旋转摆动
升降式	在止回阀中盘形、活塞形或球形阀瓣沿阀座轴线作升降运动。 按阀瓣的型式可分为： 盘形式止回阀：在止回阀中阀瓣呈盘形 活塞式止回阀：在止回阀中，设有缓冲器，它由活塞和气缸组成，在操作时起缓冲垫作用 球形式止回阀：在止回阀中，阀瓣是一个球，截止、止回两用阀，需要时，能控制阀瓣起截止作用或能限制阀瓣开启

主要品种有内螺纹连接铁制止回阀(GB 8466.4—87)和内螺纹连接铜制止回阀(GB 8465.8—87)，两者适用于公称压力 $PN \leqslant$ 1.6MPa，工作温度 $t \leqslant 200$℃，介质为水、蒸汽及非腐蚀性气、液体的管道。法兰连接钢制升降式止回阀(GB 12235—2005)和法兰连接钢制旋启式止回阀(GB 12236—2005)，两者的公称压力为 PN1.6～16MPa。铁制旋启式止回阀(GB/TBP 32—92)，该阀公称压力 PN0.25～4.0MPa，温度小于 350℃，工作介质为蒸汽、空气和水。连接方式为法兰，材质为灰铸铁和球墨铸铁。其中卧式止回阀主要使用在水平管道上，使用在垂直管道上时，其介质必须向上流动。立式止回阀用于泵的吸入端末端，只适用于垂直管道。

3）止回阀的适用范围和注意事项

需防止介质逆向流动的管段，如水泵出水管上、给水引入管、消防水泵接合器下游、水箱消防出水管、加热设备和贮热设备的冷水供水管上、机械循环的热水回水管上等，需要在停机时阻止介质回流，并消除或缓解由此而产生的水锤现象，宜设置止回阀。

升降式止回阀用于水平管道，旋启式止回阀可安装在水平或垂直的管道上。止回阀有严格的方向性，安装时一定注意方向，不要装反。止回阀的公称通径应与管路公称直径相同。止回阀前宜设过滤器，当缓闭止回阀设置在水泵出水管上时，过滤器可设在水泵吸水管上。

(8) 节流阀

节流阀是通过改变通道面积来节制设备或管道系统中的介质流量，从而获得所需工况的阀门。该阀门连接时要注意其方向性，不可接反。其公称压力 1.6MPa，适用介质 $t \leqslant 400℃$ 的水、蒸汽、油。阀体、阀盖的材质为碳钢，阀杆、阀瓣、阀座密封面为不锈钢。

(9) 安全阀

1) 安全阀的功能

安全阀是保护管道的一种装置。它不借助任何外力，而是利用介质的力防止系统内压力超过预定的安全值，是自动阀门。当管道内压力超过预定的安全值时，介质的压力使阀门自动开启，排出一额定数量的介质，减小压力。当压力恢复正常后，阀门即自动关闭，并保持密封状态，阻止介质继续流出。当标准有规定时，可用一个附加的其他能源来驱动安全阀。

2) 结构特点

安全阀由阀体、阀座、阀瓣、阀杆、杠杆和重锤或套上弹簧组成。杠杆和重锤或套上弹簧压住阀瓣使其能以一定压力紧紧地压在阀座上。超过此压力，阀门即自动启开泄压，等压力降到阀瓣原来的承受压力时，又自动关闭。

3) 安全阀分类

安全阀按预定压力装置分为杠杆重锤式和弹簧式两种。按开启高度分为微启式和全启式；微启式，开启高度为阀门流道直径的 1/40 或 1/20，全启式为大于或等于流道直径的 1/4。

安全阀介质排放方式有：全封闭式，气体全部通过排气管排放，介质不向外泄露。半封闭式，气体的一部分通过排气管排出，一部分从阀杆与阀盖之间的间隙中漏出。敞开式，介质不能引向室外直接由阀瓣上方排入周围大气。

安全阀的主要类型见表 13-10。

安全阀类型　　表 13-10

名　称	特　点
直接载荷式安全阀	一种直接用机械载荷如重锤、杠杆加重锤或弹簧来克服由阀瓣下介质压力所产生的作用力
带动力辅助装置的安全阀	该阀借助一个动力辅助装置，可以在低于正常的整定压力下开启。即使该辅助装置失灵，此类阀门应仍能满足标准要求
带补充载荷的安全阀	该阀在其进口处压力达到整定压力前始终保持有一增强密封的附加力。该附加力(补充载荷)可由外来的能源提供，而在安全阀达到整定压力时应可靠地释放。其大小应这样设定，即假定该附加力未释放，安全阀仍能在进口压力不超过国家法规规定的整定压力百分数的前提下达到额定排量
先导式安全阀	一种依靠从导阀排出介质来驱动或控制的安全阀，该导阀本身应是符合标准要求的直接载荷式安全阀

主要品种有弹簧封闭微启式安全阀、弹簧封闭式安全阀、扳手弹簧封闭微启式安全阀和弹簧直接荷载式安全阀(GB/T 12243—2005)。

4) 安全阀的安装和注意事项

① 安全阀应垂直安装，并尽可能装在锅炉、水加热器和管路的最高位置。

② 在安全阀与炉身、罐身之间，不得装接取水管、引汽管或其他阀门。

③ 若几个安全阀共同装接在一根与器壁直接相连的短管上，则短管的通路面积应不小于所有安全阀阀孔截面积总和的 1.25 倍。

④ 用于锅炉，水加热器和热水罐等设备、容器上的安全阀，一般均应安装排汽管并通至室外，以防排汽时伤人；排汽管管径应不小于阀座内径。排汽管上不得装设任何闭路配件，以保证排

汽畅通。

⑤ 安全阀上必须具有下列装置：杠杆式安全阀应有防止重锤自行移动的装置和限制杠杆脱出的导架。弹簧式安全阀应有提升手把和防止随意拧动调整螺丝的装置。

⑥ 安全阀的调节压力，靠重锤重量或弹簧的压紧程度。弹簧压紧程度是利用锁紧螺母，转动螺母向下压紧弹簧则安全阀保持的压力即增大，反之则降低。重锤式安全阀压力的调节如同杠式秤，重锤向杠杆外移动则阀可保持的压力增加，反之减少。若杠杆已被打到头还达不到要求压力，则增加重锤数量。

(10) 减压阀

1) 减压阀的功能

减压阀是通过启闭件的节流，将进口压力降至某一个需要的出口压力，并能在进口压力及流量变动时，利用本身介质能量保持出口压力基本不变的阀门。

2) 减压阀分类及特点

减压阀有比例式减压阀、可调式减压阀。其类型及特点见表 13-11。

减压阀类型及特点　　表 13-11

名　称	特　点
直接作用式减压阀	利用出口压力变化，直接控制阀瓣运动的减压阀
先导式减压阀	由主阀和导阀组成，出口压力的变化通过导阀放大控制主阀动作的减压阀
薄膜式减压阀	采用膜片作敏感元件来带动阀瓣运动的减压阀
活塞式减压阀	采用活塞作敏感元件来带动阀瓣运动的减压阀
波纹管式减压阀	采用波纹管作敏感元件来带动阀瓣运动的减压阀

3) 减压阀的选用注意事项

① 在阀后压力可调或阀后压力值要求相对稳定的场合，宜选用可调式减压阀。阀前压力与阀后压力有一定比例，且阀后压

力不需要调节的场合，宜选用比例式减压阀。

② 比例式减压阀按设计秒流量选定减压阀的口径，相应于设计流量的阀后压力值(减动压后的压力值)应能满足最不利处用水配件的水压要求。宜采用减压比小于 4∶1 的比例式减压阀；如采用减压比不小于 4∶1 时，宜尽量避开气蚀区。比例式减压阀宜垂直安装；如水平安装时，其阀体的呼吸孔位置不得向上。

③ 当可调式减压阀公称直径不大于 50mm 时，应采用直接式减压阀。当大于 50mm 小于等于 100mm 时，可采用直接式或先导式减压阀，但宜采用先导式。当大于 100mm 时，宜采用先导式减压阀。可调式减压阀宜水平安装。水平安装时，阀盖宜向上。

④ 可调式减压阀的压力等级应高于预定的阀前压力值。阀前最低压力应大于阀后动压力 0.2MPa。可调式减压阀阀后最高压力和最低压力应符合表 13-12 规定。

可调式减压阀阀后最高压力值和最低压力值(MPa)　　**表 13-12**

项　　目	压　力　等　级		
	1.0	1.6	2.5
阀前最高压力	1.0	1.6	2.5
阀后最高压力	0.8	1.0	1.0
阀后最低压力	0.05	0.05	0.05

⑤ 生活给水系统可调式减压阀阀前与阀后的最大压差不应大于 0.4MPa；在有安静要求的场所(住宅、旅馆、医院)生活给水系统可调式减压阀阀前与阀后的最大压差不宜大于 0.3MPa。

当生活给水系统可调式减压阀阀前与阀后的最大压差值超过上述规定时，可调式减压阀宜串联设置或采取防噪声措施。

对用水量极不均匀的某些高层民用建筑(如旅馆、住宅、医院)，在有安静要求的场合，可调式减压阀宜异径并联设置。

4) 减压阀的安装注意事项

① 减压阀只能设置在单向流动的管道系统干管或支管上，

设置部位应考虑维修方便。阀体必须垂直安装在水平管道上，阀体上的箭头必须与介质流向一致，不得装反。

② 减压阀的两侧应安装阀门，最好采用法兰截止阀；减压阀前后的高压管和低压管上，都应安装压力表；减压阀前应设过滤器，阀后低压管上应安装安全阀。安全阀排气管应接到室外。

③ 减压阀前的管径应与减压阀的公称通径相同；减压阀后的管径不应缩小，可以比阀前的管径大1～2号；且管道直线长度应不小于5倍公称直径。

④ 当单个减压阀不能达到减压要求时，宜采用减压阀串联；当减压阀前压力不小于阀后给水配件或消防给水灭火设施破坏压力时，应串联设置；也可采用减压阀组串联设置的减压方式。

两个减压阀串联时，中间应设长度为3倍公称直径的短管。

当串联设置时，减压阀应为两个，其公称直径、公称压力和连接方式均应一致。

减压阀串联设置时，可采用同类型减压阀串联，也可采用不同类型减压阀串联。

同类型减压阀串联设置，其减压比或减压值可相等也可不相等；不同类型减压阀串联时，沿水流方向，比例式减压阀应在前，可调式减压阀应在后。

⑤ 两组减压阀宜并联设置，一用一备，轮换工作，轮换周期宜为3个月。与环状给水管网连接并向其供水的比例式减压阀，可在环状管网的两侧各设一组。支管设减压阀时，宜单组设置。

两组并联设置的减压阀，可不设旁通管。当减压阀阀前压力不致造成减压阀阀后超压时，可设旁通管，旁通管上应设阀门。

⑥ 减压阀减压给水系统如设置高位水箱由水箱供水时，应采取防止空气进入管道系统的措施。

⑦ 接减压阀的管段不应有气堵、气阻现象。设置减压阀的给水管道，在减压阀设置位置的前后管段应设排气阀。

⑧ 消防给水系统减压阀的设置阀后应有排水设施。自动喷

水灭火系统需减压时，减压阀应设置在报警阀前(沿水流方向)，与单个报警阀配套设置的减压阀，可不设备用减压阀；与多个报警阀配套设置的减压阀，应设备用减压阀。消防给水工程设置比例式减压阀时，可采用减压比值较高的比例式减压阀。

⑨ 用于热水供应工程的减压阀，应采用热水型减压阀。采用干管循环方式的热水供应工程，减压阀设置要求应与冷水给水工程相同；采用立管循环方式的热水供应工程，减压阀设置应防止热水循环破坏，各分区回水管在汇合点处压力应平衡

(11) 蒸汽疏水阀

蒸汽疏水阀是从贮有蒸汽的密闭容器内自动排出凝结水，同时保持不泄漏新鲜蒸汽的一种自动控制装置，在必要时也允许蒸汽按预定的流量通过。

1) 疏水阀分类

按启闭件的驱动方式，蒸汽疏水阀分为三类：一是由凝结水液位变化驱动的机械型蒸汽疏水阀；二是由凝结水温度变化驱动的热静力型蒸汽疏水阀；三是由凝结水动态特性驱动的热动力型蒸汽疏水阀。

2) 常用疏水阀的结构特点及适用范围

结构特点及适用范围见表 13-13。

疏水阀的结构特点及适用范围表 **表 13-13**

类　型	适用范围	结构特点
热动力式(盘式)	适用于公称压力 $PN \leqslant 1.6$MPa，工作温度 $t \leqslant 200$℃ 的蒸汽管路及设备	体积小，重量轻，结构简单，使用寿命长，维护检修简便，能连续排水，能自动排出空气及随蒸汽带入的渣滓，排水量大，排空气量大，漏汽量少，凝结水量少或疏水阀前后压差过低时(<0.4 大气压)会产生连续漏汽现象，阀盘易损坏
钟形浮子式(开口向下浮式)	适用于公称压力 ≤1.6MPa，工作温度≤200℃的水和蒸汽管路上	易调节； 活动部件较多，易磨损失灵，间断排水

续表

类　型	适用范围	结　构　特　点
脉冲式	适用于公称压力≤2.5MPa，工作温度≤225℃的蒸汽管路和设备	体积小，重量轻，结构紧凑，连续脉冲排水，排水量大。对蒸汽质量要求较高，阀瓣孔眼易堵，运行中有极少量蒸汽通过蒸汽孔眼漏泄
双金属型	适用于公称压力≤2.8MPa，工作温度≤454℃的蒸汽管路	高效、节能。适应压力范围广泛，可兼有止回阀和排气阀作用，安装方位不受限制
浮筒式（开口向上浮子式）	适用于公称压力≤0.6MPa，工作温度≤100℃的蒸汽管路	动作稳定，不易被卡住，阀孔易磨损，选用不当易造成运行失灵，间断排水
浮球式（密闭浮子式）	适用于公称压力≤0.2MPa，工作温度≤170℃的蒸汽管路	易调节； 因活动部件磨损，卡住或浮球漏水不能上浮而失灵，间断排水

3）疏水阀安装注意事项

① 疏水阀应安装在便于检修的部位，并应尽量靠近用热设备。一般情况下，宜装于用热设备凝结水排出口的下方。蒸汽管道疏水时，疏水阀应安在低于管道的位置。每台用汽设备应分别安装疏水阀，不要几台汽设备合用一个疏水阀。如凝结水量大于疏水阀的排水量，则可并联安装两个或两个以上的疏水阀。

② 疏水阀安装时，应注意安排好旁通管、冲洗管、检查管、止回阀和过滤器等的位置，还应安装必要的法兰或活接头，以便检修时拆卸。

旁通管　不宜用旁通管排放凝结水，以防止蒸汽进人回水系统，破坏其他用热设备和回水管网压力的平衡。中小型采暖及生产用热设备，蒸汽管道疏水，可不装旁通管。连续生产及对加热温度有严格要求的生产用热设备，应安装旁通管。旁通管一般应水平安装，当水平安装空间不够时，可以垂直安装。

冲洗管　冲洗管的作用是放气和冲洗管道。蒸汽管道的疏水阀，如已有起动疏水阀管，就不必再安冲洗管。冲洗管可向上安装。

检查管　检查管的作用是检查疏水阀的工作情况。如排出管直接接至明沟，并且排出口到疏水阀的距离又很短，可以直接观察到排水口排水情况的，可不装检查管。

止回阀　疏水阀如无止回阀时，除凝结水直接接排水沟或单独流至无反压集水箱的以外，都应在检查管后安装止回阀。

过滤器　过滤器应安装在疏水阀之前，一般供热系统和蒸汽管道，只须在脉冲式疏水阀和热动力式疏水阀前安装过滤器，在采暖系统中，各型疏水阀前都安装过滤器。

③ 疏水阀阀体上的箭头，应与凝结水的流向一致，疏水阀的排水管直径不能小于进口管径，以免影响背压。

④ 浮子式疏水阀的进出口位置应呈水平，不可倾斜安装，以免影响疏水阀的排水阻汽动作。热动力式疏水阀安装方位可任意选择，但应尽量水平安装。

⑤ 在凝结水管道和热水管道的最低处应设放水装置。

13.1.3　专用阀门

（1）水力控制阀

1）水力控制阀有：遥控浮球阀、减压阀（可调式减压阀）、泄压阀、恃压阀。

2）适用条件和注意事项

① 遥控浮球阀

生活、生产、消防给水系统的水池、水箱，需要遥控的管道系统应设置遥控浮球阀。安装在公称直径大于或等于 50mm 的进水管上。遥控浮球阀的公称通径应与管路公称通径相同。阀前应设置过滤器。

② 可调式减压阀

在生活、生产、消防给水系统中，需要将进口压力降至某一个需要的出口压力，并能在进口压力及流量变动时，保持出口压力基本不变的管道系统设置可调式减压阀。减小静压(在减静压的同时也减动压)，保持用水点或消防灭火设施的供水压力需恒定。在需竖向分区，但不设置减压水箱、分区水箱或分区水泵时，也应设置可调式减压阀。可调式减压阀宜水平安装。水平安装时，阀盖宜向上。

③ 泄压阀

在生活、生产、消防给水系统中，需要保持管网压力在一定范围内(如≯1.0MPa)的管道系统应设置泄压阀，防止压力突升及消除因流量变化而逐渐增大使压力过高。管路公称直径小于200mm时，泄压阀的公称通径应与管路公称直径相同或小一级规格；管路公称直径大于或等于200mm时，泄压阀的公称通径宜采用150mm。泄压阀前应设置过滤器。

④ 恃压阀

在生活、生产给水管路中，需要保持一定区域内管线的压力在某一设定值范围，应设置恃压阀。恃压阀的公称通径应与被保护的管路公称直径相同。恃压阀前应设压力表、控制阀(闸阀或蝶阀)和过滤器；阀后设控制阀(闸阀或蝶阀)。恃压阀出口端管段可不设压力表。

(2) 消防专用阀门

在自动喷水灭火系统中，在灭火过程中报警阀起着消防水流的控制、火灾信号的传送以及消防水泵的开启等作用。其种类、作用环境和控制规模见表13-14。

报警阀、雨淋阀的种类与适用环境 **表13-14**

<table>
<tr><th colspan="2">消防系统名称</th><th>控制装置名称</th><th>适用环境</th><th colspan="2">每组阀最大控制喷头数</th></tr>
<tr><td rowspan="3">闭式系统</td><td>湿式喷水灭火系统</td><td>湿式报警阀</td><td>室温不低于4℃、不高于70℃的场所</td><td colspan="2">≤800个</td></tr>
<tr><td rowspan="2">干式喷水灭火系统</td><td rowspan="2">干式报警阀</td><td rowspan="2">室温接近或低于0℃，或高于70℃的场所</td><td>有排气装置</td><td>无排气装置</td></tr>
<tr><td>500个</td><td>250个</td></tr>
</table>

续表

<table>
<tr><th colspan="2">消防系统名称</th><th>控制装置名称</th><th>适用环境</th><th>每组阀最大控制喷头数</th></tr>
<tr><td rowspan="3">闭式系统</td><td>干湿兼用式喷水灭火系统</td><td>干湿式报警阀</td><td>采暖期少于240d的不采暖房间</td><td>同干式</td></tr>
<tr><td>预作用喷水灭火系统</td><td>预作用阀</td><td>冬季不结冰和不能采暖的房间</td><td>≤800个</td></tr>
<tr><td>简易喷水灭火系统</td><td>报警控制器</td><td>室温不低于4℃、不高于70℃的场所</td><td></td></tr>
<tr><td rowspan="3">开式系统</td><td>雨淋灭火系统</td><td rowspan="3">雨淋阀</td><td rowspan="3">室温不低于4℃的房间</td><td></td></tr>
<tr><td>水幕系统</td><td>≤72个</td></tr>
<tr><td>水喷雾系统</td><td>与喷头的雾化角和工作压力有关，防护分区最大消防水量不宜大于10000L/min</td></tr>
</table>

湿式报警阀用于湿式自动喷水灭火系统。湿式报警阀上下管道始终充满着水。干式和干湿式报警阀用于干式和干湿式自动喷水灭火系统。干式和干湿式报警阀上部管道中为有压气体。预作用阀用于预作用灭火系统，预作用阀管道在喷头打开之前才充水。雨淋阀用于开式灭火系统，是通过电动、机械或其他方法进行开启喷水系统，并同时进行报警的一种单向阀门。

1）湿式报警阀

湿式报警阀中控制水流的主件是阀瓣或阀瓣组件。当达到一定的进口压力和流量时阀瓣或阀瓣组件发出连续报警信号；系统侧放水停止后，报警阀不再有水流向水力警铃，报警信号终止，报警阀无须手动自动复位。

湿式报警阀宜设在安全及易于操作的地点，报警阀距地面的高度为1.2m。水力警铃是温式报警阀的一个主要附件。水力警铃应设在有人值班的地点附近，其与报警阀的连接管道，管径为

20mm，总长不宜大于 20m，安装高度不宜超过 2m，并应设排水系统。

2）干式和干湿式报警阀

在干式和干湿式系统中，火灾发生时，为了加快喷水管网中空气的排放，缩短喷头出水时间，除了小型系统外，均应装设排气加速器。

3）预作用阀

目前，我国尚无专用预作用阀的生产，通常是采用雨淋阀来代替。

4）雨淋阀

雨淋阀的分类见图 13-3。

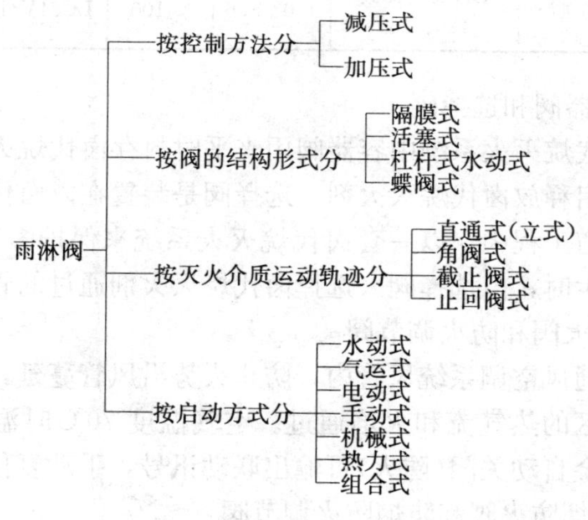

图 13-3 雨淋阀分类

5）信号阀

信号阀的性能参数见表 13-15。

在消火栓给水系统和自动喷水灭火系统中，需装控制阀门的部位可装普通闸阀或带启、闭信号指示的蝶阀，但是，在消防水泵的吸水管上只能装闸阀和带有锁定装置的蝶阀，不能装普通蝶阀。

信号阀的性能参数 **表 13-15**

型号		公称直径(mm)	工作压力(MPa)	适用温度(℃)	信号触点容量	连接方式
蝶阀	XDF 型	DN50、65、80、100、125、150	1.6	≤100	DC24V/1A	对夹式
	10 (A)XD371-型 16	DN50、65、80、100、125、150	1.0、1.6、2.5	≤100	DC24V/1A	对夹式
	ZSFD 型	DN50、65、80、100、150、200	1.6	≤70	DC24V/0.5A	对夹式
闸阀	XZF 型	DN50、65、80、100、125、150	1.6	≤100	DC24V/1A	法兰
隔膜阀	YXF 型	DN80、100、125、150	1.0、1.6	≤100	DC24V/1A	法兰

6）容器阀和选择阀

在卤代烷灭火系统中容器阀用来平时封存卤代烷灭火剂，在火警时开启释放卤代烷灭火剂。选择阀是装置在以卤代烷灭火液为主的管道工程中，以一套卤代烷灭火系统来保护多个防火区，当火灾发生时，由选择阀来选择卤代烷灭火剂通过的管道。

7）防火阀和防火调节阀

用于通风空调系统风管内，防止火势沿风管蔓延，自动阻断来自火灾区的热气流和火焰通过。空气温度 70℃时温度熔断器或记忆合金自动关闭(防火)可输出联动讯号，手动复位。

8）防烟防火阀和防烟防火调节阀

用于通风空调系统风管内防止火势沿风管蔓延或阻断烟气通过。借助感烟器自动关闭，以阻断烟气通过，也可在空气温度70℃温度时自动关闭。

9）排烟阀

用于排烟系统风管上，火灾时能自动开启或手动开启输出讯号开启排烟风机，在防烟分区的吊顶或墙上安装的平时常闭的排风口。火灾发生时烟感探头发出火警信号，由控制中心远控打开排烟口上的阀门或就地手控打开阀门，排除该防烟分区内的烟气。

10）排烟防火阀

用于排烟系统风管上、排烟风机吸入口。火灾时，除排烟阀功能外，烟气温度达到280℃时，还能输出讯号关闭排烟风机。

（3）多功能水泵控制阀

1）功能和技术参数

多功能水泵控制阀在水力作用下与水泵启闭动作完全联锁，具有缓开、快闭和缓闭(两阶段关闭)的功能。阻力损失比旋启式止回阀减少约31％。

水锤峰值≤1.3倍水泵工作压力。最小开启、关闭动作压力应不大于0.05MPa。缓开时间应能在3～120s内进行调整，缓闭时间应能在3～120s内进行调整。

2）使用范围

① 采取直接启泵和直接停泵方法时。

② 需采取防止水锤措施时。

③ 需采取防止管道介质倒流措施时。

3）选用要点

① 多功能水泵控制阀的直径宜根据流速1.5～3.0m/s选定。

② 多功能水泵控制阀的压力等级应等于或大于水泵零流量压力时的压力等级。

③ 用于热水供应工程的多功能水泵控制阀，应采用热水型多功能水泵控制阀。

④ 用于特殊(如酸、碱、油)等介质的多功能水泵控制阀，应采用相应介质类型的多功能水泵控制阀。

4）安装注意事项

① 多功能水泵控制阀应设置在单向流动的管道上，管路的布置和敷设应保证使用和修理上的便利和稳固。

② 多功能水泵控制阀可设在水平管道或立管上。立式安装时介质流向必须向上。

③ 多功能水泵控制阀宜设置在水泵出口处。多功能水泵控制阀的出口处应设置检修用的阀门，且不应另设止回阀。

④ 多功能水泵控制阀的进水口和出水口应安装压力表。

⑤ 橡胶软接头应安装在多功能水泵控制阀出口端。

⑥ 若将主阀安装于阀门井或管沟内，应留一定空间以备技术人员检修。

⑦ 每台水泵出口处应单独设置多功能水泵控制阀。多功能水泵控制阀可与水泵一起采取多台并联安装方式。

⑧ 在管道可能产生水柱中断部位，应装有真空破坏阀。

⑨ 配置多功能水泵控制阀的水泵，其水泵进水管道上不应设置底阀。

⑩ 停泵后多功能水泵控制阀出口静压与进口静压之差小于0.05MPa时，应设高位补给水箱。

（4）地下室专用防爆阀门

1）防爆波阀门

① 特点和功能

防爆波阀门有多种类型产品，可根据需要和设计要求进行选用。防爆波阀门具有稳压及消波作用。在正常情况下，阀门处于常开状态，系统介质(水或液体)正常畅通。当冲击波传入该阀时，主阀活门在冲击波压力作用下，迅速关闭，将冲击波挡在外端；而部分已进入阀内的冲击波在消波阀的作用下导入消波室，由于扩散的作用，冲击波压力迅速降低，消除了冲击波的破坏力，起到了保护和防护的作用。

防爆波阀门在模拟核爆炸压力的作用下，机构处于正常工作状态，达到五级人防抗力标准的要求。

② 适用范围

主要用于地下室、人防工程的给排水系统的专用设备，是对爆炸冲击波和生物、化学毒剂进行防护的重要设施。

2）防爆闸阀

① 特点和功能

当地面冲击波通过泵站、水池或者破坏了的管道传入该阀时，阀板前端因上述原因压力克服了弹簧张力和阀板后端压力，弹簧被压缩，阀板即关闭，冲击波被挡在阀板前端。此时已进入阀板后的冲击波，由于装在消波室内的安全装置(消波阀)打开起到消波作用，因此减小了阀板后端压力，便于阀板关闭，同时消除管道里的压力。

② 适用范围

FBZ 型防爆闸阀主要用于人防工程给水管道头部，具有“挡波”和“消波”作用。防止冲击波沿着管道进入工事内部。经模拟核爆炸试验，能正常工作，达到 5 级人防的抗爆要求。

3）密闭阀门

密闭阀门分手动双连杆密闭阀门和手电动两用双连杆密闭阀门。双连杆密闭阀门是新型密闭碟阀，可以手动和电动两用，适用于地下工程和民用工业，作为介质为空气的通风管路上闭路和调节流量之用。

4）防爆超压排气阀门

① 特点和功能

防爆超压排气阀门主要用于地下工程的排风口，平时处于关闭状态，当需要进行滤毒通风，工事内部压力大于工事外部30～50Pa 时，活门的阀盖在超压作用下自动开启，以排除防毒通道内的毒气。当战时需要进行隔绝防护时，用人工将阀盖锁紧，此时活门具有防护密闭功能，经模拟核爆炸试验，能正常工作，达到 5 级地下工程的抗爆要求。

② 适用范围

战时工程内部要求隔绝防护时，应将手摇柄摇至锁紧位置，此进摇柄上的定位杆将自动插入摇柄座上的锁紧位置。

当工事内部不需要隔绝防护时，应将手摇柄摇至活门超压排气位置，此时摇柄上的定位杆将自动插入摇柄座上的活门超压排气位置孔中。

5）自动排气活门

阀门主要构件由阀门外套、杠杆、阀盘、重锤、偏心轮和绊闩等组成。依靠气体压力作用在阀盘上，带动杠杆，使阀门达到自动开启目的，此时由重锤起调节作用。当压力消失时阀盘依靠杠杆平衡原理，回复到原来的位置，即到达自动关闭之目的。阀门用于公称压力 0.001MPa，工作温度 0～35℃，工作湿度≤95％，介质空气的条件下，作为超压排气用。

（5）采暖控制阀门

采暖控制阀门是专用于热水采暖或蒸汽采暖系统的阀门。依其主要性能分为平衡阀、调节阀、散热器用截止阀、排气阀、疏水阀等。

1）平衡阀

该阀用于热水采暖、供热及空气调节系统，通过手轮的调节，合理分配系统内各分支管网的流量，使整个系统达到平衡。达到节能的目的。该阀安装时应使阀体上前头方向与管道内介质流动方向一致，不可接反。主要有管螺纹连接平衡阀和法兰连接平衡阀。

2）恒温自动调节阀

适用于热水双管供暖系统，调节阀可直接安装在每组散热器的供水支管上，由室内温度自动调节通过每组散热器支管的水流量，达到恒定温度的作用。

恒温自动调节阀由阀体及热敏元件两部分组成。当室温发生变化时，由热敏元件的热胀冷缩作用，控制阀体中阀杆开关状态，改变阀的开度大小，以调节流经散热器的水量，从而适应室内负荷的变化，达到恒定室温的目的。

这种阀门的敏感元件，起着感温和调节的双重作用，且执行、调节机构合为一体，具有体积小，结构新颖、安装使用方便等优点。安装时要注意方向性。

3）采暖三通调节阀

分立式采暖三通调节阀和球形采暖三通调节阀。

立式采暖三通调节阀适用于单管系统，调节阀安装在散热器的供水支管与旁通管上，通过手轮的调节，改变流经散热器的水量，是一种比较好的调节方法，它有利于克服供暖系统流量分配上的竖向失调，尤其适用于多层建筑单管热水系统。

球形采暖三通调节阀是一种用于手动方式能调节进、出散热器热水流量的专用阀。具有一个进口和两个出口，直通向出口与散热器连接，直角向出口与旁通管连接，内部为可旋转90°的球形阀瓣，在阀瓣上有互相垂直的两个通道，通过手把，阀杆转动球形阀瓣，调节两出口流量的配比，但不能调节进口流量。

4）电动调节阀

电动调节阀主要用于供热、空调、通风、冷热水(风)系统和其他工业民用自动控制系统。是调节温度、湿度、压力、流量等自动控制控制系统的执行部件。

① 功能和特点

由电动执行机构和调节机构组成。当电动机通电旋转时，通过减速器，经丝杠和导板的作用，将旋转动力变为直线运动，由弹性联轴器去推动阀杆，使阀瓣上下移动。随着电动机转向不同，使阀瓣朝着开启或关闭的方向移动，当阀瓣达到极限位置时，通过内部的限位开关，自动地切断电动机的电源，同时可接通灯光或声响信号。分为直通双座阀、直通单座阀和三通阀。

② 电动调节阀技术数据

技术数据见表 13-16。

电动调节阀技术数据　　表 13-16

电源	～24V±10%　50Hz
电机视在功率	40VA
工作环境温度	－20℃～＋60℃
工作环境相对湿度	不大于 80%
阀门使用公称压力	一般流体≤1.6MPa，蒸汽＜0.6MPa

续表

通过阀体介质温度	低于 180℃
最大可调比	30 : 1
阀门流量特性	直通，等百分比三通(合流)，抛物线、直线
阀体材质	≤*DN*50 铸铜，>*DN*65 铸铁
最大压降	0.25MPa(阀门全开)
泄漏量	0.05%(阀门全关)

管螺纹连接电动调节阀的规格为 *DN*20～50mm，法兰连接电动调节阀的规格为 *DN*65～100mm。

5）散热器用控制阀

该类阀门专用于散热器上控制开与关。可以是楔式闸阀，也可以是截止阀。根据结构型式可分为直通式和直角式。可以带有操作手柄及可卸的扳手，也可以不带有操作手柄。它用于均衡或调节温度。

6）排气阀

排气阀作用是排除热水采暖或蒸汽采暖管道系统的空气，防止气阻。一旦冷空气被排除，排气阀要及时关闭，防止热水或蒸汽泄露。排气阀分为手动排气阀和自动排气阀。一旦冷空气被排除，手动排气阀要人工关闭，自动排气阀则自行关闭。

① 手动排气阀

要人工开启和关闭的排气阀为手动排气阀。

② 热水采暖自动排气阀

依靠水对浮体的浮力，通过杠杆机构的传动，使排气孔自动启闭，达到自动阻水排气的目的。当阀体内无空气时，水将浮体浮起，通过杠杆机构将排气孔关闭，而当有空气从管道进入阀体内时，空气将水面压下去，浮体浮力减少，浮体依靠自重下落，排气孔开启，使空气自动排出。空气排出后，水又将浮体浮起，排气孔重新关闭，如此连续运行，达到自动排气的目的。

③ 蒸汽采暖自动排气阀

冷空气进入本阀后，膨胀芯冷却，芯尖离开密封面，冷空气从小孔排出，当高于78℃的蒸汽进入阀体后，膨胀芯受热开始膨胀伸长，芯尖顶住阀座的密封面，使之处于关闭状态，不排气。

④ 自动排气阀安装注意事项

自动排气阀应安装在管网的最高处，以利于管内气体的汇集和排除。阀体应垂直安装，阀与管网之间的连接横管应朝阀体保持一定向上坡度。

自动排气阀前应设检修阀门，以便于维护检修。

7）散热器用疏水阀

该类疏水阀的功能与一般疏水阀相同，只不过是专用在蒸汽采暖系统的散热器上。特点是恒温式，体积小、噪声低。但其过冷度较大。

（6）水位控制阀

水位控制阀是装于水箱、水池或水塔水柜进水管口并依靠水位变化控制水流的特种阀门。阀门的开启和关闭借助于水面浮球上下时的自重、浮力及杠杆作用。浮球阀即为一种常见的水位控制阀，此外还有一些其他形式的水位控制阀。

（7）压力开关

压力开关是将压力信号转换为电信号的一个装置。根据测量介质的不同可分为水系统压力开关、气体系统压力开关和通用型压力开关；根据结构可分为记忆式压力开关、可调式压力开关和不可调式压力开关。根据被测量介质的不同，选择合适介质的压力开关；根据测量压力功能的要求选择合适结构的压力开关。压力开关的安装同弹簧式压力表。

（8）燃气专用阀门

1）通燃气用类

通燃气用类阀门选用见表13-17。

燃气专用阀门选用表 **表 13-17**

序号	品种	分类	使用场所	主要功能
1	闸阀	RZ 系列燃气用平行双闸板闸阀	0.2MPa 以下压力设在阀门井内	切断管道中燃气，阀中腔有燃气
		RQZ 系列球墨铸铁制燃气用平行双闸板闸阀	0.8MPa 以下压力设在阀门井内	
		TRZ 系列弹性密封燃气闸阀	0.4MPa 以下设阀门井或可与管道焊接直埋	切断管道中燃气，阀中腔无燃气，下游管道施工，可缩短准备时间
2	球阀	浮动球球阀，口径小于 150mm	燃气球阀用于室内燃气管道上	切断管道中燃气，全通径，有防火、防静电、有限位器、防阀杆冲出的装置
		固定球球阀，口径大于小于 200mm	阀门井内	
3	蝶阀	燃气专用蝶阀	在要求安装尺寸小的场合如：调压箱、狭窄的计量间内	切断管道中燃气，要求：三偏心、双向金属密封，零泄漏、防火、阀板有限位及指示
4	旋塞阀	紧接式旋塞阀	室内燃气管道	
		联锁式旋塞阀	燃具控制阀	
		XW10 单头旋塞阀	与胶管接燃具	
		XW15 双头旋塞阀	与两根胶管接燃具	

该类燃气专用阀门的功能与一般通用阀相同，只不过是更适用于燃气系统，特点是体积小、密封性能好、防火、防静电。

2）过滤器

配套必须安装过滤器，阻断燃气管道内杂质。常用过滤器分类见表 13-18。

过滤器分类表 **表 13-18**

序号	分类	使用场所	主要功能
1	筒形	燃气调压器或仪表之前的管道上，DN32～150	过滤燃器管道内的固体杂质、煤焦油、萘等
2	Y型	用气设备前，DN20～100	过滤固体杂质

3）安全装置

地下室、半地下室、设备层引入燃气管道和供应超过 25 层以上的高层居民用户，须具备用气安全措施，如设可燃气体泄漏报警器、事故排风机、燃气紧急切断阀等设备。当可燃气体泄漏报警器发出信号，紧急切断阀立即切断燃气供应，同时排风系统启动。

燃气紧急切断阀分类见表 13-19。

燃气紧急切断阀分类表 **表 13-19**

品　种	分　类	使用场所	主要功能
截止阀型（阀盖往复运动） 球阀蝶阀型（回转运动） DN150～300	小型通用关闭阀 DN15、DN20、DN25	楼宇住宅厨房燃气总阀门后、单栋楼（别墅）引入口总阀门后	燃气泄漏报警，立即关断燃气阀
	常开阀（得电关闭）正常工作情况下，不带电阀门开启，得电立即关闭	适用于锅炉房、民用、商业用户、高层楼宇燃气进气总阀门后，计量间及需加切断阀的燃气管道处	燃气泄漏报警立即关断燃气阀
	常闭阀（上电维持）正常工作情况下，带电阀门开呈启状，停电立即关闭	不可用在高层楼宇、工业、商业用户，因停电阀门关闭造成停气，影响用户用气，恢复供气的工作很困难	在火警地震断电时切断燃气供应

选用燃气紧急切断阀应注意：

① 家用、公用、生产等用户用“常开阀”“常闭阀”要慎重

选用，停电会造成停气事故。

② 锅炉房安装紧急切断阀管径最大为 $DN300$，如供气量大，可增加引入口，使每个切断阀的管径小于 $DN300$。

③ 紧急切断阀应具有自动关闭手动复位功能。

13.1.4 阀门选用

（1）根据功能要求，选择阀门种类。

通用阀门的选择参见表 13-20。例如：水流阻力小适用于主管道；启闭容易适用于开启频繁的场合和有压力管道；密封性能好适用于全开全闭管道。特殊用途应选择特殊功能的阀门：止回阀、节流阀、减压阀、安全阀等。专门用途应选择专用阀门。

通用阀门主要特性比较　　表 13-20

名称	启闭动件	功能	开启特性	水流阻力	密封特性	方向性
闸阀	闸板垂直上下运动	全开全闭(慢开)	开启较慢；压差大时，难于开启	水流阻力小	密封较好	可双向流动
球阀	实芯旋球转动	全开全闭(快开)	启闭容易，开关迅速	水流阻力小	密封较好	
截止阀	阀瓣垂直上下运动	开闭，调节水流流量和压力	启闭容易，较快开闭	水流阻力大	密封较闸阀差，但关闭可靠	安装有方向
旋塞阀	通口旋塞旋转	开闭，调节流量和压力，改变流向	启闭容易，快开式	水流阻力小	密封差	
蝶阀	蝶板绕阀轴旋转	调节流量和压力	启闭容易，开关迅速	水流阻力小	密封差	安装有方向

续表

名称	启闭动件	功能	开启特性	水流阻力	密封特性	方向性
隔膜阀	弹性隔膜随阀瓣垂直上下运动	开闭，调节流量和压力	启闭容易	水流阻力大	密封较好，防腐蚀性较好	
止回阀	止回机构阀盘自动启闭	常开式，压力波动时启闭，阻止介质倒流	自动启闭			安装有方向
节流阀	阀盘改变通道面积	调节流量	人工调节		密封差	安装有方向
减压阀	阀盘自动调节	保持出口压力为额定值	自动调节，节流减压			安装有方向
安全阀	阀盘自动启闭	常闭式，压力波动时启闭，保持安全压力	自动启闭，泄流减压			

再根据管道输送的介质性质、温度、建筑标准和业主要求等，确定阀门的阀体和密封部位的材质。常用的阀体材料有铸铁、铜、塑料等。常用的密封面和衬里材料有铜合金、塑料、钢、硬质合金、橡胶等。阀体材料应与管道材料相匹配。

(2) 阀门的公称压力有 0.6、1.0、1.6、2.5 和 4.0MPa 等不同级别，管道输送的介质其工作压力应小于阀门的公称压力值。

(3) 制约类阀门、调节类阀门和消防专用阀门的公称直径应与管道的公称直径相同；安全类阀门和特种类阀门的公称直径应与管道的公称直径相同或小于管道的公称直径。

(4) 阀门的连接方式应与管道连接方式相一致。

(5) 设置在介质单向流动管道上的阀门，阀体上的箭头方向应与管道水流方向一致。

(6) 易堵塞和易发生机械故障的阀门(如减压阀、调节阀、多功能水泵控制阀)，在阀前应设过滤器。

(7) 阀门水平安装时，阀盖、阀杆应朝上；垂直安装时，阀盖、阀杆应朝外。

13.2 管道仪表

管道系统的仪表比较多，主要是侧定流体的流量、流速、压力、温度等。

13.2.1 流量计量类仪表

流量计量类仪表用来计量管道内输送介质的数量，包括瞬时流量和累计流量。

(1) 水表

1) 分类

水表用于测试水的累计流量。常用的水表按照其工作原理分为容积式和速度式两种。容积式水表计量相对准确，一般是小口径水表；速度式水表又可分为旋翼式和螺翼式两种。其工作原理都是根据管径一定时，流速与流量成正比，并利用水流带动水表的叶轮的转动来指示水量。旋翼式水表通常为小口径水表，适用测量最大流量范围为 1.5～100m³/h。根据水表允许通过水的最高温度，又可分为冷水表(4～30℃)和热水表(≤90℃)。螺翼式适用于管径较大的地方，公称直径为 *DN*80～200mm，能测量较大的流量，适用最大流量范围为 100～600m³/h。按照安装方式可分为水平式和立式两种。按照显示数字的方式分为指针式和数字式两种。还可分为远传式、IC 卡等不同的水表。

2) 选用要点

① 水表的选用应根据水表的工作环境，如水温、工作压力、流量范围和水质等进行选择，然后根据水表通过系统的设计流量，以水表产生的水头损失接近或不超过水表额定值。一般公称直径不大于 $DN50$ 的水表应采用旋翼式水表，住宅 $DN15\sim20$ 的户表可采用干式或容积式水表，当非采暖地区极限最低温度低于－4℃时，应采用干式水表，或采取保温措施，一般公称直径不小于 $DN50$ 的水表应采用螺翼式水表。

② 当采用旋翼式水表时，系统的设计秒流量不宜大于水表的常用流量；当采用螺翼式水表时，系统的最大小时流量不宜大于水表的常用流量，且系统的秒流量或峰值流量不应大于水表的过载流量。

③ 不宜读数地点的水表宜采用远传水表，住宅水表为方便用户交费可采用 IC 卡水表和远传水表等。IC 卡智能水表是机电一体智能化的高新技术产品。它的应用将彻底变革传统的抄表收费方式。即变被动为主动，可从自动交费的方式上提高人们的节水意识。

④ 限量水表是一种典型的限定水量节水装置。它实际上是具有水量控制功能的旋翼式水表，投“水币”后方按量供水，量至水止，兼具计量、限量双重功能。“水币”可由供水部门向用户销售或发放，以达到限量供水和节约用水的目的。这种水表为在特定条件下加强供水(节水)管理创造了条件。

(2) 燃气表

1) 燃气表分类

各种燃气仪表分类见表 13-21。

仪表分类 **表 13-21**

品种	分类	使用场所	主要功能
客积式	膜式表	住宅厨房、小型餐厅厨房	能测很小的流量，量程比大，经久耐用
	腰轮表	餐厅厨房，较大流量低压燃气计量	能测相当大的流量，对气流不稳、搅流不敏感

续表

品种	分类	使用场所	主要功能
速度式	涡轮表	大用户或锅炉房的计量间	量程比大，能测大流量，非脉动流，非压力突变场合(不应装在调压器出口，压缩机前后)
	旋进旋涡流量计	锅炉房及生产用户燃气计量间	量程比大，能测大流量
	孔板流量计	中、低压调压站(过去曾用，现不宜)	

注：低压燃气的流量计量一般使用容积式流量计，速度式流量计。在燃气压力及温度大致一定的低压燃气用户，用皮膜表、腰轮表(专利名称为罗茨表)。中压、次中压燃气用户，用带有压力，温度补偿的腰轮表、速度式流量计。目前常用的有涡轮表、旋进旋涡流量计。

2）选用要点

① 按照燃气计量要求选用计量表，公共福利用户或采暖、制冷用户，按最小工作压力和最大瞬时流量进行选型(被测常用流量一般为计量上限的80%)。管道压力不可超过流量表最高允许工作压力。锅炉以单台炉计量，低压模块锅炉可按数台一组分组计量。

② 用于中压A级、中压B级燃气锅炉和直燃机的计量表，需按燃气压力、温度进行补偿，即具有压力和温度补偿功能。

③ 大吨位锅炉、直燃机(2t/h以上)或锅炉房内超过四台锅炉的用户计量表要具有远传功能。

④ 公用建筑用户和锅炉房燃气计量表选型见表13-22。

公用建筑用户和锅炉房燃气计量表选用　　表13-22

类型	量程(m^3/h)	计量表品种
公用建筑用户	≤100	皮膜表
		腰轮表(可用皮膜表)
	>40	腰轮表
模块锅炉、低压燃气锅炉房	>40(量程比大于1∶50)	进口腰轮表

续表

类　型		量程(m^3/h)	计量表品种
锅炉房	低压燃气	单台锅炉（额定热功率 1.4MW 以下）	带压力温度补偿的腰轮表或涡轮表
		单台锅炉（额定热功率 1.4MW 以上）	带温度、压力补偿和远传功能的腰轮表或涡轮表
		单台锅炉（额定热功率 1.4MW 以下）	带温度、压力补偿功能的腰轮表、涡轮表、旋进旋涡表
	中压 B 级燃气	单台锅炉（额定热功率 1.4MW 以上不超过四台）	带温度、压力补偿功能的腰轮表、涡轮表、旋进涡轮表，并带运转功能
		单台锅炉（额定热功率 1.4MW 以下不超过四台）	带温度、压力补偿功能的腰轮表、涡轮表、旋进涡轮表，并带运转功能

(3) 热量计量装置

热量计量装置一般是指通过一定时间内热介质的焓差和质量流量进行积分计算，用以测量热介质某一热传输系统流量的机电一体化仪表，如各种热量表。热量表由流量计，配对温度传感器和积分计算显示器组成。但也包括利用其他特征参数间接进行测量的装置，如各种热量分配表等。

1) 热量计量装置分类

热量计量装置分类，特点及用途见表 13-23。

热量计量装置分类　　表 13-23

分类型式	分　类		特点和用途
用途	户用热量表		装设在每户采暖管道的入口，流量计一般为水平安装，有可以垂直安装的特殊型式，一般为内装电池
	建筑栋入口热量表		装设在楼栋采暖管道的入口，流量计为水平安装。宜采用内装电池
	热源热量表		装在供暖锅炉或热交换站的总管或分区总管上，流量计为水平安装，外接电源
	热量分配表	电子式	无量纲仪表。安装于散热器上，由能源服务机构进行供暖费计算
		蒸发式	

续表

分类型式	分　类	特点和用途
流量计	机械式单束或多束旋翼流量计	价格较低，大多用于户用热量表
	机械式水平或垂直螺翼流量计	多用于主管线
	超声式流量计	用于热流量较大的热量表
温度传感器	薄膜电阻	应强调其配对性
	厚膜电阻	应强调其配对性
	热敏电阻	应强调其配对性
组成形式	流量计和积分计算仪合一整体式	用于直接测量热量表
	流量计和积分计算仪分离组合式	监控用、遥测热量表
	温度传感器内置式	适用于建筑栋入口热量表

2）选用要点

① 户用热量表宜按系统的设计流量，对应热量表的额定流量选择确定规格型号。为了提高计量精度，宜按设计流量的80％来选用对应热流量表的额定流量。

② 户用热量表的水阻力特性，应根据生产厂或销售商准确提供的数据确定。

③ 热量表前应配置过滤器，宜选用带有磁性过滤功能的过滤器。

④ 选择热量表时，其耐温性能应与安装位置热媒最高工作温度相适应。

（4）流量计

流量计用于计量管道内输送介质的数量，主要是测试瞬时流量，又称流量表。流量用体积或质量表示，常用 kg/h、t/h 或 m^3/h 表示。流量计和积算器一起使用可用于测量累计流量。

常用的仪表大致分为速度式、容积式和质量式三大类。

1）速度式

以测量流体在管道内流速 v 为依据计算流量（$Q=vF$，其中 F 为管道截面积）。从动作原理和结构来分有差压式（又称变压式、节流式）、绕流式、电测式、超声波式等。

差压式流量计由节流装置、取压管和差压计三部分组成；利用节流装置前后产生的压差大小，由流量确定的原理，来测量管道通过的流量。应用较为普遍。常用的节流装置有孔板、喷嘴、文丘里管等。常用的差压计有浮子式、双波纹管式、膜片式、环秤式、钟罩式及靶式流量变送器、差压变送器。其中浮子差压计应用广泛；但是，目前已逐渐被双波纹管差压计取代。靶式流量变送器适用于测量高粘度并带有悬浮颗粒介质的流量。差压变送器精度高、通用性大、输出标准统一信号、便于集中控制和实行综合自动化等特点。

绕流式流量计包括转子流量计、冲塞式流量计、流体动力式流量计等。转子流量计由锥管（有刻度）和浮子组成，利用流体直接绕冲浮动的转子（简称浮子）；用浮子稳定的高度直接读出流量。冲塞式流量计由活塞、喷嘴、锥体组成，利用介质直接推动活塞由喷嘴绕冲沿轴线运动的锥体，锥体的运动经过机械转化到表盘上来计量。冲塞式流量计可用于对铜合金与铸铁无腐蚀作用的连续流体，但不能用于脉冲流量的测定。转子流量计选择适当的锥管和浮子，可用于有腐蚀性的流体。转子流量计增加传送机构可以成为气远传转子流量计，可用于高温、低温和不透明流体的测量。还具有防爆、保温性好、有统一的标准输出信号，可与气动单元组合仪表配套进行流量的自动调节的特点。

电测式（电离式、电磁式）流量计利用电离或电磁感应的原理来进行测量。超声波式（频率式、相位式）利用超声波原理进行测量。电测式和超声波式主要用于测量各种酸、碱溶液及含有纤维或固体悬浮物的导电液体的流量。

2）容积式

容积式有椭圆齿轮流量计、盘式流量计。以单位时间内排出

流体的固定容积 V 的次数 n 为测量依据（$Q=nV$）。椭圆齿轮流量计是利用被测介质推动椭圆齿轮旋转，每转一周流量 $Q=mV_0$，其中 m 为齿轮转速（r/s），通过测量齿轮转速，即可知流量。椭圆齿轮流量计精度较高、压损小、量程宽，特别适用于高黏性流量测定。

3）质量式

质量式流量计直接测定单位时间内所流过的介质的质量 M。质量式有直接质量流量计和补偿质量流量计。

13.2.2 温度计

（1）分类

温度计可分为膨胀式温度计、压力式温度计、热电偶和热电阻温度计、辐射式温度计等五种类型。

膨胀式温度计利用物体热胀冷缩的性能，有液体膨胀式和固体膨胀式两大类。液体膨胀式温度计，视填充的工作液不同又分为水银温度计和有机液体温度计。水银玻璃管液体温度计是使用最早、最常用的温度计，因存有水银污染，目前已被淘汰。固体式温度计（又称机械式温度计）又分为双金属温度计和杆式温度计。机械式温度计用于测量温度、作感温补偿件和自动温度调节器中作为讯号机构。压力式温度计基于温度变化时密闭的工作物质体积变化，引起的压力变化来间接测量温度。压力式温度计有构造简单、耐振动、防爆性好、易传送等特点，可测量－50℃～＋550℃。在工程测量中应用广泛，有液体压力温度计、气体压力温度计和蒸气压力温度计等。热电偶温度计是利用热电效应来测量温度。具有测量精度高，测量范围广（可达 180～1600℃），便于远距离传送和自动记录的特点。热电阻温度计利用导体或半导体温度不同时电阻有不同的变化来间接测量温度。具有测量精度高，便于远距离测量、多点测量。测量范围广一般为－120～＋500℃（在特殊情况下可达－200～1000℃），比热电偶温度计适宜测低温，但灵敏度比热电偶温度计差。热电偶和热电阻温度计还用作温度传感器。辐射式温度计是基于物体的辐射作用制成的，具有热敏元件不与介质接触，不必与被测介质达到同样温度，测量上限较高，通常称为高温计。

(2) 选用要点

1) 一般现场显示采用双金属温度计或压力式温度计；当有远传功能要求或数字显示时，应采用热电偶和热电阻温度传感器，加装二次仪表和显示控制装置的温度计。

当安装环境振动等级超过 V. H. 3 级时，应采用压力式温度计、热电偶和热电阻温度传感器。

2) 当被测介质为腐蚀性介质时，温度计应加防护套管，且该套管是与被测介质相适应的耐腐蚀材料制成的。

当系统有温度自动控制要求时，应采用电接点温度计和热电偶和热电阻温度传感器。

3) 温度计的精度等级应根据测试精度要求来选择精度等级。温度计的最大量程应根据被测介质的正常温度来确定，一般为被测介质的正常温度的 3～4 倍，且被测介质的脉冲最大温度不应大于温度计的最大量程。

13.2.3 压力表

(1) 分类

压力表根据结构形式的不同可以分为 U 型管压力计、弹簧压力表和压力传感器等类型。一个 U 型玻璃管盛装上液体(水、水银或酒精)就组成构造简单的 U 型管压力计。弹簧压力表又可分为一般压力表、耐振压力表、隔膜压力表、电接点压力表和远传压力表等；压力传感器又可分为电容式差压压力变送器和可控硅压力变送器等。

(2) 选用要点

1) 简易的场合采用 U 型管压力计，一般现场显示采用弹簧压力表；当有远传功能要求或数字显示时应采用远传压力表或压力传感器。

当被测介质为腐蚀性介质或纯水时应采用隔膜压力表或有防腐功能的压力传感器。

2）当安装环境振动等级超过 V. H. 3 级时，应采用耐振压力表、远传压力表或毛细管传递压力的压力传感器。

当系统有压力自动控制要求时，应采用电接点压力表和压力传感器。当为一般振动时，可采用磁助式电接点压力表，但当安装环境振动等级超过 V. H. 3 级时，应采用耐振电接点压力表和毛细管传递压力的压力传感器等。当仪表安装环境有防爆要求时，应采用防爆触点的压力表。

3）压力表的精度等级应根据测试精度要求来选择精度等级。压力表的最大量程应根据被测介质的正常压力来确定，一般为被测介质的正常压力的 3～4 倍，且被测介质的脉冲最大压力不应大于压力表的最大量程。

13.2.4 液位计

（1）分类

液位计根据其功能分为液位显示和液位传感与控制装置。液位显示装置可分为玻璃管液位计和玻璃板液位计。液位传感与控制装置又可分为浮球式液位传感器（包括：UQK 系列、UX 系列、UQX 系列）、FYK 系列液位传感器（包括：重球液位传感器和轻球液位传感器）、SL 系列水位自动控制仪（与 ST 系列传感器配套使用）、YW 系列液位传感器、UQZ 系列电阻式浮球液位传感器和 UYB 系列电容式液位传感器。

（2）选用要点

1）一般建筑中的水箱、水塔、水池等各类容器可采用 UQK 系列及 UX 系列液位传感器。

2）当被测介质为腐蚀性介质时采用玻璃管式液位计、FYK 系列耐腐蚀型（轻球）、ST-C 型和 YW-F 型液位传感器。FYK 系列普通型（重球）、ST-B 型和 YW-P 型液位传感器适用于污水中。

3）远距离（3～5km）连续测量水池、水塔等水位采用 UQZ 系列液位传感器。

13.3 管道器具

13.3.1 常用配水龙头

水龙头又称水嘴，目前，发展速度很快，现已生产出密封好、操作简便、使用寿命长、有装饰效果的水嘴数百品种。

（1）水嘴分类

水嘴的分类方法很多，水嘴按使用场所分为浴盆水嘴、洗面盆水嘴、洗涤盆水嘴、污水盆水嘴、盥洗槽水嘴、洗衣房水嘴、开水间水嘴等。按开启方式分为螺旋升降式和旋转角度开关两大类；开关方式有螺旋式开关、搬扳式开关、提拉式开关、堵链式开关、电磁开关和红外线感应开关，以及肘开关、膝开关、脚踏开关。按手柄的型式分为，旋转圆把、旋转直把、直扳把、弯扳把、晶球式、手轮式。按水嘴口外形分为普通圆形、方嘴、转嘴、长脖嘴、圆锥形插嘴（接管嘴）、立式嘴等。

按水嘴放水方式分为冷热水单独放水型和冷热水混合放水型；混合水嘴又分为双手柄混合水嘴和单元手柄混合水嘴。由两个供水管分别同冷、热水管道连接，两个可单独开关冷、热水管的调节阀调节两股水流大小并进行混合，由混合水嘴流出的水嘴称为双手柄混合水嘴；由两个供水管分别同冷、热水管道连接，由一个可开关冷、热水管的调节阀调节两股水流的大小并进行混合，由混合水嘴流出的水嘴称为单元手柄混合水嘴。

按密封型式分为橡胶密封（包括螺旋升降和滑阀式）、陶瓷磨片密封。陶瓷磨片密封耐久性较橡胶密封高出 4 倍。

水嘴的分类详见表 13-24，水嘴的规格一般为 1/2″、3/4″、1″。

水嘴分类　　　　表 13-24

分类型式	类　别
按使用性能分	浴盆水嘴、洗面盆水嘴、洗涤盆水嘴、污水盆水嘴、盥洗槽水嘴、洗衣房水嘴、开水间水嘴
按产品主要零件制造材质分	铸铁型、全铜型、全塑型、铜塑结合型
按产品外露表面处理分	抛光、镀镍铬、镀氮化钛、镀金等
按水嘴开关方式分	螺旋升降式，搬扳把式、提拉开关式、堵链开关式、电磁开关和红外线感应开关、肘开关、膝开关、脚踏开关
按手柄的型式分	旋转圆把、旋转直把、直扳把、弯扳把、晶球式、手轮式
按水嘴放水方式分	冷热水单独放水型、冷热水混合放水型(双手柄混合水嘴、单手柄混合水嘴)
按水嘴口外形分	普通圆形、方嘴、转嘴、长脖嘴、圆锥形插嘴(接管嘴)、立式嘴等
按密封型式分	橡胶密封(包括螺旋升降和滑阀式)、陶瓷磨片密封等

(2) 厨房水嘴

厨房的水嘴一般安装在洗涮台、灶台、墩布池等处，作放水开关用。根据开关的形式不同主要分为螺旋升降式、扳把式、转动水嘴式三种。螺旋升降式一般为传统的铜水嘴，扳把式和转动水嘴式为镀镍铬、镀氮化钛或镀金装饰效果较好。铜水嘴通常安装在普通陶瓷洗涮盆上，宜采用长脖水嘴；转动水嘴式通常安装在不锈钢、玉石等高档双槽式洗涮台上或单槽带沥水板的洗涮台上。转动水嘴式现在一般采用单手柄混合水嘴，同时供应冷热水。

根据国家标准，螺旋升降式水嘴通用技术要求为：

1) 公称压力：在稳定压力 0.6MPa 下，持续时间＞30s 不漏水。

2）试验强度：在稳定压力 0.9MPa 下，持续时间＞30s 无渗漏。

3）流量：在 0.015MPa 压力下，全开流量＞0.2L/s。

4）铸件目测不得有缩孔、裂纹、气孔等缺陷，内腔所附有的芯砂等清除干净。

5）开启关闭平稳、轻便、无卡阻现象。

6）冷热水标志清晰，连接牢固。

冷水标志：蓝色、C、冷。

热水标志：红色、H、热。

7）耐久性＞5 万次。

8）外形设计和表面处理应具有较好的装饰效果。

现行实际产品的基本参数见表 13-25。

厨房水嘴基本参数　　表 13-25

公称通径	15mm(1/2″)	
公称压力	0.6MPa	
流　　量	0.12L/s	
密封型式	橡　　胶	陶瓷片
耐久性	＞5 万次	＞20 万次
使用温度	0～80℃	0～100℃

（3）洗衣房、开水间水嘴

洗衣房、开水间等用水设备上一般使用旋塞式配水龙头。旋塞式水嘴旋转 90°即可完全开启，水流直线通过，阻力较小，在短时间内可获得较大的流量，使用压力宜在 0.9MPa 左右，其缺点是启闭迅速易引起水锤。

（4）卫生间水嘴

1）环形阀式配水龙头，一般装在洗涤盆、污水盆、盥洗槽等卫生器具上，水流通过时因改变方向，故阻力较大。

2）洗面盆水嘴的种类很多，从功能上分有普通洗面盆水嘴，定时自闭水嘴，电感应水嘴等。从给水方式上分有单路洗面盆水嘴和双路洗面盆水嘴。从与洗面盆安装孔位上分有单孔、双孔、三孔位安装。普通洗脸盆龙头，为单放水型，单供冷水或热水，用于卫生间与陶瓷洗面盆配套。高档洗脸盆、带柜洗脸盆一般采用镀镍铬、镀氮化钛或镀金装饰效果较好的单手柄混合水嘴，同时供应冷热水。

3）浴盆水嘴

用于卫生间与浴盆配套，做洗浴用水源开关。

浴盆水嘴的种类很多，从功能上分有一般功能和特殊功能（如浴盆定量自闭水嘴、浴盆恒温水嘴）。从安装型式上分有明装水嘴、暗装水嘴。从给水方式上分有单路浴盆水嘴和双路浴盆水嘴等。其类型见表13-26。

浴盆水嘴的种类　　表13-26

名　称	特　点
普通浴盆水嘴	只有一个供水管和一个出水口的单一水嘴。安装时主体外露，开关为螺旋升降式，密封为橡胶密封
浴盆混合水嘴	双手轮组合水嘴，无转向开关，安装时主体外露。开关为螺旋升降式。密封为橡胶密封
带淋浴喷头浴盆混合水嘴	双手轮，组合水嘴，有转向开关，配有活动式软管淋浴喷头。安装时主体外露。开关为螺旋升降式。密封为橡胶密封
单柄浴盆明装混合水嘴	单手柄，混合阀芯。单手柄可操纵冷热水开关和水温调节。有转向开关，配有活动式软管淋浴喷头。安装时主体外露。开关为转动手柄角度，抬起或压下。密封为陶瓷磨片密封
单柄浴盆暗装水嘴	单手柄，混合阀芯，单手柄可操纵冷热水开关和水温调节。有转向开关，配有活动式软管淋浴喷头或固定式淋浴喷头。安装时主体隐蔽。开关为转动手柄角度，抬起或压下，密封为陶瓷磨片密封
双柄浴盆混合水嘴	双手柄，组合水嘴，有转向开关，配有活动式软管淋浴喷头或固定式淋浴喷头。分主体外露和隐蔽两种。开关为转动手柄角度。密封为陶瓷磨片密封

普通浴盆明装水嘴，安装在垂直壁板上。该水嘴用做浴盆的水源开关。其密封型式为橡胶密封，开启方式为螺旋升降式。

陶瓷磨片密封式浴盆水嘴，有单柄浴盆明装混合水嘴、单柄浴盆暗装混合水嘴、双柄浴盆混合水嘴。喷头处有转向接头，可转动一定角度，手柄上下移动控制启闭，左右旋转调节水温，提起或按下提拉开关可使冷、热混合水分别从放水口或喷头流出。密封件是由精密加工的高铝瓷，表面精度高，硬度强，密封性能好，使用寿命长。手柄开启轻柔、噪声低、混合水温度稳定，表面镀镍铬、钛金等。

安装要点：

单柄浴盆暗装混合水嘴，安装型式是进水管及冷、热水混合阀体暗装于墙内。墙表面镶有瓷砖，混合阀体的中心部，在磁砖上敷设一铜制盖板，混合水开关手柄及有关紧固件与穿过盖板和磁砖预留孔的混合阀体相连。铜制盖板正上方一定高度处装有固定喷头，喷头管端部为一转向接头，使喷头可任意转动一定角度，供不同洗浴者需要。铜制盖板正下方装有混合水分配提拉开关，可使混合水分别从放水嘴或喷头流出。产品要垂直安装，喷头、混合阀体、放水嘴应成一条垂线。

单柄浴盆明装混合水嘴的安装。其安装型式为明装，冷热水进水锁管与墙内进水管箍连接，利用锁管的偏心距来补偿管路施工的误差，使安装后的产品在允许误差内，保持横平竖直的效果。产品阀体进水端部带有护盘及活动锁母，用来锁紧产品阀体和锁管，使装好后的产品护盘紧紧压在磁砖上，不得有轴向窜动，阀体正上方的中心线上安装喷头。

13.3.2 节水器具

水是城市和工业的“血液”，是国民经济发展的支柱性因素。水不仅影响着生产力的发展，也关系到社会的安定。我国人均径流量约相当于世界人均径流量的1/4，节约用水势在必行。

(1) 节水型水嘴

近年来各种节水、节能和低噪声的水嘴也在工程中得到了较广泛的应用，在出水口端部装有节水消声装置，一般节水消声装置内有数片滤网和孔板，可减小出水压力和噪声，使流水柔和而不溅。自动水嘴，利用光电元件控制启闭，使用时手放在水嘴下，挡住了光电元件即开启放水，使用完毕，手离开水嘴即关闭停水，不但节水节能且实现了无接触操作，清洁卫生可防止疾病的传染。

1) 陶瓷密封片系列水嘴

国家要求，自 2000 年 1 月 1 日起禁止使用螺旋升降式铸铁水嘴，积极采用陶瓷片密封水嘴。该水嘴是用优质黄铜作为体材，选用精密陶瓷磨片为密封元件，90°开关，具有密封性能好、耐磨、耐腐蚀、开关快速、无锈水和水锤声，运行 30 万次无漏水的特点；无用水时间短，不漏水。

2) 感应式水嘴

全自动感应水嘴是采用红外线感应原理或电容感应效应及相应的控制电路执行机构(如电磁阀开关)的连续作用设计制造而成；它适用于医院或其他特定场所，以避免交叉感染或污染。有交直流两种供电方式。感应式水嘴有水嘴过滤网，感应距离可自动调节，具有自动出水及关水功能，清洁卫生，用水节约。

3) 延时自动关闭(延时自闭)水嘴

延时自闭水嘴适用于公共建筑与公共场所，有时也可用于家庭。最大优点是可以减少水的浪费，据估计其节水效果约 30%，但要求较大的可靠性，需加强管理。

按作用原理延时自闭水嘴可分为水力式、光电感应式和电容感应式等类型。

水力型延时自闭式水嘴应用最为广泛，使用时只需轻压一下阀帽，水流即可持续 3～5s，然后自动关闭断流。延时自闭阀的构造形式不一，但基本原理是靠加压开启阀瓣，然后靠作用于其上下或前后的水压差缓慢关闭阀瓣，缓闭(延时)作用则借助于阀内的各种阻尼装置，延时关闭时间可根据需要调整(延长至1min)。水力延时自闭水嘴，有用于陶瓷洗面盆立式安装的，有类似普通水嘴横式安装的，有的增加续放功能，按下按钮向右旋，锁住按钮，持续放水，与普通水嘴相同。旋回按钮，延时数秒，水流停止。

光电感应与电容感应式水嘴的启闭是借助于手或物体靠近水嘴时产生的光电或电容感应效应及相应的控制电路、执行机构(如电磁开关)的连续作用。其优点是无固定的时间限制，使用方便，尤适于医院或其他特定场所以免交叉感染或污染。但是需要电源，安装维修不便，价格高。

4) 磁控水嘴

磁控水嘴是以 ABS 塑料为主材，并由包有永久高效磁铁的阀芯和耐水胶圈为配套件制作而成。工作原理是利用磁铁本身具有的吸引力和排斥力启闭水嘴，控制块与水嘴靠磁力传递，整个开关动作全封闭动作具有耐腐蚀、密封好、水流清洁卫生，节能和磁化水功能。启闭快捷，轻便，控制块可固定在水嘴上或另外携带，对控制外来用水有很好的作用。从而克服了传统水嘴因机械转动而造成的跑、冒、滴、漏现象。本产品由山西太原开发生产。

5) 手压、脚踏、肘动式水嘴

手压、脚踏式水嘴的开启借助于手压、脚踏动作及相应传动等机械性作用，释手或松脚即自行关闭。使用时虽略感不便，但节水效果良好。尤适用于公共场所，如浴室、食堂和公共卫生间等。肘动式水嘴靠肘部动作启闭，主要用于医院手术室以免术者手的污染，同时亦有节水作用。肘式充气水嘴，其主要特点是当水流通过散水器时即同少量空气相混合，形成比较柔和的充气水流，便于洗涤。

6) 停水自动关闭(停水自闭)水嘴

在给水系统供水压力不足或不稳定引起管路“停水”的情况

下，如果用户未适时关闭水嘴，则当管路系统再次“来水”时不免会使水大量流失，甚至会使水到处溢流造成损失。这种情况通常在供水不足地区和无良好用水习惯或一时疏忽的用户中时有发生。停水自闭水嘴在管路“停水”时，靠阀瓣或活塞的自重或弹簧复位关闭水流通道，管路“来水”时由于水压作用水流通道被阀瓣或活塞压得更加紧密故不致漏水。如需重新开启水嘴则需靠外力提升、推动阀瓣或活塞打开通道，它除具有普通水嘴的用水功能外还能在管路“停水”时自动关闭，以免发生上述现象。

7）节流水嘴

节流水嘴即加有“节水阀心”（俗称皮钱）、“节流塞”、“节流短管”的普通水嘴。由此可以减少因水嘴流量过大时人们无意识浪费的水量，据估计可节水达30%。

(2) 节水冲洗水枪

当操作者远离闸门(或水嘴)通过软管引水使用时，如肉类、海产品、罐头加工用水，食堂、菜市场、浴池、汽车冲洗用水，建筑工地用水，绿化用水等，往往会因不能及时关闭闸门(或水嘴)而造成水的浪费。这时如在软管末端装一带有开关的“水枪”，既可集中水流(用于冲洗)又可及时启闭“水枪”以节约用水。

(3) 冷、热水恒温混合器(水温调节器)

冷、热水恒温混合器主要用于机关、团体、旅馆以及社会上的公共浴室中，提供恒温热水的一种装置，也可以用于洗涤、印染、化工等行业中需要恒温热水的场合。可比冷、热水双调节约用水30%~50%以上。该混合器为自力式工作方式，即依靠液体的压力、温度驱动混水器自动工作，将进入混水器的冷、热水调整成规定温度的水。它不需要外接电源，因此，它是一种节水节能的产品。这种混水器只能用于热水与冷水的混合，而不能用于蒸汽与冷水的混合。

(4) 节水淋浴装置

淋浴用脚开关是各地公共浴室多年沿用的节水设施，其节水效果显著，但是使用不甚方便、卫生条件差、易损坏，亦存在水的内漏和外漏问题。近年已逐渐被新的淋浴节水器具所取代。

1）电磁式淋浴节水装置

简称“一点通”（丹东大禹电器公司）。使用时只需轻按控制器开关，电磁阀即开启通水，延续一段时间后电磁阀自动关闭停水，如仍需用水，可再按控制器开关。其节水效果益加显著。据已经使用的一百多家浴池统计，其节水效率约在48%左右。考虑到浴室的环境条件，淋浴节水装置的控制器采用全密封技术，防水防潮；采用感应式开关；其使用寿命≥500万次。采用电磁式淋浴节水装置的初次投资虽略为偏高，但可由节水节能效益于5～6月内回收全部投资。

2）节水喷头

由节流阀、球形接头、喷孔、裙嘴饼等组成。节流阀用以减小和切断水流，球形接头可改变喷头方向，喷孔可减小水流量并形成小股射流。当小股射流由周边带小孔的圆盘流出时撞到裙嘴侧缘被破碎成小水滴并吸入空气，于是充气水“水花”从裙嘴内壁以11°斜角喷出，供淋浴用。因充气水流的表面张力较小，故可更有效地湿润皮肤。

（5）卫生间节水器具

卫生间水主要用于冲洗便器。节水器具有冲洗便器的节水型低位冲洗水箱，节水型高位冲洗水箱，延时自闭、定时冲洗装置等形式。

1）节水型低位冲洗水箱

常见到的低位冲洗水箱多用直落上导向球型排水阀。这种排水阀仍有封闭不严漏水、易损坏和开启不便等缺点，导致水的浪费。近些年来逐渐改用翻板式排水阀。这种翻板阀开启方便，复位准确、斜面密封性好。此外以水压杠杆原理自动进水装置代替普通浮球阀，克服了浮球阀关闭不严导致长期溢水之弊。

2）节水型高位冲洗水箱

提拉虹吸式冲洗水箱的出现，解决了旧式提拉活塞式水箱漏水问题。近若干年来，人们把注意力转向减少一次性冲洗水量，以进一步节约用水。这方面的合理作法应当是：在保证卫生要求减少冲洗水箱有效容量即一次性冲洗水量的同时，相应地改变便器构造形式，以确保冲洗效果。事实上，有的经济发达国家已规定将水箱的有效容积减少至 7L。目前，我国各地的一般作法是改一次性定性定量冲洗为“两档”冲洗或所谓的“无级”非定量冲洗。这种作法显然比一次性定量冲洗节水，但后一种作法是否合乎卫生要求，尚存在不同看法。

据估计，采用新型冲洗水箱一般可节水 50%以上。

3）延时自闭冲洗装置

延时自闭冲洗装置多用于冲洗便器。它是为取代以往直接与便器相连的冲洗管上的普通闸阀而产生的。避免了普通闸阀使用不便、易损坏、水量浪费大以及逆行污染等问题。延时自闭冲洗装置具备延时、自闭、冲洗水量在一定范围内可调、防污染(加空气隔断)等功能，并应便于安装使用、经久耐用和价格合理等。

从目前见到的各种延时自闭冲洗阀的结构形式看多比较相似，虽型号名目繁多但尚难明确划分构造类型。不同品种延时自闭冲洗阀之间的区别主要在于实现延时自闭功能机构的具体构造、各部位的组合方式、启动机械和配件材质等。可说明延时自闭冲洗阀的基本组成部分和作用原理。揿动压把时，波纹管被压缩，则活塞开启通水；释放压把后，因缓冲装置的阻尼作用使活塞在波纹管弹力的作用下缓慢关闭(缓闭)而阻断水流。另外，在冲洗阀的出口侧设有空气阻断装置以防水流逆行污染。

4）自动冲洗装置

自动冲洗装置多用于公共卫生间，以克服手拉冲洗阀、冲洗水箱、延时自闭冲洗水箱等只能依靠人工操作而引起的弊端。例如，频繁使用或乱加操作造成装置损坏与水的大量浪费，或者是疏于操作而造成的卫生问题，医院的交叉感染等。

自动冲洗装置可分为水力自动冲洗装置和电气自控冲洗装置两类。水力自动冲洗装置由来已久，其最大的缺点是只能单纯实现定时定量冲洗，这样在卫生器具使用的低峰期(如午休、夜间、节假日等)不免造成水的大量浪费。电气自控冲洗装置有利于解决这种情况。

① 光电计数自动冲洗装置

光电计数自动冲洗装置依靠光电效应按(人员)计数情况实现自动冲洗。缺点是其工作环境不利、完全依赖外电源，一旦损坏或停电则不能工作。

② 时间自控冲洗装置

时间自控冲洗装置(丹东大禹电器公司)特点是正常情况下可按卫生器具高、低峰时间进行定时冲洗，冲洗周期在10～90min内可调，必要时夜间自动停止工作，断电时自动转入虹吸式水力自动冲洗。安装这种控制装置同普通虹吸式水箱相比，至少可节水80%以上，使用情况表明是一种较理想的冲洗控制装置，现已普遍推广应用。

5) 节水便器

使用时以人体坐势为特点的便器为坐便器。已经逐步取代蹲便器。可分为挂箱式、坐箱式和连体式；有下排污式和后排污式。坐便器的尺寸一般为：宽360～400mm，长720～760mm，前方空间为450～600mm，左右空隙为300～350mm。坐便器按结构型式可分为虹吸式、冲落式、喷射虹吸式和旋涡虹吸式。虹吸式坐便器采用下上水式，当形成水压后产生虹吸现象，实现冲洗，用水量较大；一般虹吸式坐便器每次冲水用量≤9L；喷射虹吸式和旋涡虹吸式坐便器每次冲水用量≤13L；冲落式坐便器采用直冲式冲洗，杂声较大；每次冲水用量≤9L。节水型坐便器每次冲水用量≤6L。

我国通过6L水便器配套系统JC/T 856—2000标准认证的

有：“美林”、“鹰牌”、“四维”、“吉事多”等国内品牌。

节水型坐便器的主要特点是：

① 冲水噪声小，噪声峰值小于45dB；

② 节水性能好，便器一次理想冲洗用水量不大于6L，试件能够全部冲入排污主管，便器内表面能够被全面冲洗，后续冲水量≥2.5L，存水湾水封水已被置换，小便3L冲洗；

③ 高档产品有抗菌效果；

④ 自洁性能好，便器坐圈有特殊设计的喷射孔，在污物排出后，便器的内表面能够全部被冲洗，且存水湾全部被施釉，使污物很难附着在管道内壁上，产品的使用寿命得到延长。

节水小便器有光电传感器反馈式小便器、红外线传感反馈式小便器、免冲式小便器、感应式小便器等。

(6) 无负压给水装置

国家城市供水条例规定“禁止在城市公共供水管道上直接装泵抽水”，因为水泵直接抽水产生负压影响邻近用户正常用水和管网供水安全。无负压给水装置(北京精铭泰公司)增压稳流满足了管网和用户的双重需要。

1) 无负压给水装置特点

① 可以直接与自来水管网串联对接，避免了二次供水造成的渗、冒、滴、漏和跑水环节，节水20%以上。自来水经设备加压后直接供到用户，全封闭结构，卫生性能好，彻底解决了普通供水设备的二次污染问题。而且节省了修建水池或设水箱的大量基建投资浪费，综合投资节省60%以上。

② 采用真空补偿专利技术，而不影响周围其他用户用水，由于设备与自来水管网直接串联，可充分利用自来水管网原有压力(传统水池或水箱供水系统，水泵是从零二次加压供水)，节能可达50%～90%以上。

③ 设备可模拟人脑，全自动控制，水压平衡，供水质量好。具有水源无水停机、小流量保压、水泵定时交换等多种功能，电脑智能化控制不作无用功，设备寿命长。停电不停水，停电后即

刻恢复自来水原有压力供水。

2）适用范围

适用于自来水压力不足地区的加压供水。特别适用于：

① 新建建筑生活用水。

② 低层自来水压力不能满足要求的消防用水。

③ 改造原有的气压供水设备，可以充分利用原有的气压罐。

④ 已经建好水池的，可以采用无负压设备与水池共用的供水方式，进一步节能。

⑤ 供水厂的一、二级及中间加压供水泵站。

⑥ 各种循环水系统。

3）技术参数

技术参数见表 13-27。

主要技术参数 **表 13-27**

流量范围(m^3/h)	0～5000	环境温度(℃)	0～40
压力范围(MPa)	0.05～2.5	相对湿度(%)	≤90(电控部分)
控制功率(kW)	≤550	电源	380V±10%， 50Hz±2Hz
压力调节精度(MPa)	≤0.01	稳流补偿器(m^3)	0.5～100

4）选用要点

该供水设备的选型是根据用户自来水进水量(即自来水管径、压力)、用户实际用水量、建筑物的高度等数据来确定的。设备选型参数表中所推荐的稳流补偿器的容积是按照自来水流量能满足要求的情况下确定的。如果自来水管径很细，流量不能满足高峰期用水要求时，则需要重新计算稳流补偿器的容积。

13.3.3 热水器

(1) 热水器的分类

热水器指局部热水供应用的燃气热水器、电热水器和太阳热水器。热水器的分类、主要特征及适用范围见表 13-28。

热水器分类、主要特征及适用范围　　表 13-28

<table>
<tr><th>热源</th><th colspan="2">分　类</th><th>主要特征</th><th>适用范围</th></tr>
<tr><td rowspan="7">燃气</td><td rowspan="5">给排气方式及安装位置</td><td>烟道式</td><td>燃烧所需空气取自室内，靠烟气和空气的温差将烟气通过排气筒排到室外，排气压力小，风大时会倒灌</td><td>低层住宅的设备间(有外窗)、厨房外阳台</td></tr>
<tr><td>强制排气式</td><td>燃烧所需空气取自室内，靠风机将烟气通过排气筒排到室外，抗风能力较强</td><td>住宅厨房、设备间(有外窗)、厨房外阳台</td></tr>
<tr><td>平衡式</td><td>燃烧室与室内空气隔离，靠自然抽力从室外吸取空气助燃，烟气排到室外，抗风能力强，安全性好</td><td rowspan="2">厨房、卫生间(有外窗)、设备间(有外窗)、厨房外阳台</td></tr>
<tr><td>强制给排气式</td><td>燃烧室与室内空气隔离，靠风机从室外吸取空气助燃，烟气排到室外，抗风能力更强，安全性好</td></tr>
<tr><td>室外式</td><td>本体设在室外，室内空气无污染，安全性好</td><td>室外墙面(快速式)、室外地面(容积式)、厨房外阳台(不封闭)</td></tr>
<tr><td rowspan="2">构　造</td><td>快速式</td><td>水在热水器本体流动，主燃烧器点火，使水快速加热。负荷较大，体积小，热效率高，可连续提供一定量的热水</td><td>可源源不断地提供热水，用于洗浴或洗涤</td></tr>
<tr><td>容积式</td><td>加热部分与贮热水箱成一体，容积大，价格较高</td><td>可用稳定水温向多处同时供热水，发热量比电高，升温时间短，但受给排气条件限制</td></tr>
</table>

续表

热源	分类		主要特征	适用范围
电	贮水式	封闭式	额定压力为0.6MPa，可向多处供热水，按安装方式分为落地式、壁挂(卧挂、竖挂)式、内藏式	可用稳定水温向多处同时供热水，发热量比燃气低，升温时间较长，但可设置在厨房、卫生间、设备间等处
		出口敞开式	额定压力为0MPa，出口连通大气，只能接指定的淋浴喷头和混合阀	只能供淋浴喷头
	快热式		水在热水器本体流动，通电使水快速加热，体积小，可连续提供一定量的热水	加热功率较大，不适宜用于住宅
太阳	集热器	平板型	金属吸热板中被加热的水直接进入贮水箱，结构简单，成本较低，抗冻能力较弱	寒冷地区冬季使用受到限制
		全玻璃真空管型	双层玻璃管，水流经玻璃管(或金属管)直接被加热，一般是将真空管直接插入非承压水箱，落水法取热水。也有采用金属热管组合的承压式及采用U型管组合的分离式。结构简单，价格适中，具有抗冻、耐压和耐冷热冲击能力	适用于寒冷地区全年使用
		热管真空管型	玻璃管内有带热管的金属吸热片，水不流经集热管，抗冻、耐压和耐冷热冲击能力强，价格较高	适用于寒冷地区全年使用。连接承压水箱，采用双循环系统，适用于各种规模的热水系统
	运行方式	自然循环	贮水箱与集热器连接在一起，即紧凑式	适合安装在平台上
		强制循环	贮水箱与集热器分离，放置在有一定距离的地方，即分离式	适合安装在平台上，斜屋面和阳台等位置

(2) 热水器的基本尺寸

1) 燃气快速热水器的基本尺寸见表13-29。

燃气快速热水器基本尺寸 表13-29

外形尺寸(mm)	宽度(310～370)×深度(108～215)×高度(500～700)
排气筒直径(mm)	烟道式 φ90～φ120，强排式 φ50～φ80
给排气筒直径(mm)	φ80～φ130
冷水管热水管管径	1/2″
燃气管管径	天燃气、液化气：1/2″；人工煤气：1/2″或3/4″

2) 燃气容积式热水器的基本尺寸见表13-30。

燃气容积式热水器基本尺寸 表13-30

贮水箱	筒径(mm)	φ360～φ670
	筒高(mm)	1270～1900
排气筒直径(mm)		φ80～φ120
燃气管直径		1/2″
冷水管、热水管直径		3/4″、11/4″

3) 贮水式电热水器的基本尺寸见表13-31。

贮水式电热水器基本尺寸 表13-31

安装型式	外形尺寸(mm)	冷水管热水管管径
卧挂式	(760～1150)×φ(350～450)	1/2″、3/4″
竖挂式	(450～1360)×φ(400～500)	
落地式	(450～1750)×φ(400～570)	

4) 太阳热水器的基本尺寸见表13-32。

太阳热水器基本尺寸 表13-32

外形尺寸(mm)	宽度	1000～2100
	高度	1150～1800
支架安装尺寸(mm)	宽度	600～1950
	高度	1200～2100
进出水管管径	一般产品1/2″，个别产品3/4″、1″	

(3) 选用要点

1) 不同类热水器比较

① 快速式(即热式)热水器的优点是可持续提供热水，但几处同时使用时会引起热水流量、压力和温度不平衡现象。

② 贮水式(容积式)热水器的优点是可同时向多处供热水。但因容积(贮水量)有限，需一段预热时间。燃气容积式热水器比贮水式电热水器升温快，但要解决给气排气等问题。相比之下，电热水器安全性高，可设置部位多。

③ 太阳热水器符合节能、环保要求，但受气候条件限制，需增设电加热器才能满足需要。此外，在屋面上安装不利于维修。

热水器的确定，应从供给、价格、节能、环保、建筑空间、施工安装和安全性等因素综合考虑，并结合市场供应的热水器品种进行选定。

2) 热水量计算

① 使用前预热及使用中还继续加热。以全天中最大连续使用时段的用水量(L)确定，并按50%～85%的用水量确定热水器的有效容积。对燃气容积式热水器宜选下限值，贮水式电热水器宜选上限值。

② 使用前预热，使用过程中不继续加热。如执行峰谷电价地区中使用贮水式电热水器，以及太阳热水器。应根据每人每日60℃热水用水定额确定每户每日的热水用量。

③ 燃气快速热水器，按使用器具的额定流量计算热水器的热水产率(L/min)。

3) 各种热水器的敷设要点

① 应保证热水器的最低启动水压。

② 对燃气容积式热水器和贮水式电热水器，给水管道上应设置止回阀；当给水压力超过热水器铭牌上规定的最大压力值时，应在止回阀前设减压阀。

③ 太阳热水器进水管宜就近集中布置于竖向管道井中。

④ 燃气热水器必须安装在不可燃材料建造的墙面上，必须

安装在能满足其给排气条件的空间内；安装间距和防火间距，给气口、排气筒、给排气筒和风帽等的设置应符合规定。

⑤ 不同容量壁挂式电热水器的湿重范围为 50～160kg，承重墙用膨胀螺钉固定支架；对轻质隔墙及墙厚小于 120mm 的砌体应采用穿透螺栓固定支架；对加气混凝土等非承重砌块用膨胀螺钉固定支架，并加托架支撑热水器本体。

⑥ 太阳热水器在屋面上安装，应采用屋面和支座结构施工中预埋钢板的方法，按屋面工程作法施工。对平屋面施工之后增设太阳热水器的情况，也可采用活动支座上预埋钢板的方法，对风力较大地区，应增设钢丝将热水器支架与主体结构上预埋件连接。太阳热水器安装应考虑防雷措施。

13.3.4 消防器具

(1) 室内消火栓设置要求

室内消火栓设置要求见表 13-33。

室内消火栓设置要求　　表 13-33

<table>
<tr><th colspan="2" rowspan="2">建筑物类别</th><th colspan="2">消火栓参数选择</th><th colspan="2">消火栓种类选择</th></tr>
<tr><th>每个消火栓流量(L/s)</th><th>消火栓栓口直径(mm)</th><th>普通消火栓</th><th>减压消火栓</th></tr>
<tr><td rowspan="2">低层和多层建筑</td><td>(1) 高度≤24m、体积≤10000m³的厂房。
(2) 面积 5001m²～10000m² 的商店、病房、教学楼。
(3) 7～9 层住宅</td><td>2.5</td><td>DN50</td><td rowspan="5">消火栓栓口出水压力不超过 0.5MPa 时</td><td rowspan="5">消火栓栓口出水压力超过 0.5MPa 时</td></tr>
<tr><td>需要设室内消火栓的其他低层和多层建筑</td><td>5</td><td>DN65</td></tr>
<tr><td colspan="2">高层建筑</td><td>5</td><td>DN65</td></tr>
<tr><td colspan="2">人防地下室(除去不需要设消防给水的建筑面积小于 300m² 的人防工程)</td><td>5</td><td>DN65</td></tr>
<tr><td colspan="2">汽车库(除去不需要设消防给水的耐火等级为一、二级且停车数不超过 5 辆的汽车库和车位不超过 2 辆的修车库)</td><td>5</td><td>DN65</td></tr>
</table>

只有在 18 层及 18 层以下、每层不超过 8 户且建筑面积不超过 650m² 的塔式住宅，当设两根消防竖管有困难时，采用双阀双出口型消火栓。

(2) 室内消火栓种类

室内消火栓种类见图 13-4。

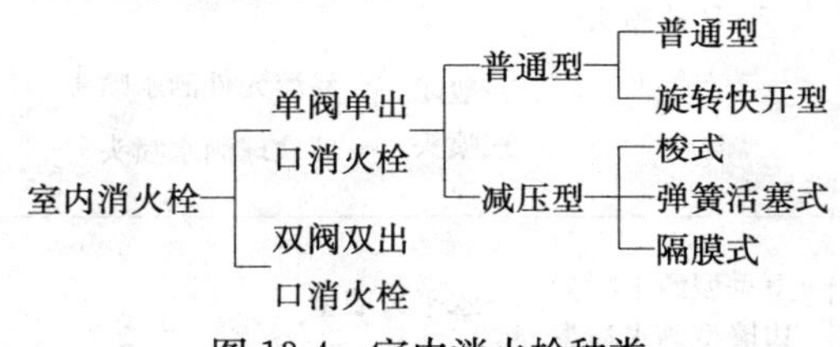

图 13-4　室内消火栓种类

(3) 水枪与水带的选用

水枪与水带配置要求见表 13-34。

水枪与水带配置要求　　**表 13-34**

建筑物类别	每支水枪流量(L/s)	水枪喷嘴口径	水带口径(mm)	水带接口(mm)
低层和多层建筑	≥2.5	16mm(个别情况下，根据流量计算，也可采用口径为 13mm 的水枪)	DN50	KD50
低层生产用房、体育馆、剧院、礼堂等	≥5.0			
高层民用建筑		19mm	DN65	KD65
人防地下室				
汽车库				

注：1. 一般宜采用防腐性能好的化纤衬胶水带。水带的长度可分为 10m、15m、20m、25m 几种。消防电梯前室消火栓处宜配备较短的水带，高层建筑配备的水带不应超过 25m。

2. 一幢建筑物内，包括高层建筑的主体建筑和裙房，应采用同一口径的室内消火栓和水带。

(4) 喷头

1) 喷头的分类

种类很多，根据结构和用途的不同分类见图 13-5。

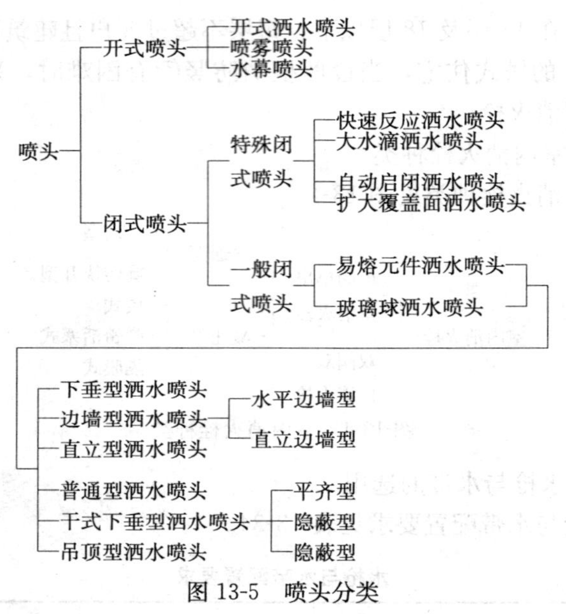

图 13-5　喷头分类

2）一般闭式喷头

① 常用玻璃球闭式喷头的规格型号见表 13-35。

常用玻璃球闭式喷头的规格型号　　表 13-35

喷头型号				连接螺纹（in）	公称动作温度（℃）	最高环境温度（℃）	工作液色标
普通型	边墙型	直立型	下垂型				
ZSTP15/57	ZSTB15/57	ZSTZ15/57	ZSTX15/57	ZG1/2	57	27	橙
ZSTP15/68	ZSTB15/68	ZSTZ15/68	ZSTX15/68	ZG1/2	68	38	红
ZSTP15/79	ZSTB15/79	ZSTZ15/79	ZSTX15/79	ZG1/2	79	49	黄
ZSTP15/93	ZSTB15/93	ZSTZ15/93	ZSTX15/93	ZG1/2	93	63	绿
ZSTP15/141	ZSTB15/141	ZSTZ15/141	ZSTX15/141	ZG1/2	141	111	蓝

② 易熔合金闭式喷头的规格型号见表 13-36。

③ 闭式喷头温度等级的选择和最大净空高度

易熔合金闭式喷头的规格型号 **表 13-36**

喷头型号			公称动作温度(℃)	最高环境温度(℃)	轭臂色标
直立型	下垂型	边墙型			
ZSTZ15/72T	ZSTX15/72T	ZSTB15/72T	72	42	本色
ZSTZ15/98Y	ZSTX15/98Y	ZSTB15/98Y	98	68	白
ZSTZ15/142Y	ZSTX15/142Y	ZSTB15/142Y	142	112	蓝

闭式喷头温度等级应严格按环境温度来选，选用的喷头公称动作温度应比安装环境的最高温度高 30℃左右，具体参考表 13-37。

闭式喷头动作温度的选择 **表 13-37**

喷头设置场所		喷头公称动作温度(℃)
建筑的走道、大厅、餐厅、多功能厅、办公室、客房、仓库等处		68
建筑吊顶、玻璃屋顶下、厨房等处		79
蒸汽压力小于 0.1MPa 的散热器	附近 2m 以内的空间	121～149
	附近 2～6m 以内空间	79～107
有保温层的蒸汽管道上方 0.76m 两侧 0.3m 以内的空间		79～107
无绝热层无通风的木板或瓦楞铁皮房顶的闷顶内，不通风的密封空间和搁楼内，以及受日光曝晒的玻璃天窗下		79～107
不通风的橱窗内、装有高功率电气照明设备的吊顶附近		79～107
锅炉房、洗衣房等处		93
低压蒸汽安全阀旁 2m 以内空间		121～149
大型炊事设备及通风空调系统附近的特殊场所		应实测最高环境温度，提高 30℃选择公称动作温度

闭式喷头适用场所的最大净空高度应符合表 13-38 的规定。

闭式喷头适用场所最大净高　　表 13-38

设　置　场　所	闭式喷头适用场所最大净空高度(m)
一般建筑和生产房	8
仓库	9
采用快速响应早期灭火喷头的仓库	12

净空高度大于 800mm 的闷顶和技术夹层内敷设有普通电线、电缆，且未采取其他有效措施时，应设喷头；敷设的电线设有金属套管或硬聚氯乙烯管、全封闭防火线槽保护或采用防火电缆、托盘，风管采用玻璃棉等不燃材料保温，且无其他可燃物时，可不设喷头(电缆层除外)。

3）特殊闭式喷头

特殊闭式喷头主要有以下几种：

① 快速响应洒水喷头

快速响应洒水喷头反应动作比普通喷头快，进口产品可达 5～6 倍。国产快速反应喷头的型号与参数见表 13-39。

国产快速反应喷头　　表 13-39

<table>
<tr><th>种　　类</th><th>大口径
快速反应喷头</th><th colspan="2">特大口径快速反应喷头</th><th>快速反应
低压喷头</th></tr>
<tr><td>型　　号</td><td>ZSTP-13.5
（普通型）
ZSTZ-13.5
（直立型）
ZSTX-13.5
（下垂型）
ZSTB-13.5
（边墙型）</td><td>ZSTZ-16.3
（直立型）
ZSTX-16.3
（下垂型）</td><td>ZSTZ-17.5
（直立型）
ZSTX-17.5
（下垂型）</td><td>ZSDTX-20
（下垂型）
ZSDTZ-20
（直立型）
ZSDTB-20
（边墙型）</td></tr>
<tr><td>口径(mm)</td><td>13.5</td><td>16.3</td><td>17.5</td><td>20</td></tr>
<tr><td>连接螺纹</td><td>1/2″、3/4″</td><td colspan="2">3/4″</td><td>3/4″</td></tr>
<tr><td>K 值</td><td>111.5</td><td>163</td><td>200</td><td>115±9</td></tr>
<tr><td>RTI 值
$(m\cdot s)^{1/2}$</td><td>34、35</td><td colspan="2">34、55</td><td></td></tr>
</table>

续表

种　类	大口径快速反应喷头	特大口径快速反应喷头		快速反应低压喷头
动作温度（℃）	57、68、79、93	68、93、141		57、68
工作压力（MPa）	0.1～0.5	0.0534～0.12	0.046～0.193	
适用场所	1. 公共娱乐场所、中庭环廊； 2. 医院、疗养院的病房及治疗区，老年、少儿、残疾人活动场所； 3. 超出水泵接合器供水高度的楼层； 4. 地下的商业及仓储用房			楼层不高、面积不大、建筑耐火等级较低，但火灾隐患较大的中小型文化娱乐场所

② 扩大覆盖面洒水喷头

扩大覆盖面洒水喷头喷射覆盖面大，进口产品可达宽4.85m×喷远7.30m。

③ 大水滴洒水喷头

④ 自动启闭洒水喷头

适用于图书馆、博物馆、电脑间及升降机房、杂物及垃圾处理间等高火灾隐患场所。

4）开式喷头

开式喷头的分类、性能与技术参数见表13-40。

开式喷头的分类、性能与技术参数　　表13-40

分　类	型　号	适用系统	原理及使用场所	公称直径（mm）	*K*值	安装方式
开式洒水喷头	ZSTK-15（双臂或单臂）	雨淋系统	系去掉热敏元件和密封件的闭式喷头。支架有单臂和双臂之分。开启时形似下雨降水、用于危险性大、火灾蔓延快的场所	*DN*15	80	下垂型、直立型、边墙型

续表

<table>
<tr><th colspan="3">分类</th><th>型号</th><th>适用系统</th><th>原理及使用场所</th><th>公称直径(mm)</th><th>K值</th><th>安装方式</th></tr>
<tr><td rowspan="6">水幕喷头</td><td rowspan="4">幕帘式</td><td rowspan="3">缝隙式</td><td>ZSTM-15</td><td rowspan="6">水幕系统</td><td rowspan="3">有单缝隙和双缝隙两种，喷洒角度分别为190°和150°，能起冷却和分隔作用。常用于舞台口和生产装置的分隔</td><td rowspan="3">DN15</td><td>43.5</td><td rowspan="3">下垂型安装并和保护面成45°角</td></tr>
<tr><td>ZSTM-10</td><td>40.5</td></tr>
<tr><td>ZSTM-6</td><td>24.0</td></tr>
<tr><td>雨淋式</td><td>同开式洒水喷头</td><td>能造成防火水幕带，起防火分隔作用，开口部位大，常用于一般水幕难以阻止火势的扩大和蔓延的部位</td><td></td><td></td><td></td></tr>
<tr><td>窗口式</td><td></td><td></td><td>常用于防止火灾通过窗口蔓延，或增强窗扇、防火卷帘、防火幕的耐火能力而设置</td><td></td><td></td><td></td></tr>
<tr><td>檐口式</td><td></td><td></td><td>用于防止邻近建筑火灾对屋檐的威胁，或增加屋檐的耐火能力而设置</td><td></td><td></td><td></td></tr>
<tr><td rowspan="2">喷雾喷头</td><td>高速喷雾</td><td colspan="2">ZSTW(B)</td><td rowspan="2">水喷雾系统</td><td>属离心雾化喷头，体积小、雾化均匀、喷出速度高、贯穿力强，可用于可燃性液体火灾扑救和电力设备的保护</td><td>DN15
DN20
DN25</td><td>16～160</td><td>下垂方向安装或水平方向安装</td></tr>
<tr><td>中速喷雾</td><td colspan="2">ZSTW6～14</td><td>属撞击雾化喷头，结构简单，对需要保护的设备提供整体保护</td><td>DN15</td><td>28～15</td><td>下垂安装成45°角</td></tr>
</table>

(5) 桨状水流指示器

水流指示器是用来监控管网内的水是否流动。其工作原理是利用水流的冲击力引起机械动作，再转换成电信号输出，传送至报警控制器，以声、光信号显示，指示管网内水的流动的一种报警装置。

国产桨状水流指示器的规格、性能见表 13-41。

国产桨状水流指示器的规格、性能　　表 13-41

型号	ZSJZ 型桨状水流指示器
规格	*DN*50、65、80、100、125、150、200
工作压力(MPa)	1.2(或 0.14～1.6)
延时(s)	各厂不同(20～30、2～90、0.4～60)
最低动作流量(L/min)	15～40(或 17～45)
触点容量	DC24V 3A 或 AC220V 5A
连接形式	螺纹、法兰、插入焊接、法兰对夹

13.3.5　防爆地漏和防爆波地漏

(1) 防爆地漏

1) 适用范围：适用于新建或改建各类防空地下室中的扩散室、洗消间、防毒通道等需冲洗房间的排水地漏装置。经模拟核爆炸试验，能正常工作，达到 5 级人防的抗爆要求。

2) 原理及用途：安装在人防工程的排水管道处，平时地漏处于开启状态(*A* 位)，保证正常排水；战时地漏盖下降，逆时针旋紧后封闭排水口(*B* 位)，防止冲击波、毒气进入防护区，并可遏止地下水倒灌。

(2) 防爆波地漏

1) 适用范围及工作原理

该产品安装于通向人防防护区外的排水管上的防护区内端，平时处于关闭状态。将该漏芯放置在阀腔里，并顺时针方向旋转 60°即可完全密闭锁紧(反之逆时针方向旋转 60°即可退出)，密闭时可防止爆炸冲击波及其他毒气由管道进入防护体，起到安全防护作用。战时该地段染毒需进行清洗时，将地漏打开，进行排水。

防爆波地漏，经模拟核爆炸试验，完全能够正常工作，达到 5 级人防的抗爆要求。

2）主要技术参数

① 抗爆炸冲击波正压≥0.1MPa。

② 适用介质：无腐蚀性及无杂物水。

③ 防护效率＞95％。

（3）不锈钢防爆地漏

1）适用范围

不锈钢防爆防毒防溢防臭地漏，是根据人防工程需要并充分考虑平战结合的原则而研制的最新产品。适用于5级、6级人防工程的染毒区和清洁区。

2）工作原理

安装在人防工程的排水管道处，平时地漏处于开启状态，保证正常排水。战时地漏漏盖下降，逆时针旋紧后封闭排水口，防止冲击波、毒气进入人防区，并可遏止地下水倒灌。

带止水筋地漏适用于地下二、三层工程需要。

（4）防爆、防毒地漏

1）适用范围

防爆、防毒地漏是安装在防空地下室内排水管道地漏处，取代了普通地漏。平时地漏处于开启状态，保证正常排水，并防止臭气。战时将地漏的漏盖下降旋转后能紧紧封闭排水口，防止冲击波及毒剂进入防空地下室内。

该产品适用于5级和6级各类防空地下室中的扩散室、洗消间防毒通道等冲洗房间的排水地漏装置，也可用于国防工程。

2）技术性能

介质要求：无腐蚀及无杂物的水，水温1～100℃。

静压试验：≥1MPa。

3）配套件

各种型号地漏配备标准90°及三通管道供安装使用。

（5）防爆防毒防溢地漏

1）适用范围

防爆防毒防溢地漏适用于5级和6级各类地下工程中的染毒

区和清洁区排水地漏装置。

该产品安装在地下工程的排水管道处，平时地漏处于开启状态，保证正常排水，战时地漏下降，逆时针旋紧后封闭排水口，防止冲击波、毒气进入，能有较好控制臭气外溢。

2）选用要点

① 依据有关规范规定及设计需要排水量，选用不同型号产品。

② 选用时要特别注意楼板开洞尺寸的确定，以利施工、安装。

13.3.6 室内散热设备

（1）散热器

1）散热器分类见表13-42。

散热器分类表　　表13-42

分类方式	分　　类	说　　明
传热方式	辐射器	通过辐射和对流两种方式共同散热
	对流器	基本只靠对流方式散热
材　质	铸铁制	
	钢制	包括不锈钢制
	铝制	
	铜制	
	复合金属制	二种或二种以上金属材料制

2）技术条件见表13-43。

薄钢板制作的钢制散热器，铝型材焊接而成的柱翼型散热器、压铸铝合金单片组装型散热器，必须有可靠的内表内防蚀保护。采用普通钢制散热器闭式供暖系统，水质符合标准要求时；采用于独立的户式中性水质二次水供暖系统时；或供暖系统为带阻氧层的塑料类管材时及采用灰铸铁散热器时无需进行内防蚀保护条件。

技术条件汇总表 **表 13-43**

<table>
<tr><th colspan="2">分　类</th><th>名　　称</th><th colspan="2">工作压力
(MPa)</th><th>材　　质</th></tr>
<tr><td rowspan="14">辐射器</td><td rowspan="3">铸铁制</td><td>柱型</td><td>0.5</td><td>0.8</td><td rowspan="3">HT150
(不得低于 HT100)</td></tr>
<tr><td>翼型</td><td colspan="2" rowspan="2">0.5</td></tr>
<tr><td>柱翼型</td></tr>
<tr><td rowspan="6">钢　制</td><td>柱塞</td><td colspan="2">0.6</td><td rowspan="3">A3 或 B2F</td></tr>
<tr><td>板型</td><td colspan="2">0.6</td></tr>
<tr><td>扁管型</td><td colspan="2">0.8</td></tr>
<tr><td>闭式串片型</td><td colspan="2">1.0</td><td>低碳钢管/薄钢板</td></tr>
<tr><td>钢管型</td><td colspan="2">1.2</td><td>St12</td></tr>
<tr><td>卫浴型</td><td colspan="2">1.2</td><td>无缝钢管</td></tr>
<tr><td rowspan="2">铝　制</td><td>柱翼型</td><td colspan="2">0.8</td><td rowspan="2">LD31</td></tr>
<tr><td>压铸铝合金单片组装型</td><td colspan="2">1.2</td></tr>
<tr><td>铜　制</td><td>卫浴型</td><td colspan="2">1.2</td><td>TP2</td></tr>
<tr><td rowspan="2">双金属复　合</td><td>铜铝复合柱翼型</td><td colspan="2">1.0</td><td>TP2/LD31</td></tr>
<tr><td>钢铝复合柱翼型</td><td colspan="2">1.0</td><td>无缝钢管/LD31</td></tr>
<tr><td rowspan="3">对流器</td><td>钢　制</td><td>翅片管对流型</td><td colspan="2">1.0</td><td>低碳钢管/钢带</td></tr>
<tr><td rowspan="2">铜　管
铝　片</td><td>连续敷设对流型</td><td colspan="2">1.5</td><td rowspan="2">TP2/铝片</td></tr>
<tr><td>单体对流型</td><td colspan="2">1.2</td></tr>
</table>

注：试验压力应为工作压力的 1.5 倍。

3）相关标准

相关标准见表 13-44。

相关标准汇总表 **表 13-44**

名　　称	执行标准	备　　注
钢制柱型散热器	JG/T 1—1999	JGJ 29.1—86 废止
钢制板型散热器	JG/T 2—1999	JGJ 29.2—86 废止
采暖散热器系列参数、螺纹及配件	JG/T 6—1999	JGJ 31—86 废止

续表

名　　称	执行标准	备　　注
采暖散热器散热量测试方法	GB/T 13754—1992	JG 32—86 废止
钢制闭式串片散热器	JG/T 3012.1—1994	
钢制扁管散热器	钢制扁管散热器技术条件	暂　　行
钢制翅片管对流散热器	JG/T 3012.2—1998	
灰铸铁柱翼型散热器	JG/T 3047—1998	
灰铸铁柱型散热器	JG 3—2002	JGJ 30.1—86 废止
灰铸铁翼型散热器	JG 4—2002	JGJ 30.2—86 废止
铝制柱翼型散热器	JG 143—2002	
灰铸铁圆翼型散热器	淘汰产品	JGJ 30.3—86 废止
钢管散热器		报　批　中

4）选用要点

① 散热器厂家提供的技术资料需包括：产品工艺状况、规格型号、外形尺寸、不同温差和流量下的散热量表，散热器阻力系数或不同流量时的水流阻力、价格，以及产品的售后服务保证等。

② 若设计使用要件（如计算温度差、设计流量）不同，则应按设计条件对标准散热量 Q 给予修正。需要注意，铝制柱翼型散热器标准中规定的散热量为“名义散热量”，与检测得出的标准散热量 Q 不同。

③ 由薄钢板制造的轻型散热器，使用条件是在非采暖季节能够满水保养的密闭式供暖系统。

④ 耐用性良好的轻型散热器，是以铜管或水煤气钢管为过水元件或具有合格内表面防蚀保护的散热器。

⑤ 铜管散热器应采用 TP2 无氧铜管。

⑥ 铸铁散热器和其他各种散热器，内腔均应清洁无砂和无其他加工残留物。

⑦ 辐射型散热器外表面不应采用含有金属的涂料，如银粉漆或金粉漆。

⑧ 禁止铝制散热器的铝制螺纹与系统钢管直接连接。

⑨ 散热器宜配套使用产品的专用配件。

(2) 辐射板采暖

辐射板是由金属管或板构成的块状板、带状板、地板，以辐射传热为主的散热设备。

1) 分类：辐射板采暖分类见表 13-45。

辐射板采暖分类表 **表 13-45**

序号	品　种	使用场所	主要功能和特点
1	金属吊顶辐射板	适用于高度 3～30m 建筑的全面或局部工作地点采暖	根据需要选择不同的安装角度，高度和热媒的最高温度。主要有钢板、钢管组合和铝板、钢管组合两种类型
2	燃气红外线柔强辐射器	适用于高大空间的采暖	由热能发生器、电子激发器、发热室、辐射管、反射器、真空泵和电控箱组成。辐射表面产生 2～10μm 的热能辐射波，经上部的反射器导向被辐射表面进行加热
3	热水辐射采暖地板	住宅、高大空间的房间、游泳池等	以不高于 60℃的热水作热媒，由热源、热媒集配装置和辐射地板构成。加热管采用交联铝塑复合管(XPAP)，交联聚乙烯管(PE-X)，聚丁烯管(PB)，无规共聚聚丙烯管(PP-R)

2) 选用要点

① 设计按《采暖通风与空气调节设计规范》(GB 50019)要求进行。

② 根据房间热负荷乘以修正系数，进行辐射采暖地板形式、规模的选择。

③ 热水地板辐射采暖是以热水作为热媒，将加热管埋设在地板中，在采暖空间进行自下而上的低温辐射供暖。地板辐射采暖基本结构自上而下为地面层、填充层、加热管、固定网层、防

潮层、热绝缘层、找平层。低温热水地板辐射采暖设计水温不超过 60℃，供、回水温差宜小于或等于 10℃（详见 12.3.2 之(5)地板辐射采暖要点）。

13.3.7 燃气灶具

燃气灶具指家用燃具和公用燃具及沸水器等。

(1) 燃气灶具分类

燃气灶具分类、使用场所及主要功能见表 13-46。

燃气灶具分类 **表 13-46**

<table>
<tr><th>序号</th><th>品 种</th><th colspan="2">分 类</th><th>使用场所</th><th>主要功能</th></tr>
<tr><td rowspan="7">1</td><td rowspan="7">家用燃具</td><td rowspan="2">燃气灶</td><td>双眼灶</td><td rowspan="2">住宅厨房</td><td rowspan="2">供炊事、烧开水</td></tr>
<tr><td>带烤箱的多眼灶</td></tr>
<tr><td rowspan="2">燃气热水器</td><td>强排式</td><td>住宅厨房</td><td rowspan="2">供生活热水</td></tr>
<tr><td>平衡式</td><td>住宅厨房、卫生间</td></tr>
<tr><td>壁挂式两用炉</td><td>强排式、平衡式</td><td>住宅厨房或设备间</td><td>供采暖和生活热水</td></tr>
<tr><td rowspan="2">烹 炒</td><td>爆炒 鼓风灶</td><td rowspan="2">厨房副食间</td><td rowspan="7">烹调</td></tr>
<tr><td>炒菜灶</td></tr>
<tr><td rowspan="7">2</td><td rowspan="7">公用燃具成品灶（或砌筑）</td><td rowspan="2">蒸 箱</td><td>多门</td><td rowspan="2">厨房主食间</td></tr>
<tr><td>单门</td></tr>
<tr><td>大锅灶</td><td>砌筑灶、成品灶</td><td rowspan="3">厨房主、副食间</td></tr>
<tr><td>炊事专用灶</td><td>西餐灶、烧烤灶、烘烤炉等</td></tr>
<tr><td>汤锅灶</td><td>汤锅、砂锅</td></tr>
<tr><td>3</td><td>燃气沸水器</td><td></td><td>方形、圆形</td><td>食堂、开水炉间</td><td>供饮用水</td></tr>
</table>

(2) 选用要点

1) 按照厨房炊事要求和烹调特点选用灶具。灶具需适用当地气源，满足性能指标，安全使用指标。耐用及耐振性指标。

2）家用燃用须安装在专用厨房内。房间层高不低于 2.2m。

3）设在地下室、半地下室的厨房要有送、排风及安全报警器系统，设事故排风与报警系统，燃气紧急切断阀联动。液化石油气严禁引入地下室、半地下室。

4）住宅厨房的容积热负荷要低于 2.1MJ/(m^3 · h)。如厨房每小时通风量达到厨房容积的 5 次换气量，容积热负荷可低于 3.35MJ/(m^3 · h)。为安全可靠，必须确保厨房的通风换气。

5）公用及生产燃具要求设专用烟道。

(3) 定购要点

定购时需注明使用燃气的气种，灶的功能、特点，具体要求，热负荷、尺寸等。

14　建筑电气材料

建筑电气工程通过输配电线路系统，对建筑物内生产、生活用电设施提供电能，满足建筑物预期的使用功能和安全要求。建筑电气系统是建筑物的心脏系统，由发电、变电、输电、配电和用电等相关系统组成。本章介绍一般建筑物内输电、配电和用电材料。

14.1　概　述

14.1.1　基本电气材料种类和性能

(1) 导电材料种类和特性

1) 导电材料功能分类

常用导电材料按使用功能分为十类，其种类、特点及用途见表 14-1。

常用金属导电材料　**表 14-1**

序号	类别	特　点	用　途
1	一般导电金属材料	具有高导电性，足够的机械强度，不易氧化，不易被腐蚀，容易加工与焊接	主要用于输送电能，传输信号和实现电磁能量的转换，如铜、铝导体、电磁线
2	电触头材料	良好的导电、导热、耐电磨损性能和抗熔焊性能，接触电阻小	主要用于开关电器中的触头
3	电阻合金	具有高电阻率，电阻温度系数小，稳定性好，机械强度高	主要用于制造电阻元件

续表

序号	类别	特　点	用　途
4	电热材料	电阻率较高，在高温下具有良好的抗氧化性能	主要用于各种电阻加热设备的发热元件，将电能转换为热能
5	熔体材料	一般具有如下特性：熔点低，比热、熔化潜热和气化潜热小，热导率高，蠕变和疲劳强度高，加工性好	主要用作熔断器熔体材料
6	热电偶材料	具有特定的热电特性，工作温度范围大，精确可靠	用于制造热电偶，进行温度的测量和控制
7	热双金属材料	具有不同热膨胀系数的组合	用于制造热双金属片
8	弹性合金材料	具有良好的弹性及不同的特殊性能，如导电性、无磁性或导磁性、耐热性、耐磨性	用于制造电气仪表中的弹性元件
9	电炭制品	主要由石墨等构成，其导电性能、导热性能良好，耐高温等	主要用于电机电刷、石墨电极、弧光照明等
10	超导材料	当温度达到某一临界温度后，导体的电阻消失，具有完全抗磁性等特性	

2）导电材料基本导电特性

① 电阻率：单位长度、单位截面积的导体所具有的电阻，称为电阻率。符号为 ρ，单位是 $\Omega \cdot mm^2/m$，或 $\Omega \cdot m$。

② 电导率：电阻率的倒数称为电导率，符号为 γ，单位是 $m/\Omega \cdot mm^2$。

③ 电阻温度系数：常用金属导体的电阻随温度升高而增加，在一定温度范围内，导体电阻与温度呈线性关系。表明在此温度

范围内电阻这一特性称为电阻温度系数。

④ 导体的交流电阻：交流电流流过导体时，由于交流电流的集肤效应，电流主要流经导体表面和距表面一定深度的导体内，使得这部分导体电流密度增加，而另一部分的导体利用率下降，实际上等于减小了导体的截面，因而导体的交流电阻大于直流电阻。

3）常用金属导电材料特性及用途

常用金属导电材料主要特性及用途见表 14-2。

常用金属导电材料主要特性及用途　　表 14-2

序号	名称	符号	主要特性	主要用途
1	银	Ag	有最好的导电性和导热性，抗氧化性好，易压力加工，焊接性好	航空导线、耐高温导线，射频电缆等导体和镀层，瓷电容器极板等
2	铜	Cu	有好的导电性和导热性，良好的耐蚀性和焊接性，易压力加工	各种电线、电缆用导体，母线和载流零件等
3	金	Au	导电性仅次于银和铜，抗氧化性特好，易压力加工	电子材料等特殊用途
4	铝	Al	有良好的导电性、导热性、抗氧化性和耐蚀性，比重小，易压力加工	各种电线、电缆用导体，母线、载流零件和电缆护层等
5	钠	Na	比重特小，延展性好，熔点低，活性大，易与水作用	有可能作实用的导体
6	钼	Mo	有高的硬度和抗拉强度，耐磨，熔点高，性脆，高温易氧化，需特殊加工	超高温导体，电焊机电极，电子管栅极丝及支架等
7	钨	W	抗拉强度和硬度很高，耐磨，熔点高，性脆，高温易氧化，需特殊加工	电光源灯丝，电子管灯丝及电极，超高温导体和电焊机电极等

续表

序号	名称	符号	主要特性	主要用途
8	锌	Zn	耐蚀性良好	导体保护层和干电池阴极等
9	镍	Ni	抗氧化性好，高温强度高，耐辐照性好	高温导体保护层，高温特殊导体，电子管阳极和阴极等零件
10	铁	Fe	机械强度高，易压力加工，电阻率比铜大6～7倍，交流损耗大，耐蚀性差	在输送功率不大的线路上作广播线，电话线和爆破线等
11	铂	Pt	抗氧化性和抗化学溶剂性等好，易压力加工	精密电表及电子仪器的零件等
12	锡	Sn	塑性高，耐蚀性好，强度和熔点低	导体保护层，焊料和熔丝等
13	铅	Pb	塑性高，耐蚀性好，比重大，熔点低	熔丝，蓄电池极板和电缆护层等
14	汞	Hg	液体，沸点为357℃，加热易氧化，蒸汽对人体有害	水银整流器，水银灯和水银开关等

4）特种导电材料种类和特性

① 电阻材料：电阻材料的基本特性具有高的电阻率和很低的电阻温度系数，稳定性好。电阻材料主要用于调节元件、电工仪器（如电桥、电位差计、标准电阻）、电位器、传感元件等。常用电阻材料的种类、性能及主要用途见表14-3。

常见电阻材料的种类和特性　　表14-3

序号	名　称	最高工作温度（℃）	性　　能	主要用途
1	康铜	500	抗氧化性能良好	用作调节电阻
2	新康铜	500	抗氧化性能比康铜差，价较廉	用作调节电阻
3	镍铬	500	焊接性能较差	用作起动电阻
4	锰铜（0、1、2级）	45	电阻稳定性高，焊接性能好，抗氧化性能较差	仪器仪表用

续表

序号	名　称	最高工作温度(℃)	性　　能	主要用途
5	锰铜（F1、F2 级）	80	电阻对温度曲线较平坦	用作分流器
6	硅锰铜	45	电阻对温度曲线较平坦	一般仪表用
7	镍铬铝铁	125	高电阻率，强度高	小型高阻元件用
8	镍锰铬钼	125	高电阻率，强度高	小型高阻元件用

② 电热材料：电热材料主要用于电阻加热设备中的发热体，作为电阻接入电路中，将电能转换为热能。因此，电热材料必须具有高的电阻率，耐高温，抗氧化性好，电阻温度系数小，便于加工成形等优点。常用电热材料的种类、特性及用途见表 14-4。

常用电热材料的种类及特性　　表 14-4

序号	名　　称	工作温度(℃)	特　　性	用　　途
1	镍铬合金	900～1150	电阻率较高；加工性能好，可拉成细丝；高温强度较好，用后不变脆	适用于移动式设备；具有奥氏体组织，基本上无磁性
2	铁镍铝合金	900～1400	抗氧化性能比镍铬好；电阻率比镍铬高，密度较小，用料省；不用镍，价较廉；高温强度低，且用后变脆	适用于各种固定式设备；加工性能稍差；具有铁素体组织，有磁性
3	高熔点纯金属（铂、钼、钽、钨）	1300～2400	铂可在空气中使用，但其氧化物在高温下挥发影响使用寿命。钨、钼须在惰性气体、真空及氢中使用。钽除不适用于氢以外，其他同钨、钼；电阻率较低，电阻温度系数较大(须配调压装置，开始加热时须降低电压，防止电流过大)，材料价高	适用于实验室或特殊电炉
4	石墨	3000	电阻率较低(须配大电流低电压调压器)	适用于真空或保护气氛中使用

③ 熔体材料：熔体材料主要用于熔断器的熔体，按其熔断特性分为两大类，基本特性及用途见表 14-5。

熔体材料的分类及基本特性　　　　表 14-5

序号	类别	材料	基本特性	用途
1	高熔点纯金属熔体材料	银、铜、锡、铅、锌等	熔点高，熔化时间短	用于快速熔断器或高性能熔断器，作短路保护
2	低熔点合金熔体材料	由不同成分的铋、镉、锡、铅、锑、铟等组成	熔点低，比热小，熔化时间较长，对温度反应敏感	广泛用于保护电炉、电热器等的过热负荷保护

④ 电触头材料：电触头材料分类、用途、品种及基本特性见表 14-6。

常用电触头材料的分类及特性　　　　表 14-6

序号	类别		品种	特性
1	强电用	复合触头材料	银-氧化镉，银-钨，铜-钨，银-铁，银-镍，银-石墨，铜-石墨，银-碳化钨	具有低的接触电阻，保证长时间通过额定电流时不会过热；电磨损机械磨损率小，能达到较长使用寿命；抗熔焊性能好，在故障情况下能顺利分断电路；剩余电流小，灭弧能力强，当触头分断大电流时，在开关灭弧装置的配合作用下，能迅速熄灭电弧，不会引起电弧重燃或持续电弧
		真空开关触头材料	铜铋铈，铜铋银，铜碲硒，钨-铜铋锆，铜铁镍钴铋	
2	弱电用	铂族合金	铂铱，钯银，钯铜，钯铱	具有低而稳定的接触电阻和小的电磨损率，使能长期保持可靠的电接触和具有较长使用寿命。这种触头的闭合力小，故机械磨损不是重要问题。此外，这种触头材料还具有较大的最小起弧电压和最小起弧电流值，使触头尽可能在无电弧情况下操作，避免电弧腐蚀，在直流下，则还要求材料转移小
		金基合金	金银，金镍，金锆	
		银及其合金	银，银铜	
		钨及其合金	钨，钨钼	

⑤ 热双金属：热双金属是由两个热膨胀系数相差悬殊的金属复合而成。这两种金属分别称为主动层和被动层。主动层金属的线膨胀系数约为(17～27)×10⁻⁶/℃，被动层金属的线膨胀系数约为(2.6～9.7)×10⁻⁶/℃。当电流流过热双金属或将热双金属放置在电器某一发热部位，温度升高后，双金属必然因膨胀系数不同而弯曲变形，从而产生一个推力，使与之相连的触点通断状态改变。

热双金属元件强构简单，动作可靠，广泛应用于电气控制和过载保护。常用热双金属分类及用途见表 14-7。

常用热双金属的分类及用途　　表 14-7

序号	类　型	用　途
1	通用型	适用于多种用途和中等使用温度范围的品种，有较高的灵敏度和强度
2	高温型	适用于 300℃以上的温度下工作。有较高的强度和良好的抗氧化性能，灵敏度较低
3	低温型	适用于 0℃以下温度工作。性能要求与通用型相近
4	高灵敏型	具有高灵敏度，高电阻等特性，但其耐腐蚀性较差
5	电阻型	在其他性能基本不变的情况下，有高低不同的电阻率可供选用。适用于各种小型化、标准化的电器保护装置
6	耐腐蚀型	有良好的耐腐蚀性。适合于腐蚀性介质中使用。性能要求与通用型相近
7	特殊型	具有各种特殊性能

(2) 绝缘材料种类和特性

绝缘材料是由电阻率极大的物质构成，它能把电器设备中带电部分隔离。绝缘材料应具有良好的介电性能，即较高的绝缘电阻、耐电压强度和耐热性，以免发生漏电或击穿事故；此外，还应有良好的防潮性、较高的机械强度和加工方便等性能。

1) 绝缘材料的分类及特点

绝缘材料种类很多，按来源分为天然的与人工的两类；按其化学分子结构分为有机和无机两类；按其形态分为气体绝缘材料、液体绝缘材料和固体绝缘材料三大类。常用绝缘材料的种类、主要品种、特点及用途见表 14-8。

绝缘材料的种类及特点 **表 14-8**

序号	种类	主要品种	特点	用途
1	气体绝缘材料	空气、氮、氢、二氧化碳、六氟化硫、氟里昂	用于常温、常压下的干燥空气，环绕导体周围，具有良好的绝缘性和散热性； 用于高压电器中的特种气体，具有高的电离场强和击穿场强，击穿后能迅速恢复绝缘性能，不燃、不爆、不老化，无腐蚀性，导热性好	
2	液体绝缘材料	矿物油、合成油、精制蓖麻油	电气性能好，闪点高，凝固点低，性能稳定，无腐蚀性	主要用作变压器、油开关、电容器、电缆的绝缘、冷却、浸渍和填充
3	绝缘纤维制品	绝缘纸、纸板、纸管、纤维织物	经浸渍处理后，吸湿性小，耐热、耐腐蚀，柔性强，抗拉强度高	主要用作电缆、电机绕组等的绝缘
4	绝缘漆、胶、熔敷粉末	绝缘漆、环氧树脂、沥青胶、熔敷粉末	以高分子聚合物为基础，能在一定条件下固化成绝缘膜或绝缘整体，起绝缘与保护作用	
5	浸渍纤维制品	漆布、漆绸、漆管和绑扎带	以绝缘纤维制品为底料，浸以绝缘漆，具有一定的机械强度、良好的电气性能，耐潮性、柔软性好	主要用作电机、电器的绝缘衬垫或线圈、导线的绝缘与固定
6	绝缘云母制品	天然云母、合成云母、粉云母	电气性能、耐热性、防潮性、耐腐蚀性良好	主要用于电机、电器主绝缘和电热电器绝缘

续表

序号	种类	主要品种	特　　点	用　　途
7	绝缘薄膜、粘带	塑料薄膜、复合制品、绝缘胶带	厚度薄(0.006～0.5mm)，柔软，电气性能好	用于绕组电线绝缘和包扎固定
8	绝缘层压制品	层压板、层压管	由纸或布作底料，浸或涂以不同的胶粘剂，经热压或卷制成层状结构，电气性能良好，耐热、耐油，便于加工成特殊形状	广泛用作电气绝缘构件
9	电工用塑料	酚醛塑料、聚乙烯塑料	由合成树脂、填料和各种添加剂配合后，在一定温度、压力下，加工成各种形状，具有良好的电气性能和耐腐蚀性	用作绝缘构件和电缆护层
10	电工用橡胶	天然橡胶、合成橡胶	电气绝缘性好，柔软、强度较高	主要用作电线、电缆绝缘和绝缘构件

2）常用电气绝缘材料

常用电气绝缘材料有氨基塑料-压制材料、胶木、琥珀、沥青-填料、克罗芬、环氧树脂、玻璃、云母、橡胶、胶木板、硬橡胶、胶纸板、硬瓷、玻璃漆布、空气(干燥)、硅酸镁、三聚氰胺树脂、云母板(模塑)、云母玻璃板、上克罗芬纸张、上石腊纸张、石腊固体、石腊油、胶纸板、酚醛树脂、酚醛压制材料、介电性有机玻璃、聚酰胺、聚乙烯、聚异丁烯、聚氨酯、聚苯乙烯、聚四氟乙烯、聚氯乙烯(PVC)、压制厚纸板、石英、石英玻璃、金红石陶瓷、虫胶漆、硅(有机)橡胶、硅(有机)绝缘油、皂石、钛陶瓷、变压器油、聚苯乙烯塑料、硫化纤维、水(蒸馏)、软橡胶、赛璐珞、醋酸纤维素等。

3）绝缘材料的型号表示方法

一般由 4 位数字组成。其格式如下：

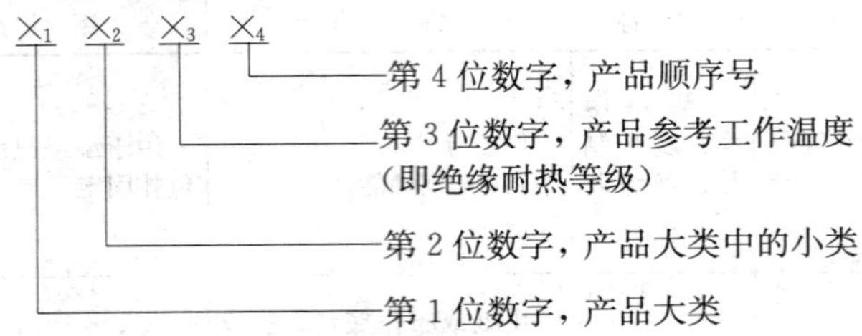

如有必要还可增加第 5 位数字或附加文字说明。

(3) 磁性材料种类和特性

磁性材料分为软磁材料（导磁材料）和硬磁材料（永磁材料）。两种磁性材料品种、特点及用途见表 14-9。

磁性材料的种类及特点 **表 14-9**

序号	类别	主要品种	特点	用途
1	软磁材料	纯铁、铸铁、碳钢、低碳钢片、硅钢片、铁镍合金等	磁导率高、矫顽力低，易于饱和	用于变压器、电机、电磁铁铁芯，传递、转换能量和信息
2	永磁材料	铝镍钴合金、铁氧体、稀土钴等	矫顽力和剩余磁感应强度高，磁性稳定	用于能产生恒定磁通的磁路中，作为磁场源

14.1.2 导体连接件

导体连接件有接线端子、接线管、线板和线夹等。

(1) 接线端子

接线端子俗称接线鼻子。常用的金属接线端子有铜接线端子(DT)、铝接线端子(DL)和铜铝接线端子(DTL)。含义：D——端子；T——铜质；L——铝质。胶木接线端子和接线柱也是广泛用于电气装置中的一类导体连接件。常用种类及用途见表 14-10。

常用接线端子的种类及用途　　表 14-10

序号	类别	用途
1	普通型	连接电气装置不同部分的导线
2	试验型	用于电流互感器二次绕组出线与仪表、继电器线圈之间的连接，可从其上接入试验仪表，对回路进行测试
3	试验连接型	将两个以上试验端子连接在一起，也可将试验端子与其他端子相连接
4	连接型	用于回路分支或合并
5	标记型	用于端子排的终端或中间，标记安装单位
6	标准型	用于连接控制屏内一条线路的两端
7	特殊型	可在不松动或不断开已接好的导线情况下断开回路
8	隔板	作绝缘隔板，以增加绝缘强度和爬电距离

(2) 连接管

1) 中间连接管：中间连接管主要有：接续式铜连接管(GT)，接续式铝连接管(GL)和堵油式铝连接管(GDL)。含义：G——连接管；T——铜质；L——铝质；D——堵油式。

2) 铜铝导线连接管：主要有单线压接管(QL、YL)和绞线压接管(QL、YL)。含义：QL——椭圆形套管，YL——圆形套管。

(3) 连接板夹

1) 铜铝过渡板：铜铝过渡板(PTL 型)适用于发电厂和变电站铜母线与铝母线连接。

2) 铜铝并钩线夹：适用于变电所与配电线路的母线与引接直径不同的连接。

3) 铜铝过渡设备线夹：适用于配电装置中母线引下线与电气设备的连接，型号为 STL 系统。

14.1.3　常用绝缘制品

电器安装中常用绝缘制品主要是绝缘带、绝缘胶、绝缘漆、电瓷管、绝缘子和绝缘板。

(1) 绝缘带

1) 不粘绝缘带主要有：白布带、无碱玻璃纤维带、黄漆布带、黄漆绸带、黄玻璃漆布带、沥青玻璃漆布带、聚乙烯塑料带。

2) 绝缘胶带主要有：黑胶布粘带、聚乙烯薄膜粘带、聚乙烯薄膜纸粘带、聚氯乙烯薄膜粘带、聚酯薄膜粘带、聚酰亚胺薄膜粘带、环氧玻璃粘带、有机硅玻璃粘带、硅橡胶玻璃粘带、自粘性硅橡胶三角带、自粘性丁基橡胶带。

(2) 绝缘胶

绝缘胶广泛用于浇注电缆头和电器套管，起绝缘、密封、堵油作用，主要有：黄电缆胶、沥青电缆胶和环氧电缆胶。

(3) 绝缘漆

1) 有溶剂浸渍绝缘漆

有溶剂浸渍绝缘漆渗透性好，储存期长，使用方便，价格较便宜，但它应与溶剂稀释、混合。常用有溶剂漆见表 14-11。

常用溶剂漆的品种、组成、特性和用途　　表 14-11

序号	名　称	型号	耐热等级	特性和用途
1	沥青漆	1010	A	耐潮性好。供浸渍不要求耐油的电机线圈
2	油改性醇酸漆	1030	B	耐油性和弹性好。供浸渍在油中工作的线圈和绝缘零部件
3	丁基酚醛醇酸漆	1031	B	耐潮性、内干性较好，机构强度较高。供浸渍线圈，可用于湿热地区
4	三聚氰胺醇酸漆	1032	B	耐潮性、耐油性、内干性较好，机械强度较高，且耐电弧。供浸渍在湿热地区使用的线圈
5	醇酸玻璃丝包线漆	1230	B	耐油性和弹性好，粘结力较强。供浸涂玻璃丝包线

续表

序号	名　称	型号	耐热等级	特性和用途
6	环氧酯漆	1033	*B*	耐潮性、内干性好，机械强度高，粘结力强。可供浸渍用于湿热地区的线圈
7	环氧醇酸漆	H30-6	*B*	耐热性、耐潮性较好。机械强度高，粘结力强，可供浸渍用于湿热地区的线圈
8	聚酯浸渍漆	155	*F*	耐热性、电气性能较好，粘结力强。供浸渍 *F* 级电机、电器线圈
9	有机硅浸渍漆	1053	*H*	耐热性和电气性能好，但烘干温度较高。供浸渍 *H* 级电机电器线圈和绝缘零部件
10	低温干燥有机硅漆	9111	*H*	耐热性较 1053 稍差，但烘干温度低，干燥快。用途同 1053
11	聚酯改性有机硅漆	931	*H*	粘结力较强，耐潮性和电气性能好，烘干温度较 1053 低，若加入固化剂可在 150℃固化，用途同 1053
12	有机硅玻璃丝包线漆	1152	*H*	漆膜柔软，机械强度高。供浸涂 *H* 级玻璃丝包线
13	聚酰胺酰亚胺浸渍漆		*H*	耐热性优于有机硅漆。电气性能优良，粘结力强，耐辐照性好。供浸渍耐高温或在特殊条件下工作的电机、电器线圈

2）无溶剂浸渍漆

无溶剂浸渍漆由合成树脂、固化剂和活性稀释剂组成。其特点是固化快、流动性和浸透性好，绝缘整体性好。

常用无溶剂浸渍漆有：环氧无溶剂漆 110、环氧无溶剂漆 672-1、环氧无溶剂漆 9102、环氧无溶剂漆 111、环氧无溶剂漆 H30-5、环氧无溶剂漆 594 型、环氧无溶剂漆 9101、环氧聚酯无溶剂漆 1034、聚丁二烯环氧聚酯无溶剂漆、环氧聚脂酚醛无溶剂漆 5152-2，环氧聚酯无溶剂漆 EIU，不饱和聚酯无溶剂漆 319-2。

3）覆盖漆

覆盖漆主要用于覆盖经浸渍处理的线圈和绝缘零部件，在其表面形成连续均匀的漆膜，起绝缘保护作用。

覆盖漆有瓷漆和清漆两类：含有填料或颜料的漆称为瓷漆；不含填料或颜料的漆称为清漆。覆盖漆的基本特性是干燥快、附着力强、漆膜强度高，并具有耐潮、耐油、耐腐蚀等特性。

常用覆盖漆有：晾干醇酸漆、晾干醇酸灰磁漆、醇酸灰磁漆、晾干环氧酯漆、环氧酯灰磁漆、晾干环氧酯灰磁漆、环氧聚酯铁红磁漆、晾干有机硅红磁漆、有机硅红磁漆。

（4）电瓷绝缘管、绝缘子

1）瓷管：有 U 型、UW 型和 UB 型。含义：U——瓷管；W——弯头；B——包头。

2）蝶式绝缘子

① 高压蝶形绝缘子。型号有：E-1，E-2，E-6，E-10 等。

② 低压蝶形绝缘子。型号有：ED-1，ED-2，ED-3，ED-4 等。型号含义：E-蝶式，D-低压。

3）悬式绝缘子。型号形式为：XP-4C，X-3，X-3C 等。型号含义：X-悬式；P-盘式；C-槽形。

4）支柱绝缘子。型号形式为：ZA-6Y，ZA-6T，ZB-6Y，ZB-6T，ZC-10F，ZD-10F，ZPA-6，ZPB-10 等。型号含义：Z——支柱绝缘子；A、B、C、D——代表机械破坏负荷强度；P——针式(户外)。

5）拉紧绝缘子：型号形式为：J-1，J-2，J-9 等。

（5）绝缘板

绝缘板主要用于电气装置的绝缘底板，常用塑料绝缘板有：有机玻璃板、聚氯乙烯板、聚四氟乙烯板和塑料泡沫板等。

14.1.4 缆线配线材料

电器线路安装有明装和暗装两种，分为夹板配线、瓷绝缘子配线、槽板配线、卡子配线、钢索配线及管路配线等。常用配线材料如下：

(1) 夹板

1) 瓷夹板：N-240-1 型，N-240-2 型，N-250-1 型，N-250-2 型，N-376-1 型和 N-376-2G 等。

夹板型号含义：

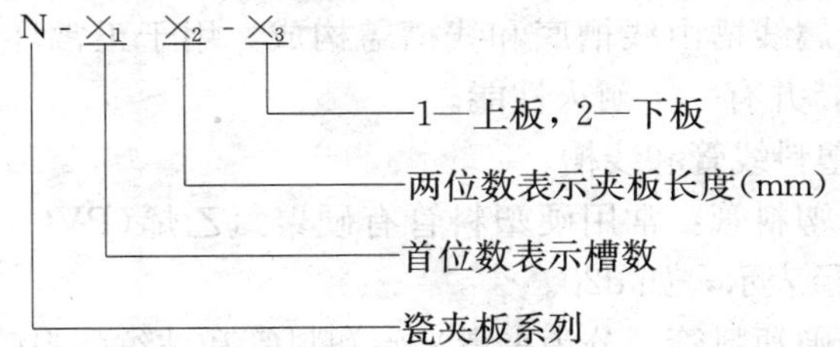

2) 塑料夹板：圆形三线式，圆形单线式，专方形三线式和长方形二线式，护套线夹，胶木线夹等。

(2) 低压鼓形绝缘子

型号：G-25，G-38，G-50，G-60 和 GK-50 等。含义：G——鼓形；K——胶装。

(3) 针式绝缘子

1) 高压针式绝缘子型号形式：P-6W、P-6T、P-6M；P-10MC，PQ-10T 等。

2) 低压针式绝缘子型号形式：PD-17，PD-1M，PD-2M 等。

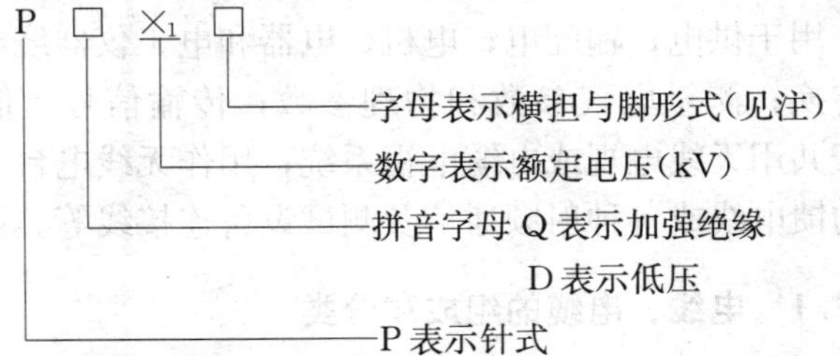

注：T——铁担直脚；M——木担直脚；MC——加长的木担直脚；W——弯脚。

(4) 金属线管和线槽

1）主要有电线管（薄壁钢管）、普通钢管、普通金属软管（蛇皮铁管）、普利卡金属套管、金属线槽等。

2）金属软管常与电线管、钢管配合使用，构成导线与设备的柔性连接。

3）普利卡金属套管实际上是一种改进型金属软管，基本结构为镀锌钢带，辅以内外护层。

4）金属线槽由线槽底和线槽盖构成，用于正常环境条件下室内布线，并有一定耐火性能。

（5）塑料线管和线槽

1）硬塑料管：常用硬塑料管有硬聚氯乙烯（PVC）和聚乙烯管，用外径表示，如 d20。

2）半硬塑料管：分为平滑半硬塑料管和波纹塑料管。

3）软塑料管。

4）有机玻璃管。

5）酚醛层压线管、布管和玻璃布管。

6）塑料线槽。

7）塑料槽板：有双线槽板和线槽接线盒。

14.2 输配电器材（电线、电缆）

电线、电缆是指用以传输电能、信息和实现电磁能转换的线材产品。用于供电；输配电；电机、电器和电工仪器绕组以实现电磁能转换；测量电气参数和物理参数；传输信号、信息和控制；用于共用天线电视或电缆电视系统；用作无线电台发射和接收天线的馈电线或各种射频通信及测试设备连接线等。

14.2.1 电线、电缆的组成和分类

（1）电线、电缆的基本结构

电线、电缆由导体（导线）、绝缘层、屏蔽、绝缘线芯、保护层等部分组成。根据不同需要的电线、电缆是按照由上述某些或

全部组成内容组成的集合体。

1）导电线芯：导电线芯的材料一般采用铝、铜、钢等优良导电体。

2）绝缘层材料：纤维、丝、橡皮、塑料、纸等。

3）内保护层材料：棉纱或玻璃丝编织、橡皮护套、塑料护套、铝皮护套、铅皮护套等。

4）外保护层材料：麻被、钢带、钢丝等。

5）屏蔽层材料：半导电塑料、半导电橡皮、铜带、铜丝编织带等。

（2）电线、电缆分类

1）按产品分类

按产品可分为：裸电线、绕组线、电气装备用电线电缆、电力电缆、专用电线电缆和通信电缆。

① 裸电线(裸导体)

裸电线(裸导体)是没有绝缘层的电线。裸电线分为单线和绞线(绞合导体)。在民用建设工程中主要用于架空电力线路、配电装置母线、等电位联结、保护接地系统、防雷接地系统、功能接地系统、联合接地系统。

② 绕组线(电磁线)

绕组线(电磁线)是用于电机、电器和电工仪器绕组以实现电磁能转换的电线。绕组线(电磁线)分为绕包线和漆包线。

③ 电气装备用电线电缆

电气装备用电线电缆是户内动力、照明配线，电气装置的安装连接线等。在民用建设工程中主要用橡皮、塑料绝缘电线和通用电缆

④ 电力电缆

电力电缆是输配电用的电缆。电力电缆分为不滴流电缆、带绝缘电缆、分相铅套电缆、分相屏蔽电缆、总屏蔽电缆；同心中性线电缆(包括单相同心中性线电缆和三相同心中性线电缆)、压力型电缆、自容式压力型电缆、管式电缆、充气电缆、压气电缆、

架空绝缘电缆及集束架空电缆。民用建设工程中，电力电缆用于变配电系统的供电线路和馈电线路，及动力工程、照明工程的线路。

⑤ 专用电线电缆

专用电线电缆是专用工作的电线电缆。专用电线电缆包括电机电器引接线(电缆)、点火电线、航空电线、补偿电线、矿用电缆、船用电缆、探测电缆、控制和信号电缆、加热电缆及海底电缆。在民用建设工程中，控制电缆用于变配电所、动力工程中的控制回路连线；预分支电缆、绝缘电线用于动力工程、照明工程的布线。

⑥ 通信电缆

通信电缆是传输电气信息用的电缆。按其用途分为市内电话电缆、长途通信电缆、局内配线架到机架或机架之间的连接的局用电缆、用作电话设备连接线的电话软线、综合通信电缆、共用天线电视电缆、射频电缆及光缆。用于电话通信线路、综合布线系统、电缆电视系统。

民用工程常用电线电缆的分类及其特点见表 14-12。

民用工程常用电线电缆的分类及其特点　　表 14-12

序号	类别	主要用途	基本特点	品种系列
1	裸导线	接地系统、架空电力线路和配电装置母线等	导体裸露；要求导线的电阻系数小，以减少线路的电压降和电能损耗；用于110kV及以上的线路时，电晕损耗和对外界电磁波干扰小；机械强度高，耐大气腐蚀能力强	铜、铝绞线，钢芯铝绞线，矩形母线等
2	电磁线	用于电机、电器和电工仪表绕组，以实现电磁能量转换	有良好的高强度绝缘层，工作可靠、截面小	绕组线、漆包线、绕包线
3	电气装备用电线电缆	户内动力、照明配线，电气装置的安装连接线等	有绝缘层和一般的保护层；电气性能优良、稳定；有足够的机械强度和柔软性；运行安全可靠	橡皮、塑料绝缘电线和通用电缆

续表

序号	类别	主要用途	基本特点	品种系列
4	电力电缆	电网、发电站和变电所的引出线路，工矿企业内部供电线路	有良好的绝缘层、保护层等，绝缘强度高，输送功率大，有较长的使用寿命	黏性油浸纸绝缘、橡皮绝缘、塑料绝缘电缆，通用橡套电缆
5	控制电缆	配电装置中仪表、电器控制电路连接及信号电路连接	有良好的保护层和绝缘层，机械强度高，运行可靠	橡胶绝缘、塑料绝缘控制电缆
6	通信电缆	传输电话、电报、电视、广播、数据和其他电信息	通过高频小电流，工作稳定，抗干扰能力强	对称电缆、同轴电缆、射频电缆

2）按材料特征分类

按材料特征可分为，铜导体、铝导体、光纤、聚氯乙烯绝缘或护套、聚乙烯绝缘或护套、交联聚乙烯绝缘、橡皮绝缘或护套、聚丙烯绝缘、钢带铠装聚氯乙烯外套、钢带铠装聚乙烯外套、细圆钢丝铠装聚氯乙烯外套、细圆钢丝铠装聚乙烯外套、粗圆钢丝铠装聚氯乙烯外套、粗圆钢丝铠装聚乙烯外套。

轻型橡套软电缆用于轻型移动电器设备和工具，中型橡套软电缆用于各种移动电器设备和工具；重型橡套软电缆用于各种移动电器设备，能承受较大的机械外力作用。

3）按燃烧特征分类

按燃烧特征可分为，有烟、有酸、有毒、低烟、低酸、低毒、无卤、低烟、低毒。适用于火灾危险场合的电线电缆分为阻燃电缆，低卤低烟阻燃电缆，耐火电缆，低卤低烟耐火电缆。

4）按额定电压分类

按额定电压可分为：300/300V，300/500V，450/750V，0.6/1kV，6/10kV，8.7/10kV，21/35kV，26/35kV等。

14.2.2 常用电线电缆

(1) 裸电线

1) 裸电线种类

常用裸电线种类见表14-13。

常用裸电线种类 **表14-13**

序号	类别	名称	型号	截面范围(mm^2)	说明
1	母线	铜硬母线 铝硬母线 铜软母线	TMY LMY TMR	160～1000 160～1000 160～1000	用于配电装置
2	裸绞线	铜绞线 铝绞线	TJ LJ	10～400 10～600	用于低压架空线
		钢芯铝绞线	LGJ	10～400	用于高压架空线
		钢绞线	GJ	25～120	结构同铜、铝绞线 主要用于拉线

2) 裸电线型号中字母说明

裸电线型号中字母说明见表14-14。

裸电线型号字母含义 **表14-14**

类别、用途(或以导体区分)	特征			派生
	形状	加工	软、硬	
T——铜线 L——铝线 T——天线 M——母线 C——电车用	Y——圆形 G——沟形	J——绞制 X——镀锡 N——镀镍 K——扩径	R——柔软 Y——硬 F——防腐 G——钢芯 G——光亮铜杆 W——无氧铜杆	A或1——第一种(或1级) B或2——第二种(或2级) 3——第三种(或3线) 630——标称截面(mm^2) 800——标称截面(mm^2)

［例］ LGJ-95 钢芯铝绞线，$95mm^2$。TMY-40×5 硬铜母线，40m×5mm。

3）常用裸电线

① 铜、铝矩形母线有 TMY 型母线 10 种规格和 LMY 型母线 10 种规格

② 裸绞线有 TJ 型铜绞线、LJ 型铝绞线、LGJ 型钢芯铝绞线和 GJ 型镀锌钢绞线。

（2）电磁线

电磁线的型号中字符含义见表 14-15。

电磁线型号中字符含义　　　表 14-15

类别(以绝缘层区分)				导体		派生
绝缘漆	绝缘纤维	其他绝缘层	绝缘特征	导体材料	导体特征	
Q——漆包绕组线系列代号 QA——聚氨酯漆 QG——硅有机漆 QH——环氧素 QQ——缩醛漆 QXY——聚酰按亚胺漆 QY——聚酰亚胺漆 QZ——聚酯漆 ……等	M——棉纱 SB——玻璃丝 SR——人造丝 ST——天然丝 Z——纸 ……等	B——玻璃丝 V——聚氯乙烯 YM——氧化膜 M——绝缘薄膜 ……等	B——编织 C——醇酸浸渍 E——双层 G——硅有机浸渍或改性漆 J——加厚 N——自粘性 N·F——耐冷冻 S——三层，彩色	T——铜线 L——铝线 TWC——无磁性铜	B——扁线 D——带箔 J——绞制 R——柔软	1——1级薄漆膜 2——2级厚漆膜 3——3级特厚漆膜 Ⅰ——第Ⅰ型 Ⅱ——第Ⅱ型 130、155、180…等表示热级

［例］ SBECB——双玻璃丝色扁铜线。QZG1——改性聚酯漆包铜圆线，1 级。

（3）电气装备用电线电缆

1）分类及型号表示方法

① 分类：电气装备电线电缆按用途分为布电线、安装电缆、移动电器线缆、电话软线等。

② 型号表示方法：

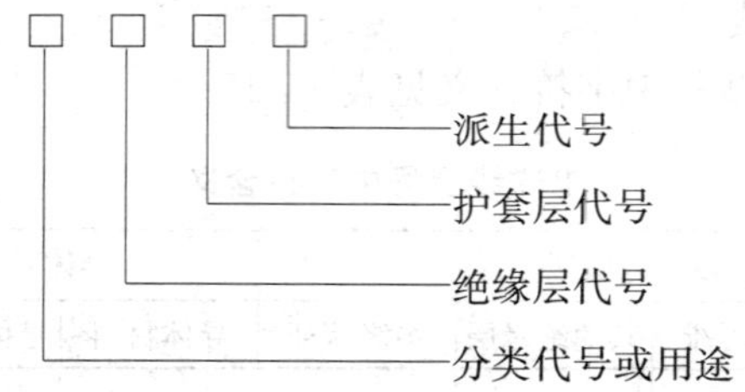

③ 型号中字母含义：见表 14-16。

电气装备用绝缘电线的型号符含义 **表 14-16**

分类代号或用途		绝缘		护套		派生	
符号	意义	符号	意义	符号	意义	符号	意义
A	安装线缆	V	聚氯乙烯	V	聚氯乙烯	P	屏蔽
B	布电线	F	氟塑料	H	橡套	R	软
F	飞机用低压线	Y	氟乙烯	B	编织套	S	双绞
Y	移动电器用线	X	橡皮	L	腊克	B	平行
T	天线	ST	天然丝	N	尼龙套	D	带形
HR	电话软线	SE	双丝包	SK	尼龙丝	T	特种
HP	配线	VZ	阻燃聚氯乙烯	VZ	阻燃聚氯乙烯	P1	缠绕屏蔽
I	电影用电缆	R	辐照聚乙烯	ZR	具有阻燃性	W	耐气候、耐油
SB	无线电用电缆	B	聚丙烯				

［例］ BLX-70——布线用铝芯橡皮绝缘电线，$70mm^2$。RXS-2×0.2——双绞形橡皮绝缘软电线，$2\times0.2mm^2$。

2）常用绝缘电线见表 14-17。

常用绝缘电线　　表 14-17

类别	名称	型号	额定电压(V)	芯数	说明
橡皮绝缘线	铜芯橡皮线 铝芯橡皮线	BX BLX	300/500	1	室内外配线
	铜芯氯丁橡皮线 铝芯氯丁橡皮线	BXY BLXY	300/500	1	结构同上，价格较便宜
	铜芯软橡皮线	BXR	300/500	1	柔性好
塑料绝缘线	铜芯塑料线 铝芯塑料线	BV BLV	300/500 450/750	1	室内外配线
	铜芯塑料护套线 铝芯塑料护套线	BVV BLVV	300/500	1，2，3	绝缘好，可直接敷设
	铜芯软塑料线	BVR	450/750	1	柔软线芯
	铜芯耐热塑料线 铝芯耐热塑料线	BV-105 BLV-105	450/750	1	耐高温
日用电线	铜芯塑料软线	RV	300/500	1	
	铜芯橡皮软线	RX	300/500	1	
	并行塑料软线	RVB	300/500	1，2	2～3 芯
	绞形塑料软线	RVS	300/500	1，2	2 芯
	塑料护套软线	RVV	300/500	1，2，3	1～4 芯
	橡皮护套软线	RXX	300/500	1，2，3	1～4 芯
屏蔽安装线	塑料绝缘屏蔽线 塑料护套屏蔽线 橡皮绝缘屏蔽线 橡皮护套屏蔽线	AVP AVVP AXP AXXP	300/300	1，2，3，4，5，6	具有屏蔽作用，用于仪表、电讯设备安装接线

3）移动电器用电缆

① 通用橡套电缆见表 14-18。

通用橡套电缆　表 14-18

序号	名称	型号	额定电压(V)	芯数	主要用途
1	轻型橡套电缆	YQ，YQW	300/300	2，3	轻型移动设备和工具
2	中型橡套电缆	YZ，YZW	300/500	2，3，4，5	各种移动设备和工具
3	重型橡套电缆	YC，YCW	450/750	1，2，3，4，5	有较大外力的移动设备

② 电焊机电缆见表 14-19。

电焊机电缆　表 14-19

序号	名称	型号	额定电压(V)	芯数	主要用途
1	天然胶电焊机电缆	YH	200	1	电焊机二次侧接线及连接电焊钳
2	氯丁胶电焊机电缆	YHF	200	1	
3	耐高温电焊机电缆	YHE85℃ YHY85℃	100	1	耐高温场所

(4) 电力电缆

1) 橡皮绝缘电力电缆

① 型号说明：字符含义见表 14-20。

橡皮绝缘电力电缆字符含义　表 14-20

序号	类别	字符	含义
1	橡皮电缆	X	橡皮绝缘
2	导体	T L	铜(可省略) 铝
3	内护层	Q V F	铅包 聚氯乙烯护层 氯丁胶护层
4	外护层	2 20 29	钢带铠装麻被 裸钢带铠装 内钢带铠装

［例］ XLV——铝芯橡皮绝缘聚氯乙烯护套电力电缆。

② 种类型号及用途见表 14-21。

常用橡皮绝缘电力电缆的品种、型号及用途　　表 14-21

序号	名称	型号		特点及用途
		铜芯	铝芯	
1	橡皮绝缘聚氯乙烯护套电力电缆	XV	XLV	不能承受较大的机械外力的作用，敷设在室内电缆沟及管道中
2	橡皮绝缘氯丁橡皮护套电力电缆	XF	XLF	不能承受较大的机械外力的作用，敷设在室内电缆沟及管道中
3	橡皮绝缘聚氯乙烯护套内钢带铠装电力电缆	XV_{29}	XLV_{29}	能承一定外力作用，敷设在地下
4	橡皮绝缘裸铅包电力电缆	XQ	XLQ	不能承受较大的机械外力作用，敷设在室内电缆沟中
5	橡皮绝缘铅包钢带铠装电力电缆	XQ_2	XLQ_2	同 XV_{29}、XLV_{29}
6	橡皮绝缘铅包裸钢带铠装电力电缆	XQ_{20}	XLQ_{20}	不能承受大的拉力，敷设在室内、沟内、管道中

2）塑料绝缘电力电缆

① 型号说明：字符含义见表 14-22。

塑料绝缘电力电缆字符含义　　表 14-22

序号	类别	字符	含　义
1	绝缘	V YJ	聚氯乙烯绝缘 交联聚乙烯绝缘
2	导体	T L	铜芯(一般不表示) 铝芯
3	内护层	V Y Q LW	聚氯乙烯 聚乙烯 铅包 皱纹铝套

续表

序号	类别	字符	含　义
4	外护层	22 32 23 33 43	钢带铠装，聚氯乙烯外护套 细钢丝铠装，聚氯乙烯外护套 钢带铠装，聚氯乙烯外护套 细钢丝铠装，聚乙烯外护套 粗钢丝铠装

［例］ VV_{22}——聚氯乙烯绝缘聚氯乙烯护套钢带铠装电力电缆。

YJV_{43}——交联聚乙烯绝缘聚氯乙烯护套粗钢丝铠装电力电缆。

② 聚氯乙烯绝缘电力电缆种类、型号及用途见表14-23。

聚氯乙烯绝缘电力电缆的种类及用途　　表14-23

序号	名　　称	型号		特点及用途
		铜芯	铝芯	
1	聚氯乙烯绝缘聚氯乙烯护套电力电缆	VV	VLV	敷设在室内、隧道内及管道中，不能受机械外力作用
2	聚氯乙烯绝缘聚乙烯护套电力电缆	VY	VLY	
3	聚氯乙烯绝缘钢带铠装聚氯乙烯护套电力电缆	VV_{22}	VLV_{22}	敷设在地下，能承受机械外力作用，但不能承受大的拉力
4	聚氯乙烯绝缘钢带铠装聚乙烯护套电力电缆	VY_{23}	VLY_{23}	
5	聚氯乙烯绝缘细钢丝铠装聚氯乙烯护套电力电缆	VV_{32}	VLV_{32}	敷设在室内、矿井中，能承受机械外力作用，并能承受相当的拉力
6	聚氯乙烯绝缘细钢丝铠装聚乙烯护套电力电缆	VY_{33}	VLY_{33}	
7	聚氯乙烯绝缘粗钢丝铠装聚氯乙烯护套电力电缆	VY_{42}	VLV_{42}	敷设在水中，能承受较大的拉力
8	聚氯乙烯绝缘粗钢丝铠装聚乙烯护套电力电缆	VY_{43}	VLY_{43}	

③ 常用交联聚乙烯绝缘电力电缆品种、型号及用途见表14-24。

常用交联聚乙烯绝缘电力电缆品种、型号及用途　表14-24

序号	名称	型号		特点及用途
		铜芯	铝芯	
1	交联聚乙烯绝缘聚氯乙烯护套电力电缆	YJV	YJLV	敷设在室内、沟道中及管子内，也埋设在土壤中，不能承受机械外力作用，但可经受一定的敷设牵引
2	交联聚乙烯绝缘聚乙烯护套电力电缆	YJY	YJLY	同YJV，YJLV型
3	交联聚乙烯绝缘聚氯乙烯护套内钢带铠装电力电缆	YJV_{22}	$YJLV_{22}$	敷设在土壤中，能承受机械外力作用，但不能承受大的拉力
4	交联聚乙烯绝缘聚乙烯护套钢带铠装电力电缆	YJV_{23}	$YJVL_{23}$	同YJV_{22}、$YJLV_{22}$
5	交联聚乙烯绝缘聚氯乙烯护套裸细钢丝铠装电力电缆	YJV_{32}	$YJLV_{32}$	敷设在室内、隧道内及矿井中，能承受机械外力作用，并能承受相当的拉力
6	交联聚乙烯绝缘聚氯乙烯护套内细钢丝铠装电力电缆	YJV_{33}	$YJLV_{33}$	敷设在水中或具有落差较大的土壤中，电缆能承受相当的拉力
7	交联聚乙烯绝缘聚氯乙烯护套裸粗钢丝铠装电力电缆	YJV_{42}	$YJLV_{42}$	敷设在室内、隧道内及矿井中，能承受机械外力作用，并能承受较大的拉力
8	交联聚乙烯绝缘聚氯乙烯护套内粗钢丝铠装电力电缆	YJV_{43}	$YJLV_{43}$	敷设在水中，能承受较大的拉力

3）纸绝缘电力电缆

① 型号说明：字符含义见表14-25，外护层代号见表14-26。

纸绝缘电力电缆型号字符含义　　　　表 14-25

绝缘	导体	内护套	特征	外护层
Z——纸	T——铜 L——铝	Q——铅套 L——铝套	CY——充油 F——分相 D——不滴流 C——滤尘用	02，03，20，21，22，23，30，31，32，33，40，41，42，43，441，241 等

注：铜芯代表字母 T 一般省略不写。

电缆外护层的数字表示　　　　表 14-26

标记	铠装层	标记	外被层
0	无	0	无
1	—	1	纤维层
2	双钢带(24——钢带、粗圆钢丝)	2	聚氯乙烯套
3	细圆钢丝	3	聚乙烯套
4	粗圆钢丝(44——双粗圆钢丝)	4	

② 油浸纸绝缘电缆种类、型号及用途见表 14-27。

油浸纸绝缘电缆种类及用途　　　　表 14-27

序号	名称	型号		特点及用途
		铜芯	铝芯	
1	纸绝缘裸铅包电力电缆	ZQ、ZQD	ZLQ、ZLQD	敷设于室内、沟道中及管内，无机械损伤无腐蚀处
2	纸绝缘铅包一级外护层电力电缆	ZQ_{12}、ZQD_{11}	ZLQ_{11}、$ZLQD_{11}$	敷设于室内，沟道中及管内，无机械损伤无腐蚀处
3	纸绝缘铅包钢带铠装一级外护层电力电缆	ZQ_{12}、ZQD_{12}	ZLQ_{12}、$ZLQD_{12}$	敷设在土壤中，能承受机械损伤但不能受大的拉力
4	纸绝缘铅包裸钢带铠装一级外护层电力电缆	ZQ_{120}、ZQD_{120}	ZLQ_{120}、$ZLQD_{120}$	敷设在室内，沟道中及管内，能承受机械损伤但不能受大的拉力

续表

序号	名称	型号		特点及用途
		铜芯	铝芯	
5	纸绝缘铅包钢带铠装二级外护层电力电缆	ZQ_{22}、ZQD_{22}	ZLQ_{22}、$ZLQD_{22}$	敷设在室内，沟道中及土壤中，有较强的防腐能力
6	纸绝缘铅包细钢丝铠装一级外护层电力电缆	ZQ_{13}、ZQD_{13}	ZLQ_{13}、$ZLQD_{13}$	敷设在土壤中，能承受机械损伤并能承受相当的拉力
7	纸绝缘铅包裸细钢丝铠装一级外护层电力电缆	ZQ_{130}、ZQD_{130}	ZLQ_{130}、$ZLQD_{130}$	敷在室内及矿井中，能承受机械损伤并能承受相当的拉力
8	纸绝缘铅包粗钢丝铠装一级外护层电力电缆	ZQ_{15}、ZQD_{15}	ZLQ_{15}、$ZLQD_{15}$	敷在水中，土壤中，能承受较大的外压力和拉力
9	纸绝缘铅包粗钢丝铠装二级外护层电力电缆	ZQ_{25}、ZQD_{25}	ZLQ_{25}、$ZLQD_{25}$	敷在水中，能承受较大的拉力
10	纸绝缘分相铅包钢带铠装一级外护层电力电缆	ZQF_{12}、$ZQDF_{12}$	$ZLQF_{12}$、$ZLQDF_{12}$	同ZQ_{12}
11	纸绝缘分相铅包裸钢带铠装一级外护层电力电缆	ZQF_{120}、$ZQDF_{120}$	$ZLQF_{120}$、$ZLQDF_{120}$	同ZQ_{120}
12	纸绝缘分相铅包粗钢丝铠装二级外护电力电缆	ZQF_{25}、$ZQDF_{25}$	$ZLQF_{25}$、$ZLQDF_{25}$	同ZQ_{25}

(5) 控制电缆

1) 型号说明、字符含义见表14-28。

控制电缆型号中字符含义　　　　**表 14-28**

类别用途	导体	绝缘	护套、屏蔽特征	外护层	派生、特性
K——控制电缆 系统代号	T——铜芯 L——铝芯	Y——聚乙烯 V——聚氯乙烯 X——橡皮 YJ——交联聚乙烯绝缘	Y——聚乙烯 V——聚氯乙烯 F——氯丁胶 Q——铅套 P——编织屏蔽	02，03 20，22 23，30 32，33	80，105 P_1，P_2

注：1. 铜芯代表字母“T”型号中一般略写。

2. 外护层数字含义：

第一位数字：0——没有铠装；2——钢带铠装；3——细钢丝铠装；

第二位数字：0——没有外护层；2——聚氯乙烯外护层；3——聚乙烯外护层；

3. 派生、特性数字含义：

P——铜丝编织总屏蔽；P_1——铜丝缠绕总屏蔽；P_2——铜带绕包总屏蔽；80——耐热＋80℃塑料；105——耐热＋105℃塑料。

［例］ KXQ23——橡皮绝缘铜芯控制电电缆，铅套，钢带铠装，聚乙烯外护层。

2）常用控制电缆种类、型号及用途见表 14-29。

常用控制电缆的种类及用途　　　　**表 14-29**

序号	电　缆　名　称	型号	主要用途
1	铜芯聚乙烯绝缘聚乙烯护套控制电缆	KYY	固定敷设
2	铜芯聚乙烯绝缘铜丝编织总屏蔽聚乙烯护套控制电缆	KYYP	
3	铜芯聚乙烯绝缘铜丝缠绕总屏蔽聚乙烯护套控制电缆	$KYYP_1$	
4	铜芯聚乙烯绝缘铜带绕包总屏蔽聚乙烯护套控制电缆	$KYYP_2$	
5	铜芯聚乙烯绝缘钢带铠装聚乙烯护套控制电缆	KYY_{23}	
6	铜芯聚乙烯绝缘聚乙烯护套裸细钢丝铠装控制电缆	KYY_{30}	

续表

序号	电　缆　名　称	型号	主要用途
7	铜芯聚乙烯绝缘细钢丝铠装聚乙烯护套控制电缆	KY_{33}	固定敷设
8	铜芯聚乙烯绝缘铜带绕包总屏蔽细钢丝铠装聚乙烯护套控制电缆	KYP_{233}	
9	铜芯聚乙烯绝缘聚氯乙烯护套控制电缆	KYV	
10	铜芯聚乙烯绝缘铜丝编织总屏蔽聚氯乙烯护套控制电缆	KYVP	
11	铜芯聚乙烯绝缘铜丝缠绕总屏蔽聚氯乙烯护套控制电缆	$KYVP_1$	
12	铜芯聚乙烯绝缘铜带绕包总屏蔽聚氯乙烯护套控制电缆	$KYVP_2$	
13	铜芯聚乙烯绝缘钢带铠装聚氯乙烯护套控制电缆	KY_{22}	
14	铜芯聚乙烯绝缘细钢丝铠装聚氯乙烯护套控制电缆	KY_{32}	
15	铜芯聚乙烯绝缘铜带绕包总屏蔽细钢丝铠装聚乙烯护套控制电缆	KYP_{232}	
16	铜芯聚氯乙烯绝缘聚乙烯护套控制电缆	KVY	
17	铜芯聚氯乙烯绝缘铜丝编织总屏蔽聚乙烯护套控制电缆	KVYP	
18	铜芯聚氯乙烯绝缘铜丝缠绕总屏蔽聚乙烯护套控制电缆	$KVYP_1$	
19	铜芯聚氯乙烯绝缘铜带绕包总屏蔽聚乙烯护套控制电缆	$KVYP_2$	
20	铜芯橡皮绝缘聚氯乙烯护套控制电缆	KXV	
21	铜芯橡皮绝缘钢带铠装聚氯乙烯护套控制电缆	KX_{22}	
22	铜芯橡皮绝缘钢带铠装聚乙烯护套控制电缆	KX_{23}	
23	铜芯橡皮绝缘氯丁橡护套控制电缆	KXF	

续表

序号	电缆名称	型号	主要用途
24	铜芯橡皮绝缘裸铅包控制电缆	KXQ	固定敷设
25	铜芯橡皮绝缘铅包聚氯乙烯护套控制电缆	KXQ_{02}	
26	铜芯橡皮绝缘铅包聚乙烯护套控制电缆	KXQ_{03}	
27	铜芯橡皮绝缘铅包裸钢带铠装控制电缆	KXQ_{20}	
28	铜芯橡皮绝缘铅包钢带铠装聚氯乙烯护套控制电缆	KXQ_{22}	
29	铜芯橡皮绝缘铅包钢带铠装聚乙烯护套控制电缆	KXQ_{23}	
30	铜芯橡皮绝缘铅包裸细钢丝铠装控制电缆	KXQ_{30}	

（6）电缆附件

电缆附件种类和型号表示方法：电缆附件是指电缆封端、接续、支护等部件，主要有终端盒、压力供油箱、中间连接盒、芯线连接金具、电缆桥架等。

电缆附件的型号编制方法及字符含义见表 14-30。

电缆附件型号字符含义　　表 14-30

类别	特征		派生		
	不同式样	不同材料	截面(mm^2)	芯数	规格编号
B——过渡接线棒 D——接线端子 G——连接管套 J——线夹子 L——连接盒 N——户内用终端盒 Q——压接钳 TQ——套(首套) W——户外用终端盒 ZK——开敞式终端 ZF——封闭式终端 JT——直通接头 JS——塞止接头 XY——压力供油箱	D——鼎足式、堵油式 M——密封式 G——倒挂式 R——绕包式 S——扇形线芯 YS——液压压接 XS——机械压接 BS——爆炸力压接 Z——整体式 J——挤包绝缘式、紧压 Y——圆形线芯用	C——瓷 H——环氧树脂 L——铝及铝合金 N——尼龙 T——铜 TL——铜铝 V——聚氯乙烯塑料 Q——铅 Z——纸 G——钢材 B——玻璃钢	10 16 25 35 50 … 240	1(单芯) 2(双芯) 3(三芯) 4(3＋1)或四芯等截面	1，2 3，4 5，6 7，8 9，10 11，21 150，…等

注：铜材代号 T，一般省略。

［例］ WDH-25——鼎足式户外终端盒，环氧树脂绝缘，适用于 25mm^2 线芯。

DTL-70——铜—铝过渡接线端子，适用于 70mm^2 线芯。

14.2.3 电线电缆的选用

(1) 选用的一般原则

1) 按使用环境和敷设方法选择电线电缆的类型。

2) 按机械强度选择线芯的最小截面。

3) 按允许温升（即允许载流量）选择电线电缆线芯的截面。

4) 按允许电压损失选择电线电缆线芯的截面。

5) 按上述 2)、3)、4)条件选择的电线电缆具有几种规格的截面时，应取其中较大的一种。

6) 必要时需按经济电流密度确定电线电缆的截面。

7) 从经济和实用的观点出发，应贯彻导电体“以铝代铜”、绝缘材料“以塑料代橡胶”、电缆护层“以铝代铅”的原则。

(2) 常用电线类型的选用

1) 裸电线：结构简单、价格便宜、安装和维修方便，架空电线应选用裸绞线，并优先选用铝绞线和钢芯铝绞线。

2) 塑料绝缘电线：绝缘性能良好，价格较低，无论明敷或穿管均可代替橡皮绝缘线，但不能耐高温，易老化，所以不宜在户外敷设。

3) 橡皮绝缘线：绝缘性能良好，柔软性较好，耐油性差，可在一般环境中使用，带有玻璃丝编织保护层的橡皮线耐磨性、耐气候性较好，可用于户外或穿管敷设。

4) 氯丁橡皮绝缘线：耐油性好，不延燃，不易霉，耐气候性好，可在户外敷设。

常用绝缘电线的选用举例见表14-31。

(3) 选用要点

常用绝缘电线类型选用举例 **表 14-31**

使用场合		塑料绝缘电线						橡皮绝缘电线		
		BLV BV	BVR	BLVV BVV	BLV-105 BV-105	RV RVB RVS	RVV	BLX BX	BXR	RX RXS RSB
建筑物内	厂房内动力、照明	√	×	△	×	×	×	√	×	×
	配电干线	√	△	×	×	×	×	√	△	×
	住宅日用电器	×	×	×	×	√	△	×	×	√
室外架空，沿墙动力，照明		√	×	△	×	×	×	√	×	×
进户线		×	×	√	×	×	△	×	×	×
设备、电器、仪表内部安装线	大型	√	√	×	×	×	×	√	△	×
	中小型	△	√	×	×	△	×	×	×	×
设备、电器、仪表电源线	固定敷设	√	√	△	×	×	△	√	×	△
	移动使用	×	×	×	×	√	√	×	×	√
特殊环境	高温	×	×	×	√	×	×	×	×	×
	高湿（浴室、冷藏室）	×	×	√	×	×	√	×	×	×
	严寒	×	×	×	×	×	×	×	×	×
	接触油类	△	△	△	△	△	△	×	×	×
	易燃	√	√	√	√	√	√	×	×	×

注：√——优先选用；△——可以选用；×——不宜选用。

1）电缆芯线材质、电力电缆芯数、电缆绝缘类型、电缆外护层类型，控制电缆及金属屏蔽，电力电缆截面按照国家标准 GB 50217—94《电力工程电缆设计规范》选用。

2）系统标称电压 U_n 为 200/380V 时，缆芯对地的额定电压

U_0 应满足所在电力系统中性点接地方式及其运行要求的水平。电缆的额定电压为 0.6/1kV，建筑物内的电线线路为 300/500V。系统接地型式为 IT 时，则电线线路为 450/750V。系统标称电压 U_n 为 10kV 时，中性点非有效接地系统，电缆的额定电压为 8.7/10kV；中性点有效接地系统时，则为 6/10kV。系统标称电压 U_n 为 35kV 时，中性点非有效接地系统，电缆的额定电压为 26/35 kV，中性点有效接地系统时，则为 21/35kV。

3）在爆炸性气体环境内、爆炸性粉尘环境内、火灾危险环境内，低压电力、照明线路用的绝缘电线、电缆的额定电压必须不低于工作电压，且不应低于 500V，即电线不应低于 300/500V，电缆为 0.6/1kV。

本质安全系统导线绝缘的耐压强度应为 2 倍额定电压，最低为 500V，即导线绝缘的耐压强度为 450/750V，最低为 300/500V，电缆为 0.6/1kV。

4）火灾自动报警系统的传输线路和 50V 以下供电的控制线路，应采用电压等级不低于交流 250V 的铜芯绝缘电线和铜芯电缆，即电线额定电压不低于 300/500V，电缆额定电压为 0.6/1kV。采用交流 220/380V 的供电和控制线路应采用电压等级不低于交流 500V 的铜芯绝缘电线和铜芯电缆，即电线额定电压不低于 300/500V，电缆额定电压为 0.6/1kV。

5）电缆附件的电缆终端选择按照国家标准 GB 50217—94《电力工程电缆设计规范》4.1 选用。

6）注意电压降，接地保护及热稳定校验。

(4) 常用电力电缆类型的选用

1）聚氯乙烯绝缘及护套电力电缆：重量轻，弯曲性能较好，接头制作简便，耐油、耐酸碱腐蚀，不延燃，没有敷设高差的限制，价格较便宜，但电气绝缘性能略差，可广泛用于户内、户外。

2）橡皮绝缘电力电缆：弯曲性能较好，可在严寒气候下敷设，特别适用于水平高差大和垂直敷设的场合。它不仅适用于固定敷设的线路，也可用于定期移动的固定敷设线路。橡套软电缆还可用于连接移动式电气设备。但橡皮绝缘电缆耐热、耐油性差。

3）交联聚氯乙烯绝缘聚氯乙烯护套电力电缆：性能优良，结构简单，重量轻，载流量大，敷设水平高差不受限制，但它能延燃，价格较贵。

4）油浸纸绝缘电力电缆：电气绝缘性能优良，耐热能力强，允许运行温度较高，但弯曲性能差，敷设高差有一定限制。

5）在考虑1）、2）、3）、4)各因素后，还应根据敷设方式和环境条件选择一定外护层和铠装的电缆。电缆外护层和铠装的选用见表14-32。

电缆外护层和铠装的选用　　表14-32

护套	铠装	代号	敷设方法							环境条件				
			室内	电缆沟	隧道	管道	竖井	埋地	水下	易燃	移动	多砾石	一般腐蚀	严重腐蚀
裸铝	无	L	√	√	√	×	×	×	×	√	×	×	×	×
裸铅	无	Q	√	√	√	√	×	×	×	√	×	×	×	×
一般橡套	无	X	√	√	√	√	×	×	×	×	√	×	√	×
不延燃橡套	无	F	√	√	√	√	×	×	×	√	√	×	√	×
聚氯乙烯护套	无	V	√	√	√	√	×	√	×	√	√	×	√	√
聚乙烯护套	无	Y	√	√	√	√	×	√	×	×	√	×	√	√
普通外护层(仅用于铅护套)														
裸钢带		20	√	√	√	×	×	×	×	√	×	×	×	×
钢带		2	√	√	△	×	×	√	×	×	×	×	×	×
裸细钢丝		30	×	×	×	×	√	×	×	√	×	×	×	×
细钢丝		3	×	×	×	×	△	√	√	△	×	√	×	×
裸粗钢丝		50	×	×	×	×	√	×	×	√	×	×	×	×
粗钢丝		5	×	×	×	×	△	√	√	△	×	√	×	×

注：1. √——表示适用，△——表示外护层为玻璃纤维时适用，×——表示不宜选用。

2. 电缆外护层和铠装耐油。

(5) 订购要点

1) 注意单根供货长度是否满足设计及规范的要求。

2) 注意交货期要留有一点的富裕量。

14.2.4 室内配电线路简介

(1) 常用布线方式及其代号

常用布线方式及其代号见表14-33。

室内布线方式及其代号 **表14-33**

序号	布线方式	习用代号	新代号	备注
1	瓷瓶或瓷珠布线	CP	K	生产场所使用
2	塑料线槽布线	VCB	PR	
3	金属线槽布线	JCB	MR	
4	穿焊接钢管布线	G	SC	
5	穿电线管布线	DG	MT	
6	穿硬塑料管布线	VG		PC
7	穿阻燃塑料管布线	VG	FPC	
8	穿软塑料管布线	VRG	—	
9	用电缆桥架布线	DQ	CT	生产场所
10	瓷夹布线	CJ	PL	多根导线
11	塑料线夹布线	VJ	PCL	电缆使用
12	穿蛇皮管布线	SG	FMC	
13	直接布线	QD	DB	塑料护套线，卡钉固定

(2) 线路敷设部位及其代号

线路敷设部位及其代号见表14-34。

室内配电线路敷设部位及其代号 **表14-34**

序号	敷设部位	习用代号	新代号	备注
1	沿钢索敷设	S	M	
2	沿梁或跨梁敷设	LM	AB	明敷

续表

序号	敷 设 部 位	习用代号	新代号	备　注
3	沿柱或跨柱敷设	ZM	AC	明敷
4	沿墙面敷设	QM	WS	明敷
5	沿天棚或顶板面敷设	PM	CE	明敷
6	吊顶内敷设	PNM	SCE	明敷
7	暗敷在梁内	LA	BC	
8	暗敷在柱内	ZA	CLC	
9	墙内敷设	QA	W	
10	地板或地面下敷设	DA	FR	
11	暗敷在屋面或顶棚内	PA	CC	

14.3 新型电源系统

14.3.1 不间断电源(UPS)

(1) 产品基本组成

产品基本组成：静态交流不停电(不间断)电源装置是一种用于连续供电的、主要以电力变流器构成的静止型电源设备。他由晶闸管整流器、逆变器、交流静态开关和蓄电池等组成。所谓不停电电源装置(Uninterruptible Power Supply，简称 UPS)，是指当城市电网突然停电时，仍然保证交流电源不间断的供电。

UPS 正常运行时，由城市电网交流电源经整流器变为直流，并通过充电器对蓄电池组进行浮充，同时经逆变器输出优质的交流电源对重要用电设备供电。当城市电网突然停电时，装置自动转换到蓄电池组，利用蓄电池组储能环节放电，经逆变器对重要用电设备供电，由于静态交流不停电电源装置与城市电网经过直流储能环节隔离，排除了市电瞬变干扰，并连续不间断地供给重要负荷用电，因而保证了重要设备安全可靠地、连续稳定地正常运行。

新型 UPS 采用绝缘栅双级晶体管技术（IGBT）；脉冲宽度调制技术（PWM）或矢量空间调制技术（SVM）；数字信号处理技术（DSP）以及控制电子电路板采用表面贴装技术（SMD）。使 UPS 整机增强了抗干扰能力，电路的集成度高，提高了可靠性；整机性能得到改善，效率很高。

(2) 产品分类

1) 按容量分类

按容量大小可分为：小型不停电电源（1000VA 及以下），中型不停电电源（2～15kVA）和大型不停电电源（20kVA 及以上）。

① 小型不停电电源

输入电压为交流单相 220V，可用于微型计算机（一般单机功率为 200～300W）和精密电子仪器配套使用的备用电源。

② 中型不停电电源

输入电压一般为交流单相 220V，也有一些厂商生产的 10～15kVA 的不停电电源输入电压为 3 相 380V，该系列产品广泛应用于计算机系统、航空管理系统、卫生系统、精密仪器、科研、医院、银行、保险等系统中。

③ 大型不停电电源

输入电压为三相 220/380V，该系列产品为计算机系统、卫星通讯系统、网管控制系统、精密仪器仪表、高灵敏用电设备提供连续、稳定、可靠、干净的交流电源。

2) 按工作方式分类

按工作方式可分为后备式、在线式和互动式。

① 后备式不停电电源

后备式不停电电源是指在电网正常供电时，由电网直接向负荷供电，当电网供电中断时，蓄电池才对不停电电源的逆变器供电，并由不停电电源的逆变器向负荷提供交流电源，即不停电电源的逆变器总是处于对负荷提供后备供电状态。其特点：成本低、效率高，但输出电压和频率不稳定，转换中断。不适合高速通信及计算机应用。

② 在线式不停电电源

在线式不停电电源平时是由电网通过不停电电源的整流电路向逆变电路提供直流电源，并由逆变电路向负荷提供交流电源。一旦电网供电中断时，改由蓄电池经逆变电路向负荷提供交流电源。其优点：高质量电源输出频率、电压稳定；零中断转换。缺点：成本高、效率相对降低。适用频率和电压不稳定的环境和高速通信及计算机应用。

③ 互动式不停电电源是指在电网正常供电，而且其电压和频率在允许范围内，通过自动旁路开关由电网直接向负荷供电。当电网电压和频率不稳定，超过允许范围时，市电通过整流器逆变器向负荷供电；当电网电压、频率稳定在设定的范围内时，UPS 又经自动旁路开关由电网直接向负荷供电；当电压、频率超过允许范围时，则市电又转回到通过整流器逆变器向负荷供电。

优点：成本低、正常情况下效率高，输出电压稳定。

缺点：输出频率不稳定，存在转换时间(4ms)。

不适用场合：不适合发电机组供电和市电不稳定环境；高速通信及计算机应用。

3）按有无旁路，又可分为有旁路和无旁路两种型式。无旁路的方案实际上很少采用。有旁路的有手动旁路和自动旁路之分。手动旁路开关在维修和测试 UPS 整流逆变主机时，连续以市电向用电设备供电。而自动旁路开关是互动式 UPS 的组成部分。

4）按电池接线方式不同，又可分为蓄电池浮充式和开关切换式(也称分离式)。浮充式适用于小容量装置，开关切换式适用于大容量装置。

5）不停电电源主接线方案根据供电的可靠性、连续性、稳定性和电源容量及其他参数质量要求，可分为：单一式不停电电源系统；并联式不停电电源系统；冗余式不停电电源系统。

(3) 产品选用要点

1) 根据具体工程设计要求采用不同类型的不停电供电系统，单一式的 UPS 系统可靠性相对低些，其容量相对来说小些，如果需要高可靠、大容量的不停电电源，则可采用并联式 UPS 系统或冗余式 UPS 系统。

2) UPS 的节能运行(ECO)模式。对电压和频率参数不敏感的负荷采用 ECO 方式：市电正常时，负荷由旁路交流电源通过自动旁路供电；如果电源故障或超出允许范围，负荷自动转变为逆变器供电，而不会中断；如果电源恢复到允许范围内，负荷又不间断地转回到旁路交流电源。

UPS 的 ECO 模式依靠智能能源管理系统跟踪市电质量，实现逆变器回路和自动旁路的程序化动作，减少整流器和逆变器电能转换损耗，达到节能的目的。

3) 并联式 UPS 的顺序软起动。多台并联的 UPS 利用智能能源管理功能，按事先设定的程序，对其实行顺序软起动，达到整流器启动延时并按顺序进行。

4) 蓄电池的选择。UPS 系统用的蓄电池需在常温下能瞬时起动，宜选用碱性镉镍电池或免维护密封酸性蓄电池，有条件时应选用碱性燃料电池。蓄电池容量应根据市电停电后由其维持供电时间长短的要求选定。蓄电池的额定放电时间宜按下列条件确定：

① UPS 系统在交流输入发生故障后，为保证用电设备按照操作顺序进行停机，其蓄电池的额定放电时间可按停电所需最长时间来确定，一般可取 8～15min。

② 当有备用电源时，UPS 系统在交流输入发生故障后，为保证用电设备供电连续性，并等待备用电源投入，其蓄电池额定放电时间的确定，一般可取 10～30min。

③ UPS 系统供电的用电设备负荷特性不同，同样容量的 UPS 其电池的后备时间也不同，通常可根据负荷特性来确定蓄电池的额定放电时间。

5）智能化电池监控系统。大中型 UPS 系统都配置了智能化电池监控系统，不同厂家配置的功能稍有不同，选用时用户要进行确认。保证 UPS 系统最大限度地连续运转；预防电池损坏；延长电池寿命。先进的电池监控系统应有下列功能：

① 根据电池老化、温度和充电水平计算真实的可用后备时间。

② 评估电池的使用寿命。

③ 防止电池过度放电的保护，根据自动计算出的放电曲线，自动断开电池电路断路器，防止深度放电。

④ 根据环境温度调整浮充电压，以延长电池使用寿命。

⑤ 限制电池电流，无负荷关机。

⑥ 自动电池检测：

a. 按可编程的时间间隔做电池自动放电检测。

b. 电池状态，预防性检测电池的内部故障。

c. 电池电路的连接情况。

⑦ 逐渐增强的蜂鸣器报警，提示后备时间终了。

⑧ 电池温度监测用于：

a. 根据电池间的温度调整充电电压。

b. 如果设置的允许温度超出正常范围，向操作人员报警。

6）UPS系统的谐波治理。变流装置的输出、输入电源回路中含有多次谐波成分，抑制谐波是 UPS 系统设计要解决的一个重要课题。UPS系统抑制谐波有多种方案，首先要求整流逆变器少产生谐波，如采用 12 脉冲整流器，其次是输入、输出回路中设置隔离变压器或滤波器。

谐波滤波器的种类：

① 电感线圈和电容器组成的无源滤波器。

② 有源滤波器。

③ 非补偿型滤波器（滤除某一次或固定的某次谐波）。

④ 补偿型滤波器。

⑤ 动态接点滤波器。

⑥ 正弦波有源谐波调节器。

正弦波有源谐波调节器其原理同有源滤波器，但适用于任何谐波频谱，并且不限于整流器类型的负荷。UPS 系统是否需要装置隔离变压器，配置什么样的滤波器，用户可根据用电负荷的要求，与供应商共同商讨确定。

全面谐波治理(THM)有源滤波器，能实时计算和补偿谐波。用正弦波有源谐波调节器技术，把 THM 有源滤波器内置在 UPS 上，可显著减少谐波电流再注入配电系统中，避免对负荷的干扰，意味着增加 UPS 上线的功率因数。THM 滤波器安装在整流器的上线，采用数字信号处理技术(DSP)实时地补偿由整流器产生的谐波，使电网上线电流保持为理想的正弦波。

7) UPS 的遥控和通信功能。大中型 UPS 系统一般均能提供多种灵活的遥控和通信方案供选择，大大方便了用户的操作、管理和维修，实现供应商为用户提供远程服务，沟通用户与供应商间的信息。

大中型 UPS 可配置如下遥控和通信模块供用户选用：

① 装置本身带有液晶屏幕显示，显示 UPS 运行状况，事故报警，在线记录 UPS 运行时的各种数据。

② 遥控板，带液晶和发光二极管显示的手持遥控器，用通信接口连接，能对多台 UPS 实施遥测、遥信和遥控。

③ 自动回叫服务板，在非正常情况下，自动拨号模块能向指定的服务中心拨号寻求帮助。

④ 智能功率模块与 UPS 通信的智能模块，用于监视、管理和记录 UPS 输出功率和负荷情况。

⑤ PC 机用监控软件，安装在 PC 机上，通过通信接口，监控 1～99 台 UPS，还可通过互联网发送电子邮件。

⑥ 电池组监视模块，连续监视每台电池的智能模块，能在电池组中任何一只电池严重损坏前报警。

8) UPS 工作条件。不同厂家供应的不同类型的 UPS 的工作条件有些差异，具体看 UPS 制造商的 UPS 产品技术规格说明书。这里把 UPS 的一般工作条件列出，供选用者参考：

① 海拔高度 1000m 以下(有些产品可工作在海拔 2000m 或 3000m 以下)。

② 室内环境温度 0～40℃。

③ 室内相对湿度不大于 0%～90%(不允许结露)。

④ 无剧烈振动、冲击和垂直倾斜度不超过 5°的场所。

⑤ 无易燃导电尘埃、无腐蚀性气体和爆炸危险的场所。

⑥ 蓄电池室的环境温度 20～25℃。

14.3.2 应急电源(EPS)

(1) 特点

为一级负荷或消防设施应急供电电源。采用整体式模块；采用脉宽调制 PWM 技术；采用“四合一”设计，结构简化。适用电机感性负载和混合负载；可与消防联动，可计算机监控。静态，低噪声，无排烟，无公害，无火灾隐患；自动切换，可实现无人值守，节能，非应急供电时，基本不耗电；性能稳定，安全可靠，与发电机组相比综合造价低。

(2) 应急电源与备用发电机组相比的特点

应急电源与备用发电机组相比的特点见表 14-35。

EPS 与备用发电机组比较表 **表 14-35**

指标	三相应急电源(EPS)	备用发电机组	与备用发电机组相比
启动时间(s)	<0.1～0.2	5～30	快
环保	无排气排烟，无噪声，无振动，无公害	有二氧化硫排放，排烟，噪声特大，有振动，油库要求防火	好
维护	维护简单，可无人值守自动操作，可计算机监控	需要专人看管，需要定期维护	好

续表

指标	三相应急电源(EPS)	备用发电机组	与备用发电机组相比
供电状况	供电电压稳定能力强，频率稳定，波形好，无干扰，效率高，可带载切换	电压不稳，频率不稳，效率低	好
过载及保护	过载能力强，保护功能完善，选用电源容量与负载功率为 1∶1 即可胜任	过载能力弱，保护功能一般，选用备用发电机组容量与负载容量比率一般要 1.5∶1，加大投资	好
造价及运行成本	一次性投入基本无后续运行费用，电池可循环充放电 300～500 次	发电机组设备采购成本稍低，但辅助设施造价高，且后续运行费用多	相近

(3) 应急电源与不间断电源相比的特点

应急电源与不间断电源相比的特点见表 14-36。

应急电源与不间断电源比较表　　表 14-36

指标	三相应急电源	不间断电源	与不间断电源相比
节电	在电网供电正常时处于睡眠状态，耗电不足 0.1%，无电网供电时，效率大于 90%	在电网供电正常时也工作，效率仅 80%～90%，约有 10%～20% 的电能被消耗	节电 10%～20%
噪声	在电网供电正常时处于睡眠状态，静置无噪声，无电网供电时，噪声<55dB	UPS 的工作噪声一般为 55～65dB	低噪声
价格	约为同容量 UPS 主机价格的 60%	UPS 价格比较昂贵	价格优势明显

续表

指标	三相应急电源	不间断电源	与不间断电源相比
寿命	只有在电网无电时才进行逆变工作，主机使用寿命相对长，一般 20 年以上	UPS 是只要开机就连续不间断工作，因此寿命相对较短，一般 8 年	寿命长
负载适应性	尤其适应电机等电感性负载和各种混合用电负载	UPS 只适应电容性和电阻性负载（计算机负载）	适应性强

14.4 高压电器器材

用于额定电压为 3kV 以上的交、直流电路内，起通断、保护、控制或调节作用的电器统称为高压电器。高层建筑电力负荷大而集中，通常采用高压配电的方式（一般为 10～22kV）。住宅小区、工厂、大型的公共建筑等都采取高压供电。在高压供配电工程中必须使用高压电器器材。

14.4.1 高压配电装置

(1) 高压开关柜基本组成

主要由高压断路器、负荷开关、接触器、高压熔断器、隔离开关、接地开关、互感器、变压器，以及控制、测量、保护、调节装置，内部连接件、辅件、外壳和支持件等组成的成套配电装置，其内部空间以空气或复合绝缘材料作为绝缘和灭弧介质，用作接受和分配电网的电能。或用作对高压用电设备的保护和控制。

(2) 高压开关柜结构分类

高压开关柜分为半封闭式高压开关柜和金属封闭式高压开关柜两大类。

1）半封闭式高压开关柜

半封闭式高压开关柜中离地面2.5m以下的各组件安装在接地金属外壳内的高压开关柜，2.5m及以上的母线或隔离开关无金属外壳封闭。其金属壳内、外的导电体对地及相间距离应符合相关规范的规定。结构型式为固定式高压开关柜(户内型)，型号有GBC、GG-IA。断路器安装位置分为落地式和中置式。基本特点是结构简单，制造方便，价格便宜，且能明确看到引进线隔离开关的分合状态；但是，2.5m高的带电组件允许暴露在柜体外，且无隔室，安全性较差。目前已较少使用。

2）金属封闭式高压开关柜

金属封闭式高压开关柜分三种类型：金属铠装式高压开关柜、间隔式高压开关柜、箱式高压开关柜。另外，高压电缆分接箱也属于金属封闭式高压开关柜。

① 金属铠装式高压开关柜

某些组件分装在用接地的金属隔板隔开的隔室中的金属封闭式高压开关柜内，金属隔板应符合表14-37所规定的防护等级(或者更高)，至少下列组件应在单独的隔室里：每一组主断路器；连向主断路器一侧的组件，如馈电线路；连向主断路器另一侧的部件，如母线，如果有多于一组的母线，各组母线应分设于单独的隔室内。结构型式分为移开式和固定式(户内型)，移开式型号为KYN，固定式型号为KGN。

移开式断路器安装位置有落地式和中置式。断路器中置式为手车结构置于柜体中部，手车的推入拉出需要装载车，其高度可调，使用方便。断路器落地式为手车结构本身落地，推入柜内，对建筑物地面做法要求较高。移开式高压开关柜基本特点是隔室采用金属隔板，可将故障电弧限制在产生的隔室内，电弧触及金属隔板即被引入地内，安全性好价格较贵，断路器更换方便，目前中置式使用较多。

固定式高压开关柜基本特点是隔室采用金属隔板，可将故障电弧限制在产生的隔室内，电弧触及金属隔板即被引入地内，安全性好，价格较贵，断路器更换方便，目前中置式使用较多。断路器更换不方便，用于高海拔地区应加强绝缘等级。

② 间隔式高压开关柜

某些组件分设于单独的隔室内(与金属铠装式高压开关柜一样)，但具有一个或多个非金属隔板的金属封闭式高压开关柜，隔板的防护等级应达到 IP2X～IP5X(或者更高)的要求。结构型式为移动式高压开关柜(户内型)，型号为 JYN。基本特点是室内采用绝缘隔板，电弧有可能烧穿绝缘隔板进入其他隔室，使事故扩大，安全性不如铠装式，断路器更换方便。

③ 箱式高压开关柜

箱式高压开关柜结构型式分为固定式和环网式(户内型)，型号为 HXGN。固定式箱式高压开关柜基本特点是隔室数量少，隔板的防护等级低，安全性稍差，断路器更换不方便；环网式箱式高压开关柜基本特点是价格便宜，隔室数量少，隔板的防护等级低，或无隔板，安全性稍差，断路器更换不方便，单台变压器容量 1000kVA 及以下采用负荷开关加熔断器保护，应考虑转移电流问题。隔板的防护等级不低于表 14-37 的规定。

金属板防护等级　　表 14-37

防护等级	防 护 性 能
IP2X	能阻挡手指或直径大于 12mm、长度不超过 80mm 的物体进入
IP3X	能阻挡直径或厚度大于 2.5mm 的工具、金属丝等物体进入
IP4X	能阻挡直径大于 1.0mm 的金属丝或厚度大于 1.0mm 的窄条等物体进入
IP5X	能防止影响设备安全运行的大量尘埃进入，但不能完全防止一般灰尘进入

④ 高压电缆分接箱

高压电缆分接箱基本特点是按分支数分为三分支、四分支、五分支、六分支等。按进出线分为单端型、双端型。按主干和分支结构分为带开关型与不带开关型。

(3) 高压开关柜按柜体形成方式分类

高压开关柜按柜体形成方式分类见表 14-38。

高压开关柜按柜体形成方式分类　　表 14-38

柜体形成方式	柜体焊接式	柜体组装式
特点	柜体焊接而成，易变形，劳动强度大	采用拉铆螺母和高强度的螺栓连接而成，外壳采用热镀锌钢板或铝锌复合板，经数控机床加工并采用弯折工艺，柜体误差小，一致性好

(4) 高压开关柜按断路器类型分类

高压开关柜按断路器类型分类见表 14-39。

高压开关柜按断路器类型分类　　表 14-39

断路器类型	真空断路器	SF_6
特点	在 12kV 级无油化进程中已成为主导产品。不需专门维护	在 40.5kV 级中除采用真空断路器外也采用 SF_6 断路器

(5) 高压开关柜技术性能

1) 高压开关柜基本尺寸

高压开关柜基本尺寸见表 14-40。

高压开关柜外形参考尺寸　　表 14-40

开关柜型号	外形尺寸(宽×深×高)(mm)
JYN2-12	840×1500×2200(ZN□-12)
JYN4-12	800×1850(1680)×2200
JYN6-12	840×1500(1680)×2200
JYN8-12	800×1275×2400

开关柜型号	外形尺寸(宽×深×高)(mm)
KYN1-12	800(840)×1500(1650)×2200
KYN18A-12	900×1775(2175)×2130
KYN28-12	800(810)×1550×2200(2300)
KYN28A-12(GZS1)	800×1500(1700)×2200
KYN42-12(ZS1)	650(800)×1300×2200
KYN2-12	800×1540(1700)×2300
KGN1-12	1180×1600×2900
KGN2-12	1100(1200)×1200×2650

注：开关柜外形尺寸(包括安装洞孔)详见产品样本。

2）柜体构造要求

① 每个柜中的元件，如母线、断路器、电压互感器和出线电缆等均应隔开。

② 断路器室应由一个钢板封闭单元组成，并带有用于拉出型可动部分所必需的装置，相同参数的可移动元件应能互换，具有相同参数和结构的其他元件也可互换。

③ 柜的金属壳和隔板均应可靠接地，接地导体和接地开关额定值应满足额定短时和峰值耐受电流的要求。铜导体的电流密度应不超过 200A/mm^2。

④ 在运动位置上的隔离插头，应耐受短路冲击电流并保证接触良好。

⑤ 当拉出小车时，应确保隔离插头断开。隔板的开口能自动关闭，以防止接触到带电部分。

⑥ 在开关柜里的元件应装有联锁，小车只有当断路器断开时才能拉出，接地开关和断路器应有可靠联锁，对于操作接地开关应有清楚的指示计指示出线侧无电压，且断路器断开以防误操作。

⑦ 柜壳应用金属构成，壳体应满足保护规程要求，地板和

墙壁都不能作为柜壳的一部分。柜底应允许两条电缆穿入并作终端，例如可用橡皮垫等等。在底部以上的电缆室应有足够的安装空间以安装大截面电缆和零序电流互感器。

⑧ 用于正常维护的门和盖应不用手动工具即可打开，但是为了操作人员的安全应有联锁装置。此外，应提供专门挂锁。

⑨ 如壳体上有一观察口，应有足够的机械强度并应考虑壳体与电气元件间的安全距离和静电屏蔽措施。

⑩ 气孔或排气口应与壳体有同样的安全等级。

⑪ 隔板应满足其保护标准，绝缘隔板应能耐受工频耐压试验。在主电路和绝缘隔板之间应有足够的空气间隔以能够承受150％额定电压的耐压试验。

⑫ 在每个柜中的母线应装在单独的母线隔层中，母线和电缆连接可用铜带，相序的排法是第一相 L1(用黄色表示)，第二相 L2(用绿色表示)，第三相 L3(用红色表示)，从上至下或从左至右或从里到外。

⑬ 封闭开关装置应能方便组装运输和现场安装，应有电缆终端头、安全孔、起吊螺栓、螺栓孔接地线、铭牌、挂锁等等。

⑭ 柜壳的涂漆颜色见工程设计图，如图中未指定要求时由制造厂决定。

⑮ 距离(由厂家提供)：固定触头与绝缘板的护门之间，带有绝缘管动臂与隔离板间；相间(中心距离)；相对地(中心线)；母线相间距(净距)；相母线对地(净距)。爬电距离分别给出：瓷质材料和有机材料。

⑯ 在出线电缆上应装有氖灯型电压显示器。

⑰ 母线和引线的接头都应有绝缘。

⑱ 柜内应装有照明设备并根据需要加装加热设备。

⑲ 进线柜应是可移出的隔绝小车型。

⑳ 各柜母线每三个柜设一个装拆点。

㉑ 开关柜上下部的通风孔要加隔尘网，并达到防护等级 IP4X 级要求。

㉒ 柜后左侧设接地螺栓，并标以标记。

㉓ 电缆小室中电缆端子距柜底高度，不得低于700mm。

3）使用环境条件

① 海拔高度：不超过1000m。

② 环境温度：不高于40℃，不低于－10℃。

③ 相对湿度：≤90％(15℃)。

④ 抗震能力：地面水平加速度0.4g；地面垂直加速度0.2g。

⑤ 安全系数：安全系数＞2。

特殊使用环境条件，订货时协商解决。

4）使用技术条件及产品试验参数

① 额定工作电压：10kV。

② 最高工作电压：12kV。

③ 额定工作频率：50Hz。

④ 额定关合电流≥60kA，额定开断电流≥25kA。

⑤ 额定动稳定电流：63、(80)kA(峰值)。

⑥ 额定热稳定电流：25、(31.5)kA。

⑦ 对10kA不接地系统(中性点经消弧线圈接地)高压设备的绝缘水平应符合额定电压15/17.5kV等级标准。

⑧ 工频耐压：瓷绝缘工频耐压：42kV，1min；非瓷绝缘工频耐压：38kV，1min。

⑨ 冲击耐压：75kV(峰值)。

⑩ 温度：开关柜可接触部件30℃，导体表面65℃。

⑪ 内部故障电弧效应试验：电缆室：20kA，0.1s；断路器室：20kA，0.8s。

⑫ 局放试验，按规定。

(6) 高压开关柜配套主要器材技术要求

1）断路器

① 额定工作电流按设计图纸要求。

② 额定短路开断电流：≥25kA(4s)。

③ 额定短路关合电流：≥63kA(峰值)。

④ 断路器操动机构类型，电压(V)。

⑤ 断路器分闸线圈电流(A)，分闸线圈电阻(Ω)。

⑥ 断路器的分合闸线圈在65%～110%额定电压下应可靠动作，30%额定电压以下不应动作。

⑦ 断路器的操动机构应有可靠的自由脱扣装置。

⑧ 操作循环为：分—0.5s—合分180s—合分。

⑨ 合闸时间：≥0.2s。

⑩ 分闸时间：≥0.06s。

⑪ 机械寿命为10 000次。

⑫ 开关使用年限：≥20年(采用真空断路器)。

2）电流互感器

① 型式、环氧树脂浇注型。

② 型号、变比按设计图纸。

③ 准确等极：测量级0.5级，15VA；保护级10P级，30VA；差动保护级5P级、30VA。

④ 局部放电：<30pc。

⑤ 热稳定电流(3s)：≥25kA。

⑥ 动稳定电流：≥63kA。

3）电压互感器：

① 环氧树脂浇注型。

② 额定电压比：10000V/100V。

③ 负载和精度：80VA，0.5级。

④ 最大热负荷：由厂家提供。

⑤ 工频耐压：一次对二次及地42kV，5min；二次对地3kV，5min。

⑥ 冲击电压(12/60μs)：>95kV(全波)，1min。

⑦ 电压等级：15～17.5kV。

⑧ 最高工作电压：12kV。

⑨ 局部放电：<10pc。

4）柜内二次器件

① 开关柜上所选用的继电器、仪表、各型端子板，连接片、指示灯等应符合当地供电部门的要求。

② 手动式开关柜的二次插件应设 2 个，分别为电流互感器回路和操作回路专用，2 个插件在结构上应做到不能混插，并用不同颜色区分。

③ 所使用的插件须有定位装置，反向时带电部位不得接触，并有方向标志。

④ 二次插件应有联锁，手车在工作位置时插头不能拔出。

⑤ 继电器室的插门及继电器座应有防振措施。

⑥ 电流互感器回路、重合闸回路、自动投入装置回路、分合闸、断路器辅助接点等重要回路的插座(头)接点要求并接使用。

⑦ 电流互感器地线须引至保护室内端子排上接地。

以上条款中数据为常规数据，具体项目中数据由设计者根据当地供电部门要求、结合工程具体条件会同生产厂家核定。

(7) 高压开关柜选用

1）按环境条件包括温度、湿度、海拔、地震烈度等选择。

2）按正常工作条件包括电压、电流、频率、机械荷载等选择。

3）按短路条件包括短时耐受电流、峰值耐受电流、额定短路关合和开断电流等选择。

4）按承受过电压能力包括绝缘水平等选择。

5）按各类高压电器的不同特点包括开关的操作性能、熔断器的保护特性配合、互感器的负载及准确等级等选择。

14.4.2 高压断路器

(1) 高压断路器基本功能

主要用于承载、关合和开断规定的异常电流，作为高压线路过载、短路、漏电或欠电压保护；在规定时间内，自动切断故障线路。也用于承载、关合和开断运行线路的正常电流，用作不频繁、带负荷接通和分断电路。是高压电路中的一种主要配电电器，是电力系统的保护和操作的重要电气装置。

（2）高压断路器分类、型号与特点

1）高压断路器的分类

高压断路器主要按灭弧介质分类，有油断路器、空气断路器、六氟化硫断路器、磁吹断路器和真空断路器等，详细分类见表 14-41。

高压断路器分类　　表 14-41

特　性	结　构　型　式
基本类型	1. 多油；2. 少油；3. 空气；4. SF6；5. 磁吹；6. 真空
装置地点	1. 户内；2. 户外
能否自动重合闸	1. 能；2. 不能
操动机构	1. 手力贮能；2. 电动；3. 液压；4. 弹簧贮能；5. 气动；6. 永磁

2）高压断路器的型号

高压断路器的型号表示方法和含义说明：

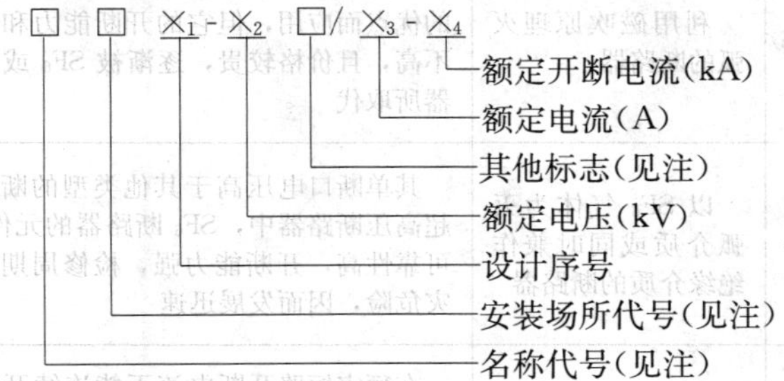

注：① 名称代号：S 为少油式，D 为多油式，Z 为真空式，Q 为产气式，K 为空气式，C 为磁吹式，L 为六氟化硫式。

② 安装场所代号：N 为户内式，W 为户外式。

③ 其他标志：Ⅰ、Ⅱ…表示同型系列中不同规格或派生品种；G——改进型；C——手车型；D——带有电磁操动机构。

［例］ SN_{10}-10/1000－31.5——户内型少油式断路器，设计序号 10，额定电压 U_N＝10kV，额定电流 I_N＝1000A，额定开断电流＝31.5kA。

3）常用高压断路器的特点

常用高压断路器各基本类型的结构与特点见表 14-42。

常用高压断路器结构与特点　　表 14-42

断路器基本类型	结　构	特　点
多油断路器	以变压器油为灭弧介质和绝缘介质的断路器	用油量多，防火、防爆性能差
少油断路器	以变压器油为灭弧介质而不作绝缘介质的断路器	用油量少，结构简单可靠，具有防火、防爆
空气断路器	以压缩空气为灭弧介质和绝缘介质的断路器	其优点是介质无毒，无火灾危险，动作快，单断口开断能力强。且适于低温地区的环境条件。其缺点是噪声大、元件多，需要压缩空气辅助体系，价格贵，事故率也较高
磁吹断路器	利用磁吹原理灭弧的断路器	以其无油、无火灾危险，能适应频繁操作的优点而应用，但它的开断能力和电压等级不高，且价格较贵，逐渐被 SF_6 或真空断路器所取代
SF_6 断路器	以 SF_6 气体为灭弧介质或同时兼作绝缘介质的断路器	其单断口电压高于其他类型的断路器。在超高压断路器中，SF_6 断路器的元件数量少，可靠性高，开断能力强，检修周期长，无火灾危险，因而发展迅速
真空断路器	利用真空条件灭弧的断路器	在额定短路开断电流下能连续开断数十次甚至上百次，其灭弧部分不需检修，并无火灾危险，在中压系统中应用广泛

（3）常用高压断路器的主要技术数据

常用高压断路器的主要技术数据见表 14-43～表 14-45。

SN10-10 系列少油断路器技术数据　　表 14-43

型号	电压 (kV)		额定电流 (A)	额定断流容量 (MVA)		额定开断电流 (kA)		最大关合电流 (kA)		热稳定电流 (kA)			固有分闸时间 (s)	合闸时间 (s)
	额定	最大		6kV	10kV	6kV	10kV	峰值	有效值	1s	4s	5s		
SN2-10	10		400 600 1000	200	350	20	20	52	30	30		20	0.1	0.23
SN4-10G	10	11.5	5000 6000		1800		105	300	173	173		120	0.15	0.65
SN3-10	10	11.5	2000 8000		400 400	23 24		75	43.5	43.5		30	0.14	0.5
SN10-10Ⅰ	10	11.5	630 1000			20	16	40 (50)			16 (20)		0.06	0.2
SN10-10Ⅱ			1000				31.5	79			31.5			
SN10-10Ⅲ			1250 2000 3000				43 (31.5)	130			43		0.06 0.07 0.09	
SN11-10	10	11.5	600 1000		350		20	52	30		30	20	0.05	0.23

注：SN10-10Ⅰ最大关合电流：10kV 时为 40kA，6kV 时为 50kA；热稳定电流：10kV 时为 16kA，6kV 时为 20kA。

SF_6 断路器的技术数据　　表 14-44

型号	额定电压 (kV)	最高工作电压 (kV)	额定电流 (A)	额定短路开断电流 (kA)	额定关台电流(峰值) (kA)	4S 热稳定电流 (kA)	电寿命(开断额定短路电流次数)	机械寿命(操作次数)	额定绝缘水平 (kV)		SF_6 气体工作压力 (20℃) (MPa)	
									工频耐压 1min	雷电冲击全波	额定	最低
LW-10	10	11.5	200 400 630	6.3、8 12.5、16	16、20 31.5、40	6.3、8、 12.5、16	30.15	3000	42	75	0.35	0.25

续表

型号	额定电压(kV)	最高工作电压(kV)	额定电流(A)	额定短路开断电流(kA)	额定关台电流(峰值)(kA)	4S热稳定电流(kA)	电寿命(开断额定短路电流次数)	机械寿命(操作次数)	额定绝缘水平(kV)		SF_6气体工作压力(20℃)(MPa)	
									工频耐压1min	雷电冲击全波	额定	最低
LN2-10	10	12	1250	25	63	25	10	10000	42	75	0.55	0.5
LN2-35	35	40.5	1250	16	40	16	8	10000	80	185	0.65	0.59
LW-35	35	40.5	1600	25	63	25	10	3000	80	185	0.45	0.4

常用真空断路器的技术数据 **表 14-45**

型号	额定电压(kV)		额定电流(A)	额定开断电流(kA)	最大关合电流峰值(kA)	热稳定电流(kA)	额定短路电流开断次数(次)	机械寿命(次)	合闸时间(s)	固有分闸时间(s)
	额定	最大								
ZN12-10Ⅰ	10	11.5	1250	31.5	80	(4s)31.5	50	10000	≤0.075	≤0.065
ZN12-10Ⅱ	10	11.5	1600	31.5	80	(4s)31.5	50	10000	≤0.075	≤0.065
ZN12-10Ⅲ	10	11.5	2000	31.5	80	(4s)31.5	50	10000	≤0.075	≤0.065
ZN12-10Ⅳ	10	11.5	2500	31.5	80	(4s)31.5	50	10000	≤0.075	≤0.065
ZN12-10Ⅴ	10	11.5	1600	40	100	(3s)40	30	10000	≤0.075	≤0.065
ZN12-10Ⅵ	10	11.5	2000	40	100	(3s)40	30	10000	≤0.075	≤0.065
ZN12-10Ⅶ	10	11.5	3150	40	100	(3s)40	30	10000	≤0.075	≤0.065
ZN12-10Ⅷ	10	11.5	1600	50	125	(3s)50	8	6000	≤0.075	≤0.065
ZN12-10Ⅸ	10	11.5	2000	50	125	(3s)50	8	6000	≤0.075	≤0.065
ZN12-10Ⅹ	10	11.5	3150	50	125	(3s)50	8	6000	≤0.075	≤0.065
ZN-10c/630	10	11.5	630	20	50	(4s)20			≤0.15	≤0.06
ZN-10c/1250	10	11.5	1250	31.5	80	(4s)31.5			≤0.15	≤0.06
ZN-10c/1600	10	11.5	1600	40	100	(4s)40			≤0.15	≤0.06
ZN-10c/2000	10	11.5	2000	31.5	80	(4s)31.5			≤0.15	≤0.06
ZN-10c/3150	10	11.5	315D	40	100	(48)40			≤0.15	≤0.06
ZW-10/630-16	10	11.5	630	16	40	(48)16	30	10000		
ZN12-35/1250	35	40.5	1250	25	63	(4s)25	20	10000	≤0.09	≤0.075
ZN12-35/2000	35	40.5	2000	31.5	80	(4s)31.5	20	10000	≤0.09	≤0.075

（4）高压断路器配套产品及标准

高压断路器的配套产品主要是操动机构，其产品常用的有弹簧贮能操动机构和电磁操动机构，如 CT8、CT10、CT18、CT19A、CT19B、CD10、CD19 等，此外还有手力贮能操动机构、手力操动机构、气动机构和液压机构。操动机构标准均属高压断路器产品标准中的一部分。详见 14.4.6 高压开关操动机构。

（5）高压断路器订购要点

高压断路器订货应提供下列细节：

1）电力系统的细节，即系统标称电压和最高运行电压，频率、相数和中性点接地的详情。

2）运行条件，包括最低和最高周围空气温度，后者是否高于额定值；海拔是否超过 1000m；以及可能存在或出现的任何特殊条件，例如过度地暴露在水蒸气、湿气、烟雾、爆炸性气体、过量的灰尘或含盐的空气中的条件。

3）断路器的特性。

4）断路器操动机构及其专用附属装置的特性，包括：

① 操作方式：手力的还动力的。

② 备用的辅助开关的数量和型式。

③ 额定电源电压和额定电源频率。

5）有关压缩空气的使用要求和压力容器的设计与试验要求。

除上述内容外，应提供可能影响投标或订货的特殊条件的资料。

14.4.3 高压隔离开关

（1）高压隔离开关的功能

高压隔离开关是用于无负载带电情况下切断和闭合高压线路的高压电器。有明显的开点，常与断路器配合使用，主要作用是将线路的高压设备与电源隔离开，并使检修人员能明显地看到电路的断开点，以确保电气设备在运行和检修时的安全。此外，高压隔离开关还可以改变运行结线方式。

（2）高压隔离开关的类型和结构

隔离开关按安装地点可分为户内式和户外式两种；按极数可分为单极式和三极式；按绝缘支柱数目可分为单柱式、双柱式和三柱式；此外还有带接地闸刀式和不带接地闸刀式之分。

隔离开关结构简单，无灭弧装置，因此不能用来切合负荷电流或故障电流。否则，不仅使隔离开关烧坏，严重时还会造成人员伤亡。因此，合闸时，应先合上隔离开关，再合上断路器；拉闸时，必须在断路器切断后操作。

（3）高压隔离开关的型号

高压隔离开关的型号表示方法和含义如下：

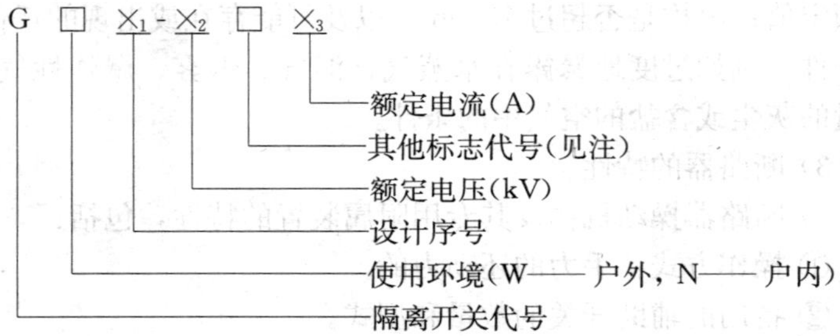

注：其他标志代号：T——统一设计，G——改进型，K——快分式，D——带接地刀闸。

（4）常用高压隔离开关的主要技术数据

常用高压隔离开关的主要技术数据见表14-46、表14-47。

常用户内隔离开关的技术数据　　表14-46

型号	额定电压(kV)	额定电流(A)	极限通过电流(峰值)(kA)	热稳定电流(kA)			配用操动机构型号
				1s	5s	10s	
GN1-10/2000	10	2000	85			36	CS6-2
GN1-35/400	35	400	50		14	10	
GN1-35/680	35	600	50		20	14	
GN2-10/2000	10	2000	85			36	CS6-2

续表

型号	额定电压（kV）	额定电流（A）	极限通过电流（峰值）（kA）	热稳定电流（kA）			配用操动机构型号
				1s	5s	10s	
GN2-35/400	35	400	50			10	CS6-2
GN2-35/600	35	600	50			14	CS6-2
GN2-35T/400	35	400	52	30	14	10	CS6-2T
GN5-10/200	10	200	25.5		10	7	CS6-1T
GN5-10/400	10	400	52		14	10	
GN5-10/1000	10	1000	75		20	6	
GN6-10T/200	10	200	25.5		10	7	CS6-1
GN6-35/1000	35	1000	75	43	30		

常用户外隔离开关的技术数据　　表 14-47

型号	额定电压（kV）	额定电流（A）	极限通过电流（kA）		热稳定电流（kA）			配用操动机构型号
			峰值	有效值	4s	5s	10s	
GW1-6/200	6	200	15	9		7		CS8-1
GW1-6/600	6	600	35	25		20	14	
GW1-10/200	10	200	15			7		
CW1-10/400	10	400	21	15		14	10	
GW1-10/600	10	600	35	25		20	14	
GW2-35D/600	35	600	50	29			10	CS8-2D
GW5-35GD/600	35	600	42		20			CS8-6D
GW5-35GK/600	35	600	50	29				CS1-XG
GW5-60GD/600	60	600	50	29		14		CS-G
GW5-60G/1000	60	1000	50	29		14		CS-G
GW5-110GD/600	110	600	50	23		14		CS-G
GW5-110GK/600	110	600	50	29		14		CS1-XG

14.4.4 高压负荷开关

(1) 高压负荷开关的功能

高压负荷开关是一种小功率的断路器，它具有简单的灭弧装置，主要用于接通或断开负荷电流，也可与高压熔断器联合使用，代替昂贵的高压断路器，即由负荷开关承担正常情况下的分合闸操作，而由高压熔断器承担故障情况下切断电路故障电流的任务。

(2) 高压负荷开关的类型和结构

高压负荷开关按安装地点可分为户内式和户外式；按灭弧方式可分为油浸式、产气式、压气式、真空式和六氟化硫式。

负荷开关的结构一般由隔离闸刀、灭弧装置和传动机构三部分组成，有的还配有熔断器。

(3) 高压负荷开关的型号

高压负荷开关的型号表示方法和含义如下：

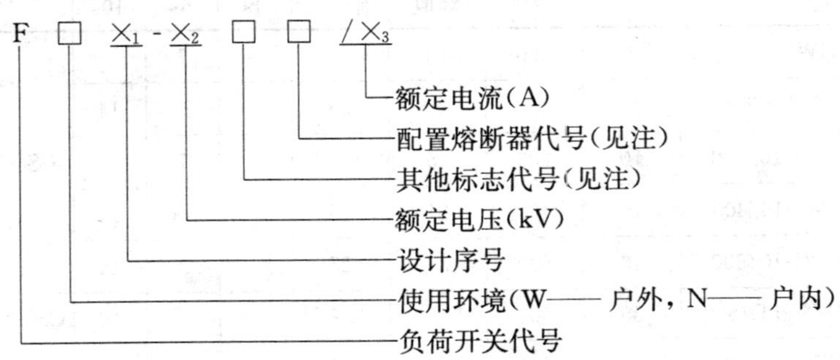

注：① 其他标志代号：I——单极式，R——带熔断器，D——带接地刀闸，G——改进型。

② 配置熔断器代号：S——熔断器装在开关的上端，缺项表示没有配置熔断器。

(4) 常用高压负荷开关的主要技术数据

常用高压负荷开关的主要技术数据见表 14-48～表 14-50。

常用户内负荷开关的技术数据　　表 14-48

型号	额定电压(kV)	额定电流(A)	额定断流容量(MVA)	极限通过电流(kA)		热稳定电流(kA)		备注
				有限值	峰值	4s	5s	
FN2-10/400	10	400	25	14.5	25		8.5	
FN2-10R/400	10	400	25	14.5	25		8.5	
FN3-6/400	6	400	20	14.5			8.5	
FN3-6R/400	6	400	20	14.5			8.5	
FN3-10/400	10	400	25	14.5			8.5	
FN3-10R/400	10	400	25	14.5			8.5	
FN4-10/600	10	600	50		7.5	3		

常用户外产气式负荷开关的技术数据　　表 14-49

型号	额定电压(kV)	额定电流(A)	最大开断电流(A)	极限通过电流(kA)		热稳定电流(kA)		备注
				有效值	峰值	4s	5s	
FW1-10/400	10	400	800					
FW2-10G/200	10	200	1500	8	14	7.9		
FW2-10G/400		400	1500	8	14	7.9		
FW4-10/200	10	200	800	8.7	15	5.8		
FW4-10/400		400	800	8.7	15			
FW5-10/200	10	200	1500		10	4		

ZNF-10 型真空负荷开关的技术数据　　表 14-50

型号	额定电压(kV)	额定电流(A)	额定开断电流(A)	额定短时耐受电流(kA/s)	额定短路关合电流(kA)	隔离断口距离(mm)	导电回路电阻(Ω)
ZNF-10/630	10	630	630	20/2	50	≥150	<100

14.4.5　高压熔断器

（1）高压熔断器的功能

高压熔断器串联于高压线路中，当过载电流或短路电流通过时，熔体熔断，从而使电路断开，达到保护电网和电气设备的目的。也可与负荷开关联合使用，代替昂贵的高压断路器，即由负荷开关承担正常情况下的分合闸操作，而由高压熔断器承担故障情况下切断电路故障电流的任务。缺点是保护特性不够理想，容易造成越级跳闸。

（2）高压熔断器的类型和结构

高压熔断器按安装地点分为户内式和户外式，户外式高压熔断器按结构又分为跌落式和支柱式；按是否限流又分为限流式和非限流式。

熔断器主要由金属熔体、触头插座、绝缘底板或绝缘支持物构成，熔体常安装在具有灭弧作用的绝缘管内。

（3）高压熔断器的型号含义

高压熔断器的型号表示方法和含义如下：

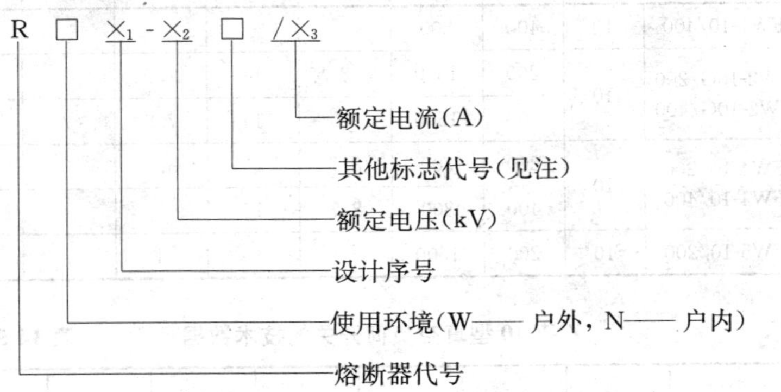

注：其他标志代号：G——改进型，T——带热脱扣器，Z——带重合闸，H——带限流电阻器。

（4）常用高压熔断器的主要技术数据

常用高压熔断器的主要技术数据见表 14-51～表 14-55。

RN1 型户内高压熔断器的技术数据　　表 14-51

型号	额定电压(kV)	额定电流(A)	最大开断电流，有效值(kA)	最小开断电流(额定电流倍数)	当开断极限短路电流时最大电流峰值(kA)
RN1-35	35	7.5	3.5	不规定	1.5
		10		1.3	1.6
		20			2.8
		30			3.6
		40			4.2
RN1-10	10	20	12	不规定	4.5
		50		1.3	8.6
		100			15.5
		150			—
		200			—
RN1-6	6	20	20	不规定	5.2
		75		1.3	14
		100			19
		200			25
		300			—

RN2 型户内高压熔断器的技术数据　　表 14-52

型号	额定电压(kV)	额定电流(A)	最大开断电流(kA)	三相最大断流容量(MVA)	过电压倍数(额定电压倍数)	熔体管电阻(Ω)
RN2-35	35	0.5～15	17	1000	≤2.5	142±4
RN2-10	10	0.5～15	50	1000	≤2.5	10±7
RN2-6	6	0.5～15	85	1000	≤2.5	10±7

10kV 户外跌落式熔断器的技术数据　　表 14-53

额定电流(A)	额定开断容量(MVA)		型号举例
	上限	下限	
50	50	5～10	RW3-10/50
	75	15	RW3-10G/50

续表

额定电流(A)	额定开断容量(MVA)		型号举例
	上限	下限	
100	75～124	10～15	RW4-10G/100
	100	10～20	RW7-10/100
200	150	20～30	RW7-10G/200
	200	30～40	RW9-10/200

35kV 户外跌落式熔断器的技术数据 **表 14-54**

型号	额定电压(kV)	额定电流(A)	断流容量(MVA)		备注
			上限	下限	
RW5-35/50	35	50	200	15	
RW5-35/100	35	100	400	10	
RW5-35/200	35	200	800	30	

35kV 户外限流熔断器的技术数据 **表 14-55**

型号	额定电压(kV)	额定电流(A)	断流容量(MVA)	备注
RW10-35/0.5	35	0.5	2000	保护电压互感器用
RW10-35/2	35	2	600	保护电力线路用
RW10-35/3	35	3	600	
RW10-35/5	35	5	600	
RW10-35/7.5	35	7.5	600	
RW10-35/10	35	10	600	

14.4.6 高压开关操动机构

(1) 高压开关操动机构的类型

高压开关操动机构的类型见表 14-56。

高压开关操动机构类型 **表 14-56**

类型	操动原理	特　点	适用范围
手动	人力直接驱动开关合闸，人力或储能弹簧分闸	简单、价廉、无需附属设备，操作性能与操作者的技巧、情绪及体力有关，不能遥控合闸及自动重合闸	配负荷开关、隔离开关和接地开关，不能用于断路器
手力储能 CS	人力使弹簧储能，待弹簧过中后使开关合闸(无合闸保持装置)，弹簧分闸	简单，价廉，但比手动操动机构要复杂一些。操作性能与操作者的技巧、情绪及体力无关。不能遥控合闸及自动重合闸	配中压小容量断路器及负荷开关
电动机 CJ	电动机经减速装置带动开关合闸与分闸	交流电源操作，动作平稳，速度慢，但要求电源有一定容量，并供电可靠	配隔离开关及接地开关
电磁 CD	直流电源储能，电磁铁驱动操作杆合闸，弹簧分闸	可遥控及自动重合闸，制造和运行经验丰富，需要大功率直流电源，增大操作功困难	在有大型直流电源的电站，供110kV 及以下断路器用
重锤 CZ	重锤自由落下时推动触头合闸	简单，合闸力矩特性好，能遥控和自动重合闸，操作功小，耗材料多，尺寸较大	供小容量中压断路器用
弹簧 CT	利用弹簧储能，驱动触头合闸与分闸	交直流电都可用，能遥控和快速自动重合闸，结构紧凑，但制造要求较高，增大操作功困难	广泛用于断路器和负荷开关
气动 CQ	压缩空气推动活塞，使开关合闸和分闸(或储能)	控制方便，操作功大，快速，可遥控和自动重合闸，可连续多次操作，但需要压缩空气装置，噪声比较大	配各种开关设备
液压 CY	气体储能，通过液体介质推动活塞使开关合闸与分闸	操作功大，快速，平稳，可遥控和自动重合闸，结构较复杂，制造难度较大	配高压和超高压大容量断路器

(2) 常用直流电磁操动机构的技术数据

常用直流电磁操动机构的技术数据，见表 14-57。

常用直流电磁操动机构的技术数据　　表 14-57

型号	线圈动作电流(A)						配用断路器型号
	合闸线圈			分闸线圈			
	110V	220V	24V	48V	110V	220V	
CD2	195	97.5	24	12	5	2.5	DN1-12（G）、DW1-35D、DW1-35GD
CD3-X	184	92	24	12	5	2.5	DW2-35
CD3-XG	286	143	24	12	5	2.5	SW2-35 Ⅰ
	340	170	24	12	5	2.5	SW2-35 Ⅱ
CD10 Ⅰ	196	99	37	18.5	5	2.5	SN10-12 Ⅰ
CD10 Ⅱ	240	120	37	18.5	5	2.5	SN10-12 Ⅱ，SN10-35
CD10 Ⅲ	294	147	37	18.5	5	2.5	SN10-12 Ⅲ
CD11-Ⅹ	163	81 5	18	9	5	2.5	DW8-35
CD14-Ⅰ	195	97.5	16	8	3.2	1.6	SN10-12 Ⅰ
CD14-Ⅱ	240	121	16	8	3.2	1 6	SN10-12 Ⅱ

14.4.7　其他高压电气器材

(1) 高压电容器

电动机和照明中气体放电型光源均为感性负荷，造成输电线路上流过大量无功功率，对应会使线路损耗增大，电压损失增大，线路导线截面增大。规范要求必须使功率因数达到 0.9 以上。高压电容器和电容器组主要用在 6～10kV 输配电线路中，用于提高电力系统的功率因数，补偿电力系统感性负载的无功功率，改善电压质量，降低线路损害。

(2) 电流互感器

电流互感器在交流电路中，将大电流转变为小电流(一般为

5A)，以供仪表、继电保护装置及指示电路用。电流互感器的一次绕组应串联在主电路中，二次绕组与测量仪表、继电保护装置、指示电路等连接。在运行中，电流互感器的二次绕组不允许开路。高压的电流互感器一般是将测量用和保护用的组合在同一台互感器上，要求准确度和过电流工作能力都要高。

(3) 电压互感器

电压互感器在高压交流电路中，将高电压转变为低电压(一般为100V)，以供仪表、继电保护装置及指示电路的电源。电压互感器的一次绕组应并联在高压电路中，二次绕组与测量仪表、继电保护装置、指示电路等连接。在运行中，电压互感器的二次绕组不允许短路，否则会烧毁二次绕组。保护用电压互感器要求具有一定的过激磁特性。

14.4.8 高压电器的选用要点

依据《10kV及以下变电所设计规范》GB 50053—94、《民用建筑电气设计规范》JGJ/T 16—92和《工业与民用配电设计手册》，对高压电器的选用要点介绍如下。

(1) 按正常工作条件选择高压电器

按正常工作条件包括电压、电流、频率、机械荷载等进行选择。

1) 其额定电压应符合所在回路的系统标称电压，其允许最高工作电压 U_{max} 不应小于所在回路的最高运行电压 U_y。高压电器的额定电压及最高电压见表14-58。

高压电器的额定电压及最高电压　　表14-58

额定电压(kV)	3	6	10	20
最高电压(kV)	3.5	6.9	11.5	23

2) 额定电流 I_n 不应小于该回路在各种可能运行方式下的持续工作电流。

3) 高压开关电器接线端子允许的水平机械荷载，当额定电压为 10kV 及以下时，为 250N；当额定电压为 20kV 或 35kV 时，接线端子水平机械荷载为 500N。

(2) 按短路条件选择高压电器

按短路条件包括短时耐受电流、峰值耐受电流、关合和开断电流等选择。校验所用短路电流应按设计规划容量计算，并应考虑电力系统的远景发展规划；应按可能发生最大短路电流的正常接线方式计算。稳定性校验包括短路的热稳定校验和动稳定校验。

(3) 按环境条件选择高压电器

按环境条件包括温度、湿度、海拔、地震等选择。

1) 户内高压电器环境温度为该处通风设计温度。当无资料时，可取最热月份平均最高温度加 5℃。

普通高压电器一般可在环境最低温度为－30℃时正常运行。户内型高压电器最低温度为－10℃。

2) 户内高压电器环境湿度为当地相对湿度最高月份的平均相对湿度。对湿度较高的场所，应采用该处实际相对湿度。当无资料时，可取比当地湿度最高月份平均值高 5％的相对湿度。

一般高压电器可使用在环境温度 20℃、相对湿度为 90％的环境中。当相对湿度超过一般产品使用标准时，户内型高压电器使用场所应采取除湿措施。

3) 当海拔为 1000～2000m 时，可选用一般高压电器；在海拔超过 2000m 地区，对于 110kV 及以下电压的高压电器，可选用高原型产品或选用外绝缘提高一级的产品。

4) 应根据当地的地震烈度选用能够满足地震要求的产品，电器的辅助设备应具有与主设备相同的抗震能力。在安装时，应考虑支架对地震力的放大作用。应设法防止共振的发生，并加大电器的阻尼比。根据《电力设施抗震设计规范》GB 50260—1996 进行抗震设计。地震基本烈度为 7 度以下地区的电器可不采取抗震措施，在 7 度以上地区，电器应能承受地震力，可按表 14-59 计算。

7度以上地区承受震力 **表 14-59**

地震烈度(度)	8	9
地面水平加速度	0.2g	0.4g
地面垂直加速度	0.1g	0.2g

注：g为重力加速度。

(4) 按承受过电压能力选择绝缘水平

高压电器的绝缘水平应符合 GB 311.1—1997《高压输变电设备的绝缘配合》的 3kV～15(20)kV 输变电设备的基准绝缘水平的有关规定。

(5) 按高压电器的性能选择

按高压电器的性能选择包括开关的操作性能、熔断器的保护特性配合、互感器的负荷及准确等级等选择。

1) 额定短路开断电流的选择

高压电器应满足额定短路开断电流的直流分量的规定值。当电器在电路上离发电机足够远时，选择的额定短路开断电流不小于电器安装处的短路电流有效值即可。

当高压电器临近发电中心，直流分量的百分数高于标准值，交流分量可能比正常情况衰减得更快。此时高压电器的负荷可用高压开关延时分闸的方法予以减轻。

2) 额定短路关合电流的选择

额定短路关合电流应与额定电压相对应。其值应为高压电器额定短路开断电流交流分量的2.5倍。被选择高压电器具有的额定短路关合电流应不小于在使用地点预期的短路电流的最大峰值。

3) 额定操作顺序的选择

当运行的操作顺序比标准规定更苛刻时应向制造厂提出，由制造厂适当地修改高压电器的额定值。

4) 额定失步开断电流的选择

额定失步开断电流一般为25％或40％的额定短路开断电流。

当预期有经常性失步操作或可能存在负荷时，则需考虑实际系统的条件，可能需要特殊的高压电器或较高额定电压的高压电器。

失步操作的刻度，可由配有阻敏元件的继电器以控制脱扣的时间来减轻，以便使开断相位显著地领先或滞后于 180°相角差。

5）额定异相接地故障开断电流及发展性故障开断电流的选择。

异相接地故障开断是指中性点非有效接地系统中的两个相上，处于高压电器的内侧和外侧各产生一个单相接地时的开断。试验电流值为额定短路开断电流值的 86.6％；试验电压为最高电压；操作顺序为“分—0.3s 或 0.5s—合分—180s—合分”；调频参数按 100％容量整定。

发展性故障开断是指高压电器在切断故障灭弧过程中，接着又发生故障的开断。

6）额定近区故障开断电流的选择

近区故障开断是指距离高压电器数百米到数公里处发生短路时的开断。额定电压 35kV 及以上的高压电器进行这项试验。开断电流为额定短路开断电流的 75％、90％，电流频率、工频恢复电压和瞬态恢复电压按 GB/T 4474—1992《交流高压断路器的近区故障试验》确定，操作顺序为：“分—t_1—合分—180s—合分”。

7）额定线路充电开断电流、额定电缆充电开断电流、额定电容器组开断电流、额定电容器组关合涌流、额定感应电动机开断电流、额定空载变压器开断电流、额定电抗器开断电流等的选择。标准中对上述各项开断电流和关合电流未作规定，但使用中应按制造厂给出的试验数据选用。

（6）高压电器校验选择

高压电器校验选择见表 14-60。

高压电器校验选择 **表 14-60**

高压电器设备名称	电压(kV)	电流(A)	断流能力(kA)	短路电流校验	
				动稳定度	热稳定度
高压熔断器	√	√	√	—	—
高压隔离开关	√	√	—	√	√
高压负荷开关	√	√	√	√	√
高压断路器	√	√	√	√	√
电流互感器	√	√	—	√	√
电压互感器	√	—	—	—	—
母线	√	√	—	√	√
电缆	√	√	—	—	√
支柱绝缘子	√	—	—	√	—
套管绝缘子	√	√	—	√	√
选择校验的条件	设备的额定电压应不小于装置地点的额定电压	设备的额定电流应不小于通过设备的计算电流	设备的最大开断电流(或功率)应不小于它可能开断的最大电流(或功率)(见注②)	按三相短路冲击电流校验	按三相短路稳态流校验

注：1. 表中"√"表示必须校验，"—"表示不要校验。

2. 对高压负荷开关，其最大开断电流应不小于它可能开断最大过负荷电流；对高压断路器，其最大开断电流应不小于实际开断时间(继电保护实际动作时间加上断路器固有分闸时间)的短路电流周期分量；对熔断器断流能力的校验条件与熔断器的类型有关。

14.5 低压电器器材

用于交流额定电压1200V或直流额定电压为1500V及以下的电路内，起通断、保护、控制或调节作用的电器统称为低压电器。低压电器器材是一般建筑工程中使用最广、安装工作量最大的电气器材。

14.5.1 低压电器分类、型号和使用环境

(1) 低压电器分类

低压电器分类见表 14-61。

低压电器分类及用途 **表 14-61**

<table>
<tr><th>序号</th><th colspan="2">类别名称</th><th>主要品种</th><th>基本型号</th><th>文字符号</th><th>用　途</th></tr>
<tr><td rowspan="16">1</td><td rowspan="16">配电电器</td><td rowspan="6">断路器（自动空气开关）</td><td>塑料外壳式断路器</td><td>DZ</td><td rowspan="6">QF，Q</td><td rowspan="6">用作线路过载、短路、漏电或欠电压保护，也可用作不频繁接通和分断电路</td></tr>
<tr><td>框架式断路器</td><td>DW</td></tr>
<tr><td>限流式断路器</td><td>DZX，DWX</td></tr>
<tr><td>漏电保护断路器</td><td>DZI</td></tr>
<tr><td>灭磁断路器</td><td>DMZ</td></tr>
<tr><td>直流快速断路器</td><td>DS</td></tr>
<tr><td rowspan="5">熔断器</td><td>有填料熔断器</td><td>RT</td><td rowspan="5">FU，F</td><td rowspan="5">用作线路和设备的短路和过载保护</td></tr>
<tr><td>无填料熔断器</td><td>RM</td></tr>
<tr><td>半封闭插入式熔断器</td><td>RC</td></tr>
<tr><td>快速熔断器</td><td>RS</td></tr>
<tr><td>自复熔断器</td><td>RZ</td></tr>
<tr><td rowspan="3">刀形开关</td><td>大电流隔离器熔断器式开关</td><td>HR</td><td rowspan="3">QS，Q</td><td rowspan="3">主要用作电路隔离，也能接通分断额定电流</td></tr>
<tr><td>开关板用刀开关</td><td>HD，HS</td></tr>
<tr><td>负荷开关</td><td>HH，HK</td></tr>
<tr><td rowspan="2">转换开关</td><td>组合开关</td><td>HZ</td><td rowspan="2">Q，S</td><td rowspan="2">主要作为两种及以上电源或负载的转换和通断电路用</td></tr>
<tr><td>换向开关</td><td>HZ</td></tr>
<tr><td rowspan="3">2</td><td rowspan="3">控制电器</td><td rowspan="3">接触器</td><td>交流接触器</td><td>CJ</td><td rowspan="3">K</td><td rowspan="3">主要用作远距离频繁地起动或控制交直流电动机，以及接通分断正常工作的主电路和控制电路</td></tr>
<tr><td>直流接触器</td><td>CZ</td></tr>
<tr><td>真空接触器</td><td>CK</td></tr>
</table>

续表

<table>
<tr><th>序号</th><th colspan="2">类别名称</th><th>主要品种</th><th>基本型号</th><th>文字符号</th><th>用　途</th></tr>
<tr><td rowspan="9">2</td><td rowspan="9">控制电器</td><td rowspan="3">起动器</td><td>直接（全压）起动器</td><td>QC，QZ</td><td rowspan="3">QM，Q</td><td rowspan="3">主要用作交流电动机的起动和正反向控制</td></tr>
<tr><td>星三角减压起动器</td><td>QX</td></tr>
<tr><td>自耦减压起动器</td><td>QJ</td></tr>
<tr><td rowspan="6">控制继电器</td><td>电流继电器</td><td>JL</td><td>KA</td><td rowspan="6">主要用于控制系统中，控制其他电器或做主电路的保护之用</td></tr>
<tr><td>电压继电器</td><td>JY</td><td>KV</td></tr>
<tr><td>时间继电器</td><td>JS</td><td>KT</td></tr>
<tr><td>中间继电器</td><td>JZ</td><td>KM</td></tr>
<tr><td>温度继电器</td><td>JW</td><td>KT</td></tr>
<tr><td>热继电器</td><td>JR</td><td>FR</td></tr>
<tr><td rowspan="13">3</td><td rowspan="13">控制电器</td><td rowspan="3">控制器</td><td>凸轮控制器</td><td>KT</td><td rowspan="3">S，Q</td><td rowspan="3">主要用于电气控制设备中转换主回路或励磁回路的接法，以达到电动机起动、换向和调速的目的</td></tr>
<tr><td>平面控制器</td><td>KP</td></tr>
<tr><td>鼓形控制器</td><td>KG</td></tr>
<tr><td rowspan="6">主令电器</td><td>按钮</td><td>LA</td><td rowspan="6">S</td><td rowspan="6">主要用作接通分断控制电路，以发布命令或用作程序控制</td></tr>
<tr><td>限位开关</td><td>LX</td></tr>
<tr><td>微动开关</td><td>LXW</td></tr>
<tr><td>万能转换开关</td><td>LW</td></tr>
<tr><td>脚踏开关</td><td>LT</td></tr>
<tr><td>按近开关</td><td>LXJ</td></tr>
<tr><td>电阻器</td><td>铁基合金电阻</td><td>ZX</td><td>R</td><td>用作改变电路参数或变电能为热能</td></tr>
<tr><td rowspan="3">变阻器</td><td>励磁变阻器</td><td>BL</td><td rowspan="3">R</td><td rowspan="3">主要用作发电机调压以及电动机的平滑起动和调速</td></tr>
<tr><td>起动变阻器</td><td>BQ</td></tr>
<tr><td>频敏变阻器</td><td>BP</td></tr>
</table>

续表

序号	类别名称		主要品种	基本型号	文字符号	用　途
3	控制电器	电磁铁	起重电磁铁	MW	Y	用于起重，操纵或牵引机械装置
			牵引电磁铁	MQ		
			制动电磁铁	MZ		
4	其他电器	保护继电器	电流继电器	DL，GL	KA	用于电力系统和设备的保护
			电压继电器	DY，LY	KV	
			时间继电器	DS	KT	
			中间继电器	DZ	KM	
			信号继电器	DX	KS	
		信号电器	信号灯	AD，XD	HL	用于各种信号
			电铃	AL	HL	
		插座、插销		AC	X	日用电器等

（2）低压电器的型号

低压电器的型号表示方法及含义：

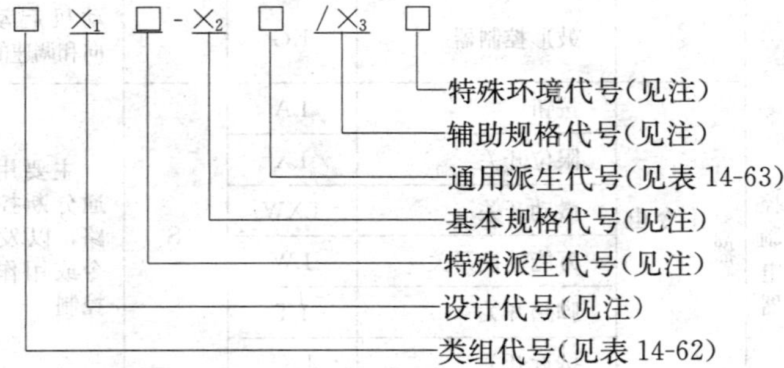

注：① 设计代号：用数字表示设计的序号，当采用两位数时，首位数表示行业，“5”表示化工用，“6”表示农业用，“7”表示纺织用，“8”表示防爆用，“9”表示船用。

② 特殊派生代号：用字母表示全系列产品在特殊情况下变化的特征，一般情况下无此代号。

③ 基本规格代号：为额定电流或额定电压。

④ 辅助规格代号：表示极数等。

⑤ 特殊环境条件派生代号：T——按临时措施制造，TH——湿热带，TA——干热带，G——高原，H——船用，F——化工防腐用。

低压电器型号的类组代号　　　　表 14-62

代号	名称	A	B	C	D	G	H	J	K	L	M
H	刀开关和转换开关				刀开关		封闭式负荷开关		开启式负荷开关		
R	熔断器			插入式			汇流排式			螺旋式	封闭管式
D	断路器									照明	灭磁
K	控制器					鼓形					
C	接触器					高压		交流			
Q	起动器	按钮式		磁力				减压			
J	控制继电器									电流	
L	主令电器	按钮						接近开关	主令控制器		
Z	电阻器		板形元件	冲片元件	铁铬铝带型元件	管形元件					
B	变阻器			旋臂式						励磁	
T	调整器				电压						
M	电磁铁				单相						
A	其他		触电保护器	插销	信号灯		接线盒			电铃	

续表

代号	名称	P	Q	R	S	T	U	W	X	Y	Z
H	刀开关和转换开关			熔断器式刀开关	刀形转换开关					其他	组合开关
R	熔断器				快速	有填料管式				其他	
D	断路器				快速			框架式		其他	塑料外壳式
K	控制器	平面				凸轮				其他	
C	接触器	中频			时间	通用				其他	直流
Q	起动器				手动		油浸		星三角	其他	综合
J	控制继电器			热	时间	通用		温度		其他	中间
L	主令电器				主令开关	足踏开关	旋钮	万能转换开关	行程开关	其他	
Z	电阻器				烧结元件	铸铁元件			电阻器	其他	
B	变阻器	频敏	起动		石墨	起动调速	油浸起动	液体起动	滑线式	其他	
T	调整器										
M	电磁铁		牵引		三相			起重		液压	制动
A	其他										

低压电器型号的通用派生代号 **表 14-63**

派生字母	代表意义
A、B、C、D…	结构设计稍有改进或变化
J	交流、防溅式
Z	直流、自动复位、防震、重任务
W	无灭弧装置
N	可逆
S	有锁住机构、手动复位、防水式、三相、三个电源、双线圈
P	电磁复位、防滴式、单相、两个电源、电压
K	开启式
H	保护式、带缓冲装置
M	密封式、灭磁
Q	防尘式、手车式
L	电流的、刀板式、漏电保护
F	高返回、带分励脱扣
X	限流

型号示例：

HK2-15/3，表示三极开启式负荷开关(胶盖瓷底刀开关)，设计序号为 2，额定电流为 15A。

CJ20-40，表示交流接触器，设计序号为 20，额定电流为 40A。

(3) 常用低压电器

1）配电电器：主要用于配电电路，对电路及设备进行保护以及通断、转换电源或负载的电器。

2）控制电器：主要用于控制受电设备，使其达到预期要求的工作状态的电器。

3）开关电器：用于接通或分断一个或几个电路电流的电器。

4）开关：用于隔离电源或按规定能在正常或非正常电路条

件下接通、分断电流或改变电路接法的电器。

5）刀形开关：带有刀形动触头，在闭合位置与底座上的接触头相楔合的开关。

6）转换开关：用于主电路，从一组联结转至另一组联结的开关。

7）熔断器：当电流超过规定值一定时间后，以其本身所产生的热量使熔体熔化而分断电路的电器。

8）断路器（自动开关）：按规定条件，对配电电路、电动机或其他用电设备实行通断操作并起保护作用，即当电路内出现过载、短路或欠电压等情况时能自动分断电路的开关电器。

9）接触器：在正常工作条件下，主要用作频繁地接通或分断电动机等主电路，且可以远距离控制的开关电器。

10）起动器：控制电动机起动与停止或反转用的可有过载保护的开关电器。

11）继电器：当输入量达到预定值时动作，使所控制的电路参数发生跳跃式改变的开关电器。

12）控制器：按照预定顺序转换主电路或控制电路的接线以及变更电路中参数的开关电器。

13）控制继电器：在电力传动系统中用作控制和保护电路或信号转换用的继电器。

14）主令电器：用作闭合或断开控制电路，以发出命令或程序控制的开关电器。

15）电阻器：由于本身的电阻而被使用的电器。

16）变阻器：由电阻材料制成的电阻零部件与转换装置组成的电器，可在不断开电路的情况下有级地或均匀地改变电阻值。

17）电磁铁：需要电流来产生并保持其磁场的磁铁。由线圈与铁心组成，通电时产生吸力，将电磁能转换为机械能，来操动、牵引某种机械装置，以完成预期目的的电器。

（4）低压电器使用环境条件

1）一般低压电器使用环境条件见表 14-64。

一般低压电器使用环境条件　　表 14-64

项次	项　目	条　件
1	环境温度	最高温度不超过 40℃ 最低温度不低于－5℃ 24h 平均温度不超过 35℃
2	相对湿度	空气温度为 40℃时不超过 50％ 月平均温度为 25℃时，不超过 90％
3	海拔高度	不超过 2000m

2）热带型低压电器使用环境条件见表 14-65。

热带型低压电器使用环境条件　　表 14-65

<table>
<tr><th colspan="2">环 境 因 素</th><th>湿热带型</th><th>干热带型</th></tr>
<tr><td colspan="2">海拔高度(m)</td><td>≤2000</td><td>≤2000</td></tr>
<tr><td rowspan="2">空气温度(℃)</td><td>年最高</td><td>40</td><td>45</td></tr>
<tr><td>年最低</td><td>0</td><td>－5</td></tr>
<tr><td rowspan="2">空气相对湿度(％)</td><td>最湿月平均最大相对湿度</td><td>95(25℃时)①</td><td>—</td></tr>
<tr><td>最干月平均最小相对湿度</td><td>—</td><td>10(40℃时)②</td></tr>
<tr><td colspan="2">凝　露</td><td>有</td><td>—</td></tr>
<tr><td colspan="2">霉　菌</td><td>有</td><td>—</td></tr>
<tr><td colspan="2">砂　尘</td><td>—</td><td>有</td></tr>
</table>

① 指该月的平均最低温度为 25℃。
② 指该月的平均最高温度为 40℃。

3）高原型低压电器使用环境条件

① 海拔高度 2000m～4000m。

② 周围空气最低气温不低于－30℃，最高温度与海拔高度有关，见表 14-66，表中亦列出了海拔与最低气压的关系。

③ 空气相对湿度不大于 90％(25℃)。

高海拔地区海拔和最高温度及最低气压的关系　　表 14-66

海拔(m)	2000	2500	3000	4000
最高气温(℃)	35	32.5	30	25
最低气压 Pa(mmHg)	77459 (581)	73059 (548)	68527 (514)	60527 (454)

4）腐蚀性场所低压电器使用环境条件

① 环境气候条件：空气最高温度 45℃；空气最大相对湿度 90％(25℃)；有凝露。

② 周围空气中主要化学腐蚀介质条件：在周围空气中有一种或一种以上的化学腐蚀介质经常或不定期存在，以及有酸雾、碱雾、少量腐蚀粉尘等。

14.5.2　低压配电装置

低压配电装置主要包括低压配电柜(屏)、动力配电箱、照明配电箱、楼层配电箱(计量箱)、户用电表箱等。

(1) 低压配电柜

1）基本组成：主要由母线、元器件(包括隔离开关、断路器、熔断器、接触器和热继电器等)

2）主要用途：适用于发电厂、变电所、工矿企业、民用建筑、部队营区等低压配电系统的动力、配电和电动机控制中心、电容补偿等的电能转换、分配与控制用。

3）产品分类见表 14-67。

低压配电柜分类　　表 14-67

内容	分类	特　点
按开关安装方式	固定式	具有结构简单、价格便宜等优点，维修时容易影响其他回路
	抽屉式	操作安全，易于检修及维护，更换故障开关容易，可以缩短故障开关停电时间
	抽插式	仅开关本身能插拔，其他配件固定
	组合式	工程中采用抽屉、插拔组合的形式较多，小开关用抽屉式，大开关用插拔式

续表

内容	分类	特　点
按进出线方式	上进上出	电缆进、出线都在配电柜的上部
	上进下出	电缆进线是由配电柜的上部引进，出线由配电柜的下部引出
	下进上出	电缆进线是由配电柜的下部引进，出线由配电柜的上部引出
	下进下出	电缆进线和出线均在配电柜的下部

4）选用要点

① 根据建筑物的类别确定用电负荷等级。

② 用电负荷性质(阻性、容性、感性)、设备近期安装容量和远期规划容量、同时使用系数和季节性使用系数、电源进线路数和进线方式、网络短路电流、系统接地型式确定配电系统分支路数和出线方式。

③ 根据业主资金承受能力分析研究，达到确保系统的经济合理、安全可靠。

④ 变配电所的低压配电柜，因为进线电流很大，建议由变压器低压侧至低压配电柜采用封闭式母线上进线方式安装。

⑤ 配电柜的出线方式宜优先采用下出线方式。

⑥ 根据计算逐一确定各回路的计算电流，通过计算电流选择相对应的开关(开关的框架电流、脱扣器的额定电流、脱扣器的整定值)和所用电缆规格。然后计算整条母排的计算电流，通过计算电流选择相对应的主开关(开关的框架电流、脱扣器的额定电流、脱扣器整定值)和所用母排规格。计算出总的功率因数，确定无功功率补偿容量。

⑦ 根据变压器的容量和系统短路容量确定断路器的分断能力。当分断能力不够时，可采取以下措施：改用分断能力强的熔断器或采用限流型断路器。

⑧ 属于冲击性大的负荷，有功功率和无功功率随机地或周期性地大幅波动、或运行功率因数低、或产生大量谐波。冲击性

负荷会引起电压的波动，不但会影响电压质量，还会引起电压闪变。这类负荷不宜与对电网质量要求高的设备同在一段母排。

5）订购要点：

产品订购时，应提供文件一次系统图、相关的二次原理图或控制原理的说明、配电柜的平面排列图、各柜内设备明细表(包括型号、规格、数量)，同时应提供与正常使用条件不符合的特殊要求。

(2) 动力配电箱(控制箱)

1）产品基本组成：主要由小母线、元器件(包括隔离开关、断路器、熔断器、接触器和热继电器等)、仪表及箱体等组成。

2）主要用途：一般安装于用电设备附近，如泵房、风机房、电梯机房、厨房、电气竖井等处，负责对用电设备的配电及控制。由于动力配电箱不仅具有配电功能而且还有控制功能，箱体一般较厚，所以明装箱较为常见。

3）产品分类

① 按配电箱安装方式不同可分为明装箱、暗装箱、落地柜等。

② 常用的标准型配电柜有 XL-21、XLF-11(16、25、31)等。

③ 由于动力配电箱单纯配电的较少，往往都要有控制元件，并且控制的设备数量、容量不同，所以这类箱一般为非标箱。根据箱体的大小确定是落地安装还是挂墙安装，一般箱体高度为 1.2m 以上时，最好为落地安装。

④ 当选用控制柜时可以选用低压配电柜中的马达控制柜。

4）选用要点

① 确定配电箱的配电对象。

② 配电箱内元器件及元器件型号规格。

③ 确定各配电对象的控制要求或控制原理图。

④ 确定配电箱的外形尺寸，以便确定配电箱的安装方式以及进出线方式。

5）订购要点：和低压配电柜相同。

(3) 照明配电箱

1）产品基本组成：主要由小母线(或导线)、元器件(包括隔离开关、断路器、漏电断路器等)及箱体等组成。

2）主要用途：一般安装于电气竖井和大开间的办公、会议、商场、住户、走廊等场所，负责对上述区域的照明、插座配电。

3）分类

① 按配电箱安装方式不同可分为明装箱、暗装箱两种。

② 常用的标准型配电箱有XXM、XRM、PTM等，由于这类配电箱结构简单、生产的厂家很多，型号也名目繁多，所以这类箱一般按非标箱考虑。根据该场所环境确定是嵌入式安装还是挂墙安装。

4）选用要点

① 确定配电箱的回路数。

② 确定配电箱内的元器件及元器件型号规格。

③ 根据回路数确定配电箱的外形尺寸。

④ 根据环境情况确定配电箱的安装方式。

5）订购要点：和低压配电柜相同。

(4) 楼层配电箱(计量箱)

1）产品基本组成：主要由小母线、元器件(包括楼层总开关、用户分开关、用户计量电表等)及箱体等组成。为了大厦管理人员抄表方便，电度表对面的箱门上有玻璃覆盖的观察口。

2）主要用途：一般安装于每层电气竖井、住宅楼的走廊或电梯厅、负责对本层各分户配电箱配电，一般包含有计量电表。

3）分类：按配电箱安装方式不同可分为明装箱、暗装箱、落地柜。

这类箱一般为非标箱。根据箱体的大小确定是落地安装还是挂墙安装，一般箱体高度为1.2m以上时，最好为落地安装。

4）选用要点和订购要点，参照动力配电箱和照明配电箱。

14.5.3 低压断路器和剩余电流断路器

断路器能接通、承载以及分断正常电路条件下的电流，也能在规定的非正常电路条件下接通、承载一定时间和分断电流的一种机械开关电器。剩余电流动作断路器是在规定条件下，当剩余电流达到或超过给定值时，能自动断开电路的机械开关电器或组合电器。

（1）产品分类与基本特点、功能、适用范围

1）常用低压断路器分类见表 14-68。

常用低压断路器分类　　　表 14-68

内　容	分　类
使用类别	A 类(非选择型)
	B 类(选择型)
按分断介质分类	空气分断
	真空分断
	气体分断
按设计型式分类	开启式(模压外壳式或塑壳式)、框架式
按操作机构的控制方法分类	手动操作
	电动操作
	储能操作
按是否适合隔离分类	适合隔离
	不适合隔离
按是否需要维修分类	需要维修
	不需要维修
按安装方式分类	固定式
	插入式
	抽屉式
按外壳防护等级分类	
按安装类别分类	Ⅰ、Ⅱ、Ⅲ、Ⅳ

注：1. 安装类别为过电压类别。
2. 为安装在系统线路末端的特殊设备和部件(过电压水平为信号水平级)。
3. 安装在安装类别Ⅰ前面和安装类别Ⅲ后面的电器设备或部件。
4. 安装在安装类别Ⅱ前面和安装类别Ⅳ后面的电器设备或部件(配电及控制水平级)，例如直接接在配电干线处。
5. 安装在安装类别Ⅲ前面的电器(电源水平级)，例如安装在电源进线处的电器。

2）剩余电流动作断路器分类 见表14-69。

剩余电流动作断路器分类　　　　表14-69

内　　容	剩余电流动作保护器
按运行方式分类	不用辅助电源
	用辅助电源
根据安装型式分类	固定安装和固定接线
	带有电缆的可移动使用
根据级数和电流回路数分类	单极两线
	两极
	两极三线
	两极三线
	三极四线
	四极
根据保护功能分类	只有剩余电流保护功能
	带过载保护
	带短路保护
	带过载和短路保护
	带过电压保护
	多功能保护（例如欠电压、断相、过电流、过电压等）
根据接线方式分类	用螺钉或螺栓接线
	插入式
根据额定剩余电流可调性分类	额定剩余动作电流不可调
	额定剩余动作电流可调
在剩余电流含有直流分量时，根据剩余电流保护器的动作特性分类	对突然施加或缓慢上升的交流正弦波剩余电流能可靠脱扣的AC型 对突然施加或缓慢上升的交流正弦波剩余电流、脉动直流剩余电流和脉动直流剩余电流迭加0.006A平滑直流电流均能可靠脱扣的A型

3）常用各类低压断路器用途，见表 14-70。

常用低压断路器用途分类 **表 14-70**

<table>
<tr><th>名称</th><th>电流种类和范围(A)</th><th colspan="3">保护特性</th><th>主要用途</th></tr>
<tr><td rowspan="6">配电用低压断路器</td><td rowspan="5">交流 200～6300</td><td rowspan="3">选择型 B 类</td><td colspan="2">二段保护：瞬时；短延时</td><td rowspan="3">作电源总开关和变压器输出端支路开关</td></tr>
<tr><td colspan="2">三段保护：瞬时；短延时；长延时</td></tr>
<tr><td colspan="2">四段保护：瞬时；短延时；长延时；接地故障</td></tr>
<tr><td rowspan="2">非选择型 A 类</td><td>限流型</td><td rowspan="2">长延时；瞬时</td><td>变压器输出端支路开关</td></tr>
<tr><td>一般型</td><td>支路末端开关</td></tr>
<tr><td>直流 600～6000</td><td>快速型
一般型</td><td colspan="2">有极性；无极性
长延时；瞬时</td><td>保护半导体整流设备
保护一般直流设备</td></tr>
<tr><td rowspan="3">电机保护用低压断路器</td><td rowspan="3">交流 63～630</td><td rowspan="2">直接起动</td><td>一般型</td><td>过电流脱扣器瞬动倍数(8～15)I_n</td><td>保护鼠笼型电动机</td></tr>
<tr><td>限流型</td><td>过电流脱扣器瞬动倍数 $12I_n$</td><td>保护鼠笼型电动机，应装在容量变压器输出端</td></tr>
<tr><td>间接起动</td><td>间接起动</td><td>过电流脱扣器瞬动倍数(3～8)I_n</td><td>保护鼠笼型和绕线转子电动机</td></tr>
<tr><td>照明用微型断路器</td><td>交流：6～125
直流：6～100</td><td colspan="3">过载长延时；短路瞬时</td><td>用于居住建筑内电气设备和信号二次电路等</td></tr>
<tr><td rowspan="2">剩余电流保护断路器</td><td rowspan="2">交流 10～250</td><td>电磁式</td><td rowspan="2" colspan="2">按剩余电流动作灵敏度及使用目的不同，以及不同型号分档，其额定漏电动作电流一般为 6～500mA 不等，动作时间≤0.1s</td><td rowspan="2">防止人身电击事故和避免因电气设备漏电造成的火灾危险</td></tr>
<tr><td>电子式</td></tr>
</table>

4）常用低压断路器性能（按结构型式分类）见表 14-71。

低压断路器性能表（按结构型式分类）　　**表 14-71**

比较项目	塑料外壳式断路器（MCCB）	框架式断路器（ACB）
脱扣器种类	有过电流脱扣器，有的产品有失压或分励脱扣器	可具有过流脱扣器、欠电压脱扣器（也可有延时）、分励脱扣器、闭锁脱扣器等
短路分断能力	新产品的通断能力较高	高
额定工作电压	较低（660V 以下）	较高（至 1140V）
额定电流	多在 600A 以下，新产品也有达 3000A 的	200～6300A
使用范围	宜做支路开关，可保护小容量的配电线路及电机	宜做主开关，一般保护变压器及大容量配电线路
操作方式	带电机传动机构，手动及电动，智能化操作	有手柄、杠杆、电磁铁、电动机、气压，液压储能式，非储能式及智能化操作等
安装方式	固定式，插入式，抽出式	抽出式，固定式
装置方式	可单独安装，也可装于开关柜内	宜装于开关柜内，有抽屉式结构
外形	体积小，安装紧凑，外形美观	体积较大，安装占地大
最大短时耐受电流及其峰值	较高	高
保护方案	有热保护，过流、低电压、接地、选择性保护	有热保护，过流、接地、选择性保护和自动重合闸
选择性	一般产品无短延时，有不少产品有短延时（可调）	有短延时（可调），可满足选择性保护

（2）低压断路器选用要点

在建筑工程设计中低压断路器主要用于线路的过载、短路、过电流、失压、欠压、接地、漏电、双电源自动切换及电动机的不频繁起动时的保护和操作等用途，其选择原则除遵守低压电器的设备使用环境特征等基本原则(见《工业与民用配电设计手册》)外尚应考虑如下条件：

1）断路器的额定电压不应小于线路额定电压。

2）断路器额定电流与过流脱扣器的额定电流不小于线路的计算电流。

3）断路器的额定短路分断能力不小于线路中最大短路电流。

4）选择型配电断路器需考虑短延时短路通断能力和延时保护级间配合。

5）断路器欠压脱扣器额定电压等于线路额定电压。

6）当用于电动机保护时，则选择断路器需考虑电动机的起动电流并使之在起动时间内不动作；计算见《工业与民用配电设计手册》。

7）断路器选择还应考虑断路器与断路器、断路器与熔断器的选择性配合。

① 断路器与断路器的配合应考虑上级断路器的瞬时脱扣器动作值，应大于下级断路器出线端处最大预期短路电流，若由于两级断路器处短路时回路元件阻抗值差别小，使之短路电流值差别不大，则上级断路器可选择带短延时的脱扣器。

② 限流断路器在短路电流大于或等于其瞬时脱扣器整定值时，将会在数毫秒内脱扣，故下级保护电器不宜用断路器实现选择性保护要求。

③ 具有短延时的断路器，当其时限整定在最大延时时，其通断能力下降。因此，在选择性保护回路中，断路器的短延时通断能力应满足要求。

④ 还应考虑上级断路器的短路延时可返回特性与下级断路器的动作特性时间曲线不应相交，短延时特性曲线与瞬时特性曲线间不应相交。

⑤ 断路器与熔断器配合使用时应考虑上下级的配合，应将断路器的安秒特性曲线与熔断器安秒特性曲线比较，以便在发生短路电流的情况下，具有保护选择性。

⑥ 断路器作配电线路的保护时，宜选用带长延时动作过流脱扣器的断路器，当线路末端发生单相接地短路时，短路电流不小于断路器瞬时或短延时过流脱扣器整定电流的 1.5 倍。

(3) 剩余电流动作断路器的选择要点

1) 漏电保护断路器的选择应考虑电气设备的供电方式，见表 14-72。

不同电压等级剩余电流保护器型式的选择　　表 14-72

电压(V)	用电设备选择剩余电流保护电器型式
单相 220	二极二线式、单极二线式
三相三线 380	三极式
三相四线式 380	三极四线式
单相设备 220 与三相设备 380 共用电路	四极四线式

2) 根据电气线路的正常泄漏电流，选择剩余电流保护器的额定漏电动作电流。

选择剩余电流保护器的额定漏电动作电流值时，应充分考虑到被保护线路和设备可能发生的正常泄漏电流值，必要时，可通过实际测量取得被保护线路或设备的泄漏电流值。常用家用电气设备和线路的泄漏电流值见表 14-73。

常用电气设备及线路泄漏电流值　　表 14-73

名　称	泄漏电流值(mA)	名　称	泄漏电流值(mA)
电冰箱	0.19	抽气扇	0.06
饮水机	0.21	蒸汽电熨斗	0.25
洗衣机	0.32	电视机(含 VCD 机)	0.31
电热水器	0.42	计算机(含打印机)	3.10
柜式或挂墙式空调器	0.80	台灯、吸顶式白炽灯	0.03
电饭煲	0.31	落地灯、吸顶式日光灯	0.11
抽油烟机	0.22	微波炉	0.46

3）选用剩余电流保护器的额定漏电不动作电流，应不小于电气线路和设备的正常泄漏电流最大值的 2 倍。

4）根据电气设备的环境要求选用剩余电流保护器。

① 剩余电流保护器的防护等级应与使用环境条件相适应。

② 对电源电压偏差较大、高温或特低温环境的电气设备应优先选用电磁式剩余电流保护器。

③ 雷电活动频繁地区的电气设备应选用冲击电压不动作型剩余电流保护器。

④ 民用建筑剩余电流保护器动作电流参数选择见表 14-74。

剩余电流保护器动作电流参数选择　　表 14-74

项　目	漏电动作电流参数值(mA)
家用电器插座回路的设备	30(快速动作)
单台电机	30～100(快速动作)
医疗电气设备安装剩余电流保护器时	6
游泳池、喷水池、水上游乐场、浴室照明线路	10(快速动作)
电源进线处(防电弧性短路)	500～1000

14.5.4　低压熔断器

(1) 常用低压熔断器的种类

常用低压熔断器的种类、基本特点及用途见表 14-75。

常用低压熔断器的种类基本特点及用途　　表 14-75

序号	名称	主要型号系列	基本特点	用　途
1	插入式熔断器	RC1A	由装有熔丝的瓷盖、瓷底等组成，更换熔丝方便，分断能力小	380V 及以下线路末端，作为配电支线及电气设备的短路保护
2	螺旋式熔断器	RL1 RL2	由瓷帽、熔体、底座等组成，熔体内填石英砂，分断能力大	500V 以下、200A 以下电路中，作过载及短路保护

续表

序号	名称	主要型号系列	基本特点	用　途
3	有填料封闭式熔断器	RT0	由装填有石英砂的瓷管及底座等组成，分断能力大	500V以下，1kA以下具有大短路电流电路中，作过载及短路保护
4	无填料密闭式熔断器	RM7 RM10	由无填料纤维密闭熔管和底座等组成，分断能力较大	500V以下，600A以下电路中，短路保护及防止连续过载
5	快速式熔断器	RLS RS0	分断能力大，熔断速度快	硅半导体器件过载保护
6	管式熔断器	R1	由装有熔丝的玻璃管、底座等组成	二次电路过载及短路保护
7	高分断能力熔断器	RT16 (NT)	高分断能力	线路、设备的过载及短路保护
8	限流线	XLSG	高阻、低熔点导线，具有良好的限流性能	与自动开关配合使用

(2) 型号含义

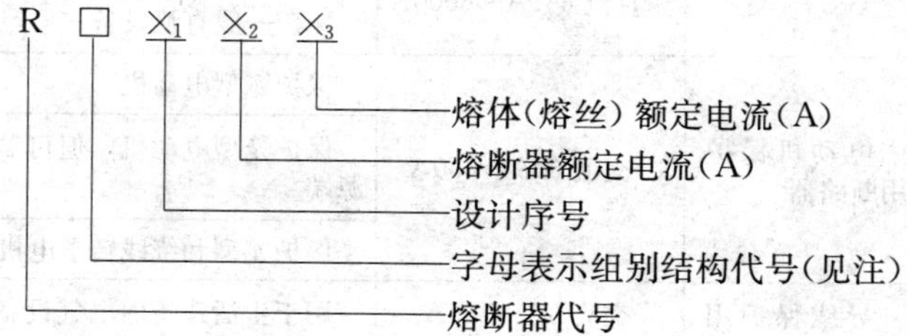

注：结构代号：C——插入式；L——螺旋式；M——无填料密封式；T——有填料密封式；S——快速式。

［例］ RC1A-10/6，为插入式熔断器，额定电流10A，配用熔体额定电流6A。

14.5.5 刀开关和转换开关

（1）分类

刀开关和转换开关又称为H系列低压开关，分为以下几类：刀形隔离开关，HD系列；刀形隔离器，HG系列；刀形转换开关，HS系列；熔断器式开关，HR系列；开关熔断器组，HH系列；开启式刀开关，HK系列；组合开关，HZ系列等。

（2）刀开关和转换开关的主要用途

隔离电源，不频繁地切断和转换电路，带灭弧装置的可切换负荷；带熔断器刀开关可对电路起过流保护作用。

14.5.6 空气断路器

（1）分类

常用低压空气断路器按用途分类见表14-76，两类不同结构（装置式和框架式）的比较见表14-77。

断路器按用途分类 **表14-76**

序号	名称	电流种类和范围	主要用途
1	配电用断路器	交流200A～4000A	作电源总开关和支路近电源端开关支路末端开关
		直流600A～6000A	保护硅整流设备 保护一般直流设备
2	电动机保护用断路器	交流60A～630A	保护笼型电动机
			保护笼型电动机，但可装在近电源端
			保护笼型和绕线转子电机
3	导线保护用断路器	交流6A～125A 常用6A～63A	用于生活建筑内电气设备和信号二次电路
4	漏电保护断路器	交流20A～200A	确保人身安全，防止因漏电而引起火灾
5	灭磁断路器	直流200A～2500A	当发电机发生内、外部故障时切断励磁回路

塑壳式与万能式空气断路器的比较　　表 14-77

项次	项目	结构类型	
		塑壳式(装置式)	万能式(框架式)
1	基本结构	具有一个用塑料模压成形的绝缘外壳，将所有构件组成一整体	具有一个带绝缘衬垫的金属框架，将所有构件组装在框架内
2	选择性	大都无短延时，不能满足选择性保护	有短延时，可调，可满足选择性保护
3	脱扣器种类	多数只有过电流脱扣器，由于体积限制，失压和分励脱扣器只能两者择一	可具有过电流脱扣器、欠电压脱扣器(也可有延时)、分励脱扣器、闭锁脱扣器等
4	短路通断能力	较低	较高
5	额定工作电压	较低(660V 以下)	较高(至 1140V)
6	额定电流	多在 600A 以下	一般为 200A～5000A
7	使用范围	宜做支路开关	宜做主开关
8	操作方式	变化小，多为手操动，少数带电动机传动机构	变化多，有手操动、杠杆操动、非储能式、储能式、电动操作等
9	价格	较便宜	较贵
10	维修	不方便，甚至不可维修	较方便
11	接触防护	好	差
12	装置方式	可单独安全，也可安装于开关柜内	宜装于开关柜内，有抽屉式结构
13	外形尺寸	较小	较大
14	飞弧距离	较小	较大
15	动热稳定	较低	较高

（2）型号

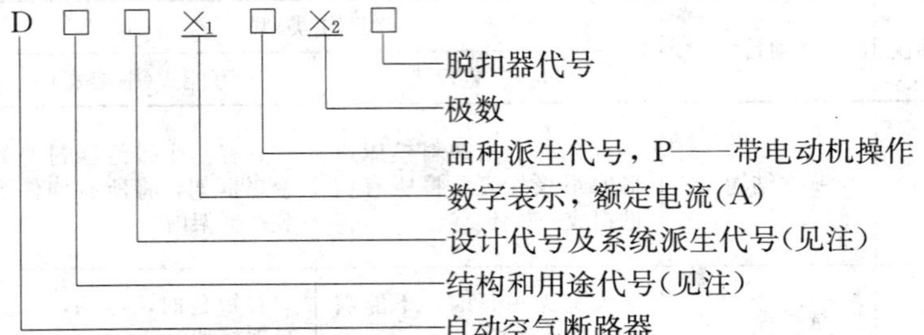

注：① 设计代号及系统派生代号：X——限流式，L——漏电保护。

② 结构和用途代号：Z——装置式，W——万能式，S——快速式，M——灭磁式。

14.5.7 接触器

（1）交流接触器

交流接触器的分类见表 14-78。

交流接触器分类 **表 14-78**

序号	分类原则	分类名称	主要用途
1	按主触头所控制的电路种类分	交流	作为远距离频繁地接通与分断交流电路用
		交直流	作为远距离频繁地接通与分断交流或直流电路用
2	按主触头的位置分(当激磁线圈无电时)	常开	广泛用于控制电动机及电阻负载等
		常闭	用于能耗制动或备用电源的接通
		一部分常开，另一部分常闭	用于发电机励磁回路的灭磁或备用电源的接通
3	按主触头极数分	单极	用于控制单相负载，如照明、点焊机等 能耗制动

续表

序号	分类原则	分类名称	主要用途
3	按主触头极数分	双极	交流电动机的动力制动 在绕线转子电动机的转子回路中，短接起动电阻
		三极	直接起动及控制交流电动机，应用最为广泛
		四极	控制三相四线制的照明线路 控制双回路电动机负载
		五极	组成自耦补偿起动器 控制双速笼型电动机，变换绕组接法
4	按灭弧介质分	空气式	用于一般用途的接触器
		真空式	用于煤矿、石油化工以及电压在 660V 及 1140V 的场合
5	按有无触头分	有触点式	前面所述均为有触点式交流接触器，用途广泛
		无触点式	通常由晶闸管作为回路的通断元件，适用于频繁操作和需要无噪声等特殊场合，如冶金和化工等行业

(2) 直流接触器

1) 直流接触器分类见表 14-79。

直流接触器的分类 **表 14-79**

序号	分类原则	分类名称	主要用途
1	按使用场合分	一般工业用	用于冶金、机床等电气设备中，主要用来控制各类直流电动机
		牵引用	用于电力机车、蓄电池运输车辆的电气设备中
		高电感电路用	用于直流电磁铁、电磁操作机构的控制电路中

续表

序号	分类原则	分类名称	主要用途
2	按操作线圈控制电源分	交流	用于晶闸管整流电路中
		直流	用于直流控制的电路中
3	按主触头极数分	单极	用于一般直流电路中
		双极	用于分断后要求电路完全隔离的电路中和控制电动机正反转电路中
4	按主触头的位置分(当激磁线圈无电时)	常开	用于电动机和电阻负载电路
		常闭	用于放电电阻负载电路中
5	按有无灭弧室分	有灭弧室	用于额定电压较高的直流电路中
		无灭弧室	用于低电压直流电路，如叉车、铲车电控设备中
6	按吹弧方式分	串联磁吹	用于一般用途接触器
		永磁吹弧	用于对小电流也要求可靠熄灭的直流电路中

2）直流接触器的型号

直流接触器的型号表示方法如下：

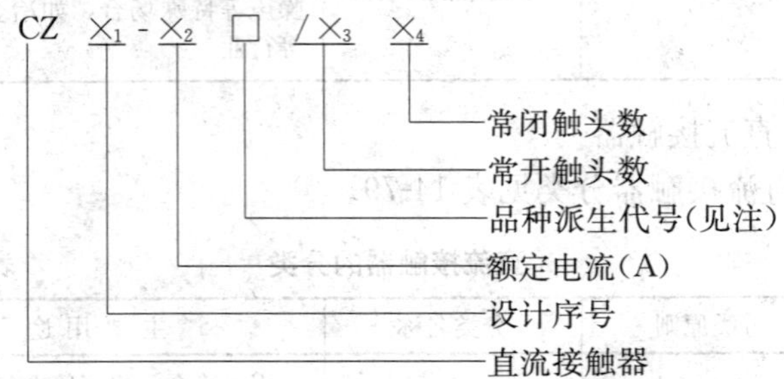

注：品种派生代号：B——改型产品或带有底板，C——结构略有变化，D——控制电磁操作机构，GB——控制高电感负载，W——用于切割电阻控制器。

［例］ CZ18-40/20，为直流接触器，设计序号 18，I_n＝40A，有 2 对常开触头。CZ0-40GB/20，为直流接触器，设计序号 0，

$I_n=40A$，用于控制高电感负载，有 2 对常开触头。

14.5.8 继电器

（1）热继电器

1）热继电器的分类

热继电器主要用于电动机的过载、断相及三相不平衡运行的保护及其他电气设备（如家用电器等）的发热状态控制。热继电器种类很多，其类别：

① 按极数分：热继电器有单极的、双极的和三极的。其中三极的又包括带有断相保护装置的和不带断相保护装置的。

② 按复位方式分：热继电器有能自动复位（触头断开后能自动返回到原来位置）的和能手动复位的。

③ 按电流调节方式分：热继电器有电流调节的和无电流调节的（借更换热元件来达到改变整定电流的）。

④ 按温度补偿分：热继电器有温度补偿的和无温度补偿的。

⑤ 按控制触头分：热继电器带常闭触头的（触头动作前是闭合的），带常闭和常开触头的。触头的结构型式有：转换触头、桥式双断点等。

⑥ 按带互感器分：热继电器有带互感器的和无互感器的。

⑦ 按加热方式分：双金属片式、热敏电阻式和易熔合金式。

2）热继电器的型号表示方法

热继电器的型号表示方法如下：

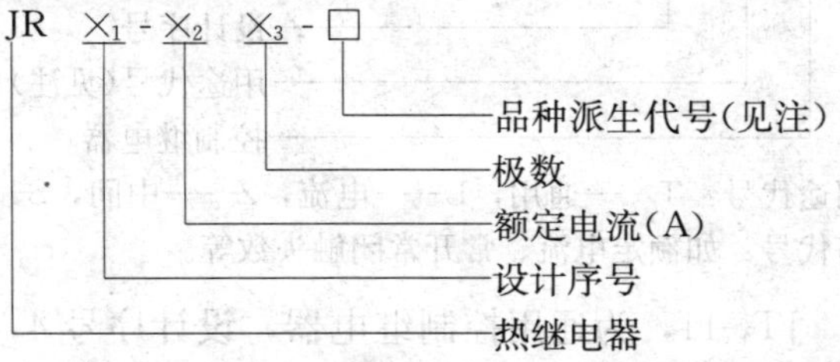

注：品种派生代号：D——带断相保护，1——有断相保护，2——无断相保护。

［例］ JR21-23/3-1，为热继电器，设计序号 21，额定电流 23A，3 极带断相保护。

(2) 电磁式控制继电器

1) 电磁式控制继电器的种类见表 14-80。

电磁式控制继电器的分类　　表 14-80

序号	名称	动作特点	主要用途
1	电压继电器	当电路中端电压达到规定值时动作	用于电动机失压或欠电压保护以及制动和反转控制等
2	电流继电器	当电路中通过的电流达到规定值时动作	用于电动机的过载及短路保护，直流电机磁场控制及失磁保护
3	中间继电器	当电路中端电压达到规定值时动作	触头数量较多，容量较大，通过它增加控制回路数或起信号放大作用
4	时间继电器	自得到动作信号起至触头动作有一定延时	用于交直流电动机，作为以时间为函数起动时切换电阻的加速继电器，笼型电动机的自动星—三角起动、能耗制动及控制各种生产工艺程序等

注：有一类继电器，在电磁铁上采用不同的线圈或阻尼线圈后，可以实现电压、电流、中间、时间继电器的功能。这类继电器，称为多功能继电器。

2) 电磁式控制继电器的型号表示方法

电磁式控制继电器的型号表示方法如下：

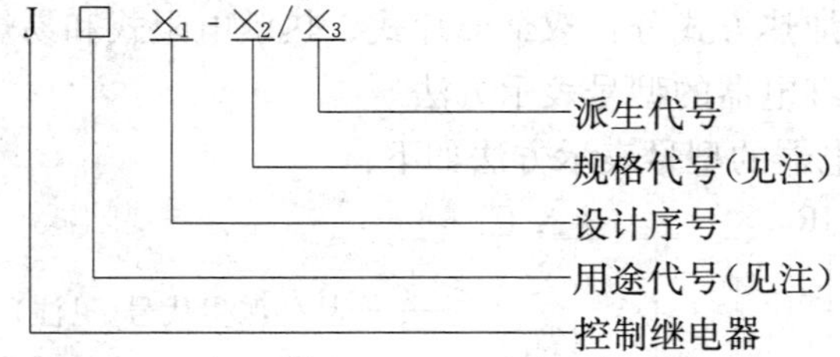

注：用途代号：T——通用，L——电流，Z——中间，S——时间。规格代号：如额定电流、常开常闭触头数等。

［例］ JT_4-11，为通用控制继电器，设计序号 4，常开触头 1，常闭触头 1。JZ15-621，为中间继电器，设计序号 15，常开触头 6，常闭触头 1。

(3) 电子式时间继电器

1) 分类和工作原理

电子式时间继电器分为晶体管阻容式时间继电器和数字式时间继电器。

数字式时间继电器采用 MOS 大规模集成电路，利用数码开关整定延时时间。

2) 常用电子式时间继电器

① 常用晶体管时间继电器有：JS27、JS14、JS20、JSJ、JJSB1、JS28。

② 常用数字式时间继电器有：JS38、JS14、JSS20。

(4) 小型控制继电器

1) 用途：小型控制继电器主要用于一般自动控制装置、继电保护装置、信号装置、半导体装置和通讯设备中作信号指示和起闭电路的元件，有些继电器还兼有保护作用。

2) 种类：由于各部门采用不同的型号编制方法，使得小型继电器具有多种型号系列。

常用小型控制继电器有：通用继电器、通用电压继电器、通用电流继电器、通用中间继电器、灵敏继电器、干簧继电器。

(5) 保护继电器

1) 保护继电器的种类

① 按功能分类见表 14-81。

保护继电器按功能分类　　表 14-81

序号	类型	特点及用途	品种类别
1	量度继电器	一般是直接反映被保护系统电气量的变化，主要作为保护装置的起动元件、反时限元件等	电流继电器，负序电流继电器，过流继电器，电压继电器，负序电压继电器、正序电压继电器，零序电压继电器，功率继电器，功率方向继电器，逆功率继电器，差周率继电器，相序继电器，差动继电器，接地继电器，同步检查继电器，绝缘监视继电器，阻抗继电器，低频率继电器，气体继电器，温度继电器

续表

序号	类型	特点及用途	品种类别
2	有或无继电器	一般与被保护系统无直接联系，只根据电源的接通或断开而动作，主要作为继电保护装置中的辅助元件、执行元件、延时元件、信号元件等	中间继电器，时间继电器，信号继电器，计数继电器，电码继电器，闪光继电器，冲击继电器，极化继电器，干簧继电器

② 按工作原理分类见表 14-82。

保护继电器按工作原理分类　　表 14-82

序号	类型	结构原理及特点
1	电磁型	由电磁铁、可动衔铁、线圈等组成。衔铁的动作方式有转动舌片式、吸引衔铁式、螺管线圈式。由载流线圈的磁场和电磁铁之间相互作用，使触点闭合。成本低、抗干扰性好，应用广泛
2	感应型	由电磁铁、转动铝杯、线圈等组成。由载流的两组固定线圈产生的旋转磁场，与在转动的铝杯上所感应的电流之间相互作用，使触点闭合。构成的电流继电器具有反时限特性，应用广泛
3	整流型	由变换器、二极管整流电路、极化继电器等组成。成本适中，抗干扰性好
4	晶体管型	由晶体三极管、二极管、小型变压器及电阻、电容等元件组成。利用晶体三极管的放大和开关作用原理而构成。动作速度快、灵敏度高。成本高
5	数字型	由 MOS 大规模集成电路等构成。体积小，灵敏度高

2）主要技术参数见表 14-83。

常保护继电器的用途及主要技术参数　　表 14-83

序号	类别	主要型号	主要技术参数	用途
1	电流继电器	DL、LL、GL、BL	动作电流、返回系数、最小动作功率、动作时间、触点容量	在继电保护装置中作为最基本的测量元件，用以进行电压、电流测量，即当电压、电流达到整定值时动作，从而发出信号或给出跳闸指令
2	电压继电器	DY、LY、BY	动作电压、返回系数、动作时间、触点容量	
3	功率方向继电器	LG、GG、BG	动作功率(电压)、最大灵敏角、动作时间、触点容量	主要用于短路的方向判别
4	差动继电器	DCD、LCD、BCH、BCD	动作电流(动作安匝)、可靠系数、动作时间、触点容量	反映被保护对象(变压器、发电机等)的线路两侧电流的大小和相位的差异，发出开关动作指令，以保护变压器、发电机等
5	时间继电器	DS	额定电压、延时时间、触点容量	作为辅助元件用于保护装置中，使被控元件达到所需的延时，并用以实现各级保护的选择性配合，使保护装置有选择性地动作
6	中间继电器	DZ、DZS	额定电压、电流、触点数量、触点容量	分别作为触点容量和数量的补充，实现必要的延时
7	信号继电器	DX	额定电压或额定电流、触点容量	指示保护装置动作的信号

14.5.9 主令电器

(1) 按钮

1) 常用按钮的结构分类见表 14-84。

常用按钮的类别及结构特点　　　　表 14-84

序号	类别	结构特点	代号
1	开启式	适用于嵌装在固定的开关板、柜面板上	K
2	保护式	带保护外壳，可防止内部零件受机械损伤，防止人触及带电部分	H
3	防水式	带密封的外壳，可防止雨水侵入	S
4	防腐式	能防止化工腐蚀性气体侵入	F
5	防爆式	能用于含有爆炸性气体的场所	B
6	旋钮式	用把手旋转操作触头的通断，固定于面板上	X
7	钥匙式	用钥匙插入操作，供专人操作，可防止误操作，一般式	Y
8	紧急式	有红色大磨菇钮头突出于外，作紧急时切除电源用	J 或 M
9	自锁式	按钮内装有电磁机构，可自保持，用于某些试验设备和特殊设备	Z
10	带灯式	按钮装有信号灯，用于控制屏、台面板上	D
11	组合式	多个按钮组合	Z
12	联锁式	多对触点互相联锁	L

2）型号表示方法

型号表示方法如下：

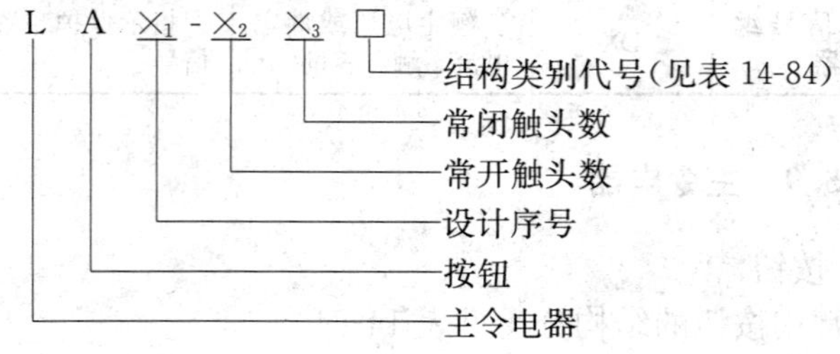

［例］ LA19-11J，按钮，设计序号 19，常开触头数 1，常闭触头数 1，结构类别为紧急式。

3）按钮的标志

为了示明按钮的功能，一般要在按钮的头部采用不同的颜色标志，见表 14-85。

按钮颜色标志 **表 14-85**

序号	颜色	代表意义	典型用途
1	红	停车、开断	一台或多台电动机的停车，机器设备的一部分停止运行，磁力吸盘或电磁铁的断电，停止周期性的运行
		紧急停车	紧急开断，防止危险性过热的开断
2	绿或黑	起动、工作、点动	控制回路激磁，辅助功能的一台或多台电动机开始起动机器设备的一部分起动，激励磁力吸盘装置或电磁铁点动或缓行
3	黄	返回的起动、移动出界、正常工作循环或移动、开始时去抑止危险情况	在机械已完成一个循环的始点，机构元件返回。 撤黄色按钮的功能可取消预置的功能
4	白或蓝	以上颜色所未包括的特殊功能	与工作循环无直接关系的辅助功能控制，保护继电器的复位

（2）行程开关

行程开关是一种将机械信号（行程）转换为电信号的开关元件，广泛用于顺序控制，变换运行方向、行程、定位、限位安全等自动控制系统中。

1）常用行程开关见表 14-86。

2）型号举例

型号表示方法如下：

常用行程开关的种类及特点　　表 14-86

序号	型号	结构特点	主要用途
1	LX3	有开启式、防护式，工作行程大(可达 9mm)	用于机床运动机构的行程、方向控制
2	LX5	微动、防尘、体积小	用于一般程序控制
3	LX8	带灭弧装置，控制容量大	用作安全开关或主令开关
4	LX10	有保护式、防溅式、防水式、直杆或滚轮操动，品种多	用于惯性行程较大的平移机构
5	LX19	有开启式、保护式、直杆、单、双滚轮操动，体积小	用于控制运动机械的行程、方向、速度
6	LX22	有滚轮、蜗轮、蜗杆操动，控制电流大	多用于起重机类设备
7	LX29	有直杆、滚轮等多种操动方式，有开启式、防护式，品种多、体积小	用于行程、方向、速度控制，应用广
8	LX31	品种多、体积小、控制容量小	用于电气产品的配件

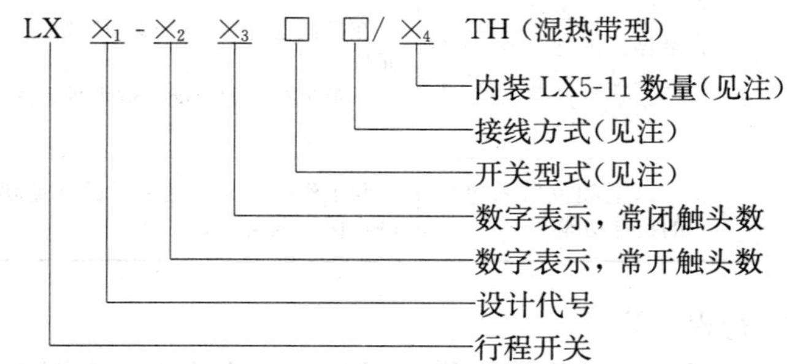

注：① 开关型式：D——按钮式，Q——防护式，无字母表基型。

② 接线方式：Y——螺钉接线式，无字母表示为焊片接线式。

③ 内装 LX5-11 数量表示装在防护外壳内行程开关“LX5-11”的数量。

(3) 万能转换开关

万能转换开关由手柄、带号码牌的触头盒、可转动的触头片、定位器、自复机构、限位机构等组成，有的还有信号灯。具有多个档位、多对触头，可用于自动开关的远距离控制。电动机控制、仪表的换相等。

1）常用万能转换开关见表 14-87。

常用万能转换开关特点及用途　　　　表 14-87

序号	型号	额定电压（V）	额定电流（A）	结构特点	主要用途
1	LW2	AC 220 DC 220	10	档数 1～8，面板为方形或圆形	可用于各种配电设备的远距离控制，电动机换向、仪表换相等
2	LW5	AC 500 DC 200	15	档数 1～8，面板为方形或圆形	可用于各种配电设备的远距离控制，电动机换向、仪表换相等
3	LW8	AC 380 DC 220	10	档数 1～8，面板为方形或圆形	可用于控制电路的转换，配电设备的远距离控制及各种小型电机的控制
4	LW12	AC 380 DC 220	16	小型开关	主要用于仪表、微电机、电磁阀等的控制
5	LWX1B	AC 380 DC 220	5	强电小型开关	主要用于控制电路的转换
6	LW*-10	AC 380、220 DC 220、110	10	唇舌式开关	主要用于控制电路和仪表控制电路

2）型号表示方法

型号表示方法如下：

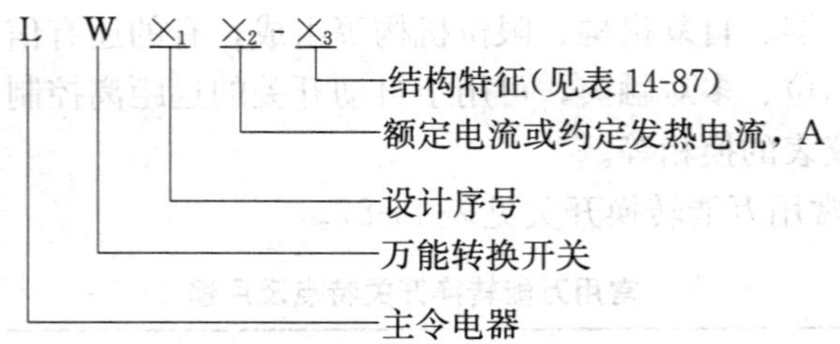

(4) 主令控制器

主令控制器是一种按预定程序分合触头以达到发布命令或与其他控制线路联锁、转换目的的电器，其触头容量比万能转换开关的大，基本结构为凸轮式。

1) 分类及特点(见表 14-88)。

主令控制器分类及特点　　　　表 14-88

类别	结构特点	控制电路数	主要系列
凸轮非调整式	凸轮不能调整，仅能按触头分合表作适当的排列组合，适于组成联动控制台，实现多点多位控制，应用万向轴承，手柄能在任意方向转动，能得到数十个位置，控制多个运行状态	6、8、10、12 等	LK5、LK18
凸轮调整式	凸轮片上开有孔和槽，凸轮片上的位置能按给定的分合表进行调整。可以通过减速器与操纵机械相连	2、5、6、8、16、24 等	LK4

2) 常用主令控制器(见表 14-89)。

常用主令控制器的种类及特点　　　　表 14-89

序号	型号	结构特点	主要用途
1	LK4	有保护式、防水式，有一组或二组凸轮转轴装于滚珠轴承上或经过减速器与传动轴相连。可按操作机构的行程，产生一定顺序的触头转换	

续表

序号	型号	结构特点	主要用途
2	LK5	手柄可直接操作，可自复零位	主要用于矿山、冶金、系统的电气自动控制，可以频繁操作
3	LK14	触头装配采用积木式双排布置	主要与PQR系列起重机控制屏配套使用
4	LK17		在电力传动控制系统中，作频繁转换控制线路用
5	LK18	有开启式、防护式，带立式手柄或水平式手柄	在电力传动控制中作转换电路用

3）型号一般表示方法

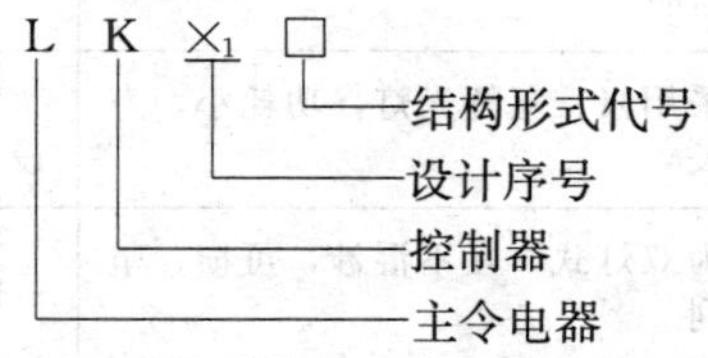

(5) 接近开关

接近开关的功能是当物体与开关的感应面接近到一定距离时就发出“动作”信号，以控制继电器、逻辑电路或实现某种检测手段。主要类型见表14-90。

接近开关的主要类型及功能 **表14-90**

序号	类别	主要功能
1	高频振荡型	检测各种金属
2	电磁感应型	检测导磁或非导磁性金属
3	电容型	检测各种导电或不导电的液体或固体
4	永磁型	检测磁场或磁性金属
	磁敏元件型	
5	光电型	检测不透光的所有物质
6	超声波型	检测不透过超声波的物质

14.5.10 信号电器

(1) 信号灯

1) 常用信号灯的种类特点及用途见表 14-91。

常用信号灯的种类、特点及用途　　表 14-91

序号	型号系列	主要特点	主要用途
1	AD0 AD1	基本结构有直接式、变压器降压式、电阻降压式、辉光式，安全性能好、温升低，是全国统一设计新产品，符合 IEC 标准	配电、控制屏上的指示信号。属通用型
2	XD	采用 E 型螺口灯泡，体积较小，安装方便，其中 XD13、XD14 为较新产品	配电、控制屏上的指示信号。属通用型
3	XDN	采用氖、氩辉光灯，功耗小，寿命长	家用电器等小型电气设备上
4	XDS	为双灯式，互不混涉，可横、坚排列	信号屏上
5	DH	采用 E 型白炽灯，外形小，电压低	电子仪器设备
6	LDDH	配用发光二极管，功耗小，体积小	电子仪器设备
7	DF1	小型、矩形	电子仪器设备
8	XDC	配小型白炽灯，属超小型	电子仪器设备

注：XD 为旧型号。

型号一般表示方法：

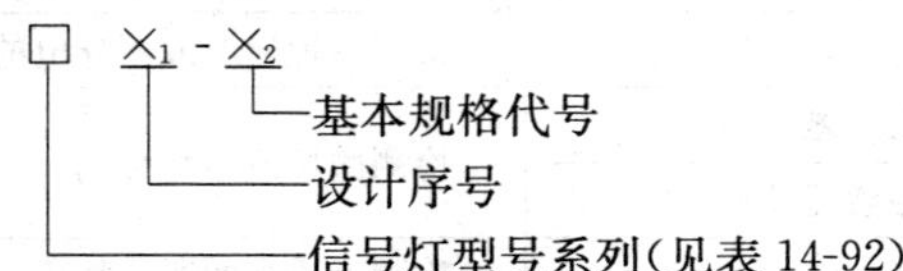

2) 常用型信号灯见表 14-92。

常用 AD0 型信号灯 **表 14-92**

型号规格	信号颜色
AD0-0、AD0-1(XD0、XD1)	红、黄
AD0-11、AD0-12(XD11、XD12)	红、黄
AD0-2、AD0-9(XD2、XD9)、AD0-10(XD10)	蓝、绿
AD0-5、AD0-9(电阻式)(XD5、XD6)	无色透明
AD0-7、AD0-8(变压器式)(XD7、XD14)	白
AD-13、AD0-14(辉光式)(XD13、XD14)	红、黄、绿、白

(2) 音响电器

1) 音响电器的种类见表 14-93。

常用音响电器的种类及特点 **表 14-93**

序号	名称		型号	主要特点	主要用途
1	电铃	搒棒式	DL	由线圈、铁芯、撞击棒和铃盘等组成，交替的电磁力驱动撞击棒，敲击铃盘，发出音响。有内击式和外击式两类	电力装置中发出事故预告信号，也广泛用于工厂、企业、公共场所作通知信号
		冲击式	DLC	结构同 DL，但声音较小	仪器设备报警信号、门铃
		蝉音式	DLX	由线圈、铁芯等组成，线圈中流过交流电时，导磁体对簧片产生一脉动吸力而振动发声	门铃或传递音响
2	电笛		DDJ	由电磁铁、撞杆、膜片等组成，发出的音响通过定向扩音喇叭筒传出	工矿企业、车船等作通知信号
3	电喇叭			基本结构同电笛，但无扩音喇叭	电气控制室报警信号、机动车安全行驶信号

续表

序号	名　称	型号	主要特点	主要用途
4	蜂鸣器	FT	通常由压电陶瓷发声元件、电子振荡驱动电路等组成，可发出连续或断续蜂鸣声	电气控制室事故报警信号和家用电器报警或通知信号

2）常用音响电器有：拷棒式电铃、冲击式电铃、蝉音式电铃、电笛和蜂鸣器。

14.6　照明及调光装置

14.6.1　常用电光源

(1) 常用电光源分类

电光源也称为照明器、灯具。

1）电光源(照明器)按发光原理分类

电光源(照明器)基本有两大类，热辐射光源和气体放电光源，具体分类见表 14-94。

常用电光源种类及应用　　表 14-94

类别	名　称	主要应用场所
热辐射光源	钨丝白炽灯	照度要求较低，开关次数频繁的场所
	卤钨灯(卤钨白炽灯)	照度要求较高，悬挂高度在 6m 以上的室内外
气体放电光源	荧光灯(低压汞灯)	照度要求较高，开关次数不频繁的户内
	高压汞灯	悬挂高度 5m 以上的大面积户内外照明
	高压钠灯、低压钠灯	悬挂高度在 6m 以上的道路、广场大面积照明
	氙灯金属卤化物灯	要正确辨色的广场、车站、码头、大型车间等照明悬挂高度在 6m 以上的大面积照明

2）电光源（照明器）按使用性质分类

电光源（照明器）按使用性质分类见表14-95。

照明器按使用性质分类 表14-95

序号	类 别	型号系列	主要应用
1	建筑灯类	J	居室、公共建筑等场所使用，如吊灯、壁灯、吸顶灯、道路和广场灯
2	工厂灯类	GC	工厂车间、仓库等场所使用
3	安全灯、防爆灯类	C、K	有爆炸性气体、潮湿等场所使用
4	荧光灯类	YG	一般户内场所使用
5	文化艺术灯类	W	文艺活动场所使用

（2）各种电光源基本特点、功能及适宜范围

1）普通白炽灯：适用于需要调光、要求显色性高、迅速点燃、频繁开关及需要避免对测试设备产生高频干扰的地方和屏蔽室等。因体积较小，并可制成各种功率的规格，同时易于控光、没有附件、光色宜人等，故特别适于艺术照明和装饰照明。小功率投光灯还适用于橱窗展示照明和美术馆陈列照明等。适用于事故照明。因白炽灯光效低、寿命短、电能消耗大、维护费用高，使用时间长的工厂车间照明不宜采用。

2）荧光灯：适用于进行较精细的工作，需要正确识别色彩，照度要求较高或进行长时间紧张视力工作的场所，悬挂高度在4m以下为宜。日光色荧光灯适用于天然采光的房间照明或要求环境舒适的照明场所。荧光灯在开关频繁的场所不宜采用。对环境温度过高或过低的室内外场所也不适于采用。

3）卤钨灯：宜用在照度要求较高、显色性较好或要求调光的场所，如体育馆、大礼堂、宴会厅等。其色温尤其适用于彩色电视的演播室照明。由于工作温度较高，不适于多尘、易燃、爆炸危险、腐蚀性环境场所，以及有振动的场所等。石英聚光卤钨灯用于拍摄电影、电视及舞台照明的聚光灯具或回光灯具中。

4）荧光高压汞灯：适用于要求照度较高或中等的高大厂房和露天场所。对于显色要求不高的场所可采用荧光高压汞灯，但照度不宜低于30lx。宜采用混光照明的方法，这样可以获得高光效，光色也可得到改善，如体育馆、高大车间等。适用于路灯照明，营区道路。适用于大面积室内、外照明。

5）金属卤化物灯：适用于要求照度高、显色性好的场所，如体育馆、美术馆、展览馆等。采用混光照明的方法可以获得高光效，光色也可得到改善。适用于路灯照明，繁华街道照明。投光灯或高杆照明，高杆照明可设置在立交桥、广场、车站、码头等处。

6）高压钠灯：适用于要求照度较高或中等的高大厂房、机场、码头、车站、体育馆和露天场所。宜采用混光照明的方法，这样可以获得高光效，光色也可得到改善。适用于市区街道路灯照明。投光灯或高杆照明。投光灯或高杆照明，高杆照明可设置在立交桥、广场、车站、码头、机场等处。

（3）各种电光源(灯具)常用型号

1）普通白炽灯：型号有PZ系列和JZ系列。

2）聚光灯：型号有JG系列和GJF系列。

3）低压荧光灯：

① 直管式：包括预热式(型号为YZxxRR系列)、快启动式(型号为YZKxxRR系列)、细管式(型号为YZSxxRR系列)和三基色(型号为STSxx系列)。

② U形管：型号有YUxxRR系列。

③ 环形管：型号为YHxxRR系列。

④ 双曲型灯：型号为YSxxx系列。

⑤ H灯：型号为HYxx系列。

⑥ 节能荧光灯：型号有SExxx系列、SUxxx系列、SE-Bxxx系列、SUBxxx系列、SDExxx系列。

4）卤钨灯：型号有LZGxxx-xxx系列。

5）高压汞灯：型号有GGYxxx系列、GYZxxx系列、GY-

Fxxx 系列。

6）钠灯：型号有 NDxxx 系列和 NGxxx 系列。

7）金属卤化物灯：型号有 DDG-xxx 系列、DDF-xxx 系列、NTY-xxx 系列、NTY-xxxxA 系列和 KNG-xxx 系列。

8）氙灯：型号有 SZxxxx 系列、XGxxx 系列。

（4）光源部分光电参数

常用电光源部分光电参数见表 14-96。

常用电光源部分光电参数　　表 14-96

<table>
<tr><th>序号</th><th colspan="2">类型</th><th>名　称</th><th>额定电压（V）</th><th>额定功率范围（W）</th><th>平均寿命（h）</th></tr>
<tr><td rowspan="6">1</td><td rowspan="6">热辐射光源</td><td rowspan="3">白炽灯</td><td>普通照明灯泡</td><td>100
220</td><td>15～1000</td><td rowspan="2">1000</td></tr>
<tr><td>局部照明灯泡</td><td>6
12
36</td><td>10～100</td></tr>
<tr><td>反射型普通照明灯泡</td><td>220</td><td>500</td><td>低于普通灯炮</td></tr>
<tr><td rowspan="3">卤钨灯</td><td>碘钨灯</td><td>220</td><td>500～2000</td><td rowspan="2">1500</td></tr>
<tr><td>溴钨灯</td><td>220</td><td>500～2000</td></tr>
<tr><td>低压卤钨灯</td><td>6，12</td><td>10～75</td><td>2000</td></tr>
<tr><td rowspan="10">2</td><td rowspan="10">气体放电光源</td><td rowspan="10">汞灯</td><td>节能型荧光灯</td><td>220</td><td>5～16</td><td>2500</td></tr>
<tr><td>日光色荧光灯</td><td rowspan="3">220</td><td rowspan="3">4～100</td><td rowspan="5">700～3000</td></tr>
<tr><td>白色荧光灯</td></tr>
<tr><td>暖白色荧光灯</td></tr>
<tr><td>三基色荧光灯</td><td>220</td><td></td></tr>
<tr><td>高显色荧光灯</td><td>220</td><td>40</td></tr>
<tr><td>照明荧光高压汞灯</td><td>220</td><td>50～1000</td><td>2500～5000</td></tr>
<tr><td rowspan="2">反射型荧光高压汞灯</td><td rowspan="2">220</td><td>400</td><td rowspan="2">5000</td></tr>
<tr><td>1000</td></tr>
<tr><td>自镇流荧光高压汞灯</td><td>220</td><td>250～750</td><td>3000</td></tr>
</table>

续表

<table>
<tr><th>序号</th><th colspan="2">类型</th><th>名　　称</th><th>额定电压
(V)</th><th>额定功率
范围(W)</th><th>平均寿命
(h)</th></tr>
<tr><td rowspan="7">3</td><td rowspan="7">气体放电光源</td><td rowspan="3">钠灯</td><td>低压钠灯</td><td rowspan="3">220</td><td>45～140</td><td rowspan="3">5000</td></tr>
<tr><td>高压钠灯</td><td>250～400</td></tr>
<tr><td>高显色钠灯</td><td>70～700</td></tr>
<tr><td rowspan="2">氙灯</td><td>直管形氙灯</td><td>220
380</td><td>3000～50000</td><td>1000</td></tr>
<tr><td>管形汞氙灯</td><td>220</td><td>1000</td><td></td></tr>
<tr><td rowspan="2">金属卤化物灯</td><td>钠铊铟灯</td><td>220</td><td>400
1000</td><td>1000</td></tr>
<tr><td>镝灯</td><td>220
380</td><td>400</td><td>1000～1500</td></tr>
</table>

(5) 电光源选用要点

产品选用依据相关规范、规程及标准。

1) 照明设计中应对光源的综合技术经济指标进行比较，对电光源应优先选择高发光效率、显色性好、寿命长、价格便宜、使用方便的产品。

2) 照明开闭频繁、需要迅速点亮、需要调光或需要避免对测试设备产生高频干扰的地方和屏蔽室等宜采用白炽灯或卤钨灯。

3) 需要正确识别色彩，照度要求较高或进行长时间紧张视力工作的场所，宜采用荧光灯、白炽灯或卤钨灯。

4) 振动较大的场所宜采用荧光高压汞灯或高压钠灯。

5) 有高挂条件并需要大面积照明的场所宜采用金属卤化物灯或长弧氙灯。

6) 选用光源时还应估计照明器的安装高度。白炽灯适用于6～12m悬挂高度，荧光灯适用于2～4m悬挂高度，荧光高压汞灯适用于5～18m安装高度，卤钨灯适用于6～24m安装高度。

7）应根据电源电压波动选择。电源供电电压发生变化时，会引起光源光通量的变化，但对不同的光源其变化的程度也有差别，其中以高压钠灯变化量最大，而荧光灯变化量最小。

8）当气体放电灯供电电压瞬间波动下降较大时，灯管会自行熄灭，这对某些熄灭后不能马上再启动的光源尤其要注意。应考虑一定的安全系数，使电网瞬间电压变化不低于某一允许值。

9）气体放电灯多采用电感镇流器，功率因数均小于1。在大面积采用气体放电灯照明时，为节省有色金属并提高设备利用率，应考虑补偿以提高功率因数，一般采用集中补偿方法比较方便。在选择导线截面和照明变压器容量时，不仅要计算光源所消耗的电功率，而且应计入镇流器的损耗功率。

10）应考虑光源对初投资的影响。光源的效率对照明方案的灯具数量、电气设备费用、材料费用及安装费用等均有直接影响。选用高效光源可使初投资减少。光源的尺寸也影响灯具的尺寸和造价，如荧光灯虽然光效较高，但灯具尺寸较大，价格则较高，初投资必然增加。

11）光源对运行费用的影响：运行费用包括年电力费、年耗用灯泡费、照明装置的维护费以及折旧费，其中电费和维护费占较大比重。通常照明装置的运行费用超过初投资。选用高效光源可以节省电力费用，使灯数减少，维护费用下降。选用高寿命光源，则可减少维护工作，使运行费用降低，尤其对高大厂房，有复杂的生产设备厂房，照明维护工作较困难的场所更加适用。

12）光源光谱特性的选用：对显色性要求较高的场所应选用平均显色指数≥85的光源，为了改善光色，还可采用混光照明，如从光环境舒适的角度出发，光照度较低时（小于100lx）最好采用低色温光源。照度较高时（200lx以上）最好采用高色温光源。

13）按照光源的特性进行选用：如高压气体放电灯的启动时间和再启动时间均较长，对比较重要的场所不宜采用（如发电厂主控室、宴会厅等）。事故照明也不宜采用。

14）按照环境条件选择光源：环境条件常常限制光源的使

用，必须考虑环境许可的条件选用光源。如预热式荧光灯在低温时(低于10℃)启动困难，在环境温度过低或过高时荧光灯的光通量下降较多，当环境温度为0℃时光通量只有额定值的60%，在100℃时为额定值的90%。当环境温度为40℃时光通量为额定值的90%。60℃时为额定值的65%。无玻璃外壳的金属卤化物灯、氙灯等紫外线比较多，在照明距离较近时易引起疾病；在空调的房间内不宜使用发热量大的光源，如白炽灯、卤钨灯等，以减少冷负荷的用电量。

15）荧光灯最适宜环境温度为18～25℃。当环境的相对湿度在75%～80%范围时将会造成启动困难。

16）荧光灯灯管必须与相应规格的镇流器和起辉器配套使用，否则会缩短灯的寿命或起动困难。

17）荧光灯灯管电源电压的变化不宜超过±5%，否则将影响灯的光效和寿命。

(6) 建筑场所一般照度

建筑场所一般照度选用见表14-97。

照度选用表 **表14-97**

序号	场所名称	推荐照度(lx)
1	病房床头部位夜间照明	0.1
2	住宅小区道路	0.2～1
3	公共建筑的庭园道路	2～5
4	大型停车场	3～10
5	厕所，洗室，更衣室，热水间，卫生间，楼梯间，走道，车库，室外广场	5～15
6	商场的楼梯间，办公楼的小门厅，医院的更衣室，一般库房	10～20
7	住宅的起居室、餐室、厨房，医院的病房，影院的倒片室，饭店的库房、冷库	15～30
8	住宅的卧室，医院的保健室，一般招待所的客房，浴池散座，影院的放映室，衣帽厅，空调机房、电子计算机房的中频机室，影剧院观众厅	20～50

续表

序号	场所名称	推荐照度(lx)
9	单宿的卧室、活动室	30～50
10	机关食堂，医院的候诊室、理疗室、X线诊断室、麻醉室，副食店，小吃店，浴池，饭店的客房，电梯厅，播音室，电梯机房，一般加工车间，候车室，停机坪	30～75
11	一般营业餐厅，厨房，菜市场，菜店，粮店，洗染店，修理店，银行营业室，邮电局营业室，影剧院的化妆室、门厅，饭店的酒吧，咖啡厅，四季厅	50～100
12	办公室，会议室，阅览室，一般教室，实验室，一般报告厅，电子计算机房的穿孔室，电话机房，诊疗室，病案室，化验室，药房，医护值班室，书店，书库，服装商店，理发店，展览厅，综合用途的观众厅，自选商场	75～150
13	设计室，绘图室，打字室，美术教室，手术室，百货商场，健身房，饭店的餐厅，休息厅，小卖部、美容室，小宴会厅	100～200
14	电子计算机房，一般室内体育馆，篮排球场，网球场，大宴会厅，候机厅	150～300
15	篮排球馆，体操馆，羽毛球馆，乒乓球馆，网球馆，台球室(桌面)，一般足球场，展览的深色绘画	200～500
16	饭店的多功能大厅，大会堂，国际会议厅，装饰或展览的雕塑与壁画	300～750
17	综合性比赛大厅	750～1500
18	足球场地	1000～1500
19	剧场舞台演出区	1000～2000
20	手术台专用照明	2000～10000

注：1. 室外照明的推荐照度系指地面而言。
2. 室内过道、库房、比赛场地等为地面上推荐照度，其他一般系指距地0.8m的水平工作面上的推荐照度。
3. 教室黑板上的垂直照度不宜低于水平照度的1.5倍，最低不宜低于150lx。书库的书架其距地15cm处的垂直照度不宜低于30lx。电化教学演播室演播区内主光的垂直照明度宜为2000lx～3000lx，文艺演播室应为1000lx～1500lx，室内体育比赛场所的垂直照度宜为1000lx～2000lx，国际比赛用室外足球场的垂直照度宜为750lx～1000lx。

14.6.2 照明附件

电器附件是作为固定、连接或开闭电路用的器件的总称。电器附件包括：电气导管；电缆槽系统；电线管道系统；电缆支架系统；插头插座；家用开关；转换器；断路器；保护器；接触器；连接器件；附件外壳；器件耦合器；电线组件；器具开关等。照明附件主要包括照明开关、插头和插座等。

（1）照明附件的功能与分类

1）照明附件功能

① 插头插座：设备接电源用的互相插接的阳极部件和阴极部件。

② 开关：为家庭、办公室、公共场所等设计的，用来隔离电源或按规定能在电路中接通或断开电流或改变电路接法的一种装置。

③ 安装器件：安装或固定其他电器附件用的装置。

2）产品分类(见表 14-98)。

产品分类表 **表 14-98**

项目	产品
按用途分类	家用插头插座、家用照明开关
按装配方式分类	明装式、嵌入式、移动式、附装式
按防潮等级分类	普通、防溅、防喷型
按接地结构分类	带接地结构，不带接地结构
按电缆连接方式分类	可拆线式，不可拆线式

3）适用环境及技术性能(见表 14-99)。

适用环境及技术性能 **表 14-99**

产品名称	适用环境	电压(V)	额定电流(A)
家用和类似用途照明开关	在 40℃～－35℃无腐蚀爆炸气体、导电尘埃的室内和类似环境	最高电压～250	≤20

续表

产品名称	适用环境	电压(V)	额定电流(A)	
家用和类似用途插头、插座	在户内或户外使用的，家用和类似用途的，仅用于交流电	额定电压≥50，<440	≤32	快速接线产品
				≤16

(2) 灯座

1) 灯座主要种类

① 插口灯座，主要用于300W以下的白炽灯。

② 螺口灯座，用于白炽灯、高压荧光灯、高压钠灯、金属卤化物灯。

③ 管式灯灯座，用于荧光灯。

④ 起辉器座，用于荧光灯起辉器。

2) 灯座的基本技术条件

① 绝缘强度：工频2000V耐压1min，不发生击穿和闪烁。

② 灯泡旋入螺口灯座后，人手应触不到螺口的带电部分。

③ 插口灯座两弹性触头压缩在使用位置时，其弹力为1.5～2.5kg。

④ 灯座通过1.25I_x时，导电部分温升不超过40℃。

⑤ 灯座可连接导线截面，E40灯座为1～4mm²，其余为0.5～2.5mm²。

(3) 照明开关

常用照明开关的分类见表14-100，主要特性见表14-101。

常用照明开关分类 **表14-100**

序号	分类方法	种　类	最高工作电压(V)	额定电流(A)
1	按操作方式	跷板式、倒板式、拉线式、按钮式、推杆式、旋钮式	250	1 2.5 4 6 10 15
2	按装置方式	平装式、嵌入式、悬吊式、附装式		
3	按接通方式	单投式、双投式		
4	按节能性能	普通式、延时节能式		

常用照明开关的特性　　表 14-101

序号	名　　称	型号	额定电流(A)	备　　注
1	明装倒板式胶木开关		4，6，10	单投或双投
2	暗装跷板式开关		6，10	单投或双投
3	拉线开关	GX3 GX8	2.5，4	单投或双投 GX3 带指示灯
4	防雨拉线开关		4	有防雨性能，可装于外墙或潮湿场所
5	节能延寿开关		0.2～4	声、光组合控制并延时断开

(4) 插头插座

常用插头插座的主要特性见表 14-102。

常用插头插座主要特性　　表 14-102

序号	名　　称	额定电压(V)	额定电流(A)
1	低压插头插座	50	6，10，15
2	单相二极插头插座	250	6，10
3	单相三极插头插座	250	6，10，15
4	三相四极插头插座	380	10，15，25

(5) 选用要点

1) 根据用电设备电压类别，直流或交流；额定电压和最高工作电压，额定电流。

2) 根据用电设备功能要求、安装方式及接地结构。

3) 根据用电设备使用环境；户内、户外及防护等级。

4) 根据建筑设计时面板样式、颜色和装饰要求。

(6) 订购要求

1) 订货时，注明名称、型号、规格以及配用的接线盒型号(塑制或铁制)数量，交货日期，产品保修期等。

2）到货产品要进行验收。

① 产品应有制造厂名称或注册商标、额定电流和最高工作电压。

② 到货清单、生产许可证、生产合格证及质量保证书。

14.6.3 其他照明装置

（1）声光电水景喷泉照明系列产品

1）水景喷泉产品分类

声光电水景喷泉按控制方法可以分为程控喷泉、音乐喷泉和游戏喷泉等。

① 程控喷泉：按照编写好的程序动作。程序可以编写多个，随机执行，给人常变常新的感觉。

② 音乐喷泉：可以根据音乐的高低起伏变化。用户可以在编辑界面编写自己喜爱的音乐程序。播放系统可以实现音乐、水、灯光气氛统一，播放同步。

③ 游戏喷泉：可以对游人的动作发生反应，这种反应具有不确定性，增强了娱乐的氛围。

2）水景喷泉产品功能与组成

① 系统软件功能：

编辑功能：可以根据音乐的情调来进行水形编排，组合成千变万化的造型。

调整功能：在控制编程软件界面下，可以用鼠标点击想要打开的任意一台水泵或一组彩灯。可以用于调整水形或固定打开一些水形。

播放功能：可以随机播放或自动循环播放音乐喷泉表演。电脑屏幕上可以实时显示喷泉平面图中水形的动作状态。对灯光而言，有白天和夜晚两种工作方式，白天可在电脑上自动关闭灯光。对喷泉而言，有节能型和节日型两种工作方式，以适合不同场合的需要。按照操作者的意愿，也可以关闭显示喷泉平面图的动作状态。

② 控制系统：主要由工业控制计算机、音频控制器、变频器、控制柜等组成。

③ 控制柜：采用喷泉专用配电系统，更适合于水景操作的特点。根据控制柜的数量、分配功率和负荷性质，可以为每台控制柜分别提供供电回路。

④ 光纤灯：灯光亮丽而富有动感，与音乐喷泉相配合，丰富音乐喷泉之内涵，使喷泉效果更加完美。

⑤ 户外变色灯：该灯具为现代音乐喷泉的新型产品，型号从500W至4000W不等，防水性能好，具有CYM无极变色功能，适用于喷泉广场外围及大型广场娱乐场所使用。

⑥ 水下彩灯：主要有不锈钢精密浇铸灯体。多种颜色安全滤色玻璃片，特制橡胶密封圈。防护等级为IP68。

⑦ 激光表演系统：由激光头、激光电源、控制器及水过滤器等组成。其控制系统由多媒体电脑、高速控制驱动组件及真彩色多媒体激光动画节目。CD-ROM含已编好的音乐激光动画节目，配有各种不同音乐以及三维空间效果。型号：多彩或单彩等多种。功率：8～15W。

⑧ 喷头有直流可调喷头、集射喷头、雪松喷头、涌泉喷头、喇叭花喷头、旋转喷头、三层水花喷头、水幕喷头、喷高100m的大集射喷头、世纪彩虹喷头、水幕喷头等各类型喷头数十种。

⑨ 水幕电影：是通过高压水泵和特制水幕发生器，将水自下而上高速喷出，雾化后形成扇形“银幕”，由专用放映机将特制的录影带投射在“银幕”上，形成水幕电影。水幕电影投影机由机械装置、控制支架、通讯口、软件、时间信号界面及DMX512接口组成。该投影机的发动机通过光学传感控制，精度高，其控制方法有3种：编程控制、直接控制和实用程序控制。

(2) 闪光障碍灯规格及适用范围

航空闪光障碍灯规格及适用范围见表14-103。

航空闪光障碍灯适用范围　　表 14-103

	名　称	型　号	适用范围
标准型号	交流闪光障碍灯（中光强 B 型）	PLZ-3J	烟囱、铁路及高大建筑物
	交流联闪障碍灯（中光强 B 型）	PLZ-3JL	城市高层建筑、广播通信电视塔
	交流联闪主控灯（中光强 B 型）	PLZ-3JL/ZK	集中控制四盏以下灯体及不便安装控制器的场所
	闪光障碍灯（中光强 A 型）	PLZ-3JH、3JLH、3JLH/ZK	高于 105m 不足 150m 的高耸建筑物和构筑物及背景光较强的城市高层建筑和构筑物的景示
	交流景观闪光障碍灯（中光强 B 型）	PLZ-3JR、3JLR、3JLR/ZK	单独或与闪光障碍灯配合使用
	中光强 C 型障碍灯	PLZ-3JC	单独或与闪光障碍灯配合使用
	高光强 A 型障碍灯	PLZ-3JLHKC	150m 以上的高耸建筑物和构筑物昼夜全天候运行变光强闪光工作

注：上表所列交流供电障碍灯，同样可用太阳能供电。

(3) 光纤照明系统

1）产品基本组成：由发光器、光纤管和发光端组成即可，就像接电线一样容易。

2）特点：

① 安全性好，不带电、不发热。

② 可塑性强，可将光线导向不同方向。

③ 体积小、易设计、易安装。

④ 维修容易、费用低。

⑤ 可自动变换光色。

⑥ 无红外和紫外辐射，最适合珍贵物品的照明。

3）适用范围：

① 冷光灯系列，用于博物馆、商场、娱乐场所等。

② 金卤灯系列，用于商场、工业、公园、喷泉、建筑物等。

③ Focus 光纤照明系统，用于公园、喷泉、建筑物等。

④ Starlite 套装光纤照明系统，用于星空、标志、图案、广告、墙面装饰等。

⑤ Shoplite 套装光纤系统，用于厨柜、展示厅、餐厅、家庭等。

⑥ 此外，还有端点发光的点发光光纤和类似霓红灯效果、整条发光、可变色的侧发光光纤。

14.6.4 调光器材

用电子技术控制电光源亮度可变的装置称为调光装置，即通过调整电光源的电压以达到调整电光源亮度的装置。目前，一般指电子调光装置。

调光装置主要由调光柜(由多个调光器组合装配的柜)或调光器箱(由多个调光器组合装配的箱)和调光控制台组成。

（1）调光装置的主要用途

调光装置主要用于电视演播室、剧场、电影摄影棚、礼堂、多功能厅，会议厅、观众厅等场所调节灯光亮度。

（2）调光装置分类

1）按结构型式分为：

① 固定式(主要用于固定演出或开会的场所)。

② 流动式(主要用于流动演出、露天演出或临时搭建的场所)。

2）按控制方式分为：

① 手动控制(主要用于灯光变化简单、最多有三场预选功能的场所)；

② 微机控制(主要用于：灯光变化复杂；场次预选可达上百场；可随时修改一个或几个灯的亮度、变换场次；灯光亮度变化

的时间可由 1s 到 1h；特殊效果设置，如灯闪烁或走灯等；有一个至三个显示器，可显示场次、通道号、灯具号、亮度百分值；可控制换色器；可控制电脑灯……等）。

3）按路数多少分为：

① 大型调光装置（240 回路以上的调光装置）。

② 中型调光装置（90～240 回路的调光装置）。

③ 小型调光装置（90 回路以下的调光装置）。

（3）适用环境条件

1）海拔高度：不超过 1000m。

2）环境温度：Ⅰ级 10～35℃；Ⅱ级 0～40℃；Ⅲ级 －10℃～55℃。

3）相对湿度：Ⅰ级 40％～80％（40℃）；Ⅱ级 40％～90％（40℃）；Ⅲ级 20％～90％（40℃）。

14.6.5 节电系统

（1）高效节电系统（智能省电机）

1）产品基本组成：是应用于楼宇供电电源系统的智能控制系统。其设计思想是采用微电脑为控制核心，利用节能线圈对楼宇供电系统尤其对照明供电系统电能质量进行优化处理的智能仪器。在不影响照明设备正常使用及照明效果的前提下，他自动选择输出一个最优照明功率，达到节约电能和延长用电器使用寿命的双重功效。

2）主要用途及适用范围：智能大厦、城市路灯、学校、办公写字楼、宾馆、饭店、各类商场、超市、银行、电信、城市亮化工程、智能商住小区、地下停车场等用电量较大的照明场所。

3）特点：

① 采用专利技术和计算机控制，对系统动态跟踪，实现电流连续调节，使照明系统始终处于最佳状态，节电效果显著。

② 主回路中采用特制的节能线圈，没有晶闸管元件，对电网没有谐波污染，耐浪涌电压冲击及耐瞬时大负载冲击能力强，

没有变压器多次抽头，主回路没有触点，不发生打火现象。

③ 节电效果显著，大大延长了照明设备寿命。

④ 投资回报率高，回收迅速。

⑤ 高效节电系统为矩阵式电源设备，主回路不含任何电子器件、可靠性高，对电网无谐波干扰，可对电源进行动态跟踪。

(2) 用电分配器

1) 产品基本组成：该产品是一种住宅楼公用用电分配器，利用高新技术，能合理地把楼道的公用电量分配到各家各户的电表上。

2) 主要用途及适用范围：可以顺利解决公用电量分配难的问题，用于楼道灯、路灯、防盗门、单相水泵、应急灯等需要分配用电设施的场合。

3) 特点：

① 根据用户要求进行设置，长期无人居住的居室可不参加分配，需要时分配器能自动参加分配。

② 分配户的电量能自动地记录到每户的电表。

③ 具有自动判别故障，能自动检测和故障自动报警等功能。

④ 利用高新技术智能化集成电路研制而成。高寿命，低成本，安装方便。

4) 选用要点：

① 分配原理是根据用户实际所分配的用电量转化为用电时间进行分配。

② 可根据用户的要求进行设置，可按层次分配或平均分配，特殊要求可另行设置。

③ 自动检测范围：可根据所接入的用户线及用户所设定的分配时间，进行自动检测，检测后根据所设定的用户及设定的分配时间进行分配。

④ LOF-1型用电分配器分配户数：15户以内配备一台，15户以上两台组合，由厂方特制为两台串联使用。

⑤ LDK-4 型用电分配器分配户数：最大为 72 户（适用于高层建筑，模块设计，18 户为一个模块，根据用户需要而定）。

14.7 防雷及接地装置

14.7.1 防雷设施

防雷设施分为两大类：接闪器，如避雷针、避雷线、避雷带、避雷网、屋面铁板和铝板等，用于防直击雷；避雷器，用于防雷电波侵入。

（1）接闪器

1）避雷针和避雷线的基本构成见表 14-104。

避雷针和避雷线的构成　　表 14-104

序号	名称	材料及要求
1	针　尖	针长 1m 以下：圆钢 d12mm，钢管 d20mm。 针长 1～2m；圆钢 d16mm，钢管 d25mm。 烟囱顶上的针：圆钢 d20mm，钢管 d40mm
2	引下线	圆钢：d8mm；扁钢：截面积 $48mm^2$
3	避雷带	同引下线
4	避雷线	钢绞线截面积 $35mm^2$
5	接地装置	圆钢：d10mm；扁钢：截面积 $100mm^2$；接地电阻：5～30Ω

注：表列数值为最小规格。

2）常用半导体少长针消雷器

半导体少长针消雷器采用少长针的形状，增大了中和电流，采用半导体电阻抑制了上行雷的发展，降低了雷击主放电流，是一种先进的防雷装置。主要产品见表 14-105。

半导体少长针消雷器　　　　表 14-105

型　　号	长针针数	重量(kg)	应　　用
BS-IV-9	9	95	一般建筑
BS-IV-7	7	70	高压线路
BS-IV-8	8	85	高压线路
BS-IV-13	13	120	重要铁塔
BS-IV-19	19	160	重要设施

半导体少长针消雷器具有以下特性：

① 100%消灭由地面向上发展的雷电。

② 在天空有雷云时，可发出长 1～2m 左右的电晕火花，中和电流达安培级。经统计表明，可使雷击次数减少 75%，防雷可靠性较高。

③ 能使剩余雷击的主放电电流大大减弱。

④ 保护范围大，其保护角达 80°，而普通避雷针的保护角只有 45°。

（2）避雷器

避雷器包括保护间隙、阀式避雷器和管式避雷器。

1）保护间隙

① 结构特点：保护间隙通常由 $\phi8$ 的圆钢制成，结构简单，成本低，但保护性能差。

② 保护原理：当雷电过电压袭来时，间隙击穿，将雷电流引入地下。

③ 用途：安装于 3～10kV 配电线路上，保护线路用，通常应与重合闸装置或重合熔断器配合使用。

2）管型避雷器

① 结构特点：管型避雷器由产气管、内部和外部间隙组成，产气管用纤维、有机玻璃或塑料制成。内部间隙的电极一个为棒形，一个为环形。外部间隙用圆钢制成，其间隙的最小距离：

3kV 为 8mm；6kV 为 10mm；10kV 为 15mm。

② 保护原理：当线路上遭到雷击或发生感应雷时，大气过电压使管型避雷器的外部间隙和内部间隙击穿，强大的雷电流通过接地装置入地。但是，随之而来的是供电系统的工频续流，其值也很大。这雷电流和工频续流在管子内部间隙发生的强烈电弧，使管内壁的材料燃烧，产生大量灭弧气体。由于管子容积很小，这些气体的压力很大，因而从管口喷出，强烈吹弧，在电流经过零值时，电弧熄灭。这时外部间隙的空气恢复了绝缘，使管型避雷器与系统隔离，恢复系统的正常运行。

为了保证管型避需器可靠地工作，在选择管型避雷器时，开断续流的上限，应不小于安装处短路电流最大有效值(考虑非周期分量)；开断续流的下限，应不大于安装处短路电流的可能最小值(不考虑非周期分量)。

③ 用途：安装于线路上，保护 3～10kV 架空电力线路。

3）阀型避雷器

① 结构特点：阀型避雷器有两类，碳化硅避雷器和氧化锌避雷器。

常用碳化硅阀型避雷器主要由非线性电阻碳化硅阀片和火花间隙组成。火花间隙用铜片冲制而成，每对间隙用 0.5～1mm 的云母垫片隔开。

氧化锌避雷器，由于氧化锌阀片电阻具有优良的非线性V-A特性，因而不需要火花间隙。

② 保护原理：在正常情况下，电压较低，阀片呈高电阻状态，在火花间隙的共同作用下，阻止工频电流通过；雷电过电压袭来后，阀片呈低电阻状态，并且击穿了火花间隙，将雷电流导入地下，保护了与之并联的电气装置免遭雷电波的袭击；雷电波过后，阀片又呈高电阻状态，切断了工频续流。

③ 用途：广泛用于变电所、电站及建筑物内设备防雷电波袭击的保护。

④ 阀型避雷器的系列及特点见表 14-106。

阀型避雷器的系列及特点　　表 14-106

序号	系列名称及型号		结构特点	主要用途
1	普通阀型	配电所型 FS	仅有间隙和阀片（碳化硅）	用作配电变压器，电缆头，柱上开关等设备的防雷
		变电所型 FZ	仅有间隙和阀片（碳化硅），但间隙带有均压电阻以改善熄弧能力	用作变电所电气设备的防雷
2	磁吹阀型	变电所型 FCZ	仅有间隙和阀片（碳化硅），但间隙加磁吹灭弧元件使熄弧能力大增	用在 33kV 及以上变电所电气设备的防雷或低绝缘设备的防雷
		旋转电机型 FCD	仅有间隙和阀片（碳化硅），但部分间隙还并联电容器以改善伏秒特性	用作旋转电机的防雷
3	氧化锌型	配电所型 FYS 变电所型 FYZ	采用非线性特性极好的氧化锌阀片，无间隙	用作 380V 及以下设备的防雷，如配电变压器低压侧、低压电机、电度表等
4	直流磁吹型	FCL	与 FS 型类	用作保护直流电机

⑤ 阀型避雷器的型号表示方法：

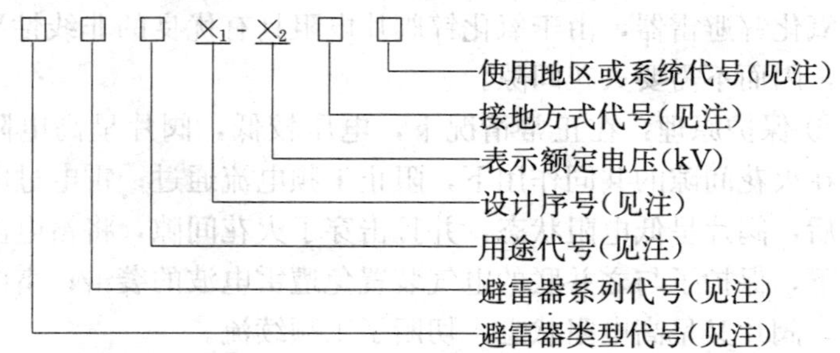

注：① 避雷器类型代号：F 表示阀式避雷器，G 表示管式避雷器。

② 避雷器系列代号：C 表示磁吹，Y 表示金属氧化物，无此项表示非磁吹普通型。

③ 用途代号：S表示配(变)电所用，D表示旋转电机用，Z表示电站用，X表示线路用，L表示直流用。

④ 设计序号：无此项表示产品没改型。

⑤ 接地方式代号：J表示中性点接地，无此项表示中性点不接地。

⑥ 使用地区或系统代号：G表示高原地区用，T表示热带地区用，无此项表示普通地区用，L表示二线一地制系统用；当为N时，表示避雷器内部充氧。

［例］ FS_2-10，为变电所用阀型避雷器，设计顺序号为2，额定电压为10kV。

FCD-3，为磁吹式灭弧阀型避雷器，保护旋转电机用，额定电压为3(3.15)kV。

14.7.2 接地装置

(1) 人工接地装置材料的选择

人工接地体最小尺寸见表14-107。

人工接地体最小尺寸 **表14-107**

序号	种类规格及单位		量小尺寸
1	圆钢直径(mm)		10
2	扁钢	截面(mm^2) 厚度(mm)	100 4
3	角钢厚度(mm)		4
4	钢管管壁厚度(mm)		3.5

(2) 接地线与保护线的最小截面

接地线与保护线的最小截面见表14-108和表14-109。

保护线的最小截面(mm^2) **表14-108**

装置的相线截面 S	接地线及保护线最小截面	装置的相线截面 S	接地线及保护线最小截面
$S\leqslant 16$ $16<S\leqslant 35$	S 16	$S>35$	$S/2$

注：1. 表中数值只在接地线与保护线的材料与相线相同时才有效。

2. 当保护线采用一般绝缘导线时，其截面不应小于：有机械保护时 $2.5mm^2$；无机械保护时 $4mm^2$。

埋入土内的接地线最小截面(mm^2)　　表 14-109

有无保护	有防机械损伤保护	无防机械损伤保护
有防腐蚀保护	按热稳定条件确定	铜 16、铁 25
无防腐蚀保护	铜 25	铁 50

参 考 文 献

1. 现行建筑材料规范大全(增补本). 北京：中国建筑工业出版社，2000.

2. 新版建筑工程勘察设计规范汇编. 北京：中国建筑工业出版社，2002.

3. 新版建筑工程施工质量验收规范汇编. 北京：中国建筑工业出版社，中国计划出版社，2002.

4. 现行防水材料标准及施工规范汇编. 北京：中国建筑工业出版社，1999.

5. 柯国军. 建筑材料质量控制监理. 北京：中国建筑工业出版社，2003.

6. 马眷荣. 建筑材料辞典. 北京：化学工业出版社，2003.

7. 符芳. 建筑材料(第二版). 南京：东南大学出版社，2001.

8. 龚洛书. 建筑工程材料手册. 北京：中国建筑工业出版社，1997.

9. 刘麟瑞，高树生. 新编建筑工程常用材料手册(第二版). 北京：冶金工业出版社，2000.

10. 杨生茂. 建筑材料工程质量监督与验收丛书(建筑保温、吸声材料分册). 北京：中国计划出版社，1999.

11. 曹文达. 建筑装饰材料. 北京：中国电力出版社，2003.

12. 涂平涛主编. 建筑轻质板材. 中国建材工业出版社，2005.

13. 伍作鹏，李书田. 建筑材料火灾特性与防火保护. 北京：中国建材工业出版社，1999.

14. 马清浩. 混凝土外加剂及建筑防水材料. 北京：中国建材工业出版社，1998.

15. 刘祥顺. 土木工程材料. 北京：中国建材工业出版社，2001.

16. 徐惠忠，周明. 绝热材料生产及应用. 北京：中国建材工业出版社，2001.

17. 李铭臻. 新编建筑工程材料. 北京：中国建材工业出版社，1998.

18. 熊中实，吕芳斋. 常用金属材料实用手册. 北京：中国建材工业出版社，2001.

19. 赵方冉. 装饰装修材料. 北京：中国建材工业出版社，2002.

20. 项翥行. 建筑工程常用材料试验手册. 北京：中国建筑工业出版社，1998.

21. 纪士斌. 建筑材料. 北京：清华大学出版社，2001.

22. 向才旺主编. 新型建筑装饰材料实用手册(第二版). 北京：中国建材工业出版社，2001.

23. 秦华虎主编. 新型建筑材料施工手册(第二版). 北京：中国建筑工业出版社，2000.

24. 韩喜林编著. 新型绝热保温材料应用设计施工. 北京：中国建材工业出版社，2005.

25. 韩喜林编著. 新型防水材料应用技术. 北京：中国建材工业出版社，2003.

26. 郭锡纯主编. 新型建筑五金实用手册(第二版). 北京：中国建筑工业出版社，1999.

27. 丁志华，邱惠清编著. 新型管材与管件应用指南. 上海：同济大学出版社，2002.

28. 何利民等编著. 电工手册(第二版). 北京：中国建筑工业出版社，2002.

29. 高玉奎主编. 电工常用技术数据. 北京：中国电力出版社，2004.

30. 黄振利主编. 外墙保温应用技术. 北京：中国建筑工业出版社，2005.

31. 王培铭，王新友主编. 绿色建材的研究与应用. 北京：中国建材工业出版社，2004.